Technologiemanagement

Günther Schuh • Sascha Klappert
(Hrsg.)

Technologiemanagement

Handbuch Produktion und Management 2

Zweite, vollständig neu bearbeitete und erweiterte Auflage

Springer

Herausgeber
Prof. Dr.-Ing. Dipl.-Wirt. Ing. Günther Schuh
RWTH Aachen
Werkzeugmaschinenlabor (WZL)
Steinbachstraße 19
52074 Aachen
Deutschland
g.schuh@wzl.rwth-aachen.de

Dr.-Ing. Dipl.-Wirt. Ing. Sascha Klappert
Fraunhofer-Institut für Produktionstechnologie IPT
Steinbachstraße 17
52074 Aachen
Deutschland
sascha.klappert@t-online.de

ISBN 978-3-642-12529-4 e-ISBN 978-3-642-12530-0
DOI 10.1007/978-3-642-12530-0
Springer Heidelberg Dordrecht London New York

Die Deutsche Nationalbibliothek verzeichnet diese Publikation in der Deutschen Nationalbibliografie; detaillierte bibliografische Daten sind im Internet über http://dnb.d-nb.de abrufbar.

Einbandentwurf: WMXDesign GmbH, Heidelberg

Gedruckt auf säurefreiem Papier

Springer ist Teil der Fachverlagsgruppe Springer Science+Business Media (www.springer.com)

Vorwort

Unsere industrielle Welt wird immer technischer; die große Mehrheit der großen und kleinen Unternehmen und Institutionen sind heute faktisch Technologieunternehmen. Selbst Dienstleister, Handelsunternehmen oder Verwaltungen kommen nicht ohne anspruchsvolle Technologien in Produkten, Prozessen und der Arbeitsplatzgestaltung aus. Die heutigen Fach- und Führungskräfte müssen daher in naturwissenschaftlichen und ingenieurwissenschaftlichen Disziplinen qualifiziert sein und über ein ausgeprägtes Urteilsvermögen verfügen. Diese Herausforderung wird immer anspruchsvoller, je mehr Disziplinen im eigenen Aufgabenbereich hinzukommen, die man nicht gelernt oder studiert hat, über die man aber im betrieblichen Alltag dennoch mitdiskutieren und entscheiden können muss. Demzufolge kommt der typische Ingenieur in seiner Laufbahn regelmäßig an für ihn neue Aufgabengebiete und Fachdisziplinen vorbei, die er sich kurzfristig, zielsicher und schnell aneignen muss. Das geschieht besonders an der Schnittstelle zwischen fachlich-technischen Aufgaben und der Personalführungs- und Managementverantwortung.

Für die Manager und Experten, die es mit neuen Aufgabengebieten und Disziplinen und der entsprechenden Führungsverantwortung zu tun bekommen, habe ich mit meinen Mitarbeitern dieses neue Nachschlagewerk erarbeitet. Es soll einen schnellen und unkomplizierten Zugriff zu den wichtigsten Begriffen, Zusammenhängen, Methoden und Beispielen liefern. Ich habe dazu das Themenfeld von Produktion und Management in einem generischen Ordnungsrahmen geordnet, indem wir den neun wichtigsten Themenfeldern - von der Strategie und dem Management produzierender Unternehmen, dem Technologiemanagement, dem Innovationsmanagement, dem Produktions- und Logistikmanagement, dem Qualitäts- und dem Einkaufsmanagement sowie dem Management industrieller Dienstleistungen bis zum Management des technischen Vertriebs und der Fabrikplanung – jeweils einen Band gewidmet haben.

Das neue Werk soll damit schnelle Orientierung liefern, jeweils für die technischen und betriebswirtschaftlichen Fragestellungen, die typischerweise in entwickelnden und produzierenden Unternehmen auftreten.

Die einzelnen Bände wenden sich damit sowohl an Fach- und Führungskräfte aus den jeweiligen Disziplinen wie auch an die entsprechenden Grenzgänger zwischen den Disziplinen. Ganz besonders sind aber auch die Studierenden der Ingenieurwissenschaften und der Betriebswirtschaftslehre angesprochen, die ihre Lerninhalte komprimiert und praxisorientiert nachlesen wollen. Die jeweiligen Bände geben den derzeitigen Stand der Wissenschaft und Praxis in den einzelnen Themengebieten in der Struktur eines Nachschlagewerkes und Handbuches wieder. Gleichzeitig bietet dieses Handbuch vielfältige, weiterführende Hinweise auf die einschlägige Fachliteratur, so dass man von hier aus schnell geeignete Vertiefungsmöglichkeiten findet.

In diesem zweiten Band des Handbuchs „Produktion und Management" behandeln wir das noch junge Themenfeld des Technologiemanagements. Das systematische Management von Technologien in Unternehmen ist bereits in den letzten 20 Jahren immer wichtiger geworden. Technologieorientierte Unternehmen dürfen meines Erachtens nicht mehr von neuen Technologien oder Trends überrascht werden. Sie sollten in der Lage sein, Technologien schnell zu identifizieren, kundenorientiert zu entwickeln, einzusetzen und auch rechtzeitig zu substituieren. Aufgabe des Technologiemanagements ist es demnach, die für aktuelle und künftige Leistungsangebote benötigten Technologien im Bereich der Produkte, der Produktionsprozesse und der Materialien zum richtigen Zeitpunkt und zu angemessenen Kosten bereitzustellen.

Den daraus resultierenden Fragestellungen widmet sich dieser Band zum Technologiemanagement, der einen umfassenden und transparenten Überblick über Prozesse, Organisation und Methoden des Technologiemanagements gibt.

Ich bedanke mich sehr herzlich bei meinen Mitarbeitern der Abteilung Technologiemanagement des Fraunhofer-Instituts für Produktionstechnologie IPT in Aachen, die es unter der Leitung meines Mitherausgebers dieses Bandes, Herrn Dr.-Ing. Sascha Klappert, mit ihren Ideen, ihrem enormen Engagement und ihrer Sorgfalt ermöglicht haben, dieses Werk herauszubringen.

Ebenso herzlich danke ich dem Springer Verlag, der mich unter der Führung von Herrn Thomas Lehnert nicht nur beharrlich von der Notwendigkeit dieses Handbuches überzeugt, sondern der auch in sehr speditiver, professioneller und angenehmer Form das Werk umgesetzt hat und auch die weiteren Bände umsetzen wird.

Aachen, im Oktober 2010 Günther Schuh

Inhaltsverzeichnis

Autorenverzeichnis

Dipl.-Inform. Susanne Aghassi 52074 Aachen, Deutschland
susanne.aghassi@ipt.fraunhofer.de

Stephen Beckermann M.Sc. 50226 Frechen, Deutschland
beckermann@gmail.com

Dipl.-Ing. Toni Drescher 52074 Aachen, Deutschland
toni.drescher@ipt.fraunhofer.de

Dipl.-Phys. Anna-Lena Schulte-Gehrmann 52074 Aachen, Deutschland
anna-lena.schulte-gehrmann@ipt.fraunhofer.de

Dr.-Ing. Christoph Haag 51368 Leverkusen, Deutschland
christoph.haag@bayer.com

Dipl.-Ing. Patrick A. Hacker MBA 52074 Aachen, Deutschland
patrick.hacker@ipt.fraunhofer.de

Dipl.-Kfm. Michael Hoppe 52074 Aachen, Deutschland
michael.hoppe@ipt.fraunhofer.de

Dr.-Ing. Dipl.-Wirt. Ing. Sascha Klappert 50676 Köln, Deutschland
sascha.klappert@t-online.de

Dipl.-Ing. Jennifer Kreysa 52074 Aachen, Deutschland
jennifer.kreysa@ipt.fraunhofer.de

Dipl.-Ing. Torsten Moll 52074 Aachen, Deutschland
torsten.moll@ipt.fraunhofer.de

Dr.-Ing. Henning Möller 79111 Freiburg, Deutschland
henning.moeller@stryker.com

Dr.-Ing. Dipl.-Kfm. Christoph W. Neemann 20245 Hamburg, Deutschland
christoph@neemann.org

Dipl.-Ing. Sebastian Nollau 52074 Aachen, Deutschland
sebastian.nollau@ipt.fraunhofer.de

Dipl.-Ing. Dipl.-Wirt. Ing. Simon Orilski 52080 Aachen, Deutschland
simon.orilski@rwth-aachen.de

Dipl.-Phys. Dipl.-Wirt. Phys. Jörg Saxler 45277 Essen, Deutschland
joerg.saxler@hotmail.com

Dipl.-Ing. Kristin Schmelter 52074 Aachen, Deutschland
kristin.schmelter@ipt.fraunhofer.de

Dipl.-Phys. Johannes Schubert 52074 Aachen, Deutschland
johannes.schubert@ipt.fraunhofer.de

Prof. Dr.-Ing. Dipl.-Wirt. Ing. Günther Schuh 52074 Aachen, Deutschland
g.schuh@wzl.rwth-aachen.de

Dipl.-Ing. Dipl.-Wirt. Ing. Markus Wellensiek 52074 Aachen, Deutschland
markus.wellensiek@ipt.fraunhofer.de

Der Ordnungsrahmen Produktion und Management

1

Günther Schuh

Der *Ordnungsrahmen Produktion und Management* (s. Abb. 1.1) dient als Strukturierungshilfe für den Leser, indem er es ermöglicht, alle im Rahmen der Betriebshütte relevanten Aspekte eines produzierenden Unternehmens in einen Gesamtzusammenhang zu bringen. Der Ordnungsrahmen wurde aus dem neuen St. Galler Management-Modell [1] abgeleitet und auf die spezifischen Bedürfnisse produzierender Unternehmen angepasst, ohne dabei den Anspruch zu stellen, die geschlossene Semantik eines Modells aufzuweisen. Dabei wurde im Ordnungsrahmen die Dimension des Betriebs zu Beschreibung des Ist-Zustandes ergänzt. Darüber hinaus wurden die Unternehmensprozesse auf die Prozesse produzierender Unternehmen übertragen und detailliert.

Der Ordnungsrahmen gliedert sich in die *innerbetrieblichen Aspekte* auf den Flächenseiten des Würfels, die *Anspruchsgruppen* als Interaktionspartner mit der Außenwelt und die *Umweltsphären* als externe Einflussgrößen, die auf das Unternehmen wirken.

Die innerbetrieblichen Aspekte sind aufgeteilt in die Unternehmensstruktur, die Unternehmensentwicklung und die Unternehmensprozesse.

Unter dem Oberbegriff der *Unternehmensstruktur* werden die konstituierenden Elemente für ein Unternehmen aggregiert. Die *Aufbauorganisation* gibt die innere Ordnung des Unternehmens wieder. Die *Ressourcen* beschreiben die betrieblichen Einsatz- und Produktionsfaktoren, die sowohl materiell als auch immateriell sein können.

Die *Informationssysteme* unterstützen alle weiteren Prozesse und sind insbesondere in produzierenden Unternehmen Voraussetzung für einen effektiven und effizienten Betrieb. Die *Kultur* befasst sich mit den Bestandteilen der normativen Managementebene Unternehmenskultur, -verfassung, -politik sowie deren Wechselwirkungen zur Unternehmensentwicklung.

Der Bereich der *Unternehmensentwicklung* bildet mit seinen Bestandteilen Strategie, Entwicklungsmodi sowie Finanzen und Controlling das Spektrum von der Unternehmensstrategie über das strategische Management bis hin zum operativen Management ab. Die Entwicklungsmodi bilden dabei den Kern, den die Strategie beeinflusst. Die *Strategie* hat somit die Aufgabe, die gewonnene Leistungsfähigkeit nicht nur erfolgreich zu halten (*Betrieb*), sondern kontinuierlich zu verbessern (*Verbesserung*) und bei Notwendigkeit auch

G. Schuh (✉)
52074 Aachen, Deutschland
E-Mail: g.schuh@wzl.rwth-aachen.de

G. Schuh, S. Klappert (Hrsg.), *Technologiemanagement,*
DOI 10.1007/978-3-642-12530-0_1, © Springer-Verlag Berlin Heidelberg 2011

1

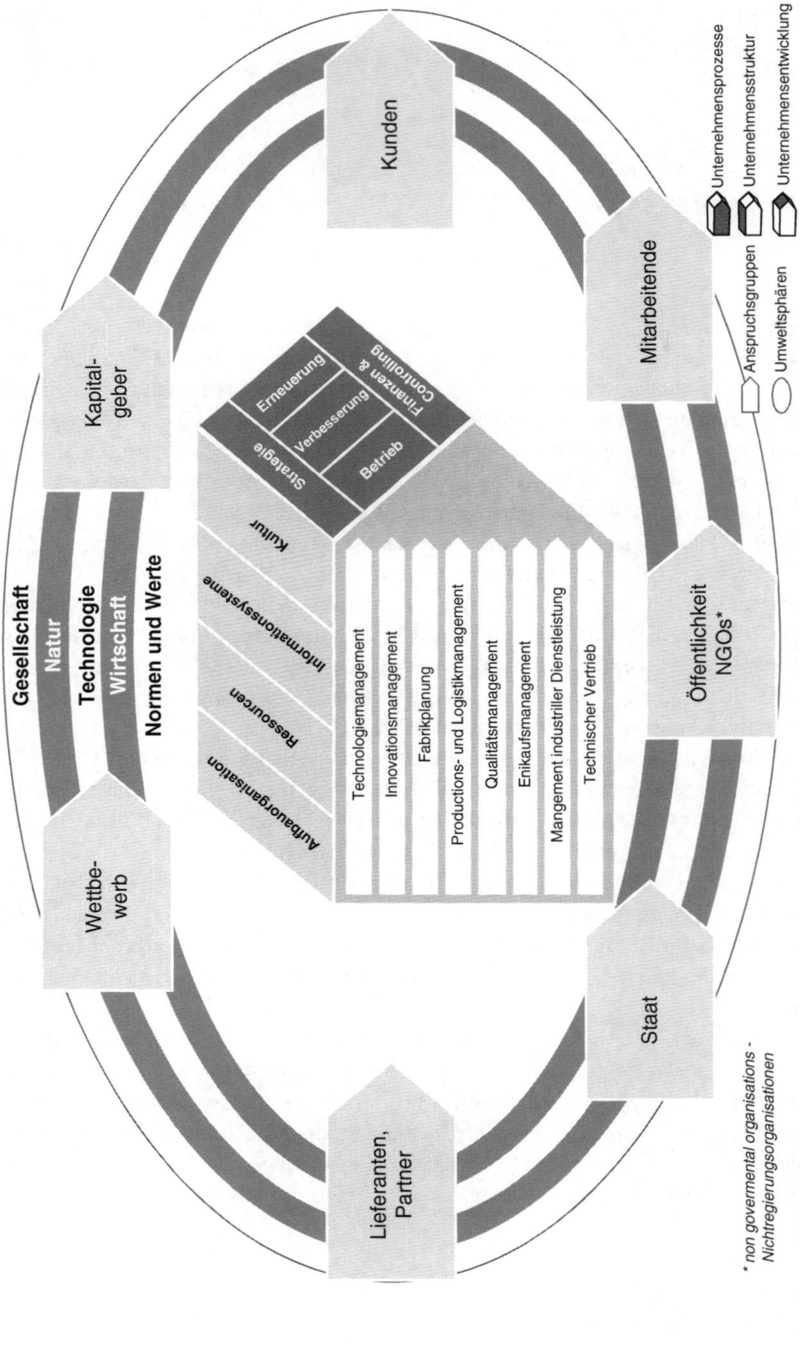

Abb. 1.1 Ordnungsrahmen Produktion und Management

radikal zu erneuern (*Erneuerung*). Das *Controlling* dient dem Soll-Ist-Vergleich der von der Strategie festgelegten Ziele und wird als Planungsgrundlage für Entscheidungen der Unternehmensführung herangezogen.

Im Bereich der *Unternehmensprozesse* werden im Ordnungsrahmen die für produzierende Unternehmen relevanten Prozesse detailliert dargestellt. Die Unternehmensprozesse gliedern sich auf in Geschäftsprozesse und technologische Prozesse; Geschäftsprozesse haben zum Ziel, immateriellem Input in einen prozessspezifischen (immateriellen) Output zu transformieren, wohingegen technologische Prozesse materiellen Input in einen prozessspezifischen (materiellen) Output umwandeln. Die Unternehmensprozesse im Ordnungsrahmen können sowohl technologische Prozesse als auch Geschäftsprozesse beinhalten, wobei letzt genannte weiter in Management-, Planungs-, Ausführungs- und Unterstützungsprozess unterteilt werden können.

Ein Unternehmen existiert niemals aus reinem Selbstzweck, sondern immer, um seinen Anspruchsgruppen Nutzen zu stiften. Der gestiftete Nutzen ist abhängig von den jeweiligen Anspruchsgruppen und wird in Interaktion mit den Anspruchsgruppen erstellt: So stellen beispielsweise Kapitalgeber die Finanzmittel zur Aufrechterhaltung, Weiterentwicklung und Erneuerung des Betriebes, um den Kunden die geforderte Ware anbieten zu können. Der Staat legt zudem Rahmenbedingungen fest und bietet Ressourcen, ohne die ein Unternehmen nicht sicher agieren kann, z. B. Gesetze und Infrastruktur. Der Staat selbst hat dabei kein eigenes Interesse an Normen und Werten, sondern definiert diese im Interesse der Gesellschaft. Lieferanten oder kooperierende Partner stellen materielle und immaterielle Ressourcen für eine in der Regel monetäre Gegenleistung bereit. Alle Anspruchsgruppen im Ordnungsrahmen haben spezifische Anforderungen an ein produzierendes Unternehmen, das diese angemessen berücksichtigen muss.

Die Anspruchsgruppen sind Teil der *Umweltsphären*, von denen ein produzierendes Unternehmen umgeben wird. Die *Gesellschaft* bzw. soziale Sphäre ist dabei die weitest reichende, da sie alle anderen Sphären beeinflusst. Sie wirkt auf das ökologische Verständnis (*Natur*) ein, beeinflusst in ihrem Verhalten die Entstehung und Weiterentwicklung von Technologien, gibt die wirtschaftliche Rahmenordnung vor und vertritt bestimmte Normen und Werte, von denen die Anforderungen an den Staat für die Gestaltung der rechtlichen Rahmenbedingungen abgeleitet werden. Der Einfluss der Gesellschaft auf die Umweltsphäre Natur ist beispielsweise in den unterschiedlichen Mülltrennungssystemen und den verschiedenen gesetzlichen Anforderungen hierfür in den europäischen Staaten klar zu erkennen. Auch NGOs (non governmental organisations – Nichtregierungsorganisationen) haben einen Einfluss auf die Umweltsphären, was durch bestimmte Forderungen die Entwicklung neuer *Technologien* am Markt begünstigen und zu Alleinstellungsmerkmalen der *Wirtschaft* einzelner Regionen führen kann. Die Natur bzw. Umwelt spielt nicht nur hinsichtlich des ökologischen Bewusstsein der Gesellschaft eine Rolle, sondern beeinflusst Unternehmen auch insofern, als sie mit Ressourcenreichtum (Erdöl, Wasser), Anbindung an Weltmeere, Klima etc. verschiedene Handlungsrahmen vorgibt.

Die Umweltsphären haben neben ihrer direkten Wirkung auf produzierende Unternehmen auch einen Einfluss auf deren Anspruchsgruppen: So hat die Gesellschaft einen gewissen Bildungsanspruch (Mitarbeiter) oder die wirtschaftliche Ordnung einen maßgeblichen Einfluss auf die Konkurrenzsituation. Die Interaktionsthemen des neuen St. Galler Management-Modells werden implizit bei der Betrachtung der Anspruchsgruppen

1

behandelt bzw. teilweise in den entsprechenden Umweltsphären aufgegriffen, für die sie relevant sind.

Die einzelnen Bestandteile des Ordnungsrahmens stehen somit in enger Beziehung mit wechselseitigem und vielschichtigem Einfluss aufeinander. Ein produzierendes Unternehmen sollte daher immer im Zusammenhang mit seinen Anspruchsgruppen und den umgebenden Umweltsphären betrachtet werden.

Literatur

1. Rüegg-Stürm, J.: Das neue St. Galler Management-Modell – Grundkategorien einer integrierten Managementlehre. In: Rüegg-Stürm, J. (Hrsg.) HSG-Ansatz, 2. durchges. Aufl. Haupt, Bern, (2005)

Einleitung und Abgrenzung

2

Sascha Klappert, Günther Schuh und Susanne Aghassi

Kurzüberblick Technologiemanagement stellt einen inhaltlichen Teilbereich der Unternehmensführung dar. Dabei beinhaltet das Technologiemanagement die Planungsaktivitäten zur langfristigen Sicherung und Stärkung der Marktposition eines Unternehmens. Im Fokus steht die gezielte Änderung einer Technologie, eines Produkts oder der eingesetzten Produktionstechnologie. Aufgabe des Technologiemanagements ist die Bereitstellung der für aktuelle und künftige Leistungen benötigten Technologien (Produkt-, Produktions- und Materialtechnologie) zum richtigen Zeitpunkt und zu angemessenen Kosten.

Eine überschneidungsfreie Trennung des Technologiemanagements von benachbarten Disziplinen ist nicht immer möglich. Technologie- und Innovationsmanagement überlappen und ergänzen sich. Unterschiede bestehen jedoch in den jeweils betrachteten Objekten.. Während das Technologiemanagement auf Technologien im Sinne einer Fähigkeit fokussiert, steht beim Innovationsmanagement das konkrete Produkt im Vordergrund. Das Forschungs- und Entwicklungsmanagement (FuE-Management) stellt eine Schnittmenge zwischen dem Technologie- und dem Innovationsmanagement dar.

2.1 Einleitung zum Technologiemanagement

Unternehmen stehen in einem Spannungsfeld unterschiedlicher Interessensgruppen. Dazu zählen Eigen- und Fremdkapitalgeber, Mitarbeiter, Kunden, Lieferanten sowie der Staat und die allgemeine Öffentlichkeit. Primäres Ziel aller Interessensgruppen ist die Erhaltung und erfolgreiche Weiterentwicklung des Unternehmens. Alle weiteren Unternehmensziele müssen sich demnach auf den Aufbau von komparativen Wettbewerbsvorteilen konzentrieren [1].

Gründe für Produktivitätsunterschiede und somit für Wettbewerbsvorteile sind nach überwiegender Meinung von Ökonomen in Realkapital, Humankapital und Technologie

S. Klappert (✉)
50676 Köln, Deutschland
E-Mail: sascha.klappert@t-online.de

G. Schuh, S. Klappert (Hrsg.), *Technologiemanagement*,
DOI 10.1007/978-3-642-12530-0_2,

bzw. dem Zugang zu technologischem Wissen zu suchen. Im Hinblick auf Technologien zeigt sich, dass im technischen Fortschritt ein erhebliches Potenzial zur Steigerung der Wettbewerbsfähigkeit liegt. Dieses spiegelt sich in neuen Produkten, besserer Qualität und erhöhter Leistungsfähigkeit der Produktionsmittel wider [2–4] und zieht darüber hinaus erhebliche Veränderungen in fast allen Lebensbereichen nach sich. Ausgehend von technischen Basisinnovationen folgt die Reorganisation der gesamten Gesellschaft und ihrer Arbeitsstrukturen [5, 6]. Darüber hinaus beschleunigt sich der technische Fortschritt fortwährend [7, 8]. Diese Entwicklung ist u. a. an immer kürzeren Produktlebenszyklen zu erkennen [9].

Diese Entwicklung hat in vielen Gebieten der wissenschaftlichen Forschung zu tiefgreifenden Veränderungen im unternehmerischen Handeln geführt. Machten sich früher technische Erkenntnisse und deren Konsequenzen aufgrund spärlicher Informationsflüsse und geringer Wissensakkumulation nur allmählich bemerkbar, so sind sie heute unmittelbare Ursache für permanente Anpassungsprobleme. Angesichts der internationalen Wettbewerbssituation sind technologieorientierte Unternehmen zur Sicherstellung eines nachhaltigen Unternehmenserfolgs somit gezwungen, relevante technologische Entwicklungen durch richtungsweisende Entscheidungen im Rahmen der Unternehmensführung einzubeziehen [10].

Technologien haben somit einen wesentlichen Einfluss auf die Wettbewerbsfähigkeit von Unternehmen. Auf der einen Seite stellen neue Technologien strategische Unternehmensressourcen mit erheblichen Entwicklungschancen dar. Auf der anderen Seite bedrohen neue Technologien diejenigen Unternehmen, die ihre Erfolgsposition auf veralteten Technologien gründen. Unternehmen sind somit gezwungen, Technologien schnell und kundenorientiert zu entwickeln, einzusetzen und rechtzeitig zu substituieren. Um dies zu realisieren, sind eine Vielzahl an unterschiedlichen Fragen zu beantworten (s. Abb. 2.1). Zur Klärung derartiger Fragen muss die Managementkompetenz eines Unternehmens durch technologische Kompetenzen ergänzt werden. Dieser Herausforderung soll durch das Technologiemanagement Rechnung getragen werden.

Das Technologiemanagement ist in der Vergangenheit unterschiedlichen Definitionen unterworfen worden. Bei fast allen Autoren steht jedoch der Planungsaspekt im Vordergrund. Dabei beinhaltet das Technologiemanagement die Planungsaktivitäten zur langfristigen Sicherung und Stärkung der Marktposition eines Unternehmens. Im Fokus steht die gezielte Änderung einer Technologie, eines Produktes oder der eingesetzten Produktionstechnologie [11, 12]. Aufgabe des Technologiemanagements ist es demnach, für aktuelle und künftige Leistungen die benötigte Technologie (Produkt-, Produktions- und Materialtechnologie) zum richtigen Zeitpunkt und zu angemessenen Kosten verfügbar zu machen.

Das Technologiemanagement stellt somit einen inhaltlichen Teilbereich der Unternehmensführung dar [13], der nicht notwendigerweise als spezialisierte organisatorische Einheit anzusehen ist [14]. Dies ist eine Folge der Querschnittsfunktion des Technologiemanagements, wobei technologieorientierte Aktivitäten funktionsübergreifend und unternehmensweit verteilt sind. Das Technologiemanagement stellt somit die Schnittstelle zwischen Unternehmensführung und Technologie dar und verbindet die Aufgaben der Unternehmensführung mit Fragen zu den innerhalb einer Unternehmung genutzten oder entwickelten Technologien [11, 15].

Abb. 2.1 Fragen des Technologiemanagements (Beispiele)

2.2 Abgrenzung zum Innovations- und FuE-Management

Zur Einordnung des Technologiemanagements erfolgt ein Blick auf die umgebenden Disziplinen. Dies beinhaltet neben natur- und ingenieurwissenschaftlichen Fachgebieten Inhalte der Betriebs- und Volkswirtschaftslehre, der Soziologie, der Rechtswissenschaften, etc. Somit nimmt das Technologiemanagement eine Querschnittsaufgabe an der Schnittstelle zwischen Technologie und Management ein [15]. Dieses Spannungsfeld beinhaltet neben dem Technologiemanagement auch benachbarte Managementbereiche, die eine Vielzahl an Anknüpfungspunkten und zum Teil überlappende Themengebiete zum Technologiemanagement abdecken [16]. Im Wesentlichen handelt es sich dabei um das Innovationsmanagement und das FuE-Management.

Nach Binder und Kantowski kann eine Abgrenzung der Managementbereiche anhand einer Matrix mit den Achsen Bezugsobjekt und Aufgabenumfang veranschaulicht werden. Als Bezugsobjekte werden zum einen Technologien und zum anderen Leistungen, die sich in Produkten oder Dienstleistungen widerspiegeln, unterschieden. Der Aufgabenumfang

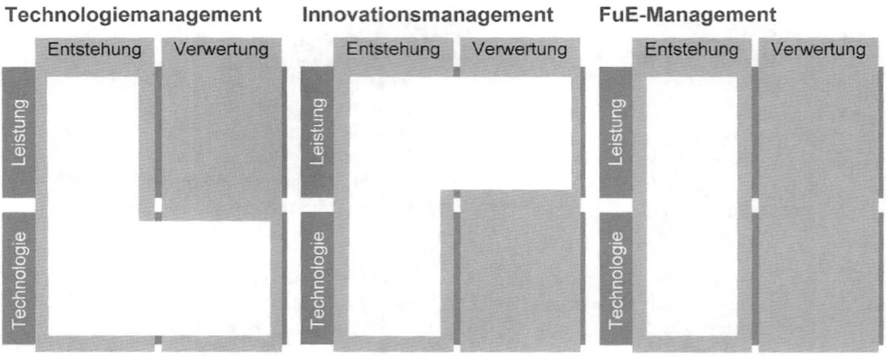

Abb. 2.2 Einordnung themenverwandter Managementdisziplinen nach Binder und Kantowski [11]

wird unterteilt in die Phasen der Entstehung und der Verwertung von Technologien und Leistungen (s. Abb. 2.2) [11].

Technologiemanagement ist vornehmlich auf die Entstehungs- und Verwertungssicht auf Technologien gerichtet. Die Entstehungssicht berücksichtigt dabei die Neu- und Weiterentwicklung von neuen und bestehenden Technologien. Die Verwertungssicht bezeichnet die Anwendung der Technologiekompetenz entlang des gesamten Technologielebenszyklusses [16–18]. Darüber hinaus beinhaltet es die von Technologien getragenen Leistungen, z. B. in Form von Produkttechnologien.

Aufgabe des Innovationsmanagements ist das Management aller Aktivitäten des Produktentstehungs- und Markteinführungsprozesses [6, 18, 19]. Dies bezieht sich auf Neuerungen im Generellen, die sich z. B. in neuen Produkten, neuen Organisationsformen oder auch in neuen Technologien wiederfinden [16]. Die Begleitung des Umbruchs inklusive der Durchsetzungs- und Diffusionsproblematik ist demnach ein zentraler Aspekt des Innovationsmanagements. Entsprechend dieser Erläuterung kann das Innovationsmanagement in die beschriebene Matrix eingeordnet werden. Der Schwerpunkt liegt hierbei auf dem Leistungsbereich der Matrix, die Entstehung neuer Technologien wird ebenso berücksichtigt [11].

Forschung und Entwicklung hat einerseits den generellen Erwerb neuer Erkenntnisse (Forschung) und andererseits deren erstmalige konkrete Anwendung und praktische Umsetzung (Entwicklung) zum Ziel. Das FuE-Management richtet sich in diesem Zusammenhang auf die planerischen Aktivitäten. Es ist zum einen auf die Erzeugung technologischen Wissens durch systematisch durchgeführte naturwissenschaftliche Prozesse ausgerichtet. Zum anderen stehen neue Anwendungen im Fokus [20]. Das Bezugsobjekt des FuE-Managements stellen sowohl Technologien als auch Leistungen dar. Der Aufgabenumfang bleibt auf die Entstehung begrenzt [11].

Nach Brockhoff umfasst das Technologiemanagement die Beschaffung, Speicherung und Verwertung neuen technologischen Wissens. Dieses kann entweder innerhalb eines Unternehmens durch die eigene Forschung und Entwicklung generiert oder aber extern erworben werden. Das FuE-Management stellt demnach einen Teilbereich des Technologiemanagements dar [21].

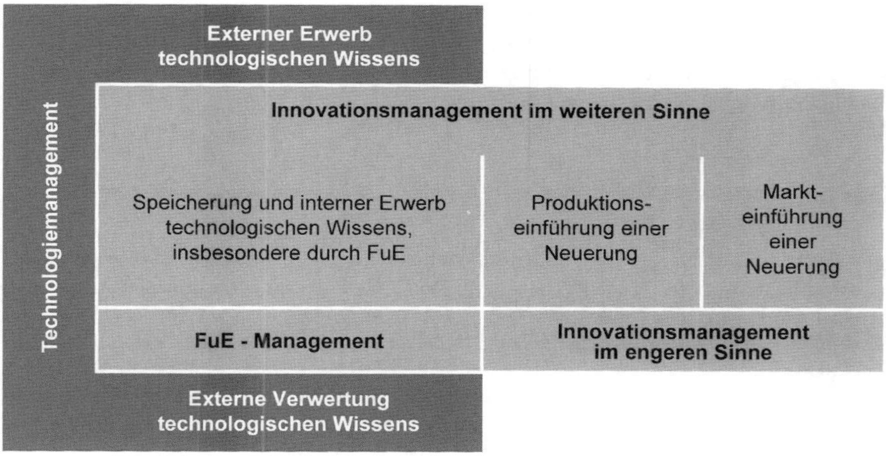

Abb. 2.3 Einordnung themenverwandter Managementdisziplinen nach Brockhoff [21]

Ziel des Technologiemanagements ist unter anderem der Werterhalt des technologischen Wissens innerhalb eines Unternehmens. Die Speicherung nimmt daher neben der Beschaffung und Verwertung von Technologien eine zentrale Rolle ein. Der Begriff Speicherung umfasst die Dokumentation technologischen Wissens, den Schutz vor unbefugtem Zugriff, die Identifikation von Wissensträgern sowie die Weitergabe an Stellvertreter, um eine nachhaltige Verankerung des technologischen Know-how im Unternehmen sicherzustellen. Erst die Beachtung der obigen Maßnahmen im Rahmen des Technologiemanagements eines Unternehmens ermöglicht eine spätere interne oder externe Verwertung des technologischen Wissens [21].

Zur Abgrenzung von Technologie- und Innovationsmanagement unterscheidet Brockhoff zwischen zwei Arten von Innovationsmanagement, welche in der Breite ihres Betrachtungsbereichs differieren. Dem Innovationsmanagement im weiteren Sinne liegt ein umfassender Innovationsprozess zugrunde, welcher neben Forschung und Entwicklung auch die Produkt-/Prozesseinführung am Markt beinhaltet. Aus dieser Perspektive bildet das FuE-Management die Schnittmenge des Technologie- und Innovationsmanagement (s. Abb. 2.3). Innovationsmanagement im engeren Sinne bezieht sich dagegen auf solche Phasen, die sich der Forschung und Entwicklung anschließen und ist demnach kein Bestandteil des Technologiemanagements [21].

Zusammenfassend wird erkennbar, dass eine überschneidungsfreie Trennung der Disziplinen nicht immer möglich ist. Technologie- und Innovationsmanagement überlappen und ergänzen sich. Das FuE-Management stellt die Schnittmenge zwischen dem Technologie- und dem Innovationsmanagement dar (s. Abb. 2.4) [11, 21, 22]. Bezogen auf die

Abb. 2.4 Zusammenhang themenverwandter Managementdisziplinen

jeweiligen Objekte, die im Innovations- und Technologiemanagement betrachtet werden, bestehen allerdings Unterschiede. Während das Technologiemanagement auf Technologien im Sinne einer Fähigkeit fokussiert, steht beim Innovationsmanagement das konkrete Produkt im Vordergrund.

Literatur

1. Bleicher, K., Hahn, D., von Werder, A., Müller-Stewens, G.: Normatives Management. In: Eversheim, W., Schuh, G. (Hrsg.) Betriebshütte – Produktion und Management. Springer, Berlin (1996)
2. Mankiw, N.G.: Grundzüge der Volkswirtschaftslehre, 4. Aufl. Schäffer-Poeschel, Stuttgart (2008)
3. Milberg, J.: Deutschland eine starke Marke – ein Beitrag zur Leitbilddiskussion in Deutschland. In: Aachener Werkzeugmaschinen-Kolloquium (Veranst.): Wettbewerbsfaktor Produktionstechnik: Aachener Perspektiven. Shaker, Aachen (2005)
4. Brösse, U.: Einführung in die Volkswirtschaftslehre – Mikroökonomie, 3. Aufl. Oldenbourg, München (1999)
5. Aachener Werkzeugmaschinen-Kolloquium (Veranst.): Wettbewerbsfaktor Produktionstechnik: Aachener Perspektiven. Shaker, Aachen (2002)
6. Betz, F.: Strategic Technology Management. McGraw-Hill, New York (1993)
7. Tschirky, H., Koruna, S. (Hrsg.): Technologiemanagement – Idee und Praxis. Orell Füssli, Zürich (1998)
8. Hall, K.: Ganzheitliche Technologiebewertung – Ein Modell zur Bewertung unterschiedlicher Produktionstechnologien. DUV, Wiesbaden (2002)
9. Wahren, H.-K.: Erfolgsfaktor Innovation. Springer, Berlin (2004)
10. Eversheim, W., Hachmöller, K., Knoche, M., Walker, R.: Vorsprung durch richtige Technologieentscheidungen. Z. Wirtschaft. Fabrikbetr. **97**(5), 251–253 (2002)
11. Binder, V., Kantowsky, J.: Technologiepotentiale: Neuausrichtung der Gestaltungsfelder des strategischen Technologiemanagements. DUV, Wiesbaden (1996)
12. Spur, G.: Technologie und Management: Zum Selbstverständnis der Technikwissenschaft. Hanser, München (1998)
13. Tschirky, H., Jung, H.-H., Savioz, P. (Hrsg.): Technology and Innovation Management on the Move. From Managing Technology to Managing Innovation-Driven Enterprises. Industrielle Organisation, Zürich (2003)
14. Bullinger, H.-J.: Technologiemanagement. In: Eversheim, W., Schuh, G. (Hrsg.) Betriebshütte – Produktion und Management. Springer, Berlin (1996)
15. Seghezzi, H.D.: Perspektiven des Technologiemanagements. Technisch. Rundsch. (44), 16–23 (1989)
16. Zahn, E.: Handbuch Technologiemanagement. Schäffer-Poeschel, Stuttgart (1995)
17. Hauschild, J.: Innovationsmanagement, 2. Aufl. Hanser, München (1997)
18. Specht, G., Beckmann, C., Amelingmayer, J.: F&E-Management, 2. Aufl. Schäffer-Poeschel, Stuttgart (2002)
19. Stippel, N.: Innovationscontrolling. Vahlen, München (1999)
20. Kern, W., Schröder, H.H.: Forschung und Entwicklung in der Unternehmung. Rowohlt, Reinbek (1977)
21. Brockhoff, K.: Forschung und Entwicklung, 5. Aufl. Oldenbourg, München (1999)
22. Bürgel, H.D., Haller, C., Binder, M.: F&E-Management. Vahlen, München (1996)

Ordnungsrahmen Technologiemanagement 3

Günther Schuh, Sascha Klappert und Torsten Moll

Kurzüberblick Um ein klares Verständnis über den Betrachtungsbereich, die Inhalte und Aufgaben des Technologiemanagements zu erhalten, bedarf es zunächst einer transparenten und nachvollziehbaren Strukturierung des Themengebietes. Ergebnis dieser Strukturierung ist der Ordnungsrahmen Technologiemanagement als Teilelement des Ordnungsrahmens Produktion und Management (s. Kap. 1).

Der Ordnungsrahmen gliedert sich in die innerbetrieblichen Aspekte, die Anspruchsgruppen (z. B. FuE, Produktion, Geschäftsleitung) und die Umweltsphären als externe Einflussgrößen (z. B. Wettbewerber, Lieferanten), die auf das Unternehmen wirken. Die innerbetrieblichen Aspekte sind aufgeteilt in Unternehmensprozesse, Unternehmensentwicklung und Unternehmensstruktur. Die Unternehmensprozesse zum Technologiemanagement beinhalten die Technologiefrüherkennung, die Technologieplanung, die Technologieentwicklung, die Technologieverwertung, den Technologieschutz und die Technologiebewertung. Im Mittelpunkt der Unternehmensentwicklung steht die Technologiestrategie. Hinsichtlich der Unternehmensstruktur ist die organisatorische Verankerung des Technologiemanagements von besonderer Bedeutung.

Der Ordnungsrahmen stellt ein Modell mit hohem Abstraktionsgrad dar, das den Zusammenhang der Bestandteile und Beziehungen des Technologiemanagements aufzeigt. Dadurch kann ein Überblick über die komplexe Zusammenhänge des Technologiemanagements gewährt werden.

3.1 Einleitung und Charakterisierung

Das Technologiemanagement existiert nicht als isolierte Funktion im „luftleeren Raum", sondern ist als Element eines komplexen Systems zu begreifen. Gemäß der Systemtheorie [1] kann das Technologiemanagement als Subsystem eines Unternehmens angesehen werden, welches wiederum als Subsystem in seine Umwelt eingebettet ist. Innerhalb dieses

G. Schuh (✉)
52074 Aachen, Deutschland
E-Mail: g.schuh@wzl.rwth-aachen.de

G. Schuh, S. Klappert (Hrsg.), *Technologiemanagement*,
DOI 10.1007/978-3-642-12530-0_3, © Springer-Verlag Berlin Heidelberg 2011

Gesamtsystems Umwelt – Unternehmen – Technologiemanagement existiert eine Vielzahl von Elementen, die als Einflussfaktoren auf das Technologiemanagement wirken. Beispielsweise können der technologische Reifegrad der Branche oder auch Präferenzen der Kunden des Unternehmens solche beeinflussenden Momente darstellen. Insgesamt üben diese Faktoren ihre Wirkung auf unterschiedliche Ebenen des Technologiemanagements aus: Zum einen werden die Prozesse und die relevanten Entscheidungen des Technologiemanagements inhaltlich beeinflusst. So hängt beispielsweise die Wahl der technologiestrategischen Stoßrichtung maßgeblich vom Reifegrad der entsprechenden Technologie ab [2], und die Entscheidung für eine bestimmte Technologiequelle basiert massiv auf der Verfügbarkeit eigener Kompetenzen und Ressourcen. Zum anderen unterliegt aber auch die aufbau- und ablauforganisatorische Ausgestaltung des Technologiemanagements einer Menge an Einflussfaktoren. In diesem Zusammenhang ist die Frage relevant, wie das Technologiemanagement in Abhängigkeit von bestimmten Einflussfaktoren im Unternehmen verankert sein sollte, welche Aktivitäten Schwerpunkte darstellen sollten und welche Methoden zum Einsatz kommen sollten, um effiziente Abläufe zu gewährleisten und bestmögliche Ergebnisse zu erzielen. Zahlreiche Forschungsarbeiten, insbesondere empirische Untersuchungen haben sich mit der Frage beschäftigt, welche Aspekte Einfluss auf die einzelnen Elemente bzw. Prozesse und Entscheidungen des Technologiemanagements wie zum Beispiel die Technologiefrüherkennung [3] oder die technologiestrategischen Entscheidungen haben [4–6].

Im Folgenden werden die im Rahmen des Technologiemanagements relevanten Anspruchsgruppen, die zu berücksichtigende Unternehmensstruktur und Unternehmensprozesse aufgezeigt und in einen Ordnungsrahmen für das Technologiemanagement überführt. Ziel des Ordnungsrahmens ist die Strukturierung des Technologiemanagements und deren Kommunikation durch eine transparente Darstellung. Der Ordnungsrahmen stellt somit ein Modell mit hohem Abstraktionsgrad dar, das den Zusammenhang der Bestandteile und Beziehungen des Technologiemanagements aufzeigt. Dadurch kann auf eingängige Weise ein Überblick über die komplexe Zusammenhänge des Technologiemanagements gewährt werden. Der Ordnungsrahmen stellt eine Detaillierung des neuen St. Galler Managementmodells dar.

3.2 Anspruchsgruppen des Technologiemanagements

Wie schon in Kap. 1 beschrieben, existieren Unternehmen nicht aus reinem Selbstzweck, sondern um ihren Anspruchsgruppen Nutzen zu stiften. Der gestiftete Nutzen ist abhängig von den jeweiligen Anspruchsgruppen und wird in Interaktion mit ihnen erstellt: So stellen beispielsweise Kapitalgeber die Finanzmittel zur Entwicklung neuer Technologien oder zum Aufbau von Produktionskapazitäten bereit, um den Kunden ein gefordertes Produkt anbieten zu können. Der Staat legt zudem Rahmenbedingungen fest und bietet Ressourcen, ohne die ein Unternehmen nicht sicher agieren kann, z. B. Gesetze und Infrastruktur. Derartige Gesetze, Verordnungen und Richtlinien stellen sowohl Chancen als auch Herausforderungen für Unternehmen dar, die zunächst im Rahmen der Technologiefrüherkennung identifiziert, anschließend bewertet müssen und denen durch tech-

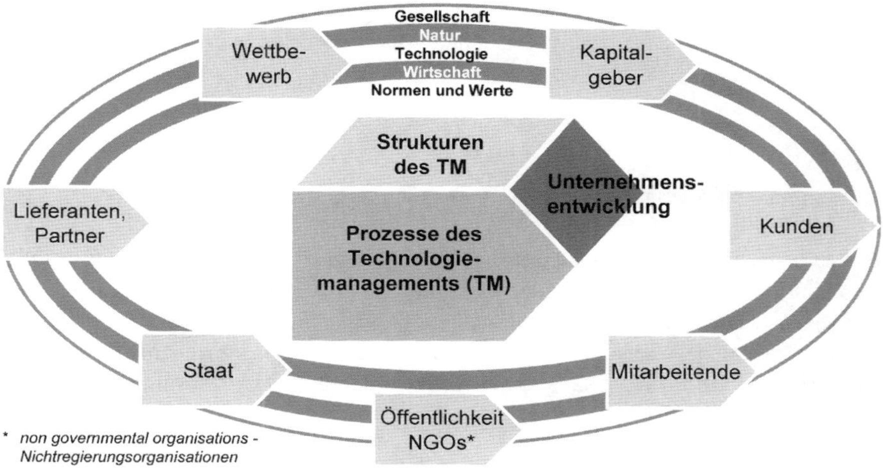

Abb. 3.1 Externe Anspruchsgruppen im Ordnungsrahmen Technologiemanagement

nische Lösungen begegnet werden muss. Lieferanten oder kooperierende Partner stellen materielle und immaterielle Ressourcen für eine in der Regel monetäre Gegenleistung bereit. Für das Technologiemanagement ist insbesondere das Wissen von Partnern und Lieferanten von Bedeutung, um mittel- bis langfristige Potenziale frühzeitig zu erkennen und einzigartige Technologien zu entwickeln. In Abb. 3.1 sind diese externen Anspruchgruppen dargestellt.

Neben den externen Anspruchsgruppen sind die internen Stakeholder des Technologiemanagements als Anspruchsgruppen und als Akteure zu betrachten. Dies führt zu der Frage wer bzw. welcher Funktionsbereich für die Durchführung der technologieorientierten Aufgaben verantwortlich ist. Diese Frage lässt sich zunächst nicht allgemeingültig beantworten, da jedes Unternehmen eine spezifische Unternehmensstruktur aufweist.

Verständlicherweise ist der Kern der Technologiemanagementaufgaben in den Bereichen FuE und Produktion angesiedelt. Vorhandene und zukünftige Produkte sowie deren Herstellung stehen im Mittelpunkt des Technologiemanagements. Aus diesem Grund finden sich die Produktentstehung und die Produktion im Zentrum des Technologiemanagements. Ausgehend von der Forschung erfolgt die Entwicklung. Diese beinhaltet als wesentliche Elemente die Produkttechnologieentwicklung und die dazugehörige Prozessentwicklung. Nach der Etablierung eines Produktes am Markt beginnt die Produktpflege, in der Optimierungen angestoßen werden. Die Produktion-hierzu zählen beispielsweise die Bereiche Arbeitsvorbereitung, Fertigung und Montage-fokussiert auf Produktionstechnologien. Vor dem Hintergrund sinkender Wertschöpfungstiefen gewinnt der Einkauf im Hinblick auf das Technologiemanagement stärker an Bedeutung, da vermehrt komplexe technologische Produkte beschafft und im Vorfeld bewertet werden müssen. Selbstverständlich ist die Geschäftsführung ebenfalls permanent in das Technologiemanagement eingebunden, da sie für alle richtungweisenden Entscheidungen verantwortlich ist und das Technologiemanagement im Unternehmen treiben muss. Hinzu kommen Bereiche, die nicht unmittelbarer in das Technologiemanagement eingebunden sind, jedoch für die

Durchführung einzelner Aufgaben bzw. für die Bereitstellung spezifischer Fachinformationen relevant sind. Dazu zählen die Funktionsbereiche Marketing, Vertrieb, Personalwesen, Service, Logistik und Finanzen.

3

3.3 Unternehmensprozesse des Technologiemanagements

Technologiemanagement ist eine interdisziplinäre Aufgabe, die natur- und ingenieurwissenschaftliche, betriebs- und volkswirtschaftliche, juristische und soziologische Fachrichtungen tangiert [7]. Dementsprechend deckt auch das von verschiedenen Autoren identifizierte Aufgabenspektrum des Technologiemanagements eine große inhaltliche Bandbreite ab, die in Abb. 3.2 zusammenfassend dargestellt ist. Obwohl die einzelnen

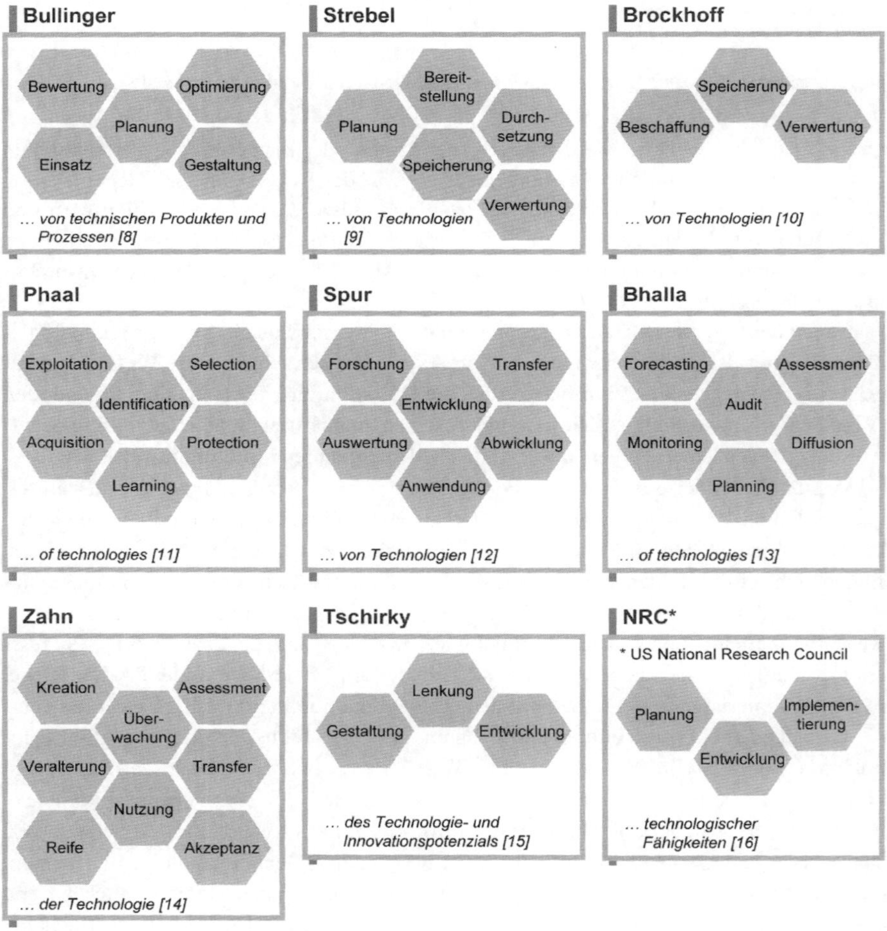

Abb. 3.2 Aufgabenfelder des Technologiemanagements nach unterschiedlichen Autoren

Autoren unterschiedliche Schwerpunkte innerhalb des Technologiemanagements, wie z. B. die Technologieentwicklung oder den Technologietransfer, setzen und darüber hinaus auf unterschiedlichen Aggregationsebenen agieren, zeigen sich Gemeinsamkeiten. So orientieren sich die repräsentativen Strukturierungsvorschläge aufgrund der zumeist strategisch ausgerichteten Sichtweise auf das Technologiemanagement überwiegend an einem Geschäftsprozess zur strategischen Ausgestaltung des Technologiemanagements entlang des Lebenszyklus von Technologien. Unter einem Geschäftsprozess werden hier unter Anlehnung an das neue St. Galler Management-Modell die marktbezogenen Kernaktivitäten des (technologieintensiven) Unternehmens verstanden [6]. Allen ausgewählten Ansätzen ist dabei gemeinsam, dass der Einsatz von Technologien eine frühzeitige Auseinandersetzung mit deren Randbedingungen, Möglichkeiten und Grenzen erfordert. Dies beinhaltet eine Betrachtung der komplexen Zusammenhänge zwischen technischen, ökonomischen, ökologischen und sozialen Aspekten von Technologien.

Hierauf aufbauend wurde die Prozesssicht zum Ordnungsrahmen Technologiemanagement als Teilelement des Ordnungsrahmens Produktion und Management (s. Kap. 1) entwickelt. Dem Prozesscharakter des Technologiemanagements wird durch die Einführung von sechs miteinander vernetzten Grundaktivitäten Rechnung getragen:

- Technologiefrüherkennung
- Technologieplanung
- Technologieentwicklung
- Technologieverwertung
- Technologieschutz
- Technologiebewertung

Technologiefrüherkennung Die Technologiefrüherkennung stellt einen Bestandteil der unternehmensweiten strategischen Früherkennung (Business Intelligence) dar [2, 3]. Ziel dieser Frühaufklärung ist es, rechtzeitig relevante Informationen über Veränderungen im gesamten Umfeld des Unternehmens bereitzustellen, um potenzielle Chancen und Risiken frühzeitig zu erkennen. Die Schaffung einer transparenten Informationsbasis (Beschaffung, Analyse und Kommunikation) unterstützt strategische Entscheidungsprozesse im Unternehmen und stellt ein Bindeglied zwischen der Strategieformulierung und der Technologieplanung dar. Während die Früherkennung auf jegliche zukünftige Entwicklungen und Ereignisse im unternehmerischen Umfeld ausgerichtet ist, fokussiert die Technologiefrüherkennung als Teil dieser Aktivitäten auf die Analyse und Prognose der technologischen Potenziale neuer sowie der Bestimmung technologischer Leistungsgrenzen bestehender Technologien [2]. Zielsetzung ist die Identifikation von Entwicklungen in relevanten Technologiefeldern als Grundlage für Technologieentscheidungen im Unternehmen.

Technologieplanung Die Planung beinhaltet die Ermittlung und Systematisierung aller Aktivitäten, Abläufe, Kosten, Ressourcen und Termine und stellt die geistige Vorwegnahme zukünftigen Handelns dar [9]. Innerhalb der Technologieplanung bedeutet dies, die richtigen Entscheidungen im Hinblick auf die zukünftige technologische Ausrichtung des Unternehmens zu treffen und deren Umsetzung voraus zu denken. Es sind also die Fragen zu beantworten, mit welchen Technologien und auf welchem Wege der Umsatz und die Marktanteile eines Unternehmens gesteigert, die Kundenanforderungen besser erfüllt, die Unternehmenspotenziale gestärkt, Wettbewerbsvorteile und Zeitvorsprünge erzielt und Stärken ausgebaut bzw. die Schwächen abgebaut werden können [17]. Die Technologieplanung beinhaltet somit die Operationalisierung der Technologiestrategie. Während in der Technologiestrategie im Wesentlichen Ziele beschrieben werden, erfolgt im Rahmen der Technologieplanung die Gestaltung des Weges zur Erreichung der Ziele. Kernergebnis der Technologieplanung ist der Technologieplan, der beschreibt, welche Technologie zu welchem Zeitpunkt und zu welchem Zweck zur Anwendung kommen sollen. Darüber hinaus wird Auskunft erteilt, woher die Technologien bezogen werden und welche Vorgaben für die Ressourcenplanung gelten. Somit entstehen im Rahmen des Technologieplanungsprozesses konkrete, umsetzbare Vorgaben für die Entwicklung und den Einsatz von Technologien [18].

Technologieentwicklung Die Technologieentwicklung hat das Ziel, die Vorgaben aus der Technologieplanung effizient umzusetzen. Dies bedeutet, dass die Anforderungen an die Entwicklung neuer oder an Verbesserungen bereits im Unternehmen existierender Technologien in der vorgegebenen Zeit und mit den existenten Ressourcen zu realisieren sind. Dafür ist ein stringenter Technologieentwicklungsprozess erforderlich, der bereits im Ideenstadium einer Technologie einsetzt. Technologieentwicklungsprojekte können mittels interner Ressourcen aber auch mit Hilfe externer Ressourcen [19] bearbeitet werden. Der Entwicklungsprozess gilt somit gleichwohl für interne als auch für Projekte mit externen Partnern. Der Formalismus des Prozesses ist zur Erzeugung von Transparenz und zur Erstellung einer Entscheidungsvorbereitung für die Technologieplanung unerlässlich. Er darf jedoch nicht dazu führen, dass der Prozess die Kreativität der Mitarbeiter zu stark einschränkt und schnelle Reaktionen auf Umfeldveränderungen verhindert.

Technologieverwertung Der strategische Handlungsrahmen, der sich in der Frage der Technologieverwertung eröffnet, mündet zunächst in den beiden neutralen Dimensionen „interne Technologieverwertung" und „externe Technologieverwertung" [20]. Die interne Technologieverwertung fokussiert auf den Einsatz einzigartiger technologischer Fähigkeiten in Produkten des Unternehmens. Ziel ist es hierbei einerseits, dem Unternehmen durch den Einsatz technologischer Fähigkeiten in den Produkten einen nachhaltigen Wettbewerbsvorteil zu verschaffen, und andererseits, eine breite Nutzung von Technologien in mehreren Produkten, Absatzmärkten bzw. Branchen zu ermöglichen [21]. Technologische Erfolgspositionen können jedoch nicht nur durch den Einsatz von herausragenden technologischen Fähigkeiten bei der Herstellung von Produkten erreicht werden, sondern darüber hinaus durch die Technologiennutzung in Form der externe Technologieverwertung. Indem Technologien Dritten zur Nutzung übertragen werden, wird die Rentabilität der Technologieinvestition verstärkt und ein Beitrag zur Maximierung des wirtschaftlichen Nutzens geleistet. Dies beinhaltet beispielsweise organisationsübergreifende Kooperationen (z. B. strategische Allianzen, Joint-Venture), Lizenzvergaben und den Technologieverkauf (z. B. Übertragung von Eigentum).

Technologieschutz Der Technologieschutz zielt darauf ab, die eigene Innovationskraft dafür nutzen, eigene Technologieentwicklungen vor Know-how-Übergang an Wettbewerber zu schützen, indem raffinierte Protektionsmechanismen entwickelt werden, die eine Imitation von Technologien und Produkten verhindern. Dazu zählen sowohl zahlreiche technische Lösungen, wie z. B. künstliche Erzeugung von Komplexität durch gekapselte elektrische Schaltungen oder zeitabhängige Steuerungen mit „Verfallsdatum", aber eben auch Maßnahmen der Wettbewerbsgestaltung: Wirksame Eintrittsbarrieren lassen sich auch durch Erweiterung des Wertschöpfungskettensegmentes, durch das Angebot zusätzlicher kundenspezifischer Leistungen, durch Chinese Walls innerhalb der Supply Chain oder durch die exklusive Verpflichtung von Zulieferern realisieren. Mit gezielten, systematischen Anstrengungen kann der Gefahr des ungewünschten Know-how-Übergangs entgegen gewirkt werden.

Technologiebewertung Die beschriebenen Elemente werden ergänzt durch die Technologiebewertung. Entscheidungen, die eine Technologiebewertung erfordern, treten in allen Phasen des Technologiemanagements auf. Eine hohe Leistungsfähigkeit in der Technologiebewertung bildet eine wichtige, phasenübergreifende Voraussetzung zur effizienten und effektiven Gestaltung des Technologiemanagements. Die Fähigkeit zur Auswahl, zur Anwendung und zur Beherrschung der der jeweiligen Entscheidungssituation angepassten Bewertungsansätze ist von hoher Bedeutung. Im Sinne einer allgemeinen Begriffsdefinition bezeichnet Technologiebewertung die Ermittlung und Beurteilung des Erfüllungsgrades vorgegebener Zielstellungen oder -zustände für ein bestimmtes technologiebezogenes Bewertungsobjekt, um Entscheidungen bei der Entwicklung, Einführung und Nutzung von Technologien treffen zu können. Über reine Technologien hinaus stellen dabei auch Ideen für neue Technologien, definierte Entwicklungsziele neuer Technologien, Zwischen- und Endergebnisse bei der Bearbeitung von Technologieprojekten oder Ergebnisse oder Erfahrungen aus der Nutzung von Technologien Bewertungsobjekte technologiebezogener Bewertungsprozesse dar. Durch den Einsatz von Bewertungsmethoden, die eine inhärente Systematik aufweisen, soll die Qualität der Entscheidungen und damit die Wahrscheinlichkeit des Handlungserfolgs gesteigert werden.

Abbildung 3.3 stellt den Ordnungsrahmen Technologiemanagement aus innerbetrieblicher Sicht dar. Dieser gibt zum einen die dargestellten Prozesse auf der Ebene der Unter-

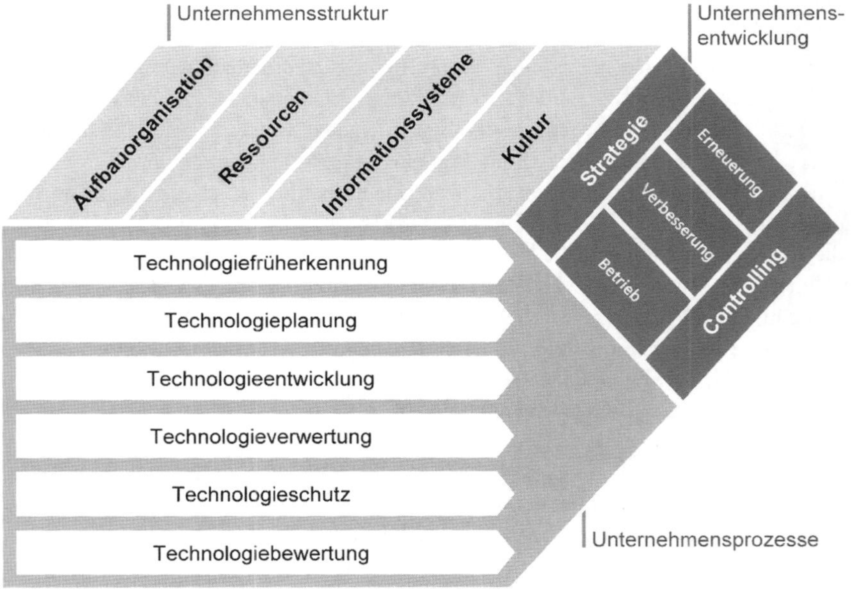

Abb. 3.3 Innerbetrieblicher Ordnungsrahmen Technologiemanagement

nehmensprozesse wieder. Zum anderen werden die Elemente der Unternehmensstruktur und Unternehmensentwicklung aufgeführt, die im Weiteren erläutert werden.

3.4 Unternehmensstruktur im Technologiemanagement

Unter dem Oberbegriff der Unternehmensstruktur werden die konstituierenden Elemente für ein Unternehmen zusammengefasst. Die Aufbauorganisation gibt die innere Ordnung des Unternehmens wieder. Vor dem Hintergrund des Technologiemanagements stellt sich hier die Frage, welche organisatorische Verankerung zielführend ist. Die Ressourcen beschreiben die betrieblichen Einsatz- und Produktionsfaktoren, die sowohl materiell als auch immateriell sein können. Innerhalb des Technologiemanagements beinhaltet dies neben den Mitarbeitern unterschiedlicher Fachbereiche vor allem die Ressource Wissen. Auf diesen Aspekt wird im Kapitel Technologiefrüherkennung speziell Bezug genommen. Informationssysteme unterstützen die Prozesse und sind Voraussetzung für einen effektiven und effizienten Betrieb. Zwischenzeitlich haben sich Informationssysteme für einzelne Aufgaben des Technologiemanagements etabliert. Diese wirken unterstützend, sind aber selbst nicht die Lösung für kreative Herausforderungen. Vor diesem Hintergrund kommt der Kultur eine besondere Bedeutung zu. Die Kultur befasst sich mit den Bestandteilen der normativen Managementebene Unternehmenskultur, -verfassung, -politik sowie deren Wechselwirkungen zur Unternehmensentwicklung.

3.4.1 Aufbauorganisation

Strukturen sind das Basiselement einer Unternehmung. Die Aufbauorganisation gibt das Ausmaß der Spezialisierung und der Arbeitsteilung im Unternehmen an. Ist von der aufbauorganisatorischen Verankerung des Technologiemanagements in einem Untenehmen die Rede, besteht häufig die Vorstellung von einer eigenständigen Organisationseinheit, die mit den Aufgaben des Technologiemanagements betraut ist. Dieses implizite Verständnis mag vielleicht aus der Erfahrung heraus begründet sein, grenzt aber den Blick auf die bestehenden Möglichkeiten ein. Denn neben der Verankerung des Technologiemanagements in Form einer eigenständigen Organisationseinheit im Unternehmen, was sicherlich in vielen Fällen eine vernünftige Lösung ist, können die Aufgaben des Technologiemanagements auch implizit von anderen Bereichen im Unternehmen wahrgenommen werden. Denn das Technologiemanagement berührt die Interessen zahlreicher Unternehmensbereiche und muss als Querschnittsfunktion im Unternehmen verstanden werden. Um den ganzheitlichen Blick für den Nutzen des Unternehmens zu wahren, ist es nötig, die Aktivitäten im Technologiemanagement mit allen relevanten Unternehmensbereichen zu synchronisieren. Daher kommt der organisatorischen Verankerung des Technologiemanagement im Unternehmen eine besondere Bedeutung zu [22].

Der Organisationsbegriff soll hier gemäß der institutionellen Interpretation verstanden werden. Während die Strukturierung der Aufgaben und Prozesse des Technologiemanagements also die instrumentelle Organisation oder Ablauforganisation den Kerninhalt dieses Werkes darstellt und in den folgenden Kapiteln thematisiert wird, soll in diesem Abschnitt auf die Aufbauorganisation des Technologiemanagements im Unternehmensgefüge eingegangen werden. Zur Unterscheidung der instrumentellen und institutionellen Organisationsverständnisses sei an dieser Stelle auf spezifische Literatur verwiesen [23–25].

Im Folgenden werden zunächst die Anforderungen, die sich aus den Aufgaben des Technologiemanagements an die Aufbauorganisation ergeben, dargestellt. Anschließend erfolgt die Erläuterung einer Auswahl an Möglichkeiten zur aufbauorganisatorischen Gestaltung des Technologiemanagements.

3.4.1.1
Anforderungen an die Aufbauorganisation des Technologiemanagements

Die Anforderungen des Technologiemanagements an die Aufbauorganisation können im Wesentlichen aus seinen Aufgaben abgeleitet werden, wie sie im einzelnen in den nachfolgenden Kapiteln beschrieben werden. Wenn die Anforderungen auch in jedem Unternehmen aufgrund jeweils anderer Rahmenbedingungen sicherlich individuelle Ausprägungen haben und entsprechend unterschiedlich gewichtet sein mögen, so beziehen sie sich im Wesentlichen dennoch auf folgende sieben Aspekte:

- Bereitstellung operativer Kapazität
- Arbeitsteilung und Vermeidung von Redundanzen
- Zusammenführung eines Informationsnetzwerks (intern/extern)
- Zentrale Bereitstellung von Informationen
- Anbindung an eine Richtlinienkompetenz
- Integration von bzw. Anbindung an eine Entscheidungskompetenz
- Steuerung/Koordination der Aktivitäten

Bereitstellung operativer Kapazität Unabhängig von der Art der an sie adressierten Aufgabe, ist die vornehmliche Anforderung an eine Organisation die Bereitstellung einer operativen Kapazität zur Erfüllung dieser Aufgabe. Dies gilt sowohl für wertschöpfende als auch für nicht wertschöpfende Aktivitäten. In der Regel entsteht bei der Organisationsgestaltung an dieser Stelle das Spannungsfeld zwischen Bedarf und zur Verfügung stehender Ressourcen, sodass sich aus der tatsächlichen Ausstattung einer Organisation mit Kapazität häufig eine Eingrenzung des Aufgabenfeldes ergeben muss. Die für das Technologiemanagement benötigte operative Kapazität ist, insbesondere im Vergleich zu konkret erfassbaren und häufig in gleicher Form wiederholten Tätigkeiten wie sie in Produktionsabläufen vorliegen, relativ schwierig aus dem Aufgabenspektrum ableitbar. Daher wird in der Praxis häufig der Weg gewählt, von den zur Verfügung stehenden Ressourcen ein gewisses Maß für das Technologiemanagement bereitzustellen und die Breite des Aufgabenspektrums einzugrenzen.

Arbeitsteilung und Vermeidung von Redundanzen Um die bereitstehende operative Kapazität effizient nutzen und sinnvoll strukturieren zu können, ist in der Regel eine Arbeitsteilung notwendig, die aus einer Aufgabenanalyse und -synthese (vgl. [25, 26]) abgeleitet werden kann. Das selbstverständliche Ziel dabei ist es, Synergien zu nutzen und

Redundanzen zu vermeiden. Aufgrund der teils komplexen Inhalte und der Notwendigkeit zum Wissens- und Netzwerkaufbau bietet sich zur Aufgabenteilung im Technologiemanagement die inhaltliche Dimension an. So können Aufgaben beispielsweise entlang bestimmter Technologien oder entlang der in der Früherkennung definierten Suchfelder aufgeteilt werden. Diese Art der Strukturierung erleichtert es, beständige Netzwerke zu knüpfen und Wissen konzentriert aufzubauen. Dies würde einer Aufgabenteilung, wie sie üblicherweise in Forschungsbereichen vorzufinden ist, entsprechen. Zu bemerken ist an dieser Stelle, dass die Aufteilung der Aufgaben, wie sie in diesem Buch in Technologiefrüherkennung, -planung, -entwicklung, -verwertung, -schutz und -bewertung vorgenommen worden ist, weniger unter dem Aspekt einer Aufgabenteilung zu sehen ist, sondern eher unter dem Aspekt einer Aufteilung entsprechend besonderer Charakteristika dieser Aufgaben.

Zusammenführung eines Informationsnetzwerks (intern/extern) Eine wesentliche und übergreifende Aufgabe im Technologiemanagement ist der Umgang mit Informationen und zwar in Bezug auf deren Beschaffung, Verdichtung und Kommunikation. Dazu muss das Technologiemanagement sowohl mit internen als auch mit externen Informationsträgern vernetzt werden.

Unternehmensinterne Bereiche, mit denen eine enge Vernetzung erforderlich ist, sind Geschäftsführung, Forschung, Entwicklung, Einkauf und Produktion. Eine Vernetzung mit den Bereichen Marketing, Vertrieb, Service, Logistik, Personal und Finanzen kann für das Technologiemanagement ebenfalls nützlich sein, ist aber eher im erweiterten Sinne notwendig.

Externe Einheiten, mit denen das Technologiemanagement eine Vernetzung anstreben sollte, sind vor allem Kooperationspartner, Lieferanten, Kunden, Experten und Berater sowie Wettbewerber. Daneben sollten je nach Bedarf auch Pfade des Netzwerks in andere Unternehmen (auch solche anderer Branchen), in die Gesellschaft, zu staatlichen Einrichtungen, sowie zu Kapitalgebern und zur Wissenschaft gelegt werden.

Zentrale Bereitstellung von Informationen Während die im oberen Abschnitt dargestellte Notwendigkeit der Vernetzung vornehmlich der Informationsbeschaffung dient, kommt dem Technologiemanagement außerdem die Rolle der Bereitstellung von Informationen innerhalb des Unternehmens zuteil. Organisatorisch sollte es daher so eingebunden sein, dass es dem Charakter einer zentralen Informationsbasis entspricht. Sämtliche technologische Fragestellungen sollten an eine definierte Stelle adressiert werden können und ebenso sollten technologierelevante Entscheidungen oder Planungen, wie sie etwa in Form der Technologieroadmap fixiert sind, von einer definierten Stelle proaktiv und nachdrücklich in das Unternehmen hinein kommuniziert werden können.

Anbindung an eine Richtlinienkompetenz Um die Aufgaben des Technologiemanagements zielgerichtet erfüllen zu können, bedarf es Vorgaben. Daher ist die Anbindung an eine Richtlinienkompetenz erforderlich. Die Mindestanforderung der Anbindung an eine Richtlinienkompetenz ergibt sich durch die Ableitung technologischer Vorgaben bzw. einer Technologiestrategie aus der Unternehmensstrategie. Aber auch in den weiteren Phasen des Technologiemanagementprozesses, etwa bei der Technologieplanung oder der Technologieverwertung kann eine konkrete Vorgabe der Ausrichtung erforderlich werden.

Speziell dann, wenn die Richtungsvorgaben nicht scharf genug sind oder sich aufgrund von Umfeldveränderungen schnell ändern müssen.

Integration von bzw. Anbindung an eine Entscheidungskompetenz Die im Rahmen des Technologiemanagements beschafften Informationen dienen keinem Selbstzweck. Sie legen die Basis für eine Bewertung von Technologien und fließen damit in Entscheidungsvorlagen und somit in Entscheidungen ein. Die Instanz, die basierend auf diesen Vorlagen die technologierelevanten Entscheidungen trifft, muss fest im Unternehmen verankert sein und die Entscheidungen auch mit entsprechendem Nachdruck durchsetzen können.

Steuerung und Koordination der Aktivitäten Obwohl die Abläufe und Inhalte des Technologiemanagements einen wiederkehrenden standardisierten Charakter haben, sind die konkreten Aktivitäten wie z. B. Machbarkeitsstudien oder Technologiepotenzialanalysen je nach Anwendungsfall eher individuell. Sie müssen als einzelne Projekte oder Teilprojekte betrachtet werden und stellen keinesfalls Routineaufgaben dar. Um vor allem innerhalb einer größeren Organisationseinheit für Technologiemanagement die Ergebnisse transparent zu halten und den Überblick über existierende direkte Pfade zum Wissensaustausch innerhalb der Organisationseinheit zu bewahren, ist eine Steuerungs- und Koordinationsfunktion in der Organisationseinheit erforderlich. Inwieweit dies über eine starre Leitungshierarchie, durch flankierende Leitung, durch eine partzipativ-kooperierende Führungsform (vgl. [27]) oder auch durch Coaching erfolgen kann, hängt vom Einzelfall ab.

3.4.1.2
Organisatorische Verankerungsmöglichkeiten für das Technologiemanagement

Die organisatorische Verankerung des Technologiemanagements kann auf unterschiedliche Weise erfolgen. Innerhalb des Unternehmens kann das Technologiemanagement implizit durch verschiedene Mitarbeiter erfolgen. Eine explizite Verankerung des Technologiemanagements im Unternehmen kann in Form eines Gremiums, einer Projektorganisation, einer Stabsorganisation sowie angebunden an eine Linienfunktion oder als Center erfolgen. Weiterhin ist auch denkbar, die Erledigung von Aufgaben des Technologiemanagements, wie z. B. die Technologiefrüherkennung, an unternehmensexterne Organisationen zu vergeben. Eine Übersicht über die verschiedenen Verankerungsmöglichkeiten ist in Abb. 3.4 dargestellt.

Implizite Integration in die Unternehmensorganisation Ist das Technologiemanagement implizit in die Unternehmensorganisation integriert, existiert im Gegensatz zur expliziten Verankerung keine eigene Organisationseinheit, die die Verantwortung für das Technologiemanagement als Ganzes übernimmt. Hier sind die Aktivitäten des Technologiemanagements implizit auf Mitarbeiter unterschiedlicher Bereiche verteilt. Die Aufgaben des Technologiemanagements werden in dieser Form vollständig dezentral und ohne eine koordinierende Instanz erledigt.

Bei der impliziten Form stellt sich die Frage, in wieweit das Technologiemanagement systematisch erfolgten kann, und, in wieweit Redundanzen vermieden und Synergien nutzbar gemacht werden können. Nur in Kombination mit einer ausgeprägten Systematik

3

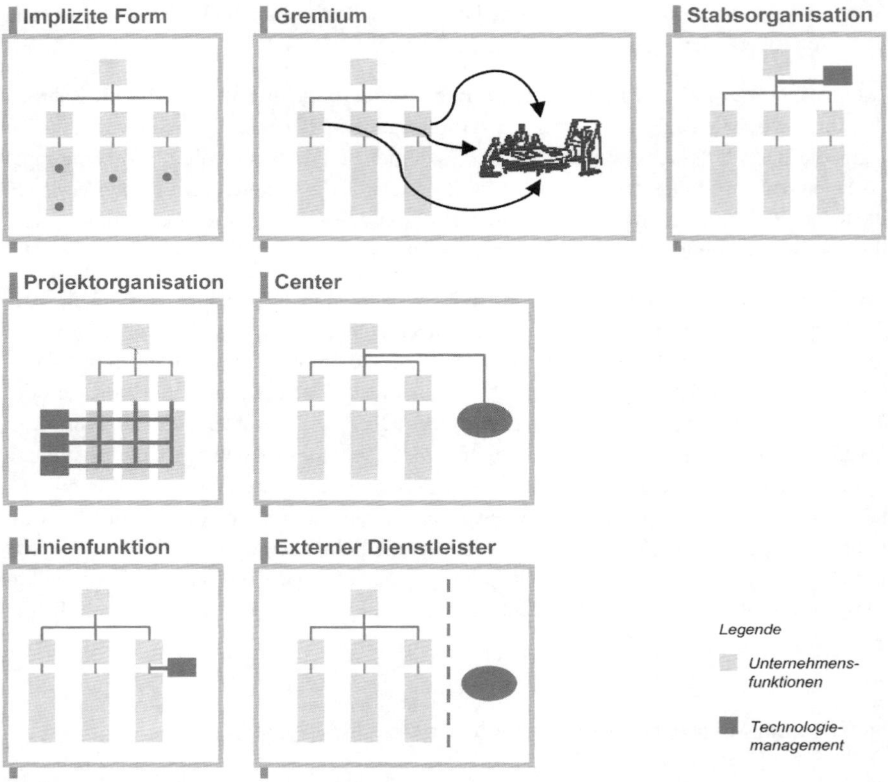

Abb. 3.4 Übersicht über mögliche Organisationsformen für das Technologiemanagement

und Zielorientierung ist in dieser Form eine Möglichkeit zur Steuerung und Kontrolle der Aktivitäten gegeben.

Gremium Für ein Gremium werden in der Literatur auch die Begriffe „Ausschuss", „Kommission", „Komitee", „Kollegium" oder „Konferenz" verwendet. Vereinzelt werden auch die Zusammenkünfte der Gremien wie beispielsweise „Tagung", „Sitzung" oder „Besprechung" synonym für die Organisationseinheit verwendet [26, 28–34].

Charakteristika von Gremien sind ihre bereichsübergreifende und intervallorientierte Zusammenarbeit, ihre zeitliche Beständigkeit sowie die Aufgabenzuordnung als nebenamtliche Tätigkeit. Gremien werden ausschließlich aus Mitarbeitern verschiedener Bereiche gebildet und zur Findung von Entscheidungen eingesetzt, die von allen beteiligten Bereichen getragen werden sollen. Die Zusammenarbeit in Gremien ist diskontinuierlich [28]. Dies bedeutet, dass Gremien nicht kontinuierlich an der Lösung ihrer Aufgabenstellung arbeiten, sondern nur in bestimmten zeitlichen Intervallen zusammentreffen. Die Arbeit in Gremien erfolgt neben den originären Aufgaben bzw. Funktionen der Mitglieder. Gremien werden meist dauerhaft installiert, wobei ihre Mitglieder wechseln können [34].

Im Rahmen des Technologiemanagements ist ein Gremium geeignet, um relevante Bereiche, idealerweise deren Leitungsebenen, in Informationsflüsse vor dem Hintergrund einer Entscheidung mit einzubeziehen, wie es insbesondere im Rahmen der Technologieplanung der Fall sein sollte. Ein Gremium könnte nach Vorbereitung der Entscheidungen zur Entscheidungsfindung einberufen werden. Gremien sind insbesondere in der Technologiefrüherkennung und in der Technologieplanung ein wichtiges Instrument zur unternehmensweiten Kommunikation.

Projektorganisation Projekte sind besondere Aufgabenstellungen, die zeitlich begrenzt und komplex sind. Für Unternehmen sind sie oft von hoher Bedeutung und mit einem gewissen Grad an Risiko behaftet. Sie sind in der Regel interdisziplinär und haben häufig einen Neuheitscharakter [35–37].

Um Projekte in Unternehmen effizient bearbeiten zu können, reichen die Strukturen der Primärorganisation nicht aus [38]. Im Rahmen der institutionellen Sichtweise des Projektmanagements muss eine Projektorganisation aufgebaut und in die Unternehmensstruktur integriert werden, die den an Projekten beteiligten Parteien gerecht wird [39]. Die Projektorganisation gilt somit als Teil des Projektmanagements, welcher befristete Projekte in die bestehende Unternehmensstruktur integriert [37].

Für das Technologiemanagement bedeutet die Projektorganisation, dass die Aufgaben in Form von Projekten durchgeführt werden. Dies ermöglicht es, verschiedene Bereiche bedarfsgerecht einzubeziehen. Übergreifendes Fachwissen kann somit effizient entlang des Technologiemanagementprozesses eingebracht werden. Aufgrund der zeitlichen Begrenzung der Projekte kann Kontinuität entlang des Technologiemanagementprozesses nur schwer abgebildet werden. Hierzu eignet sich eine übergeordnete Instanz, die an die strategische Unternehmensebene angebunden ist, die Projekte koordiniert und somit die Projektstruktur mit einer Stabsorganisation kombiniert.

Stabsorganisation Stäbe sind organisatorische Einheiten, die Stellen mit Leitungsfunktion (Instanzen) unterstützen. Ihre Hauptaufgabe ist die Vorbereitung von Managemententscheidungen, sodass sie sich im Wesentlichen mit der Sammlung, Prüfung, Strukturierung und Auswertung von Informationen, sowie mit der Generierung und Bewertung von Entscheidungsalternativen auseinandersetzen. Charakteristisch für einen Stab ist demnach eine eher beratende Funktion und die fehlende Entscheidungs- und Weisungsbefugnis gegenüber der Linienorganisation. Stäbe sind stets unternehmensinterne und permanente Organisationsformen, wodurch sie sich von Projektgruppen, Gremien und externen Beratungen unterscheiden [40].

Die Integration der Aufgaben des Technologiemanagements in eine Stabsfunktion ist grundsätzlich denkbar, da seine Querschnittsaufgabe in vielen Fällen dem Charakter eines Stabes entspricht. Als Leitungsinstanzen, denen das Technologiemanagement zugeordnet werden kann, kommen beispielsweise die Unternehmensleitung oder die Technische Leitung sowie die Leitung der Produktion oder der FuE in Frage. Je nach Unternehmenscharakteristik kann das Technologiemanagement im Einzelfall auch an anderen Leitungsinstanzen angebunden werden.

Linienintegration Durch eine Integration in die Linie wird eine Organisationseinheit im Leitungssystem des Unternehmens der Hauptaufgabe einer Linie unterstellt [37]. Linien können je nach Unternehmensstruktur sowohl funktionaler als auch divisionaler Art sein.

Da das Technologiemanagement eine Querschnittfunktion im Unternehmen darstellt, ist die Linienintegration häufig kritisch zu bewerten, da hierdurch der übergreifende Charakter des Technologiemanagements eingeschränkt wird und das Technologiemanagement in dieser Form primär den Zielen der übergeordneten Funktion oder Division unterstellt wird. Die Integration in eine entsprechende Linie des Leitungssystems ist somit denkbar, wenn das Technologiemanagement ausschließlich auf die Fragestellungen und Zielsetzungen einer Unternehmensfunktion wie der Produktion oder der Forschung oder aber einer Sparte ausgerichtet ist. Die Integration in die Linienfunktion erfolgt dann meist in Form einer Stabsfunktion.

Center Ein Center ist eine organisatorische Einheit, die für bestimmte, ihr zugerechnete Leistungen verantwortlich ist und die dazu notwendigen Aufgaben bereichsübergreifend wahrnimmt. Zwischen dem Center und mehreren internen Kunden findet ein Leistungstransfer statt. Das Center wird allgemein oft als Unternehmen im Unternehmen bezeichnet und bildet eine Vorstufe zur Bildung eigener Geschäftsbereiche. Besonderes Kennzeichen des Centers ist der Grundgedanke, es an seiner Leistung zu messen [41]. Hier muss zwischen verschiedenen Arten wie beispielsweise dem Cost-Center oder dem Profit-Center unterschieden werden [37].

Wenn auch das Center in Bezug auf seinen eigenständigen Charakter als Organisationsform für das Technologiemanagement geeignet zu sein scheint, ist fraglich ob eine entsprechende Leistungsmessung der Funktionserfüllung des Technologiemanagements durchführbar ist. In Bezug auf die Anreizsysteme ist dies eine Grundvoraussetzung für die Centerorganisation.

Externer Dienstleister Die bisher beschriebenen Integrationsformen beziehen sich auf eine unternehmensinterne Verankerung des Technologiemanagements. Ebenso denkbar ist allerdings auch ein Outsourcing einzelner Aufgaben des Technologiemanagements an eine unternehmensexterne Organisation. Technologiemanagement wird demnach als Dienstleistung von externen Partnern wie z. B. geeignete Beratungsunternehmen, Forschungseinrichtungen oder speziell auf diese Anforderung ausgerichtete Dienstleister eingekauft.

Für einen externen Dienstleister kann sich durch die Zusammenarbeit mit mehreren Unternehmen selbstverständlich ein Synergiepotential ergeben, von dem im Idealfall auch seine Kunden profitieren. Insbesondere der Zugang zu einem externen Kompetenznetzwerk bietet hier einen entscheidenden Vorteil.

Es ist durchaus gängige Praxis, dass bestimmte Projekte aus dem Technologiemanagement an externe Einheiten vergeben werden. Die Vergabe der Gesamtaufgabe Technologiemanagement an externe Dienstleister ist nicht sinnvoll.

3.4.1.3
Binnenstruktur einer Organisationseinheit zum Technologiemanagement

Die Möglichkeiten zur Gestaltung der Binnenstruktur des Technologiemanagements sind facettenreich und hängen in hohem Maße von der individuellen Situation eines Unternehmens ab. Daher ist in der Regel eine Einzelfallbetrachtung angebracht, sodass an dieser Stelle lediglich auf zwei grundsätzliche Varianten kurz eingegangen werden soll.

Ein- oder Mehrlinienorganisation Es ist durchaus üblich, dass sich die Binnenstruktur von Organisationseinheiten an einem Ein- oder Mehrlinienmodell (Matrixorganisation) ausrichtet. In solchen Strukturen lassen sich mehrere Dimensionen klar und definiert abbilden, wodurch die Aufgaben und Verantwortlichkeiten intern entsprechend scharf abgrenzt werden können. Als eine Dimensionen wird häufig die Unternehmensstruktur angebildet, insbesondere bei divisional gegliederten Unternehmen. So kann sich eine Organisationseinheit klar auf die verschiedenen Unternehmensbereiche ausrichten, die sie bedient, und dabei ihre Belange und Bedarfe verstehen. Für das Technologiemanagement kommen allerdings noch weitere mögliche Dimensionen in betracht. Es könnte sich ebenfalls nach denjenigen Objekten ausrichten, die den Gegenstand seiner Aufgaben bilden, also den Technologien. So kann die Binnenstruktur etwa entlang von Technologiefeldern oder von in der Früherkennung definierten Suchfeldern aufgebaut sein, wodurch inhaltlich technologische Schwerpunkte bei der Abgrenzung der Aufgaben markiert werden können. Eine weitere Dimension zur Strukturierung wäre eine solche, die sich an den Bestandteilen des Technologiemanagementprozesses orientiert. Ob diese Dimension gerade vor dem Hintergrund des übergreifenden Charakters des Prozesses allerdings sinnvoll ist, bleibt fraglich.

Flexible Struktur/Mitarbeiterpool Neben der relativ starren Form der Linienorganisation besteht eine weitere Möglichkeit darin, eine völlig flexible Binnenstruktur aufzubauen, die sich etwa an Mintzbergs Adhokratie Gedanken [42] anlehnt und lediglich einen flexibel einsetzbaren Mitarbeiterpool darstellt (s. Abb. 3.5).

Kennzeichen dieser Struktur ist eine flache hierarchische Gliederung mit einer flankierenden Leitung, die im Wesentlichen administrativen und koordinierenden Charakter aufweist. Aus dieser Struktur lassen sich flexibel Projektteams bilden, da eine starre Linienzugehörigkeit nicht gegeben ist. Die flexible, rotationsähnliche Zusammenarbeit in verschiedenen Teams erhöht den Wissenstransfer und ermöglicht seine bedarfsgerechte Ausrichtung auf Breite und Detailtiefe. Diese Form der Organisation weist bereits in der Binnenstruktur einen deutlichen Netzwerkcharakter auf. Aufgrund der flankierenden Leitung und der hohen Verantwortung in den Projektteams stellt sie allerdings auch erhöhte Anforderungen an die Eigenverantwortlichkeit und Selbstorganisation der Mitarbeiter.

Abb. 3.5 Flexible Struktur/Mitarbeiterpool

Das Technologiemanagement kann in einer solchen Struktur bedarfsgerecht an interne und externe Schnittstellen ausgerichtet werden und inhaltlich thematische Schwerpunkte flexibel unterstützen. So lässt sie sich ideal in eine programm- oder projektorientierte Unternehmensstruktur integrieren. Der Netzwerkcharakter dieser Struktur schafft einen breiten Zugang zu Wissen und ermöglicht den internen Transfer.

Fallbeispiel aus der Automobilindustrie Mit dem Ziel, die produktionstechnologische Entwicklung zu forcieren, hat ein Unternehmen aus der Automobilindustrie das Technologiemanagement fest im Rahmen einer eigenständigen Abteilung verankert. Der Betrachtungsbereich konzentriert sich dabei hauptsächlich auf Produktionstechnologien, sodass die Abteilung zentral unterhalb der Produktionsleitung aufgehängt ist. Die Produktionswerke des Unternehmens befinden sich an international verteilten Standorten und stellen jeweils unterschiedliche Baugruppen bzw. Teilsysteme her. Das zur Produktion der einzelnen Baugruppen notwendige Technologiespektrum weist sowohl übergreifende Gemeinsamkeiten, als auch individuelle Differenzierungsmerkmale auf.

Die Abteilung ist entlang einer Matrixstruktur aufgebaut (s. Abb. 3.6). Die einzelnen Fertigungsbereiche werden durch separate Gruppen abgebildet, die die Kommunikation mit den Bereichen der unterschiedlichen Baugruppen sicherstellen. Die andere Dimension der Matrix orientiert sich an den relevanten Technologiefeldern, die sich sowohl aus den im Unternehmen vorhandenen als auch aus den zukünftig denkbaren Technologien zusammensetzen. In Abhängigkeit von der Bedeutung eines jeden Technologiefeldes für den jeweiligen Bereich wird eine Gruppe definiert, die das technologische Wissen bündelt und abteilungsweit verfügbar macht. Die Priorisierung und Definition der Themen, die im Rahmen des Technologiemanagements verfolgt werden sollen, erfolgt durch ein Gremium mit verantwortlichen Vertretern aus den Bereichen Produktion und Entwicklung. Etabliertes Werkzeug hierzu ist die Technologieroadmap. Zur Bearbeitung der relevanten Themen leiten die Mitarbeiter der Abteilung Technologiemanagement Projektteams mit unternehmensinternen und -externen Experten.

3.5 Unternehmensentwicklung im Technologiemanagement

Die Strategie stellt die Grundlage der Unternehmensentwicklung dar, aus der sich zukünftige Handlungsfelder in den Dimensionen Erneuerung, Verbesserung und Betrieb ableiten lassen. Das Controlling dient dem Soll-Ist-Vergleich der von der Strategie festgelegten Ziele und wird als Planungsgrundlage für Entscheidungen der Unternehmensführung herangezogen.

Im Zuge der zunehmenden Bedeutung des Technologiemanagements als Steuerungs- und Führungsaufgabe hat auch die Entwicklung von Technologiestrategien verstärkt Beachtung gefunden, um die langfristige Ausrichtung des Technologieportfolios zu planen und zu steuern. Dies hat sich in der Praxis als Erfolgsfaktor erwiesen: So zeigen zahlreiche Studien, dass Unternehmen mit einer expliziten Technologiestrategie erfolgreicher agieren

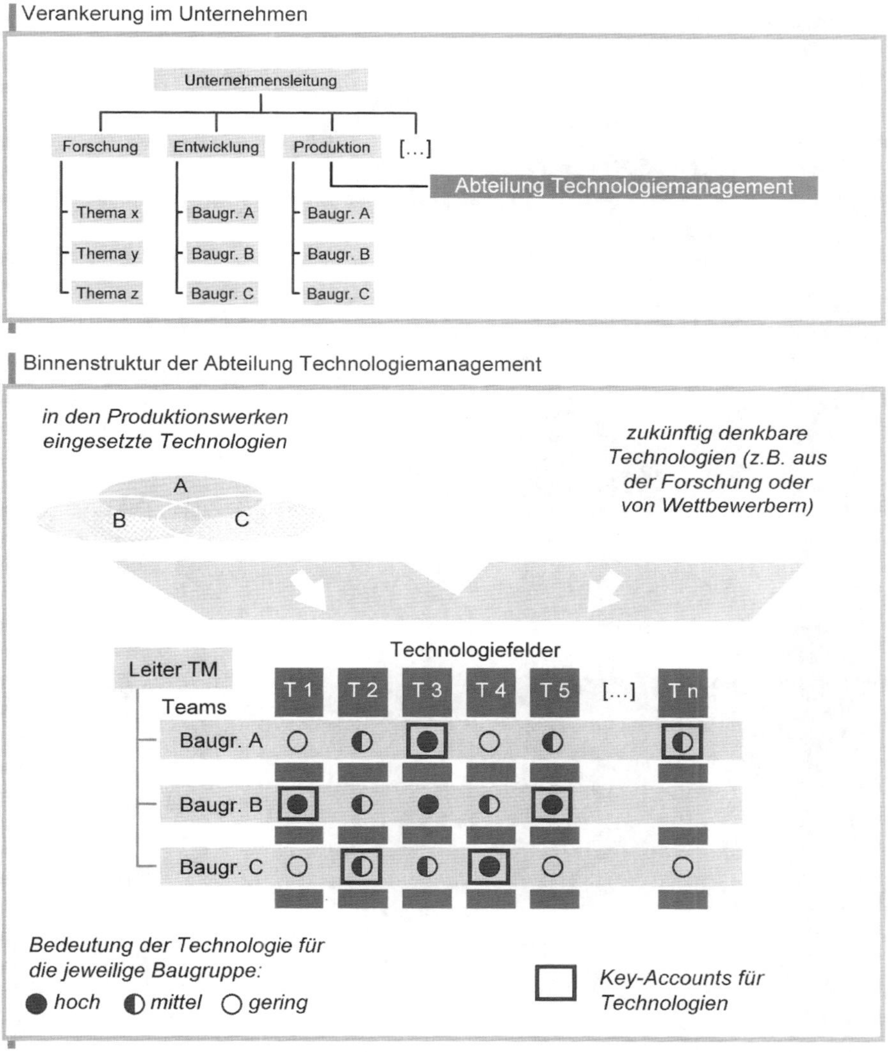

Abb. 3.6 Organisation des Technologiemanagements in einem Unternehmen der Automobilindustrie

als solche ohne schriftlich fixierte langfristige Marschrouten [43–45]. Oftmals wird der Begriff Technologiestrategie nur mit generellen Aussagen zum Anstreben einer technologischen Führerschaft, d. h. einer Überlegenheit gegenüber dem Wettbewerb oder einer technologischen Folgerschaft gleichgesetzt. Hier jedoch wird ein umfassenderes Verständnis vertreten, das auf folgender Definition aufbaut: Eine Technologiestrategie beschreibt, wie ein Unternehmen mit Technologien verfahren sollte, um Wettbewerbsvorteile zu erzielen. Sie definiert die technologischen Ziele und zeigt den grundsätzlichen Weg zur Zielerreichung auf. Eine Technologiestrategie gibt an, welche Technologien ein Unternehmen

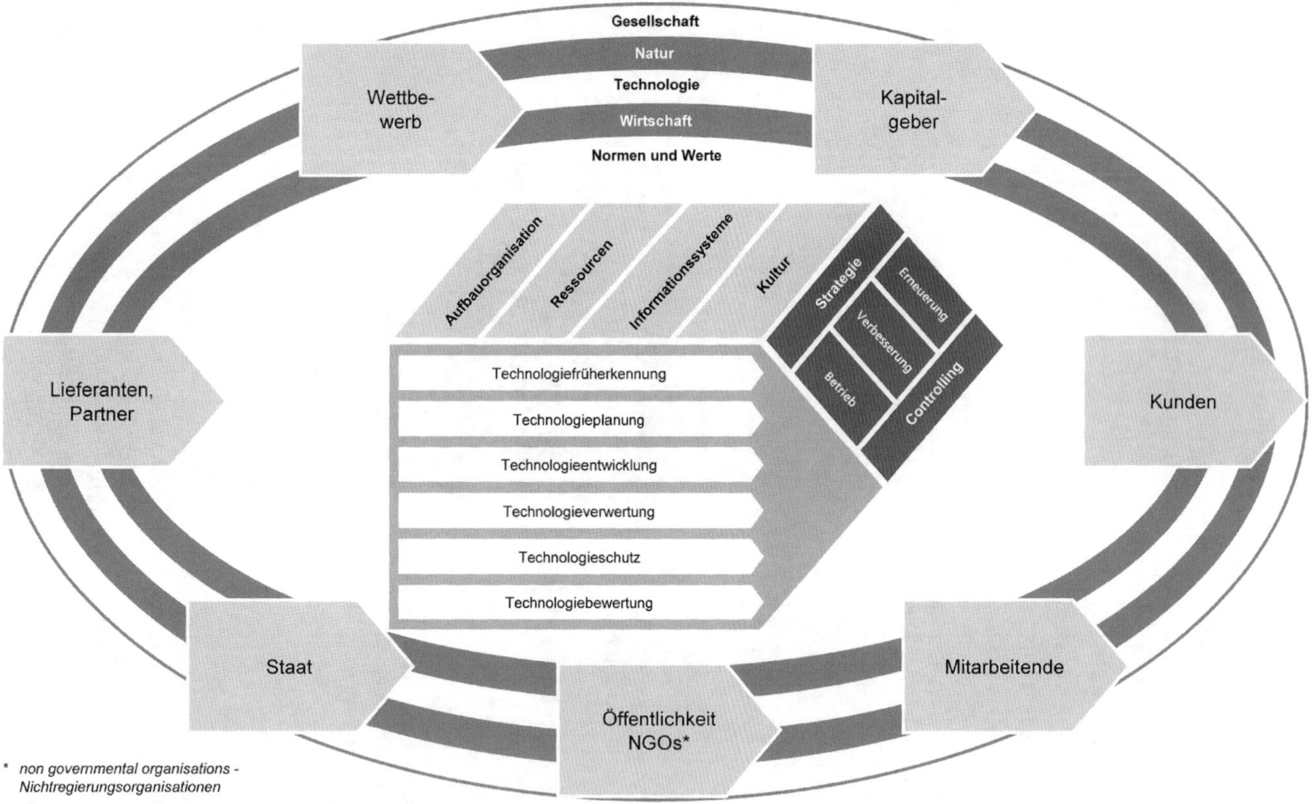

* non governmental organisations - Nichtregierungsorganisationen

Abb. 3.7 Ordnungsrahmen Technologiemanagement

zu welchem Zweck einsetzt, welches technologische Leistungsniveau dabei jeweils erreicht oder angestrebt ist, zu welchem Zeitpunkt der Technologieeinsatz erfolgt und woher die jeweilige Technologie bezogen wird. So sollte eine Technologiestrategie grundsätzlich Aussagen zu den inhaltlichen Dimensionen Technologieauswahl, technologische Leistungsfähigkeit, Technologiequelle, Technologietiming und Technologieverwertung enthalten [46, 47]. Dabei legt die Technologieauswahl fest, welche Technologien bzw. Technologiefelder in der Technologiestrategie adressiert werden. Für jedes zu berücksichtigende Technologiefeld müssen jeweils Entscheidungen in den Dimensionen Leistungsniveau, Technologiequelle, Technologietiming und Technologieverwertung getroffen werden. In der Praxis können Technologiestrategien unterschiedliche Detaillierungsgrade aufweisen und adressieren bei geringer Detailtiefe nicht notwendigerweise alle Dimensionen.

Aufgrund der Wichtigkeit der Technologiestrategie für die anschließenden Aktivitäten des Technologiemanagements wird der Technologiestrategie ein eigenes Kapitel in diesem Werk eingeräumt. Der Aspekt des Technologiecontrollings findet sich als Bestandteil der Technologieplanung als Operationalisierung der Technologiestrategie wieder.

3.6 Zusammenfassung

Der dargestellte Ordnungsrahmen strukturiert das Technologiemanagement und ermöglicht eine transparente Beschreibung der einzelnen Elemente und deren Wechselwirkungen (s. Abb. 3.7). Die Managementaufgabe besteht nun in der Ausrichtung und der gegenseitigen Abstimmung dieser Elemente untereinander sowie mit denjenigen Unternehmensfunktionen, die Schnittstellen zu den Grundelementen aufweisen. Der Gestaltungsspielraum, der sich dabei eröffnet, ist durch drei Gestaltungsparameter gegeben, die situationsspezifisch zu konfigurieren sind:

- Organisation: Verankerung des Technologiemanagements in der Unternehmensstruktur
- Aktivitäten: Festlegung konkreter Tätigkeiten innerhalb des Technologiemanagements
- Methoden: Bereitstellung von Hilfsmitteln und Tools zur Unterstützung der Aktivitäten

Literatur

1. Haberfellner, R., Becker, M., Büchel, A., von Massow, H., Nagel, P., Daenzer, W.F., Huber, F. (Hrsg.): Systems Engineering, 11. Aufl. Industrielle Organisation, Zürich (2002)
2. Wolfrum, B.: Strategisches Technologiemanagement, 2. überarb. Aufl. Gabler, Wiesbaden (2000)
3. Lichtenthaler, E.: Organisation der Technology Intelligence: Eine empirische Untersuchung der Technologiefrühaufklärung in technologieintensiven Grossunternehmen/. Technology, innovation and management. Industrielle Organisation, Zürich (2002)
4. Lindsley, W.B.: Factors affecting technology strategy. Academy of Management Best Paper Proceedings (1992), 374–378
5. Ehrat, M.: Kompetenzorientierte, analysegestützte Technologiestrategieerarbeitung. Dissertation, University of St. Gallen (1997)

3

6. Perillieux, R.: Der Zeitfaktor im strategischen Technologiemanagement: Früher oder später Einstieg bei technischen Produktinnovationen? Technological economics. Schmidt, Berlin (1987)
7. Binder, V., Kantowsky, J.: Technologiepotentiale: Neuausrichtung der Gestaltungsfelder des strategischen Technologiemanagements. DUV, Wiesbaden (1999)
8. Bullinger, H.-J.: Technologiemanagement. In: Eversheim, W., Schuh, G. (Hrsg.) Betriebshütte – Produktion und Management. Springer, Berlin (1996)
9. Strebel, H. (Hrsg.): Innovations- und Technologiemanagement, 2. Aufl. WUV, Wien (2007)
10. Brockhoff, K.: Forschung und Entwicklung, 5. Aufl. Oldenbourg, München (1998)
11. Phall, R., Cetindamar, D., Probert, D.: Understanding technology management as a dynamic capability: a framework for technology management activities. Technovation **29**, 237–246 (2008)
12. Spur, G.: Technologie und Management: Zum Selbstverständnis der Technikwissenschaft. Hauser, München (1998)
13. Bhalla, S.K.: The Effective Management of Technology – A Challenge for Corporations. Batelle Press, Columbus (1987)
14. Zahn, E. (Hrsg.): Handbuch Technologiemanagement. Schäffer-Poeschel, Stuttgart (1995)
15. Tschirky, H., Koruna, S. (Hrsg.): Technologiemanagement – Idee und Praxis. Orell Füssli, Zürich (1998)
16. US National Research Council: Management of Technology – The Hidden Competitive Advantage. National Academy Press, Washington (1987)
17. Pleschak, F., Ossenkopf, B.: Technologiebewertung. In: Specht, D., Möhrle, M.G.. (Hrsg.): Lexikon Technologiemanagement, S. 337–338. Gabler, Wiesbaden (2002)
18. Klappert, S.: Systembildendes Technologie-Controlling. Shaker, Aachen (2006)
19. Ehrlenspiel, K., Kiewert, A., Lindemann, U.: Kostengünstig Entwickeln und Konstruieren: Kostenmanagement bei der integrierten Produktentwicklung, 6. Aufl. Springer, Heidelberg (2007)
20. Birkenmeier, B.U.: Externe Technologieverwertung. Eine komplexe Aufgabe des integierten Technologie-Managements. Dissertation, Technische Wissenschaften ETH Zürich, Nr. 15140 (2003)
21. Brodbeck, H.: Strategische Entscheidungen im Technologie-Management. Relevanz und Ausgestaltung in der unternehmerischen Praxis. Industrielle Organisation, Zürich (1999)
22. Bullinger, H.-J.: Einführung in das Technologiemanagement: Modelle, Methoden, Praxisbeispiele. Teubner, Stuttgart (1994)
23. Schreyögg, G., von Werder, A.: Organisation. In: Schreyögg, G., von Werder, A. (Hrsg.) Handwörterbuch Unternehmensführung und Organisation, 6. völlig neu bearb. Aufl., S. 966–977. Schäffer-Poeschel, Stuttgart (2004)
24. Gutenberg, E.: Die Produktion, 24. Aufl. Springer, Berlin (1983)
25. Braun, J.: Grundlagen der Organisationsgestaltung. In: Bullinger, H.-J., Warnecke, H.-J., Westkämper, E. (Hrsg.) Neue Organisationsformen im Unternehmen, 2. Aufl. Springer, Berlin (2008)
26. Kosiol, E.: Organisation der Unternehmung, 2. Aufl. Gabler, Wiesbaden (1983)
27. Bleicher, K.: Organisation. Formen und Modelle. Gabler, Wiesbaden (1982)
28. Vahs, D.: Organisation. Einführung in die Organisationstheorie und -praxis, 5. Aufl. Schäffer-Poeschel, Stuttgart (2005)
29. Bühner, R.: Betriebswirtschaftliche Organisationslehre, 10. Aufl. Oldenbourg, München (2004)
30. Bleicher, K.: Organisation. Strategien, Strukturen, Kulturen, 2. Aufl. Gabler, Wiesbaden (1991)
31. Schneck, O. (Hrsg.): Lexikon der Betriebswirtschaft. Über 3000 Begriffe mit allen wichtigen Wirtschaftsgesetzen, 6. Aufl. Vahlen, München (2007)
32. Grochla, E.: Grundlagen der organisatorischen Gestaltung. Schäffer-Poeschel, Stuttgart (1995)

33. Weidner, W.: Organisation in der Unternehmung. Aufbau und Ablauforganisation, Methoden und Techniken praktischer Organisationsarbeit. Hanser, München (1998)
34. Kahle, E.: Ausschüsse. In: Schreyögg, G., von Werder, A. (Hrsg.) Handwörterbuch Unternehmensführung und Organisation, 4. Aufl., S. 72–78. Schäffer-Poeschel, Stuttgart (2004)
35. Berg, C.C.: Organisationsgestaltung. Kohlhammer, Stuttgart (1981)
36. Steinbruch, P.A.: Organisation, 12. Aufl. Kiehl, Ludwigshafen (Rhein) (2001)
37. Thommen, J.-P., Ergenzinger, R.: Lexikon der Betriebswirtschaft. Managementkompetenz von A bis Z, 4. Aufl. Versus, Zürich (2008)
38. Schulte-Zurhausen, M.: Organisation, 4. Aufl. Vahlen, München (2005)
39. Haberfellner, R.: Projektmanagement. In: Frese, E. (Hrsg.) Handwörterbuch der Organisation, 3. Aufl. Schäffer-Poeschel, Stuttgart, S. 2090–2102 (1992)
40. Neuwirth, S.: Stäbe. In: Schreyögg, G. (Hrsg.) Handwörterbuch Unternehmensführung und Organisation, 4. Aufl., S. 1349–1356. Schäffer-Poeschel, Stuttgart (2004)
41. Krüger, W., Werder, A., Grundei, J.: Center-Konzepte: Strategieorientierte Organisation von Unternehmensfunktionen. Z. Führ. Organ. **1**, 4–11 (1976)
42. Mintzberg, H.: The Structuring of Organizations. Prentice-Hall, Englewood Cliffs (1979)
43. Fleming, S.C.: Using technology for competitive advantage. Res. Technol. Manag. **34**(5), 38–41 (1991)
44. Roberts, E.: Benchmarking global strategic management of technology. Res. Technol. Manag. **44**(2), 25–26 (2001)
45. Schuh, G., Hilgers, M., Schröder, J., Saxler, J.: Success factors in technology management. In IAMOT 2006, 15th International Conference on Management of Technology, S. 147–156
46. Renz, K.-C.: Technologiestrategien in wachsenden und schnell wachsenden Unternehmen. IPA-IAO-Forschung und Praxis, 406. Aufl. Jost-Jetter, Heimsheim (2004)
47. Dowling, M., Hüsing, S.: Technologiestrategie. In: Specht, D., Möhrle, M., Eds, G. (Hrsg.) Gabler-Lexikon Technologiemanagement: Management von Innovationen und neuen Technologien im Unternehmen. Gabler, Wiesbaden (2002)

Grundlagen zum Technologiemanagement 4

Günther Schuh, Sascha Klappert, Johannes Schubert und Sebastian Nollau

Kurzüberblick Technologie beinhaltet Wissen, Kenntnisse und Fertigkeiten zur Lösung technischer Probleme sowie Anlagen und Verfahren zur praktischen Umsetzung naturwissenschaftlicher Erkenntnisse. Technik wird als Untersystem der Technologie betrachtet und bleibt eingebettet in das traditionelle Begriffsverständnis, das Technik als Materialisierung der Technologie definiert.

Neben den dargestellten Begriffsdefinitionen des Terminus Technologie existieren verschiedene Klassifizierungsansätze für Technologien. Durch eine Analyse und Einordnung der in einem Unternehmen eingesetzten Technologien lassen sich somit Rückschlüsse über die Bedeutung von Technologien ziehen.

Ein funktionsfähiges Technologiemanagement muss im Weiteren den Lebenszyklus einer Technologie in Kombination mit deren Verbreitung (Diffusion) im Blick haben. Hierzu haben sich in der Vergangenheit verschiedene Modelle etabliert, die vor dem Hintergrund verschiedener Kriterien ein Verständnis für grundlegende Alterungsphänomene von Technologien ermöglichen. Die Kenntnis dieser Modelle ist bei der Erstellung von Technologiestrategien von hoher Bedeutung.

4.1 Technologie und Technik

Technik und Technologie werden in der Literatur uneinheitlich verwendet. Beide Bezeichnungen gehen zwar auf das griechische Wort „technikos“ zurück, das handwerkliches und kunstfertiges Verfahren bedeutet [1]. Sie beschreiben dennoch unterschiedliche Inhalte. Eine Möglichkeit zur inhaltlichen Abgrenzung besteht über den Systemansatz (s. Abb. 4.1). Dieser unterscheidet in Wissensbasis (Input), in Problemlösungsweg (Prozess) und in Problemlösung (Output).

Übertragen auf Technik und Technologie bezeichnen beide Begriffe sowohl die Problemlösung als auch den Lösungsweg. Die Wissensbasis wird jedoch meist ausschließlich

G. Schuh (✉)
52074 Aachen, Deutschland
E-Mail: g.schuh@wzl.rwth-aachen.de

G. Schuh, S. Klappert (Hrsg.), *Technologiemanagement,*
DOI 10.1007/978-3-642-12530-0_4, © Springer-Verlag Berlin Heidelberg 2011

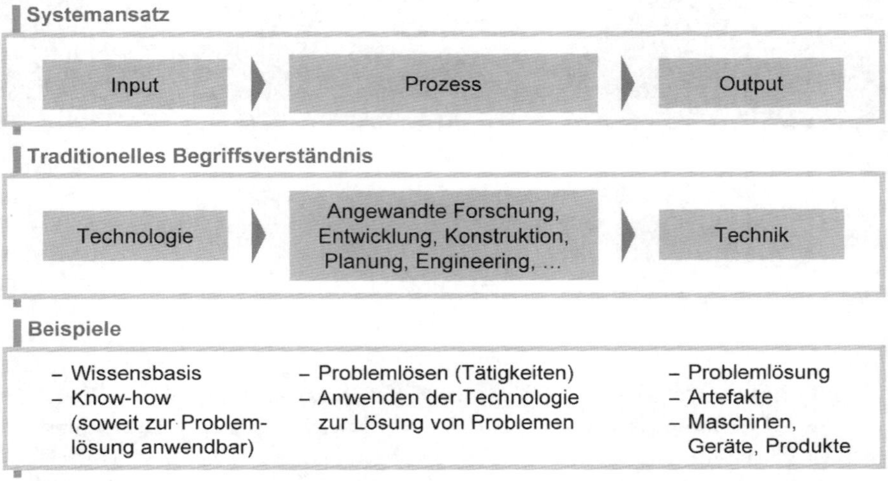

Abb. 4.1 Traditionelles Begriffsverständnis von Technologie und Technik auf Basis des Systemansatzes [2]

als Technologie bezeichnet [2]. In Anlehnung an Bullinger stellt Technologie nach dem traditionellen Begriffsverständnis das Wissen um naturwissenschaftlich-technische Zusammenhänge zur technischen Problemlösung dar. Somit ist Technologie die Ausgangsbasis zur Entwicklung von Verfahren und Produkten. Die resultierenden Ergebnisse werden als Technik bezeichnet und stellen konkrete Anwendungen einer oder mehrerer Technologien zur konkreten Problemlösung dar [1, 3].

Eine derartige Trennung der Begriffe Technik und Technologie ist allerdings zu hinterfragen. Schließlich basiert jede Technik beispielsweise in Form einer Maschine auf einer oder mehreren Technologien und verkörpert somit deren Anwendung. Darüber hinaus ist die begriffliche Trennung nur im wissenschaftlichen deutschen Sprachgebrauch zu finden, obwohl im allgemeinen Sprachgebrauch beide Begriffe meist synonym verwendet werden [4]. Vor diesem Hintergrund schlagen Binder und Kantowsky ein integratives Begriffssystem vor, das die strikte Trennung von Technologie als Wissen und Technik als Anwendung nicht weiterverfolgt. Technologie beinhaltet demnach Wissen, Kenntnisse und Fertigkeiten zur Lösung technischer Probleme sowie Anlagen und Verfahren zur praktischen Umsetzung naturwissenschaftlicher Erkenntnisse. Dabei wird Technik somit als Untersystem der Technologie betrachtet (s. Abb. 4.2), bleibt jedoch trotzdem eingebettet in das traditionelle Begriffsverständnis, das Technik als Materialisierung der Technologie

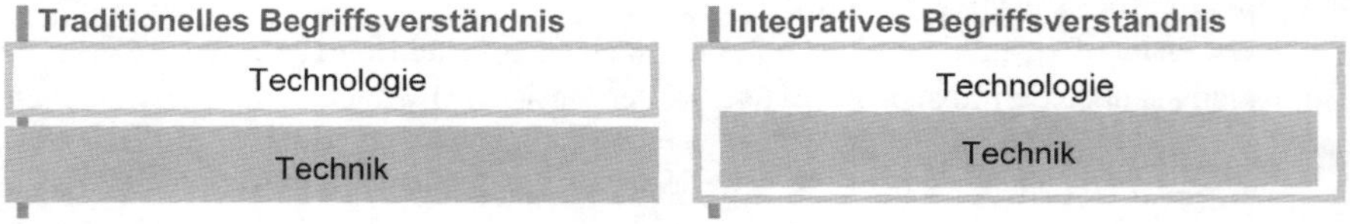

Abb. 4.2 Unterschiedliche Begriffsverständnisse für Technologie und Technik [5]

definiert [5]. Insgesamt wird Technologie zum übergeordneten Begriff. Dieses integrative Begriffsverständnis wird für das vorliegende Werk übernommen.

4.2 Klassifizierungsansätze für Technologien

Neben der Vielzahl unterschiedlicher Begriffsdefinitionen des Terminus Technologie existieren verschiedene Klassifizierungsansätze für Technologien [1, 5–7]. Durch eine Analyse und Einordnung der in einem Unternehmen eingesetzten Technologien lassen sich Rückschlüsse über die Bedeutung und die zukünftige Entwicklung der Technologien ziehen. Obwohl eine eindeutige Klassifikation von Technologien nur schwer möglich ist, können Handlungsempfehlungen für das Management von Technologien abgeleitet werden [6, 8].

Eine systematische Einteilung kann anhand verschiedener Kriterien erfolgen [6] (s. Abb. 4.3). Zu diesen zählt das Einsatzgebiet oder die Funktion von Technologien, Interdependenzen zwischen Technologien und die Anwendungsbreite in unterschiedlichen Branchen. Weiterhin kann die unternehmensinterne Anwendungsbreite oder das Wettbewerbspotenzial und der Grad des Produktbezugs zur Abgrenzung dienen. Oftmals wird auch die Lebenszyklusphase als Systematisierungskriterium verwendet. Technologien können zu verschiedenen der aufgeführten Kriterien gehören.

Technologien lassen sich nach Einsatzgebiet oder Funktion in Produkt-, Produktions- und Materialtechnologien unterscheiden [9]. Produkttechnologien bezeichnen dabei Technologien, die zur Erfüllung einer Aufgabenstellung eines Endproduktes eingesetzt werden. Produktionstechnologien (Verfahrens- bzw. Prozesstechnologien) werden zur Herstellung von Produkten benötigt [3, 10]. Bei der Differenzierung zwischen Produkt- und Produk-

Kriterium	Ausprägung
Einsatzgebiet / Funktion	Produkt-, Produktions-, Materialtechnologien
Interdependenzen	System-, Einzeltechnologien Komplementär-, Konkurrenz-, Substitutionstechnologien
Branchenbezogene Anwendungsbreite	Querschnittstechnologien, spezifische Technologien
Unternehmensinterne Anwendungsbreite / Wettbewerbspotenzial	Kernkompetenz-, Randkompetenztechnologie
Grad des Produktbezugs	Kern-, Unterstützungstechnologie
Lebenszyklusphase	Schrittmacher-, Schlüssel-, Basistechnologien, verdrängte Technologien

Abb. 4.3 Kriterien zur systematischen Einteilung von Technologien [6]

tionstechnologien muss immer die Betrachtungsweise berücksichtigt werden. Für einen Hersteller kann beispielsweise der Fokus auf der Produktionstechnologie liegen, während für den Anwender die Produkttechnologie von überwiegender Bedeutung ist [7]. Materialtechnologien entsprechen dem Kundenwunsch nach immer leistungsfähigeren Produkten, die zugleich gesundheitlich unbedenklich und umweltfreundlich sein sollen. Dies kann in vielen Fällen nur mit Hilfe neu entwickelter Materialien realisiert werden. Neue Erkenntnisse sorgen dabei dafür, dass auch bisher unrealistisch erscheinende Ansprüche durch moderne Materialien erfüllt werden können.

Ein weiteres Klassifizierungskriterium stellen Interdependenzen, d. h. Beziehungen zwischen Technologien, dar. Hier wird zum einen in Einzel- und Systemtechnologien unterschieden. Komplexe Produkte basieren üblicherweise nicht auf einer einzelnen, sondern mehreren Technologien. Derartige Systemtechnologien beinhalten ein Bündel von Technologien, das hohe Anforderungen an die Technologiekompetenz eines Unternehmens stellt. Einzeltechnologien hingegen bestehen lediglich aus einer losgelösten Technologie. Zum anderen lassen sich unter dem Kriterium der Interdependenzen komplementäre und konkurrierende Technologien differenzieren. Komplementärtechnologien ergänzen sich gegenseitig und können zu einer besseren Problemlösung führen. Die Kombination separater Technologien kann auch zu Hybrid-Technologien und der Erschließung neuer Anwendungsfelder führen (Technologiefusion). Als Beispiel kann hier die Verknüpfung von Optik und Elektronik zur Optoelektronik oder die Verbindung der Mechanik und Elektronik zur Mechatronik dienen [11, 12]. Konkurrenztechnologien können für ein und denselben Zweck eingesetzt werden und stellen eine rein technische Alternative zur Realisierung einer bestimmten Funktion dar (Beispiel: Kleben vs. Schweißen). Daher beinhalten sie somit eine Substitutionsgefahr [1, 6, 10, 13]. Konkurrenztechnologien können demnach, wenn sie auch unter technisch-ökonomischen Gesichtspunkten Vorteile versprechen, zu Substitutionstechnologien werden. Ist die Substitution erfolgreich, so werden diese Technologien als Killertechnologien bezeichnet [3].

Über die Anwendungsbreite in unterschiedlichen Branchen erfolgt die Differenzierung in Querschnitts- und spezielle Technologien. Querschnittstechnologien sind in unterschiedlichen Anwendungsfeldern in verschiedenen Branchen einzusetzen und bilden häufig die Basis für andere Technologien. Beispiele für Querschnittstechnologien sind die Halbleiter-, Laser- oder Nanotechnologie. Spezielle Technologien können nur für einen konkreten Anwendungsfall genutzt werden und stellen somit branchenspezifische Lösungen dar [3, 6, 10].

Eine weitere Einteilung von Technologien kann gemäß der unternehmensinternen Anwendungsbreite und des Wettbewerbspotenzials erfolgen [6]. Kernkompetenztechnologien sind für den nachhaltigen Wettbewerbserfolg eines Unternehmens maßgeblich. Derartige Technologien können meist in mehreren Geschäfts-/Produkt-/Marktfeldern eingesetzt werden, sind schwer imitierbar und kaum substituierbar. Dagegen werden Randkompetenztechnologien nur in einem bestimmten Geschäftsfeld eingesetzt. Sie besitzen eine geringere strategische Relevanz für die Entwicklung der Marktposition des Unternehmens.

Eine Typisierung nach dem Grad des Produktbezugs differenziert Kerntechnologien und Unterstützungstechnologien. Dabei werden Technologien, die beim Herstellungsprozess in Produkte eingehen, als Kerntechnologien bezeichnet. Sie tragen wesentlich zum Aufbau von Wettbewerbsvorteilen bei und setzen sich aus einer Kombination von Kernkompetenzen zusammen [8]. Unterstützungstechnologien erleichtern die Nutzung des eigentlichen (Haupt-)Produktes. Sie dienen der Unterstützung der Kerntechnologien und werden oft unternehmensextern zugekauft [13].

Technologien unterliegen einem ständigen Wandel. Zur Erfassung dieser Dynamik ist das Konzept der Technologielebenszyklen geeignet. Derartige Lebenszyklus-Modelle basieren auf der Annahme, dass im Verlauf der Entwicklung einer Technologie unterschiedliche Reifephasen durchlaufen werden. In einem Modell, das von der Unternehmensberatung A.D. Little entworfen wurde [14], werden Technologien über ihren gesamten Lebenszyklus von der Entstehung über das Wachstum und die Reife bis zum Alter betrachtet. Den einzelnen Lebenszyklusphasen können anschließend Technologietypen zugeordnet werden. Nach diesem Konzept des Technologielebenszyklus erfolgt eine Klassifizierung in Schrittmacher-, Schlüssel-, Basis- und verdrängte Technologie.

Im folgenden Abschnitt soll ein Überblick über verschiedene in der Literatur vorgestellte Technologielebenszyklus-Modelle gegeben und die Leistungsfähigkeit und Defizite der einzelnen Modelle aufgezeigt werden.

4.3 Technologielebenszyklus-Modelle

Die wettbewerbsstrategische Relevanz von Technologien für ein Unternehmen oder eine Branche ändert sich im Laufe der Zeit. Die Fähigkeit den dynamischen Wandel zu erfassen, zu analysieren und daraus geeignete Maßnahmen abzuleiten sind ein entscheidender Erfolgsfaktor im Wettbewerb. Da Technologien sehr komplexen Veränderungen unterliegen, ist die Beschreibung, Erklärung und Prognose von technologischen Entwicklungen eine wesentliche Aufgabe des Technologiemanagements. Der Entwicklungsstand einer Technologie beeinflusst in entscheidendem Maße die strategischen Handlungsoptionen. Zusammen mit dem Wissen über Technologieentwicklungverläufe können Technologiepotenziale eingeschätzt und technologische Kompetenzen rechtzeitig auf- bzw. abgebaut werden.

Mit dem Konzept der Technologielebenszyklen werden idealtypische Entwicklungsverläufe von Technologien beschrieben. Technologielebenszyklen stellen eine Verallgemeinerung von konkreten, zeitabhängigen Beobachtungen dar. Modelle der Technologieentwicklung beschreiben einen gesetzmäßigen Zusammenhang zwischen der unabhängigen Variablen „Zeit" (oder einer anderen unabhängigen Variablen, die implizit mit der Zeit verbunden ist) und Parametern der Technologieentwicklung.

Die Grundprobleme bei der Entwicklung von Technologielebenszyklus-Modellen liegt in der Angabe von Kriterien zur Definition und Abgrenzung der betrachteten Technologien, der Auswahl geeigneter Parameter zur Erfassung der Technologieentwicklung und der Ermittlung des Kurvenverlaufs. Weiterhin gestaltet sich bei allen Modellen die Positionsbestimmung auf dem Kurvenverlauf, die Abgrenzung einzelner Phasen und die Ableitung von entsprechenden Handlungsempfehlungen als schwierig [15, 16].

Die Analyse von Technologielebenszyklus-Modellen kann aber zur Sensibilisierung beitragen und bei der Ableitung von strategischen Maßnahmen unterstützen. Insbesondere können Lebenszyklen einen Beitrag bei der Abschätzung der Technologieattraktivität und des Weiterentwicklungspotenzials von Technologien leisten [15].

Der Darstellung von Tiefel [16] folgend kann eine Unterscheidung in nachfragebezogene und leistungsbezogene Technologielebenszyklus-Modelle erfolgen. Während die abhängige Variable bei nachfragebezogenen Modellen beschreibt, wie die Technologie von (potenziellen) Nutzern auf der Nachfragerseite angenommen wird bzw. wie stark das Interesse ist, zeigen leistungsbezogene Modelle die Veränderung der technologischen Leistungsfähigkeit der Technologie in Abhängigkeit einer anderen Variablen (z. B. dem kumulierten F&E-Aufwand).

4.3.1 Technologielebenszyklus-Modell von Ford und Ryan

Das Modell von Ford und Ryan [15–17] beschreibt den Grad der Technologieausbreitung in Abhängigkeit von der Zeit, wobei der in Abb. 4.4 dargestellte Kurvenverlauf in sechs verschiedene Phasen unterteilt wird.

In der Technologienentwicklungsphase werden erste als aussichtsreich eingestufte Forschungsergebnisse weiterentwickelt. Das Management muss entscheiden, ob die Entwicklung intern vorangetrieben oder ausgelagert werden soll. In dieser Phase ist die Anwendungsbreite der Technologie, also der erreichbare Ausbreitungsgrad der Technologie, noch nicht abschätzbar. Die Entscheidung über den Einsatz der Technologie in Produkten und/oder Prozessen wird in der Phase der Entwicklung zur Anwendungsreife getroffen. Außerdem muss bereits in dieser Phase festgelegt werden, ob die Technologie intern zur Anwendungsreife weiterverfolgt, verkauft oder lizenziert werden soll. Hierbei dienen die Entwicklungskosten bis zur Anwendungsreife als wichtiges Entscheidungskriterium. Die in Produkte inkorporierten Technologien werden in der Phase des Anwendungsbeginns im Markt eingeführt, die Technologieausbreitung setzt ein. Parallel zur Markteinführung wird die Weiterentwicklung der Technologie vorangetrieben, um neue, primär nicht adressierte Anwendungsfelder zu erschließen und den Kundennutzen zu erhöhen. In der Phase des

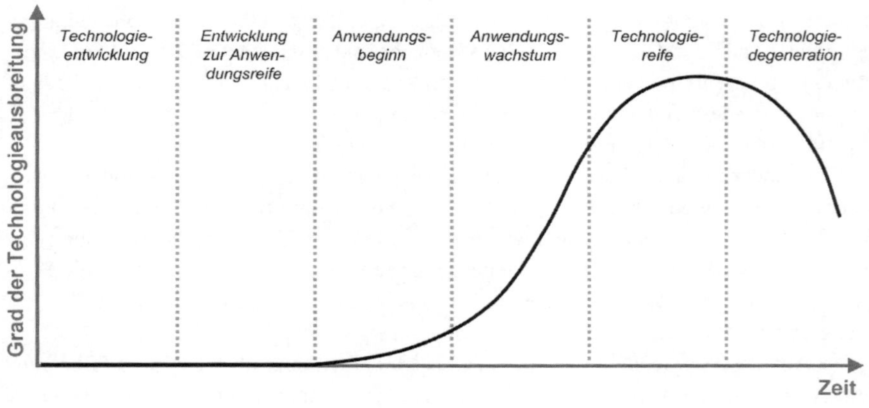

Abb. 4.4 Technologielebenszyklus-Modell von Ford und Ryan [17]

Anwendungswachstums steigt die Zahl der Anwendungsbereiche an. Der Grad der Technologieausbreitung erreicht ein mittleres Niveau. Der Marktwert der Technologie erreicht in dieser Phase das Maximum und das Unternehmen muss entscheiden, ob es die Technologie weiterhin nur selbst verwerten möchte oder ob durch die Vergabe von Lizenzen der Umsatz gesteigert werden kann. Im ursprünglichen Anwendungsbereich der Technologie besteht nur noch geringes Entwicklungspotenzial. In der Technologiereifephase wird die Technologie in den meisten potenziellen Anwendungsgebieten bereits eingesetzt, lediglich geringfügige Verbesserungen oder Modifikationen sind noch möglich. In dieser Phase wird der maximale Technologieausbreitungsgrad, die maximale Marktdurchdringung erreicht. Ein Rückgang des Verbreitungsgrades der Technologie zeichnet sich jedoch am Ende dieser Phase ab. Kennzeichnend für die Phase der Technologiedegeneration ist der stetige Rückgang der Anwendungsbreite, verursacht durch eine allmählich zunehmende Substitution durch neue Technologien.

In diesem Modell ist die Abgrenzung der einzelnen Phasen kritisch zu betrachten, da hierfür weder quantitative noch qualitative Kriterien genannt werden. Das Modell kann zwar den fundamentalen Entwicklungsverlauf einer Technologie in einem Unternehmen aufzeigen, liefert aber beispielsweise keine Antworten auf Fragen in Bezug auf einen Technologie-Transfer, wie dem Zeitpunkt für den Know-How-Verkauf.

4.3.2 Technologielebenszyklus-Modell von Ansoff

Im Zentrum des Technologielebenszyklus-Modells von Ansoff [8, 16, 18] steht die Technologiedynamik in Märkten. In dem Modell werden drei Typen der Technologieentwicklung unterschieden (s. Abb. 4.5). Nach Ansoff besteht ein enger Zusammenhang zwischen Markt-, Produkt- und Technologielebenszyklus. Die zeitlich variierende Nachfrage am Markt M kann mittels unterschiedlicher Produkte P, in die verschiedene Technologien T eingehen, befriedigt werden.

In Märkten mit stabiler Technologieentwicklung treten keine gravierenden technologischen Veränderungen auf. Die Entwicklung der Technologie ist durch eine Vielzahl inkrementeller Verbesserungen geprägt. Der Verlauf von Markt- und Technologielebenszyklus ist daher nahezu identisch. In diesem Umfeld können Wettbewerbsvorteile in erster Linie über die Qualität bzw. die Kosten und den Preis erzielt werden, der Innovationswettbewerb ist in derartigen Märkten schwach ausgeprägt.

In Märkten mit dynamischer Technologieentwicklung ist die Geschwindigkeit der Entwicklung der Leistungsfähigkeit der eingesetzten Technologien hoch. Der Verlauf von Markt- und Technologielebenszyklus ist immer noch nahezu identisch, aber infolge des hohen Innovationswettbewerbs sind die Unternehmen gezwungen, immer neue Produkte basierend auf den kontinuierlich weiterentwickelten Technologien auf den Markt zu bringen. Die kurzen Produktlebenszyklen erfordern eine schnelle Produktentwicklung und ein leistungsfähiges Innovations- und Technologiemanagement.

Märkte mit turbulenter Technologieentwicklung sind geprägt durch häufige Technologiesprünge von einer Technologie zur anderen. Technologien werden nach der Etablierung

4

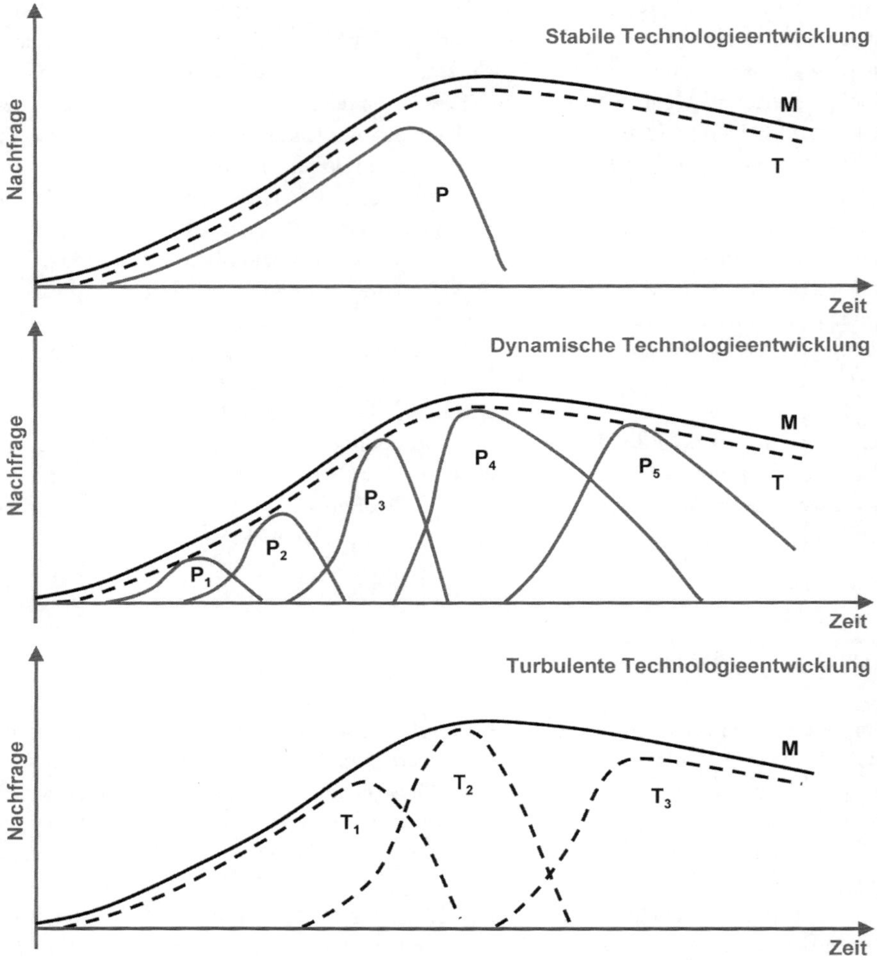

Abb. 4.5 Technologielebenszyklus-Modell von Ansoff [16, 18] (*M*=Markt, *T*=Technologie, *P*=Produkt)

am Markt schnell durch neu entwickelte Technologien substituiert. Die Entscheidungen über den Aufbau und die Substitution von Technologien werden zum erfolgskritischen Faktor. Das Risiko technologische Fehlentscheidungen zu treffen ist deutlich höher als in dynamischen Märkten. Daher ist die Technologiefrüherkennung und -bewertung von sehr großer Bedeutung.

Das Modell von Ansoff verdeutlicht Beziehungen zwischen Markt-, Technologie- und Produktlebenszyklen und zeigt unterschiedliche Typen der Technologiedynamik auf. Für die Beschreibung, Analyse und Prognose von technologischen Entwicklungen ist das Modell allerdings nur sehr begrenzt einsetzbar, da unter anderem zu jeder Zeit ein Wechsel zwischen den unterschiedlichen Technologieentwicklungstypen auftreten kann.

4.3.3 Hype Cycle Modell von Gartner

Das von dem Beratungs- und Marktforschungsunternehmen Gartner entwickelte Hype Cycle Modell [16, 19, 20] beschreibt aus der nachfragebezogenen Sichtweise wie sich Technologien oder Anwendungen im zeitlichen Verlauf entwickeln (s. Abb. 4.6).

Als abhängige Variable werden dazu die Erwartungen bezüglich einer Innovation, der öffentliche Aufmerksamkeitsgrad oder das Interesse an einer Technologie verwendet und als Funktion der Zeit dargestellt. Dabei wird angenommen, dass die menschliche Reaktion auf neue Technologien nach regelmäßigen Mustern und die Ausbreitung einer Technologie immer in den gleichen Phasen abläuft.

Fallbeispiel eines Hype Cycles Abbildung 4.7 zeigt das Beispiel eines Gartner Hype Cycles für Produktionsprozesse und -systeme (2007): Viele produzierende Unternehmen stehen unter wachsendem Expansions- bzw. Rationalisierungsdruck. Daher müssen Geschäfts- und Produktionsprozesse auf die Einführung neuer Produkte mit einem größeren Wertschöpfungsanteil ausgerichtet und die Produktivität erhöht werden. Vor diesem Hintergrund integrieren Unternehmen die Geschäftsprozesse in technische Bereiche, wie zum Beispiel die Konstruktion oder den Fabrikbetrieb. Die Beherrschung von Geschwindigkeit und Dynamik in Produktionsprozessen und die Synchronisation der Entwicklung und der Arbeitsprozesse mit den Geschäftsprozessen stellen eine Herausforderung im Wettbewerb dar. Dies wird den Bedarf beispielsweise nach serviceorientierten Architekturen (engl. service-oriented architecture, SOA), Webservices oder dem Management der Geschäftsprozesse erhöhen. Dabei spielt der Trend zur Vernetzung und Integration virtueller Produktionssysteme wie Produktlebenzyklusmanagement-Software (engl. product life cycle management, PLM) oder ERP-Systemen (engl. Enterprise Resource Planning) eine bedeutende Rolle.

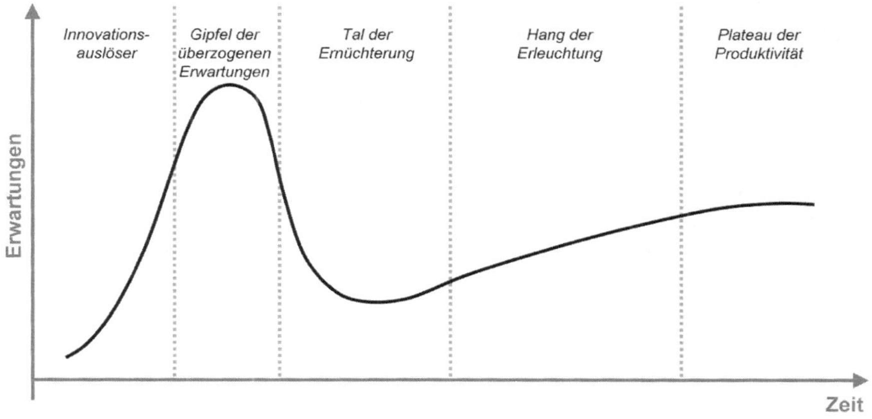

Abb. 4.6 Hype Cycle Modell von Gartner [16]

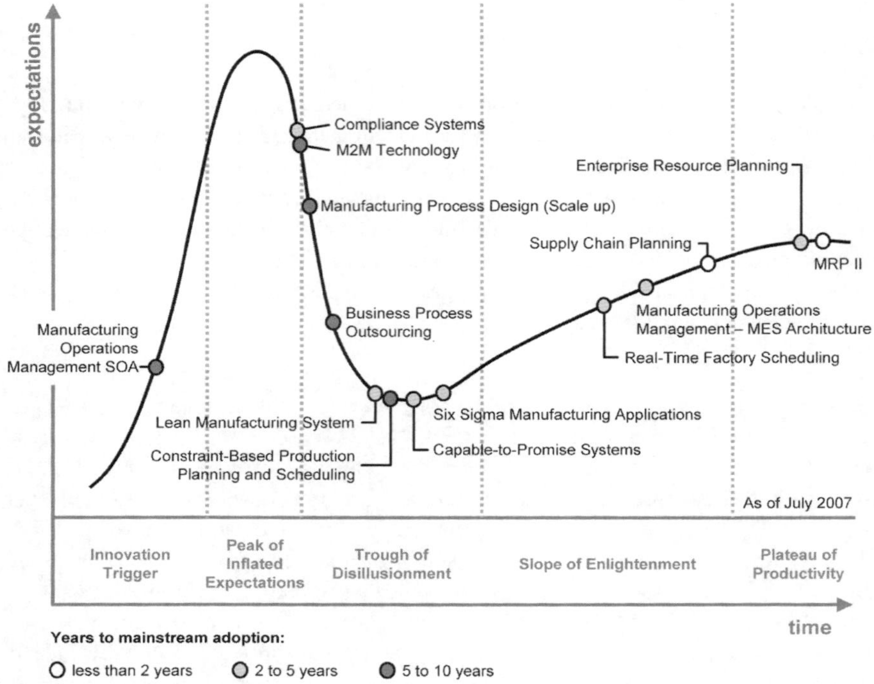

Abb. 4.7 „Hype Cycle for Manufacturing Processes and Systems" Gartner [20]

In der ersten Phase „Innovationsauslöser" löst beispielsweise die Publikation eines wissenschaftlichen Durchbruchs oder die erstmalige Produkteinführung ein Interesse bzw. eine gewisse Aufmerksamkeit außerhalb eines begrenzten Expertenkreises aus. Obwohl in dieser Phase die technische Machbarkeit bereits gezeigt werden konnte, existieren noch keine Produkte und die kommerzielle Nutzbarkeit der Technologie ist ungewiss. Das Ansteigen der Zahl meist oberflächlicher Berichte und Publikationen über die neue Technologie führt in der zweiten Phase zu überzogenen Erwartungen über die Leistungsfähigkeit der Technologie. Zwar gibt es einige erfolgreiche Anwendungen, aber die überwiegende Zahl an Projekten scheitert. Dies führt in der Phase „Tal der Ernüchterung" zu einem deutlichen Rückgang des öffentlichen Interesses. Es ist notwendig die Technologie derart weiterzuentwickeln, dass die Bedürfnisse der Investoren bzw. Kunden erfüllt werden. Obwohl die Zahl der Presseberichte gering ist, arbeiten einige Unternehmen kontinuierlich an der Verbesserung der Technologie und erlangen ein tiefgehendes Verständnis auch über das Kosten/Nutzen-Verhältnis der Technologie. In dieser Phase „Hang der Erleuchtung" werden neue Produktgenerationen und Anwendungen präsentiert, die auch mit steigender Tendenz wieder von der Presse wahrgenommen und kommuniziert werden. In der fünften Phase des Modells wird das „Plateau der Produktivität" erreicht. Die Technologie erreicht eine immer größere Leistungsfähigkeit, die Zahl der erfolgreichen Anwendungen steigt an. Das erreichbare Niveau der Erwartungen bzw. des Aufmerksamkeitsgrades einer Technologie hängt davon ab, ob die Technologie als Querschnittstechnologie oder nur in spezifischen Gebieten eingesetzt werden kann.

Mittels einer Analyse von Publikationen über die betrachtete Technologie kann ihre derzeitige Position im Hype Cycle näherungsweise ermittelt werden und diese als Orientierungshilfe für Investitionsentscheidungen genutzt werden [16]. Jedoch können daraus keine verlässlichen Prognosen für die zukünftige Entwicklung abgeleitet werden.

4.3.4 S-Kurven-Konzept von McKinsey

Das S-Kurven-Konzept des Beratungsunternehmens McKinsey [5, 6, 8, 11, 13, 16] beschreibt den Entwicklungsverlauf der Leistungsfähigkeit einer Technologie in Abhängigkeit des kumulierten F&E-Aufwands. Dem Konzept liegt der Gedanke zugrunde, dass Technologien im Zuge ihrer ständigen Weiterentwicklung zwangsläufig an technische oder physikalische Leistungsgrenzen stoßen. Der typische S-förmige, ertragsgesetzliche Kurvenverlauf spiegelt den über die Zeit aggregierten F&E-Aufwand und die mit diesen Investitionen erzielten Leistungssteigerungen der Technologie wider.

Hinsichtlich ihres Reifestadiums können im S-Kurven-Konzept vier Technologieklassen (s. Abb. 4.8) [8, 21] unterschieden werden: Sehr junge Technologien, die in der Wahrnehmung der Unternehmen in der Regel noch keinen Stellenwert haben, werden als embryonische Technologien bezeichnet. Zu diesem Zeitpunkt herrscht eine hohe Unsicherheit darüber, ob sich die Technologie in der Industrie durchsetzen wird. Schrittmachertechnologien können bereits erste industrielle Anwendungen nachweisen. Die Wahrscheinlichkeit, dass solche Technologien den Marktdurchbruch erreichen, ist relativ groß; sie stehen gewissermaßen an der Schwelle zur Marktreife. Schlüsseltechnologien sind solche Technologien, die sich auf dem Markt durchgesetzt haben und als Kerntechnologien innerhalb der jeweiligen Branchen gelten, aber auch schon bald veralten können. Basistechnologien

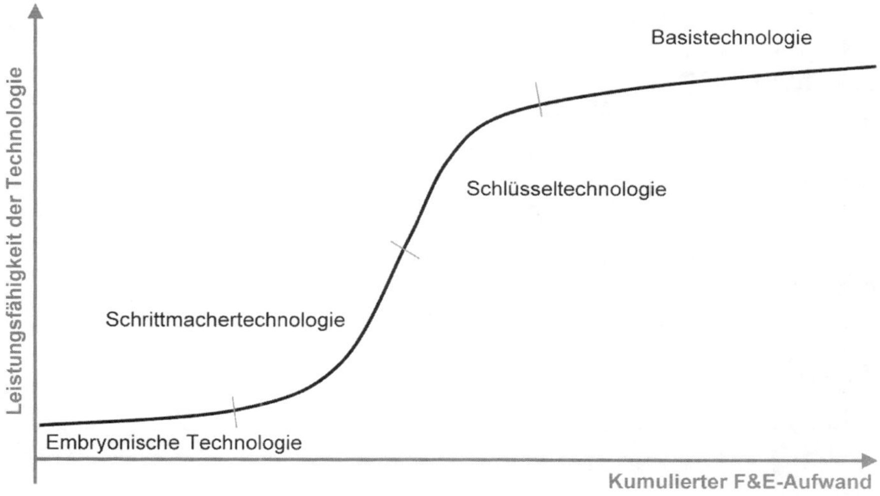

Abb. 4.8 S-Kurven-Konzept zur Klassifizierung des technologischen Reifestadiums [21, 22]

sind veraltete Technologien, deren Leistungspotenzial bereits vollständig ausgeschöpft ist und die kurz vor der Ablösung durch neue Technologien stehen.

Den richtigen Zeitpunkt für den Wechsel von einer Technologie zu einer anderen zu erkennen ist für Unternehmen von essentieller Bedeutung. Der Vergleich mehrerer Technologieentwicklungen in diesem S-Kurven-Konzept kann dabei im Hinblick auf das verbleibende Weiterentwicklungspotenzial bestehender Technologien und die Entwicklung neuer Technologien sensibilisieren und Abschätzungen unterstützen. Abbildung 4.9 zeigt den S-förmigen Kurvenverlauf für zwei unterschiedliche Technologien.

In frühen Stadien der Technologieentwicklung ist unter Berücksichtigung möglicher Lock-in- bzw. Lock-out-Faktoren im Sinne des Umsetzungsrisikos anhand des S-Kurven-Konzepts zu bewerten, welche Technologien den größten Differenzierungsbeitrag im Wettbewerbsumfeld liefern. Diese Einschätzung kann je nach Branche und Unternehmenstyp sehr unterschiedlich ausfallen. So werden Unternehmen der Halbleiterindustrie eher dazu neigen embryonische Technologien im eigenen Unternehmen zu implementieren, als beispielsweise ein Papierhersteller. Für diesen ist der zeitliche Technologievorsprung in seinem Wettbewerb von geringerer Bedeutung, sodass er sich eher auf Schrittmacher- und Schlüsseltechnologien konzentriert, um das Umsetzungsrisiko der Technologie möglichst gering zu halten.

In der Praxis weicht die tatsächlich erreichte Leistungsfähigkeit einer Technologie (bzw. der Grad der Ausschöpfung eines Technologiepotenzials) in der Regel von der durch die S-Kurve vorgegebenen theoretischen Leistungsgrenze ab (s. Abb. 4.9). Diese Abweichungen werden durch die sog. Lock-in- und Lock-out-Faktoren erfasst. Eine Verschiebung der ursprünglich angenommenen Leistungsentfaltung einer Technologie ist dabei sowohl nach oben (Lock-in) als auch nach unten (Lock-out) möglich. Diese Effekte werden durch den Aufwand, den ein Unternehmen zur Erforschung und Entwicklung einer Technologie leistet, beeinflusst: Während Umsetzungsrisiken oder -restriktionen, Ineffizienzen und

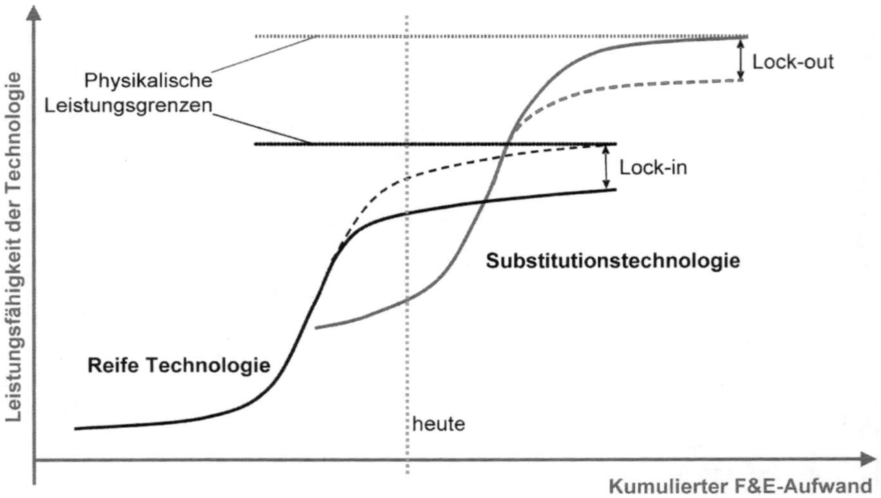

Abb. 4.9 S-Kurven-Konzept mit Lock-in- und Lock-out-Faktoren [3]

Ressourcenmängel in der F&E zu einer verringerten Ausschöpfung der technologischen Leistungsfähigkeit führen können, sind es in der Regel Anstrengungen zur Verhinderung und Verzögerung der Ablösung durch eine Substitutionstechnologie, die zu einer Erhöhung der technologischen Leistungsfähigkeit jenseits einer prognostizierten Grenze führen (vgl. [23, 24] jeweils in Anlehnung an [25]).

Es gibt nur wenige Indikatoren, die sich zur eindeutigen Zuordnung von Technologien zu einzelnen Stadien eignen. Unterstützung können bibliometrische Analysen oder die systematische Suche in der Fachliteratur leisten. Hinsichtlich der Abschätzung der zu erwartenden Leistungsfähigkeit einer Technologie ist zu beachten, dass Technologieentwicklungen in vielen Unternehmen an einzelne Personen oder Personengruppen und an ihre individuelle Leistungsfähigkeit und Verfügbarkeit gekoppelt sind. Dieser Aspekt ist bei der Bewertung von Lock-in- bzw. Lock-out-Faktoren zu berücksichtigen (vgl. [23]).

Fallbeispiel aus der Automobil-/Metallindustrie Zu Beginn der 90er Jahre kamen erstmals Fahrzeuge mit Aluminiumkarosserien in Großserie auf dem Markt. Hintergrund war vor allem eine Gewichtseinsparung aufgrund der geringeren Dichte von Aluminium im Vergleich zu Stahl. Die physikalischen Leistungsgrenzen und somit das Potenzial des Aluminiums im Karosseriebau wurden weit höher als das des herkömmlichen Stahlbaus eingeschätzt. Es zeigten sich aber schnell Lock-out-Faktoren, beispielsweise aufgrund des geringeren Elastizitätsmoduls des Werkstoffes, wodurch für gleiche Steifigkeit mehr Material oder mehr Bauraum benötigt wurde. Des Weiteren gestalteten sich die erforderlichen Fertigungsverfahren wesentlich aufwändiger als gedacht. So wird hinsichtlich der Fügetechnologien auf Verfahren wie Laserstrahlschweißen oder Stanznieten fokussiert. Herkömmliche Punktschweiß- oder Metallschutzgasverfahren sind weitgehend ungeeignet. Parallel zu den Lock-out-Faktoren konnten Lock-in-Faktoren beobachtet werden. Die Stahlindustrie wehrte sich gegen die aufkommende Konkurrenz durch neue Stahlsorten. So können durch die geschickte Kombination von Stahlteilen (z. B. Tailored Blancs) ähnlich leichte Karosserien aufgebaut werden. Die Leistungsgrenze einer Stahlkarosserie konnte somit drastisch erhöht werden.

4.3.5 Technologielebenszyklus-Modell von Arthur D. Little

Das von der Unternehmensberatung Arthur. D. Little entworfene Technologielebenszyklus-Modell zeigt den Zusammenhang zwischen der Position einer Technologie zu einem bestimmten Zeitpunkt und dem Wettbewerbspotenzial auf [11, 14]. Dabei werden Technologien über ihren gesamten Lebenszyklus von der Entstehung über das Wachstum und die Reife bis zum Alter betrachtet. Den einzelnen Lebenszyklusphasen können anschließend Technologietypen zugeordnet werden. Nach dem Konzept des Technologielebenszyklus erfolgt eine Klassifizierung in Schrittmacher-, Schlüssel-, Basis- und verdrängte Technologie.

Schrittmachertechnologien befinden sich noch in der Entstehungsphase. Aktuelle wissenschaftliche Erkenntnisse werden in neue Problemlösungen umgesetzt. Sie besitzen ein hohes Entwicklungspotenzial und können somit einen wesentlichen Einfluss auf die Entwicklung eines Unternehmens nehmen. Wird das Wettbewerbspotenzial dieser Technologien in der Wachstumsphase schon zu einem großen Anteil ausgeschöpft, so werden die Technologien als Schlüsseltechnologien bezeichnet. Diese stellen einen festen Bestandteil des Technologiespektrums einer Branche dar, der allerdings nicht allen Wettbewerbern zugänglich ist, und beeinflussen demnach signifikant die Wettbewerbschancen eines Unternehmens. Basistechnologien stellen kein Differenzierungsmerkmal mehr dar. Die Technologien sind weit verbreitet und allgemein verfügbar. Das Wettbewerbspotenzial ist in dieser Reifephase nahezu ausgeschöpft. Verdrängte Technologien befinden sich in der Substitutionsphase und werden von neuen Schlüsseltechnologien ersetzt [1, 3, 10, 26]. Zur groben Bestimmung der Lebenszyklusphase einer Technologie sind in Abb. 4.10 verschiedene Indikatoren und deren Ausprägungen angegeben.

Die Position auf dem Verlauf der Kurve kann Hinweise liefern, inwiefern die Technologie weiterverfolgt und genutzt werden kann. Dabei muss beachtet werden, dass nicht

Lebenszyklusphasen einer Technologie

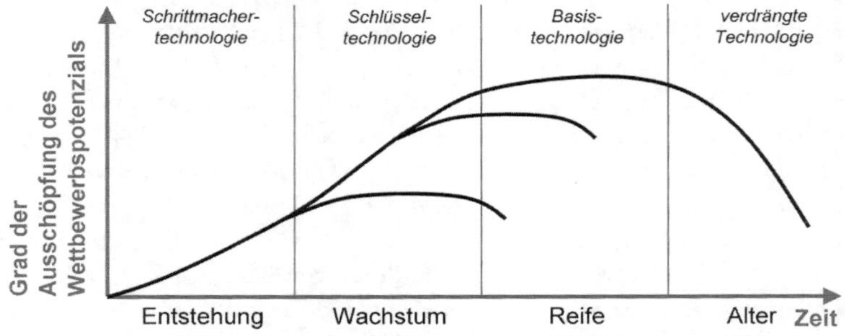

Indikatoren

Indikatoren	Entstehung	Wachstum	Reife	Alter
Unsicherheit über technische Leistungsfähigkeit	hoch	mittel	niedrig	sehr niedrig
Investitionen in Technologie-entwicklung	niedrig	maximal	niedrig	vernachlässigbar
Breite der potenziellen Einsatzgebiete	unbekannt	groß	etabliert	abnehmend
Typ der Entwicklungs-anforderung	wissenschaftlich	anwendungs-orientiert	anwendungs-orientiert	kostenorientiert
Auswirkung auf Kosten-/ Leistungs-Verhältnis	sekundär	maximal	marginal	marginal
Zahl der Patent-Anmeldungen	zunehmend Konzeptpatente	hoch produktbezogen	abnehmend verfahrensbezogen	
Zugangsbarrieren	wissenschaftliche Fähigkeiten	Personal	Lizenzen	Know-how
Verfügbarkeit	sehr beschränkt	Restrukturierung	marktorientiert	hoch

Abb. 4.10 Technologielebenszyklus-Modell von Arthur D. Little [2]

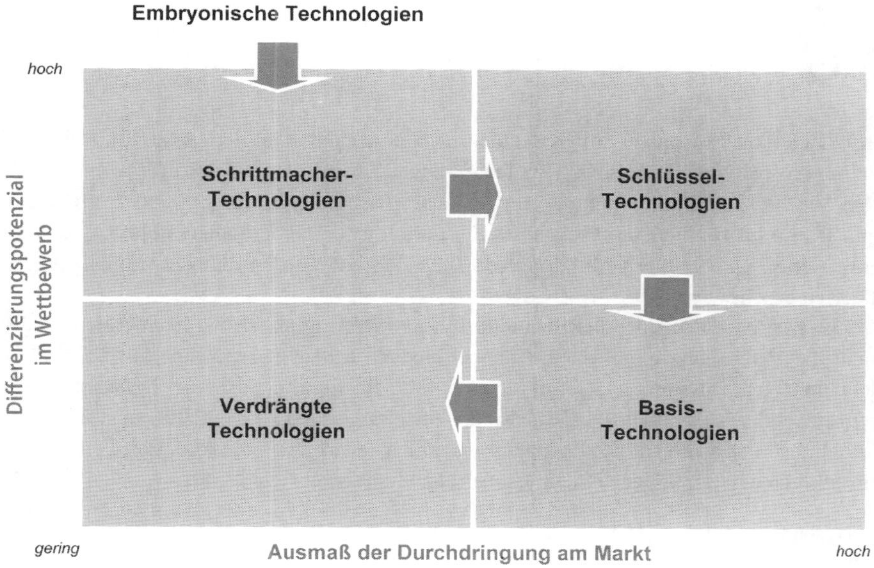

Abb. 4.11 „Impact"-Matrix zur Technologieabgrenzung [27]

alle Technologien den gesamten Lebenszyklus durchlaufen. Manche Technologien werden z. B. substituiert bevor sie ihr maximales Wettbewerbspotenzial erreichen.

Für Unternehmen stellt sich die Frage, ob eine Technologie im wissenschaftlichen Umfeld beobachtet werden soll, ob in die Entwicklung einer Technologie investiert bzw. wie das Potenzial einer Technologie genutzt werden soll [27]. Da der Verlauf der Lebenszykluskurve in den meisten Fällen nicht genau bekannt ist, kann eine Abgrenzung der für ein Unternehmen relevanten Technologien anhand des in Abb. 4.11 dargestellten Technologieportfolios, der sogenannten „Impact"-Matrix, erfolgen.

Dabei wird auf der einen Seite das Differenzierungspotenzial im Wettbewerb – d. h. die Beeinflussung des Wettbewerbs – eingeschätzt, auf der anderen Seite das Ausmaß der Durchdringung der Technologie am Markt beurteilt. Die „Impact"-Matrix erlaubt so eine Analyse des Innovations- und Diffusionsverlaufs von Technologien [27]. Neue, embryonische Technologien haben einen geringen Einfluss auf den Wettbewerb („competitive impact"), die Integration in Produkte und Betriebsmittel ist gering („impact on products and processes") [27]. Bei Schrittmachertechnologien sind die Auswirkungen auf das Marktpotenzial und die Wettbewerbsdynamik der Zukunft erkennbar, das Ausmaß der Marktdurchdringung ist aber gering. Schlüsseltechnologien beeinflussen die gegenwärtige Wettbewerbsfähigkeit in der betrachteten Industrie signifikant. Sie weisen eine hohe Durchdringung des Marktes auf. Basistechnologien sind ebenfalls in viele Produkte und Prozesse integriert, sie werden von den Wettbewerbern beherrscht und sind allgemein verfügbar. Somit ist das Differenzierungspotenzial im Wettbewerb gering, der Einfluss einer Basistechnologie auf den Wettbewerb nimmt ab. Verdrängte Technologien wurden durch andere Technologien substituiert.

4.4 Diffusion von Technologien

Der zielgerichtete Umgang mit Technologien bedarf einer detaillierten Kenntnis über die Art und Weise der Verbreitung von Technologien. Daraus lassen sich Rückschlüsse auf eine Vielzahl an Entscheidungen innerhalb des Technologiemanagements treffen, beispielsweise im Hinblick auf Fragen des Zeitpunkts einer Technologieeinführung oder der priorisierten Märkte. Die Verbreitung von Technologien wird im Rahmen von Diffusionstheorien beschrieben.

Der Begriff „Diffusion" bezeichnet im Zusammenhang mit dem Technologiemanagement die Verbreitung einer Technologie in einem sozialen System. Die Diffusion steht dabei in engem Zusammenhang mit der Adoption, die die Annahme einer Neuerung durch den Anwender bezeichnet [2]. Deshalb ist ein Hauptbestandteil der Diffusionstheorie die Adoptionstheorie, die auf der Ebene des einzelnen Nachfragers die Adoptionsbereitschaft hinsichtlich der erstmaligen Nutzung einer Neuerung untersucht [6, 8].

4.4.1 Adoptionstheorie

Für viele Konsumprodukte wie beispielsweise langlebige Haushaltsgüter konnte in zahlreichen Studien ein normalverteilter Adoptionskurvenverlauf, wie in Abb. 4.12 dargestellt, empirisch nachgewiesen werden [6]. In diesem Fall ergibt sich für die Diffusionskurve, also die kumulierte Darstellung der Adoption, ein logistischer Verlauf. Diese Kurvenverläufe sind jedoch nicht allgemeingültig: Beispielsweise treten bei Innovationen, deren Kundennutzen von der kumulierten Adopterzahl abhängig ist (wie z. B. der Fall bei vielen Kommunikationslösungen wie Mobilfunkendgeräten oder Softwaresystemen), häufig exponentielle Diffusionskurvenverläufe auf. Weil bei Aufkommen einer neuen Technologie oder zum Zeitpunkt der Umsetzung in eine Innovation der Verlauf der Diffusionskurve kaum vorhersagbar ist, bleibt ihr Nutzen als Prognosewerkzeug in der Praxis bisher gering.

Die wesentlichen Einflussgrößen werden in der Diffusionsforschung, die im Wesentlichen auf Rogers zurückgeht [28], üblicherweise in drei Klassen eingeteilt:

- Adoptionsumwelt (beispielsweise Gesetzeslage)
- Adoptionsobjekt (beispielsweise Nutzenvorteil der Technologie)
- Adoptionssubjekt (beispielsweise Vorlieben des Kunden)

Fallbeispiel zur Diffusion von Produktionstechnologien Die im Jahr 2001 vom Fraunhofer-Institut für Systemtechnik und Innovationsforschung ISI durchgeführte Erhebung zu Innovationen in der Produktion [29], an der sich 1630 Betriebe aus der Metall-, Elektro-, chemischen und kunststoffverarbeitenden Industrie in Deutschland beteiligten, veranschaulicht die Diffusion von Produktionstechnologien in der Praxis. Aus einer Vielzahl von in der Erhebung untersuchten Technologien sollen an dieser Stelle fünf exemplarisch ausgewählte Technologien hinsichtlich ihres Diffusionsverhaltens betrachtet werden. Dazu ist in Abb. 4.13 das Verhältnis der Befragungsteilnehmer zu den tatsächlichen Anwendern der Technologien über den Zeitraum von 1989 bis 2001 dargestellt. Dabei wird nur der Ersteinsatz einer Technologie berücksichtigt, also nur zwischen „Nutzern einer Technologie“ und „Nicht-Nutzern einer Technologie“ unterschieden.

Der theoretisch zu erwartende S-förmige (logistische) Verlauf der Diffusionskurven kann insbesondere bei der Trockenbearbeitung erkannt werden. Dort ist die Diffusion relativ weit fortgeschritten und es ist zu erwarten, dass auch mittelfristig die Nutzung nicht 20 % der möglichen Anwender übersteigen wird. S-Kurven sind ebenfalls für die Bildverarbeitung und die Hochgeschwindigkeitsbearbeitung zu beobachten. Für das Beispiel der Industrieroboter ist ein kontinuierlicher, linearer Anstieg der Verbreitung zu beobachten, welcher Rückschlüsse auf zusätzliche Einflussfaktoren zulässt. So zeigt sich, dass die Weiterentwicklung der Technologie beständig neue Anwendungsfelder erschließt.

Zusammenfassend zeigen die in Abb. 4.13 dargestellten Verläufe, dass die in der Theorie angestellten Überlegungen zur Beschreibung der Diffusion durch S-Kurven grundsätzlich bestätigt werden können.

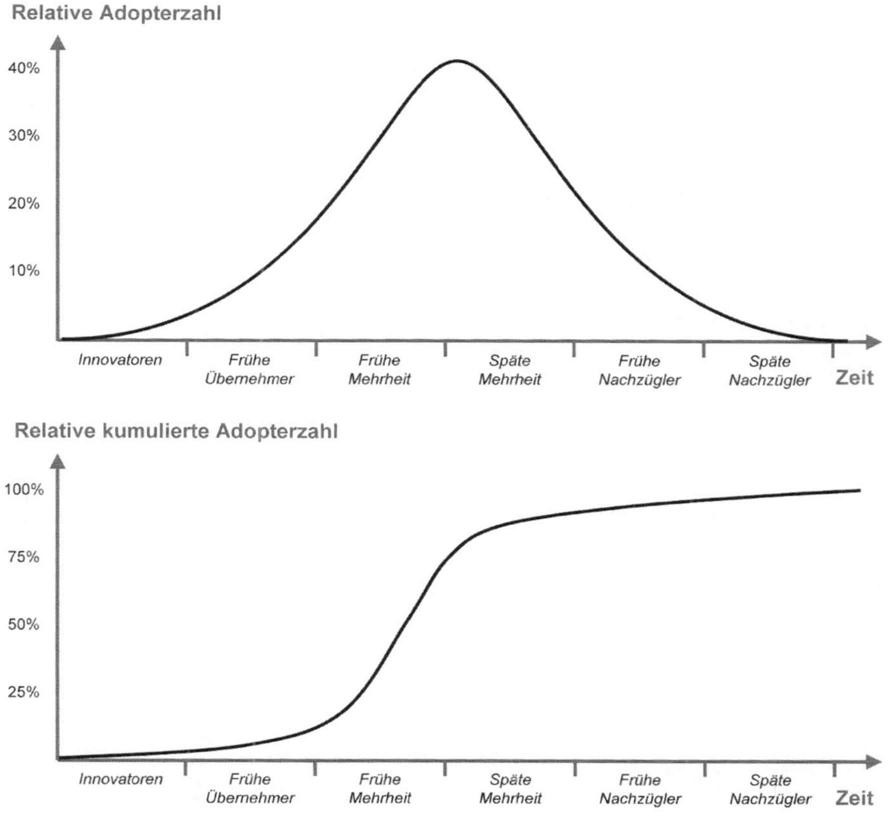

Abb. 4.12 Adoptions- und Diffusionskurven nach [6]

4

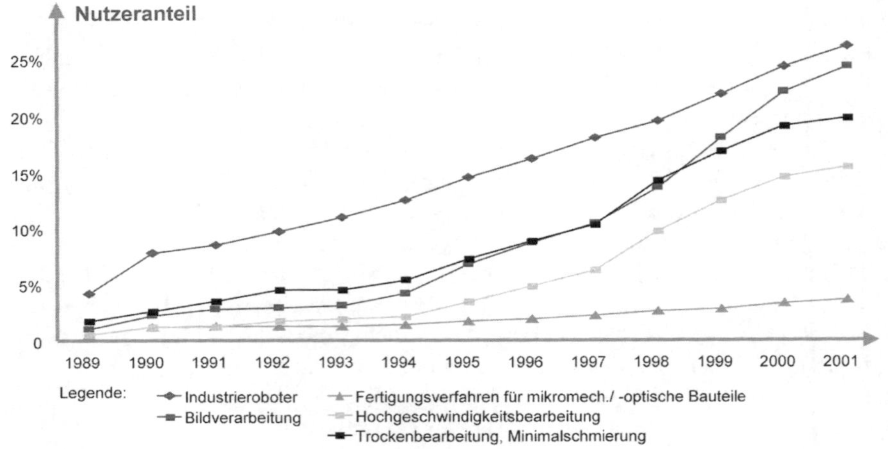

Abb. 4.13 Adoptionsverläufe ausgewählter Produktionstechnologien [29]

Abbildung 4.14 zeigt die drei Klassen mit den zugehörigen Merkmalen. Die Merkmale des Adoptionsobjektes, die im Wesentlichen vom Technologiemanagement beeinflusst werden können, verdienen eine nähere Betrachtung weil sie den Adoptionsprozess beschleunigen können und werden im Folgenden kurz vorgestellt [6].

Der relative Vorteil bezeichnet das Ausmaß, in dem eine Technologie aus Sicht des potenziellen Adopters eine bessere Nutzen-Kosten-Relation als bisher verwendete oder konkurrierende Produkte/Prozesse aufweist. Unterkategorien des relativen Vorteils sind beispielsweise die Wirtschaftlichkeit, geänderte zeitliche Aufwendungen, Bequemlichkeitsveränderungen oder Änderungen des sozialen Status. Ein großer relativer Vorteil einer Technologie beschleunigt deren Adoption. Die Kompatibilität ist einerseits ein Maß für die Vereinbarkeit der Innovation mit beim Adopter bereits im Einsatz befindlichen Systemen oder Objekten und bezeichnet andererseits die Konsistenz der Innovation mit Werten, Erfahrungen und Normen des Adopters. Eine hohe Kompatibilität verkürzt die

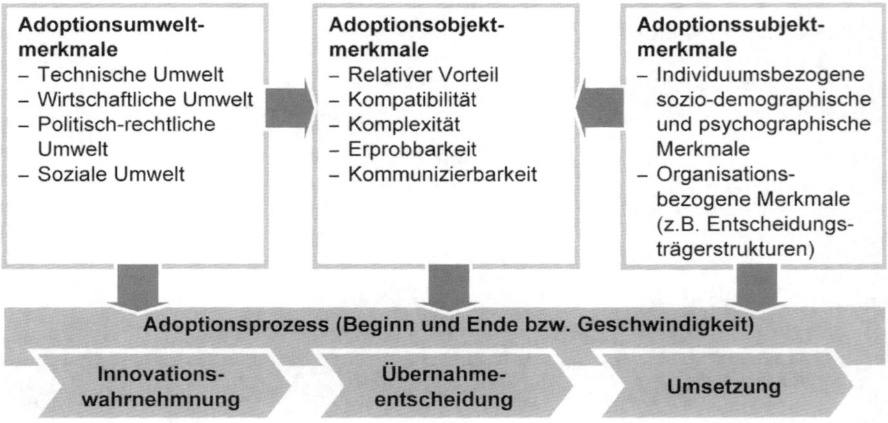

Abb. 4.14 Determinanten der Adoption technologischer Innovationen nach [6]

Informationssuche des Adopters. Komplexität bezeichnet die Größe der Schwierigkeiten, die das Verständnis einer Technologie und ihres Anwendungsnutzens einem potenziellen Adopter bereitet und führt zu einer Verlängerung der Meinungsbildungsphase. Falls eine Technologie gut erprobbar ist und demnach vor der verbindlichen Adoptionsentscheidung durch den Adopter gut getestet werden kann, führt die gute Erprobbarkeit zu einer verbesserten Sicherheit bei der Innovationsbeurteilung. Eine gute Sichtbarkeit einer Technologie liegt vor, wenn die zentralen technischen Eigenschaften und Vorteile für Interessenten gut beobachtbar und verständlich sind und führt dazu, dass das Interesse potenzieller Nutzer an der Technologie groß ist [30].

Die genannten Zusammenhänge und Auswirkungen sind zwar plausibel und nützlich für einfache Überlegungen der Technologieprognose, es muss jedoch beachtet werden, dass sie im Anwendungsfall schwierig zu operationalisieren sind, empirische Nachweise kaum erbracht werden können und viele weitere Eigenschaften und Rahmenbedingungen den Adoptionsprozess wesentlich beeinflussen können.

Die hohe Bedeutung der genannten Merkmale für das Technologiemanagement bedeutet natürlich nicht, dass die anderen beiden Klassen von Einflussgrößen durch das Technologiemanagement außer Acht gelassen werden dürfen: Als Rahmenbedingungen müssen sie ebenso Eingang in den Entscheidungsprozess finden. Darüber hinaus gibt es fließende Übergänge zwischen den Merkmalklassen und innovative Unternehmen mit aggressiven Verkaufsstrategien verwischen diese Übergänge heutzutage noch weiter, indem sie versuchen die Adoptionsumwelt und das Adoptionssubjekt direkt zu beeinflussen.

Prozess der Adoption Gemäß Rogers, einem der Begründer der Diffusionstheorie, besteht der Adoptionsprozess aus den folgenden Schritten [28]. In der Phase der Wahrnehmung wird einem potenziellen Adopter die Existenz einer Technologie bewusst und er eignet sich ein erstes Verständnis für deren Funktionsweise an, noch ohne eine persönliche Wertung vorzunehmen. In der darauf folgenden Phase der Bewertung werden vom Adopter insbesondere die genannten Merkmale des Adoptionsobjektes erfasst und bewertet, wodurch eine erste Urteilsbildung möglich wird. Dieses Urteil ermöglicht schließlich in der nächsten Phase die Entscheidung, ob die Technologie adoptiert wird oder nicht. Falls der Adopter sich für die Technologie entscheidet, muss er noch die Umsetzung realisieren, die letzten Endes bei Erfolg zu Erwerb und Anwendung der Innovation führen kann. Nicht zu vernachlässigen ist die abschließende Phase der Bestätigung, in der der Nutzer nach Einsatzbeginn der Technologie deren tatsächliche Vorteile noch einmal an den im Vorfeld erwarteten Vorteilen spiegelt und sich gegebenenfalls für einen Abbruch der Anwendung entscheiden oder anderen potenziellen Adoptern von einer positiven Entscheidung abraten kann. Der aufgeführte Prozess kann vom Adopter bei mangelndem Interesse bzw. zu geringem wahrgenommenem Vorteil der Innovation an jedem Teilschritt abgebrochen werden, was zur Nicht-Adoption der Technologie führt.

4.4.2
Resultierende Makroökonomische Effekte – Kondratieff-Zyklen

Auf makroökonomischer Ebene können Diffusionsprozesse von Technologien, in diesem Fall insbesondere auch von Produktionstechnologien, einen wesentlichen Einfluss auf die Konjunktur haben: Beispielhaft zu nennen sind Technologien wie die Dampfmaschine oder die Fließbandproduktion. Bei der Verbreitung von Technologien mit globalem gesamtwirtschaftlichem Einfluss sind zumeist wesentliche Netz- und Skaleneffekte wirksam – Anwendbarkeit und Nutzenpotenzial von produktionsrelevanten Technologien erfordern zumeist eine Vielzahl von Voraussetzungen und steigen mit der Verbreitungsquote. Mit dem technologischen Fortschritt, der eine ständig wachsende globale Interaktion mit sich bringt, steigen die Netzeffekte, aber auch die Geschwindigkeit der Verbreitung von Innovationen.

Nach dem russischen Wirtschaftswissenschaftler Nikolai Kondratieff entwickelt sich die Weltwirtschaft zyklisch in langen Wellen – Auslöser für solche Wellen sind technologische Paradigmenwechsel und die daraus resultierenden Investitionen in Technologien [31]. Aus der Auswertung wirtschaftlicher und technologischer Aufzeichnungen wird allgemein gefolgert, dass die industrialisierte Weltgesellschaft bislang vier sogenannte Kondratieff-Zyklen durchlaufen hat und sich momentan im Fünften befindet (s. Abb. 4.15):

1. Zyklus (ca. 1780–1850): Dampfmaschine, Mechanisierung, Industrialisierung
2. Zyklus (ca. 1840–1890): Stahl, Transport, Eisenbahn, Dampfschiffe
3. Zyklus (ca. 1890–1940): Elektrotechnik, Chemie, Schwermaschinen
4. Zyklus (ca. 1940–1990): Automatisierung, Elektronik, Automobil
5. Zyklus (ca. ab 1990–?): Information und Kommunikation

Obwohl die Zyklentheorie von Kondratieff einigen Nutzen für das Verständnis der Verbreitungsprozesse von Innovationen aufweist und das Erwachsen von gesamtwirtschaftlichen Wachstumsphasen aus evolutionär aufeinander aufbauenden Schlüsseltechnologien in der Wissenschaft anerkannt wird, so bestehen doch insgesamt Zweifel an der Tauglichkeit des Zyklenmodells. Zunächst erfordert das Vorhandensein der genannten Wachstums-

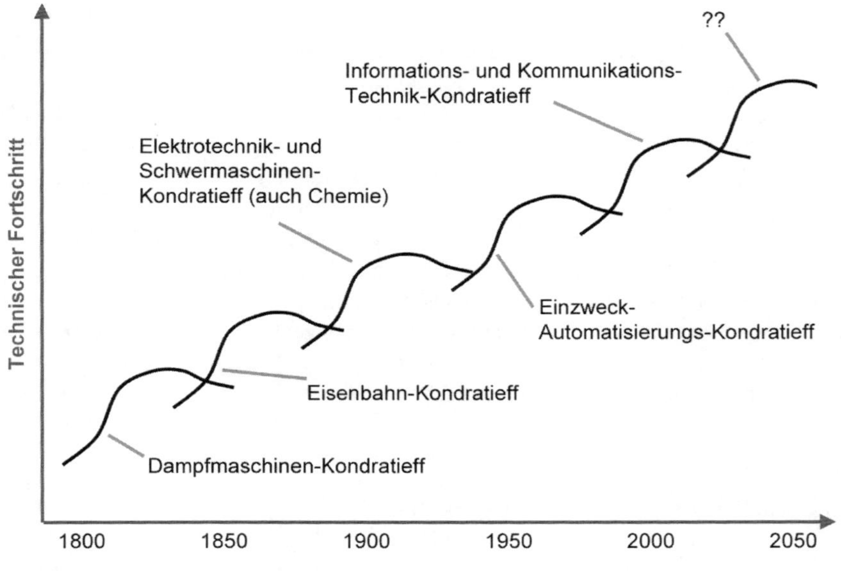

Abb. 4.15 Kondratieff-Zyklen [32]

phasen nicht zwingend einen Zyklus und die Unterscheidung zwischen fraglos vorhandenen gesamtwirtschaftlichen Wachstumstrends und Zyklen nach Kondratieff erscheint teils arbiträr. Deshalb besteht Diskussionsbedarf in der Interpretation der Daten und die Zyklen können nicht völlig klar nachgewiesen werden.

4.4.3 Bedeutung für das Technologiemanagement

Die Auswirkungen der Diffusionstheorie auf das Technologiemanagement finden im Wesentlichen in zwei Bereichen statt: Die im Adoptionsprozess relevanten Innovationsmerkmale sollten bereits in der Technologiestrategie berücksichtigt werden und die Voraussage des Diffusionsprozesses findet über die Prognose der Technologiefrüherkennung und der Technologiebewertung Eingang. Zudem können dort aus der ebenfalls im Zusammenhang mit den Diffusionsmodellen stehenden Zyklentheorie wertvolle Erkenntnisse über globale Trends gewonnen werden. Trotz der nachvollziehbaren Kritik sollte das Vorhandensein von Zyklen sowohl auf makroökonomischer Ebene als auch auf der mikroökonomischen und der Technologieebene vom Technologiemanagement in Betracht gezogen werden, da es insbesondere in der Prognose wertvolle Zusatzinformationen liefern kann.

Insgesamt sind die Erkenntnisse aus der Diffusionstheorie nicht als exakte Prognosetools, sondern vielmehr als Interpretationshilfen für das Technologiemanagement zu verstehen [6]:

- Die ökonomischen Erfolgschancen des Aufbaus von Technologiekompetenzen hängen wesentlich vom erreichbaren Diffusionsgrad und der Diffusionsgeschwindigkeit ab.
- Die Erfolgschancen im Adoptionsprozess einer Technologie hängen keinesfalls nur von deren technisch-objektiver Leistungs-Kosten-Bilanz ab.
- Die Merkmale der Adoptionsumwelt und des Adoptionssubjektes sind ebenso wie die des Adoptionsobjektes zu berücksichtigen.
- Bei den potenziellen Adoptern laufen vor der Nutzungsentscheidung komplexe unsicherheitsreduzierende Informationsverarbeitungsprozesse ab, die ein Unternehmen gezielt beeinflussen sollte.

Literatur

1. Wolfrum, B.: Strategisches Technologiemanagement, 2. Aufl. Gabler, Wiesbaden (2000)
2. Bullinger, H.-J.: Einführung in das Technologiemanagement. Modelle, Methoden, Praxisbeispiele. B.G. Teubner, Stuttgart (1994)
3. Bullinger, H.-J.: Technologiemanagement. In: Eversheim, W., Schuh, G. (Hrsg.) Betriebshütte – Produktion und Management. Springer, Berlin (1996)
4. Wermke, M., Kunkel-Razum, K., Scholze-Stubenrecht (Hrsg.): Die deutsche Rechtschreibung, 25. Aufl. Dudenverlag, Mannheim (2009)
5. Binder, V., Kantowsky, J.: Technologiepotentiale: Neuausrichtung der Gestaltungsfelder des strategischen Technologiemanagements. DUV, Wiesbaden (1996)
6. Gerpott, T.J.: Strategisches Technologie- und Innovationsmanagement, 2. Aufl. Schäffer-Poeschel, Stuttgart (2005)

4

7. Tschirky, H., Koruna, S. (Hrsg.): Technologiemanagement – Idee und Praxis. Orell Füssli, Zürich (1998)
8. Strebel, H. (Hrsg.): Innovations- und Technologiemanagement, 2. Aufl. facultas wuv, Wien (2007)
9. Schuh, G., Schröder, J., Breuer, T.: Technologiemanagement – Was am längsten trägt, muss am sorgfältigsten geplant werden. wt Werkstattstechnik online 93(6), 503–504 (2003)
10. Qian, Y.: Strategisches Technologiemanagement im Maschinenbau. Dissertation, Universität Stuttgart (2002)
11. Specht, G., Beckmann, C., Amelingmayer, J.: F&E-Management, 2. Aufl. Schäffer-Poeschel, Stuttgart (2002)
12. Kodama, F.: Technologiefusion – der Weg zum Erfolg auf Zukunftsmärkten. Harv. Bus. Manag. 15(1), 41–50 (1993)
13. Zahn, E.: Handbuch Technologiemanagement. Schäffer-Poeschel, Stuttgart (1995)
14. Little, A.D.: Management der F&E-Strategie. Gabler, Wiesbaden (1993)
15. Specht, D., Möhrle, M.G. (Hrsg.): Lexikon Technologiemanagement. Gabler, Wiesbaden (2002)
16. Tiefel, T.: Technologielebenszyklus-Modelle – Eine kritische Analyse. In: Tiefel, T. (Hrsg.) Gewerbliche Schutzrechte im Innovationsprozess. DUV, Wiesbaden (2007)
17. Ford, D., Ryan, C.: Taking technology to market. Harv. Bus. Rev. 81(2), 117–126 (1981)
18. Ansoff, I.H., Steward, J.M.: Strategies for a technology-based business. Harv. Bus. Rev. 45(November–December), 71–83 (1967)
19. Honsel, G.: Fieberkurve der Aufmerksamkeit. Technol. Rev.10, 80–82 (2006)
20. Fenn, J., Raskino, M.: Mastering the Hype Cycle – How to Choose the Right Innovation at the Right Time. Gartner Inc., Boston (2008)
21. Foster, R.N.: Innovation. Wiesbaden: Gabler (1986)
22. Gausemeier, J., Ebbesmeyer, P., Kallmeyer, F.: Produktinnovation – Strategische Planung und Entwicklung der Produkte von morgen. Hanser, München (2001)
23. Schöning, S.: Potenzialbasierte Bewertung neuer Technologien. Shaker Verlag, Aachen (2006)
24. Breuer, T.: Management von Technologieplattformen in diversifizierten Unternehmen. Shaker Verlag, Aachen (2006)
25. Gehmawat, P.: Commitment: The Dynamics of Strategy. The Free Press, New York (1991)
26. Khalil, T.M.: Management of Technology. The Key to Competitiveness and Wealth Creation. McGraw-Hill Higher Education, New York (2000)
27. Servatius, H.-G.: Methodik des strategischen Technologie-Managements: Grundlagen für erfolgreiche Innovationen, 2. unveränderte Aufl. Schmidt, Berlin (1989)
28. Rogers, E.M.: Diffusion of Innovations, 5. Aufl. Free Press, New York (2003)
29. Schirrmeister, E., Warnke, P., Dreher, C.: Untersuchung über die Zukunft der Produktion in Deutschland. Abschlussbericht, Eureka-Factory-Projekt Informan 2000+, Karlsruhe, Oktober 2003
30. Schmalen, H., Pechtl., H.: Die Rolle der Innovationseigenschaften als Determinanten im Adoptionsverhalten. Z. Betr. Forsch. 48(9), 816–836 (1996)
31. Perez, C.: Technological Revolutions and Financial Capital – The Dynamics of Bubbles and Golden Ages, 1. Aufl. Edward Elgar, Cheltenham (2002)
32. Kondratieff, N.: The Long Wave Cycles. Richardson & Snyder, New York (1984)

Technologiestrategie 5

Anna-Lena Schulte-Gehrmann, Sascha Klappert, Günther Schuh
und Michael Hoppe

Kurzüberblick Die Strategie stellt die Grundlage der Unternehmensentwicklung dar, aus der sich zukünftige Handlungsfelder in den Dimensionen Erneuerung, Entwicklung und Betrieb ableiten lassen. Im Zuge der zunehmenden Bedeutung des Technologiemanagements als Steuerungs- und Führungsaufgabe hat auch die Entwicklung von Technologiestrategien verstärkt Beachtung gefunden, um die langfristige Ausrichtung des Technologieportfolios zu planen und zu steuern. Eine Technologiestrategie beschreibt, wie ein Unternehmen mit Technologien verfahren sollte, um Wettbewerbsvorteile zu erzielen. Sie definiert die technologischen Ziele und zeigt den grundsätzlichen Weg zur Zielerreichung auf. Eine Technologiestrategie gibt an, welche Technologien ein Unternehmen zu welchem Zweck einsetzt, welches technologische Leistungsniveau dabei jeweils erreicht oder angestrebt ist, zu welchem Zeitpunkt der Technologieeinsatz erfolgt und woher die jeweilige Technologie bezogen wird. So sollte eine Technologiestrategie grundsätzlich Aussagen zu den inhaltlichen Dimensionen Technologieauswahl, technologische Leistungsfähigkeit, Technologiequelle, Technologietiming und Technologieverwertung enthalten [1, 2]. Dabei legt die Technologieauswahl fest, welche Technologien bzw. Technologiefelder in der Technologiestrategie adressiert werden. Für jedes zu berücksichtigende Technologiefeld müssen jeweils Entscheidungen in den Dimensionen Leistungsniveau, Technologiequelle, Technologietiming und Technologieverwertung getroffen werden.

5.1 Einleitung und Charakterisierung

Im Zuge der zunehmenden Bedeutung des Technologiemanagements als Steuerungs- und Führungsaufgabe hat auch die Entwicklung von Technologiestrategien verstärkt Beachtung gefunden, um die langfristige Ausrichtung des Technologieportfolios zu planen und zu steuern. Dies hat sich in der Praxis als Erfolgsfaktor erwiesen: So zeigen zahlreiche

A.-L. Schulte-Gehrmann (✉)
52074 Aachen, Deutschland
E-Mail: anna-lena.schulte-gehrmann@ipt.fraunhofer.de

G. Schuh, S. Klappert (Hrsg.), *Technologiemanagement*,
DOI 10.1007/978-3-642-12530-0_5,

Studien, dass Unternehmen mit einer expliziten Technologiestrategie erfolgreicher agieren als solche ohne schriftlich fixierte langfristige Marschrouten [3–5]. Oftmals wird der Begriff Technologiestrategie nur mit generellen Aussagen zum Anstreben einer technologischen Führerschaft, d. h. einer Überlegenheit gegenüber dem Wettbewerb oder einer technologischen Folgerschaft gleichgesetzt. Hier jedoch wird ein umfassenderes Verständnis vertreten, das auf folgender Definition aufbaut:

Eine Technologiestrategie beschreibt, wie ein Unternehmen mit Technologien verfahren sollte, um Wettbewerbsvorteile zu erzielen. Sie definiert die technologischen Ziele und zeigt den grundsätzlichen Weg zur Zielerreichung auf. Eine Technologiestrategie gibt an, welche Technologien ein Unternehmen zu welchem Zweck einsetzt, welches technologische Leistungsniveau dabei jeweils erreicht oder angestrebt ist, zu welchem Zeitpunkt der Technologieeinsatz erfolgt und woher die jeweilige Technologie bezogen wird.

Es wird deutlich, dass eine Technologiestrategie sowohl eine Festlegung der technologischen Ziele beinhaltet als auch die grundsätzlichen Handlungsweisen zur Zielerreichung definiert. Dabei ist die Technologiestrategie von einem Umsetzungsplan, der beispielsweise konkrete Ressourcen und Projekte beinhaltet, zu unterscheiden. Umsetzungspläne sind Bestandteile der Technologieplanung und unterliegen wesentlich kleineren Änderungsintervallen als die eigentliche Technologiestrategie.

Im Allgemeinen existiert keine eindeutige Antwort auf die Frage, für welches Bezugsobjekt eine Technologiestrategie entwickelt werden sollte. Vielmehr hängt der Bezugspunkt einer solchen Strategie von der Größe des Unternehmens bzw. seiner Aufbauorganisation sowie der Breite seiner Technologiebasis ab: In großen, diversifizierten Konzernen mit mehreren Standorten und Tochtergesellschaften werden Technologiestrategien meist geschäftsfeldbezogen gebildet. In einem solchen Fall sollte jedoch eine Integration der geschäftsfeldbezogenen Teilstrategien zu einer gemeinsamen Dachstrategie erfolgen, um Synergieeffekte zwischen den einzelnen Geschäftsfeldern zu ermöglichen [6]. Dagegen beziehen sich die Technologiestrategien von kleineren Unternehmen mit einer überschaubaren Anzahl von Technologien und Produkten häufig auf die gesamte technologische Basis des Unternehmens. Generell ist der Geltungsbereich der Technologiestrategie also abhängig von der Größe und Komplexität des Unternehmens, der Komplexität und Differenziertheit der Technologie oder der Diversifikation des Unternehmens [1].

Insgesamt gilt, dass eine Technologiestrategie Aussagen zu einzelnen Technologien oder Technologiefeldern des Unternehmens enthält [6–8]. Für jedes einzelne Technologiefeld müssen Entscheidungen in unterschiedlichen inhaltlichen Dimensionen getroffen werden. Eine Technologiestrategie stellt somit die Aggregation von mehreren Selektivstrategien dar, die sich jeweils auf einzelne Technologiefelder oder Technologien beziehen. Die strategischen Zielsetzungen und Pläne können für jedes einzelne Technologiefeld grundsätzlich völlig unterschiedlich sein. In der Praxis zeigt sich jedoch auch, dass in manchen Unternehmen übergeordnete technologiestrategische Vorgaben existieren, die für alle Technologien gelten und somit nicht selektiv betrachtet werden müssen. So imitieren manche Unternehmen mit einer „me-too"-Strategie grundsätzlich die Entwicklungen anderer, anstatt selbst Kernkompetenzen in bestimmten Technologiebereichen aufzubauen.

Im Folgenden werden aufbauend auf einigen Grundlagen zur Technologiestrategie die Dimensionen der Technologiestrategie beschrieben und der strategische Kontext der Technologiestrategie beleuchtet. Dies ist erforderlich, da die Technologiestrategie eng mit anderen Unternehmensstrategien vernetzt ist und somit nicht losgelöst entwickelt werden kann. Anschließend wird der Prozess zur Technologiestrategiefindung dargestellt. Die Technologiestrategie wird in einem aus mehreren Analyseschritten bestehenden Iterationsprozess erarbeitet.

5.2 Grundlagen zur Technologiestrategie

5.2.1 Technologiestrategische Grundtheorien

Durch die Technologiestrategie wird die Entwicklungsrichtung der Ressourcen- und Fähigkeitenbasis eines Unternehmens festgelegt. Sie dient damit der bewussten Veränderung der Technologiepotenziale einer Unternehmung und damit der Veränderung des potenziell möglichen Ergebnisses, das sich aus den Leistungseigenschaften sowie den Relationen von Technologien ergibt. Die Elemente der Technologiestrategie beinhalten dabei die notwendigen Maßnahmen, um die vorhandenen Ressourcen und Fähigkeiten so zu entwickeln, dass neue Technologiepotenziale entstehen [9]. Hieraus ergibt sich die Notwendigkeit, vorhandene Ressourcen und Fähigkeiten zu kennen, um eine implementierbare Technologiestrategie entwickeln zu können [10]. Diese Sichtweise geht auf die Inside-out Perspektive zur Strategieentwicklung zurück.

Bei der Inside-out Perspektive stehen die Ressourcen und Fähigkeiten der eigenen Unternehmung im Vordergrund des Strategieentwicklungsprozesses. Gemäß dieses Ansatzes werden nachhaltige Wettbewerbsvorteile durch die Mobilisierung von Ressourcen und den zielgerichteten Aufbau von seltenen, nicht imitier- oder substituierbaren und damit wertvollen Fähigkeiten erreicht. Ein Vorteil gegenüber dem Wettbewerb entsteht dann, wenn es dem Unternehmen gelingt, die Ressourcen und Fähigkeiten zur vorteilhaften Gestaltung der Umwelt einzusetzen [11]. Der Inside-out Perspektive steht die Outside-in Perspektive gegenüber. Die Outside-in Perspektive fokussiert auf die Betrachtung des Umfelds des Unternehmens. Innerhalb des Strategieentwicklungsprozesses wird anhand der Betrachtung der Marktattraktivität festgelegt, wie das Unternehmen bzw. einzelne Geschäftsfelder gegenüber dem Wettbewerb positioniert werden sollen [12]. Eine Betonung der Outside-in Perspektive im Strategieentwicklungsprozess technologieorientierter Unternehmen ist jedoch aufgrund der hohen Dynamik von Märkten kritisch: Häufig verändern sich Märkte schneller als Technologien, die einen Wettbewerbsvorteil darstellen, für die entsprechende Märkte aufgebaut werden können [13]. Hat ein Unternehmen seinen Entwicklungsbedarf anhand der Outside-in Orientierung erkannt und beginnt mit der Entwicklung eines technologisch anspruchsvollen Produkts oder einer neuen Technologie, werden Wettbewerbsvorteile nur schwer realisierbar sein. Das Unternehmen konkurriert mit Wettbewerbern, die bereits mit den Technologien zur Bedienung des Marktes vertraut sind [14].

Dem Strategieentwicklungsprozess technologieorientierter Unternehmen sollte daher generell eine Inside-out Orientierung zugrunde liegen, wobei Anforderungen aus dem Markt in zweiter Instanz auch berücksichtigt werden sollten. Grundlage der Inside-out

Perspektive ist der Resource-based View, der auf Penrose zurückgeht, sowie dessen Abwandlung in Form des Kernkompetenzansatzes von Prahalad und Hamel. Die jeweiligen Ansätze heben die Bedeutung von Ressourcen bzw. Fähigkeiten für die Generierung strategischer Wettbewerbsvorteile hervor.

5.2.2 Resourced-based View (Ressourcentheorie)

Analyseobjekt des Resource-based Views, der auf Penrose [15] zurückgeht, ist die Unternehmung. Dem Ansatz nach sind Unternehmen Bündel von Ressourcen und nicht Mengen von Produkt/Markt-Positionen innerhalb von Industrien [12]. Ressourcen gelten als die Elemente einer Unternehmung, welche ihre Stärken oder Schwächen ausmachen [16]. In Bezug auf das Technologiemanagement lassen sich als technologische Ressourcen alle materiellen Objekte zur Entwicklung und zum Betrieb von Technologien (z. B. Maschinen, Anlagen oder allgemeine technologische Infrastruktur), immaterielle Vermögensgegenstände im Technologiebereich (z. B. Patente und Lizenzen) aber auch Mitarbeiter und ihr Wissen zur Entwicklung, Produktion oder zum Aufbau von Infrastruktur (z. B. IT-Systeme oder Verfahrenstechnik) definieren [9]. Erfolgsunterschiede zwischen Unternehmen werden durch Effizienzunterschiede zwischen ihren jeweiligen Ressourcen erklärt. Ist ein Unternehmen im Besitz von Ressourcen, die einen Effizienzvorteil darstellen, führt dies zu einem höheren Erfolg der Unternehmung. Daher ist die Identifikation dieser Effizienzunterschiede in dem Einsatz von Ressourcen von besonderer Bedeutung. Um Wettbewerbsvorteile zu erzielen, muss ein Unternehmen in der Lage sein, vor der Aneignung oder dem Ausbau der Ressource ihre Vorteilhaftigkeit zu identifizieren.

5.2.3 Kernkompetenzansatz

Mit dem Kernkompetenzansatz entwickeln Prahalad und Hamel eine Variante des Resource-based View [17]. Wie bei dem Resourced-based View fokussiert der Kernkompetenzansatz auf die Unternehmung. Analyseobjekt zur Strategieentwicklung sind einzigartige Fähigkeiten, die in mehreren Geschäftsfeldern, Produkten und Dienstleistungen synergetisch genutzt werden können. Ein Unternehmen erzielt dann Wettbewerbsvorteile, wenn es ihm gelingt, die synergetische Nutzung schneller und zu geringeren Kosten durchzuführen. Grundlage dieser Betrachtung ist das Verständnis des Unternehmens als ein Bündel von Kernkompetenzen und nicht als ein Portfolio unterschiedlicher Geschäftseinheiten. Durch die Betrachtung geschäftsfeldübergreifender Fähigkeiten, also einer Lösung von Produkt/Marktkombinationen, soll eine Entkopplung vom teilweise schnelllebigen Wettbewerb auf Produktebene erreicht werden. Vielmehr orientiert sich die strategische Ausrichtung an langfristig beständigen Kompetenzen [18]. Als Kernkompetenz wird von Prahalad und Hamel die Lernfähigkeit einer Organisation, hinsichtlich der Koordination unterschiedlicher Produktionsfähigkeiten und die Integration verschiedenartiger Technologien definiert [18]. Weiter muss eine Kernkompetenz folgende Eigenschaften besitzen:

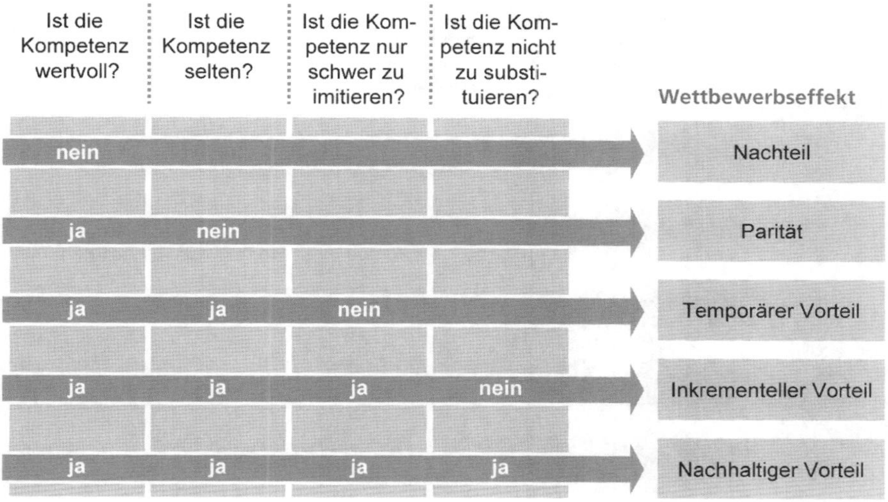

Abb. 5.1 Entscheidungsfragen zur Identifikation von Kernkompetenzen [12]

Sie sollte den Zugang zu unterschiedlichen Märkten eröffnen, einen signifikanten Beitrag zum wahrgenommenen Kundennutzen des Endproduktes leisten und für Wettbewerber schwer zu imitieren sein [18]. Diese Definition verdeutlicht einen technologischen Bezug der Kernkompetenzen und den aus ihren Eigenschaften resultierenden potenziellen Wettbewerbsvorteilen.

Zur Differenzierung zwischen allgemeinen Fähigkeiten und Kernkompetenzen, die zu nachhaltigen Wettbewerbsvorteilen führen, haben sich vier Prüfkriterien etabliert [11, 12, 19] (s. Abb. 5.1).

Die Fähigkeiten müssen wertvoll sein, d. h. sie führen zu Effektivitäts- und Effizienzsteigerungen und zu einer verbesserten und honorierten Leistung am Markt. Weiter muss die Fähigkeit selten sein und somit eine Differenzierungsmöglichkeit bieten. Zur langfristigen Aufrechterhaltung dieses Differenzierungspotenzials sollte daher die Fähigkeit gleichzeitig nicht imitierbar und nicht substituierbar sein. Eine Aneignung der Kernkompetenz durch den Wettbewerber, durch Nachbildung der Fähigkeit oder Ersatz durch andere Fähigkeiten sollte also nicht möglich sein. Nur bei Erfüllung aller vier Kriterien handelt es sich um eine Kernkompetenz die nachhaltige Wettbewerbsvorteile generiert.

Ressourcen, Fähigkeiten und Kernkompetenzen sind jedoch nicht unabhängig voneinander. Sie bauen aufeinander auf und bilden in ihrer Gesamtheit die technologische Basis des Unternehmens. Zur Strukturierung kann eine Hierarchie in vier Ebenen vorgenommen werden [20]. Auf oberster Ebene gliedern sich die Kernkompetenzen. Unter ihr bilden die technologischen Kompetenzen und Fähigkeiten die nächsten Ebenen der Hierarchie, wobei die technologischen Kompetenzen aus den technologischen Fähigkeiten hervorgehen: Als Fähigkeiten wird die Menge aller zielgerichteten Aktivitäten bezeichnet, die ein Unternehmen für sich selbst oder im Bezug zu seinem Umfeld ausführen kann. Sie sind zugleich Objekt und Ergebnis kollektiver Lernprozesse und unterliegen daher keiner Erosion bei der Anwendung [9]. Haben Fähigkeiten einen konkreten Anwendungsbezug, so spricht

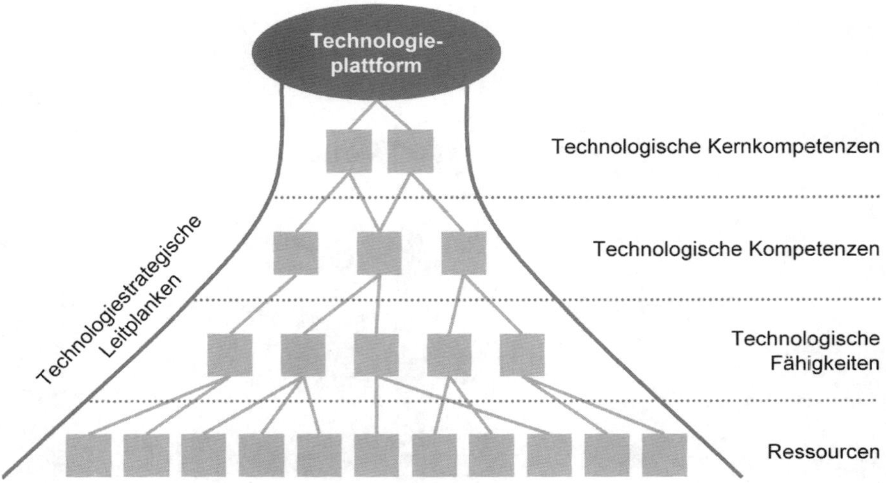

Abb. 5.2 Strukturierung der Kompetenzbasis eines Unternehmens

man von Kompetenzen [20]. Sie bestehen aus einer kognitiven Komponente, d. h. Wissen und andererseits aus praktischen Fähigkeiten, d. h. intelligenten Abläufen und organisatorischen Routinen [21]. Weiter lassen sich Fähigkeiten auf einzelne Ressourcen oder deren Interaktionen zurückführen [22]. Daher bilden auf unterster Ebene der Hierarchie die technologischen Ressourcen die Grundlage der technologischen Fähigkeiten. Abbildung 5.2 verdeutlicht diesen Zusammenhang.

Besitzt ein Unternehmen technologiebasierte Kernkompetenzen, so ermöglicht dies ihm eine einzigartige Position gegenüber dem Wettbewerb. Das Anstreben technologischer Einzigartigkeit ist für Unternehmen in Hochlohnländern heutzutage notwendig, um sich im globalen Wettbewerb langfristig zu behaupten [14].

5.2.4
Technologieplattformen

Der Begriff der Technologieplattform findet in der Literatur unterschiedliche Anwendung. Dabei existiert einerseits das Begriffsverständnis einer Technologieplattform als Beschreibung technologischer Disziplinen wie Nanotechnologie, Biotechnologie und Kommunikationstechnologie. Der Begriff Technologieplattform und Technologiefeld wird in dieser Definition synonym verwendet. Hier soll jedoch das Begriffsverständnis aus dem Technologiemanagement von Produktionsunternehmen und der darin beschriebene Managementansatz Anwendung finden. Technologieplattformen stellen die Wissensbasis eines Unternehmens dar. Sie erklären, wie Ressourcen, Fähigkeiten und Technologien untereinander vernetzt sind und zeigen, welchen Beitrag Technologien zum Wert dieser Wissensbasis leisten. Weiter stellt die Technologiebasis heraus, wie durch Nutzung von Technologiepotenzialen die maximale Wirkung für das eigene Unternehmen erzielt werden kann [23].

Dieses Verständnis basiert auf der Beobachtung, dass einzigartige Leistungen nicht auf der Beherrschung einer einzelnen Technologie beruhen, sondern auf dem synergetischen Potenzial vielfältiger Fähigkeiten, die meist historisch bedingt sind und sich evolutionär als Wettbewerbsvorteil etabliert haben. Dieses Verständnis der Technologieplattform folgt damit dem Konzept der Kernkompetenzen.

Ziel der Technologieplattform ist es, Unternehmen Hilfestellung bei der strategischen Planung der Technologieentwicklung zu geben, um die Differenzierung vom Wettbewerb weiter auszubauen. Technologieplattformen erfüllen dies u. a. durch die strukturierte Darstellung und Definition der Bezugsobjekte der Technologiestrategie. Technologieplattformen bilden somit die Grundlage für einen effizienten Mehrfacheinsatz von technologischen Fähigkeiten. Dieses sogenannte „Technology Leveraging" wird in Kapitel Technologieverwertung detaillierter betrachtet.

Fallbeispiel aus der Kunststoffindustrie Ein diversifiziertes Unternehmen aus der Kunststoffindustrie erschließt zusätzliche Wettbewerbsvorteile durch seine Technologieplattform „Oberflächentechnologien". Das Unternehmen hat zunächst seine Kompetenzen in einzelnen Verfahren zur Herstellung polymerer Oberflächen zur Beherrschung nahezu aller Verfahren in diesem Gebiet ausgebaut. Um die Einzelkompetenzen zur Technologieplattform zu bündeln, hat das Unternehmen den Zentralbereich Technik mit übergeordneten Strategien belegt. Eine dieser Strategien wird in der Technologieplattform „Oberflächentechnologien" abgebildet. Die Umsetzung der Strategie verantwortet ein für die Plattform benannter Technologiemanager. Seine Aufgabe ist die Vernetzung der Know-how-Träger innerhalb des Zentralbereichs Technik. Er fungiert als Ansprechpartner gegenüber den strategischen Geschäftsfeldern bei der Diskussion neuer Einsatzpotenziale und treibt die Anwendung der Plattform aktiv voran. Durch die Einflussnahme auf die Technologieentwicklung steuert der Technologiemanager die Technologieplattform. Bei der Technologieakquise stimmt er sich mit den Abteilungsleitern der zentralen Technik ab. Mittels Reports wird die Weiterentwicklung der Technologieplattform gegenüber der Geschäftsleitung dargestellt. Durch den Einsatz dieser Technologieplattform in allen Geschäftsfeldern (Automotive, Bau, Industrie) kann das Unternehmen eine hohe Anzahl von Nutzenpotenzialen erschließen.

5.2.5 Strategische Technologiefelder

Technologiestrategien haben als Bezugsobjekt einzelne Technologien oder Technologiefelder. Ein strategisches Technologiefeld kann als Ausschnitt aus dem aktuellen und potenziellen technologischen Betätigungsfeld definiert werden. Es zeichnet sich dadurch aus, dass es von den anderen Technologiefeldern relativ unabhängig geplant werden kann. Zur Identifikation eines strategischen Technologiefelds kann Bezug zur naturwissenschaftlich-technischen und zur technisch-ökonomischen Ebene genommen werden [24, 25] (vgl. Abb. 5.3).

5

Abb. 5.3 Strukturierung von strategischen Technologiefeldern in Anlehnung an Ewald [24]

Auf naturwissenschaftlich-technischer Ebene wird ein strategisches Technologiefeld durch die Ausprägung der Dimensionen Theorie, Know-how und Technik charakterisiert. Hierbei beschreibt die Dimension Theorie die theoretischen Grundlagen und Paradigmen welche dem Technologiefeld zugrunde liegen. Know-how definiert die zur Entwicklung der Technikdimension benötigte Potenzialart. Die unterschiedlichen naturwissenschaftlich-technischen Möglichkeiten, mit denen technische Probleme gelöst werden können, werden in der Dimension Technik adressiert. Auf der technisch-ökonomischen Ebene können die Technologiefelder nach der strategischen Bedeutung ihres technischen Outputs für Branchen, nach der Nachfrage oder nach Geschäftsfeldern charakterisiert werden.

Die Technologien eines strategischen Technologiefelds müssen nicht unabhängig voneinander sein. Sie können in konkurrierender, komplementärer oder neutraler Beziehung zueinander stehen.

Fallbeispiel aus der Automobilindustrie Zur Ableitung von Handlungsfeldern für die Produktion hat ein Automobilhersteller Technologiefelder für den Bereich Motor definiert. Hierzu hat das Unternehmen die angewendeten Fertigungsverfahren strukturiert. Hieraus wurden Technologiefelder definiert und der generierte Kundennutzen den einzelnen strategischen Technologiefeldern zugeordnet. So wurde z. B. auf naturwissenschaftlich-technischer Ebene aus den Techniken Spritzlackieren, Konservieren, Pulverbeschichten und Waschen das Technologiefeld Oberflächenbehandlung für Ventile definiert. Auf technisch-ökonomischer Ebene beeinflusst dieses Technologiefeld die thermodynamischen Eigenschaften und Möglichkeiten der Ventilsteuerung und befriedigt damit die Nachfrage nach geringer Geräuschentwicklung, weniger Emissionen und geringem Kraftstoffverbrauch im strategischen Geschäftsfeld Motor.

5.2.6 Technologiebaum zur Strukturierung von Technologiefeldern

Zur Operationalisierung der Identifikation und Strukturierung der technologischen Ressourcen und Fähigkeiten sowie zur Abgrenzung von strategischen Technologiefeldern kann die Methode des Technologiebaums angewandt werden. Hierbei werden strategische

Geschäftsfelder und Technologien über Funktionen und Produkte zueinander in Bezug gesetzt. Weiter kann das technologische Wissen innerhalb des Unternehmens dargestellt werden [26]. Durch die graphische Darstellung wird eine Übersicht der zentralen Technologien erzeugt und ihre Beziehungen sowohl untereinander als auch zur Marktleistung abgebildet.

Die Darstellung des Technologiebaums geht auf die von Mitterdorfer-Schaad [27] vorgestellte Innovationsleistungsarchitektur und deren Erweiterungen [28] zurück. Dargestellt werden Wissen, Technologien, Funktionen, Produkte und Märkte in 5 Stufen des Technologiebaums: Auf der untersten Stufe stehen Wissensgebiete. Darin werden naturwissenschaftlich-technisches Wissen und daraus resultierendes angewandtes Wissen aufgetragen, das dem Unternehmen als Ressource zur Verfügung steht. Auf diesem „zweckorientierten Problemlösungswissen" [27] bauen in der zweiten Stufe die zu den Wissensdomänen gehörigen Technologien auf. Auf dieser Ebene können sowohl Produkt-, Prozess- Material- als auch Unterstützungstechnologien aufgetragen werden. Weiter werden einzelne Technologien zu Technologiefeldern gruppiert. Dies ermöglicht einerseits die Beziehung einzelner Technologien darzustellen und andererseits die Komplexität des Technologiebaums zu reduzieren. Mit der Darstellung der Technologiefelder ist der Unterbau des Technologiebaums fertig gestellt und die Technologiefelder auf Grundlage des naturwissenschaftlich-technischen Wissens sind abgeleitet. Im oberen Teil des Technologiebaums werden nun die Technologiefelder mit der technisch-ökonomischen Ebene (Produkte und Märkte) des Unternehmens verknüpft. Hierzu werden zunächst auf der dritten Stufe die Funktionen der einzelnen Produkte oder Produktmodule aufgetragen. Die der Funktion zugrundeliegenden Produkte und Module werden weiter auf der vierten Stufe des Technologiebaums dargestellt. Aus ihnen ergeben sich auf der fünften Stufe die zu bedienenden Märkte, die zu strategischen Geschäftsfeldern zusammengefasst werden können [28]. Abbildung 5.4 zeigt beispielhaft einen Ausschnitt aus einem Technologiebaum.

Die Produktfunktion nimmt eine Schlüsselrolle im Technologiebaum ein. Durch Verknüpfung der Technologiefelder mit den Produkten bzw. Modulen über die abstrahierte Funktion wird zum einen eine lösungsorientierte Produktentwicklung und zum anderen eine effektorientierte Technologieentwicklung und damit die strategische Ausrichtung des Technologiefelds ermöglicht. Weiter können durch die abstrahierte Funktion neue Geschäfts- und Technologiefelder identifiziert werden. Darüber hinaus wird durch die Erstellung dieser strukturierten Zuordnung der Technologien eine Analyse der einzelnen Ressourcen und Fähigkeiten gefördert. Zentrale Aufgabe bei der Analyse sollte die Frage nach außergewöhnlichen und differenzierenden Wissensgebieten sein, sowie in welchen Technologiefeldern die Kompetenzen größer sind als bei den Wettbewerbern.

Fallbeispiel aus der Elektroindustrie Um die Akquise von komplementären Technologien zu unterstützen wurde für einen Hersteller von elektromechanischen Komponenten das Technologieportfolio in einem Technologiebaum erfasst und strategische Technologiefelder dargestellt. Auf Grundlage besonderer Kompetenzen im Werkzeugbau und speziellen fertigungstechnischen Wissens hat das betrachtete Unternehmen besondere Fähigkeiten in den Technologien Galvanisieren, Spritzgießen, Präzisionsstanzen und Präzisionsbiegen. Diese Technologien konnten auf Grundlage der technisch-ökonomischen Nutzung im Unternehmen zum strategischen Technologiefeld Kontakttechnik gruppiert werden. Produkte und Komponenten, die mittels des Technologiefelds Kontakttechnik hergestellt werden, sind zum einen durch Präzisionsstanzen hergestellte planare Präzisionsteile und zum anderen durch Präzisionsbiegen gefertigte 2½-dimensionale Präzisionsformteile. Die Präzisionsformteile werden zum Teil zu Kontaktbaugruppen montiert oder gefügt sowie als Verbundteile mit Kunststoff umspritzt. Beide Komponenten finden auf unterschiedlichen Märkten Absatz. Aus beiden Arten der Präzisionsformteile konnten die Funktionen Geometrisches Anordnen, Schalten und Stromleiten identifiziert und mit den entsprechenden Technologien

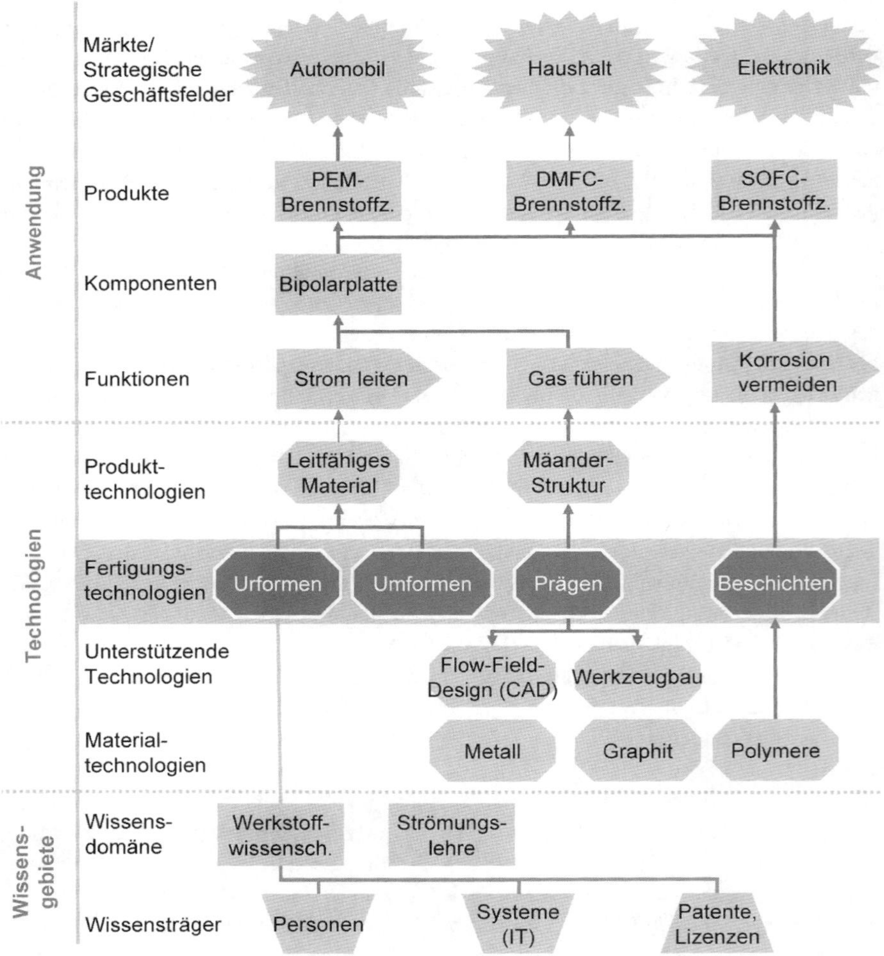

Abb. 5.4 Darstellung eines Technologiebaums. (In Anlehnung an [28])

verknüpft werden. Auf Grundlage der ermittelten Fähigkeiten der Technologien im Geschäftsfeld Kontakttechnik konnte ein Technologieanforderungsprofil für potenzielle Komplementärtechnologien erstellt werden. Weitere Grundlage hierfür waren die zu erfüllenden Funktionen des Technologiefelds Kontakttechnik.

5.2.7 Technologische Leitbilder

Eine besondere Ebene der technologiestrategischen Ausrichtung wird durch technologische Leitbilder erreicht. Das technologische Leitbild repräsentiert die grundsätzlich bevorzugte technologische Entwicklungsrichtung einer Branche oder eines Unternehmens. Technologische Leitbilder beziehen sich im Gegensatz zu Technologiestrategien nicht auf einzelne Technologiefelder, sondern stellen eine feldübergreifende Orientierungshilfe dar.

Der Einsatz technologischer Leitbilder bietet sich immer dann an, wenn eine hohe Anzahl an Entscheidungen bzw. Handlungsoptionen im Rahmen der Technologieplanung synchronisiert und auf ein gemeinsames Ziel ausgerichtet werden sollen. Dabei sollen die einzusetzenden Technologien mit dem technologischen Leitbild kohärent sein. Technologische Leitbilder weisen einen starken Technologiebezug auf. Sie beschreiben auf grundsätzliche Weise, wie mit Technologien verfahren werden soll. Technologische Leitbilder sind daher deutlich von Unternehmensleitbildern abzugrenzen, die beispielsweise die Motivation, die Mission, die Ziele, Grundwerte und Nutzenversprechen eines Unternehmens als Ganzes beschreiben und so den Technologieeinsatz allenfalls als Mittel zum Zweck und nicht als eigentliches Betrachtungs- bzw. Bezugsobjekt verstehen.

Technologische Leitbilder können sich hinsichtlich ihres Gültigkeitsbereichs unterscheiden. Daher kann grundlegend zwischen Branchenleitbildern und unternehmensspezifischen technologischen Leitbildern unterschieden werden. Während Branchenleitbilder die technologische Entwicklung eines Industriezweigs einschließlich vor- und nachgelagerter Wertschöpfungsschritte synchronisieren, trägt ein unternehmensspezifisches technologisches Leitbild zur Synchronisation des Technologieeinsatzes innerhalb eines Unternehmens bei. Dies beinhaltet die Planung, die Beschaffung, die Entwicklung und die Anwendung von Technologien [29].

Fallbeispiel einer Branchenroadmap aus der Halbleiterindustrie Branchenleitbilder richten das Handeln der Akteure einer bestimmten Branche auf eine gemeinsame Richtung aus. Das bekannteste Beispiel eines technologischen Leitbilds einer Branche ist wohl das Moore'sche Gesetz, das die technologische Entwicklung der Halbleiterindustrie vorgibt [30]. Das erstmals 1965 von Gordon Moore geäußerte Gesetz sagt aus, dass sich die Transistordichte eines Chips alle 18 Monate verdoppelt und sich der Preis im selben Zeitraum halbiert. Dieses sehr allgemeine Branchenleitbild findet seine Konkretisierung in der jährlich überarbeiteten „International Technology Roadmap for Semiconductors (ITRS)“. Diese von der Branche kooperativ erstellte Roadmap beschreibt die konkreten technologischen Entwicklungen der gesamten Wertschöpfungskette der

Halbleiterindustrie. Sie schließt daher auch der eigentlichen Chipherstellung vor- und nachgelagerte Wertschöpfungsschritte mit ein, beispielsweise die Werkstoffentwicklung und die Lithografietechnologie.

Das Moore'sche Gesetz als technologisches Leitbild sowie dessen Operationalisierung als Roadmap wirken in der Halbleiterbranche als Self Fulfilling Prophecy [30]. Das bedeutet, dass alle beteiligten Akteure der Branche ihr Handeln in der Erwartung ausrichten, dass die in der ITRS beschriebenen technologischen Entwicklungen auch tatsächlich eintreten werden. Beispielsweise werden Lithografietechnologien entwickelt, um Strukturen für Chips mit bislang nicht erreichter Auflösung abbilden zu können. Zeitgleich entwickeln andere Unternehmen bereits Chips mit den entsprechenden technologischen Merkmalen. Währenddessen entwickeln weitere Unternehmen bereits Produktionsanlagen für diese Chips. Dieses Handeln aller Akteure in Erwartung der in der Roadmap beschriebenen Entwicklungen führt dazu, dass sich diese auch tatsächlich einstellen. So führt das technologische Leitbild der Halbleiterindustrie zu einer Vorhersehbarkeit der technologischen Entwicklung in allen Wertschöpfungsstufen, es synchronisiert die Technologieentwicklung entlang der gesamten Wertschöpfungskette, erhöht die Planungssicherheit der Unternehmen der Branche und ermöglicht einen kontinuierlichen technologischen Fortschritt.

Technologische Leitbilder können jedoch nicht nur innerhalb einer Branche, sondern auch innerhalb eines Unternehmens von Nutzen sein. Ihre Nutzung bietet sich immer dann an, wenn Unternehmen mit einer Vielzahl zu treffender technologischer Entscheidungen konfrontiert sind und diese auf eine grundsätzliche Linie ausrichten möchten.

Zur strategischen Orientierung beschreibt ein technologisches Leitbild in Themenfeldern und Themenschwerpunkten die inhaltlichen Stoßrichtungen für eine bedarfsorientierte Forschung und Entwicklung von Technologien. Ein möglicher Themenschwerpunkt bzw. ein mögliches technologisches Leitbild bzw. Leitthema aus der Automobilindustrie kann beispielsweise „wirtschaftlicher Leichtbau" sein. Abgeleitet aus übergeordneten Zielen und Strategien sowie ergänzenden Zukunftsanalysen definieren die abstrakten Themenfelder langfristige Herausforderungen. Die einzelnen Themenfelder umfassen jeweils konkrete Themenschwerpunkte, zu denen im Rahmen der Forschung und Entwicklung kurz- bis mittelfristig neue Ansätze zu erarbeiten und zu befähigen sind.

Der Abgleich dieser strategischen Orientierung mit den abgeschlossenen und laufenden Vorentwicklungsprojekten bietet die Möglichkeit eine Forschung und Entwicklung „auf Bestellung" zu initiieren. Durch die Berücksichtigung des Beitrags einzelner Technologieentwicklungsprojekte zu den Leitthemen als Entscheidungskriterium bei der Technologieplanung wird sichergestellt, dass die durch die Leitthemen definierten technologischen Grundrichtungen durch die Einzelprojekte verfolgt werden. Hierbei ist zu berücksichtigen, dass insbesondere die Vorentwicklung ein „Unternehmertum im Unternehmen" erfordert, d. h. erfolgversprechende Vorentwicklungsideen, die zwar den oben angeführten Themenfeldern und -schwerpunkten nicht zugeordnet werden können, sind trotzdem bei der Priorisierung zu berücksichtigen. In diesen Fällen gilt es, die Entscheidungskompetenz und -konsequenz zu zeigen, um flexibel auf neue, erfolgversprechende Ansätze reagieren zu können.

Leitthemen geben jedoch nicht nur Orientierung vor, sondern können auch helfen, Lücken in der Technologiestrategie zu identifizieren. Falls nach der Ideengenerierung deutlich wird, dass zu einem bestimmten Leitthema keine oder nur wenige Technologieoptionen identifiziert wurden, können in diesem Themenfeld gezielt Maßnahmen initiiert werden, um diese „weißen Felder" zu erschließen.

5.3 Dimensionen der Technologiestrategie

Eine Vielzahl von Autoren hat sich mit den Elementen bzw. Dimensionen von Technologiestrategien befasst. Trotz der Heterogenität der unterschiedlichen Sichtweisen lassen sich fundamentale Dimensionen identifizieren, die ein Großteil der Autoren berücksichtigt. So sollte eine Technologiestrategie grundsätzlich Aussagen zu folgenden inhaltlichen Dimensionen enthalten [1, 2]:

- Technologieauswahl
- Technologische Leistungsfähigkeit
- Technologiequelle
- Technologietiming
- Technologieverwertung.

Dabei legt die Technologieauswahl fest, welche Technologien bzw. Technologiefelder in der Technologiestrategie adressiert werden. Für jedes zu berücksichtigende Technologiefeld müssen jeweils Entscheidungen in den Dimensionen Leistungsniveau, Technologiequelle, Technologietiming und Technologieverwertung getroffen werden. In der Praxis können Technologiestrategien unterschiedliche Detaillierungsgrade aufweisen und adressieren bei geringer Detailtiefe nicht notwendigerweise alle Dimensionen. Umfassende Handlungsoptionen für einzelne Technologien werden erst im Rahmen der Technologieplanung entwickelt. Abbildung 5.5 fasst die relevanten technologiestrategischen Dimensionen zusammen und gibt einen Überblick über die Leitfragen zu den einzelnen Dimensionen.

5.3.1 Technologieauswahl

Unter dem Stichwort Technologieauswahl wird zusammengefasst, welche Technologien in der Technologiestrategie berücksichtigt werden. Zum einen handelt es sich hierbei natürlich um die bereits im Unternehmen existierenden Technologien. Zum anderen werden aber auch für das Unternehmen neue Technologien adressiert. Hierbei kann es sich sowohl um noch nicht genutzte, aber bereits existierende Technologien als auch um völlig neu zu entwickelnde Technologien handeln [8].

Bei der Analyse der im Unternehmen existierenden Technologien werden zunächst alle im Unternehmen vorhandenen Technologien aufgenommen. Hierbei empfiehlt sich das Vorgehen anhand einer Wertkettenanalyse [8]. Dabei sind für das Unternehmen

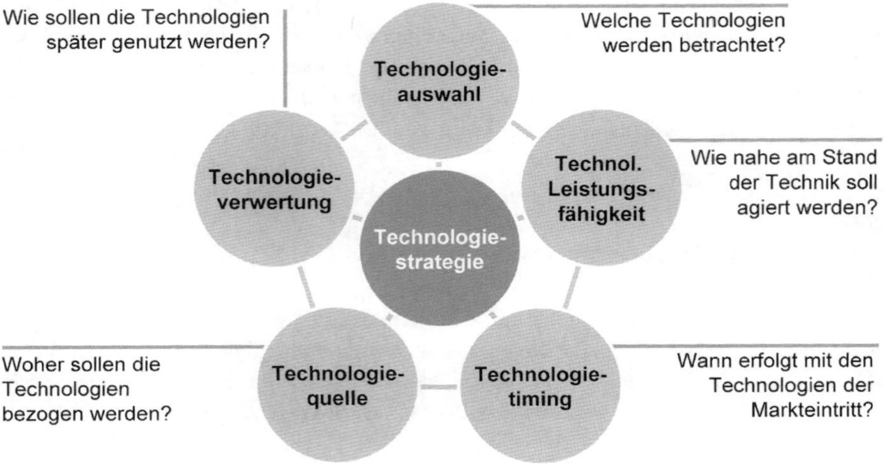

Abb. 5.5 Inhaltliche Dimensionen der Technologiestrategie. (Einen Überblick über die Elemente der Technologiestrategie bei verschiedenen Autoren bietet z. B. Renz [2].)

bedeutende und weniger bedeutende Technologien zu unterscheiden. Hierzu können die in Abschn. 5.2.3 vorgestellten Fragestellungen nach der Werthaltigkeit, der Seltenheit, der Imitierbarkeit und der Substituierbarkeit herangezogen werden. Des Weiteren können unterschiedliche, einzelne Technologien zu Technologieklassen zusammengefasst werden. Ziel ist es, Technologien zu Technologiefeldern zusammenzufassen, die aufgrund ihrer Homogenität und Bedeutung der Technologien mit einer gemeinsamen Technologiestrategie belegt werden sollten.

Bei der Analyse der (aus Sicht des Unternehmens) neuen Technologien muss eine eingehende Technologieanalyse und Technologiebewertung auch im Vergleich zu bereits vorhandenen Technologien erfolgen. Dies ist grundsätzlich Kernaufgabe der Technologiefrüherkennung. Die Entscheidung für eine Weiterentwicklung oder externe Akquisition einer Technologie stellt aufgrund des meist großen erforderlichen Investitionsvolumens eine langfristige Bindung dar [31]. Bei der Technologieauswahl sind folgende Fragen hilfreich [32]:

- Welcher Mehrwert kann durch die Technologie geschaffen werden?
- Können andere Technologien (Konflikttechnologien) im bestehenden System den Einsatz der Technologie ver- oder behindern?
- Gibt es eine komplementäre Technologie, die zur erfolgreichen Einführung benötigt wird, die eine unterstützende Wirkung hat oder den Einsatz überhaupt erst möglich macht?
- Existieren andere Technologien (Substitutionstechnologien), welche die betrachtete Technologie irrelevant werden lassen?

Die Technologieauswahl unterscheidet sich von den anderen vier Dimensionen der Technologiestrategie fundamental, da sie als vorgelagerter Analyseschritt angesehen werden kann [2], der im Prozess zur Entwicklung der Technologiestrategie durchgeführt wird.

Dagegen existieren in den übrigen Dimensionen jeweils verschiedene, klar gegeneinander abzugrenzende strategische Optionen.

5.3.2 Technologische Leistungsfähigkeit

Die technologische Leistungsfähigkeit beschreibt den Entwicklungsvorsprung bzw. -rückstand gegenüber dem Stand der Technik bzw. gegenüber den Wettbewerbern [1, 6]. Begrifflich wird hier häufig zwischen technologischer Führerschaft und technologischer Präsenz unterschieden [6, 33–35].

Technologische Führerschaft Technologieführer (leistungsbezogen) bauen langfristig und systematisch einzigartige Kompetenzen und Fähigkeiten auf, die ihnen auf kürzeren Zeitskalen Wettbewerbsvorteile generieren können und die sie in verschiedenen Produkten nutzen können. Dies erfordert nachhaltige und hohe Investitionen in die entsprechenden Technologien. Vielfach betreiben Technologieführer intensive Grundlagenforschung, um ihre einzigartigen technologischen Fähigkeiten abzusichern oder auszubauen [2]. Es ist des Weiteren möglich, eine technologische Führerschaft mit verschiedenen wettbewerbsstrategischen Optionen zu kombinieren [6]: Verfolgen Technologieführer eine Differenzierungsstrategie, so heben sie sich oftmals durch überlegene Produkttechnologien von ihren Wettbewerbern ab. Auch kann eine solche strategische Variante auf der Steigerung der Qualität durch moderne Produktionstechnologien beruhen. Dagegen kann ein hohes technologisches Leistungsniveau auch genutzt werden, um Kostenvorsprünge zu realisieren. So können durch innovative Produktionstechnologien, beispielsweise im Bereich der Automatisierungstechnik, Durchlaufzeiten verkürzt und Rationalisierungspotenziale gehoben werden. Auch überlegene Produkttechnologien können eine Kostenführerschaft ermöglichen, z. B. wenn ein Technologieführer eine intelligente, modulare Produktplattform entwickelt.

Technologische Präsenz Technologische Präsenz bedeutet, sich lediglich auf Normalleistungsniveau zu bewegen und keine Einzigartigkeit bei der Beherrschung einer Technologie aufzuweisen [1, 6]. Bezüglich dieser technologiestrategischen Variante zeigen sich weitere Unterausprägungen [2]. Zum einen gibt es technologisch präsente Unternehmen, die lediglich die Produkt- und/oder Fertigungskonzepte ihrer Wettbewerber imitieren. Andere versuchen, sich durch inkrementelle, kundenorientierte Modifikationen zu differenzieren. Oft geht eine technologische Präsenz jedoch mit einer auf Kostenführerschaft abzielenden Wettbewerbsstrategie einher [6].

Da zumeist ein hoher Ressourceneinsatz erforderlich ist, um Technologieführerschaft zu erreichen oder zu halten, sollte sich diese strategische Option auf ausgewählte Technologiefelder beschränken. Die Sinnhaftigkeit der Wahl der strategischen Option technologischer Führerschaft hängt davon ab, ob im jeweiligen Technologiefeld bereits hinreichende Kompetenzen vorhanden sind. Zudem sollte die Führerschaft nur angestrebt werden, wenn damit große Differenzierungs- oder Kostensenkungspotenziale erschlossen werden können [36] und wenn der strategische Gegenstand Schlüssel- oder Schrittmachertechnologien sind, die noch Weiterentwicklungspotenziale besitzen [6]. Mögliche Vorteile und

Technologische Führerschaft	
Vorteile und Chancen – Imagevorteile durch Alleinstellungsmerkmale – Hohe Gewinnmargen möglich – Möglichkeit zur Definition von Standards – Aufbau von Imitationsbarrieren	**Nachteile und Risiken** – hohe Investitionen und langfristige Ressourcenbindung zwingend erforderlich – bedingen hohes unternehmerisches Risiko – technologische Diskontinuitäten/ Substitutionstechnologien bedrohen Führerstatus – Führer werden häufig Zielobjekt von Imitatoren – Gefahr des „Over Engineerings“ – Ausruhen auf eigenen Stärken verhindert frühzeitiges Erkennen von Veränderungen im Marktumfeld

Abb. 5.6 Vorteile und Chancen, Nachteile und Risiken technologischer Führerschaft. Zusammenstellung aus [2, 6, 37]

Chancen sowie Nachteile und Risiken von technologischer Führerschaft sind in Abb. 5.6 dargestellt.

Weist ein Unternehmen nur geringe oder gar keine Kompetenzen bei der Beherrschung einer Technologie auf, erweist sich die technologische Präsenz (oder der vollständige Ausstieg) als einzig sinnvolle strategische Variante. Auch bei reifen Basistechnologien, die in absehbarer Zeit substituiert werden, reicht eine Präsenz mit geringeren Investitionen meist aus [6]. Der Erfolg einer Strategie der technologischen Präsenz hängt davon ab, ob die technologische Normalleistung durch Vorteile in anderen Bereichen kompensiert werden kann.

Vor- und Nachteile sind spiegelbildlich zu denjenigen der technologischen Führerschaft angelegt.

5.3.3 Technologietiming

Hinter dem Stichwort Technologietiming stehen alle Entscheidungen über zeitliche Vorgaben für den Umgang mit einer Technologie. Bei neuen Technologien umfasst dies sowohl die Entwicklungsphase, d. h. den Zeitraum der Generierung des Wissens (Inventionstiming), als auch den geplanten Zeitpunkt des Markteintritts (Innovationstiming). Soll das eigene Einstiegstiming relativ zum Wettbewerb ausgedrückt werden, so wird hier oft zwischen den Handlungsoptionen Technologiepionier/Technologieführer sowie früher und später Folger/Imitator unterschieden [6, 36, 38]. Dagegen ist bei zu substituierenden Technologien der Technologiewechsel bzw. der Zeitpunkt des Abstoßens der Technologie zu terminieren.

In der Literatur werden vielfach die Dimensionen „technologische Leistungsfähigkeit“ und „Technologietiming“ vermischt. So wird die Bezeichnung „Technologieführer“ zum einen oft für einen Pionier verwendet, der als Erster eine Innovation am Markt platziert [19, 39]. Zum anderen gelten Technologieführer dagegen auch als technologisch dem Wettbewerb überlegene Leistungsträger [1, 6]. Ein differenziertes Verständnis der Technologiestrategie verlangt jedoch nach einer klaren Unterscheidung beider Dimensionen: Obwohl kompetenzseitig einzigartige Unternehmen in der Praxis häufig auch den frühesten Markteintrittszeitpunkt wählen, kann ein Leistungsträger sich auch bewusst für eine Folgerschaft am Markt entscheiden [31].

Technologiepioniere Als Pioniere (bzw. Technologieführer im zeitlichen Sinne) werden diejenigen Unternehmen bezeichnet, die zuerst eine Technologie entwickeln (Inventionsführer) bzw. am Markt einführen (Innovationsführer). Dabei kann es sich sowohl um Produkt- als auch um Prozesstechnologien handeln. Auch kann eine Pionierstrategie sowohl dazu dienen, eine Differenzierung von den Wettbewerbern zu erzielen als auch Kostenführerschaft zu erlangen [6, 40]. Im erstgenannten Fall bietet der Pionier eine bislang einmalige Innovation an, um einen einzigartigen Mehrwert für den Kunden zu generieren. Entwickelt ein Unternehmen dagegen als erstes eine kostengünstigere Produkt- oder Produktionstechnologie, so liegt eine Kombination von Pionierstrategie mit der wettbewerbsstrategischen Zielsetzung der Kostenführerschaft vor [40]. Da Pioniere technologisches Neuland betreten, sind sie zwar einem hohen Risiko des Misslingens ausgesetzt, können aber im Erfolgsfall stark von ihrem meist zeitlich begrenztem Monopol profitieren.

Technologiefolger Technologiefolger führen zu einem späteren Zeitpunkt eine bereits durch den Pionier beherrschte Technologie ein und versuchen dabei, die Erfahrungen des Pioniers möglichst optimal zu nutzen und ein besseres Kosten-Risiko-Verhältnis zu erzielen [2]. Häufig wird zwischen frühen und späten Folgern unterschieden [1, 6]. Während erstere mit geringem zeitlichen Abstand zum Pionier in eine Technologie einsteigen und daher ähnlichen Randbedingungen unterliegen, agieren späte Folger erst dann am Markt, wenn schon eine hinreichende Technologiereife und Marktstabilität besteht. Neben dieser rein zeitlich basierten Trennung von frühen und späten Folgern wird der Folgerbegriff oft auch hinsichtlich der Art der Technologieentwicklung differenziert: So gibt es modifizierende Folger, die die durch den Pionier angebotene Technologie verbessern und damit dem Kunden einen höheren Nutzen stiften wollen [2] oder die durch eine Optimierung der Pioniertechnologie eine bessere Kostenposition anstreben. Andererseits lassen sich manche Unternehmen als imitierende Folger charakterisieren, die durch Nachahmung einer marktlich bereits verwerteten Technologie ihre Aufwendungen für Forschung und Entwicklung und Produktion reduzieren wollen [6].

Einige Autoren wie beispielsweise Perillieux und Wolfrum nehmen eine Differenzierung zwischen Inventions- und Innovationsführern und -folgern vor [6, 38]. In der Regel sind Inventionsführer zwar auch die ersten, die mit ihrer Neuentwicklung am Markt auftreten, um ihren Zeitvorsprung monetär zu nutzen. Dennoch existieren auch Ersterfinder, die als Folger am Markt agieren, damit sie ihre Technologie optimieren und/oder die Markterfahrungen ihrer Wettbewerber gezielt analysieren können.

Mögliche Vorteile und Chancen sowie Nachteile und Risiken von Technologiepionieren sind in Abb. 5.7 dargestellt. Sie weisen eine große Ähnlichkeit zu den in Abb. 5.6 gezeigten Potenzialen einer technologischen Hochleistungsstrategie auf.

Technologiepioniere

Vorteile und Chancen	Nachteile und Risiken

– Aufbau von Imagevorteilen
– Reservierung einer attraktiven Produkt- oder Marktposition
– Sicherung der Position durch Umstellungskosten beim Anwender
– Wahl der Vertriebskanäle
– Nutzen von Lern- u. Erfahrungskurveneffekten
– bevorzugter Zugang zu knappen Ressourcen
– Möglichkeit zur Definition von Standards
– Aufbau von Eintrittsbarrieren (z.B. Patente)
– Sicherung von Pioniergewinnen
– Möglichkeiten der langfristigen Erhaltung des Technologievorsprunges
	– Pionierkosten
	  – Genehmigungen, Zertifizierungen
	  – Infrastruktur (z.B. Vertriebsstrukturen)
	  – Entwicklung neuer Technologien
	– Suche u. Qualifizierung neuer Lieferanten
	– Nachfrageunsicherheit
	– Veralterungsrisiko von Erstinvestitionen
	– technologische Diskontinuitäten/ Substitutionstechnologien bedrohen Führerstatus
	– Führer werden häufig Zielobjekt von Imitatoren
	– unzureichende Berücksichtigung von Kundenanforderungen

Abb. 5.7 Vorteile und Chancen, Nachteile und Risiken von Technologiepionieren. Zusammenstellung aus [2, 6, 7, 37, 40]

5.3.4 Technologiequelle

Die Technologiequelle gibt Aufschluss darüber, woher eine Technologie bezogen wird. Grundsätzlich stehen hier die Optionen interne Eigenentwicklung sowie externe Beschaffung zur Verfügung. Die entsprechende strategische Entscheidungsfrage wird häufig mit dem Schlagwort „make-or-buy"-Entscheidung [8, 35, 41] charakterisiert. In der Technologiestrategie kann die Frage nach der Quelle für eine bestimmte Technologie auf verschiedenen Differenzierungsebenen adressiert werden: Zum einen gibt es Technologiestrategien, die nur festschreiben, ob eine Technologie im eigenen Unternehmen entwickelt werden soll oder auf externe Quellen zurückgegriffen wird, ohne die konkrete Quelle zu nennen. Zum anderen existieren Technologiestrategien, welche bereits detaillierter Stellung zur Art der Technologiequelle beziehen. Als mögliche externe Technologiequellen kommen Kooperationen, Auftragsforschung, Lizenznahme, Technologiekauf sowie verschiedene Formen der Kapitalbeteiligungen in Frage. Eine fundierte „make-or-buy"-Entscheidung basiert auf einer sorgfältigen Analyse aller zur Verfügung stehenden Beschaffungsoptionen [8].

Interne Technologiequelle Wird neues technologisches Know-how in der eigenen Forschungs- und Entwicklungsabteilung generiert, so steuert ein Unternehmen unabhängig von etwaigen Partnern den gesamten Entwicklungsprozess und sichert sich die Exklusivität der entstehenden Kenntnisse und Fähigkeiten [1, 6]. Somit schafft sich die Organisation einen großen Handlungsspielraum bei der Nutzung der neuen Technologie [35] und profitiert mit hoher Wahrscheinlichkeit von Prestige- und Imagevorteilen [6]. Nachteilig bei der Wahl der internen Technologiequelle hingegen ist das hohe unternehmerische Risiko, welches aus dem großen erforderlichen Ressourcenaufwand und der Unsicherheit bezüg-

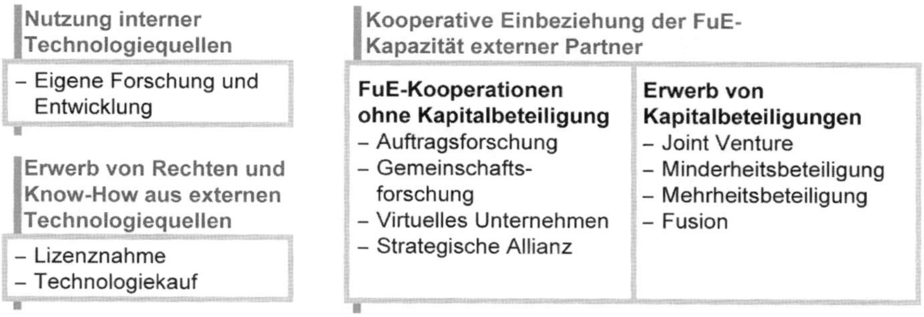

Abb. 5.8 Kategorisierung verschiedener Technologiequellen [2]

lich des Ergebnisses resultiert. Zudem ermöglicht eine Eigenentwicklung keine schnelle Verfügbarkeit, sondern bedingt einen zeitaufwändigen Entstehungsprozess.

Unter strategischen Gesichtspunkten empfehlen sich eigene Forschungs- und Entwicklungsaktivitäten genau dann, wenn die eigenen auf Kernkompetenzen beruhenden Kerntechnologien betroffen sind, die nachhaltige Wettbewerbsvorteile gewährleisten.

Externe Technologiequellen Während in früheren Zeiten die eigene Forschungs- und Entwicklungsabteilung die am häufigsten genutzte Technologiequelle darstellte, ist die Bedeutung von extern beschafften Technologien seit den 1980er Jahren dramatisch angestiegen [4, 42, 43]. Damit wächst auch die Relevanz einer differenzierteren Beurteilung der unterschiedlichen Beschaffungsoptionen, denn sie weisen jeweils spezifische Charakteristika auf. Abbildung 5.8 kategorisiert die unterschiedlichen Technologiequellen und nimmt eine Einordnung bezüglich der erforderlichen Eigenbeteiligung eines Unternehmens vor.

Die einzelnen Beschaffungsoptionen haben jeweils spezifische Vor- und Nachteile. Die Nutzung interner Technologiequellen und damit die eigene Forschung und Entwicklung beinhaltet eine hohe Bindung eigener Ressourcen und mangelnde Flexibilität im eigenen Forschungs- und Entwicklungsbereich. Dem steht die proprietäre Nutzungsmöglichkeit der entwickelten Technologie gegenüber sowie die technologische Unabhängigkeit des Unternehmens. Des Weiteren kann der Technologieentwicklungsprozess autonom kontrolliert und beeinflusst werden [6].

Die Nutzung externer Technologiequellen und damit sowohl die kooperative Einbeziehung externer Partner in die Forschung und Entwicklung, als auch der Erwerb von Rechten und Know-how bieten den Vorteil, die Entwicklungszeiten zu verkürzen, die Kosten und Risiken der Technologieentwicklung zu senken und die Flexibilität bezüglich diskontinuierlicher Entwicklungen zu erhöhen. Dem stehen eine Erhöhung der Abhängigkeit von externen Technologielieferanten sowie die Gefahr der Wissenserosion gegenüber. Die Wahl der einzelnen Beschaffungsoptionen sollte daher fallspezifisch erfolgen [6].

Abbildung 5.9 zeigt ein Portfolio, welches Hinweise auf optimale Technologiequellen in Abhängigkeit von der eigenen Technologieposition und der Wettbewerbsrelevanz einer Technologie enthält [7]. Als Faustregel gilt, dass das eigene Engagement mit steigender Wettbewerbsrelevanz und bereits erreichter eigener Technologieposition zunehmen sollte.

5

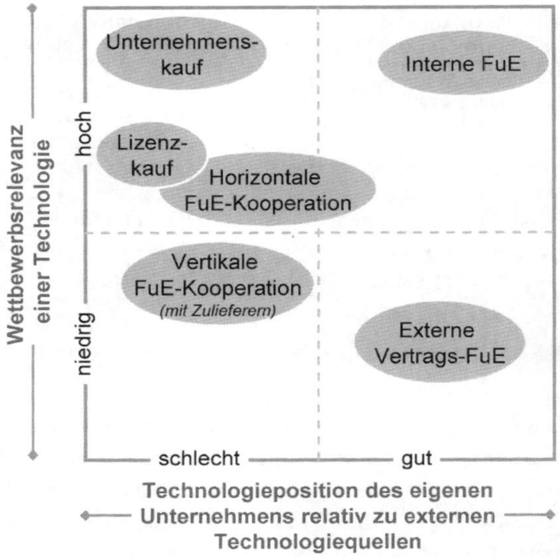

Abb. 5.9 Portfolio zur Auswahl der optimalen Technologiequelle [7]

5.3.5 Technologieverwertung

Die Technologieverwertung gibt an, wie mit einer dem Unternehmen zur Verfügung stehenden Technologie in Zukunft verfahren werden soll. Im Allgemeinen stehen folgende Optionen zur Auswahl: Nutzung in eigenen Produkten oder Produktionstechnologien, gemeinschaftliche Verwertung mit Kooperationspartnern, Vergabe von Lizenzen oder Technologieverkauf. Diese „keep-or-sell"-Entscheidung [8, 35] kann als Spiegelbild der „make-or-buy"-Frage angesehen werden, da sie nahezu identische Handlungsalternativen aufweist, welche in Abb. 5.10 dargestellt sind.

Analog zur Technologiequelle kann die Frage nach der Verwertung einer Technologie in der Technologiestrategie auf verschiedenen Detaillierungsebenen adressiert werden. So existieren Technologiestrategien, die nur definieren, ob die Verwertung intern oder extern erfolgen soll, wohingegen manche Unternehmen in der Technologiestrategie bereits konkrete Vorgaben hinsichtlich Verwertungsform und z. B. Kooperationspartnern machen. Eine nähere Beschreibung der Verwertungsoptionen und -aktivitäten findet sich im Kapitel

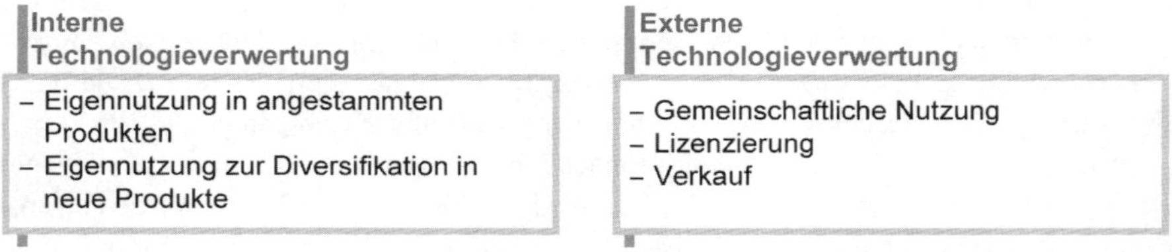

Abb. 5.10 Kategorisierung verschiedener Formen der Technologieverwertung

Technologieverwertung. An dieser Stelle werden nur einige grundsätzliche, strategische Implikationen erläutert.

Interne Technologieverwertung Verbleibt die Technologie im Unternehmen, so entsteht vollständige Entscheidungsfreiheit hinsichtlich ihrer langfristigen Nutzung, z. B. bezüglich der damit adressierten Märkte [35]. Entwickelte Technologien für die Leistungserbringung im eigenen Unternehmen zu verwenden ist dann sinnvoll, wenn die entsprechende Technologie zur eigenen Kernkompetenzbasis zählt und somit die Grundlage für nachhaltige Wettbewerbsvorteile bildet, oder wenn sie ein hohes Monopolpotenzial aufweist [6, 35]. Besonderes Augenmerk bei der Verwertungsentscheidung sollte auch auf der Position im Technologielebenszyklus liegen, denn junge potenzialträchtige Technologien bieten bei interner Verwertung die Chance auf einen langfristigen Kapitalrückfluss. Idealerweise können durch interne Verwertung komplementäre Technologien im Unternehmen eingesetzt werden, die Synergiepotenziale erschließen [6]. Außerdem kann eine im eigenen Unternehmen verbleibende und erfolgreich eingesetzte Technologie zur Erlangung von Imagevorteilen auf Abnehmerseite instrumentalisiert werden [35].

Externe Technologieverwertung Obwohl die interne Verwertung noch die häufigste Form der Technologienutzung darstellt, beziehen immer mehr Unternehmen externe Verwertungsmöglichkeiten in ihre strategischen Überlegungen mit ein [35]. Letztere können grob in Formen der kooperativen Verwertung und verschiedene Arten von Verkäufen eingeteilt werden.

Strategische Gründe für die Wahl einer kooperativen Verwertungsoption können in der Teilung von Kosten und Risiken liegen. Zudem sind die Partner einer strategischen Allianz oder eines Joint Ventures in der Lage, die Diffusion ihres technologischen Know-hows besser zu kontrollieren als bei einem vollständigen Verkauf einer Technologie [6]. Daher können enge Kooperation zum Teil auch dann forciert werden, wenn Technologien mit hoher wettbewerbsstrategischer Bedeutung Gegenstand der Zusammenarbeit sind. Eine Technologieverwertung durch Verkauf von Rechten und Know-how sollte dagegen nur für nicht differenzierungsrelevante Technologien außerhalb der Kernkompetenzbasis angestrebt werden, da die Diffusion der entsprechenden technologischen Fähigkeiten nicht kontrollierbar ist.

Für eine detailliertere Beschreibung der Verwertungsoptionen sei auf das Kapitel Technologieverwertung verwiesen.

Fallbeispiel aus der Automobilindustrie Ein Automobilhersteller leitet seine Technologiestrategie differenziert aus der unternehmensstrategischen Vorgaben und aus weiteren Randbedingungen ab. Auf Unternehmensebene hat der Automobilhersteller die strategischen Vorgaben bezüglich der Unternehmensentwicklung, des Wettbewerbs und der Eigenständigkeit die Handlungslinien Wachstum, Nische und Autonomie vorgegeben. Als Randbedingungen, welche die Technologiestrategie beeinflussen, wurden gesetzliche Vorschriften, die verhältnismäßig geringe Unternehmensgröße, begrenzte Ressourcen, hohe Kundenerwartungen, besondere Bedeutung der Markenkonformität und die Kernkompetenzen des Automobilherstellers definiert.

Um die begrenzt zur Verfügung stehenden Ressourcen effektiv zu nutzen, formuliert der Automobilhersteller seine Technologiestrategie funktions- bzw. systemabhängig. So wurde auf Grund der Kernkompetenzen für das System „Bremse" und „Turbolader" die Technologiestrategie (bezogen auf die technologische Leistungsfähigkeit und des Technologie Timing) „First Mover" definiert, für das System „Ventilsteuerung" dagegen die Leitlinie „Fast Follower". Aufgrund der beschränkten Ressourcen bzw. der Markenkonformität in Abstimmung mit den Kundenerwartungen wurde für die Systeme „Elektronische Fahrwerkssteuerung" die Technologiestrategie „Late Follower" und für „Dieseltechnologie" „Non Follower" gewählt (vgl. Abb. 5.11). Anschließend wurden diese technologischen Leitlinien bezüglich der technologischen Leistungsfähigkeit in technische Zielsetzungen konkretisiert. Aufgrund der hohen Kundenerwartungen an den Automobilhersteller bedeuten „First Mover" und „Fast Follower" in den Systemkomponenten „Best in Class" zu sein und für „Late Follower"-Strategien „State of the Art". Es gilt, auch bei Technologien, die nicht als Pionier in den Markt gebracht werden, jedoch für die Markenkonformität und die Kundenerwartungen wichtig sind, den Benchmark durch Optimierung gegenüber dem Wettbewerb zu setzen. Des Weiteren sind Technologien, die bewusst nicht verfolgt werden, ein wichtiger Bestandteil der Technologiestrategie, um so einen optimierten Ressourceneinsatz zu gewährleisten.

5.3.6 Abhängigkeiten zwischen den Dimensionen einer Technologiestrategie

Die in den vorangegangenen Abschnitten dargestellten Standardelemente von Technologiestrategien sowie ihre Merkmalsausprägungen sind voneinander abhängig und beeinflussen sich wechselseitig. Daher ist eine isolierte strategische Entscheidungsfindung in einzelnen Dimensionen nicht empfehlenswert. Stattdessen muss bei der Technologiestra-

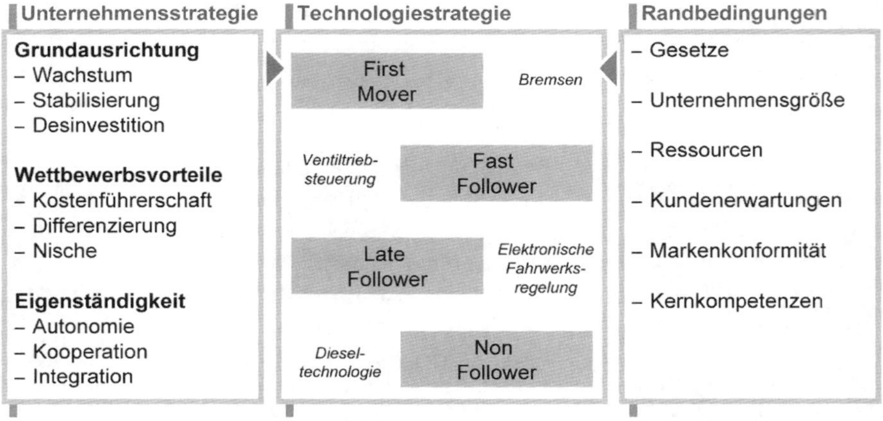

Abb. 5.11 Beispiel zur Gestaltung der Technologiestrategie eines Automobilherstellers

tegieentwicklung eine integrierte Betrachtung aller Dimensionen erfolgen, die den wechselseitigen Interdependenzen Rechnung trägt und die vorteilhafteste Kombination der strategischen Alternativen in den einzelnen Dimensionen identifiziert. Im Folgenden werden typische wechselseitige Abhängigkeiten skizziert.

Technologische Leistungsfähigkeit – Technologie-Timing Grundsätzlich gilt, dass zwar nur ein Unternehmen jeweils mit einer bestimmten Technologie zuerst am Markt als Pionier auftreten kann. Jedoch können mehrere Organisationen auf den gleichen technologischen (Hoch-)Leistungsniveau agieren, so dass sowohl Pioniere als auch Folger die Optionen technologische Führung und Präsenz wählen können [44]. In der Wechselwirkung dieser beiden technologiestrategischen Dimensionen stehen also alle möglichen Kombinationen offen. In der Praxis trifft man jedoch häufig auf „Hochleistungspioniere“, da eine solche Kombination von technologischer Führerschaft und frühem Markteintritt zur vollen Abschöpfung des Marktpotenzials führen kann. Des Weiteren bietet sich hierbei die Chance, durch Eintrittsbarrieren für Wettbewerber eine Monopolstellung zu erreichen.

Technologische Leistungsfähigkeit – Technologiequelle Unternehmen ohne eigene Forschung und Entwicklung können keine Hochleistungsstrategie realisieren, da ihnen kein exklusives Know-how zur Verfügung steht [2]. Umgekehrt ist eine starke FuE-Abteilung nahezu ausnahmslos notwendige Voraussetzung für Technologieführerschaft, da die Exklusivität des Know-hows nur so gewährleistet werden kann. Lizenznahme und Technologiekauf werden folglich meist nur dann als Beschaffungsoptionen gewählt, wenn auf dem entsprechenden Technologiefeld nur auf Normalleistungsniveau agiert wird.

Technologische Leistungsfähigkeit – Technologieverwertung Technologieführer sollten in der Regel ihre einzigartigen technologischen Kompetenzen für interne Zwecke nutzen, sofern sie die notwendige Ressourcenstärke besitzen. Andernfalls kann eine kooperative Verwertung oder auch eine Lizenzvergabe als Alternative herangezogen werden. Eine externe Verwertung von Technologien auf Normalleistungsniveau dagegen ist aus wettbewerbsstrategischer Sicht meist unkritisch und wird häufig praktiziert. Obwohl bei solchen Basistechnologien prinzipiell verschiedenste Verwertungsformen offen stehen, können in der Praxis manche Formen aus Mangel an Interessenten nicht realisiert werden [44].

Technologie-Timing – Technologiequelle Zur Beurteilung der Handlungsspielräume dieser Kombination muss beim Technologie-Timing zwischen Innovations- und Inventionstiming unterschieden werden: Grundsätzlich stehen dem Innovationspionier alle Technologiequellen offen, jedoch greift er in der Praxis meist auf die eigene Forschung und Entwicklung als Technologiequelle zurück. Externe Quellen wie Technologiekäufe oder Patente können nur dann zur Unterstützung der Innovationspionierrolle dienen, wenn der Technologieverkäufer oder Lizenzgeber die Technologie selbst noch nicht marktlich verwertet hat. An dieser Stelle zeigt sich auch, dass dem Inventionspionier letztgenannte Quellen nicht offen stehen, da Lizenzgeber oder Technologieverkäufer das notwendige technologische Wissen bereits generiert haben [6].

Technologie-Timing – Technologieverwertung Technologiepioniere können aufgrund ihres zeitlichen Vorsprungs grundsätzlich alle Verwertungsmöglichkeiten in Betracht ziehen, während Technologiefolger nur schwer eigene Schutzrechte erlangen können [6]. Damit entfällt die Basis für ein Auftreten als Lizenzgeber am Markt.

Technologiequelle – Technologieverwertung Zwischen diesen beiden Dimensionen bestehen die stärksten Abhängigkeiten, da die Wahl der Technologiequelle den Verwertungsspielraum eindeutig determiniert. Nur Technologien aus dem eigenen Unternehmen und zumeist auch durch exklusive Auftragsentwicklung entstandene Technologien unterliegen keiner Verwertungsrestriktion, während z. B. Lizenzen und Technologiekäufe in der Regel nicht weiter extern kommerzialisiert werden dürfen [6]. Auch im Rahmen eines Joint Ventures erzeugtes technologisches Know-how bedarf einer gemeinsamen Verwertungsentscheidung der beteiligten Partner.

5.4 Strategischer Kontext der Technologiestrategie

Technologiestrategien sind Bestandteile des strategischen Gesamtsystem eines Unternehmens. Im komplexen Strategienetzwerk aus Unternehmensstrategie, Geschäftsfeldstrategien und Funktionalstrategien bedarf es der Abstimmung der Technologiestrategien innerhalb dieses Netzwerks (vgl. Abb. 5.12).

Abbildung 5.12 veranschaulicht das Verhältnis der Technologiestrategie zu anderen Strategien im Unternehmen. Hierbei ist die Unternehmensstrategie stets übergeordnete Leitlinie, deren Implikationen bei der Entwicklung aller Teilstrategien zu berücksichtigen sind. Sie zeigt auf, wie das Unternehmen durch die Koordination der gesamten Unternehmensaktivitäten und die Interaktion mit wichtigen Anspruchsgruppen Wert schaffen kann. Zentrale Aufgabe der Unternehmensstrategie ist außerdem die Festlegung der einzelnen Geschäftsfelder und ihrer Beziehung untereinander [45]. Auch gibt sie die technologische Grundsatzorientierung eines Unternehmens vor und kann beispielsweise Aussagen zu vorhandenen Kerntechnologien enthalten [44].

Im Falle der Bearbeitung mehrerer Geschäftsfelder existiert in der Regel für jedes Feld eine eigene Geschäftsfeldstrategie. Diese stellt die Konkretisierung und Differenzierung der Unternehmensstrategie dar, wobei sie im Gegensatz zur Unternehmensstrategie stärker von kontextuellen Gegebenheiten im Markt und von situativen Entwicklungen geprägt ist [10]. Innerhalb der Geschäftsfelder muss definiert werden, wie die Positionierung im Markt erfolgen soll und welche Rolle im Wettbewerb eingenommen wird. Plattform für solche Festlegungen sind die geschäftsfeldspezifischen Markt- und Wettbewerbsstrategien [45].

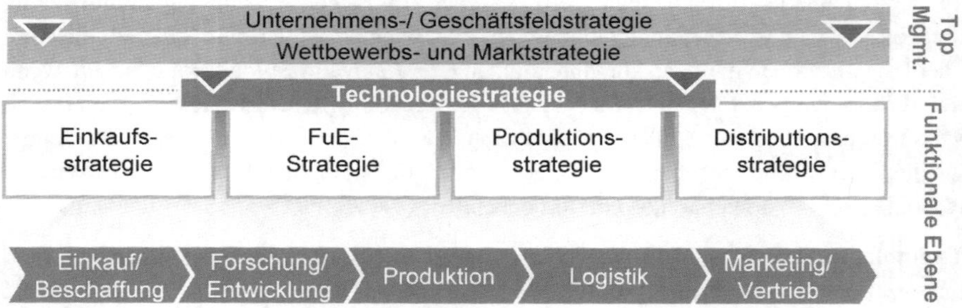

Abb. 5.12 Strategischer Kontext von Technologiestrategien

Aufgrund der starken Vernetzung zwischen technologie- und marktseitigen Fragestellungen und Entscheidungen müssen Geschäftsfeldstrategien mitsamt ihrer Markt- und Wettbewerbsstrategien sowie Technologiestrategien integriert entwickelt werden. Dabei zeigen die Technologiestrategien auf, wie die angestrebten Marktzielsetzungen von der technologischen Seite her realisiert werden können [44, 46]. Frühzeitig muss an dieser Stelle der Abgleich stattfinden, ob sich solche Zielsetzungen auf Basis der technologischen Kompetenzen und möglicher Weiterentwicklungspotenziale realisieren lassen. Wird mit der Definition der Zielgruppe der zu befriedigende Kundennutzen definiert, hat dies direkte Auswirkungen auf die Technologieauswahl und die Festlegung der technologischen Leistungsfähigkeit. Die zeitliche Festlegung des Markteintritts mit einem neuen Produkt dient als Vorgabe für die Timing-Entscheidung zu entwickelnder Technologien. Weiter ist zu berücksichtigen, dass der Kundennutzen innerhalb der festgelegten Zielgruppen im Zeitablauf veränderlich ist. Es bedarf daher einer frühzeitigen Abstimmung zwischen Marktstrategie und Technologiestrategie, um rechtzeitig eine Technologiebasis vorzuhalten. Dies ermöglicht eine flexible Reaktion auf veränderte Marktanforderungen. Doch auch geschäftsfeldübergreifend zeigt sich die Relevanz von Technologiestrategien: So sollte neben den Technologiestrategien innerhalb der Geschäftsfelder eine Gesamttechnologiestrategie entwickelt werden, die gezielt zwischen den Technologien der Geschäftsfelder vermittelt [44, 46]. Nur mit einer solchen integrativen Technologiestrategie kann Technologie-Leveraging, die mehrfache Nutzung des Technologiepotenzials, betrieben und Synergiepotenziale können erfolgreich gehoben werden.

Betrachtet man die drei grundsätzlichen Wettbewerbsstrategien nach Porter [40], so ergeben sich verschiedene Möglichkeiten der Unterstützung durch Produkt- und Prozesstechnologien (s. Abb. 5.13). Hierbei wird deutlich, dass das weit verbreitete Vorurteil, Kostenführerschaft bedinge stets einen Fokus auf Prozesstechnologien, nicht zutrifft.

	Kostenführerschaft	Qualitätsführerschaft
Produkttechnologie	Senkung der Produktkosten durch Optimierung der Produktbestandteile, z.B. - Fertigungserleichterung - Materialeinsparung - Standardisierung	Erhöhung des funktionalen Mehrwertes eines Produktes, z.B. - Erweiterung der Produktattribute - Auf- und Ausbau von Serviceleistungen - Variantenangebot
Produktionstechnologie	Senkung der Fertigungskosten Durch neue Verfahren und Lernkurveneffekte, z.B. - Ressourceneinsparung - Verringerung von Durchlaufzeiten - Fertigungsstandardisierung	Erhöhung der Produktqualität durch Optimierung der Fertigungsverfahren, z.B. - Erzielung engerer Toleranzen - Qualitätskontrolle - Just-in-Time Produktion

Abb. 5.13 Zusammenhang zwischen Produkt- und Prozesstechnologien und Wettbewerbsstrategien [25, 40, 41, 54]

Vielmehr können sowohl Produkt- als auch Prozesstechnologien zu allen wettbewerbsstrategischen Optionen einen Beitrag leisten:

Die Kostenführerschaft bedingt für die Produkttechnologie, dass das angebotene Produktsortiment mit den enthaltenen Produkttechnologien nachhaltig zum geringsten Preis am Markt abgesetzt werden kann. Hierzu ist eine kontinuierliche Optimierung der Herstellkosten der Produktbestandteile nötig. Dies kann beispielsweise durch fertigungs- und montagegerechte Konstruktion im Hinblick auf Produktionserleichterungen, die Substitution von kostentreibenden Materialien oder die Standardisierung zur Minderung von Varianten und den damit verbundenen Kosten erfolgen. Die Qualitätsführerschaft lässt sich mit Hilfe der Produkttechnologie durch neue Funktionalitäten oder Varianten erlangen. Die Erzielung der Kostenführerschaft mit der Unterstützung der Produkttechnologie besitzt einen geringeren Innovationsgrad als die Strategie der Qualitätsführerschaft [47]. Die Qualitätsführerschaft fokussiert auf die Verbesserung der im Produkt enthaltenen Technologien selbst, bei der Kostenführerschaft hingegen steht die Produktion zur Optimierung des Produktes im Mittelpunkt der Betrachtung.

In Bezug auf die Kostenführerschaft zielt die Produktionstechnologie auf die kontinuierliche Optimierung der Fertigungskosten von Produkten ab. Dies wird sowohl durch den Einsatz verbesserter Fertigungssysteme als auch durch die Realisierung von Lernkurveneffekten erreicht. Durch die Optimierung können beispielsweise Ressourceneinsparungen, verringerte Durchlaufzeiten oder Fertigungsstandards als Ergebnis festgehalten werden. Hingegen bedeutet Qualitätsführerschaft für die Produktionstechnologie die Steigerung der Produktqualität durch Optimierung der Fertigungsverfahren. Merkmale der Produktqualität sind dabei beispielsweise engere Toleranzen, verkürzte Lieferzeiten oder Fehlerfreiheit durch angepasste Qualitätskontrollen [25, 41].

Innerhalb der Geschäftsfelder oder auch geschäftsfeldübergreifend liegt meist eine funktionale Organisationsstruktur vor, in die Funktionsbereiche wie Produktion, Einkauf, Marketing und FuE eingebettet sind. Meist existieren hierfür eigene Funktionalstrategien, die mit der Technologiestrategie in Einklang gebracht werden müssen. Im Verhältnis zu den Funktionalstrategien nimmt die Technologiestrategie die Rolle einer Querschnitts- oder Horizontalstrategie ein [48], die als integratives Element für die einzelnen Bereichsstrategien wirkt. Dies ist im Wesentlichen dadurch begründet, dass sie eine intensive Abstimmung verschiedener Unternehmensfunktionen bedarf. Insbesondere für die Bereiche Produktion, Einkauf, FuE und Marketing liefert sie wichtige Anhaltspunkte [44]. Zur systematischen Darstellung der Zusammenhänge zwischen Technologiestrategie, Produkten und deren Herstellung soll an dieser Stelle folgende Definition vorgenommen werden. Der Fokus der FuE liegt primär auf Identifikation und Entwicklung von Produkttechnologien. Produktionstechnologien und die dazugehörigen Prozesse liegen im Aufgabenbereich der Produktion. Dies geschieht in der Kenntnis, dass es in der Realität vielfältige andersartige Zuordnungen der beschriebenen Aufgaben zu Funktionsbereichen gibt.

Die FuE-Strategie gibt die grundsätzlichen Gestaltungs- und Entwicklungsmöglichkeiten vor, innerhalb derer ein FuE-Programm kostenoptimal und nutzenmaximal durchgeführt werden sollte [48]. Dabei liegt der Schwerpunkt der Arbeiten innerhalb der FuE auf der Identifizierung neuer Zusammenhänge und der Erfüllung von Kundenwünschen. In technologieorientierten Unternehmen geht dies einher mit der Entwicklung von Produkttechnologien. Die Technologiestrategie für Produkttechnologien liegt somit normalerweise in der Hand der FuE. Innerhalb der FuE-Strategie sind (neben anderen Inhalten) folgende technologieorientierte Fragen zu beantworten. Mit welchen Technologien können die Produktfunktionalitäten am besten erreicht werden? Welches Leistungsniveau muss bei welchen Technologien erreicht werden? Welche Entwicklungstiefe wird angestrebt? Welche Kompetenzen existieren bzw. müssen aufgebaut werden? Die Fragen unterstreichen, dass die Technologiestrategie für Produkttechnologien ein wesentlicher Bestandteil der FuE-Strategie sein muss. Vielfältige weitere Fragestellungen wie z. B. die Ressourcenzuordnung, das Kooperationsmanagement oder das Variantenmanagement können erst auf Basis einer definierten Technologiestrategie beantwortet werden. An dieser Stelle ist die Schnittstelle zum Marketing von besonderer Bedeutung. In enger Abstimmung ist die Leistungsfähigkeit der Technologien zu definieren, das Timing der Produkteinführung und somit der Abschluss der Technologieentwicklung festzulegen. Des Weiteren steht der Abgleich zukünftiger Kundenwünsche (Market-pull) und zukünftiger technologischer Fähigkeiten (Technology-push) zur Überprüfung der langfristigen Technologiestrategie im Vordergrund der Abstimmung.

Fallbeispiel aus der Konsumgüter-/Elektronikindustrie Ein Hersteller von Fernsehgeräten steht vor der Herausforderung, in einem durch Großunternehmen geprägten Markt, trotz sehr begrenzter Ressourcen auf einem hohen technologischen Niveau zu agieren. Im Rahmen der Wettbewerbsstrategie wurde die Fokussierung auf das Premiumsegment festgelegt. Ausgehend von dieser Wettbewerbsstrategie kommt der Technologiestrategie eine besondere Bedeutung zu. Aufgrund der begrenzten Ressourcenstärke muss die eigene Entwicklung sich auf einzigartigkeitsrelevante Themen fokussieren. Die Schwerpunkte werden daher auf die Technologiefelder Design und Bedienung gelegt. Die Ressourcen reichen nicht aus um sämtliche Hardwarekomponenten, wie z. B. Displays, Lautsprecher, selbst zu entwickeln. Diese Komponenten werden überwiegend von den Wettbewerbern zugekauft, so dass hier das Timing eines frühen Folgers erforderlich ist, um kurz nach der Markteinführung einer Technologie mit einer adaptierten Version am Markt zu sein.

Die Erstellung einer Technologiestrategie und die anschließende Zuordnung von Entwicklungsressourcen erfolgt in enger Abstimmung mit dem Marketing. Es gilt neue Technologien frühzeitig zu erkennen (Technologiefrüherkennung der FuE) und neue Kundenwünsche und Trends rechtzeitig zu erfassen (Marktforschung des Marketings).

In der Produktionsstrategie werden die Bereiche Produktionsprogramm, Produktionsstruktur und Produktionsprozess betrachtet. Unter anderem müssen folgende Fragen beantwortet werden: Welche Produktionskapazitäten werden benötigt? Welche Fertigungstiefe wird angestrebt? Welche Produktionsstätten sind wie in den Leistungserstellungsprozess eingebunden? Welche Produktionstechnologien werden eingesetzt und welcher Automatisierungsgrad wird geplant? [45]. Anhand dieser Fragen wird deutlich, dass technologieorientierte Entscheidungen innerhalb der Produktion von besonderer Bedeutung sind. Die grundsätzliche technologiestrategische Ausrichtung eines Unternehmens ist im Hinblick auf die einzusetzenden Produktionstechnologien zu detaillieren. Die Technologiestrategie für Produktionstechnologien muss somit ein fester Bestandteil der Produktionsstrategie sein. Es gilt für jede Produktionsaufgabe die geeigneten Technologien auszuwählen und gemäß der Dimensionen Technologiequelle, Leistungsfähigkeit, Timing und Verwertung (in diesem Fall Art des Technologieeinsatzes) die Nutzung der Technologie festzulegen. Ggf. ist auch die Entwicklung von angepassten Prozessen oder gar die Entwicklung eigener Produktionstechnologien zu berücksichtigen. Die Technologiestrategie für Produktionstechnologien ist dabei eng mit den Strategien für Produkttechnologien abzustimmen. Dies ist insbesondere bei der Neueinführung von Produkten notwendig, die nur in enger Abstimmung zwischen FuE und Produktion erfolgen kann. Dabei bedarf es oftmals der Anpassung der bestehenden Prozesse oder gar der Entwicklung und Einführung neuer Produktionstechnologien. Die Abstimmung der bereichsübergreifenden Technologiestrategien ist auch für den Technology-push von Produktionstechnologien wichtig. So kommt es (zwar eher selten) vor, dass über den Einsatz neuer Produktionstechnologien neue Produktmerkmale generiert werden können, die sich wesentlich auf die Kaufentscheidung der Kunden auswirken.

Fallbeispiel aus der Automobilindustrie Ein Hersteller von Personenkraftwagen zeichnet sich durch eine besondere Kompetenz im Bereich der Blechbearbeitung aus. Diese Kompetenz ermöglicht es, Umformgrade zu realisieren, die von Wettbewerbern nur schwer zu erreichen sind und ein innovatives Fahrzeugdesign ermöglichen. Dieses Ergebnis ist die Folge einer nachhaltigen Technologiestrategie des Produktionsbereichs, in der die Blechumformung als ein differenzierungsrelevantes Technologiefeld ausgewählt wurde. Hinsichtlich der Leistungsfähigkeit wurden die zu erreichenden Umformgrade definiert. Qualitativ und zeitlich wurde die Position eines Technologieführers im Bereich der Automobilherstellung angestrebt. Im Hinblick auf die Technologiequelle wurde auf Standardpressen zurückgegriffen, da eine eigene Entwicklung im Bereich der Maschinentechnik außerhalb der Kernkompetenzen des Automobilherstellers liegt. Anders sieht es im Bereich der Prozessentwicklung aus. Die notwendigen Herstellprozesse wurden auf Basis der eigenen Kompetenzen für die geforderte Leistungsfähigkeit ausgelegt, d. h. es wurde eine eigene Prozessentwicklung betrieben. Der Fokus der Technologieverwertung liegt auf der internen Verwertung, da die Kompetenzen in diesem Bereich nicht an Wettbewerber übergehen dürfen. Im Sinne des Technologieschutzes wurden hierfür eine gesonderte Vorgehensweise für Wartungs- und Instandhaltungsaktivitäten etabliert. Für den Fall, dass der Maschinenhersteller für Wartungs- und Instandhaltungsarbeiten an die Maschine muss, werden alle Prozessinformationen und ggf. eigene Zusatzaggregate entfernt und die Maschine im Ursprungszustand für die Wartung freigegeben. Somit soll sichergestellt werden, dass das Prozesswissen nicht über den Lieferanten an die Wettbewerber gerät.

In den letzten Jahren ist ein zunehmender Wandel des Verständnisses der Einkaufsfunktion in technologiebasierten Unternehmen festzustellen: Wurde dieser Bereich vormals als reine Beschaffungseinheit mit operativem Charakter angesehen, so erkennen heute Unternehmen den Einkauf zunehmend als wertbeitragsorientierte Beschaffung (Value Sourcing) an. Obwohl die Mehrzahl der Unternehmen dieses Potenzial noch unterschätzt, weisen

Studien und Benchmarkings auf langfristige Erfolge von Value Sourcing-Konzepten hin [49, 50]. Eine solche Philosophie hebt auch die Bedeutung einer Beschaffungsstrategie, die unter anderem Möglichkeiten zur Sicherung der Beschaffungsmarktposition, Streuung des Risikos und die Art der Zuliefereinbindung beinhaltet [45]. Direkten Einfluss auf die Einkaufsstrategie nimmt die Wahl einer bestimmten Technologiequelle in der Technologiestrategie. Werden einzelne Technologien oder Systemkomponenten fremdbezogen, muss dies in der Lieferantenauswahl und -entwicklung unter Beachtung der angestrebten technologischen Leistungsfähigkeit und Timing-Entscheidung berücksichtigt werden. Mit abnehmender Wertschöpfungs- und Entwicklungstiefe gewinnt diese Abstimmung an Bedeutung.

Begreift man das gesamte strategische Geflecht im Unternehmen als vernetztes System, so wird deutlich, dass strategische Planung nicht ausschließlich in Top-Down-Richtung erfolgen kann [44]. Während die Unternehmensstrategie vom Top Management vorgegeben wird, müssen bei der Erarbeitung der Technologiestrategie alle Funktionsbereiche eingebunden werden. Dabei sind insbesondere die Forschung, die Entwicklung, die Produktion, der Einkauf und das Marketing zu involvieren. Die Einbindung der verschiedenen Bereiche unterstützt einerseits den Abgleich der Funktionalstrategien, andererseits können die unterschiedlichen Sichtweisen bezüglich der Inhalte der Technologiestrategie diskutiert werden. Für die Erarbeitung der Technologiestrategie sollten Gremienstrukturen geschaffen werden, deren Mitglieder sich an Strategietagen treffen. Regelmäßige Modifikationen der Technologiestrategie erfolgen überwiegend halbjährlich in Abstimmungsrunden. Es muss sichergestellt werden, dass eine Rückwirkung der Technologiestrategien auf Funktionalebene auf die Unternehmensstrategie bzw. Geschäftsfeldstrategie erfolgt. D. h. beispielsweise, dass neue technologische Fähigkeiten, die neue Marktchancen eröffnen, eine Anpassung der Unternehmens-, Geschäftsfeld- und Wettbewerbsstrategie zur Folge haben.

5.5 Entwicklung der Technologiestrategie

Bei der Entwicklung der Technologiestrategien stehen Unternehmen vor der Herausforderung, den Handlungsspielraum der aufgezeigten Strategiedimensionen für jede relevante Technologie auszuloten und unter den jeweiligen strategischen Alternativen die zukunftsfähigsten auszuwählen. Notwendige Voraussetzung für eine adäquate Technologiestrategie ist ein nachvollziehbarer Prozess zur Strategiefindung, der zum einen Bewusstsein schafft für die eigenen technologischen Stärken und Schwächen und zum anderen handlungsweisende Ergebnisse liefert [55]. In Abb. 5.14 ist ein derartiger Prozess mit insgesamt 5 Schritten dargestellt.

Die Entwicklung der Technologiestrategie ist in einen fünfstufigen Prozess gegliedert. Zunächst wird die Technologiebasis des Unternehmens in einer internen Analyse identifiziert und analysiert, woraufhin die Technologien des betrachteten Unternehmens in Bezug zu den Technologien des Unternehmensumfelds gesetzt werden. Aus diesem Abgleich ergeben sich die Technologiefelder, differenziert nach Kernkompetenzen und Basistechnologien eines Unternehmens. Diese Information ermöglicht durch einen Soll-Ist-Abgleich

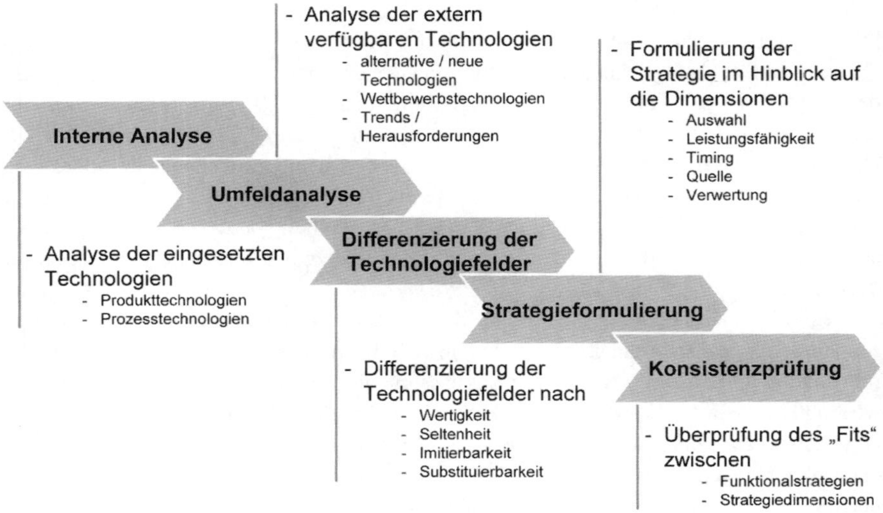

Abb. 5.14 Vorgehen zur Entwicklung der Technologiestrategie

die Definition der neuen technologiestrategischen Stoßrichtung für alle relevanten Technologiedimensionen. Abschließend erfolgt die Überprüfung des strategischen „Fits" der Strategien verschiedener Technologiefelder zueinander sowie die Überprüfung der Kohärenz zu anderen im Unternehmen vorhandenen Strategien (vgl. Abb. 5.14).

Als Ausgangsbasis der Strategiebildung dient eine Analyse der derzeitigen Situation des Unternehmens. Dabei sollten die Technologien entlang der internen Wertschöpfungskette und innerhalb der Produkte hinsichtlich ihres Einsatzes und ihrer Leistungsfähigkeit analysiert werden. Demnach werden Produkt- und Prozesstechnologien gleichermaßen betrachtet. Während bei Produkttechnologien der Beitrag zum Kundennutzen betrachtet wird (Effektivität), ist bei Prozesstechnologien die Effizienz der Leistungserstellung relevant. Die so gewonnene Übersicht der eigenen technologischen Basis wird im zweiten Schritt neuen und alternativen Technologien, den Technologien des Wettbewerbs sowie den technologischen Trends und Herausforderungen gegenüber gestellt.

Ziel des Vergleichs zwischen eigener Technologiebasis und dem technologischen Umfeld ist die Differenzierung der Technologiefelder nach technologischen Alleinstellungsmerkmalen und Basistechnologien. Aus den so identifizierten technologischen Alleinstellungsmerkmalen ergeben sich die auf Technologien beruhenden Kernkompetenzen und strategischen Erfolgspositionen. Hierbei stehen die Kriterien selten, nicht imitierbar und nicht substituierbar sowie die Wertigkeit der eingesetzten Ressourcen, Fertigkeiten und Technologien [11, 12, 19] im Vordergrund.

Im vierten Schritt werden die einzelnen Ausprägungen der Dimensionen der Technologiestrategien festgelegt. Basis hierfür bilden die differenzierten Technologiefelder und die durch Technologien begründeten strategischen Erfolgspositionen. Diese Informationen werden zusammen mit der zeitlichen Planung zukünftiger Produkte verdichtet. Hierbei wird definiert, welche Soll-Zustände das Unternehmen hinsichtlich seiner Technologien in Zukunft erreichen möchte. Durch den Abgleich von Ist- und Soll-Zustand werden Handlungsbedarfe hinsichtlich der einzelnen Technologien aufgezeigt [51]. Diese werden in Handlungsaktionen überführt, wobei angegeben werden muss, wie die Lücken zwischen Soll- und Ist-Zustand geschlossen werden können. Als Ergebnis werden detaillierte Antworten auf die Fragen nach Auswahl der Technologie sowie nach angestrebter Leistungsfähigkeit, zeitlicher Verfügbarkeit, Herkunft- und Verwertungsoptionen für einzelne Technologien gegeben. Die selektiven Technologiestrategien stehen damit fest.

Im letzen Schritt sollte der Fit der Technologiestrategien überprüft werden. Hierbei kann zwischen Fit erster und zweiter Ordnung differenziert werden. Für den Fit erster Ordnung sollte jede Technologiestrategie konsistent sein mit den anderen Teilstrategien des Unternehmens. Aus dieser Forderung resultiert, dass die einzelne Technologiestrategie nicht nur abgestimmt mit der Wettbewerbsstrategie, Marktstrategie oder Unternehmensstrategie sein muss, sondern auch die Strategien der einzelnen Technologien sollten in der Gesamtheit ein konsistentes Bild ergeben. Für den Fit zweiter Ordnung sollten die einzelnen Ausprägungen der Dimensionen der Technologiestrategie sich gegenseitig unterstützen. Beispielsweise sollte überprüft werden, ob eine hohe angestrebte Leistungsfähigkeit mit dem Ziel, ein Alleinstellungsmerkmal zu erlangen, auch eine Eigenentwicklung als Technologiequelle bedingt. Ebenso sind die Elemente Technologiequelle und Technologieverwertung eng verwoben, da z. B. eine durch Lizenznahme akquirierte Technologie nicht beliebig verwertet werden kann.

5.6 Zusammenfassung

Die Technologiestrategie ist ein zentrales Element des Technologiemanagements. Sie wird über die Dimensionen Technologieauswahl, Leistungsfähigkeit, Timing, Quelle und Verwertung ausgestaltet und ist in ein Geflecht von Unternehmens-, Geschäftsfeld-, Wettbewerbs- und Funktionalstrategien eingebettet. Es wird deutlich, dass die Technologiestrategie eine übergeordnete Stellung einnimmt, da sie eine Leitplanke für alle Aufgaben des Technologiemanagements darstellt (vgl. Abb. 5.15).

Aufbauend auf der Technologiestrategie erfolgt die Systematisierung der Technologiefrüherkennung. Ein zentraler Orientierungspunkt für die Ableitung von Suchfeldern sind die vorhandenen bzw. angestrebten Kernkompetenzen sowie die zugrunde liegenden Kerntechnologien. Zudem wirken sich alle Festlegungen in den einzelnen Dimensionen der Technologiestrategie auf die Technologiefrüherkennung respektive den Informationsbedarf aus [52, 53]. Gleichzeitig liefern die Erkenntnisse der Technologiefrüherkennung entscheidende Informationen für die Strategiefindung. Veränderungen bei bereits eingesetzten und neuen Technologien können neuer Wege bedürfen, die eine Anpassung der Technologiestrategie nach sich ziehen. Im Rahmen der Technologieplanung wird die Technologiestrategie operationalisiert. D. h. die in der Technologiestrategie formulierten Ziele müssen mit konkreten Maßnahmen hinterlegt werden. Dies beinhaltet beispielsweise auch die Initiierung von Technologieprojekten, die Zuordnung von Personal und finanziellen Mitteln zu einzelnen Technologiefeldern. Insgesamt erfolgt somit eine Validierung der Technologiestrategie unter dem Aspekt der Erreichbarkeit und ggf. eine

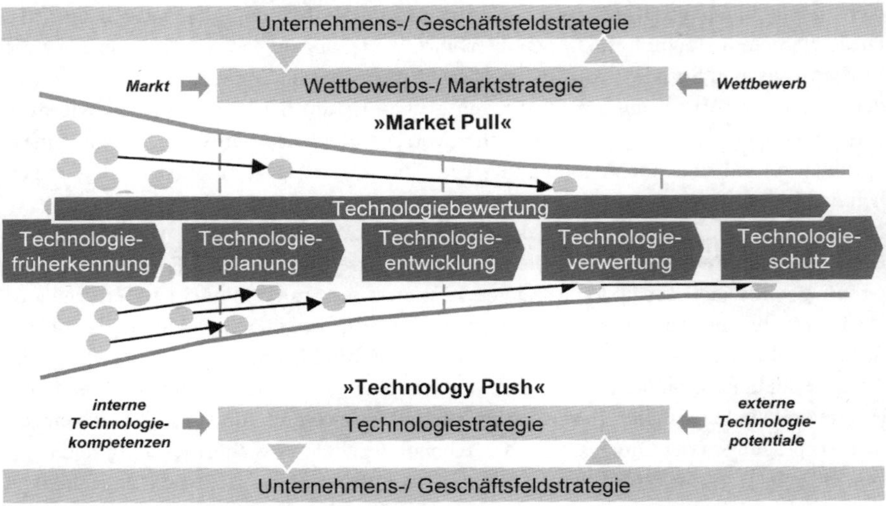

Abb. 5.15 Einordnung der Technologiestrategie in das Technologiemanagement

Anpassung der Strategie. Für die einzelnen Technologieentwicklungsprojekte fungiert die Technologiestrategie richtungweisend. Das zu erreichende Leistungsniveau orientiert sich an den Vorgaben der Strategie. Die zur Beurteilung des Entwicklungsfortschritts verwendeten Bewertungskriterien spiegeln dabei die Grundausrichtung der Technologiestrategie wider. Dies gilt für alle Arten der Bewertung innerhalb des Technologiemanagements. Im Hinblick auf die Technologieverwertung und -schutz steckt die Technologiestrategie den Rahmen ab, innerhalb dessen eine Ausgestaltung stattfinden kann. Dies beinhaltet die Konzeption von Verwertungswegen oder die Auswahl von Schutzmechanismen. Letzteres steht in engem Zusammenhang mit den schützenswerten Kernkompetenzen eines Unternehmens.

In den folgenden Kapiteln werden nun die einzelnen Aufgaben innerhalb des Technologiemanagements und ihr Zusammenspiel mit der Technologiestrategie detailliert beschrieben.

Literatur

1. Dowling, M., Hüsing, S.: Technologiestrategie. In: Specht, D., Möhrle, M.G. (Hrsg.) Gabler-Lexikon Technologiemanagement, 1. Aufl., S. 377–380. Gabler, Wiesbaden (2002)
2. Renz, K.-C.: Technologiestrategien in wachsenden und schnell wachsenden Unternehmen. Jost-Jetter, Heimsheim (2005)
3. Fleming, S.C.: Using technology for competitive advantage. Res. Technol. Manag. **34**(5), 38–41 (1991)
4. Roberts, E.: Benchmarking global strategic management of technology. Res. Technol. Manag. **44**(2), 25–26 (2001)
5. Schuh, G., Hilgers, M., Schröder, J., Saxler, J.: Success factors in technology management. In: Wu, G. Z. W. Z. M. von (Hrsg.) IAMOT 2006. Beijing (2006).

6. Wolfrum, B.: Strategisches Technologiemanagement, 2. überarb. Aufl. Gabler, Wiesbaden (2000)
7. Gerpott, T.J.: Strategisches Technologie- und Innovationsmanagement, 2. Aufl. Schäffer-Poeschel, Stuttgart (2005)
8. Tschirky, H., Koruna, S.: Technologie-Management. Orell Füssli, Zürich (1998)
9. Binder, V., Kantowsky, J.: Technologiepotentiale. DUV, Wiesbaden (1999)
10. Rosier, C.: Zentrale Technologieentwicklung in diversifizierten Unternehmen. Shaker, Aachen (2006)
11. Barney, J.B.: Resource-based theories of competitive advantage: a ten-year retrospective on the resource-based view. J. Manag. **27**(6), 643–650 (2001)
12. Müller-Stewens, G., Lechner, C.: Strategisches Management, 3. Aufl. Schäffer-Poeschel, Heidelberg (2005)
13. Eversheim, W.: Innovationsmanagement für technische Produkte. Springer, Berlin (2003)
14. Schuh, G.: Mit Technologiemanagement zur Einzigartigkeit. In: Spath, D. (Hrsg.) Forschungs- und Technologiemanagement. Hanser, München, S. 133–139 (2004)
15. Penrose, E.T.: The Theory of the Growth of the Firm, 3. Aufl. Oxford Univ. Press, Oxford (1995) (paperback ed. reprinted)
16. Wernerfelt, B.: A resource-based view of the firm. Strateg. Manag. J. **5**(2), 171–180 (1984)
17. Prahalad, C.K., Hamel, G.: The core competence of the corporation. Harv. Bus. Rev. **68**(3), 79–91 (1990)
18. Prahalad, C.K., Hamel, G.: Nur Kernkompetenzen sichern das Überleben. Harv. Bus. Manag. **68**(2), 66–78 (1991)
19. Grant, R.M.: The resource-based theory of competitive advantage: implications for strategy formulation. Calif. Manag. Rev. **33**(3), 114–135 (1991)
20. Zehnder, T.: Kompetenzbasierte Technologieplanung. DUV, Wiesbaden (1998)
21. Rüegg-Stürm, J.: Das neue St. Galler Management-Modell, 2. Aufl. Haupt, Bern (2005)
22. Rodermann, M.: Strategisches Synergiemanagement. DUV, Wiesbaden (1999)
23. Breuer, T.: Management von Technologieplattformen in diversifizierten Unternehmen. Shaker, Aachen (2006)
24. Ewald, A.: Organisation des strategischen Technologie-Managements. Schmidt, Berlin (1989)
25. Bullinger, H.-J.: Einführung in das Technologiemanagement. Teubner, Stuttgart (1994)
26. Bannert-Thurner, V.: Managing corporate acquisition in innovation driven industries. Dissertation, Technische Wissenschaften, Eidgenössische Technische Hochschule ETH Zürich, Zürich (2004)
27. Mitterdorfer-Schaad, D.D.: Modellierung unternehmensspezifischer Innovations-Prozessmodelle. Dissertation, Verlag Industrielle Organisation, Zürich (2001)
28. Sauber, T.: Design and implementation of a concept of structured innovation strategy formulation. Dissertation, Swiss Federal Institute of Technology Zurich, Zürich (2004)
29. Gausemeier, J. (Hrsg.): Vorausschau und Technologieplanung. Westfalia, Paderborn (2006)
30. Schuh, G., Hilgers, M.: Technologische Leitbilder – Herausforderungen für zukunftsorientiertes Roadmapping. In: Gausemeier, J. (Hrsg.) Vorausschau und Technologieplanung. Westfalia, Paderborn, S. 177–192 (2006)
31. Burgelman, R., Rosenbloom, R.: Design and Implementation of technology strategy: an evolutionary perspective. In: Dorf, R.C. (Hrsg.) The Technology Management Handbook. CRC Press, Bacon Raton (1999)
32. Paschen, H., Bechmann, G., Wingert, B.: Funktion und Leistungsfähigkeit des Technology Assessment (TA) im Rahmen der Technologiepolitik. In: Ropohl, G., Wolf, R. (Hrsg.) Schlüsseltexte zur Technikbewertung, 1. Aufl. Inst. für Landes- und Stadtentwicklungsforschung des Landes Nordrhein-Westfalen (ILS), Dortmund (1990)
33. Porter, M.E.: Competitive Advantage. Free Press, New York (1985)
34. Servatius, H.-G.: Methodik des strategischen Technologie-Managements, 2. Aufl. Schmidt, Berlin (1986)

35. Brodbeck, H.: Strategische Entscheidungen im Technologie-Management. Verlag Industrielle Organisation, Zürich (1999)
36. Porter, M.E.: The technological dimension of competitive strategy. In: Rosenbloom, R.. (Hrsg.) Research on Technological Innovation, Management and Policy. JAI Press, Greenwich, S. 1–33 (1983)
37. Specht, D., Möhrle, M.G. (Hrsg.): Gabler-Lexikon Technologiemanagement, 1. Aufl. Gabler, Wiesbaden (2002)
38. Perillieux, R.: Der Zeitfaktor im strategischen Technologiemanagement. Schmidt, Berlin (1987)
39. Zahn, E. (Hrsg.): Innovations- und Technologiemanagement. Duncker & Humblot, Berlin (1986)
40. Porter, M.E.: Wettbewerbsvorteile, 6. durchges. und erw. Aufl. Campus, Frankfurt (2000)
41. Frauenfelder, P.: Strategisches Management von Technologie und Innovation. Verlag Industrielle Organisation, Zürich (2000)
42. Jonash, R.S.: Strategic technology leveraging. IEEE Eng. Manag. Rev. **25**(2), 90–95 (1997)
43. Europäische Kommission (Hrsg.): Europäische Innovation (2007)
44. Wildemann, H.: Kernkompetenzen, 12. Aufl. TCW Transfer-Centrum für Produktions-Logistik u. Technologie-Management, München (2008)
45. Little, A.D.: Management erfolgreicher Produkte. Gabler, Wiesbaden (1994)
46. Specht, G., Zörgiebel, W.W.: Technologieorientierte Wettbewerbsstrategien. Marketing **7**(3), 161–172 (1985)
47. Strebel, H.: Innovations- und Technologiemanagement. WUV Univ.-Verl., Wien (2003) (UTB für Wissenschaft Wirtschaftswissenschaften, Betriebswirtschaftslehre, 2455)
48. Grant, R.M.: Contemporary Strategy Analysis, 6. Aufl. Blackwell Publ., Malden (2008)
49. Mercer Management Consulting (Hrsg.): Value sourcing (2006)
50. Schuh, G., Möller, H., Haag, C.: Zehn Erfolgsfaktoren. Beschaff. Aktuell **57**(6), 18–21 (2007)
51. Ehrat, M.: Kompetenzorientierte, analysegestützte Technologiestrategieerarbeitung. Difo-Druck GmbH, Bamberg (1997)
52. Schuh, G., Saxler, J.: Dank Netzwerken Technologien früher erkennen. io new manag. **76**(9), 12–16 (2007)
53. Schuh, G., Klappert, S., Saxler, J.: Designing technology intelligence networks in the context of open innovation. In: International Association for Management of Technology. (Hrsg.) EUROMOT 2008 (2008)
54. Klappert, S.: Systembildendes Technologie-Controlling. Shaker, Aachen (2006)
55. Friedli, T.: Technologiemanagement. Springer-Verlag, Berlin (2005)

Technologiefrüherkennung 6

Markus Wellensiek, Günther Schuh, Patrick A. Hacker und Jörg Saxler

Kurzüberblick Die Technologiefrüherkennung stellt einen Bestandteil der unternehmensweiten strategischen Früherkennung (Business Intelligence) dar. Ziel dieser Früherkennung ist es, rechtzeitig relevante Informationen über Veränderungen im gesamten Umfeld des Unternehmens bereitzustellen, um potenzielle Chancen und Risiken frühzeitig zu erkennen. Die Schaffung einer transparenten Informationsbasis (Beschaffung, Analyse und Kommunikation) unterstützt strategische Entscheidungsprozesse im Unternehmen und stellt ein Bindeglied zwischen der Strategieformulierung und der Technologieplanung dar. Während die Früherkennung auf jegliche zukünftige Entwicklungen und Ereignisse im unternehmerischen Umfeld ausgerichtet ist, fokussiert die Technologiefrüherkennung als Teil dieser Aktivitäten auf die Analyse und Prognose der technologischen Potenziale neuer sowie der Bestimmung technologischer Leistungsgrenzen bestehender Technologien. Zielsetzung ist die Identifikation von Entwicklungen in relevanten Technologiefeldern als Grundlage für Technologieentscheidungen im Unternehmen.

6.1 Einleitung und Charakterisierung

Erfolgreiche produzierende Unternehmen fußen in der Regel auf einer technologischen Basis, die ihnen einen nachhaltigen Wettbewerbsvorteil ermöglicht. Diese technologische Basis unterliegt aufgrund von Umfeldveränderungen, wie beispielsweise neue Kundenforderungen oder aufkommende Alternativtechnologien einem stetigen Wandel. Vor diesem Hintergrund dürfen technologieorientierte Unternehmen nicht von neuen Technologien und Entwicklungen überrascht werden, da dies eine enorme Gefahr für die Wettbewerbsfähigkeit und das Überleben des Unternehmens darstellen. Der Schutz vor Überraschungen sowie die zielgerichtete technologische Weiterentwicklung stellen die Grundmotivation der Technologiefrüherkennung dar.

M. Wellensiek (✉)
52074 Aachen, Deutschland
E-Mail: markus.wellensiek@ipt.fraunhofer.de

G. Schuh, S. Klappert (Hrsg.), *Technologiemanagement,*
DOI 10.1007/978-3-642-12530-0_6, © Springer-Verlag Berlin Heidelberg 2011

Die Technologiefrüherkennung ist durch verschiedenste Konzeptionen gekennzeichnet, die zum Teil erhebliche Unterschiede aufweisen und mit einer großen Vielfalt an häufig synonym verwendeten Begriffen und Bezeichnungen einhergehen. Darüber hinaus sind inhaltliche Unterschiede hinsichtlich der Beobachtungsbereiche und der daran gebundenen Aktivitäten und Aufgaben der Technologiefrüherkennung festzustellen. Allen neueren Ansätzen gemeinsam ist die integrierte Betrachtung der Informationsbeschaffung und -bewertung. Unterschiede bestehen dabei jedoch hinsichtlich der Intensität der Einbindung in Planungs- und Entscheidungsprozesse, die direkt die Aufgaben und Ziele der Technologiefrüherkennung beeinflussen. Den folgenden Ausführungen zur Technologiefrüherkennung soll die nachstehende Definition zugrunde gelegt werden:

Technologiefrüherkennung bedeutet die rechtzeitige Bereitstellung von technologierelevanten Informationen, um (proaktiv) das Ausnutzen potenzieller Chancen und (reaktiv) die Abwehr etwaiger Risiken zu ermöglichen. Die Technologiefrüherkennung beinhaltet Aktivitäten zur Ermittlung des relevanten technologischen Umfelds und dessen Veränderungen sowie zur Schaffung einer transparenten Informationsbasis für die Technologieplanung.

Gemäß dieser Definition besteht die Zielsetzung der Technologiefrüherkennung darin, durch die Erarbeitung und Aufbereitung strategisch relevanter Informationen eine Entscheidungsgrundlage für das Management vorzubereiten. Diese Auffassung findet sich bereits in ersten Früherkennungsansätzen wieder [1, 2]. Sie impliziert, dass die verfügbaren Informationen in aufbereiteter Form vorliegen. Im englischsprachigen Raum werden solche Informationen als „intelligence" bezeichnet. Dementsprechend folgt hier die Bezeichnung „(competitive) technology intelligence". Gegenstand der Technologiefrüherkennung sind somit technologierelevante Informationen, die wertvoll und daher schützenswert sind, und die Einfluss auf die Wettbewerbssituation des Unternehmens haben [3, 4]. Im deutschsprachigen Raum wird unter „technology intelligence" zum Teil auch nur der Prozess der (reinen) Informationserhebung verstanden [5], der sich allerdings in der Praxis von der Aufbereitung und Bewertung der Informationen nicht trennen lässt.

Die Aufnahme und Interpretation technologierelevanter schwacher Signale im Unternehmensumfeld wird als Leitidee der Technologiefrüherkennung bezeichnet [6]. Es geht dabei um die Identifikation von Einflussgrößen, um frühzeitig Hinweise auf zukünftige Veränderungen zu finden und somit von einem „after fact approach" (Krisenmanagement) zu einem „before fact approach" überzugehen [7, 8]. Dadurch kann die notwendige Flexibilität erreicht werden, um auf neue Entwicklungen frühzeitig reagieren zu können [9].

Aktuelle Herausforderungen in der Technologiefrüherkennung Aktuell sieht sich die Technologiefrüherkennung mit einer Vielzahl an neuen Herausforderungen konfrontiert, die ganz wesentlich durch die Entwicklung der Unternehmensumwelt hin einer vernetzten Wissensgesellschaft begründet sind, und die das Erreichen ihrer grundsätzlichen Ziele erschweren.

Die wohl bedeutendste Veränderung der jüngsten Vergangenheit hat die progressiv ansteigende Menge verfügbaren und damit potenziell relevanten Wissens mit sich gebracht. Ein Phänomen, das auch als „globale Wissensexplosion" bezeichnet wird [10]

Abb. 6.1 Wissensentwicklung im Zeitverlauf nach Teller [12]

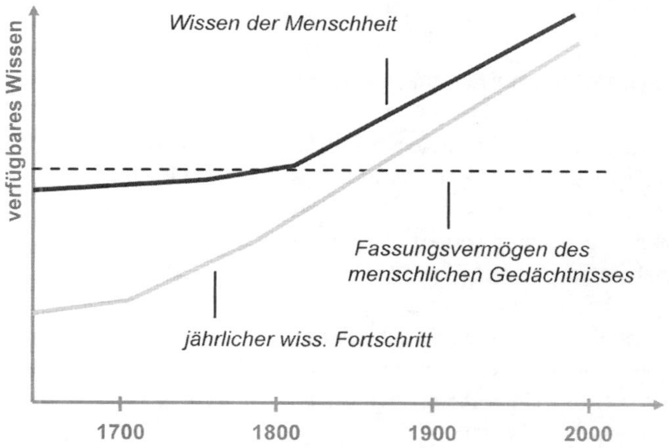

(s. Abb. 6.1). Als Maß für die Dynamik der Wissensentstehung kann der Zeitraum angesehen werden, innerhalb dessen sich das weltweit verfügbare Wissen verdoppelt. Caspers gibt für dieses Intervall eine Länge von fünf bis sieben Jahren, Mertens/Wieczorrek sogar nur 20 Monate an [10]. Das menschliche Fassungsvermögen reicht nicht mehr aus diese riesigen Datenbestände zu überblicken oder diese sogar auszuwerten [11]. Hierdurch ergeben sich für Unternehmen vielfältige neue Möglichkeiten zum Ausbau bestehender und Schaffung neuer Kompetenzen, um sich gegenüber dem Wettbewerb zu differenzieren.

Parallel hierzu haben sich mit der zunehmenden Mobilität von Fachkräften und der Verbreitung des Internets der Wissenszugang erheblich vereinfacht und damit die Kosten der Wissensbeschaffung reduziert. Schließlich sehen sich immer mehr Unternehmen mit einer wachsenden Integration technologischer Systeme konfrontiert, die auf die Diffusion neuer Technologien in andere Branchen sowie eine integrative Verschmelzung bzw. Fusion verschiedener Technologien zurückgeführt werden kann. Die Verknüpfung von Mechanik und Elektronik zur Mechatronik, Optoelektronik oder Bioinformatik sind Beispiele für eine solche Integration unterschiedlicher Fachgebiete zu neuen, innovativen Forschungsfeldern und Märkten [13, 14].

In Konsequenz kommen Unternehmen daher immer weniger daran vorbei, sich mit neuen Technologiefeldern und Technologien auseinanderzusetzen, die keine originären technologischen Kernkompetenzen darstellen. Neben der Stärkung der technologischen Kernkompetenzen stellt daher die Fähigkeit, neue Kompetenzen durch Integration externen heterogenen Wissens zu schaffen, eine immer wichtigere Voraussetzung zur Schaffung von Alleinstellungsmerkmalen im Wettbewerb dar. Eine solche Multidisziplinarität der technologischen Entwicklung [15] erfordert ein hohes Maß an Transferleistung, Anpassungsfähigkeit und interorganisationaler Zusammenarbeit [13].

Ingesamt sieht sich die Technologiefrüherkennung damit mit der Aufgabe konfrontiert, in einem zunehmend komplexen, undurchsichtigen und hochdynamischen Umfeld eine belastbare Entscheidungsgrundlage für das eigene Unternehmen zu erarbeiten, die sich zumindest mittelfristig als Planungsbasis eignet [16].

6.2 Betrachtungsobjekte und -bereiche

Gegenstand der Technologiefrüherkennung sind Produkt-, Produktions- und Materialtechnologien, d. h. im engeren Sinn stellen Technologien bzw. Informationen über Technologien und somit technologisches Wissen das Betrachtungsobjekt dar. Der Zeithorizont der Beobachtung variiert dabei zwischen einer kurzfristigen Ausrichtung von ein bis drei Jahren anhand bestehender Märkte, Produkte und Technologien bis hin zu einer langfristigen Orientierung an technologischen Trends von bis zu 30 Jahren.

Aufgabe ist es, durch Betrachtung der Umweltzustände sowie deren Veränderungen für Technologieentscheidungen im Technologiemanagement relevante Informationen zu gewinnen, die einen Technologiebezug aufweisen. Ein solcher Bezug kann zunächst direkter, technisch-wissenschaftlicher bzw. technologischer Natur sein. In diesem Fall finden sich Informationen in der Regel im direkten Aufgabenumfeld des Unternehmens. Das Aufgabenumfeld beschreibt daher aus einer technologischen Perspektive heraus die Wechselwirkung des Unternehmens mit unternehmensexternen Elementen innerhalb eines oder mehrerer Technologiefelder. Es kann auch als Markt oder Branche bezeichnet werden und in diversifizierten Unternehmen folglich mehrere Märkte oder Branchen umfassen.

Oftmals haben Informationen aber lediglich einen indirekten, nicht auf den ersten Blick offensichtlichen Bezug zum Technologiemanagement des betrachteten Unternehmens. Sie müssen dann nicht notwendigerweise einen technologischen Charakter besitzen, sondern lediglich technologierelevant sein [17]. Technologierelevante Informationen entspringen daher meist der Umwelt des Unternehmens und nicht mehr notwendigerweise dem direkten Aufgabenumfeld, das eine Teilmenge der Unternehmensumwelt darstellt. Sie werden auch als „schwache Signale" bezeichnet [18]. Schwache Signale aus der Umwelt sind oftmals Indikatoren für Entwicklungen und Trends, aus denen zu einem späteren Zeitpunkt konkrete Chancen und Bedrohungen für das Aufgabenumfeld des Unternehmens erwachsen können [19]. Sie müssen daher frühzeitig wahrgenommen werden, um dem Unternehmen einen ausreichenden Reaktionsspielraum zu verschaffen.

Aufgrund einer unbegrenzten Menge an Informationen und Informationsquellen stellt sich aus Unternehmenssicht die Frage nach einer geeigneten Strukturierung der Umwelt, um die Suche nach schwachen Signalen möglichst effektiv zu gestalten: Ein „360°-Radar", das Entwicklungen der gesamten Umwelt abdeckt, ist faktisch nicht möglich. Aus der Einteilung der Umwelt in Umweltsphären lassen sich Grundkategorien ableiten, die einen gesamtheitlichen Handlungskontext für das Unternehmen darstellen. Eine weitere Untergliederung kann beispielsweise nach dem neuen St. Galler Management-Modell vorgenommen werden, das hierzu eine Einteilung in Gesellschaft, Natur, Technologie und Wirtschaft vorschlägt [20]. Innerhalb dieser Sphären, oder genauer innerhalb des technologisch relevanten Umfelds, das sich natürlich ebenfalls nach diesen Sphären strukturieren lässt, befinden sich zahlreiche individuelle und institutionelle Akteure, die sich in bestimmten Anspruchsgruppe aufstellen, und die in einer wie auch immer gearteten Wechselwirkung mit dem Unternehmen stehen. Sie spielen eine wichtige Rolle, denn schwache Signale verstärken sich, wenn sie das Verhalten einzelner Anspruchsgruppen beeinflussen bzw. von diesen vorangetrieben werden [7]. Akteure (individuell und institutionell) und Artefakte (Träger technologierelevanter Informationen) bilden die für das Unternehmen

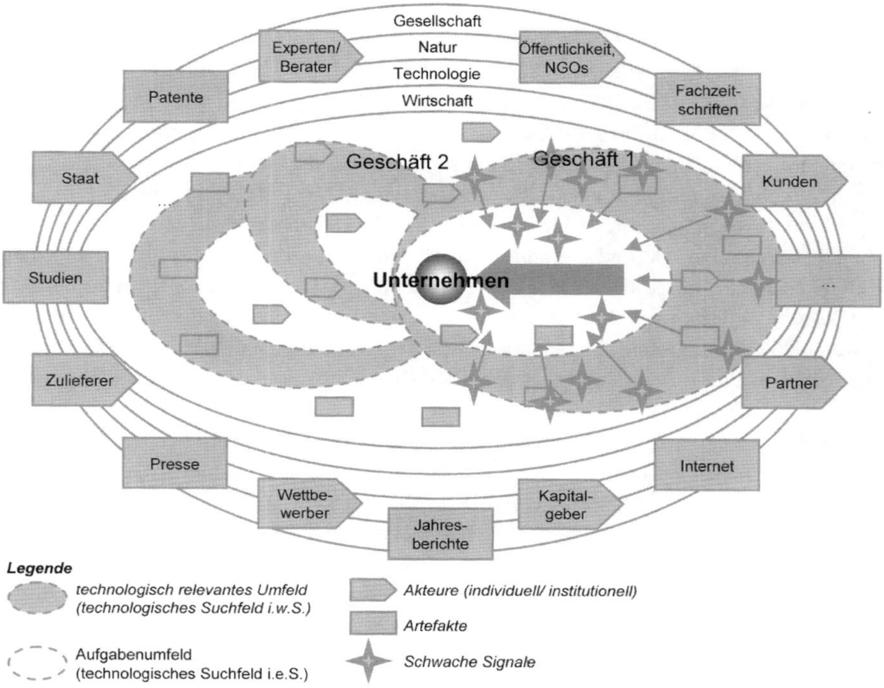

Abb. 6.2 Beobachtungsbereiche und -objekte der Technologiefrüherkennung [21]

zu betrachtende Menge an Beobachtungsobjekten bzw. Informationsquellen für die Technologiefrüherkennung.

Eine effiziente Ermittlung des technologisch relevanten Umfelds bedarf der Eingrenzung des Beobachtungsraums auf solche Bereiche, in denen sich schwache Signale von Bedeutung für das Aufgabenumfeld des Unternehmens aktuell vorfinden oder zukünftig entwickeln können. Der so eingegrenzte Beobachtungsraum wird als technologisch relevantes Umfeld bezeichnet. Zur Operationalisierung des Beobachtungsraums und Festlegung der Beobachtungsobjekte, d. h. zur Beschreibung des technologischen Informationsbedarfs, hat sich in Literatur und Praxis die Definition konkreter Suchfelder bewährt. Die Technologiefrüherkennung muss sicherstellen, dass im Rahmen der Informationsanalyse Informationen aus dem technologisch relevanten Umfeld in Bezug zum Aufgabenumfeld gesetzt werden. Durch diesen integrativen Schritt wird die Frage beantwortet: „Was bedeutet diese Information für unser Unternehmen konkret?" [5] (s. Abb. 6.2).

6.3 Basisaktivitäten der Technologiefrüherkennung

Technologiescanning, -scouting und -monitoring stellen die Basisaktivitäten oder auch Suchperspektiven der Technologiefrüherkennung dar. Grundsätzlich müssen dabei Einflussfaktoren wie die Vertrautheit des Unternehmens mit bestimmten Technologiefeldern, die Tiefe der Suche innerhalb dieser Felder (Detaillierungsgrad der Suche), der Verwendungszweck der zu erhebenden Informationen und die Adressaten der Suchergebnisse unterschieden werden. Allen drei Suchperspektiven ist das Ziel gemeinsam, durch eine mehr oder weniger gezielte Informationssuche zukünftige technologische Überraschungen zu vermeiden und dem Technologiemanagement eine Entscheidungsgrundlage hinsichtlich potenzieller technologischer Handlungsoptionen bereitzustellen.

Das Technologiescanning ist eine stetige, ungerichtete Informationssuche in oder außerhalb der Domäne eines Unternehmens. Das Unternehmen erhält somit einen breiten Überblick über mögliche technologierelevante Informationen, die auch bis dato weitgehend unbekannte oder sogar gänzlich neue Aspekte beinhalten können [4]. Das Technologiemonitoring knüpft an das Scanning an und betrachtet die Geschehnisse in einzelnen Technologiefeldern genauer [4]. Dabei werden formalisiert über einen längeren Zeitraum die Entwicklungen in speziellen Themenbereichen technologisch so wie marktseitig verfolgt. Das Monitoring wird aufgrund der stärkeren Vorgaben durch das Unternehmen auch als Inside-out Betrachtungsperspektive gesehen, während das Scanning aufgrund des unvoreingenommenen Herangehens, als outside-in Beobachtungsperspektive gesehen wird [22]. Schließlich stellen bestimmte Technologiethemen und entsprechende Informationsquellen das Beobachtungsobjekt des Technologiescoutings dar. Hierbei handelt es sich um eine auftragsmäßige und schnelle Beschaffung von detaillierten, technologierelevanten Informationen [3]. Die Unterteilung in drei Basisaktivitäten mit abgestuftem Detaillierungsgrad der Suche dient unter anderem der effizienten Gestaltung der Technologiefrüherkennung. Da eine detailgenaue Suche sehr aufwändig ist, muss diese auf bestimmte Informationsbedarfe fokussiert werden [23]. Die folgende Abbildung stellt die Basisaktivitäten der Technologiefrüherkennung gegenüber (s. Abb. 6.3).

	außerhalb der Domäne	innerhalb der Domäne	
Scanning	Abtasten nach Signalen ohne festen Themenbezug	Abtasten nach Signalen ohne festen Themenbezug	*informal*
	Abtasten nach Signalen mit speziellem Themenbezug	Abtasten nach Signalen mit speziellem Themenbezug	*formal*
Monitoring	Beobachtung und vertiefende Suche nach Informationen mit speziellem Themenbezug eines bereits identifizierten Signals	Beobachtung und vertiefende Suche nach Informationen mit speziellem Themenbezug eines bereits identifizierten Signals	
Scouting	Auftragsmäßige Beschaffung von Detailinformationen zu speziellen Technologien	Auftragsmäßige Beschaffung von Detailinformationen zu speziellen Technologien	

Abb. 6.3 Basisaktivitäten einer strategischen Früherkennung [19]

So entspricht es dem Grundbedürfnis der Technologiefrüherkennung, sich zur Sicherung des Kerngeschäfts auf die Entwicklung der technologischen Kernkompetenzen zu konzentrieren, sich an ändernde Anforderungen anzupassen und vor möglichen Konkurrenz- oder gar Substitutionstechnologien einen stetigen Leistungsvorteil und damit einen Wettbewerbsvorsprung zu wahren. Dies erfordert kurz- bis mittelfristig eine Konzentration der Aktivitäten auf Technologien, die einen direkten Bezug zur eigenen Geschäftstätigkeit aufweisen.

6.3.1 Technologiescanning

Die Ableitung der technologischen Suchfelder wird durch das systematische, oberflächliche Durchsuchen der Umwelt wieder ein stückweit relativiert. Liegt der Sinn und Zweck der Ableitung technologischer Suchfelder in der Eingrenzung eines ansonsten nahezu unendlich großen Suchraums, so steckt hinter dem unfokussierten Scanning der Umwelt gerade die Absicht, losgelöst vom tagtäglichem Geschäft und unvoreingenommen nach sowohl schwachen Signalen als auch starken Signalen jedweder Art zu suchen. Der Fokus dabei liegt auf sich neu entwickelnden Technologien und „weißen Feldern" [24]. Die Prognose technologischer Entwicklungen spielt folglich eine herausragende Rolle, da gerade die frühen Phasen des Prozesses durch ungenaue und unvollständige Informationen gekennzeichnet sind, die es zu einem möglichst schlüssigen Gesamtbild zu verdichten gilt [18]. Der Erkennung der schwachen Signale wird eine entscheidende Bedeutung zugemessen, denn falls eine frühzeitige Identifikation und eine richtige Deutung eines schwachen Signals gelingt, kann das Unternehmen gegenüber den Wettbewerbern einen deutlichen Vorteil erlangen. Starke Signale sind aber keinesfalls zu vernachlässigen, da es in manchen Fällen keine, den starken Signalen vorausgehenden schwachen Signale gibt, oder diese möglicherweise nicht erkannt worden sind. Das Potenzial einen Wettbewerbsvorteil zu erlangen ist bei starken Signalen jedoch in den meisten Fällen geringer als bei schwachen Signalen.

Die Rolle der festgelegten Suchfelder kann, im Rahmen dieser Suche, als eine Art Filter verstanden werden, der von der Vielzahl an Signalen nur diejenigen Informationen durchlässt, welche vor dem Hintergrund der strategischen Ausrichtung der Suche eine Relevanz für das Unternehmen besitzen. Nichtsdestotrotz steht hinter dem Technologiescanning die Zielsetzung, ähnlich einem „360°-Radar", mögliche technologische Potenziale, unabhängig von den aktuell im Unternehmen eingesetzten Technologien, zu identifizieren [19]. Man spricht daher auch von der „outside-in" bzw. „extrinsischen" Perspektive des Technologiescannings. Das Scanning des Umfelds überprüft stetig neue, unbekannte Technologien hin auf ihre Tauglichkeit eines potenziellen Einsatzes und reduziert somit das Risiko, von unvorhergesehenen Entwicklungen vollkommen unbekannter Technologien überrascht zu werden.

Oberstes Ziel des Technologiescannings ist die Identifikation neuer Signale bzw. die Herstellung eines Erstkontaktes [4]. Bei der Durchführung wird der Fokus auf eine breit angelegte Suche – nach Signalen mit grob festgelegtem oder nicht festgelegtem Themenbezug – in einem sehr großen Suchfeld gelegt, wobei der Zeithorizont uneingeschränkt ist.

Technologiescanning	
Zielsetzung	Erstkontakt
Suchfeldgröße	sehr groß
Zeithorizont	uneingeschränkt
Themenbezug	grob festgelegt, ohne Themenbezug
Informationsqualität	Einzelinformationen

6

Abb. 6.4 Merkmale des Technologiescannings

Die beim Technologiescanning identifizierten Informationen haben den Charakter von Einzelinformationen, die noch nicht oder nur teilweise in einem direkten Zusammenhang mit dem Zielen der Informationssuche stehen (s. Abb. 6.4).

Das Technologiescanning lässt sich in vier Arten unterteilen. Zum einen wird unterschieden ob innerhalb der Domäne des Unternehmens gesucht wird oder außerhalb. Weiterhin unterscheidet sich das formale Scanning vom informalen Scanning (s. Abb. 6.3). Beim informalem Scanning werden ohne festen Themenbezug Informationen betrachtet und diejenigen Informationen, die zu dem identifizierten Informationsbedarf des Unternehmens passen herausgefiltert. Damit stellt das informale Scanning die am wenigsten fokussierte Basisaktivität der strategischen Früherkennung dar. Das formalen Scanning fokussiert dagegen stärker auf einen speziellen Themenbezug.

Schwache Signale und starke Signale Der Begriff der schwachen Signale geht auf Ansoff zurück, der den Begriff Mitte der 1970er Jahre erstmals einführte. Schwache Signale besitzen zwar einen geringen Informationsgehalt, sind aber hilfreich bei der frühzeitigen Identifikation von Chancen und Bedrohungen. Dabei ist die Technologierelevanz der identifizierten schwachen Signale für das Unternehmen zunächst undeutlich. Diese müssen im Zeitverlauf verstärkt werden, um den Informationsgehalt zu verdichten und den Zusammenhang zwischen den identifizierten Signalen und der möglichen zukünftigen Ereignissen herauszustellen. Thematisch ist der Beitrag Ansoffs daher eher der Technologieplanung zuzuordnen, obwohl sich das Konzept der schwachen Signale in der Technologiefrüherkennung durchgesetzt hat [18].

Im Vergleich zu den schwachen Signalen besitzen die starken Signale einen höheren Informationsgehalt und einen deutlichen Bezug zu zukünftigen Ereignissen, mit Technologierelevanz für das Unternehmen.

6.3.2 Technologiemonitoring

Im Gegensatz zum Scanning von Technologien ist das Monitoring deutlich spezifischer. Das Technologiescanning stellt den Erstkontakt zu neuen Technologien und Technologietrends her, welche im Rahmen des Technologiemonitorings über einen längeren Zeitraum systematisch verfolgt werden. Der Fokus liegt dabei eher auf dem Beobachten von bestehenden Technologien [24]. Einen definierten Endzeitpunkt des Technologiemonitorings gibt es folglich nicht. Obwohl auf den Ergebnissen des Technologiescannings aufbaut wird, ist das Leistungspotenzial des Technologiemonitorings dadurch nicht vollständig bestimmt. Auch beim Monitoring liegt der Fokus auf noch unbekannten Ereignissen und Entwicklungen und damit werden auch Elemente des Technologiescannings im Technologiemonitoring wieder auftauchen. Als Konsequenz werden auch durch ungenaue Vorgaben des Scannings keine wesentliche Beeinträchtigung der Ergebnisqualität des Monitorings bewirken. Die Beobachtung über einen längeren Zeitraum ist besonders wichtig, um Entwicklungsrichtungen bzw. Entwicklungstrends und nicht lediglich den Stand der Technik ermitteln zu können. Die Erkennung von Entwicklungstrends ist wesentliche Grundlage von guten unternehmerischen Entscheidungen, wobei das Technologiemonitoring die Schlüsselrolle bei der Trenderkennung übernehmen kann [25]. Die Hauptlast der Trenderkennung liegt im Vergleich der Basisaktivitäten beim Technologiemonitoring.

Das Technologiemonitoring befasst sich mit ganz bestimmten technologische Entwicklungen und Bereichen und unterzieht diese einer kontinuierlichen und detaillierten Betrachtung, die sich wesentlich stärker an vorgegebenen technologischen Suchfeldern orientiert als es beim Technologiescanning der Fall ist. Man spricht daher auch von einer „inside-out" bzw. „intrinsischen" Perspektive des Technologiemonitorings. Es ist z. B. sinnvoll, die eingesetzten technologischen Kernkompetenzen stetig an externen Entwicklungen zu spiegeln, um frühzeitig von möglichen Weiterentwicklungschancen oder Substitutionsgefahren zu erfahren. Vor diesem Hintergrund stellt das Technologieradar ein geeignetes Hilfsmittel des Technologiemonitorings dar.

Ziel des Technologiemonitorings ist das Verfolgen identifizierter Signale [4]. Dabei wird der Fokus im Vergleich zum Technologiescanning eingeschränkt, bleibt aber groß. Mit einem uneingeschränktem Zeithorizont wird nach Informationen zu einem festgelegtem Thema gesucht. Gerade aufgrund des systematischen Beobachtens zu einem festgelegtem Thema ergeben sich über den Zeitverlauf verknüpfte Informationen sowie allgemeine Trends (s. Abb. 6.5).

Technologiemonitoring

Zielsetzung	verfolgen
Suchfeldgröße	groß
Zeithorizont	uneingeschränkt
Themenbezug	festgelegtes Thema
Informationsqualität	verknüpfte Informationen, Trends

Abb. 6.5 Merkmale des Technologiemonitorings

Technologiescouting	
Zielsetzung	detaillieren
Suchfeldgröße	klein
Zeithorizont	auftragsbezogen
Themenbezug	festgelegte Technologie
Informationsqualität	zusammenhängende Informationen

Abb. 6.6 Merkmale des Technologie Scoutings

6.3.3 Technologiescouting

Das Technologiescouting kann als ein Spezialfall des Technologiemonitorings angesehen werden. Unter Scouting wird die Detailsuche zu bestimmten Technologiethemen und Wissensträgern innerhalb spezieller Technologiefelder verstanden. Die Informationsbeschaffung erfolgt dabei häufig auftragsbezogen, z. B. in Rahmen von Entwicklungsprojekten [5]. In Abhängigkeit des Auftrags enthält das Scouting sowohl Elemente des Technologiemonitorings als auch des -scannings [26]. Dabei werden sowohl bereits erkannte Signale als Anhaltspunkt verwendet, um die Detailsuche zu strukturieren, als auch nach noch nicht erfassten Signalen gesucht. Der Zeitrahmen des Technologiescoutings ist daher im Vergleich zum Monitoring begrenzt, da es durch den Auftrag einen klares Ziel gibt, nach dessen Erreichung das Scouting abgeschlossen ist.

Das Technologiescouting hat durch den auftragsbezogenen Charakter ein kleines und klar abgegrenztes Suchfeld, wobei das Ziel verfolgt wird, den bereits erzielten Kenntnisstand zu detaillieren und zu erweitern [4]. Für festgelegte Technologien werden so durch eine formalisierte Suche detaillierte Informationen ermittelt, die typischerweise sehr intensiv erfolgt [25]. Aufgrund des stark eingegrenzten Fokus werden Ergebnisse in Form von zusammenhängenden Informationen erzielt, welche allerdings keine oder nur geringe Informationen zu Trends liefern können (s. Abb. 6.6).

6.4 Der Informationsbegriff in der Technologiefrüherkennung

Die Technologiefrüherkennung stellt einen Informationsverarbeitungsprozess zur Schaffung einer transparenten Informationsbasis dar. Somit steht die Erreichung von Informationszielen und damit die Erfüllung eines bestimmten Informationsbedarfs im Mittelpunkt [26, 27]. Die Kenntnis des Informationsbedarfs ist für eine zielgerichtete Informationsbeschaffung und -verarbeitung notwendig. Im Vorfeld der Informationssuche bzw. -beschaffung ist es daher erforderlich, die damit verbundene Zielsetzung und den Umfang hinreichend zu klären. Dies ist gerade vor dem Hintergrund einer nahezu unbegrenzt vorhandenen Menge an Informationen wichtig, um einen „information overload" zu vermeiden [28]. Diesen zu ermitteln und zu artikulieren stellt den ersten Schritt der Informationssuche dar. Damit ist die Bestimmung des Informationsbedarfs einerseits zur effektiven (inhaltlichen) Aufgabenerfüllung, aber auch zur effizienten Informationserhebung notwendig.

Der Informationsbedarf stellt die Summe derjenigen Informationen dar, die zur Erfüllung eines informationellen Interesses erforderlich sind [29]. Die genaue Beschreibung des Informationsbedarfs spezifiziert das Suchproblem und trägt zur Vereinfachung und zur effizienten Durchführung des Suchprozess bei [1, 30]. Sie ist ein essentieller Bestandteil der Problemlösung [30]. Der Informationsbedarf kann als Zusammenfassung einer Vielzahl an Nachrichten aufgefasst werden, die in Form konkreter Anfragen an die Technologiefrüherkennung herangetragen werden. Sie entstammen in vielen Fällen den Geschäftsprozessen der entwicklungsnahen Bereiche (Forschung, Technologie- und Produktentwicklung, Prozessentwicklung, Fertigung und Montage) und entstehen z. B. im Rahmen der Neuproduktentwicklung, der Bearbeitung produktbezogener technischer Problemstellungen oder der Identifikation von Kostensenkungspotenzialen in der Produktion. Daneben können Anfragen ihren Ursprung auch in den Management- und Unterstützungsprozessen des Unternehmens haben. Hierzu gehören z. B. die durch das Management getriebene strategische Neuausrichtung von Produktbereichen, die Erschließung neuer Technologiefelder, aber auch die Sicherstellung der Rechtsansprüche von Anspruchsgruppen und der Minimierung technologischer, wirtschaftlicher und sonstiger Risiken [20]. Diese Anfragen transportieren Botschaften auf mehreren zueinander komplementären Ebenen. Sie haben in der Regel einen direkten Bezug zu einem oder mehreren Technologiefeldern, die sich aus der jeweiligen Geschäftstätigkeit des Unternehmens ergeben. Technologiefelder, auch Suchfelder genannt, spannen gewissermaßen das Suchobjekt der Technologiefrüherkennung in Form eines Suchraums auf, innerhalb dessen ganz bestimmte Suchziele verfolgt werden, die durch einen Zweckbezug gekennzeichnet sind (s. Abb. 6.7). Objekt- und Zweckebene werden durch eine dritte Ebene ergänzt, die die qualitativen Anforderungen des Informationsbedarfs beschreibt.

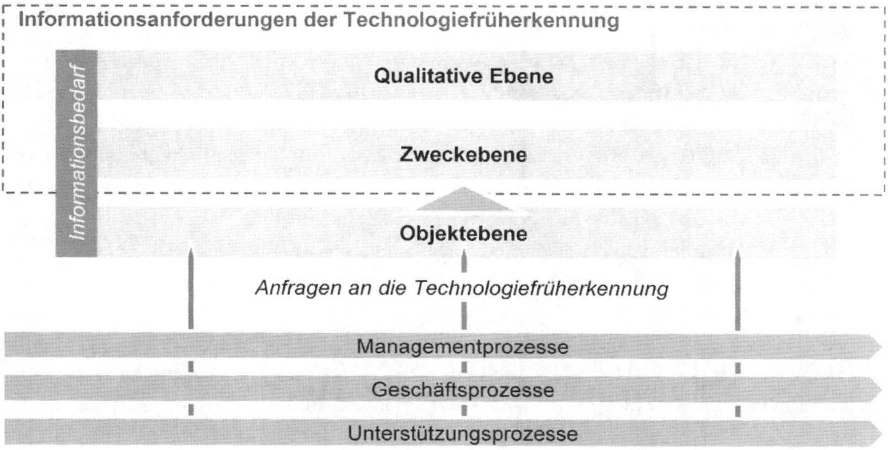

Abb. 6.7 Drei-Ebenen-Konzept des Informationsbedarfs der Technologiefrüherkennung

Objektebene des Informationsbedarfs Die Objektebene des Informationsbedarfs umfasst die inhaltliche Dimension der zu beschaffenden Informationen. In Form von Suchfeldern werden die zu betrachtenden Technologiefelder und Umfeldbereiche beschrieben und mit den Technologien und technologischen Kompetenzen des Unternehmens in Beziehung gesetzt. Suchfelder grenzen somit den für die gerichtete Technologiefrüherkennung relevanten Betrachtungsbereiche ein. Innerhalb der Suchfelder werden die interessierenden Betrachtungsobjekte festgelegt. Die Objektebene klärt somit die Fragen wo und wonach gesucht werden soll.

Die Breite der Suchfelder und die Nähe zum direkten Aufgabenumfeld des Unternehmens ergeben sich aus der strategischen Zielsetzung des Unternehmens. Der Schwerpunkt technologischer Suchfelder liegt insbesondere dann auf den technologischen Kernkompetenzen, falls die Aktivitäten des Unternehmens primär auf die Sicherstellung der Effizienz im Kerngeschäft abzielen. In diesem Fall findet ein intensives Monitoring der Entwicklungen im Aufgabenumfeld, innerhalb dessen ein hoher Vertrautheitsgrad herrscht, statt. Fokus sind z. B. Substitutions- und Alternativtechnologien oder Wettbewerberaktivitäten. Die Zielsetzung besteht dabei im Schutz der technologischen Kernkompetenzen. Ein Scanning der Umwelt wird im Wesentlichen aufgrund der Aktivitäten innerhalb des Aufgabenumfelds initiiert und dient der Verstärkung schwacher Signale, die von vorneherein einen konkreten Bezug zu den Technologien des Aufgabenumfelds aufweisen. Andererseits stehen für Unternehmen, die langfristig nach neuen Geschäftsoptionen suchen (z. B. im Rahmen einer technologiebasierten Diversifikation), typischerweise solche Technologiefelder im Vordergrund, die eher neutrale Technologien und weiße Felder beinhalten. Dies beinhaltet Bereiche, die sich für das Unternehmen durch einen hohen Neuheitsgrad auszeichnen und innerhalb derer vornehmlich ein oberflächliches Scanning nach potenziell relevanten Technologien betrieben wird.

Fallbeispiel aus dem Maschinen- und Anlagenbau In einem Unternehmens aus dem Maschinenbau sollte die Frage beantwortet werden, welchen Marktanforderungen Werkzeugmaschinen zur Fräsbearbeitung von Turbinenschaufeln zukünftig genügen müssen, wie sich diese Anforderungen in den entscheidenden Leistungsparametern solcher Werkzeugmaschinen niederschlagen und wie groß der Markt weltweit ist. Die zur Beantwortung dieser Fragestellung durchgeführten Marktrecherchen konzentrierten sich vornehmlich auf die Anforderungen in den Treibermärkten der Branchen „Power Generation“, „Luftfahrt“ und „Automobil“. Technologieseitig wurden für diese Märkte u. a. die technologischen Suchfelder „Einsatzpotenziale der Frästechnologie im Hoch-, Nieder- und Niederstdruckbereich von Dampfturbinen“ (Power Generation), „5-Achs-Fräsbearbeitung von Nickelbasislegierungen“ (Luftfahrt) sowie „Zerspanende Fertigung von Turboladern aus hochtemperaturfesten Metalllegierungen“ (Automobil) bearbeitet. Zur Beantwortung der Ausgangsfragestellung wurden somit spezielle Branchen und spezifische Materialbearbeitungstechnologien beleuchtet.

Im geschilderten Fall bestand die eigentliche Zielsetzung der Marktrecherche darin, die aktuellen und zukünftigen Kundenanforderungen an Turbinenschaufeln der aktuellen und zukünftigen Leistungsfähigkeit der für die Fertigung solcher Schaufeln zur Verfügung stehenden Produktionstechnologien gegenüberzustellen (technologische

Chancen). Dadurch sollte beurteilt werden, inwieweit die in Werkzeugmaschinen zum Einsatz kommenden technologischen Prinzipien die Möglichkeit bieten, diese Anforderungen zu erfüllen. Neben der technologischen Attraktivität wurde ebenfalls untersucht, ob es sich bei der Fertigung von Turbinenschaufeln aufgrund zukünftiger Bedarfsstrukturen um eine Wachstumsbranche mit hinreichendem Absatzpotenzial handelt und somit hinreichend attraktiv im Falle eines Einstiegs ist.

Zweckebene des Informationsbedarfs Neben dem Bezug auf eines oder mehrere technologische Suchfelder zeichnet sich der aus Anfragen an die Technologiefrüherkennung abgeleitete Informationsbedarf durch einen Zweckbezug aus (s. Abb. 6.7). Innerhalb der durch die Objektebene festgelegten technologischen Suchfelder werden auf dieser Ebene die eigentlichen Informationsziele und -absichten konkretisiert, die hinter Informationsanfragen stehen und die es zu klären gilt. Im Kern geht es dabei darum, aus bestimmten Informationsanfragen auf der Objektebene den Teil des Informationsbedarfs zu extrahieren, der dem zu Grunde liegenden Sinn und Zweck, der mit der Anfrage verfolgt wird, Rechnung trägt. Es lassen sich folgende Kategorien unterscheiden:

- *Technologisches Potenzial* (Chancen und Risiken): Hinsichtlich des technologischen Potenzials ist im Rahmen der Technologiefrüherkennung zunächst die Frage nach den grundsätzlichen Forschungs- und Entwicklungsperspektiven zu klären. Hier lässt sich prinzipiell zwischen Informationen, die eher chancenorientierte Aspekte der Leistungsfähigkeit beinhalten und solchen, die sich vornehmlich mit möglichen Risiken befassen, unterscheiden.
- *Ökonomisches Potenzial* (Marktpotenzial, Kosten- und Einkommensstrukturen, Kundenanforderungen): In diesem Rahmen besteht die Aufgabe der Technologiefrüherkennung darin, erste Informationen bezüglich des Marktpotenzials zu erheben, das sich dem Unternehmen potenziell durch die Bereitstellung bestimmter Technologien eröffnen könnte.
- *Integrativität* (Transferierbarkeit, Synergiepotenzial): Informationsanforderungen, die auf die Optimierung und den Ausbau vorhandener technologischer Kernkompetenzen fokussieren, sollten der Tatsache Rechnung tragen, dass eine Integration neuer Technologien in eine bestehende Technologielandschaft nur dann erfolgreich sein kann, wenn die Frage nach der Transferierbarkeit hinreichend geklärt ist und/oder mit der Integration die Erschließung von Synergiepotenzialen einhergeht.
- *Disposition von Ressourcen*: Gelingt es der Technologiefrüherkennung, die für den Aufbau und die Integration technologischer Potenziale erforderliche Disposition von Produktionsfaktoren (Maschinen, Personal, Wissen etc.) bereits während der Suche zu ermitteln, können besonders attraktive oder unattraktive Technologiekandidaten frühzeitig identifiziert werden.
- *Konformität*: Dies beinhaltet die Notwendigkeit, frühzeitig Hinweise aus dem Aufgabenumfeld, noch stärker aber aus der Umwelt, auf latente Veränderungen des wettbewerbspolitischen Umfelds und die damit verbundenen sozio-ökonomischen Implikationen zu liefern. Damit geht die Zielsetzung einher, einen technologischen Entwicklungspfad einzuschlagen, dessen Konformität mit politisch-gesellschaftlichen Entwicklungen als wahrscheinlich gilt.

Qualitätsebene des Informationsbedarfs Die Angabe der Informationsqualität vervollständigt die Spezifikation des Informationsbedarfs der Technologiefrüherkennung, indem sie Anforderungen an die zu fordernde Güte der erhobenen Informationen stellt.

Eine hohe Informationsgüte impliziert zum einen bestimmte Anforderungen an bereits bestehende und prinzipiell abrufbare Informationen. So können Informationen z. B. frühzeitig sein, sich durch einen hohen Wahrheitsgehalt auszeichnen und für den Suchenden eine hohe Exklusivität besitzen. Die Güte von Informationen kann demnach durch Fragen wie „Wie neu? – Wie exklusiv? – Wie frühzeitig? – Wie relevant? – Wie präzise? – Wie verständlich?“ umschrieben werden. Folgende primäre Informationsziele sind somit von Bedeutung:

- *Frühzeitigkeit*: Wie schon aus dem Namen „Technologiefrüherkennung“ ersichtlich ist, ist der Zeitpunkt, zu dem Informationen von Informationsquellen auf das Unternehmen transferiert werden, maßgeblich für deren Wert. Die Frühzeitigkeit des Informationsflusses beschreibt genauer das Zeitintervall, das zwischen dem Entstehen neuer Informationen bis zur Übertragung dieser Informationen auf das Unternehmen benötigt wird.
- *Informationsgehalt*: Ein weiteres attributives Qualitätsmerkmal stellt die Genauigkeit derjenigen Informationen dar, die als Resultat einer Informationsanfrage von der Informationsquelle tatsächlich übermittelt werden. Informationen sind qualitativ umso hochwertiger, je vollständiger sie Informationsbedarfe erfüllen und je weniger nicht benötigte Informationen dabei herausgefiltert werden müssen.
- *Validität*: Informationen zeichnen sich durch einen bestimmten Wahrheitsgehalt aus, der von Informationsquelle zu Informationsquelle stark variieren kann. Die Validität der übertragenen Informationen, zuweilen auch als Sicherheitsgrad bezeichnet, kennzeichnet maßgeblich deren Wert und damit ihre Verwendbarkeit [29, 31, 32].
- *Exklusivität*: Die Exklusivität von Informationen bezeichnet das Ausmaß, zu dem Informationen nicht nur einem bestimmten Unternehmen, sondern auch unternehmensexternen Individuen oder Institutionen zugänglich sind.

6.5 Technologiefrüherkennungsprozess

Die Technologiefrüherkennung lässt sich als ein kontinuierlich ablaufender Prozess darstellen, der aus folgenden Aktivitäten besteht (s. Abb. 6.8):

- Bestimmung des Informationsbedarfs
- Beschaffung der Informationen
- Bewertung der Informationen
- Kommunikation der Informationen

6.5.1 Bestimmung des Informationsbedarfs

Aufgabe der Technologiefrüherkennung ist die Beschaffung uns Auswertung von Informationen über zukünftige Technologien. Dies bedarf eines systematischen und gezielten

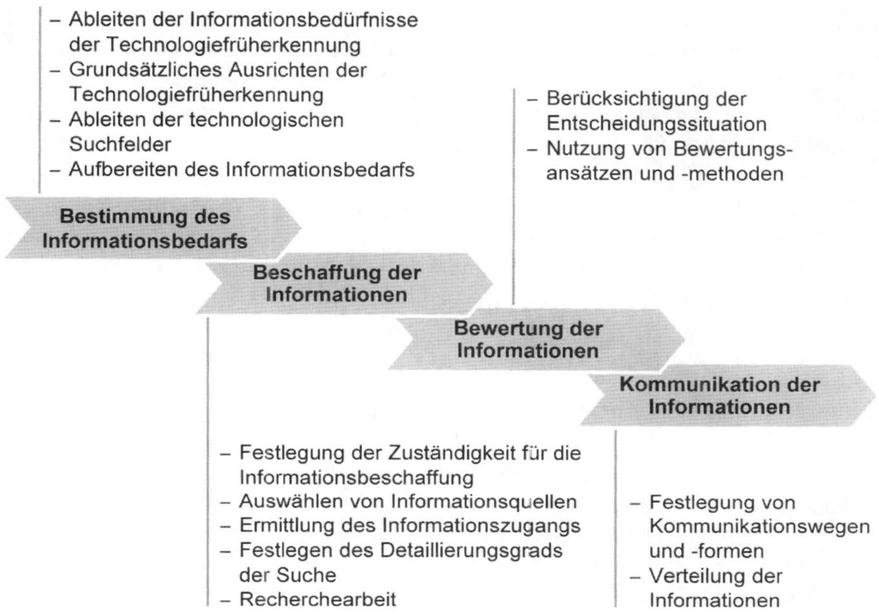

Abb. 6.8 Technologogierfrüherkennungsprozess

Umgangs mit Informationen [33]. Eine hundertprozentige Abdeckung des Unternehmensumfelds bei der Informationsbeschaffung ist aufgrund der unüberschaubar großen Menge an Informationen wirtschaftlich für ein Unternehmen nicht möglich. Die Technologiefrüherkennung muss sich folglich auf Machbares konzentrieren („Mut zur Lücke"), weil sie sonst beliebig viel Ressourcen verbraucht. Somit bleibt die Technologiefrüherkennung auf ein Abtasten des Umfelds beschränkt [27].

Im ersten Schritt ist somit der Informationsbedarf möglichst genau festzulegen, um diesen dann zielgerichtet decken zu können. Die Festlegung von Beobachtungsbereichen erleichtert dabei die Zuordnung zu Aufgabenträgern [24, 27, 34] sowie die Auswahl von Informationsquellen, Methoden und der Zuordnung verfügbarer Ressourcen. Zwar werden Aufgaben der Technologiefrüherkennung implizit und informell von vielen Mitarbeitern als Teil der täglichen Arbeit wahrgenommen bzw. die Aufgaben ergeben sich aus der Tätigkeit, jedoch bestehen hierbei vielfältige Risiken: Bei fehlenden zeitlichen oder finanziellen Ressourcen kann die Informationsbeschaffung ausbleiben oder Informationen liegen nicht in der notwendigen expliziten oder aggregierten Form vor.

Neben der Festlegung der relevanten Beobachtungsbereiche ist zudem auch eine Orientierung für die Beschaffung, Bewertung und Kommunikation der Informationen zu geben [35]. Dieses spiegelt sich in den drei Ebenen des Informationsbedarfs wieder (s. Abb. 6.7). Neben der sachlich-inhaltlichen Bestimmung der erforderlichen Informationen (Suchfelder auf der Objektebene) sind zudem Informationsanforderungen auf der Zweck- und Qualitätsebene zu beachten. Der Zweck bezieht sich auf die mit der Suche verfolgen Absichten wie der Identifikation von Chancen und Risiken. Die Qualität beinhaltet Aspekte wie Frühzeitigkeit, Informationsgehalt, Validität oder Exklusivität der Informationen.

Bei der Bestimmung des Informationsbedarfs müssen auch die Informationsbedürfnisse der Anspruchsgruppen der Technologiefrüherkennung sowie die vom Unternehmen verfolgten Strategien Beachtung finden. Aus der Analyse der Informationsbedürfnisse und Strategien kann eine Grundausrichtung als eine Art Suchprofil gewonnen werden. Dabei können die Aspekte der Qualitäts- und Zweckebene nicht vollständig von einander getrennt werden. Ein Technologieführer benötigt beispielsweise zur Ausnutzung neuer technologischer Chancen (Zweck) möglichst frühzeitige und exklusive Informationen (Qualität). Im Folgenden ist daher der Ableitung der technologischen Suchfelder die Betrachtung der Informationsbedürfnisse sowie die grundsätzliche Ausrichtung der Technologiefrüherkennung vorangestellt.

6.5.1.1 Ableiten der Informationsbedürfnisse der Technologiefrüherkennung

Es ist die Aufgabe der Technologiefrüherkennung, über das reaktive Bereitstellen geforderter Informationen hinaus, proaktiv relevante Informationen für die Anspruchsgruppen des Unternehmens verfügbar zu machen. Hierzu ist einerseits zu betrachten, wer die Erkenntnisse der Früherkennung nutzt und andererseits, von wem Früherkennung betrieben wird. Ausgehend von diesen beiden Fragen kann der Informationsbedarf abgeleitet werden.

Für die technologiestrategische Ausrichtung des Unternehmens sind Informationen über langfristige Technologietrends, potenzielle neue Geschäftsfelder, neue Technologien oder Substitutionsgefahren von Bedeutung. Gleichzeitig ergeben sich aus der Festlegung zukünftiger Technologiefelder, Kernkompetenzen und Kerntechnologien Suchfelder, zu denen Informationen über relevante Umfeldveränderungen in der nächsten Planungsperiode eingebracht werden müssen. Sie bilden eine wichtige Entscheidungsgrundlage für eine ggf. notwendige Neuausrichtung, FuE-Ressourcenallokation oder Akquisitionsentscheidungen. Für die Technologieplanung liefert die Früherkennung eine Informationsbasis bzgl. technologischer Neu- oder Weiterentwicklungen. Sie stellt einen Teil der Eingangsinformationen für die Ableitung und Auswahl von Handlungsoptionen in der Planung dar. Auf der anderen Seite gewinnt die Technologiefrüherkennung aus den Richtungsvorgaben des Technologieplans wiederum Suchfelder hinsichtlich geplanter Märkte, wichtiger Produktfunktionalitäten oder wettbewerbsrelevanter Technologien. Neben den Schnittstellen zur Strategie und Planung liefert die Technologiefrüherkennung auch wichtige Informationen für die Technologieentwicklung und -verwertung. Hierzu zählen neue Ideen, die in Form technologischer Basisstudien aufgegriffen werden oder neue Verwertungsoptionen für bestehende Technologien. Über den jeweiligen Verwendungszweck können somit Anforderungen an Umfang und Qualität der Informationen gewonnen werden, die entsprechende Berücksichtigung bei der Beschaffung und Verarbeitung finden müssen.

Die Aufnahme der technologiebezogenen Informationsbedürfnisse muss dabei durch die intensive Beteiligung der Personen oder Einheiten, die die Früherkennung durchführen bzw. koordinieren, erfolgen. Hinsichtlich der benötigten Informationen sowie der Ausrichtung und Verankerung der Technologiefrüherkennung zeigen sich, insbesondere bei großen Unternehmen, Unterschiede auf den verschiedenen Unternehmensebenen.

Die Technologiefrüherkennung kann grundsätzlich auf den Ebenen des Gesamtunternehmens und der Geschäftsbereiche erfolgen. Aufgabe der Früherkennung ist die Bereitstellung von Informationen über technologische Trends und Veränderungen im Unternehmensumfeld zur strategischen Ausrichtung des Gesamtunternehmens und seiner Geschäftsbereiche. Umfang und Ausrichtung der Aktivitäten auf diesen beiden Ebenen hängen dabei vom Einfluss des Gesamtunternehmens auf die einzelnen Unternehmensbereiche, d. h. von der Art der strategischen Führung, sowie von der Organisation und Budgetierung der FuE im Unternehmen ab [27]. So besitzt in einem integrierten Technologiekonzern mit zentraler FuE und einer strategischer Führung der Geschäftsbereiche durch die Zentrale, die Technologiefrüherkennung auf Gesamtunternehmensebene eine wesentlich höhere Bedeutung. Hier werden z. B. Informationen über langfristige Technologietrends zur Entwicklung der übergreifenden Technologiestrategie für das Gesamtunternehmen und seine (bestehenden und zukünftigen) Bereiche sowie der Ausrichtung und Planung der FuE-Aktivitäten benötigt. In den Geschäftsbereichen liegt der Fokus auf kurz- bis mittelfristige Trends und Planungsaktivitäten zur Umsetzung der zentralen Vorgaben. Im Gegensatz dazu liegt bei Konglomeraten aus eigenständigen und unabhängigen Divisionen mit eigener FuE der Schwerpunkt der Technologiefrüherkennung in den jeweiligen Geschäftsbereichen. Hier erfolgt die kurz-, mittel- und langfristige Beobachtung von Technologietrends zur strategischen Ausrichtung und FuE-Planung. Auf Konzernebene werden Zukunftstrends zur Neu- oder Umgestaltung von Geschäftsbereichen fokussiert.

Gesamtunternehmensebene Die Technologiefrüherkennung auf Konzernebene ist in der Regel in der zentralen Forschung und Entwicklung verankert und aufgrund der strategischen Bedeutung zumeist mittel- bis langfristig orientiert [24]. Im Fokus der Betrachtung liegen Technologien, Technologietrends, Forschungsergebnisse und wissenschaftliche Grundlagen. Es werden Wissenschaftsdisziplinen und -felder mit geschäftsbereichsübergreifender Relevanz untersucht. Insbesondere das Technologie-Scanning erfolgt losgelöst von Technologien, die in aktuellen oder geplanten Produkten und Prozesses des Unternehmens eingesetzt werden, um technologische Chancen und Risiken jenseits des gegenwärtigen Aktivitätenportfolios des Unternehmens nicht zu übersehen [6]. Ziel ist es, die zukünftige technologische Ausrichtung und Basis zu bestimmen und vorzubereiten. D. h. es sind Informationen für die Definition und Ausgestaltung der Unternehmensstrategie, der Technologiestrategie sowie der Forschungsstrategie bereitzustellen. Diese Informationen fließen auch in die Technologie- sowie FuE-Planung auf Gesamtunternehmensebene ein. Hierbei überwiegt der Forschungsanteil den Entwicklungsanteil, so dass die Aktivitäten der Technologiefrüherkennung auf zukünftige Produktgenerationen oder Geschäftsfelder ausgerichtet ist.

Der langfristige und übergreifende Charakter der Technologiefrüherkennung auf Gesamtunternehmensebene ergibt sich somit einerseits aus der markt- und produktnäheren Ausrichtung der Geschäftsbereiche, andererseits aus dem effizienten Ressourceneinsatz. Aufwändige Analysen allgemeiner Trends oder Zukunftsszenarien sind von einzelnen Geschäftseinheiten aufgrund der notwendigen Ressourcen nicht oder nicht sinnvoll zu adressieren. Derartige Aufgaben können synergetisch auf Konzernebene ausgeführt und als Dienstleistung den Geschäftsbereichen als Planungsbasis zur Verfügung gestellt werden.

Hierzu zählt auch das weltweite Scanning, Monitoring oder Scouting, dass durch einzelne Geschäftseinheiten mit lokalem Fokus nicht umfassend abzudecken ist.

Die Technologiefrüherkennung ist somit ein wesentlicher Bestandteil des Aufgabenspektrums der Mitarbeiter auf Konzernebene und hier zumeist strukturell in Form von Stabsstellen oder eigenen Einheiten verankert. Diese führen dabei den Informationsbeschaffungsprozess durch oder koordinieren diesen in ergänzenden Netzwerken, die über alle Hierarchieebenen und auch Geschäftsbereiche hinweg gehen können.

Geschäftsbereichsebene Auf der Ebene der Geschäftsbereiche, Segmente oder Konzernunternehmen ist die Technologiefrüherkennung kurz- bis mittelfristig ausgerichtet. Sie orientiert sich an den eigenen Produkten, Märkten, Branchen, Kunden und Wettbewerbern. Spezifische Technologiefelder, Technologien oder Technologietrends bilden den Schwerpunkt der Aktivitäten, die überwiegend dem Technologiemonitoring zugerechnet werden können. Die Umsetzung technologischer Erkenntnisse in konkrete Produkte und Verfahren, im Sinne einer „Technikfrüherkennung", steht in Vordergrund [24]. Ziel ist es, durch Bereitstellung von Technologie-, Markt- und Wettbewerbsinformationen die Ausgestaltung der Unternehmensbereichsstrategie sowie der Technologieplanung zu unterstützen. Während auf Gesamtunternehmensebene die Forschung überwiegt, wird auf Bereichsebene die Entwicklung und Fertigung der nächsten bzw. teilweise übernächsten Produktgeneration adressiert. Die Technologiefrüherkennung wird meist als (impliziter) Bestandteil aller Mitarbeiter in FuE oder Produktion begriffen und mit geringerem Ressourceneinsatz betrieben. Folglich ergibt sich eine weniger strukturelle und vermehrt virtuelle Form der Koordination.

6.5.1.2 Grundsätzliches Ausrichten der Technologiefrüherkennung

Die Ausrichtung der Technologiefrüherkennung erfolgt durch die Festlegung des Informationsbedarfs, um die gerichtete und ungerichtete Suche nach relevanten Informationen zu beschränken. Diese Eingrenzung ist notwendig, um einerseits eine Informationsüberflutung zu vermeiden, und andererseits, um die begrenzten Ressourcen des Unternehmens möglichst effizient für die Informationsbeschaffung einzusetzen. Technologische Suchfelder stellen dabei den Bezugspunkt für die Technologiefrüherkennung dar, innerhalb dessen die Informationssuche stattfindet. Dabei können grundsätzlich zwei Beobachtungsperspektiven eingenommen werden: Die Inside-out- und die Outside-in-Perspektive.

Bei der Inside-out-Perspektive (gerichtete Suche) erfolgt die Suche innerhalb der eigenen Domäne des Unternehmens und orientiert sich an den eingesetzten Technologien und definierten Technologiefeldern. Suchfelder beziehen sich auf das unmittelbare Aufgabenumfeld des Unternehmens und damit auf spezielleres Wissen, das den eigenen technologischen Kernkompetenzen und den Wertschöpfungsprozessen des Unternehmens sachlich-inhaltlich sehr nahe steht [20]. Daher sind Unternehmen von Entwicklungen im Aufgabenumfeld aufgrund der technologischen Nähe in der Regel unmittelbar betroffen. Typischerweise ergibt sich das Aufgabenumfeld aus denjenigen Branchen, in denen das Unternehmen tätig ist.

Bei der Outside-in-Perspektive (ungerichtete Suche) wird außerhalb der eigenen Domäne des Unternehmens, d. h. der aktuellen und geplanten Technologiefelder, nach Informationen gesucht. Bei einer derart breit angelegten Suche wird das gesamte technologische Umfeld nach neuen Technologien oder Trends durchsucht, die erst im Anschluss in Bezug zum Unternehmen gesetzt werden [1]. Suchfelder werden bewusst weiter gefasst und beinhalten auch Bereiche jenseits des technisch-wissenschaftlichen Horizonts der eigenen unternehmerischen Tätigkeit. Im Extremfall eines völlig ungerichteten Technologiescannings (informelle Suche) im Sinne eines 360°-Radars umfasst das Suchfeld völlig unvoreingenommen die Unternehmensumwelt in ihrer Gesamtheit. Zukünftig potenziell relevante Informationen aus der Umwelt müssen nicht im unmittelbaren Zusammenhang zu den im eigenen Unternehmen eingesetzten Technologien stehen [36]. Sie können aus, aus Unternehmenssicht weitgehend unbekannten Bereichen sogenannten „weißen Feldern", entstammen (s. Abb. 6.9).

Die grundsätzliche Ausrichtung der Technologiefrüherkennung bezieht sich somit einerseits auf die Festlegung, in welchem Verhältnis die Suchaktivitäten mit und ohne Themenbezug stehen sollen, andererseits in welchem Verhältnis die Suche innerhalb und außerhalb der eigenen Domäne stattfinden soll. Beide Perspektiven der Technologiefrüherkennung sind für die Identifikation zukünftiger Chancen und Risiken zu nutzen. Ob die Informationen dabei innerhalb oder außerhalb der Domäne zu finden sind, kann nicht allgemeingültig beantwortet werden. Zur Identifikation schwacher Signale bildet eine problemgebundene Inside-out-Überwachung mit einer problemungebundenen Outside-in-Exploration somit eine sinnvolle Ergänzung. Die problemgebundene Inside-out-Überwachung sucht die technologische Umwelt systematisch nach Ereignissen und Entwicklungen ab, die auf Veränderungen der Anwendungspotentiale der im strategischen Geschäftsfeld bzw. bei Wettbewerbern angewandten Technologien hindeuten. Die problemungebundene Outside-in-Exploration versucht ergänzend Trends in der gesamten technologischen Umwelt aufzudecken, um Impulse von bisher für das Unternehmen bzw. die Branche noch nicht relevanten Technologiefeldern zu nutzen. Ein derartig kombinierter Ansatz, erlaubt zum einen die Ausschöpfung des bisherigen Erfahrungswissens bis dato angewandter Technologien und ermöglicht zum anderen die Nutzung völlig neuer, unerwartet auftretender technologischer Innovationen [36].

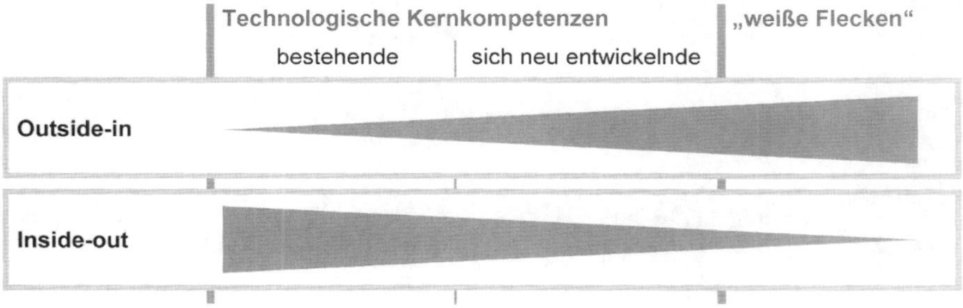

Abb. 6.9 Outside-in- und Inside-out-Perspektive der Technologiefrüherkennung, in Anlehnung an [24, 28]

In der Praxis überwiegt jedoch die Inside-out-Perspektive, d. h. eine Ausrichtung an den eigenen Kerntechnologien, sowie die formale Suche mit speziellem Themenbezug [24]. Die extrinsische Outside-in-Analyse des gesamten technologisch-wissenschaftlichen Umfelds stellt, abgesehen von den damit verbundenen hohen Aufwänden, keine Informationsbeschränkung im eigentlichen Sinn mehr dar. Die rein technologieorientierte Suche weist zudem die Gefahr auf, den tatsächlichen Technologiebedarf und das gegenwärtige Fähigkeitsspektrum des Unternehmens nur unzureichend zu berücksichtigen [27]. Daher kann die handlungsleitende Begrenzung des Informationsbedarfs der Technologiefrüherkennung in der Praxis im Vorfeld der Suche durch eine intrinsische Beobachtungsstrategie erfolgen.

Die zentralen Einflussbereiche auf den unternehmensspezifischen Informationsbedarf und deren Beziehungen untereinander sind dazu in Abb. 6.10 dargestellt. Die technologische Basis des Unternehmens (Ressourcenstärke) ergibt sich aus den materiellen und immateriellen technologischen Ressourcen im Verhältnis zum technologisch-wissenschaftlichen Umfeld [37], da das Potenzial nur relativ zum Umfeld sinnvoll eingeschätzt werden kann. Die Unternehmensziele stehen dabei in Wechselwirkung mit der Gestalt der technologischen Basis und werden ebenfalls vom Umfeld und dessen Dynamik beeinflusst.

Der relevante Informationsbedarf wird nur von der derzeitigen technologischen Basis und den verfolgten Zielen bzw. der vom Unternehmen vertretenen Philosophie bestimmt. Der Informationsbedarf wird dabei in Form von Suchfeldern festgehalten. Das Informationsangebot, das sich aus dem Umfeld des Unternehmens ergibt, kann den Bedarf decken, beeinflusst diesen jedoch nicht. Die Dynamik des Umfelds beeinflusst jedoch die Intensität der Informationsbeschaffungsaktivitäten und ist folglich bei der Informationsbeschaffung zu berücksichtigen. Der relevante Informationsbedarf kann folglich von innen heraus bestimmt werden. Es ist davon auszugehen, dass relevante Informationen aus dem Umfeld auch im Zusammenhang mit den aus der technologischen Basis und den Unternehmenszielen definierten Suchfeldern stehen. Relevante Aspekte des Umfelds werden somit indirekt in den Suchfeldern berücksichtigt. Die Identifikation der notwendigen Informationen ist dabei die Aufgabe der Ausgestaltung des Suchfelds und nicht Bestandteil der Definition

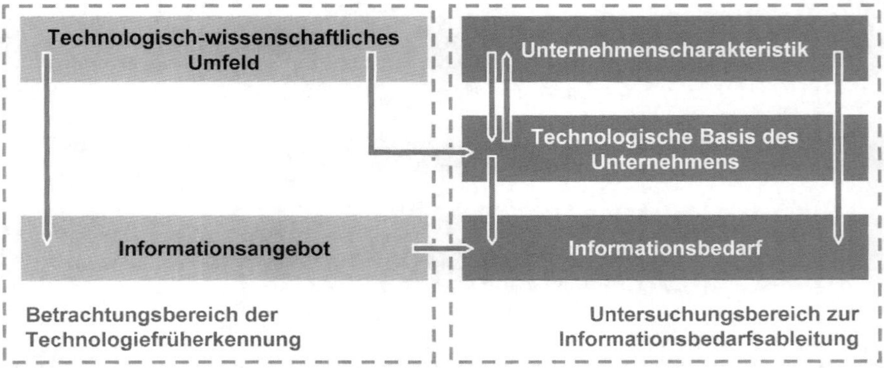

Abb. 6.10 Einflussbereiche auf den unternehmensspezifischen Informationsbedarf [38]

des Suchfelds. Somit schließt die Festlegung des Informationsbedarfs von innen heraus nicht die Suche in Technologiefeldern außerhalb des eigenen Einsatzbereichs aus.

Fallbeispiel aus der Verbindungstechnik Ein führendes Technologieunternehmen der Verbindungstechnik ist spezialisiert auf das Fügen unterschiedlicher Metalle im Automobilbau. Um diese Kernkompetenz zu schützen und auszubauen, bezieht sich ein Suchfeld auf bestehende und neue Schweißverfahren. Gleichzeitig muss zur Identifikation möglicher Substitutionsgefahren nach alternativen, stoffschlüssigen Verbindungen, wie beispielsweise neuen Klebtechnologien, Ausschau gehalten werden. Des Weiteren muss sichergestellt werden, dass keine Alternativen zur stoffschlüssigen Verbindung von Metallen am Markt aufkommen. Eine Fokussierung auf die Kerntechnologie „Schweißen" in der eigenen Domäne ist demnach unzureichend. Die Kernkompetenz „Fügen unterschiedlicher Metalle" spannt folglich ein deutlich weiter gefasstes Suchfeld auf. Der damit verbundene Informationsbedarf ist allein aus der technologischen Basis des Unternehmens abgeleitet und schließt Beobachtungen außerhalb der eigenen Betätigungsfelder, z. B. die Entwicklung der Verbindungstechnik in der Luft- und Raumfahrt, mit ein. Der Bestimmung des Bedarfs an Informationen, die auch aus Bereichen außerhalb der eigenen Domäne des Unternehmens stammen können, bedingt für das Unternehmen keine umfassende Analyse des gesamten technologischen Umfelds im Vorfeld der Suchfelddefinition. Die Umfeldanalyse erfolgt bei der Informationsbeschaffung bedarfsorientiert mit einem spezifischen Themenfokus. Die Suchfelder beschreiben den Informationsbedarf, der durch das formale Scanning und Monitoring hinsichtlich der Verbindungstechnik zu decken ist. Ein ungerichtetes Scanning ist begleitend möglich, jedoch nicht durch Suchfelder für das Unternehmen zu beschreiben, da das Unerwartete nicht zu strukturieren ist. Beim Entdecken des Unerwarteten, z. B. selbstverschweißende Metallverbindungen durch Entwicklung neuer Legierungen in der Matetrialforschung, geben Suchfelder jedoch Anknüpfungspunkte, um den Bezug zum Unternehmen zu schaffen.

Der weniger aufwändige, aber enge Fokus birgt dabei natürlich grundsätzlich die Gefahr, (im dynamischen und komplexen Umfeld) relevante Entwicklungen (z. B. Kostensenkungs-, Differenzierungs- oder Geschäftserneuerungspotenziale) nicht zu identifizieren [1, 19]. Daher bedarf die gerichtete Suche mit festgelegten Beobachtungsbereichen (Suchfeldern) einer regelmäßige Überprüfung der definierten Bereiche. Zudem ist die formale Suche durch informale Scanning-Aktivitäten im Sinne eines ungerichteten 360°-Radars zu ergänzen.

Einfluss der Strategien auf die Ausrichtung der Technologiefrüherkennung Aus den strategischen Vorgaben des Unternehmens kann eine Grundausrichtung der Technologiefrüherkennung abgeleitet werden. Wie zuvor bei den Informationsbedürfnissen gezeigt, können aus der Analyse Erkenntnisse darüber gewonnen werden, welche Suchräume bzw. Suchfelder grundsätzlich für das betreffende Unternehmen von Interesse sind (z. B. Suche innerhalb und/oder außerhalb der eigenen Domäne) und welche Arten und Inhalte der Information von Relevanz sind (z. B. langfristige Substitutionstechnologien oder komplementäre Produkttechnologien). Ausgangspunkt bildet die Technologiestrategie als Vorgehensweise eines Unternehmens im Hinblick auf die Entwicklung und den Einsatz von Technologien. D. h. sie gibt an, welche Technologien entwickelt und wie diese genutzt werden sollen, wie technologisches Know-how erworben und welche Rolle im Technologiewettbewerb eingenommen werden soll [39]. Neben explizit verankerten Technologiefeldern finden sich in der Grundausrichtung der Strategie somit vor allem Hinweise auf die Art des Informationsbedarfs.

Als Beispiel kann die Einteilung der Technologiestrategie nach Pionier- und Folgerstrategie herangezogen werden [40]. Pioniere als Technologieführer sind stärker auf schwache Signale zur frühzeitigen Identifizierung neuer technologischer Chancen angewiesen als Technologiefolger, denen diese Informationen mit entsprechend geringerer Unsicherheit behaftet, zu einem späteren Zeitpunkt ausreichen. Imitatoren benötigen also vorwiegend Informationen über bereits vollzogene technologische Entwicklungen, so dass hier explizites Technologiewissen und z. B. die Analyse von Wettbewerberaktivitäten eine bedeutendere Rolle spielen als implizites und größtenteils lokales Wissen von z. B. Grundlagenforschungseinrichtungen. Losgelöst vor der inhaltlichen Dimension der Technologiefrüherkennung gibt die Technologiestrategie folglich Aufschluss über das generelle Suchprofil in einem als homogen vorausgesetzten, strategischen Technologiefeld.

Die einzelnen Dimensionen der Technologiestrategie können dabei auch differenziert betrachtet werden, da sie jeweils einen eigenen Einfluss auf den Informationsbedarf besitzen. In Anbetracht der Vielzahl möglicher Kombinationen und der unternehmensindividuellen Relevanz der jeweiligen Aspekte, werden nachfolgend exemplarisch Informationsanforderungsprofile für die Dimensionen „Technologische Leistungsfähigkeit" sowie „Technologietiming" hergeleitet. Berücksichtigt sind dabei die Aspekte „Informationsgehalt", „Frühzeitigkeit", „Exklusivität" und „Entscheidungsgrundlage" zur Charakterisierung des Informationsbedarfs (s. Abb. 6.11).

Ein Pionier, der zugleich technologisch führend sein möchte, ist stark abhängig von der frühzeitigen Identifikation schwacher Signale. Hiermit ist ein vergleichsweise geringer Informationsgehalt verbunden, der zunächst als Informationsbasis dient, auch wenn eigene FuE-Aktivitäten, die mit hohen Risiken verbunden sind, zusätzliche Informationen im weiteren Entscheidungsprozess bedingen. Dieses Informationsdefizit kann allerdings durch die eigene technologische Kompetenz eines Technologieführers in der Regel ausgeglichen werden. Für ihn sind exklusive Informationen zum frühest möglichen Zeitpunkt entscheidend, um den technologischen Vorsprung vor seinen Wettbewerber zu halten.

Entsprechend anders sieht das generelle Suchprofil für einen Technologiefolger aus, der bzgl. der technologischen Leistungsfähigkeit nur Präsenz zeigen möchte. Exklusive oder frühzeitige Informationen über technologische Entwicklungen spielen eine untergeordneter Rolle, da er beim bereits vollzogenen technologischen Fortschritt ansetzt. Der Informationsgehalt ist somit zwangsläufig höher. Da die Informationen als Entscheidungsgrundlage hinsichtlich der Aufgreifens oder Verwerfens der technologischen Entwicklung dienen, müssen diese jedoch möglichst vollständig sein.

Ein weiterer Aspekt, der allerdings nicht losgelöst von der gewählten Technologiestrategie eines Unternehmens ist, ist die grundsätzliche Ausrichtung der Technologiefrüherkennung auf eine Risikoabsicherung oder Chancengenerierung. Diese Grundausrichtung bzw. Philosophie des Unternehmens in Bezug auf Technologien hat dabei neben dem In-

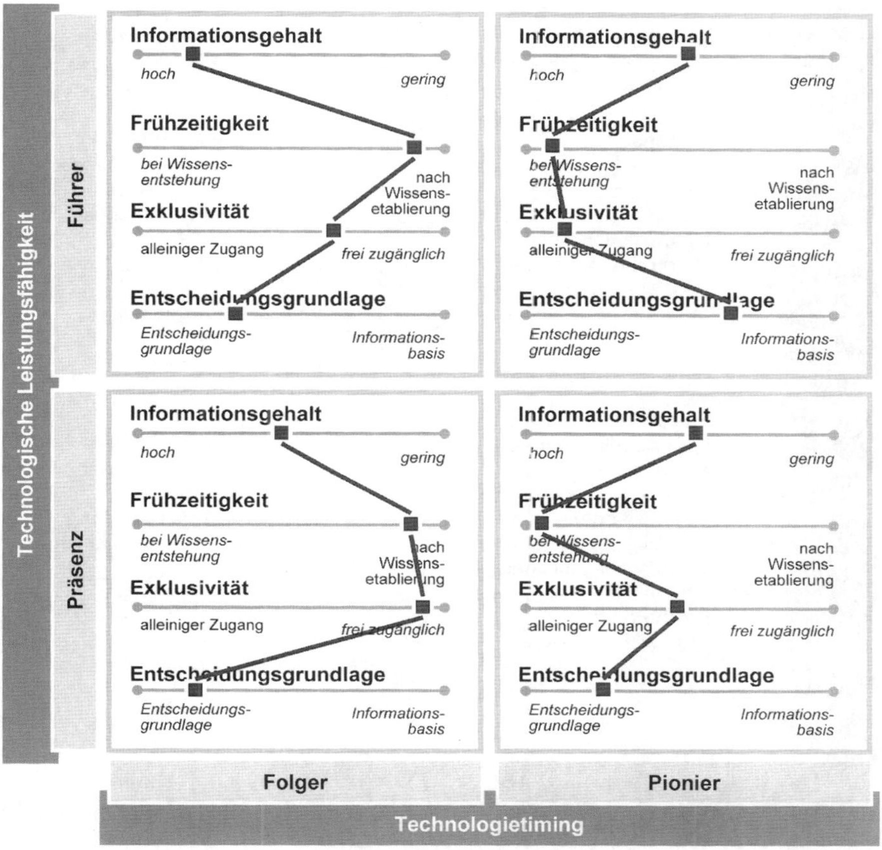

Abb. 6.11 Ableitung von Anforderungsprofilen aus der Aspekten der Technologiestrategie [38]

formationsbedarf, -gehalt und Zeitpunkt zudem auch direkten Einfluss auf die Zuordnung der für die Früherkennung zur Verfügung stehenden bzw. notwendigen Mittel.

Bei der Analyse der relevanten Strategien des Unternehmens kann die Betrachtung der Strategien jedoch nicht losgelöst voneinander erfolgen. Die Wettbewerbsstrategie, hier als Kosten- bzw. Qualitätsführerschaft angenommen, beeinflusst die Ausrichtung der Scanning- und Monitoring-Aktivitäten. Einerseits können aus der Strategie Informationen über relevante Objekte und Suchfelder gewonnen werden. Andererseits sind Erkenntnisse für den Fokus der Untersuchung der eigenen technologischen Basis zur Ableitung von Suchfeldern zu erlangen. In Abb. 6.12 sind Schwerpunkte der Suchaktivitäten dargestellt, die sich aus der Gegenüberstellung der verfolgten Wettbewerbs- und Technologiestrategie ergeben.

Für einen Technologie- und Qualitätsführer sind beispielsweise bestehende und aufkommende Produkt- sowie Produktionstechnologien in der Früherkennung zu analysieren. Neue oder verbesserte Produktfunktionalitäten sind ebenso wichtig wie Produktionstechnologien, die die Herstellung besserer Produkte ermöglichen. Folglich sind Komplemen-

6

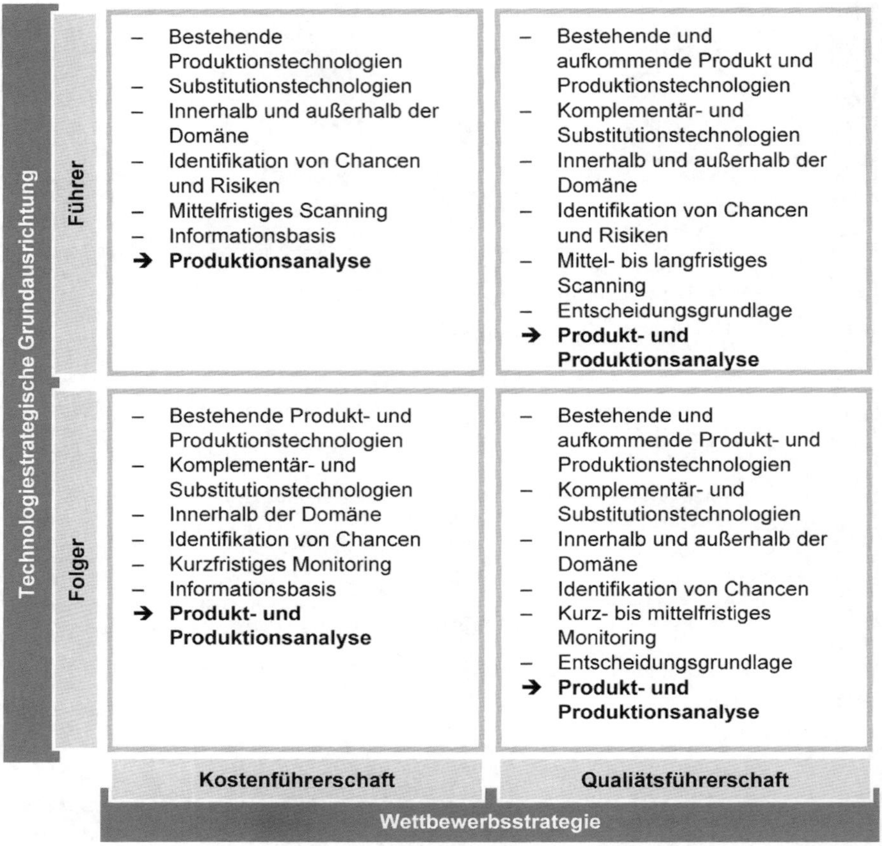

Abb. 6.12 Schwerpunkte der Suchaktivitäten aus der Technologie- und Wettbewerbsstrategie [38]

tär- und Substitutionstechnologien von Interesse. Diese sind innerhalb und insbesondere außerhalb der eigenen Domäne zu suchen, um die Führerschaft in Qualität und Technologie halten zu können. Dabei sind sowohl Chancen für neue und bessere Produkte als auch Risiken für eigenen Entwicklungen und bestehende Produkte zu beachten. Aufgrund der eigenen Entwicklungsaktivitäten ist zu deren Absicherung ein mittel- bis langfristiges Scanning nach schwachen Signalen notwendig ebenso wie eine verlässliche Informationsbasis als Grundlage technologiebezogener Entscheidungen im Unternehmen. Die Festlegung relevanter Suchfelder bedarf daher bei einem Technologie- und Qualitätsführer einer detaillierten Untersuchung der eigenen Produkt- und Produktionstechnologien sowie damit verbundener FuE-Aktivitäten.

Für einen Technologiefolger mit Ausrichtung auf eine Kostenführerschaft sind z. B. die Früherkennungsaktivitäten auf kostenorientierte Anpassungen von Prozesstechnologien auszurichten. Bei einem Technologiefolger, der eine Qualitätsführerschaft anstrebt, kann der Fokus auf der spezifischen Adaption seiner Technologien auf die Kundenbedürfnisse liegen. Durch die Berücksichtigung der Unternehmenscharakteristik werden Anhaltspunkte gewonnen, die der grundsätzlichen Orientierung aller am Prozess der Technologiefrüherkennung beteiligten Mitarbeiter im Sinne eines Suchprofils dienen.

6.5.1.3 Ableiten technologischer Suchfelder

Zur Beschreibung des technologischen Informationsbedarfs hat sich in der Literatur und der Praxis die Definition von konkreten Suchfeldern bewährt, die die inhaltliche Dimension der geforderten Informationen wiedergeben und somit die relevante Informationsmenge beschränken.

Zwar überwiegen die formalen Aktivitäten in der Technologiefrüherkennung, die durch die Ableitung technologischer Suchfelder koordiniert und systematisiert werden können, jedoch muss ein Unternehmen auch handlungsleitende Vorgaben für die informelle Früherkennung machen. Neben dem Vorgehen zur Bestimmung von Suchfeldern ist somit ein Rahmen aufzuspannen, in dem die Beteiligten zielgerichtet agieren können.

Leitplanken und Hilfsmittel der informellen Technologiefrüherkennung Für die Technologiefrüherkennung relevante Informationen entstammen oft aus informellen Quellen und persönlichen Informationszugängen der Mitarbeiter verschiedenster Bereiche. Zudem werden diese häufig spontan und eher zufällig außerhalb des Tagesgeschäfts gewonnen. Neben den direkten, formalen Strukturen und Koordinationsmechanismen spielen aufgrund des wachsenden Bedarfs an Flexibilität und Dynamik im Unternehmen folglich überlagernde indirekte Koordinationsformen eine wichtige Rolle. Durch die informelle Koordination autonomer Aktivitäten werden Rahmenbedingungen geschaffen, die die formalen Aktivitäten der Technologiefrüherkennung ergänzen. Dabei kann die integrierte, kooperative Bearbeitung der strategischen Früherkennung vom Unternehmen nur durch die Festlegung der unternehmerischen Zielvorstellungen und der Unternehmensstrategie beeinflusst werden. Hierbei ist insbesondere eine innovationsfreundliche Unternehmenskultur von Bedeutung [41], die entsprechende Werte und Normen verkörpert. Die Offenheit für neue Themen, die Schaffung kreativer Freiräume oder die Förderung informeller Kommunikation sind beispielhaft zu nennen.

Die offene Kommunikation der Ziele, d. h. der verfolgten Strategien und Visionen sowie der Mission der Technologiefrüherkennung, dient dabei als Leitplanke und Orientierungshilfe beim effizienten Erkennen und Bewerten relevanter Technologieinformationen und technologischer Trends durch die einzelnen Mitarbeiter, [27, 41, 42]. Freiräume können in Form frei verfügbarer zeitlicher Kapazitäten oder Budgets für beispielsweise Messe- oder Konferenzbesuche geschaffen werden. Die informelle Kommunikation zwischen den Mitarbeitern kann durch vielfältige Maßnahmen zur Bildung persönlicher Netzwerke wie z. B. durch Einrichtung von Foren, Kommunikationsplattformen, Kompetenznetzwerken (Yellow Pages), Austauschtreffen, Jobrotation oder partizipative Planungsprozesse erreicht werden. Auf diese Weise können einzelne, kommunikative Mitarbeiter sogenannte Gatekeeper-Rollen einnehmen, d. h. sie stellen zentrale Kommunikationsknotenpunkte in einem informellen Netzwerk dar, die externe Informationen aufnehmen und intern verteilen. Allerdings sind derartige Organisationsformern nicht zu formalisieren bzw. eine

Formalisierung wäre sogar kontraproduktiv, sondern bedingen eine Förderung auf individueller Basis [43]. Aufgrund des autonomen Charakters der informellen Aktivitäten ist deren gezielte Koordination oder formale Regelung jedoch am schwierigsten im Vergleich zur formalen und hybriden Koordination [42].

Fallbeispiel aus der Materialherstellung Ein Materialhersteller untersucht in einem gemeinsamen Projekt mit anderen Unternehmen aus unterschiedlichen Branchen mögliche Zukunftsszenarien. Zusammen werden Mega-Trends wie Urbanisierung, demographischer Wandel, Klimawandel, Globalisierung, Ressourcenknapp etc. die auch außerhalb der eigenen Geschäftstätigkeit der Beteiligen liegen, identifiziert und bewertet. Es werden auf dieser Basis konsistente Szenarien, d. h. mögliche Zukunftsbilder, mit einen Zeithorizont von mindestens 20 Jahren entwickelt und visualisiert. Die treibenden Kräfte für die Entwicklung eines jeden Szenario werden zudem festgehalten. Innerhalb der Szenarien findet gemeinsam mit den Partnern eine Ausgestaltung potenzieller Zukunftsmärkte statt. Auf diese Weise kann das Unternehmen im Anschluss für sich neue Anwendungen, zukünftig zu erwartende Anforderungen und technologische Entwicklungen ableiten. Die Entwicklung von Geschäftsmodellen und die Spiegelung an der aktuellen eigenen Ausrichtung schließen die Szenarioanalyse ab.

Das Unternehmen gewinnt wertvolle Erkenntnisse zur Unterstützung des Strategieprozesses und kann Visionen und Ziele für das Roadmapping ableiten. Neben potenziellen neuen Geschäftsfeldern können zudem notwendige Kompetenzen und Technologiebedarfe aufgezeigt werden. Für die Technologiefrüherkennung ergeben sich somit zum einen konkrete Suchfelder, zum anderen durch die Kommunikation der Szenarien eine indirekte Ausrichtung der informellen Aktivitäten.

Bestimmung technologischer Suchfelder für die formale Technologiefrüherkennung Technologische Suchfelder stellen Aktionsbereiche für die Technologiefrüherkennung dar, innerhalb derer nach neuen Technologien oder Umfeldveränderungen gesucht werden soll [44]. Um diese systematisch ableiten zu können, ist eine Modellierung der relevanten Technologiebereiche und eine Klassifizierung der jeweiligen technologischen Leistungsfähigkeit notwendig. Dieses stellt die Relevanz der zu beschaffenden Informationen der Früherkennung sicher. Neben dem aus der Strategieanalyse erzielten Fokus kann aus der Charakterisierung des Unternehmens anhand der erbrachten Marktleistung, beispielsweise als Fertigungsspezialist, Komponenten- oder Modulfertiger oder Systemintegrator, ein zusätzlicher Fokus der Analyse auf Produkt- oder Produktionstechnologien gewonnen werden. Die durchgängige und transparente Darstellung der technologischen Basis und ihrer Abhängigkeiten ist entscheidend, um einerseits den Informationsbedarfs in Form von Suchfeldern abzubilden und andererseits, um relevante Informationen erfassen, bewerten und zielgerichtet kommunizieren zu können.

Ausgangspunkt der Untersuchung kann z. B. das aktuelle Technologieportfolio des Unternehmens sein, das jedoch keine Einschränkung der Ausrichtung der Suchfelder rein auf bestehende Technologien implizieren soll. Es dient der Technologieübersicht und kann bereits Hinweise auf den Bedarf nach alternativen oder komplementären Technologien geben oder „weiße Flecken“ aufdecken. Ein weiteres Werkzeug zur Analyse und Systematisierung der technologischen Ressourcen des Unternehmens ist z. B. der Technologiebaum (s. Kap. 5.2.6), der strategische Geschäftsfelder und Technologien über Funktionen und Produkte in Relation zueinander setzt. Er dient der Darstellung des technologischen Wissens innerhalb des Unternehmens, das zugleich in die Wertschöpfungskette eingeordnet wird, wobei die Technologien auch indirekt durch ihr Umfeld beschrieben werden [45, 46]. Die Abbildung der technologischen Basis kann dabei entsprechend durch die in der Technologiestrategie und Technologieplanung festgelegten zukünftigen Technologiefelder, Technologien, Produkte und Märkte ergänzt werden.

Somit ist eine strukturierte Analyse bestehender und geplanter Ressourcen und Fähigkeiten sowie ein Vergleich zum Wettbewerb möglich. Bei der Analyse des Umfelds können die fünf Triebkräfte des Wettbewerbs nach Porter [47] herangezogen werden. Hierdurch können neben bestehende Wettbewerbern und Technologien auch mögliche Substitutionstechnologie und neue Wettbewerber in die Betrachtung eingeschlossen werden. Aus der Position in der Wertschöpfungskette ergeben sich auch relevante Kunden und Lieferanten, die von der Beobachtung der Technologiefrüherkennung einzuschließen sind.

Die sich aus der Analyse der aktuellen und zukünftigen Technologien, Prozesse, Produkte und bedienter Märkte ergebende Basis zur Ableitung von Suchfeldern ist in der Regel zu breit, um vollständig und umfassend abgedeckt zu werden. Unternehmen haben in der Regel jedoch Kernkompetenzen bzw. zugrunde liegende Kerntechnologien definiert, die langfristig die Wettbewerbsfähigkeit sichern sollen. Dieser technologische Schwerpunkt der bestehenden oder geplanten technologischen Basis sollte sich folglich auch im Umfang der zugehörigen Früherkennungsaktivitäten widerspiegeln oder kann zumindest als Indikator hierfür herangezogen werden [19, 24, 48–50]. Schwerpunkt der Technologiefrüherkennung liegt somit vornehmlich auf dem Schutz dieser Einzigartigkeiten durch rechtzeitige Erkennung von Substitutionstechnologien oder relevanter Wettbewerberaktivitäten sowie der Identifikation von Chancen zur Nutzung dieser Kompetenzen. Entsprechend hoch muss die Intensität der Bearbeitung in diesen Suchfeldern ausfallen, die aufgrund der umfassenden Risikoabsicherung und Chancengenerierung auch breiter angelegt sein müssen.

Durch die Analyse der Strategien und der technologischen Basis werden die relevanten Suchräume wie Technologie- oder Geschäftsfelder und konkrete Suchfelder wie Kernkompetenzen und -technologien verfügbar. Zudem liegen Erkenntnisse bzgl. Zweck, Qualität und Zeithorizont der geforderten Informationen vor. Ziel der Suchfelddefinition ist es nun, den spezifischen Informationsbedarf systematisch zu erfassen. Die Beschreibung der Suchfelder erfolgt dabei anhand von Parametern wie Funktion, Arbeits- bzw. Wirkprinzip, Material, Verfahren, Abnehmerbereich, Trends oder Design [51], die zur weiteren Eingrenzung kombiniert und mit Merkmalen belegt werden können. Die Suchfelder können z. B. nach Produkt, Produkttechnologie, Prozesstechnologie oder Materialtechnologie gegliedert werden. In die Beschreibung des Suchfelds wird die Beziehung zu den geforderten Informationen, d. h. Suche nach Substitutions-, Komplementär oder neutralen Technologien angegeben. Des Weiteren können bereits bekannte oder zu untersuchende Aspekte wie Kunden- und Marktanforderungen oder Trends angegeben werden.

Zur spezifischen Ausgestaltung (Parameter und deren Merkmale) der technologischen Suchfelder ist keine allgemeingültige Aussage möglich. Allerdings ist der Konkretisierungsgrad, der unmittelbar mit der Langfristigkeit des Suchfelds einhergeht, mit der

6

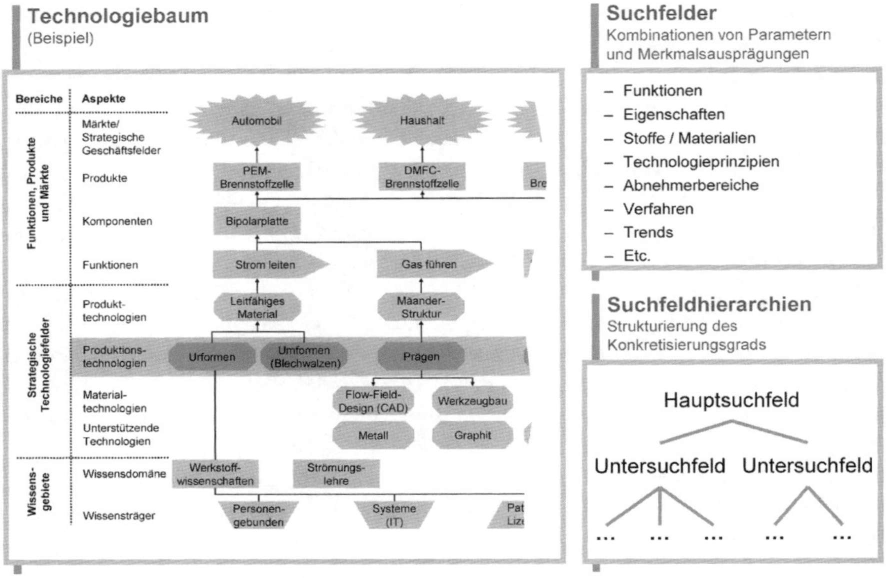

Abb. 6.13 Ableitung technologischer Suchfelder

verfolgten Strategie abzustimmen. Ein zu enger Fokus im Bereich der Kerntechnologien kann dazu führen, dass Substitutionstechnologien nicht erkannt werden. Übergeordnete Funktionen können Problemlösungstechniken auf niedrigeren Ebenen substituieren [1]. Insbesondere bei steigendem Abstraktionsgrad der Suchfelder bietet sich daher eine Funktionsorientierung bei der Beschreibung an. Funktionen (und auch Eigenschaften) können dabei in allen Schritten als verbindendes Element zwischen Kunden- und Marktbedürfnissen und technisch-physikalischen Phänomenen dienen [49, 52] und folglich als Ausgangspunkt für die Ausgestaltung der Suchfelder herangezogen werden. Um durch eine zu abstrahierte Beschreibung nicht den Unternehmensbezug zu verlieren, haben sich in der Praxis Suchfeldhierarchien als zweckmäßig erwiesen. Zu einen thematischen Hauptsuchfeld (z. B. Fügen von Metallen) können konkreter gefasste Untersuchfelder (z. B. Kleben, Schweißen, Nieten etc.) definiert werden (s. Abb. 6.13).

Eine Kernkompetenz besitzt dabei eine breitere und tiefere Suchfeldhierarchie als eine Basistechnologie. Hier sind zum einen konkrete Chancen für neue Anwendungen (Untersuchfeld), zum anderen Substitutionsrisiken (Hauptsuchfeld) zu identifizieren. Die Suchfelder und ihre Struktur unterscheiden sich daher hinsichtlich Neuheitsgrad, Konkretisierungsgrad/Langfristigkeit und Relevanz. Bereits bei der Entscheidung, ob und in welcher Form und welchem Umfang ein Suchfeld definiert wird, müssen die strategischen Vorgaben und Ziele Beachtung finden.

Beispiel aus der Elektronikindustrie Zielsetzung eines Herstellers von elektromechanischen Komponenten war es, ein Unternehmen zu akquirieren, bei dem technologische Synergiepotenziale im Technologiefeld „Kontakttechnik" genutzt werden können. Den methodischen Ansatzpunkt stellte die Suche nach einer komplementären Fertigungstechnologie dar, die durch die Technologiefrüherkennung erfolgte, um dann entsprechende Technologieunternehmen als Akquisitionskandidaten zu identifizieren.

Aus der Leistungsfähigkeit der eigenen Technologien und der verfolgten Diversifikationsrichtung (Miniaturisierung) wurde als Basis für das technologische Suchfeld „Komplementärtechnologie Stanzbiegen" ein Technologieanforderungsprofil für die potenziellen Komplementärtechnologien erstellt (s. Abb. 6.14). Dieses beinhaltete spezifische, konkrete Suchvorgabe bzgl. Werkstoff, Geometrie, Genauigkeit und Abmaße. Dabei ergänzten folgende Vorgaben das Suchfeld:

- Technologiefunktion: Erzeugung planerer oder 2½-dimensionaler Präzisionsformteile
- Technologielebenszyklus: Wachstum oder Reife
- Suchperspektive: Aktives Scanning außerhalb der Kontakttechnik

Auf Basis dieses allgemeinen Technologiesteckbriefs konnte das Unternehmen das Laserfeinschneiden, Formätzen und Elektroforming (LIGA) als technologisch sinnvolle und am Markt etablierte Komplementärtechnologien identifizieren.

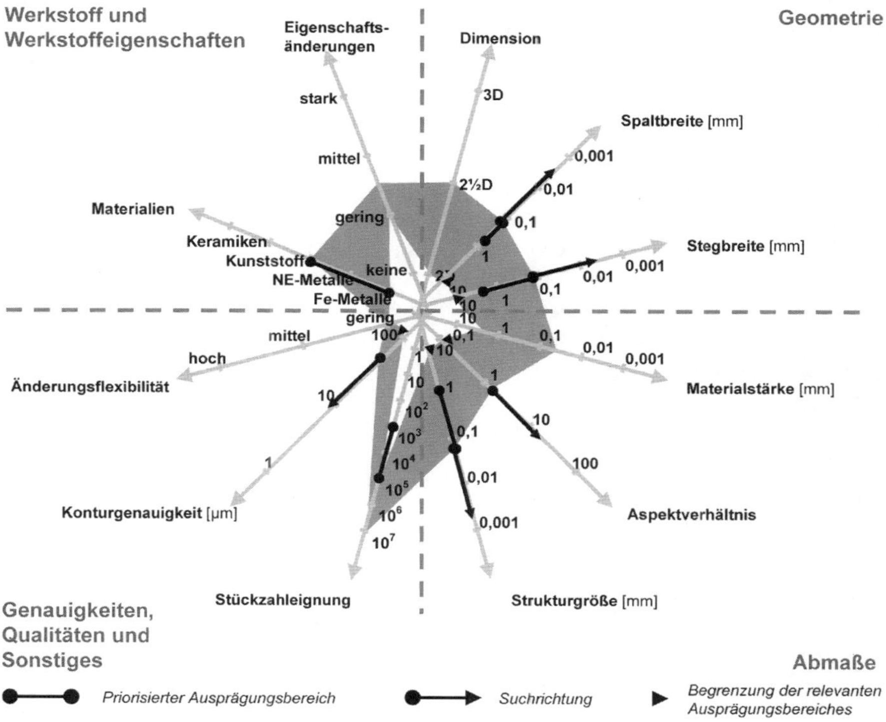

Abb. 6.14 Beispiel für ein technologisches Fähigkeitsprofil

6.5.1.4 Aufbereiten des Informationsbedarfs

In Anschluss an die Definition der technologischen Suchfelder steht deren Konsolidierung. Suchfelder können verschiedenste Anknüpfungspunkte im technologischen Betätigungsfeld des Unternehmens haben, so dass die identifizierten Felder gleiche, ähnliche oder zumindest verwandte Informationsbedarfe besitzen können. Hier bietet sich die Zusammenführung der Suchfelder an, die thematisch eng verknüpft sind, um so eine effiziente Bearbeitung in der Technologiefrüherkennung zu ermöglichen. Bei der Bündelung oder Verknüpfung von Suchfeldern ist neben der rein technologischen Nähe weiter zu analysieren, ob die Felder ggf. gleiche Beschreibungsparameter oder Merkmalsausprägungen aufweisen. Überschneidungen sind dabei mit zunehmendem Konkretisierungsgrad wahrscheinlicher. Auch wenn es nicht das primäre Ziel der Suchfelddefinition ist, konkrete Informationsquellen vorzugeben, kann ein spezifischer Suchfeldparameter wie „Kundenbedürfnisse" oder „Wettbewerberaktivitäten" das Zusammenlegen technologisch verschiedener Felder sinnvoll erscheinen lassen. Ein weiterer wesentlicher Aspekt der Verknüpfung von Suchfeldern sind die verfolgten, übergeordneten Ziele des Unternehmens, da ggf. bei der Bewertung der beschafften Informationen eine isolierte Betrachtung zu Fehleinschätzungen führen könnte.

Die soweit identifizierten und strukturierten Suchfelder sind für die Bearbeitung, d. h. Ressourcenallokation, hinsichtlich ihrer strategischen Relevanz zu bewerten und auszuwählen. Zu unterscheiden sind zunächst „Muss-Suchfelder" und „Kann-Suchfelder". Informationen hierzu stehen bereits aus der Suchfelddefinition zur Verfügung. Muss-Suchfelder sind Felder, die sich aus der Risikoabsicherung in Kernkompetenzbereichen ableiten oder Felder zur Chancengenerierung, die unmittelbar im strategischen Fokus des Unternehmens liegen. Das Fehlen von Informationen in diesen Bereichen kann die Wettbewerbsfähigkeit nachhaltig gefährden, so dass hier nur über die Höhe der Ressourcenzuteilung entschieden werden kann. Kann-Suchfelder, z. B. im Bereich von Basis- oder Querschnittstechnologien, sind folglich ihrer strategischen Relevanz nach zu gewichten, um zu entscheiden, ob und ggf. wie viel Ressourcen der Früherkennung bereitgestellt werden. Neben Kosten-Nutzen-Abschätzungen können auch Chancen-Risiko-Analysen genutzt werden, die die Wahrscheinlichkeit des Findens relevanter Informationen in Bezug zur Auswirkung des Ausbleibens einer möglichen relevanten Information setzen.

Ein Hilfsmittel zur Visualisierung der Suchfelder ist das Monitoring-Radar, dessen konstituierende Elemente in Abb. 6.15 dargestellt sind. Das Radar ist in Sektoren zur inhaltlichen Strukturierung und Abgrenzung der Suchräume unterteilt, z. B. in Trends, Technologiefelder, Produktionstechnologien oder Produktfunktionen. Auf den Achsen wird eine zeitliche Perspektive abgebildet, zumeist die Technologiereife, die angibt, ob ein Suchfeld bzw. eine konkrete Technologie kurzfristig, z. B. an Produkten und Komponenten, mittelfristig, z. B. an Funktionen, oder langfristig, z. B. an Visionen, ausgerichtet ist. Bei der Einordnung der Suchfelder in den jeweiligen Suchraum/Sektor nach ihrem technologischem Reifegrad bzw. Zeithorizont wird auch deren Relevanz aus Sicht des Unternehmens abgebildet. Die Relevanz kann sich beispielsweise aus dem Bezug des Suchfelds zu den Kernkompetenzen, Basis- und Querschnittstechnologien des Unternehmens. Somit

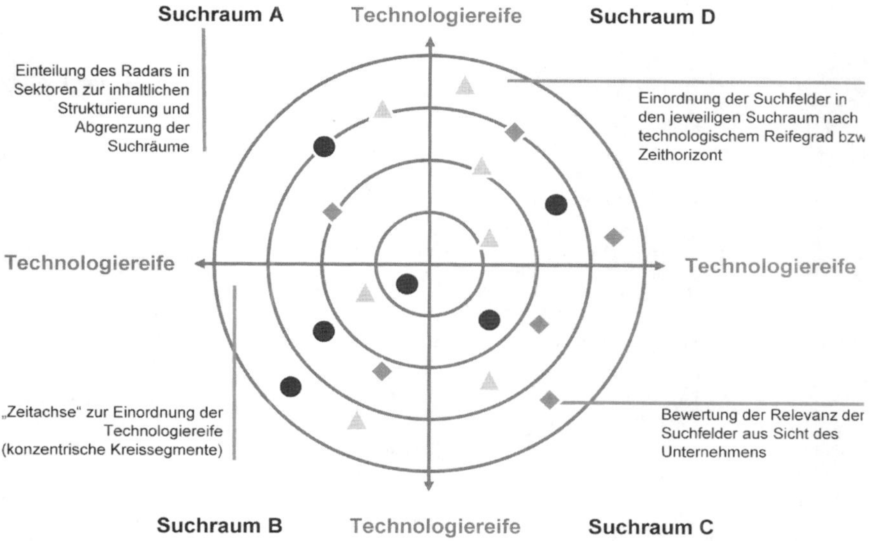

Abb. 6.15 Konstituierende Elemente eines Monitoring-Radars

besitzt ein Monitoring-Radar sowohl eine zeitliche als auch technologisch-strategische Dimension und dient zur Strukturierung des technologischen Umfelds.

Fallbeispiel eines Fernsehgeräteherstellers Ein Hersteller von Fernsehgeräten im Premiumsegment hat neben dem „Display“ und dem „Design“ die „Mensch-Maschine-Schnittstelle“ als eins seiner strategisch wichtigen Themenfelder festgelegt. Dieses Themenfeld bildet somit einen Sektor im Monitoring-Radar, in dem die beiden Hauptsuchfelder „Fernbedienung“ und „Bedienelemente“ sowie ein Querschnittsthema „Bedienkonzepte“ stehen. Im Suchfeld „Fernbedienung“ stehen konkrete Technologien wie „Infrarot“, „Funk“ oder „Bluetooth“, die der Hersteller kurzfristig aktiv verfolgt. Als Zukunftsthemen für den Fernseher hat der Hersteller die „Gesichtserkennung“ sowie die „Gedankensteuerung“ aufgenommen, die er jährlich bewertet.

Bei den „Bedienelementen“ beobachtet der Hersteller aktiv Entwicklungen bei „Sensoren“ und „Schaltern“ sowie mittelfristig „berührungssensitive Displays“. Dieses Thema wird gemeinsam mit dem Themenfeld „Display“ bearbeitet.

Im Querschnittsthema „Bedienkonzepte“ werden „Haushaltsgeräte“ und „Mobiltelefone und PDAs“ hinsichtlich der Menüstruktur und Benutzerführung analysiert sowie unregelmäßig wissenschaftliche Ergebnisse der „Menschlichen Informationsverarbeitung“ gescannt.

Ein konkretes Beispiel für eine mögliche Ausgestaltung eines Monitoring-Radars findet sich in Abb. 6.16. Dargestellt ist die Themenlandschaft zur „Hybriden Produktion“, d. h. eine aktuelle „Zeitscheibe“ aus der zugehörigen „Roadmap“, aus Sicht der Forschung, die

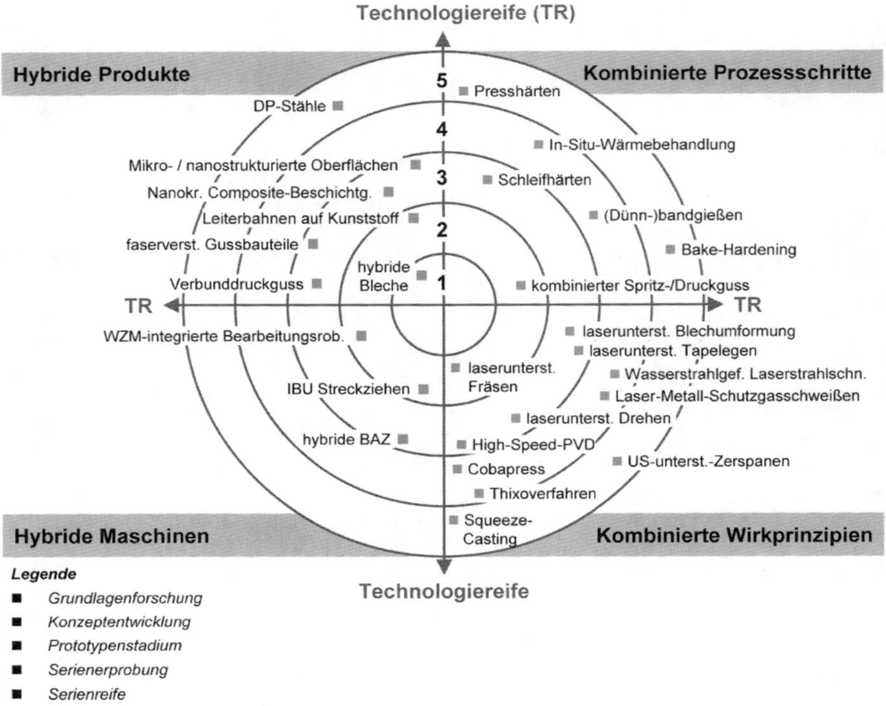

Abb. 6.16 Monitoring-Radar „Hybride Produktion"

im Rahmen des von Bund und Ländern initiierten Aachener Exzellenzclusters „Integrative Produktionstechnik für Hochlohnländer" entstanden ist.

Anhand des Moritoring-Radars kann abschließend im Rahmen der Definition des Informationsbedarfs überprüft werden, ob die strategische Ausrichtung der Früherkennung mit den verfolgten Zielen und Strategien des Unternehmens übereinstimmen. Es ist zu prüfen, ob die Schwerpunkte richtig gesetzt sind (Gewichtung der Kernkompetenzen und -technologien), und ob sich der Zeithorizont der Früherkennung in den definierten Suchfelder widerspiegelt. Themen mit hoher Relevanz sollten in Bezug zu den Kernkompetenzen stehen. In diesem wettbewerbsrelevanten Bereich darf das Unternehmen nicht von neuen Technologien bzw. technologischen Entwicklungen überrascht werden. Die Technologiefrüherkennung muss hier mit höchster Intensität verfolgt werden. Bei Suchfeldern mit mittlerer Relevanz, d. h. mit Bezug zu erprobten Basistechnologien, genügt hingegen ein regelmäßiges Beobachten technologischer Umfeldveränderungen, da hier kein Differenzierungspotenzial zu erwarten ist. Bei Suchfeldern mit geringer Relevanz, bei den das Anwendungspotenzial für das Unternehmen noch unklar ist, ist die Kenntnis der Existenz und eine Überprüfung des Leistungspotenzials von Zeit zu Zeit, allerdings abhängig von der jeweiligen Entwicklungsdynamik, ausreichend. Suchfelder liegen somit auch außerhalb der bisherigen Technologiefelder der eigenen Wissensdomäne, so dass das Radar den systematischen „Blick über den Tellerrand" ermöglicht.

6.5.2
Beschaffung der Informationen

Der Ermittlung des Informationsbedarfs in Form technologischer Suchfelder und Informationszielen schließt sich die Informationsbeschaffung an. Die Informationsbeschaffung ist Teil des Informationsverarbeitungsprozesses der Technologiefrüherkennung. Sie stellt das Bindeglied zwischen der Informationsbedarfsbestimmung und der Informationsanalyse und -bewertung dar. Ziel der Informationsbeschaffung ist es, für die sich anschließende Informationsbewertung eine informatorische Grundlage bereitzustellen, auf deren Basis die Erreichung der Informationsziele für die ausgewählten technologischen Suchfelder gewährleistet werden kann. Hierzu ist festzulegen, wer im Unternehmen die Verantwortung für die Informationsbeschaffung tragen sollte, nach welchen Kriterien die verschiedenen Arten von Informationsquellen auszuwählen sind, wie detailliert die Suche gestaltet sein sollte und entsprechend wie viele Informationsquellen für die Informationsbeschaffung konkret heranzuziehen sind.

6.5.2.1
Interne Zuständigkeit für die Informationsbeschaffung

Von wem die Informationsbeschaffung im Unternehmen initiiert und durchgeführt werden sollte, hängt davon ab, in welchem Ausmaß die Informationsbeschaffung einen inhaltlichen Bezug zu bereits im Unternehmen vorhandenen Aktivitätenschwerpunkten besitzt, ob es um die gezielte Beschaffung technologischer Detailinformationen oder um breites Überblickswissen, z. B. hinsichtlich neuer Mega-Trends oder Zukunftsszenarien geht.

Geht es um die Beschaffung von Informationen, die von hoher strategischer Relevanz für das gesamte Unternehmen, also übergeordnet zu sehen sind, und denen eine hohe Bedeutung für die Ausrichtung mehrerer Geschäftsbereiche oder gar der Schaffung neuer Geschäftsbereiche zugebilligt wird, wird die Informationsbeschaffung tendenziell eher zentral, d. h. auf Gesamtunternehmens- bzw. Konzernebene, durchgeführt und ihre Ergebnisse an die betroffenen Bereiche kommuniziert. Hiervon sind insbesondere die großen Zukunftsthemen betroffen, die sich in Form von Trends und Zukunftsszenarien erfassen lassen und auf radikale Innovationen hindeuten. Solche Entwicklungen sind meist von hoher Relevanz für die aktuelle Geschäftstätigkeit in mehreren Bereichen oder gar Vorboten für zukünftige Chancen und Risiken für bestehende oder Optionen für neue Geschäfte. Die Fähigkeit zum Erkennen relevanter schwacher Signale erfordert aufgrund der Komplexität strategischer Fragestellung eine Perspektive, die inhaltlich losgelöst vom Kontext der Geschäftstätigkeiten einzelner Bereiche ist. Größere Unternehmen bzw. Konzerne haben zu diesem Zweck meist Stabsstellen eingerichtet [27].

Betreffen die benötigten Informationen inhaltlich hingegen stärker die Aktivitäten einzelner Funktional- oder Geschäftsbereiche, sollte auch die Informationsbeschaffung primär von diesen Organisationseinheiten durchgeführt werden, da in diesem Fall ein stärkerer thematischer Bezug zu laufenden Geschäftsaktivitäten vorhanden ist. In diesem Fall ist die Technologiefrüherkennung Bestandteil einzelner funktionaler Einheiten (z. B.

Forschung, Entwicklung, Produktion) oder ist implizit ein Bestandteil Aufgabenspektrum einzelner Mitarbeiter. Die Technologiefrüherkennung zielt dann weniger auf das Aufspüren neuer Megatrends und disruptiven Technologien ab, sondern fokussiert verstärkt die Weiterentwicklung bestehender, von anderen Organisationseinheiten abgrenzbaren, technologischen Fähigkeiten und hat entsprechend inkrementelle Innovationen im Fokus.

6.5.2.2 Auswählen von Informationsquellen

Zur Informationsbeschaffung ist der Zugriff auf diejenigen Informationsquellen erforderlich, mit denen der Informationsbedarf in dem betrachteten technologischen Suchfeld erfüllt werden kann. Hierfür sind diejenigen Informationsquellen zu identifizieren, von denen eine optimale Erfüllung des Informationsbedarfs zu erwarten ist. Inwieweit eine bestimmte Informationsquellenart zur Erfüllung eines oder mehrerer Informationsziele einen Beitrag leisten kann, stellt zugleich den wichtigsten Bewertungsmaßstab dar, der sich an dem Nutzenbeitrag durch die Integration einzelner Informationsquellen in die Technologiefrüherkennung orientiert. Idealerweise sollte vornehmlich auf solche Informationsquellen zurückgegriffen werden, die möglichst viele relevante Informationsziele gleichzeitig erfüllen.

Inwiefern eine bestimmte Informationsquelle ein Informationsziel zu Erfüllen imstande ist, kann nicht allgemeingültig festgelegt werden, sondern hängt stattdessen von der jeweiligen Fragestellung („Welches sind die relevanten technologische Suchfelder?“ „Welche zweckbezogenen und qualitativen Informationsziele sind wichtig?“) ab. So sind in technologischen Suchfeldern, in denen eine Differenzierung gegenüber dem Wettbewerb v. a. aus einem zeitlichen Vorsprung in Forschung und Entwicklung resultiert, Frühzeitigkeit und Exklusivität der erhobenen Informationen erfolgsentscheidend. In einem solchen Umfeld kann es sinnvoll sein, verstärkt auf implizite Informationsquellen zu setzen und sich dadurch Zugang zu Informationen „im Moment ihrer Entstehung“ zu verschaffen (s. Abb. 6.17). In anderen Konstellationen kann einer geringeren Anforderung nach Frühzeitigkeit durch die schwerpunktmäßige Einbindung expliziter Informationsquellen bereits hinreichend nachgekommen werden.

Auch die inhaltliche Ausrichtung der Suche hat einen Einfluss auf die Wahl der Informationsquellen. So eignen sich z. B. Veröffentlichungen in Fachzeitschriften, d. h. Texte der Grundlagen- und angewandten Wissenschaften, hervorragend zur Informationsbeschaffung bezüglich sehr stark forschungsorientierter Detailthemen, wohingegen Patentschriften, Rechtsnormen und themenunspezifische Texte tendenziell einen breiteren Kontext aus den Bereichen „Industrie und Wirtschaft“ sowie „Natur und Gesellschaft“ abdecken. Schließlich ist zwischen primären und sekundären Informationsquellen zu differenzieren. Falls bspw. die Validität der erhobenen Informationen eine hohe Priorität besitzt, sind Primärinformationen und Direktkontakte tendenziell eher geeignet, als Informationen, die (in expliziter oder impliziter Form) über Intermediäre beschafft werden und deren Aussagekraft nicht immer direkt nachvollziehbar ist.

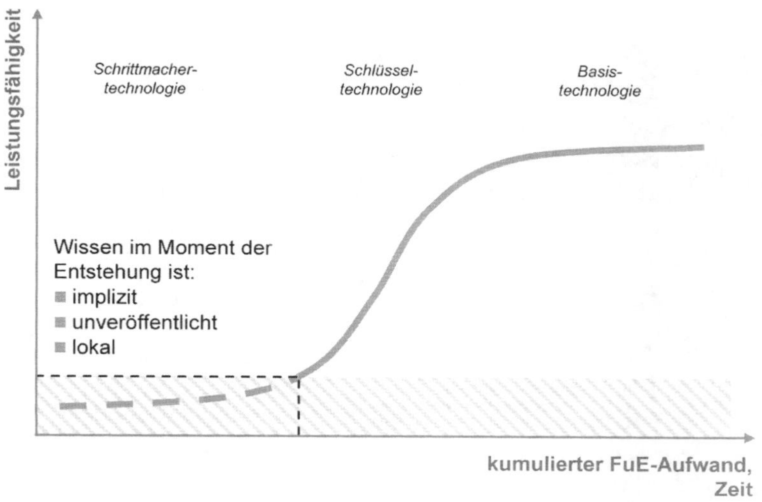

Abb. 6.17 Frühzeitiges Wissen liegt in impliziter Form vor

Zusammenfassend hat einer Auswahl an Informationsquellen eine Analyse vorausgehen, in der ihr Eignungsgrad zur Erfüllung der Informationsziele fallspezifisch beleuchtet wird. Dadurch kann der informationszielspezifische Nutzen von Informationsquellen festgelegt werden.

Der Gestaltungsspielraum, der sich der Technologiefrüherkennung durch die Vielzahl unterschiedlicher Informationsquellen eröffnet, ist aufgrund der Menge an bestehenden Wahlmöglichkeiten zunächst sehr groß. Allerdings sind mit der Informationsbeschaffung nicht nur die Erfüllung der Informationsziele, sondern auch Kosten verbunden: Die Beschaffung und – sofern nicht eindeutig von dieser zu trennen – die Bewertung von Informationen bindet finanzielle Ressourcen, die in Konsequenz anderweitig nicht mehr zur Verfügung stehen. In Abb. 6.18 sind die für die Informationsbeschaffung gängigsten Kostenkategorien sowie Beispiele aufgeführt.

Diese Kostenkategorien lassen sich prinzipiell den dargestellten Teilschritten der Informationsbeschaffung zuordnen. Dabei gilt zu beachten, dass nicht jeder der Teilschritte und die entsprechend hinterlegten Kostenarten tatsächlich für alle Informationsquellen relevant sind. So stellen z. B. die Anbahnungs-, Anpassungs- und Kontrollkosten Kostenarten dar, die in besonderem Maße im Falle der Kooperation mit anderen Unternehmen oder wissenschaftlich-technischen Institutionen auftreten. Es handelt sich hierbei um die sog. Transaktionskosten, die immer dann vorhanden sind, falls der Vertragsgegenstand, z. B. Auftragsforschung, mit hoher Unsicherheit behaftet ist, einen häufigen Austausch der Vertragspartner erfordert und zu Sunk Costs führt, die im Falle unbefriedigender Ergebnisse nicht mehr zurückerstattet werden können [53]. Außerdem können einzelne Kostenarten durchaus auch in mehreren Teilschritten auftauchen. Zum Beispiel fallen Infrastrukturkosten nicht nur bei der Identifikation von Informationsquellen, sondern auch bei der Einrichtung eines Labors zur Gemeinschaftsforschung an.

	Kostenarten	Beispiele
Informationsaufbereitung	- Opportunitätskosten	- Opportunitätskosten (bei Desintegration)
Informationstransfer/ -austausch	- Aufbereitungskosten - Aktualisierungskosten - Kosten der Pflege der Informationsquelle	- Übersetzung von japanischen Patenten nach Englisch oder Deutsch - Überprüfung auf Aktualität, Abgleich neuer und bestehender Informationen - Kontaktpflege zu den Mitgliedern eines Normenausschusses, Besuch wissenschaftlicher Konferenzen zum Austausch mit der Scientific Community
Informationsgenerierung	- Kontrollkosten - Anpassungskosten - Beschaffungskosten	- Beurteilung des Fortschritts in Entwicklungsprojekten mit Hochschulen, Besuch von Zwischenpräsentationen, Lesen von Berichten - Vertragsmodifikationen in laufenden Projekten aufgrund überraschender Forschungsergebnisse des FuE-Partners - Zeitschriftenabonnements, Zugang zu Patentdatenbanken
Auswahl der Informationsquelle	- Anbahnungskosten - Vertrags- und Vereinbarungskosten	- Verhandlungen mit Kooperationspartnern, Treffen von Rabattvereinbarungen bei Sammelzugängen zu Fachzeitschriften - Kosten für Fachanwälte
Identifikation mögl. Informationsquellen	- Suchkosten - Infrastrukturkosten	- Informationsrecherche - Rechnerarbeitsplätze, Datenbanksoftware - Invest in IT

Abb. 6.18 Kosten der Informationsbeschaffung

Wie aus Abb. 6.18 ersichtlich, stellt der überwiegende Teil der im Rahmen der Informationsbeschaffung anfallenden Kostenarten Personalkosten und nur ein kleinerer Teil Sachkosten dar. Einen besonders hohen Personalanteil haben Kosten, die für Informationssuche, Kontaktanbahnung, Anpassung und Kontrolle im Falle von Gemeinschaftskooperationen sowie Pflege und Aktualisierung von Informationsquellen anfallen. Zu den Sachkosten können insb. Kosten für die Bereitstellung geeigneter Infrastruktur oder die entgeltliche Informationsbeschaffung gezählt werden. Daneben gibt es weitere Kosten, die durch die Einschaltung externer Dienstleister verursacht werden. Hierzu zählen z. B. die Anfertigung von FuE-Verträgen (sofern nicht durch die eigene Rechtsabteilung abbildbar) oder Übersetzungskosten von Dokumenten aus anderen Sprachen, vornehmlich aus dem asiatischen Raum.

Die Technologiefrüherkennung hat im Vorfeld der Informationsbeschaffung den Nutzen der einzelnen Informationsquellen den damit verbundenen Kosten gegenüberzustellen. Im Endeffekt sollte dabei v. a. auf diejenigen Informationsquellen zurückgegriffen werden, die sich durch vergleichsweise gute Kosten-Nutzen-Relationen auszeichnen und in diesem Sinne optimal zum Suchauftrag passen. Die Informationsbeschaffung stellt daher immer einen Kompromiss zwischen einer nahezu unendlich großen Menge an existierenden Informationen auf der einen und beschränkten Möglichkeiten zu ihrer Erschließung auf der anderen Seite dar.

6.5.2.3
Festlegen des Detaillierungsgrads der Suche

Die Bewertung von Informationsquellen hinsichtlich ihres Nutzens und ihrer Kosten alleine ist für die Informationsbeschaffung allerdings noch nicht handlungsleitend und damit durch die mit der Technologiefrüherkennung betrauten Mitarbeiter in dieser Form noch nicht operativ umsetzbar. Der Grund hierfür liegt darin, dass die Informationsbeschaffung innerhalb eines technologischen Suchfelds nur dann aussagekräftige Ergebnisse liefern kann, falls die Menge der erhobenen Informationen in einem angemessenen Verhältnis zur Menge der in einem technologischen Suchfeld tatsächlich bestehenden Informationen steht. Dies ist nur dann der Fall, falls Informationen hinsichtlich der Größe des technologischen Suchfelds (in erster Näherung verstanden als die Menge aller potenziell relevanten Informationsquellen) vorliegen und der Grad der Abdeckung (verstanden als Verhältnis zwischen den durch die Technologiefrüherkennung kontaktierten und den vorhandenen Informationsquellen) fallspezifisch optimal angepasst wird.

Die Anzahl der Informationsquellen innerhalb eines technologischen Suchfelds wird umso größer, falls das betrachtete technologische Suchfeld verstärkt

- Technologien beinhaltet, die sich in einem tendenziell eher fortgeschrittenen Entwicklungsstadium befinden und demnach den Charakter von Schlüssel- und Basistechnologien aufweisen; in diesem Fall liegt in der Regel eine große Menge an Detailwissen auf der Ebene von Einzeltechnologien sowie Wissen bzgl. einer integrativen Verknüpfung verschiedener Einzeltechnologien zu übergeordneten technologischen oder technischen Systemen vor,
- Technologien beinhaltet, die einen hohen Verflechtungsgrad und damit einhergehend Schnittstellen mit anderen Technologien aufweisen; indem sich mehrere Technologien gegenseitig bedingen, entstehen wechselseitige Interdependenzen, die die Menge des zu beherrschenden technologischen Wissens und damit der relevanten Informationsbausteine insgesamt erhöhen,
- einer tendenziell höheren Verflechtung entsprechend sehr heterogene Informationsbausteine enthält, zwischen denen inhaltlich signifikante Unterschiede bestehen können und bei isolierter Betrachtung eine große technologische Distanz aufweisen,
- Querschnittstechnologien enthält, die auf vielfältige Weise in verschiedensten Anwendungsbereichen zum Einsatz kommen können.

Fallbeispiel aus dem Bereich Life Science Die „Lebenswissenschaften" stellen ein technologisches Suchfeld dar, das aufgrund der Vielzahl der hierunter fallenden Disziplinen (z. B. Biologie, Chemie, Maschinenbau, Medizin, Physik, Psychologie) und deren Kombinationen (z. B. Bionik, Biomedizin, künstliche Intelligenz) sehr groß ist. Entsprechend vielfältig sind dann auch die möglichen Anwendungsfelder. Weitere Beispiele stellen die technologischen Suchfelder „Nanotechnologien" oder „Verbundmaterialien" dar. Durch inhaltliche Einschränkungen der technologischen Suchfelder, z. B. auf die „rote Biotechnologie", „Oberflächenbeschichtungen mit Nanopartikeln" oder „schwer brennbare glasfaserverstärkte Kunststoffe" (letztere bspw. für die Luftfahrt) lassen sich technologische Suchfelder von geringerer Informationsbreite konstruieren [54]. Die Größe technologischer Suchfelder wird damit wesentlich durch die Art der gewählten Eingrenzung determiniert.

Falls sich die Größe technologischer Suchfelder dem Einfluss des Unternehmens entzieht, ist der Grad der mit der Suche angestrebten Abdeckung des technologischen Suchfelds von Faktoren abhängig, die im unmittelbaren Einflussbereich des Unternehmen liegen.

Technologiestrategie Die Technologiestrategie wird durch technologiestrategische Optionen beschrieben, die und durch eine sachbezogene Komponente (technologischen Leistungsfähigkeit) und eine zeitbezogene Komponente gegeben sind (Timing des Markteintritts).

Unternehmen, die im Rahmen der technologischen Leistungsfähigkeit eine technologische Führerschaft verfolgen, streben eine Vorreiterrolle bei der Entwicklung leistungsfähiger Technologien an und versuchen, hieraus nachhaltige Wettbewerbsvorteile zu begründen. Hierfür ist gegenüber dem direkten Wettbewerb, mit dem das Unternehmen in Produktleistungskonkurrenz steht, ein Informationsvorsprung aufzubauen, der neben einem zeitlichen auch einen mengenmäßigen Aspekt beinhaltet: Technologieführer haben sich einen guten, im Vergleich zum Wettbewerb besseren und stets aktuellen Überblick über die relevante Technologielandschaft zu verschaffen und müssen sich detaillierte und umfassende Kenntnisse hinsichtlich der wichtigsten Entwicklungstendenzen und ihrer jeweiligen Stärken und Schwächen erarbeiten, um stets solche Entwicklungspfade einzuschlagen, die ein überdurchschnittliches technologisches Leistungsniveau versprechen. Kurzfristig ist davon vor allem die Realisierung kontinuierlicher Verbesserungen bestehender Technologien betroffen. Um daneben auch langfristig die technologische Führerschaft abzusichern, sind ergänzend dazu Informationen hinsichtlich weniger offenkundigerer, latenter technologischer Optionen zu erheben. Diese sollten auf längere Sicht das Potenzial besitzen, eine deutlich höhere Leistungsfähigkeit zu ermöglichen. Dadurch werden solche Technologien identifiziert, die auf Basis anderer, neuer Leistungsmerkmale konkurrenzfähig werden können und das Potenzial dazu besitzen, zukünftig in Problemlösungskonkurrenz zu aktuell eingesetzten Technologien zu treten [55, 56]. Insgesamt müssen sich Unternehmen, die eine technologische Führerschaft anstreben, in den betroffenen technologischen Suchfeldern einen höheren Anteil der Informationsbreite erschließen als Unternehmen, die eine technologische Präsenzstrategie verfolgen. Damit ist für Technologieführer der Abdeckungsgrad technologischer Suchfelder höher als für Unternehmen, die eine Präsenzstrategie verfolgen.

Die Technologiestrategie besitzt außerdem eine zeitbezogene Komponente, die das Timing im Sinne des Markteintritts beschreibt. Pioniere bzw. Innovationsführer differenzieren sich dabei von Innovationsfolgern durch einen früheren Markteintritt und realisieren dadurch spezifische Wettbewerbsvorteile. In diesem Fall stellen das ökonomische Potenzial, die Disposition von Ressourcen und ganz besonders die Frühzeitigkeit des Informationsflusses wichtige Informationsziele der Technologiefrüherkennung dar. Es stellt sich daher die Frage, inwieweit die Entscheidung für oder gegen eine Pionierstrategie und insb. die Anforderung nach Frühzeitigkeit einen Einfluss auf die Informationsbreite ausübt.

Grundsätzlich bedingen Kommunikationsprozesse innerhalb eines technologischen Suchfelds und mehr noch innerhalb der darin enthaltenen einzelnen Technologiefelder, dass sich Informationen auf viele verschiedene Informationsquellen übertragen. In Anlehnung an die beschriebenen Diffusionsmodelle, die die Verbreitung von Innovationen innerhalb eines definierten Anwenderkreises beschreiben, wird mit Blick auf die Technologiefrüherkennung unter Diffusion die zeitliche Entwicklung der Verbreitung von Informationen innerhalb eines technologischen Suchfelds verstanden [6, 57]. Die frühzeitige Kenntnis neuer Informationen wird dann durch die Einbindung einer größeren Anzahl an Informationsquellen begünstigt, weil dadurch die Wahrscheinlichkeit der Integration von solchen Informationsquellen ansteigt, die als erste die gesuchten Informationen besitzen. Damit ist in Konsequenz der Abdeckungsgrad technologischer Suchfelder im Falle einer beabsichtigten Führerschaft höher als bei Wahl einer Folgerschaft.

Technologische Kernkompetenzen Auch die technologischen Kernkompetenzen spielen für den Abdeckungsgrad eine wichtige Rolle. Technologische Kernkompetenzen entstehen aus dem Besitz und der Nutzung technologischen Wissens, aus dem heraus sich nachhaltige Differenzierungsmerkmale und damit Wettbewerbsvorteile begründen lassen. Für technologieintensive Unternehmen stellen sie demnach eine der wertvollsten Ressourcen überhaupt dar. Ein Verlust der technologischen Kernkompetenzen wäre mit negativen, wenn nicht gar dramatischen Auswirkungen auf die Erreichung der grundlegenden Ziele unternehmerischen Handelns verbunden. Da technologische Kernkompetenzen aufgrund des stetigen Fortschritts in Wissenschaft und Technik in einem mehr oder weniger starken Ausmaß einer zeitlichen Entwertung unterliegen, besitzt ihr nachhaltiger Schutz eine besonders hohe Priorität. Hierfür sind die maßgeblichen technologischen Alleinstellungsmerkmale kontinuierlich weiter zu entwickeln. Übertragen auf die Technologiefrüherkennung bedingt diese Anforderung ein intensives Monitoring des Aufgabenumfelds („inside out"-Perspektive) und damit der dem Unternehmen vertrauten, ureigenen Technologie- und Tätigkeitsfelder. Hierfür ist eine Einbindung überdurchschnittlich vieler Informationsquellen erforderlich, so dass

- Transparenz hinsichtlich aller wesentlichen technologischen Entwicklungen hergestellt wird; aufgrund der hohen Vertrautheit des Unternehmens innerhalb des Aufgabenumfelds besitzen erhobene Informationen in hohem Maße bestätigenden Charakter und einen tendenziell hohen Detaillierungsgrad,
- die eigenen Aktivitäten, die einen Beitrag zu den technologischen Kernkompetenzen leisten (z. B. in Forschung, Entwicklung und Produktion), neue Impulse zur Weiterentwicklung der technologischen Kernkompetenzen erhalten. Daraus resultierend kann sich das Unternehmen besser gegenüber dem direkten Wettbewerb, zu dem es in unmittelbarer Produktleistungskonkurrenz steht, erfolgreich behaupten,
- geeignete Komplementärtechnologien (Schlüssel-, Basis- und Querschnittstechnologien) identifiziert werden, welche einen Ausbau der technologischen Kernkompetenzen ermöglichen oder ihr technologisches Potenzial synergetisch vergrößern,
- aufkommende Konkurrenztechnologien in einem frühen Entwicklungsstadium aufgespürt werden, um rechtzeitig (technologische) Handlungsoptionen hierauf entwickeln zu können.

Zum langfristigen Schutz der technologischen Kernkompetenzen ist die Beschränkung der Technologiefrüherkennung auf die ureigenen Technologiefelder allerdings nicht hinreichend, da sie die Gefahr mit sich bringt, über Entwicklungen jenseits des Aufgabenumfelds, aus denen Chancen oder Risiken erwachsen können, nicht informiert zu sein oder diese falsch einzuschätzen. Exzellenz im Kerngeschäft erfordert daher neben der „Pflichterfüllung" innerhalb des originären Aufgabenumfelds auch eine grundsätzliche Sensibilisierung und Wahrnehmungsbereitschaft für Entwicklungen jenseits des Aufgabenumfelds, um langfristig auch eine Differenzierung gegenüber solchen Wettbewerbern zu erreichen, die in Problemlösungskonkurrenz zum betrachteten Unternehmen stehen oder zukünftig eintreten können. Hierzu sind die Bereiche aus den Umweltsphären Wissenschaft und Technologie, Industrie und Wirtschaft sowie Natur und Gesellschaft bedarfsgetrieben zu analysieren. Technologieseitig sind hiervon vor allem die neutralen (aber bekannten) Technologien sowie die „weißen Felder" (unbekannte Technologien) betroffen. Typischerweise handelt es sich um Technologien in einem frühen Entwicklungsstadium (embryonische Technologien und Schrittmachertechnologien) oder um bereits etablierte Technologien, die in einem neuen Anwendungszusammenhang gesehen werden.

6

Zusammenfassend ist für technologische Suchfelder, die primär auf den Schutz und den Ausbau der technologischen Kernkompetenzen abzielen, das Monitoring des Aufgabenumfelds in einem sehr hohen und das Scanning ausgewählter Technologiefelder jenseits des Aufgabenumfelds in einem verglichen damit deutlich geringeren Umfang durchzuführen. Entsprechend hat der Abdeckungsgrad innerhalb der Technologiefelder als Bestandteil des Suchfelds, für die ein hohes Maß an Vertrautheit vorhanden ist, einen sehr hohen Wert. Dieser Wert fällt für Technologiefelder, die einen hohen Neuheitsgrad aufweisen, insgesamt geringer aus, so dass der resultierende Gesamtabdeckungsgrad für das technologische Suchfeld einen mittleren bis hohen Wert besitzt.

Steht umgekehrt eine weitgehend unvoreingenommene Informationssuche ohne einen direkten Bezug zu bestehenden technologischen Kernkompetenzen im Vordergrund, beinhalten technologische Suchfelder viele verschiedene Technologiefelder, innerhalb derer ein grobes Scanning hinsichtlich ihrer prinzipiellen Relevanz durchzuführen ist. In diesem ist der resultierende Gesamtabdeckungsgrad innerhalb des durch die Suche definierten technologischen Suchfelds insgesamt eher gering.

6.5.2.4
Vorgehen bei der Informationsbeschaffung

Wie dargelegt wurde, besteht eine der größten Herausforderungen der Technologiefrüherkennung darin, immer mehr Informationen unterschiedlichster, teilweise bis dato völlig unbekannter Fachrichtungen, in immer kürzeren Zeitabständen verarbeiten zu müssen. Die Beschaffung der Informationen muss diesen hohen Anforderungen nicht nur hinsichtlich der Qualität der Informationen gerecht werden, es ist zudem auch eine effiziente Informationsbeschaffung gefordert. Das Vorgehen bei der Informationsbeschaffung muss daher zielsicher zu den benötigten Informationen führen. Darüber hinaus muss das Vorgehen so gewählt sein, dass die Informationen auf einem effizienten Weg erreicht werden. Die bedachte Auswahl des Vorgehens ist daher eine Kernentscheidung, da diese sowohl die Qualität als auch die Kosten der Technologiefrüherkennung maßgeblich beeinflusst.

Beim Vorgehen im Rahmen der Informationsbeschaffung lassen sich mehrer Zieldimensionen unterscheiden, anhand derer ein zweckmäßiges Vorgehen bewertet werden kann. Wichtige Kriterien stellen dabei neben den Kosten der Informationsbeschaffung insbesondere Wahrscheinlichkeitsgrößen dar. Bei der Auswahl des Vorgehens müssen vor allem die Wahrscheinlichkeiten beachtet werden, mit denen die ausgewählten Informationsquellen mit dem ausgewähltem Weg zu erreichen sind und mit denen der eigene Standpunkt bzw. die eigenen Ziele verraten werden. Dabei sind nicht nur die konkrete, gerade vorliegende Informationsbeschaffungsaufgaben, sondern besonders auch langfristige Aspekte zu betrachten. Die Notwendigkeit zur langfristigen Denkweise liegt zum einen an den hohen Kosten der ständig neuen Kontaktherstellung zu den Informationsquellen bzw. Informationsträgern. Zum anderen kann durch ein kurzfristiges Vorgehen „Verbrannte Erde“ hinterlassen werden und damit die Möglichkeit zur Wiederkontaktierung stark einschränken.

Vor der Informationsbeschaffung gilt es den Informationsbedarf genau zu bestimmen. Nach dem Verstehen des Informationsbedarfs werden die Informationsquellen anhand der optimalen Erfüllung des Informationsbedarfs ausgewählt. In einem dritten Schritt wird ein geeignetes Vorgehen bestimmt, mit dem die ausgewählten Informationsquellen adressiert werden sowie die Erfüllung der Informationsziele erfolgen soll. Zuletzt bleibt noch die operative Beschaffung der Informationen (s. Abb. 6.19).

Was ein zweckmäßiges Vorgehen bei der Informationsbeschaffung im Konkreten darstellt hängt von vielen Einflussfaktoren ab. Um die genannten Zieldimensionen zu erfüllen, müssen Einflussfaktoren aus dem Unternehmen selbst, das zu erfüllenden Informationsziel und unternehmensexterne Einflüsse berücksichtigt werden. Die Einflussfaktoren aus dem Unternehmen werden durch die technologische Zielsetzung und die internen Ressourcen vorgegeben, wobei zu den internen Ressourcen auch die bereits bestehenden Informationsquellen und -netzwerke gezählt werden müssen. Das zu erfüllende Informationsziel beeinflusst neben der Auswahl der Informationsquellen auch das Vorgehens zur Informationsbeschaffung. Beispielsweise lassen sich sehr detaillierte technologische Informationen in universitären Forschungseinrichtungen beschaffen,

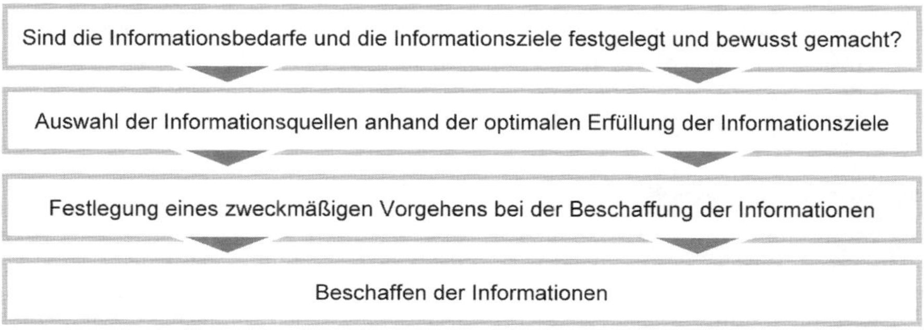

Abb. 6.19 Vorgehen bei der Informationsbeschaffung

doch hängt es von der Menge und Detailtiefe der geforderten Informationen ab, ob eine kostenpflichtige Beschaffung erforderlich wird oder sich die Informationen kostenfreie beschaffen lassen. Ist das Informationsziel klar und die Informationsquelle ausgewählt mag das zweckmäßige Vorgehen zur Informationsbeschaffung zudem noch von externen Einflussfaktoren wie beispielweise der physikalischen Entfernung abhängen. Während ein persönlicher Besuch in der Umgebung leicht durchführbar ist, ist ein Telefonat ins ferne Ausland häufig das einzige zweckmäßige Vorgehen. Zusammenfassend lässt sich feststellen, dass ein zweckmäßiges Vorgehen bei der Informationsbeschaffung unternehmes- und situationsspezifisch unter Berücksichtigung unterschiedlichster Kriterien festgelegt werden muss.

Das Vorgehen bei der Informationsbeschaffung lässt sich zudem unterteilen, in öffentliches Vorgehen, also unter Bekanntmachung des Zwecks oder des Nutznießers, und in ein heimliches Vorgehen unter Geheimhaltung des Zwecks und des Nutznießers. Im Falle des heimlichen Vorgehens ist insbesondere der Einsatz von Intermediären sinnvoll. In der Praxis sind häufig gemischte Formen der Informationsbeschaffung vorzufinden, bei denen zwar der unmittelbare Zweck der Informationsbeschaffung genannt wird, der strategische Hintergrund aber im Verborgenen bleibt. Generell ist die hohe Bedeutung der Einbindung von externen Informationsquellen in die Technologiefrüherkennung bekannt. Aus rein internen Informationsquellen kann ein bestehender Informationsbedarf in den allermeisten Fällen nicht bedient werden. Es besteht folglich eine Kernaufgabe der Informationsbeschaffung darin, externe Informationen möglichst effizient zu beschaffen. Hierzu bedarf es eines strukturierten Netzwerks an Informationslieferanten. Wer in der Lage ist, sich ein Netzwerk aus mehr oder weniger institutionalisierten Beziehungen zu Know-how-Trägern aufzubauen, hat einen leichteren Zugang zu wertvollen Informationen, auf die man andernfalls nur mit großem Aufwand oder gar nicht zugreifen könnte. Dass beim Aufbau eines Netzwerks oftmals Zufälle eine Rolle spielen, die nicht von vorneherein planbar sind, ist dabei unbestritten. Dennoch sind sich gerade diejenigen Unternehmen, die Netzwerkmanagement erfolgreich betreiben und ihre informatorische Verflechtung aktiv steuern, eben dieser Gestaltungsspielräume durchaus bewusst.

Bestehende Netzwerke erleichtern die Informationsbeschaffung sehr und geben damit oftmals das Vorgehen und die Quellen bei der Informationsbeschaffung implizit vor. Bestehenden Netzwerke werden dabei häufig als gegeben betrachtet und nicht aktiv gesteuert. In diesem Zusammenhang ist es aber besonders wichtig gerade diesen Umstand zu erkennen und seine Früherkennungsnetzwerke bewusst und aktiv zu managen. Dadurch können die Informationsziele zielsicher und effizient erreicht werden.

6.5.3 Bewertung der Informationen

Die Fülle an Informationen, die trotz der Beschränkung des Informationsbedarfs durch konkrete Suchfelder und thematischer Vorgaben von der Technologiefrüherkennung beschafft werden, erfordern deren zielgerichtete Aufbereitung und Verdichtung. Ziel der Bewertung der erhobenen Informationen in der Technologiefrüherkennung ist die Bereitstellung einer unternehmensspezifischen Informationsgrundlage zur Unterstützung strategi-

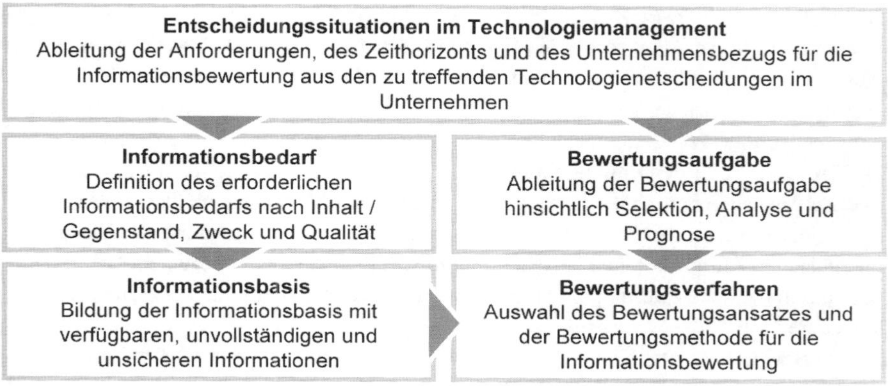

Abb. 6.20 Einflüsse bei der Informationsbewertung in der Technologiefrüherkennung

scher Technologieentscheidungen im Technologiemanagement [24]. Die Bewertung geht dabei von einer Filterung bei der Erhebung der Informationen über detaillierte Analysen bis hin zu Prognosen zukünftiger Entwicklungen. Die Bewertungsaufgabe ergibt sich aus der von der Früherkennung zu unterstützenden Entscheidungssituation, die den Bedarf an vorbewerteten Informationen vorgibt. Die Auswahl des geeigneten Bewertungsansatzes und der -methode unterliegt neben den verfolgten Zielen zudem der verfügbaren Informationsbasis und dem verfolgten Zeithorizont in der Früherkennung. Wesentliche Einflüsse und Wechselwirkungen bei der Bewertung in der Technologiefrüherkennung sind in Abb. 6.20 dargestellt.

Aus der Bewertung der erhobenen Informationen werden zudem laufend Erkenntnisse bzgl. der ggf. notwendigen Anpassung der Ausrichtung der Früherkennung, z. B. dem Verhältnis zwischen Scanning- und Monitoringaktivitäten, oder der Überarbeitung des Informationsbedarfs, z. B. Definition und Relevanz von Suchfeldern, gewonnen.

Es existieren drei Bewertungsstufen für die Technologiefrüherkennung, die im Ergebnis von einfachen Technologieinformationen bis hin zu zukunftsorientierten Technologiestudien gehen:

- *Selektion:* Reduktion der Informationsmenge durch Bewertung der Relevanz und der Priorität
- *Analyse:* Verdichtung und Aufbereitung von Informationen vor einem bestimmten Hintergrund hinsichtlich ihrer aktuellen Bedeutung
- *Prognose:* „Interpretation" der Informationen zur Ableitung möglicher zukünftiger Entwicklungen und ihrer Bedeutung

Die Selektion der Informationen stellt die erste Bewertungsstufe dar und entspricht einer Filterung nach der Bedeutung für das Unternehmen. Die Festlegung der technologischen Suchfelder und deren Priorisierung zur Ausrichtung eines Großteils der Suchaktivitäten beinhaltet folglich bereits eine implizite Filterung und Vorbewertung der Informationen bei deren Beschaffung. Die Selektion umfasst aber auch das kundenspezifische Zusammenstellen relevanter, erhobener Informationen ohne diese jedoch weitergehend zu verarbeiten wie z. B. Zusammenstellungen von Patentmeldungen oder Technologiesteckbriefen. In der Analyse werden Ursachen, Zusammenhänge, Wechselwirkungen und Auswirkungen detaillierter untersucht, so dass der Informationsgehalt steigt. Die Analyse erfordert Kenntnisse der verfolgten Ziele und technologischen Anforderungen, um technologische Optionen zielgerichtet zu vergleichen oder in Bezug zum Unternehmen zu setzen. Die Prognose stellt den umfangreichsten Bewertungsschritt dar, bei dem Entwicklungen und Leistungsgrenzen abgeschätzt und potenzielle Auswirkungen für das Unternehmen antizipiert werden müssen. Insbesondere vor dem Hintergrund zumeist unvollständiger und unsicherer Informationen bestehen hier die größten Herausforderungen. Der Prognosezeitraum bei der Bewertung muss dabei mit den Planungszeiträumen des Unternehmens korrelieren [36].

Die Bewertungsaufgabe der Technologiefrüherkennung ist somit im Kern auf die Einschätzung der Bedeutung von Technologien bzw. technologischer Entwicklungen im Vergleich zueinander oder in Bezug zum Unternehmen ausgerichtet. Die spezifischen Bewertungskriterien ergeben sich dabei jeweils aus der Bewertungssituation. Dabei sind, insbesondere in frühen Phasen des Selektionsprozesses, anfangs alle denkbaren Kriterien in Betracht zu ziehen, um dann situationsspezifisch auf die Wesentlichen zu fokussieren [58]. Abbildung 6.21 zeigt den Bewertungsrahmen der Technologiefrüherkennung, der die möglichen Kontexte der Bewertung wiedergibt: Kundenanforderungen, Trends und Szenarien sowie technologische Kompetenzen und Ressourcen [59]. Die Bestimmung der Technologieattraktivität (Nutzenpotenzial zur Differenzierung oder Kostensenkung,

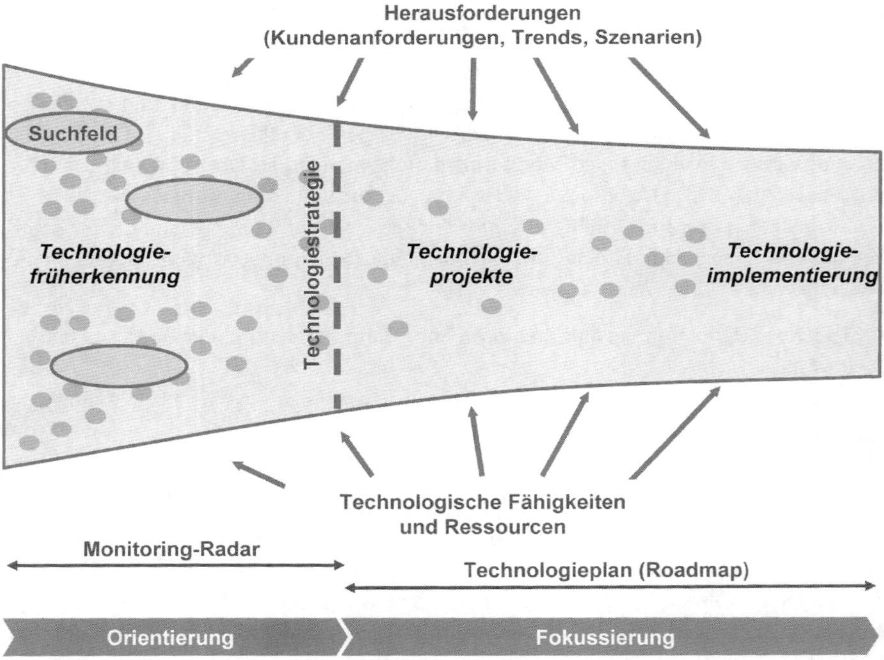

Abb. 6.21 Bewertungsrahmen der Technologiefrüherkennung

Marktrelevanz, technische Machbarkeit, Verfügbarkeit etc.) und der Technologieposition (eigene Kompetenzen, Wettbewerbssituation, Ressourcenaufwand) spielen als Eingangsinformationen für die Technologieplanung jedoch eine besonders wichtige Rolle bei der Bewertung.

Bei der Bewertung der Informationen der Technologiefrüherkennung finden überwiegend keine spezifischen Bewertungshilfsmittel sondern eine Vielzahl etablierter Methoden aus dem (Technologie-) Management Anwendung [15, 60]. Die gängigsten Methoden sind in folgenden Kapiteln und Abschnitten hinsichtlich ihres Einsatzbereichs und ihrer Anwendbarkeit näher vorgestellt, so dass an dieser Stelle auf grundsätzliche Aspekte zur Auswahl geeigneter Methoden sowie in der Praxis besonders relevante Ansätze eingegangen wird. Detaillierte Beschreibungen finden sich im Kapitel Technologiebewertung.

Aus der Analyse der Bewertungsaufgaben wird bereits ersichtlich, dass viele der Bewertungen nicht allein durch einzelne Akteure der Technologiefrüherkennung selbst durchgeführt werden können. Neben der notwendigen Methodenkompetenz ist zumeist auch eine entsprechende Fachkompetenz zur Durchführung der Bewertung erforderlich. Vielmehr ist die Bewertung wie die Früherkennung selbst als ein Prozess zu sehen, in den unterschiedlichste Personenkreise innerhalb und außerhalb des Unternehmens eingebunden sein können. Eine ganzheitliche Bewertung braucht mehrere Blickwinkel, da die Bewertung neuer Themen ist immer subjektiv aus der jeweiligen Sichtweise der Beteiligten geprägt. Einer disziplinorientierte Subjektivität kann durch eine fach- und abteilungsübergreifende Einbindung von Personen in den Prozess begegnet werden [58]. Bewertungen, die großes Fachwissen erfordern, bedingen somit die Einbindung interner oder externer Fachexperten wie z. B. bei Szenariotechniken, Delphi-Studien oder Expertenpanels. Methoden unterstützen dabei den Bewertungsprozess, können die Expertenbeurteilung jedoch nicht ersetzen [60]. Ein systematisches Vorgehen stellt jedoch sicher, dass nicht die rein technologische Bedeutung einer Entwicklung ohne Berücksichtigung des spezifischen Unternehmensbezugs erfolgt. Erst die Berücksichtigung von Stärken und Schwächen ermöglich es zu bestimmen, ob es sich für das Unternehmen um eine Chance oder ein Risiko handelt [19].

Somit bieten sich Gruppen- im Vergleich zu Einzelbewertungen an. Hierbei können neben dem organisationalen Lernen auch zugleich Kommunikationsaufgaben erfüllt werden [27]. Insgesamt muss aber beachtet werden, dass cross-funktionale Bewertungen unter Einbindung zahlreicher Fachexperten zu Konsensentscheidungen und damit technologischen Mainstream-Entwicklungen führen. Den kleinsten gemeinsamen Nenner kennzeichnet das, was sich alle Beteiligten vorstellen können. Breakthrough-Technologien brauchen daher angepasste Bewertungsprozesse, die auch das Aufgreifen und die Verfolgung völlig neuartiger Themen zulassen.

Die in der Technologiefrüherkennung zur Bewertung eingesetzten Methoden lassen sich zum einen hinsichtlich ihres Ergebnisses in qualitative oder quantitative Methoden sowie des bei der Bewertung zu berücksichtigenden Zeithorizonts in kurz-, mittel oder langfristige Methoden einteilen (s. Abb. 6.22). Quantitative Verfahren erfordern Mess- und Bewertungsgrößen als Indikatoren bzw. Modellvorstellungen, um eine „objektive" Bewertung technologischer Entwicklungen zu ermöglichen. Hierzu zählen Publikations- und Patenthäufigkeits- bzw. Verflechtungsanalysen, Simulationen oder Lebenszyklusanalysen. Die Methoden können zur Identifizierung und Bewertung von Entwicklungen in Techno-

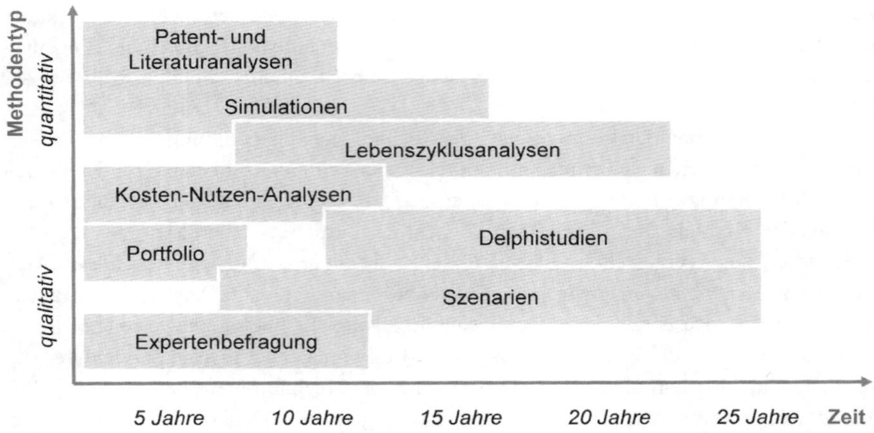

Abb. 6.22 Einsatzbereiche ausgewählter Methoden in der Technologiefrüherkennung [24, 60]

6

logiefeldern oder der Einschätzung des Entwicklungsstadiums einer Technologie im Rahmen des Monitorings genutzt werden.

Indikator- oder modellbasierte Methoden eigenen sich aufgrund des deterministischen Charakters zur (automatisierten) Verarbeitung großer Informationsmengen bzw. expliziten Wissens. Quantitative Methoden erfordern dabei zumeist eine höhere Methodenkompetenz als qualitative Verfahren, so dass eine breite Beteiligung von Fachleuten und damit auch die Einbindung impliziten Wissens schwierig ist. Folglich kommen bei der Bewertung in der Technologiefrüherkennung zunehmend qualitative Verfahren und Verfahrenskombinationen zum Einsatz [27]. Qualitative Methoden, die entsprechend qualitative Informationen und Experteneinschätzungen aufgreifen können, sind z. B. Szenariotechniken, Expertenbefragungen oder Portfoliotechniken. Sie ermöglichen eine flexible Anpassung an die entsprechende Bewertungssituation ohne limitierende Vorannahmen.

Mit zunehmender Unsicherheit der Informationen und Komplexität des Bewertungskontextes steigt die Bedeutung eines systematischen Methodeneinsatzes. Dies trifft insbesondere für die Prognose zukünftiger Entwicklungen von Technologien oder des technologischen Umfelds zu. Projektive bzw. extrapolative Methoden schreiben dabei erkannte bestehende Entwicklungen anhand modellhafter Vorstellungen der Umwelt in die Zukunft fort wie z. B. bei S-Kurvenanalysen oder Trendanalysen/-extrapolationen. Bei mathematisch-statistischen Verfahren besteht dabei die Gefahr der Überbewertung der erzielbaren Objektivität oder Genauigkeit [24]. Prospektive bzw. explorative Methoden hingegen dienen der Identifikation möglicher Zukünfte in einem zumeist kreativen Prozess wie z. B. bei Szenarien, die über die eine reine Technologiebetrachtung hinaus weitere Trends und Informationen berücksichtigen können. Normative Methoden dienen der Analyse und Bewertung wünschenswerter Zukünfte und möglicher Wege, zu deren Erreichung. Hier kommen neben den zuvor genannten Methoden in der Praxis vor allem Portfolios zum Einsatz. Die Identifikation und Analyse zukünftiger Entwicklungen bedingt die Kombination unterschiedlicher Prognose- und Bewertungsansätze, die unternehmens- und situationsspezifisch zusammenzustellen sind [15, 24, 61].

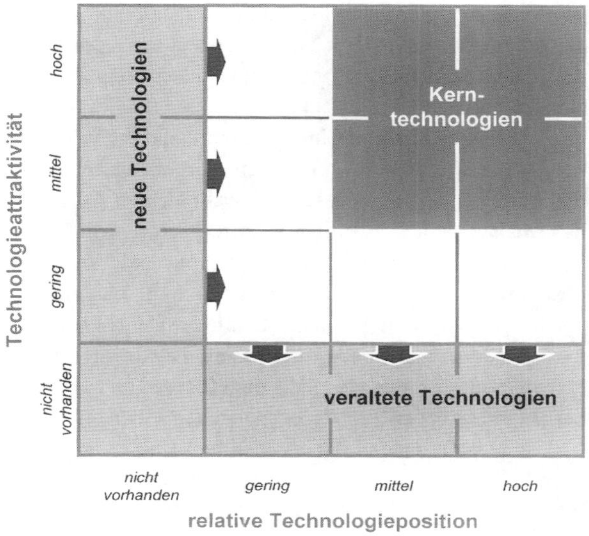

Abb. 6.23 Erweitertes Technologieportfolio [43]

Neben der mittel- bis langfristigen Prognose und Bewertung technologischer Umfeldentwicklungen, dient die Technologiebewertung der Analyse und Priorisierung konkreter Technologien bzw. Technologiealternativen, die in der Früherkennung als möglicherweise relevant für das Unternehmen identifiziert wurden. Technologie-Portfolios, die hier eine besondere Stellung einnehmen, dienen der visuellen, zweidimensionalen Ergebnisdarstellung. Hiermit können Handlungsempfehlungen für nachfolgende Technologieentscheidungen („Normstrategien") abgeleitet und leicht kommuniziert werden [15]. Ein erweitertes Technologieportfolio bietet eine einfache Übersicht aller für ein Unternehmen aktuell oder zukünftig relevanter Technologien als Basis für strategische Technologieentscheidungen (s. Abb. 6.23). In Ergänzung zu klassischen Portfolioansätzen, die ebenfalls Einsatz in der Bewertung finden, werden hier auch „neue Technologien" in das aktuelle Technologieportfolio aufgenommen, die noch keine Anwendung im Unternehmen finden, jedoch grundsätzlich von Bedeutung sind. Analog werden für das Unternehmen veraltete Technologie eingetragen, die keine Anwendung mehr finden, jedoch im Rahmen der Technologieverwertung noch genutzt werden können [43].

6.5.4 Kommunikation der Informationen

Die Technologiefrüherkennung entfaltet nur dann ihre gewünschte Wirkung, wenn die Erkenntnisse zielgerichtet im Unternehmen verteilt und somit kommuniziert werden. Dies beinhaltet Informationen über neuer Technologien und Entwicklungen sowie deren potenzielle Auswirkungen für das Unternehmen. Hierzu müssen Informationen zum einen in einem Informationssystem bereitgestellt werden. Zum anderen bedarf es einer Verbreitung durch persönlichen Austausch, der durch geeignete Strukturen und Gremien unterstützt werden muss.

Die Erkenntnisse der Technologiefrüherkennung sind für unterschiedliche Unternehmensbereiche und Mitarbeiter von Bedeutung. Dies sind zum einen Entscheidungsträger, die in die Strategieentwicklung und die strategische Technologieplanung eingebunden sind, Mitarbeiter aus Forschung und Entwicklung, Produktion sowie angrenzender Bereiche wie Marketing oder Einkauf. Somit sind die Erkenntnisse der Technologiefrüherkennung nicht dem (Top) Management vorbehalten bleiben, sondern eine breite Verteilung und Nutzung der Ergebnisse angestrebt werden [27]. Dabei müssen die Erkenntnisse für das Management in hoch aggregierter Form vorliegen und bedürfen einer entsprechenden Aufbereitung der Informationen. Aufgrund ihrer zumeist strategischen Relevanz sind diese Informationen im Zugang jedoch zu beschränken. Folglich sind die Informationen der Technologiefrüherkennung adressatenspezifisch aufzubereiten und gezielt zu verteilen bzw. verfügbar zu machen. Hierzu sind die Nutzergruppen innerhalb und ggf. auch außerhalb des Unternehmens explizit zu definieren und jeweils festzulegen, welche Informationen diesen Gruppen zur Verfügung stehen sollen.

Die Informationen können im Sinne eines „Informations-Push" aktiv an die Nutzer/Entscheidungsträger herangetragen oder zur situationsspezifischen Abfrage bereitgestellt werden. Um eine Informationsüberflutung und eine Bereitstellung von Informationen zum falschen Zeitpunkt zu vermeiden, sind wichtige Informationen direkt weiterzuleiten, Routine- und Hintergrundinformationen für einen individuellen Abruf zur Verfügung zu stellen [62]. Hierbei sollte nach einer „Need-to-Know-Regel" verfahren werden, weiteren Interessierten sind die Informationen auf Anfrage verfügbar zu machen [63].

6.5.4.1
Kommunikationswege und -formen

Die effiziente Kommunikation der Informationen bedingt, neben der Kenntnis, welche Informationen welcher Nutzer bekommt, klare Kommunikationsstrukturen, die festlegen, auf welchem Weg Erkenntnisse kommuniziert werden. Die Informationen fließen dabei zum einen top-down, d. h. von der Unternehmensführung zu den mit der Technologiefrüherkennung betrauten Mitarbeiter, beispielsweise durch die Vorgabe von Suchfeldern oder Unternehmensstrategien. Zum anderen aber überwiegend bottom-up, d. h. durch die Informationssammlung auf Mitarbeiterebene und Verteilung bis auf höhere Hierarchieebenen [63]. Ein wichtiger Erfolgsfaktor für Unternehmen ist daher die Identifikation relevanter Informationen auf operativer Ebene und deren Bewertung und zielgerichtete Weiterleitung [64]. Die Kommunikationsstrukturen geben dabei vor, wie im Falle routinemäßiger oder auch unplanmäßiger Anlässe die Informationsnutzer/Entscheidungsträger auf den unterschiedlichen Hierarchiestufen adressiert werden. Diese Strukturen sind essentiell, um auf identifizierte Chancen oder Risiken auch reagieren zu können. Hier ergeben sich enge Schnittstellen zum Wissensmanagement des Unternehmens, das die Anreize und Voraussetzungen zur Sammlung und Weitergabe von verschiedensten Informationen an zahlreiche Unternehmensmitglieder auf unterschiedlichsten Ebenen unterstützen muss [17]. Neben der Regelung der formellen Kommunikation müssen hier auch Voraussetzungen für die informelle Kommunikation der Mitarbeiter geschaffen werden.

Die Kommunikation der Informationen erfolgt zum einen zwischen den Beteiligten der Früherkennung selbst, um Technologien und technologische Trends zu diskutieren und hierbei ein gemeinsames Verständnis zu entwickeln. Zum anderen erfolgt die Kommunikation der Erkenntnisse zwischen den Beteiligten der Früherkennung und deren Auftraggeber, um innerhalb der Organisation eine gemeinsame Sicht des Umfelds zu schaffen und diese in die Planungsprozesse des Unternehmens einfließen zu lassen. Somit sind Kommunikation und Bewertung in der Technologiefrüherkennung eng verknüpfte Prozesse. Die Vermittlung insbesondere neuartiger Themen erfordert eine intensive Diskussion [58], so dass sich eine direkte, partizipative Kommunikation mit persönlichem Kontakt anbietet. Neben dem Austausch über Online-Foren, Email oder Telefon sind regelmäßige physische Treffen in Form von Arbeitstreffen, Wissensgemeinschaften oder Komitees notwendig. In der Früherkennung sind Arbeitskreise, teilweise zu spezifischen Themen wie z. B. Nanotechnologie, Wasserstofftechnik oder Elektromobilität, etabliert. Hier werden direkt neue Erkenntnisse oder Trends fachlich diskutiert und bewertet. Diese Treffen dienen zugleich der Abstimmung der organisatorisch oder geographisch getrennt arbeitenden Beteiligten in der Früherkennung. Die direkte Einbindung der Erkenntnisse der Früherkennung in die Strategie- und Technologieplanungsprozesse auf der anderen Seite erfolgt durch die Präsentation und Diskussion der Ergebnisse in entsprechenden Entscheidungsgremien. Hier erfolgt der direkte Austausch mit dem Management zu neuen Themen und deren Bedeutung für das Unternehmen.

Neben der gezielten Information einzelner Nutzergruppen können die Erkenntnisse der Technologiefrüherkennung auch innerhalb der Organisation breiter dargestellt werden. Interne Messen, Technologie- oder Zukunftstage können genutzt werden, um zum einen konkrete Impulse in das Unternehmen zu geben, zum anderen, um die Bedeutung von Technologien und Technologiefrüherkennung für das Unternehmen bei den Mitarbeitern zu verankern. Die indirekte Kommunikation in der Technologiefrüherkennung dient der Verteilung aufbereiteter, aktueller Informationen. Dieses erfolgt einerseits zur Vorbereitung oder zum Austausch zwischen den genannten Arbeitstreffen. Andererseits kann die indirekte Kommunikation über Newsletter, Berichte, Emails o. ä. zur schnellen fortlaufenden Information genutzt werden. Für die indirekte Kommunikation sind somit geeignete Verteilerkreise für die Verbreitung der Ergebnisse festzulegen. Die Informationen können über Publikationsportale oder Datenbanken im Intranet des Unternehmens allgemein verfügbar gemacht werden.

Die Wahl der jeweiligen Kommunikationsform bzw. -medien für die direkte und indirekte Kommunikation ist dabei in Abhängigkeit von der Bedeutung der Informationen und der Komplexität bzw. dem Informationsgehalt zu treffen. Schriftliche Medien wie Emails oder Berichte sind ärmere Medien als mündliche Kommunikationsmedien wie Telefon oder Videokonferenzen. Die Face-to-Face-Kommunikation gilt dabei als reichstes Informationsmedium. Grundsätzlich sind bei komplexeren Aufgaben auch reichere Medien mit umfangreicheren Darstellungs- und Interaktionsmöglichkeiten zu nutzen. Dabei muss bei der Wahl auch berücksichtigt werden, ob beide Seiten einen gemeinsamen Bezugsrahmen wie z. B. ein gemeinsames Zukunftsbild für die Bewertung besitzen. Dieser lässt sich nur im direkten, offenen Austausch der Beteiligten herstellen. Daher sollten sich direkte und indirekte Kommunikation abwechseln [27, 65]. Entscheidend ist, dass der Prozess und die Ergebnisse der Technologiefrüherkennung für alle Beteiligten transparent und nachvollziehbar sind [58].

6.5.4.2 Kommunikationshilfsmittel/-medien und Informationsspeicherung

Zur zielgerichteten und wirkungsvollen Nutzung der erarbeiteten Informationen ist eine adressatenspezifische Aufbereitung der Erkenntnisse der Früherkennung essentiell [58]. Die Ergebnisse reichen in der Praxis z. B. von Emails, Kurzberichten und Trendmeldungen über Projektvorschläge bis hin zu Analysen und Zukunftsstudien [63]. Die Vielfalt der Informationen der Technologiefrüherkennung erschwert die Vorgabe von Standards für deren Kommunikation und Dokumentation. Insgesamt ist ein zu großer Formalismus zu vermeiden, um die notwendige Flexibilität und Akzeptanz im Prozess zu wahren. Jedoch sollten für wiederkehrende Darstellungen inhaltliche und strukturelle Vorgaben als Orientierungshilfe vorgegeben werden. Die Wahl und Ausgestaltung der geeigneten Aufbereitungsform folgt aus der Entscheidungssituation und der verfügbaren Informationsbasis.

6

Für die Kommunikation von Technologieinformationen bieten sich Technologiesteckbriefen an. Steckbriefe enthalten verkürzt die wesentlichen Aspekte, um die wichtigsten Informationen leicht zu transportieren. Sie beinhalten in der Regel stichpunktartig Angaben zu Technologieprinzip/-funktion, Vor- und Nachteilen, (potenziellen) Anwendungen sowie Technologie- und Informationsquellen (s. Abb. 6.24). Steckbriefe eignen sich zur Gegenüberstellung von Technologien und dienen als Diskussions- (und Entscheidungs-) Grundlage im Management. Weiterführende Informationen können in Technologiedatenblättern abgelegt werden, die analog zum Steckbrief aufgebaut sind. Sie bieten recherchierte Hintergrundinformationen und richten sich auch an Fachexperten im Unternehmen.

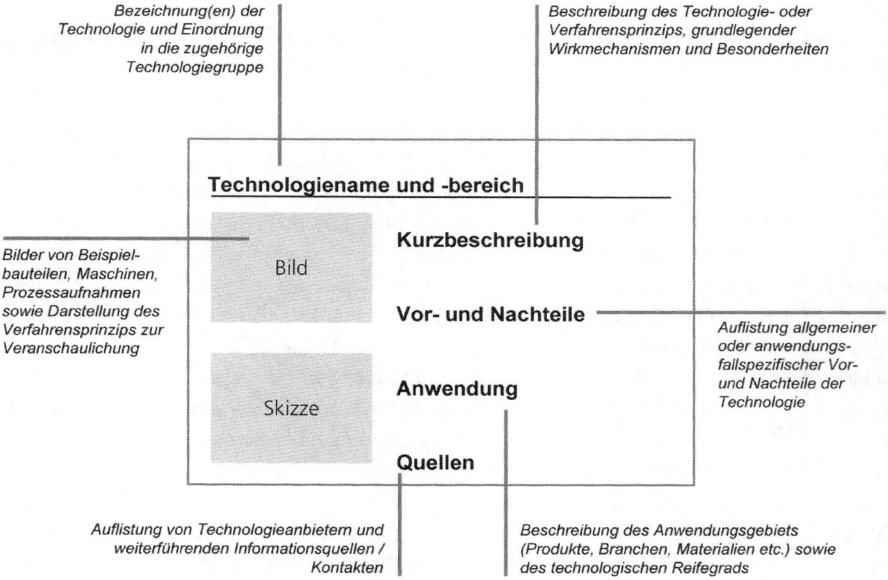

Abb. 6.24 Elemente eines Technologiesteckbriefs

Informationen über relevante Technologien, die einer näheren Untersuchung unterzogen worden sind, sind in Form umfassender Technologiestudien aufzubereiten. Diese beinhalten neben den vornehmlich technischen Aspekten der Steckbriefe bzw. Datenblätter eine umfassende Analyse des Technologiepotenzials aus Sicht des Unternehmens. Zusätzlich zur Technologieebene werden die Markt-, Kunden- und Wettbewerbsebene adressiert. Die Marktanalyse beinhaltet z. B. Informationen für die Technologie zu Marktentwicklungen, aktuellen und zukünftigen Nachfragetreiber sowie Erfolgsfaktoren. Zudem können potenzielle Substitutionseffekte durch die technologische Entwicklung dargestellt werden. Die Kundenebene enthält die Kundenwahrnehmung der Technologie und noch nicht adressierte Kundenanforderungen. Die Wettbewerbsebene erfasst die relative Positionierung und die Leistungsfähigkeit des Unternehmens. Aufbauend auf den Leistungsspektren, Alleinstellungsmerkmalen, Marktanteilen und Kundengruppen relevanter Wettbewerber können Technologiestudien individuelle Stärken und Schwächen sowie resultierende Chancen und Risiken für das Unternehmen aufzeigen.

Analog zur Darstellung von Technologieinformationen sind Erkenntnisse über technologische bzw. technologierelevante Umfeldveränderungen aufzubereiten. Diese reichen von einfachen, knappen Trendmeldungen [19] zu Diskontinuitäten oder weißen Feldern über ausführlichere Trendreports bis hin zu umfassenden Zukunftsstudien und Szenarioberichten.

Viele Erkenntnisse, insbesondere Entwicklungen im Frühstadium, müssen nicht direkt kommuniziert werden. Newsletter eignen sich hierbei, um in regelmäßigen Abständen über aktuelle Entwicklungen zu informieren. Sie ermöglichen zeitlich unkritische Informationen zusammenzufassen und einen strukturierten Themenüberblick zu geben. Weiterführende Informationen können entsprechend verlinkt oder auf Anfrage beigestellt werden.

Beispiel aus der Messtechnikindustrie Ein Hersteller von hochanspruchsvoller Messtechnik für verfahrenstechnische Anlagen hat zur Kommunikation der Erkenntnisse der Technologiefrüherkennung einen Newsletter etabliert. Der Fokus liegt auf der Kommunikation von Entwicklungen im Frühstadium. Dabei werden neben Entwicklungen an Forschungseinrichtungen insbesondere Wettbewerbstechnologien detailliert beschrieben. Die Inhalte des Newsletters werden in enger Zusammenarbeit zwischen Marketing und FuE zusammengestellt. Die redaktionelle Arbeit liegt in der Hand einer Stabsstelle Technologiemanagement. Der Newsletter wird 3 bis 4 mal pro Jahr veröffentlicht und besteht meist aus nur 4 bis 5 Seiten. Die Verteilung erfolgt über die Unternehmensführung, die der primäre Adressat des Newsletters ist. Das Top-Management entscheidet anschließend über die Weiterleitung an einzelne Mitarbeiter, für die die Informationen von Bedeutung sein könnten.

Da die Erkenntnisse der Technologiefrüherkennung nur zum Teil direkt zu kommunizieren sind und zudem auch weiterführende Informationen langfristig verfügbar sein müssen, sind diese in einem System abzulegen. In der Praxis haben sich Datenbanksysteme etabliert, die Funktionen wie Speicherung, Weiterleitung und Zugriffskontrolle ermöglichen. Derartige Systeme bieten sich auch aufgrund der arbeitsteiligen und dezentralen Erfassung der Informationen an [19]. Herausforderung an die Systeme sind dabei die Datenflut und die Vielfalt bzw. Unstrukturiertheit der Informationen (Diversität des Materials) [62], die jedoch von neuen Konzepten von Informationssysteme wie z. B. Wiki-Systemen zur individuellen Ablage und Suche verschiedenster Informationen gelöst werden können. Zudem können über die Ablage auch Auswertungen über alle Informationen zur weiteren Verdichtung erfolgen.

IT-Systeme sind sicherlich hilfreich und notwendig, um der großen und wachsenden Informationsmenge Herr zu werden. Allerdings dienen sie nur zur Unterstützung und bedürfen erprobter Prozesse des Wissensmanagements, um ihre Wirkung zu entfalten.

Fallbeispiel aus der Chemieindustrie Ein Tierarzneimittelhersteller sieht das Wissensmanagement als eine strategische Aufgabe an. Das Unternehmen legt ein besonderes Augenmerk auf die Integration der Vielzahl an internen Dokumenten, die an den verschiedenen Forschungs- und Entwicklungsstandorten weltweit entstehen. Mit Hilfe von integrierten Datenbank- und Dokumentations-Managementsystemen wird das erarbeitete Wissen gespeichert und den Mitarbeitern global zugänglich gemacht. Dadurch können Dokumente von Projektteams oder einzelnen Mitarbeitern organisationsübergreifend und bedarfsgesteuert abgerufen werden.

6.6 Informationsquellen der Technologiefrüherkennung

Ungeachtet der Unterscheidung unterschiedlicher Aggregationsstufen von Wissen hat sich in der Literatur der Begriff der Informationsquelle als Träger von Daten, Nachrichten und Informationen fest etabliert [1, 19, 66–68]. Informationsquellen sind für die Technologiefrüherkennung von zentraler Bedeutung und stellen in ihrer Vielfalt die Träger des in nahezu unbegrenzter Quantität und verschiedenster Qualität vorhandenen technologischen Wissens dar.

Die Entscheidung auf welche Informationsquellen sich die Technologiefrüherkennung im Rahmen der Informationsbeschaffung konzentrieren sollte, ist von grundlegender Bedeutung, geht es doch schließlich darum, hierdurch Zugriff auf die richtigen Informationen zum richtigen Zeitpunkt mit einem gerechtfertigten Aufwand zu erhalten und damit insgesamt eine Informationsversorgung sicherzustellen, die optimal den spezifischen Informationsbedarfen entspricht. Hierfür ist es notwendig, Informationsquellen und ihre spezifischen Vor- und Nachteile hinsichtlich der Erfüllung der Informationsbedarfe zu analysieren. Hierdurch erhält das Unternehmen neben einem Überblick über grundsätzliche Optionen der Informationsbeschaffung die Möglichkeit, im Sinne einer Bestandsaufnahme diejenigen Informationsquellen in Art und Anzahl zu erfassen, die in laufende Aktivitäten der Technologiefrüherkennung bereits eingebunden sind. Auf dieser Basis kann hinterfragt werden, ob die bestehende Auswahl an Informationsquellen für eine optimale Erfüllung des identifizierten Informationsbedarfs geeignet ist, oder ob die Integration anderer oder zusätzlicher Informationsquellen sinnvoll ist.

Zur Auswahl geeigneter Informationsquellen für die Informationsbeschaffung bedarf es somit der Kenntnis der jeweiligen Ausprägungen. Vor diesem Hintergrund werden im Folgenden die unterschiedlichen Informationsquellen aus unterschiedlichen Betrachtungswinkeln betrachtet und eine Übersicht für die Technologiefrüherkennung relevanten Informationsquellen vorgestellt.

6.6.1 Informationsträger der Technologiefrüherkennung

Bei Informationsquellen kann es sich zum einen um leblose Objekte wie z. B. Bücher, Zeitschriften oder Internetserver, auf denen Datenbanken elektronisch abgelegt sind, handeln. Man spricht dann von Artefakten. Sie stellen diskrete, beobachtbare, materielle oder digitale, benennbare Dinge bzw. Sachen dar, die Daten, Informationen bzw. Wissen repräsentieren [69]. Sie sind dadurch gekennzeichnet, dass sie Wissen in expliziter Erscheinungsform zum Abruf bereitstellen.

Neben solchen Artefakten stellen einzelne Personen bzw. Individuen, eine weitere Art der Informationsquelle dar. Hierzu zählen z. B. Berater, Fachexperten aus der Industrie oder Mitglieder eines Arbeitskreises, in dem z. B. neue technische Standards erarbeitet werden. Individuen können im Gegensatz zu Artefakten als Träger vornehmlich impliziten Wissens angesehen werden, die ihr Wissen nur dann weitergeben, falls sie in direkter Interaktion mit dem Suchenden stehen. Die Notwendigkeit persönlicher, direkter Kontakte erschwert einerseits die Informationsbeschaffung, weil verglichen mit explizitem Wissen die Anbahnung von Kontakten zu impliziten Informationsquellen wesentlich mehr Aufwand bedeutet und weniger systematisch geplant werden kann. Andererseits eröffnet sich der Technologiefrüherkennung durch den Kontakt zu impliziten Informationsquellen die Möglichkeit, Zugang zu Erfahrungswissen zu erhalten, das aus jahrelanger fach- oder funktionsspezifischer Tätigkeit erwachsen ist und als Expertise bezeichnet wird. Verglichen mit explizitem Wissen haben auf implizites Wissen daher deutlich weniger Personen Zugriff. Dies ist ein nicht unerheblicher Vorteil, wenn es auf Exklusivität und Frühzeitigkeit ankommt.

Schließlich bestehen Institutionen aus Individuen, die durch ein mehr oder weniger kollektives Handeln einen gemeinsamen Zweck verfolgen. Beispiele hierfür sind Zulieferer, Geschäftspartner und Wettbewerber, aber auch Vereine oder Verbände. Da sich im Geschäftsleben Individuen meist in einem institutionellen Kontext bewegen, sei es der Entwicklungsleiter eines Konzerns, Mitwirkende in Branchenverbänden oder der Berater, der als Selbstständiger tätig ist, ist die Grenze zwischen individuellen und institutionellen Informationsquellen fließend. Allerdings sind Informationsquellen, die sich tendenziell eher in einem institutionellen Kontext bewegen, über bestehende Strukturen und Aktivitäten in einen breiteren Wissenskontext eingebunden. Hierdurch fällt die Kontaktanbahnung zu weiteren Individuen deutlich leichter (s. Abb. 6.25).

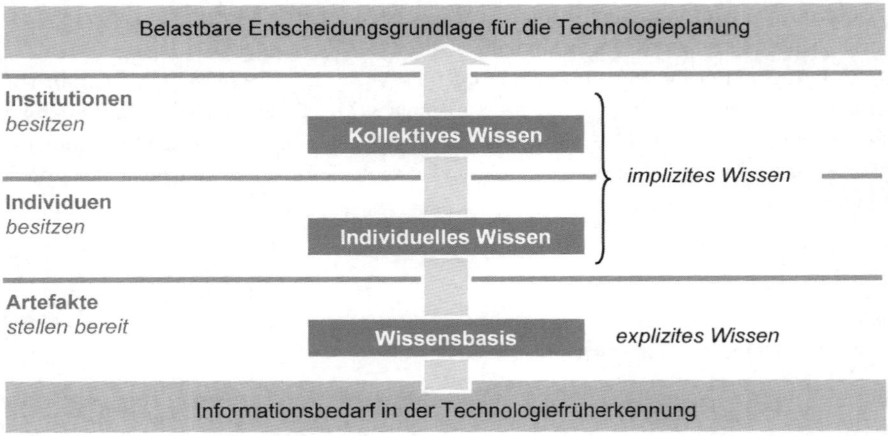

Abb. 6.25 Informationsträger für die Technologiefrüherkennung

6.6.2 Informationsherkunft

Grundsätzlich kann bei der Herkunft von Informationen und somit bei den Informationsquellen in unternehmensinternes und -externes Wissen unterschieden werden (s. Abb. 6.26).

Erschließung unternehmensinternen Wissens Zur Erschließung unternehmensinternen Wissens stellen die eigenen Mitarbeiter eine der wichtigsten Quellen für Innovation

	Informationsquellen aus dem ...	Beschreibung
Intern	**eigenen Unternehmen** (z.B. Mitarbeiter, Wissensdatenbanken)	Vorhandene Wissensbasis in impliziter (z.B. Mitarbeiter) oder expliziter (z.B. Wissensdatenbanken) Form
Extern	**technologisch relevanten Umfeld** (z.B. existierende Lieferanten, Kunden oder sonstige Kooperationspartner)	Durch die Geschäftstätigkeit des Unternehmens bedingtes wissenschaftlich-technisches Umfeld, in der Regel die Technologiefelder innerhalb der Kernbranchen
	Aufgabenumfeld (z.B. gesetzgebende Ausschüsse, Normenstellen und Konsumentenvereinigungen)	Quelle möglicher schwacher Signale als Indikatoren für Entwicklungen und Trends, aus denen sich zukünftige Chancen und Bedrohungen entwickeln können

Abb. 6.26 Klassifizierung nach internen und externen Informationsquellen

und Fortschritt dar [70]. Es sind die eigenen Mitarbeiter aus den unterschiedlichsten Geschäftseinheiten, Fach-, Funktions- und Zentralbereichen (z. B. Forschung, Entwicklung, Produktion, Marketing, Vertrieb und Kundendienst), die mit ihrer aufgaben- und branchenspezifischen, in vielen Fällen langjährigen Berufserfahrung, den richtigen Blick für notwendige Verbesserungen im Kleinen aber auch für die großen Themen der Zukunft haben. Sind beispielsweise Informationen über neue Technologiefelder zu beschaffen, Technologien zu bewerten oder das Entwicklungsrisiko neuer Technologien zu validieren, handelt es sich dabei oft um Fragestellungen, auf die es im eigenen Unternehmen eigentlich schon hinreichende Antworten gibt. Daher sollte für die Technologiefrüherkennung im Rahmen der Informationsbeschaffung das unternehmensintern vorhandene Wissen die erste Anlaufstelle sein, bevor die Informationssuche auf die Unternehmensumwelt ausgedehnt wird. Selbst wenn ein Rückgriff auf unternehmensexterne Informationsquellen unumgänglich erscheint, finden sich bei den eigenen Mitarbeitern in jedem Falle wertvolle Einschätzungen und Hinweise, die sich für eine bessere Eingrenzung und Schärfung einer detaillierteren Informationssuche als hilfreich erweisen und bei der Präzisierung der eigentlichen Fragestellung hilfreich sind.

Es erstaunt daher, dass das Wissen der eigenen Mitarbeiter in vielen Fällen eine Ressource darstellt, die brachliegt und weitgehend ungenutzt ist [71]. Ursache hierfür ist zunächst, dass aufgrund fehlender Transparenz hinsichtlich fachlicher oder funktionaler Zuständigkeiten unklar ist, wer über welche Informationen verfügt. Des Weiteren bestehen keine Anreize für Mitarbeiter Wissen weiterzugeben und es fehlt die Bereitschaft sich untereinander zu bestimmten Themen auszutauschen. Darüber hinaus sind selbst im Falle einer vorhandenen Dokumentation die hinterlegten Informationen schwer zu finden, schlecht aufbereitet oder bereits veraltet.

Die Aufgabe des betrieblichen Wissensmanagements, das an diesem Punkt eine Schnittstelle zum Technologiemanagement aufweist, besteht darin, genau diese Hürden zu überwinden und durch die Einführung systematischer Vorgehensweisen eine den spezifischen Informationsbedarfen optimal angepasste Sammlung, Aufbereitung, Speicherung und Verteilung expliziten und impliziten Wissens zu realisieren [72].

Nutzung unternehmensexterner Informationsquellen Für die Technologiefrüherkennung ist neben dem Zugriff auf unternehmensinterne Wissensressourcen der Zugang zu dem in der Unternehmensumwelt in nahezu unbegrenztem Umfang vorliegenden Wissen immer wichtiger. Daher ist irgendwann zwangsläufig der Punkt erreicht, an dem die Informationssuche auf die Unternehmensumwelt ausgeweitet werden muss. Damit rücken die Wissensträger der Umwelt, die sogenannten unternehmensexternen Informationsquellen, in den Mittelpunkt.

Die nahezu unendlich große Menge an Informationen, die sich in der Unternehmensumwelt vorfinden, spiegelt sich in der Anzahl und Vielfalt möglicher unternehmensexterner Informationsquellen wider. Da die für eine Aufarbeitung, Analyse und Kommunikation von Informationen notwendigen Ressourcen allerdings nur in begrenztem Maße vorhanden sind, bringt die zweifelsfrei notwendige Integration unternehmensexterner Informationsquellen die Notwendigkeit mit sich, eine sinnvolle Auswahl zu treffen, von der vermutet wird, dass sie eine optimale Informationsversorgung sicherstellen kann [73].

Im Gegensatz zur direkten Informationsübertragung ist für die indirekte Informationsübertragung die Existenz von Intermediären erforderlich. Aufgrund der Anforderung immer mehr Informationen in immer kürzerer Zeit verarbeiten zu müssen, spielen Intermediäre oder Informationsbroker gerade bei der Beschaffung expliziter Informationen eine zunehmend bedeutende Rolle. Ihre Aufgaben bestehen typischerweise in der Informationssuche, Informationsaufbereitung (sammeln, filtern/auswählen, zusammenfassen, Metainformationen erstellen) sowie der Informationsbereitstellung und gehen damit weit über eine unspezifische Informationssammlung hinaus. Da sich Intermediäre oftmals thematisch spezialisiert haben, sind sie dazu in der Lage, innerhalb kürzester Zeit professionelle und verlässliche Informationsabfragen durchzuführen, für die Unternehmen alleine viel Zeit und Aufwand erbringen müssten. Aus diesem Grund überträgt eine steigende Anzahl an Unternehmen Suchaufträge an Intermediäre, auch für solche technologischen Suchfelder, in denen die eigenen technologischen Kernkompetenzen stark ausgeprägt sind.

Daneben gibt es auch Intermediäre für die Vermittlung impliziter Informationen. Verglichen mit den Intermediären, die explizite Informationen vermitteln, spielen sie derzeit noch eine eher untergeordnete Rolle. Eine viel wichtigere Quelle für implizite Informationen stellen stattdessen sogenannte Anlässe dar. Anlässe beschreiben Ereignisse, zu denen Individuen bzw. Institutionen vor dem Hintergrund einer bestimmten Zielsetzung zusammenkommen. Sie bieten die Möglichkeit, neue Kontakte zu knüpfen (z. B. auf Fachmessen) oder bestehende Kontakte zu pflegen (z. B. auf wissenschaftlichen Kongressen, auf denen sich die Scientific Community regelmäßig zu bestimmten Themen austauscht). Anlässe wirken damit als Katalysatoren für die Kontaktanbahnung und -pflege [74]. Die Möglichkeit der Netzwerkbildung („Networking") der Teilnehmer untereinander stellt oftmals sogar die Hauptmotivation dar, Anlässe aufzusuchen.

Schließlich differieren sowohl implizites als auch explizites Wissen hinsichtlich des thematischen Schwerpunkts der beinhalteten Informationen. In Anlehnung an das neue St. Galler Management-Modell soll hier zwischen einer wissenschaftlich-technischen, einer industriell-wirtschaftlichen und einer gesellschaftlichen Ausrichtung von Informationen unterschieden werden [20].

Das aus den verschiedenen Merkmalen resultierende Klassifikationsschema für Informationsquellen ist in Abb. 6.27 dargestellt. Auf Basis dieser Struktur sind in Abb. 6.29 mögliche explizite Informationsquellen (Artefakte) und in Abb. 6.30 mögliche implizite Informationsquellen (individuelle/institutionelle Informationsquellen) im Detail aufgeführt.

6.6.3 Kooperative Informationsquellen

Die Erfüllung des Informationsbedarfs hängt nicht nur alleine von der Art der Informationsquelle, sondern auch vom Ausmaß und damit der Intensität, mit der die betreffende Informationsquelle in die Informationsbeschaffungsaktivitäten der Technologiefrüherkennung eingebunden ist. Eine höhere Intensität der Informationsbeschaffung führt zu einer besseren Erfüllung des Informationsbedarfs. Die Intensität der Informationsbeschaffung hat daneben auch einen Einfluss auf die Systematisierung nach Informationsquellenarten. Ein solcher Zusammenhang erscheint zunächst überraschend, ist aber für einige

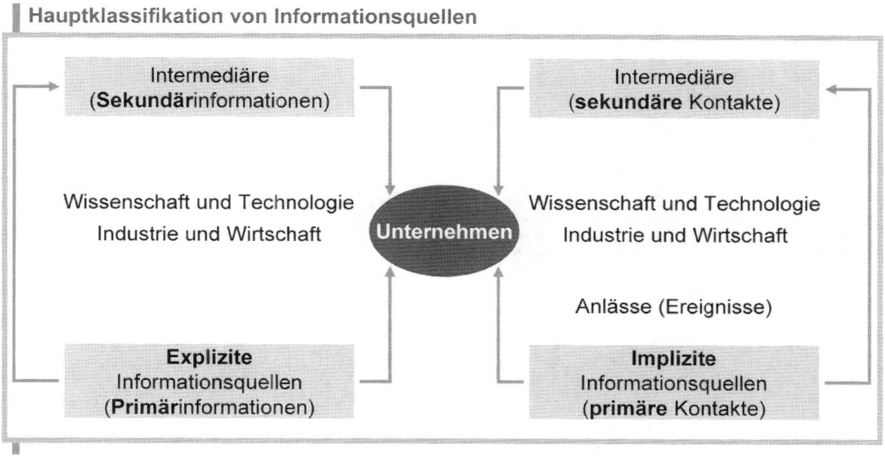

Abb. 6.27 Klassifikationsschema für externe Informationsquellen

der impliziten Informationsquellenarten zu bejahen. Die Ursache hierfür liegt darin, dass zwischen dem Technologiefrüherkennung betreibenden Unternehmen und impliziten Informationsquellenarten bidirektionale, interaktive Informationsaustauschbeziehungen bestehen. Solche Beziehungen können, verglichen mit einem entgeltlichen oder unentgeltlichen, unidirektionalen Informationsabruf, eine deutlich höhere Komplexität und Dynamik besitzen. Aus diesem Grund werden Informationsaustauschbeziehungen zwischen Informationen benötigenden Unternehmen und hierfür geeignet erscheinenden impliziten Informationsquellen, die eine vergleichsweise hohe Intensität aufweisen, in vielen Fällen vertraglich geregelt. In der Vergangenheit hat sich eine Vielzahl technologisch motivierter Kooperationsformen im Sinne voneinander abgrenzbarer, institutionalisierter Formen des Informationsaustauschs herausgebildet, die damit auch für die Technologiefrüherkennung prinzipiell relevant sind [53]. Eine Systematisierung dieser Kooperationsformen findet anhand von Kategorien statt, die unterschiedliche Grade der Integration der Kooperation beschreiben. Unter Integration wird dabei das Ausmaß, in dem die in die Kooperation eingebrachten Aktivitäten und Ressourcen mit den firmeneigenen Aktivitäten und Ressourcen korrespondieren, verstanden [75]. Indem den Integrationsgraden fallspezifische Kosten, die sogenannten Transaktionskosten, zugeordnet werden, die durch die Natur der Kooperation selbst bedingt sind, können unter Berücksichtigung der jeweiligen Situation Empfehlungen hinsichtlich der am besten geeigneten (kostenminimalen) Kooperationsform ausgesprochen werden (s. Abb. 6.28) [53, 76].

Wenngleich diese Kosten eine für die Gestaltung des Informationsnetzwerkes eine wichtige Größe darstellen, ist festzulegen, für welche der in Abb. 6.29 und 6.30 aufgeführten impliziten Informationsquellenarten jeweils eigenständige Kooperationsformen existieren, die untereinander eine signifikant unterschiedliche Intensität bzw. Integrationsgrad der Einbindung in die Informationsbeschaffung der Technologiefrüherkennung aufweisen. Des Weiteren bestehen zwischen den Informationsquellen hinsichtlich der Erfüllung der Informationsziele der Technologiefrüherkennung große Unterschiede, so dass die

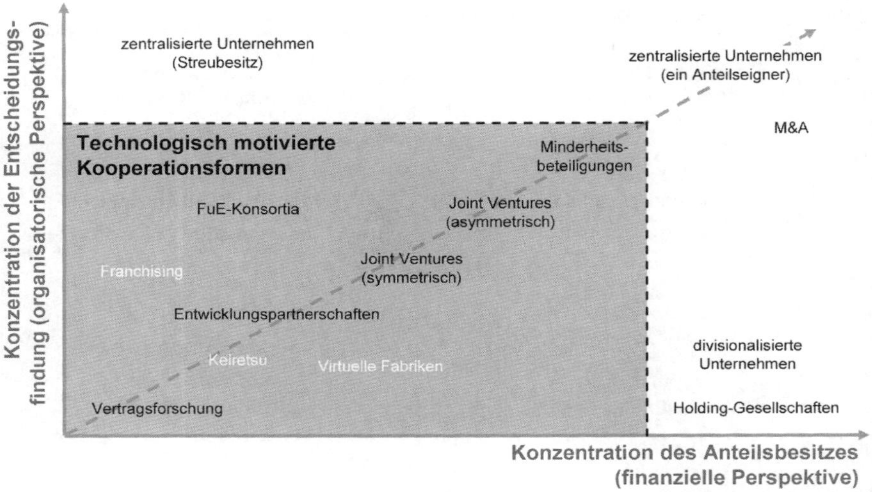

Abb. 6.28 Integrationsgrad in Abhängigkeit der Konzentration von Anteilsbesitz und Entscheidungsfindung [74, 75, 77]

Einführung weiterer Informationsquellenarten notwendig ist. Dabei kommen nur solche impliziten Informationsquellen in Betracht, die starke Ressourcen in der Forschung und Entwicklung besitzen. Hierzu zählen beispielsweise:

- Hochschulen,
- öffentliche und private außeruniversitäre Forschungseinrichtungen der Grundlagenforschung,
- öffentliche und private außeruniversitäre Forschungseinrichtungen der angewandten Forschung und der Entwicklung,
- regionale Forschungs- und Entwicklungscluster,
- Kunden und Lead User sowie
- Zulieferer.

Für diese Informationsquellenarten werden jeweils drei verschiedene Intensitäten der Informationsbeschaffung angenommen. Bei der niedrigsten Intensitätsstufe handelt es sich um einen sporadischen, unverbindlichen Informationsaustausch, z. B. telefonische Expertenbefragungen. Auf der zweiten Stufe sind Kooperationsformen mit einer höheren, aber dennoch begrenzten Intensität des Informationsaustauschs angesiedelt. Ein typisches Beispiel hierfür stellt die Vertragsforschung dar, der in der Regel eine intensive Anbahnungsphase vorausgeht, gefolgt von weitgehend eigenständigen Aktivitäten des Kooperationspartners. Auf der höchsten Intensitätsstufe finden sich Kooperationsformen, die eine umfangreiche, rechtlich bindende Zusammenarbeit zwischen dem Technologiefrüherkennung betreibenden Unternehmen und der impliziten Informationsquelle erfordern, wie dies z. B. für Entwicklungspartnerschaften, FuE-Konsortien, Joint Ventures und Minderheitsbeteilungen der Fall ist. Hierdurch ergeben sich dem entsprechend weitere

Firmeninterne Dokumente
Spezialwissen mit engem inhaltlichem Fokus
- Analysen und Berichte
- Studien (Machbarkeit, Märkte, etc.)
- Messergebnisse und Versuchsprotokolle
- Gesprächsprotokolle
- Arbeitsanweisungen
- Interne Korrespondenz
- Externe Korrespondenz
- Reiseberichte, ...

Überblickswissen
- Berichte und Präsentationen
- Memoranda
- Dossiers, ...

Juristisch-normative Texte
Gewerbliche Schutzrechte
- erteilte Patente
- Erstveröffentlichungen angemeldeter Patente (Offenlegungsschriften)
- Gebrauchs- und Geschmacksmuster
- Urheber- und Reproduktionsrechte, ...

Verbindliche Rechtsnormen aus dem wissenschaftlich-technischen Umfeld
- Normen
- Richtlinien
- (offene) Standards
- Spezifikationen, ...

Verbindliche Rechtsnormen (allgemein)
- Bundesgesetzblatt
    - Verordnungen (Bund und EU)
    - Verwaltungsvorschriften
    - Bekanntmachungen, Bulletins
- Bundesanzeiger
    - Bundesgesetze
    - Verordnungen, ...

Didaktisch-instruktive Texte
- Lehrbücher
- Schulungsunterlagen
- Skripten, ...

Fortschrittsorientierte Texte
Texte der Grundlagen- und angewandten Wissenschaften
- Einzelpublikationen
    - Fachzeitschriften (mit/ ohne Peer Review; spezialisiert/ allgemein)
    - Konferenzbeiträge, Konferenzbände, ...
- Zusammenfassende Darstellungen
    - Monographien
    - Sammelwerke
    - Forschungs- und Entwicklungsprojektberichte,
    - Referenzhandbücher, ...
- Förderinitiativen und -programme, Ausschreibungen

Technisch-wirtschaftliche Texte
- Firmenberichte u. -zeitschriften
- Geschäfts- und Jahresberichte
- Berichte von Branchen- und Fachverbänden
- Technische Magazine
- Messeberichte und -newsletter
- Branchenanalysen bzw. -studien (Märkte, Wettbewerber, Technologien), ...

Internetbasierte Informationsdienstleistungen
Informationsbereitstellung
- Online-Kataloge (OPACs)
- Digitale Bibliotheken
- Magazine (repositories)
- Datenbanken (Patente, Normen, Fachinformationen)

Aufbereitung von Informationen
- Index-, Abstract- und Scanningdienste
- Content Provider (Bereitstellung aggregierte Inhalte)
- Alerts, RSS feeds (themenbezogen)
- Austauschplattformen
- Portale
- Newsgroups
- Online-Communities
- Spezialisierte Informationsdienste, ...

Themenunspezifische Texte
- Zeitungsberichte
- Tagespresse
- Pressemitteilungen
- Wirtschaftsmagazine
- Newsletter, ...

Abb. 6.29 Übersicht über explizite Informationsquellen (Artefakte)

implizite Informationsquellenarten, die in Abb. 6.29 und 6.30 besonders hervorgehoben sind.

Neue Formen der Zusammenarbeit im Zeitalter von „Open Innovation" Bei den hier beschriebenen, von der Intensität der Zusammenarbeit abhängigen Kooperationsformen, handelt es sich in der Regel um organisatorisch klar abgrenzbare Konstrukte, die sich dadurch auszeichnen, dass diejenigen Phasen des Wertschöpfungsprozesses, in denen Forschung und/oder Entwicklung betrieben wird, in einem bestimmten Ausmaß arbeits-

Eigenes Unternehmen
- Mitarbeiter (Technologiemanagement, Forschung, Vor-, Prozess- und Produktentwicklung, Produktion, Marketing, Vertrieb, etc.)
  - Fachebene
  - Funktionsebene
  - Bereichsebene
  - Betriebsebene
- Trend Scouts
- Technologie-Außenstellen/ Horchposten
- Project Houses
- …

Geschäftskontakte
- Zulieferer
- Kunden, Lead User
- Lizenznehmer
- Wettbewerber
- Berater
- Patentanwälte, …

Gesellschaftliche Institutionen
- Non-Governmental Organizations (NGOs)
- Konsumentenvereinigungen
- Umweltorganisationen, …

Industriell-wirtschaftliche Institutionen
- Marktforschungsinstitute
- Trendforschungsinstitute
- Wirtschaftsforschungsinstitute, …

Vereine und Verbände
- Fördervereine
- Berufs- und Fachverbände
- Industrie- bzw. Branchenverbände, …

Öffentliche und private Geldgeber
- Kapitalgeber
- Bundes- und Landesministerien
- Förderträger
- Stiftungen, …

Wissenschaftlich-technische Institutionen
- Hochschulen
- Öffentliche und private außeruniversitäre Forschungseinrichtungen
  - Grundlagenforschung
  - Angewandte Forschung
  - Entwicklung
- Forschungs- und Entwicklungscluster
  - Sonderforschungsbereiche
  - Kompetenznetzwerke
  - Innovations- und Exzellenzcluster
  - Campus-Organisationsformen
  - Innovation Hotspots, …

Staatlich-regulatorische Institutionen
- Gesetzgebende Institutionen
  - international
  - national
- Normen- und Gutachterausschüsse
- Standardisierungskommittees
- Akkreditierungs- und Zertifizierungsstellen, …

Externe Intermediäre
- Spezialisierte Beratungsunternehmen
- Knowledge Broker
- Internetbasierte Dienstleister
- Web Community Tools
  - Wikis
  - Blogs

Abb. 6.30 Übersicht über implizite Informationsquellen (Individuen/Institutionen)

teilig organisiert werden. Dadurch werden klar definierte, technisch-organisatorische Plattformen zur gemeinsamen Aufgabenerfüllung zur Verfügung gestellt, von der sich die involvierten Partner maßgebliche Impulse für die Technologie- und Produktentwicklung versprechen. Hierfür stellt das Ausmaß der Interaktion zwischen den einzelnen Partnern einen wesentlichen Erfolgsfaktor dar [78]. Wie neuere Untersuchungen belegen, wird eine solche Interaktion durch die räumliche Nähe der Partner, idealerweise durch die Zusammenarbeit unter einem Dach, besonders begünstigt [79]. Daher gehen aktuell bereits einige Unternehmen dazu über, gezielt Ressourcen und Infrastruktur zur Integration externer Partner in laufende FuE-Projekte im eigenen Haus, z. B. in Form von „Project Houses" oder Anwendungs-, Test- und Demonstrationszentren, bereitzustellen. Sie versprechen sich davon die Implementierung neuer „Organisations-, Kommunikations- und Anreizstrukturen", die eine einfachere Koordination der Zusammenarbeit, kürzere Kommunikationswege sowie einen schnellen, gegenseitigen Zugriff auf lokales Wissen bedingen [80]. Hierdurch lassen sich die qualitativen Informationsziele der Technologiefrüherkennung in besonderem Maße erfüllen.

Fallbeispiel aus der Kosmetikindustrie In jüngster Vergangenheit hat ein Unternehmen der Kosmetikindustrie ihre Zusammenarbeit mit zwei großen Parfümherstellern im Rahmen eines „Fragrance Project House“ intensiviert. Hier arbeiten Mitarbeiter des Kosmetikherstellers und seiner Zulieferer in den hauseigenen Entwicklungslabors an der Entwicklung neuer Düfte. Durch die permanente Vor-Ort-Präsenz der Kooperationspartner lassen sich Projekte wesentlich effizienter koordinieren. In extra eingerichteten, hauseigenen „Incubation Labs“ wird darüber hinaus mit Rohstofflieferanten gemeinsam nach neuen Wirkstoffformulierungen für Hautpflegeprodukte gesucht [78].

Fallbeispiel aus der Mobilfunkbranche Ein Mobilfunkanbieter hat ein eigenes „Test & Innovation Center“ eingerichtet, in dem das Unternehmen einen Großteil seiner internationalen Entwicklungsprojekte durchführt. Hier können auf mehreren tausend Quadratmetern neueste Hardware- und Software-Lösungen für den Einsatz in Mobilfunknetzen unter realitätsnahen Bedingungen getestet werden. Das Besondere ist, dass das Unternehmen die Leistungen dieses hochmodernen Test- und Innovationszentrums einschließlich dem Know-how seiner eigenen Ingenieure auch anderen Unternehmen der Telekommunikationsbranche (z. B. Herstellern von mobilen Endgeräten oder Serviceanbietern) zur Verfügung stellt. Darunter sind viele Partner, für die eigene Investitionen in teure Messgeräte und komplexe Testsysteme eine unüberwindbare Hürde bei der Entwicklung neuer Produkte darstellen würden. Fachleute von Mobilfunknetzausrüstern, aber auch Mess- und Endgerätehersteller nutzen das Labor regelmäßig. Dadurch, dass solchen Unternehmen ein voll funktionsfähiges Mobilfunknetz einschließlich Basisstationen, universellen Datenbanken, Abrechnungssystemen und Multimediaplattformen zur Verfügung gestellt wird, erhält das Unternehmen aufgrund des intensiven Austauschs steten Zugang zu neuen Ideen und Trends, die wertvolle Impulse für die eigene Entwicklung darstellen und somit die Innovationsführerschaft in der Mobilfunkentwicklung sichern.

6.6.4 Übersicht über Informationsquellen

Insgesamt liegen der Technologiefrüherkennung damit viele unterschiedliche Informationsquellen für die Informationsbeschaffung zur Verfügung. Die thematischen Übergänge zwischen verschiedenen Informationsquellen verlaufen teilweise fließend.

Aufbauend auf der Klassifikation in Abb. 6.27 wird auf die Unterscheidung zwischen expliziten und impliziten Informationsquellenarten zurückgegriffen, die sich weiter in Artefakte, Individuen und Institutionen aufteilen lassen.

Artefakte stellen diskrete, beobachtbare, materielle oder digitale, benennbare Dinge bzw. Sachen dar, die Daten, Informationen oder Wissen repräsentieren. Darunter fallen

u. a. Bücher, Zeitschriftenartikel oder Datenbanken [69]. Artefakten stellen damit Wissen zur Disposition. Individuen, also personifizierte Informationsquellen, sind kognitive Systeme zur Aufgabenbewältigung und Problemlösung, befähigt zu intelligentem Handeln [81]. Schließlich können Individuen in Institutionen organisiert sein, wie z. B. Unternehmen, Vereine, Verbände oder Forschungseinrichtungen. Institutionen stellen ein Kollektiv von Individuen und damit kognitiven Teilsystemen dar. Sie sind gekennzeichnet durch die Zusammenarbeit vieler Individuen, die zum einen Zugriff auf Informationssysteme und Wissensbasen haben, zum anderen ihre einzelnen kognitiven Fähigkeiten zu neuartigem, kollektiven Wissen bündeln können. Da Wissen ein Attribut ist, was einzelnen Personen anhaftet, kann eine Institution als Ganzes streng genommen kein Träger von Wissen mehr sein. Individuen als Elemente von Institutionen haben in einem organisationalen Kontext vielmehr das Potential, individuelle Fähigkeiten und organisationale Prozesse zu neuem, kollektivem Wissen zu verknüpfen und dabei auf die in der Institution bestehende Wissensbasis zurückzugreifen [72].

6.7 Methoden der Technologiefrüherkennung

Eine systematische Technologiefrüherkennung sollte durch den Einsatz von Methoden unterstützt werden. Es ist allerdings ein Irrglaube, dass diese Methoden den Aufwand für die Früherkennung drastisch senken. Insbesondere die Informationsbeschaffung bleibt eine sehr aufwendige Phase, in der der Austausch mit anderen Individuen unabdingbar ist. Dieser Austausch bleibt immer aufwendig. Die im Folgenden dargestellten Methoden ermöglichen jedoch eine Fokussierung der Aktivitäten der Früherkennung vor dem Hintergrund der technologiestrategischen Ziele und der zur Verfügung stehenden Ressourcen. Abbildung 6.31 gibt einen Überblick über Methoden, die der Technologiefrüherkennung in den einzelnen Phasen zugeordnet werden können [82].

Viele der aufgeführten Methoden entspringen ursprünglich nicht dem Technologiemanagement, sondern sind zunächst anderen Disziplinen zuzuordnen. So ist beispielsweise das Quality Function Deployment eine Methode des Qualitätsmanagements. Portfolio-Ansätze entstammen dem allgemeinen Management und Kreativitätstechniken sind in der Regel Bestandteil des Innovationsmanagement. Trotzdem bieten sie für die Fragestellung der Technologiefrüherkennung interessante Erkenntnisse. An diese Stellen sollen lediglich ausgewählte Methoden vorgestellt werden, die alle wesentlichen Bedarfsrichtungen (Kunden, Lieferanten, Wettbewerber und wissenschaftliches Umfeld) abdecken und ergänzend zu den in den vorangegangenen Abschnitten beschriebenen Methoden (z. B. Monitoring-Radar, Kano-Analyse, S-Kurvenanalyse) sind.

Zur Ausrichtung der Technologiefrüherkennung vor dem Hintergrund der *Kundensicht* werden die Methoden der Lead-User-Analyse und des Quality Function Deployment kurz beschrieben. Daran schließt sich die Szenariotechnik an, die die langfristige Orientierung der Früherkennung auf Basis von globalen Trends ermöglicht. Diese Methode ist eng verknüpft mit der Trendanalyse/-extrapolation.

Lead-Supplier-Analysen ermöglichen einen Betrachtung der *Lieferantensicht*, während die Analyse des FuE-Budgets und der FuE-Projekte sich im Wesentlichen an die *Wettbewerbersicht* richtet.

Abb. 6.31 Anwendungsbereiche der Methoden der Technologiefrüherkennung

Die Untersuchung des *wissenschaftlichen Umfelds* kann durch Methoden, wie Publikations- und Patenthäufigkeitsanalysen sowie Publikations- und Patentverflechtungsanalysen in einer ersten Näherung erfolgen.

Die dargestellten Methoden liefern wesentliche Impulse für die Früherkennung und werden im Folgenden beschrieben. Die Methoden zur Bewertung von Technologieinformationen sind dem Kapitel Technologiebewertung zugeordnet.

6.7.1 Integration der Kundensicht

Lead-User-Analysen Bei Lead-User-Analysen wird das Ziel verfolgt, zukünftige technologische Neuerungen aus Kundensicht zu identifizieren. Die Lead-User-Analyse setzt sich mit dem Innovationsbedarf von Schlüsselkunden auseinander. Als Schlüsselkunden wird die Minderheit von besonders Innovativen Kunden bezeichnet [83]. Lead-User-Analysen finden daher typischerweise in markgetriebenen Branchen Anwendung [60]. Mit Lead-User-Analysen lassen sich zudem Bewertungen der identifizierten Innovationsbedürfnisse durchführen [27]. Eine den Gesprächen mit den Nutzern vorausgehende grobe Richtungsbestimmung, z. B. durch Expertengespräche, ist Grundlage zur Bestimmung der Schlüsselkunden [84].

Nicht nur die getrennte Betrachtung von Kunden und Zulieferern liefert wertvolle Erkenntnisse über kommende technologische Neuerungen, sondern gerade durch die Kombination der Lead-User-Analyse mit der Lead-Supplier-Analyse kann die Betrachtung der Überschneidungen und Differenzen in Innovationszielen und Innovationsbedürfnissen erfolgen.

Die Lead-User-Analyse findet Anwendungen bei der Bestimmung des Informationsbedarfs, bei der Informationsbeschaffung und bei der Bewertung der Informationen. Durch Beschränkung auf die innovativen Schlüsselkunden, kann der Aufwand im Vergleich zu ganzheitlichen Befragungen auf gering bis mittel reduziert werden. Die qualitativen Ergebnisse erlauben eine Aussage für etwa fünf Jahre. Die erforderliche Methodenkompetenz ist als mittel einzuschätzen (s. Abb. 6.32).

Quality Function Deployment Das Quality Function Deployment (QFD) dient zur Übersetzung von Kundenbedürfnissen in Produktmerkmale. Dabei werden die technologischen

Lead-User-Analyse

Zielsetzung	Identifikation kommender technologischer Neuerungen
Anwendungsbezug	1 → 2 → 3 → 4
Ergebnis	Geforderte technologische Neuerungen, technologische Kundenbedürfnisse
Vorgehensweise	1. Bestimmung der Lead-User 2. Bestimmung des Innovationsbedarfs 3. Bewertung, Priorisierung und ggf. Vergleich mit den Innovationszielen
Anwendbarkeit	Aufwand: gering bis mittel Zeithorizont: bis 5 Jahre Erforderliche Methodenkompetenz: mittel Qualitativ / quantitativ: qualitativ

1. Bestimmung des Informationsbedarfs *3. Analyse der Informationen*
2. Beschaffung der Informationen *4. Kommunikation der Informationen*

Abb. 6.32 Charakterisierung der Lead-User-Analyse

Neuerungen strikt vom Kundenbedarf abgeleitet [85]. Beim QFD werden die im Vorfeld aufgenommenen, kundenseitigen Anforderungen systematische in Produktmerkmale übersetzt. Die Methode greift dabei im Wesentlichen auf das „House of Quality" zurück, welches bei allen Schritten des Quality Function Deployment angewendet wird [85]. Das House of Quality stellt eine Matrix dar, die die Erfüllung der Kundenanforderungen („Was will der Kunde?") durch die Produktmerkmale („Wie werden die Kundenforderungen erreicht?") wiedergibt. Dabei wird zwischen Phasen Produktplanung, Teileplanung, Prozessplanung und Produktionsplanung unterschieden [86].

Der Nutzen des QFD innerhalb der Früherkennung liegt vor allem bei der Identifikation kundengetriebener Technologieentwicklungen. Der Anwendungsbereich liegt bei der Bestimmung des Informationsbedarfs und der Bewertung von Informationen. Die Beschaffung von Informationen erfolgt gesondert. Der Aufwand ist mit gering bis mittel einzuschätzen. Die Methode erfordert zudem auch nur mittlere Methodenkompetenz, da eine strikte und vorgegeben Vorgehensweise existiert. Ergebnisse, sind in qualitativer sowie quantitativer Form zu erzielen und erlauben Aussagen über einen Zeitraum von etwa fünf Jahren (s. Abb. 6.33).

Szenariotechnik Die Szenariotechnik ist eine Methode zur ganzheitlichen Entwicklung möglicher Zukunftsszenarien [58]. Allgemeines Ziel ist es, aus mehreren Zukunftsszenarien, Handlungsempfehlungen für die Gegenwart abzuleiten, welche unter Beachtung einer multiplen Zukunft möglichst flexibel und robust sind [27]. Dies geht mit dem Erkennen von zukünftigen Risiken und Chancen [87] einher und entspricht damit mit der Hauptintention der Technologiefrüherkennung. Die Szenariotechnik eignet sich daher besonders gut für die Vorbereitung von Entscheidungen von technologiestrategischen Fragestellungen [88]. Im Rahmen des Technologiemanagements stellt die Szenariotechnik eine besonders

Quality Function Deployment

Zielsetzung	Identifikation kundenseitig getriebener Neuerungen
Anwendungsbezug	1 2 3 4
Ergebnis	Aus Kundenbedarf abgeleitete Produktmerkmale, Komponenten und Fertigungsprozesse
Vorgehensweise	1. Produktplanung 2. Teileplanung 3. Prozessplanung 4. Produktionsplanung
Anwendbarkeit	Aufwand: gering bis mittel Zeithorizont: bis 5 Jahre Erforderliche Methodenkompetenz: mittel Qualitativ / quantitativ: qualitativ, quantitativ

1. Bestimmung des Informationsbedarfs *3. Analyse der Informationen*
2. Beschaffung der Informationen *4. Kommunikation der Informationen*

Abb. 6.33 Charakterisierung des Quality Function Deployment

Szenariotechnik

Zielsetzung	Entwicklung und Analyse möglicher Zukunftssituationen
Anwendungsbezug	1 2 3 4
Ergebnis	Mögliche zukünftige Entwicklungen sowie deren Auswirkungen auf Technologien
Vorgehensweise	1. Vorbereitung 2. Szenariofeldanalyse 3. Prognostik 4. Szenariobildung 5. Transfer
Anwendbarkeit	Aufwand: hoch Zeithorizont: 5 bis 25 Jahre Erforderliche Methodenkompetenz: hoch Qualitativ / quantitativ: qualitativ

1. Bestimmung des Informationsbedarfs *3. Analyse der Informationen*
2. Beschaffung der Informationen *4. Kommunikation der Informationen*

Abb. 6.34 Charakterisierung der Szenariotechnik

interessante Methode dar, da sie Market-pull und Technology-push Elemente verbindet [27]. Die Szenariotechnik bietet zudem die Möglichkeit visionäre Ideen zu fördern und kann daher auch normativen Charakter haben [27]. Damit eignet sich die Szenariotechnik sowohl zur Planung als auch zur Analyse und Bewertung (s. Abb. 6.34). Die Szenariotechnik gehört zu den in der Praxis bedeutendsten Methoden [60]. Die marktorientierten Methoden, wie Quality Function Deployment und Technologie-Roadmapping, werden zudem häufig mit Szenarien gekoppelt, um für verschieden mögliche Zukunftsszenarien konkrete Maßnahmen vorzubereiten [60].

Die zwei Grundprinzipien der Szenariotechnik sind einerseits die Zukunft in komplexen Bildern durch vernetztes Denken und andererseits eine multiple Zukunft darzustellen [78]. Das Arbeiten mit multiplen Zukünften bedeutet mehrere mögliche zukünftige Entwicklungen ins Kalkül einzubeziehen. Die Betrachtung von lediglich der wahrscheinlichsten Entwicklung der Zukunft wird damit ersetzt durch das Betrachten von mehreren, unterschiedlich wahrscheinlichen Entwicklungen. Dafür ist vernetztes Denken notwendig, um dem komplexen Umfeld der Unternehmungen gerecht zu werden. Die Unternehmensentwicklung kann nicht losgelöst von der Entwicklung der Umwelt, der Technik, der Technologie und der Gesellschaft betrachtet werden, eine Betrachtung des Unternehmens als Teil dieses Gesamtsystems ist notwendig [78]. Während viele Prognose- und Planungsverfahren auf der Annahme basieren, dass die Rahmenbedingungen über der Zeit stabil sind, werden mit der Szenariotechnik auch unprognostizierbare Störereignisse mit einbezogen [89].

Ein Szenario beschreibt eine Zukunftssituation, welche sich aus der Entwicklung komplexer und vernetzter Einflussfaktoren ableitet [60]. Szenarien stellen keine Prognosen

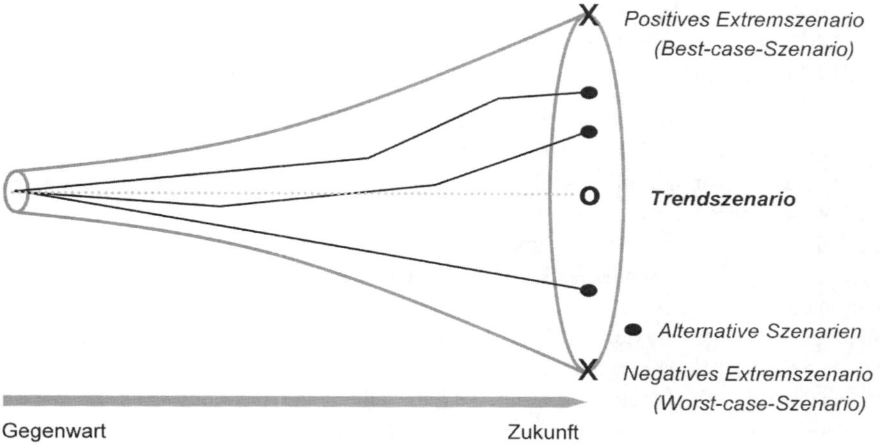

Abb. 6.35 Modellvorstellung der Szenariotechnik [92]

der Zukunft, sondern aus Annahmen abgeleitete Zukünfte hypothetisch dar [90]. Diese Modellvorstellung kann mittels des Szenariotrichters (s. Abb. 6.35) visualisiert werden. Dabei stellt sich der zur Zukunft hin öffnende Trichter die Möglichkeiten der zukünftigen Entwicklungen dar, die je weiter diese in der Zukunft liegen umso vielfältiger werden [27]. Rückwärtsgerichtete Szenarien, normative Szenarien, gehen von einem fixen Punkt in der Zukunft aus und leiten die Möglichkeiten zur Erreichung dieser Zukunftssituation aus Sicht der Gegenwart ab [91]. Die Trichtergrenzen beschreiben die Extremszenarien, während die Symmetrieachse das Trendszenario beschreibt. Zwischen Trendszenario und Extremszenarien liegen eine Vielzahl weiterer Szenarien, welche sich aus den Entwicklungsmöglichkeiten der Schlüsselfaktoren ergeben.

Szenariotechnik wird insbesondere dann eingesetzt, wenn eine starke Unsicherheit hinsichtlich der zukünftigen Entwicklung des Analysegegenstands vorliegt [60]. Die Vorteile der Methode sind das strukturierte und systematische Vorgehen, das Betrachten der Zukunft in Wahrscheinlichkeiten sowie der team-orientierten Arbeitsweise, während die Nachteile vor allem der hohe personelle, zeitliche und finanzielle Aufwand sind [79]. Die Qualität und die Ergebnisse der Szenarioanalyse werden ganz wesentlich durch die durchführenden Personen beeinflusst, wobei sowohl die persönlichen Fähigkeiten, die Methodenkompetenz und die Informationsbasis entscheidend sind [79, 93]. Die Anwendung der Szenariotechnik ist aufgrund der vielen Kombinationsmöglichkeiten der Einflussfaktor und des hohen Informationsbedarfs sehr aufwändig [82].

Die im Folgenden beschriebene Vorgehensweise zu Durchführung der Szenariotechnik, richtet sich im Wesentlichen nach Gausemeier.

Vorbereitung (Phase 1) Die Szenariovorbereitung kommt dem Abstecken des Zielbereichs (Gestaltungsfeld) gleich, für den die Erkenntnisse aus den Szenarien eine Aussage erlauben sollen [87]. Ein Gestaltungsfeld beschreibt stets ein Objekt (z. B. die Schmiedetechnologie oder die Technologiestrategie), welches unter Berücksichtigung verschiedener zukünftiger Entwicklungen gestaltet oder analysiert werden soll. Das Abstecken des Zielbereichs wird durch eine sorgfältige Analyse des Unternehmens in seinem Umfeld und seinen Strategien unterstützt [94].

Szenariofeldanalyse (Phase 2) Ein Szenariofeld beschreibt den Bereich, der durch die Szenarien beschrieben werden soll, wie beispielsweise Umfeld, Markt, Politik, Gesellschaft und Technologie [87, 94]. Das Szenariofeld wird in Einflussbereiche, wie z. B. gesellschaftliches oder technologisches Umfeld, zerlegt und für die einzelnen Einflussbereiche werden die relevanten Einflussfaktoren bestimmt, die auch Schlüsselfaktoren genannt werden [87]. Schlüsselfaktoren sind diejenigen Einflussfaktoren die eine besonders starke Wirkung auf die möglichen Szenarien haben. Ziel dieser Phase ist die Identifikation der Schlüsselfaktoren [78]. Dabei werden aus etwa 50 bis 150 Einflussfaktoren ca. 20 Schlüsselfaktoren extrahiert [78, 95]. Es werden drei Typen von Szenariofeldern unterschieden [78]: Umfeldszenarien, Gestaltungsfeldszenarien und Systemszenarien.

Umfeldszenarien enthalten ausschließlich externe, nicht lenkbare Einflussfaktoren, womit sich z. B. eine Marktentwicklung beschreiben lässt. Gestaltungsfeldszenarien enthalten ausschließlich interne, lenkbare Einflussfaktoren (Lenkungsgrößen). Damit können z. B. Produktkonzepte erarbeitet werden. Ein Systemszenario vereint Umfeld- und Gestaltungsfeldszenarien. Es werden folglich Lenkungsgrößen und Randbedingungen gemeinsam abgebildet.

Die Einflussfaktoren erhält man aus einer systematischen Analyse der Szenariofelder oder auch durch den Einsatz von Checklisten, die ein Sammelsurium von Einflussfaktoren enthalten [94]. Die Ermittlung der Einflussfaktoren wird zudem durch Kreativitätstechniken realisiert [95]. Die Festlegung der relevanten Einflussfaktoren kann durch die Einfluss- und die Relevanzanalyse unterstützt werden, wobei zwischen Einflussfaktoren mit hoher Aktivität (beeinflusst viele andere Faktoren), hoher Passivität (wird von vielen anderen Faktoren beeinflusst) und den daraus resultierenden Mischformen unterschieden wird [94]. Die Einflussanalyse tritt im Rahmen der Phase der Szenariofeldanalyse in den zwei Formen Interdependenzanalyse und Wirkungsanalyse auf [78]. Die Analyse der gegenseitigen Wechselwirkungen innerhalb der Einflussfaktoren ist besonders wichtig, um die Einflussfaktoren zu identifizieren, welche in der direkten Analyse als weniger bedeutsam eingeschätzt wurden, jedoch durch die vielseitigen Wechselwirkungen einen hohen Einfluss haben [95].

Prognostik (Phase 3) In der Phase der Szenarioprognostik wird ausgehend von den vorbereitenden Phasen in die Zukunft projiziert [78]. Dazu ist es zunächst notwendig einen Zeithorizont festzulegen. Für die in Phase 2 identifizierten Schlüsselfaktoren werden verschiedene Entwicklungsmöglichkeiten festgelegt, welche stark von dem betrachteten Zeithorizont abhängen [87]. Aus den unterschiedlichen Entwicklungsmöglichkeiten der Einflussfaktoren leiten sich die späteren Zukunftsbilder bzw. Szenarien direkt ab. Es handelt sich daher bei der Festlegung der Entwicklungsmöglichkeiten um den entscheidenden Schritt bei der Anwendung der Szenariotechnik, insbesondere sind dabei die Entwicklungsmöglichkeiten innerhalb der plausiblen Extrema zu halten [87]. Dennoch liefern gerade die unwahrscheinlichen Szenarien neue Ansätze, um eine technologisches Differenzierung zu erreichen. Die Gestaltung der Entwicklungsmöglichkeiten basiert auf einer fundierten Kenntnis der Vergangenheit des entsprechenden Schlüsselfaktors, aus der sich z. B. Trends extrahieren lassen [95]. Diese Phase wird in drei Schritten durchgeführt [78].

Der erste Schritt ist die Ermittlung von möglichen Zukunftsprojektionen [78]:

- Entwicklungen fortschreiben oder simulieren
- Entwicklungen und ihre Merkmale überzeichnen
- Entwicklungen bewusst beschleunigen
- Umfeldentwicklungen bewusst einbeziehen
- Zukunftsprojektion aus Prozessen ermitteln

Falls die bisherige Entwicklung eines Schlüsselfaktors bekannt ist, kann diese in die Zukunft fortgeschrieben werden, beispielsweise unter Zuhilfenahme von S-Kurvenmodellen oder der Trendextrapolation. Bei einigen Schlüsselfaktoren wird keine eindeutige Extrapolation möglich bzw. sinnvoll sein [96], daher können für dies Einflussfaktoren die alternative Entwicklungen bspw. durch Überzeichnung gefunden werden. Zudem können auch weitere Umfeldentwicklungen in die Betrachtung mit einbezogen werden. Die Kenntnis von den die Entwicklung beeinflussenden Prozessen, kann in einigen Fällen das Erkennen von Schlüsselereignissen fördern.

Im zweiten Schritt wird die Reduktion des vorher aufgespannten Möglichkeitsspektrums angestrebt. Die für die Schlüsselfaktoren ermittelten Zukunftsprojektionen müssen auf eine überschaubare Menge reduziert werden. Dabei wird in erster Linie eine bestehende Ähnlichkeit der Zukunftsprojektionen genutzt und die ähnlichen Zukunftsprojektionen je Schlüsselfaktor zusammengefasst. Ein Reduktion auf zwei bis drei Ausprägungen pro Schlüsselfaktor ist zielführend. Der zweite Schritt ist besonders vor dem Hintergrund wichtig, dass damit die Inhalte der Szenarien und damit auch die Qualität der Szenarien festgelegt werden [95].

Im dritten Schritt wird die Kommunikation der Szenarien an Außenstehende vorbereitet. Dazu werden die ausgewählten Zukunftsprojektionen je Schlüsselfaktor begründet, um eine einfache Diskussionsgrundlage zu schaffen.

Szenariobildung (Phase 4) Die Szenariobildung hat die Aufgabe, die aus der Kombination der Entwicklungsmöglichkeiten der Schlüsselfaktoren entstehenden Zukunftsprojektionen auf eine überschaubare Menge an Szenarien zu reduzieren. Zunächst werden diejenigen Zukunftsprojektionen eliminiert, welche unmögliche Kombinationen von Entwicklungsmöglichkeiten der Schlüsselfaktoren enthalten. In einem zweiten Schritt werden sich ähnelnde Zukunftsprojektionen zusammengefasst. Ein Szenario entsteht folglich aus dem Zusammenfassen von sich ähnelnder Zukunftsprojektionen [87].

Zur Bildung von Projektionsbündeln wird für jeden Schlüsselfaktor genau eine Ausprägung ausgewählt. Das ergibt bei einer Menge von 20 Schlüsselfaktoren mit jeweils zwei bis drei Ausprägungen in etwa eine Millionen bis etwa 3,5 Mrd. mögliche Projektionsbündel. Diese Menge wird im Vorfeld der Projektionsbündelbildung durch die Konsistenzanalyse reduziert, bei der unmögliche Kombinationen von Schlüsselfaktorausprägungen von vornherein ausgeschlossen werden. Ziel ist es diese Menge auf 100 hochkonsistente Projektionsbündel zu reduzieren [78]. Die Projektionsbündel werden dann mit Hilfe der Clusteranalyse zu Clustern zusammengefasst, wobei die innerhalb eines Clusters befindlichen Projektionsbündel eine maximale Ähnlichkeit aufweisen sollen. Diese Cluster bilden die Grundlage für die spätere Explizierung der Szenarien. In der Regel werden aus den Clustern zwei bis drei Szenarien erstellt [79]. Mittels multidimensionaler Skalierung können diese Cluster visualisiert werden.

Die Explizierung der Szenarien erfolgt durch eine Beschreibung der Cluster in Prosa sowie durch Darstellung der Häufigkeitsverteilung der Schlüsselfaktorausprägungen innerhalb des jeweiligen Clusters. Dies dient vor allem der einfachen Zugänglichkeit der Szenarien gegenüber Unbeteiligten [95]. Damit sind die eigentlichen Szenarien erstellt und charakterisiert. Das Ergebnis sind in sich konsistente und robuste Szenarien, die sich in hohem Maße unterscheiden [94].

Transfer (Phase 5) Diese abschließende Phase hat zum Ziel die Auswirkungen der erarbeiteten Szenarien aufzuzeigen, wobei die Folgen der erarbeiteten Szenarien für die definierten Gestaltungsfelder analysiert werden [87]. Die Analyse der Konsequenzen stellt damit den letzten Teil der Szenariotechnik dar, der auch aufgrund der Anwendung von Kreativitätstechniken in Form eines Workshops durchgeführt werden sollte [94]. Zudem sollte eine Betrachtung der Szenarios unter Berücksichtigung des Auftretens möglicher Störereignisse, Ereignisse mit erheblichem Einfluss auf die Szenarien erfolgen [94]. Dies ist besonders wichtig, um eine flexible und robuste Strategie zu entwickeln oder z. B. Präventivmaßnahmen ableiten zu können. Die erarbeiteten Szenarien können zum einen zur Planung, z. B. zur Entwicklung einer Technologiestrategie und zum anderen zur Analyse, z. B. zur Früherkennung, genutzt werden [95].

Da die Annahmen und Schlüsselfaktoren naturgemäß einen dynamischen Charakter besitzen, sich also im Laufe der Zeit verändern, ist nach der Szenarioerstellung das Monitoring der Schlüsselfaktoren eine Möglichkeit, die Auswirkungen von schwachen Signalen im Rahmen der Technologiefrüherkennung frühzeitig zu erkennen [95].

Trendanalyse/Trendextrapolation Mit der gemeinsamen Verwendung der Trendextrapolation und der Analyse des Trends wird im Rahmen der Technologiefrüherkennung das Ziel verfolgt, aus der vorausgesagten Entwicklung die entsprechenden technologieseitigen Auswirkungen abzuleiten. Dazu wird ein Beobachtungsobjekt ausgewählt und der zugrundeliegende Trend betrachtet. Bei der Auswahl von Beobachtungsobjekten sind prinzipiell keine Grenzen gesetzt, jedoch ist die Unsicherheit der Prognose bei einigen Beobachtungsobjekten (bspw. Kundenverhalten) deutlich erhöht und der Sinn der Analyse dieser Beobachtungsobjekte muss in Frage gestellt werden [97]. Bei der Bewertung des Trends werden im Wesentlichen folgende Fragestellungen beantwortet [95]:

- Wie stark ist die Auswirkung des Trends auf die Unternehmung?
- Wie hoch ist das Chancen- und Gefahrenpotenzial für das Unternehmen?
- Wie hoch ist die Eintrittswahrscheinlichkeit der prognostizierten Ereignisse?
- Welcher Unsicherheit unterliegt die Prognose?

Die Trendanalyse/-extrapolation ist vor allem in den Phasen Informationsbedarf bestimmen und Informationen bewerten von Nutzen. Der Aufwand kann von mittel bis hoch reichen. Die generierten Ergebnisse erlauben Aussagen für etwa 15 Jahre. In der Trendanalyse/-extrapolation werden sowohl qualitative als auch quantitative Ergebnisse erzielt. Die zur Durchführung geforderte Methodenkompetenz kann als mittel eingeschätzt werden (s. Abb. 6.36).

Trendanalyse / Trendextrapolation

Zielsetzung	Zukunfts- und Einflussprognose von betrachteten Trends
Anwendungsbezug	**1** 2 **3** 4
Ergebnis	Zukünftige Entwicklungen und Ereignisse unter Angabe bestimmter Wahrscheinlichkeiten
Vorgehensweise	1. Auswahl Beobachtungsobjekt 2. Datensammlung 3. Analyse und Schlussfolgerung
Anwendbarkeit	Aufwand: mittel bis hoch Zeithorizont: bis 15 Jahre Erforderliche Methodenkompetenz: mittel Qualitativ / quantitativ: qualitativ, quantitativ

1. Bestimmung des Informationsbedarfs ***3. Analyse der Informationen***
2. Beschaffung der Informationen ***4. Kommunikation der Informationen***

Abb. 6.36 Charakterisierung der Trendanalyse/Trendextrapolation

6.7.2 Integration der Lieferanten- und Wettbewerbersicht

Lead-Supplier-Analysen Bei Lead-Supplier-Analysen wird das Ziel verfolgt, von Zulieferern getriebene technologische Neuerungen zu erkennen. Die Lead-Supplier-Analyse betrachtet daher die Innovationsziele von Zulieferern [27]. Die innovationsbereiten Zulieferer machen typischerweise nur einen kleinen Anteil an der Gesamtheit der Zulieferer aus [83]. Die Innovationsziele gerade dieser innovativen Zulieferer liefern wichtige Hinweise auf mögliche zukünftige Technologien. Eine vorausgehende Trendbestimmung, z. B. durch Expertengespräche, bereitet die Analysen der innovativen Zulieferer gezielt vor [84].

Nicht nur die getrennte Betrachtung von Zulieferern und Kunden liefert wertvolle Erkenntnisse über kommende technologische Neuerungen, sondern gerade die Betrachtung der Überschneidungen und Differenzen in Innovationszielen und Innovationsbedürfnissen. Die gemeinsame Verwendung der Lead-User und der Lead-Supplier Analyse kann folglich zu weitergehenden Erkenntnissen führen, als die losgelöste Anwendung.

Der Einsatzbereich der Lead-Supplier-Analyse innerhalb der Technologiefrüherkennung liegt vor allem in den Phasen der Bestimmung des Informationsbedarfs, der Beschaffung von Informationen und der Bewertung von Informationen. Es ist, mit mittlerem Aufwand zu rechnen und eine mittlere Methodenkompetenz wird vorausgesetzt. Der Prognosezeitraum kann mit etwa 10 Jahren abgeschätzt werden. Die Ergebnisse der Lead-Supplier-Analyse sind hauptsächlich qualitativ (s. Abb. 6.37).

Analyse von FuE-Budgets/FuE-Projekten Die Analyse von FuE-Budgets und FuE-Projekten, kann wichtige Hinweise auf zukünftig zu erwartende, technologische Neuerungen liefern. Dabei wird davon ausgegangen, dass die Höhe des FuE-Budgets sowie der

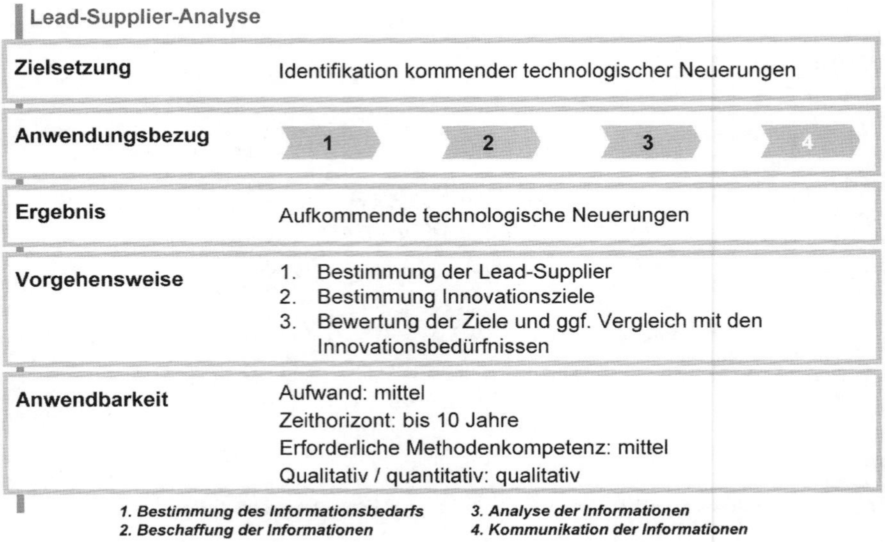

Abb. 6.37 Charakterisierung der Lead-Supplier-Analyse

Einsatz von qualifizierten Personals sich nach ein bis zwei Jahren in Neuerungen, z. B. in Patentanmeldungen, niederschlägt [98, 99]. Allerdings sind derart unspezifische Aussagen über die Tendenz der zukünftigen Patentanmeldung alleine wenig hilfreich. Erst durch die Verbindung des quantitativen Aufwands für FuE, in Form von Personal und Kapital, mit dem Forschungsthema erzeugt verwertbare Aussagen. Beispielsweise können die öffentlich geförderten Projekte, welche besonders im Hochtechnologiebereich vorkommen, sowie Geschäftsberichte, Veröffentlichungen und Vorträge als Quelle genutzt werden, den Hintergrund der FuE-Aufwendungen zu identifizieren [88]. Insbesondere können auch die eigenen FuE-Mitarbeiter dazu beitragen, die derzeitig beforschten Themenstellungen innerhalb ihres Themenbereiches zu identifizieren, da diese häufig auch überbetriebliche Kenntnisse besitzen [88].

Die Analyse von FuE-Aufwendungen unterstützt hauptsächlich die Phasen der Bestimmung des Informationsbedarfs und der Beschaffung von Informationen. Der Zeitraum der Vorausschau ist allerdings begrenzt und kann mit etwa 2 Jahren abgeschätzt werden. Es ist mit mittlerem Aufwand zu rechnen und es wird eine mittlere Methodenkompetenz vorausgesetzt. Die Ergebnisse können qualitativer sowie quantitativer Art sein (s. Abb. 6.38).

6.7.3 Integration des wissenschaftlichen Umfelds

Publikations-/Patenthäufigkeitsanalyse Publikations- und Patenthäufigkeitsanalysen dienen der Identifikation aktuell bedeutender Forschungsfelder. Der Publikationshäufigkeitsanalyse liegt die Annahme zugrunde, dass die Anzahl von Veröffentlichungen in einem Themengebiet mit der Forschungsintensität in diesem Themengebiet korreliert ist

Analyse von FuE-Budgets / FuE-Projekten

Zielsetzung	Identifikation der bedeutendsten Forschungsfelder
Anwendungsbezug	1 2 3 4
Ergebnis	Derzeitig bedeutende Forschungsfelder
Vorgehensweise	1. Analyse der FuE-Aufwendungen innerhalb eines Betrachtungsbereichs 2. Identifikation der stark beforschten Themen
Anwendbarkeit	Aufwand: mittel Zeithorizont: ~ 2 Jahre Erforderliche Methodenkompetenz: mittel Qualitativ / quantitativ: qualitativ, quantitativ

1. Bestimmung des Informationsbedarfs
2. Beschaffung der Informationen
3. Analyse der Informationen
4. Kommunikation der Informationen

Abb. 6.38 Charakterisierung der Analyse von FuE-Budgets/FuE-Projekten

[27]. Die geeigneten Quellen sind zum Teil vom Forschungsbereich abhängig, während in der angewandten Forschung auf Patente zurückgegriffen wird [100], liegt der Schwerpunkt bei der Grundlagenforschung auf Veröffentlichungen. Eingeschränkt wird die Aussagekraft der Publikationshäufigkeitsanalyse durch eventuell nicht verfügbare Quellen sowie dadurch, dass nicht alle wissenschaftliche Ergebnisse publiziert werden, wie es zum Teil bei nicht-öffentlicher Forschung der Fall ist. Über generelle Trends und Forschungsschwerpunkte lassen sich jedoch verlässliche Aussagen machen.

Die Patenthäufigkeitsanalyse untersucht den Zeitverlauf von Anmeldungen in bestimmten Themenbereichen [27]. Die Analyse von Patentinformationen hat gegenüber der Publikationshäufigkeitsanalyse den Vorteil, dass die entsprechenden Informationen wesentlich früher in Patenten zu finden sind, als in anderen Literaturquellen [78]. Problematisch ist dabei, dass in der Regel 18 Monate bis zu der Veröffentlichung der Patentinformationen vergehen und so die Eignung als Frühwarnindikator eingeschränkt ist, wobei das amerikanische Patentsystem noch längere Zeitspannen bis zur Veröffentlichung vorsieht [27]. Zudem muss davon ausgegangen werden, dass die Patentierneigung von Unternehmen stark unterschiedlich ist [1]. Zwischen der Anmeldung eines Patentes und die Realisierung der angemeldeten Technologie können jedoch einige Jahre vergehen, folglich können mit der Patenthäufigkeitsanalyse zumindest in Teilen Einblicke in eine mögliche Zukunft gewonnen werden.

Der Einsatz der Publikations- und Patenthäufigkeitsanalyse findet vor allem in den Phasen der Informationsbedarfsbestimmung und Beschaffung von Informationen statt. Der Aufwand ist, aufgrund der Unterstützung mittels Software als gering bis mittel einzuschätzen. Die qualitativen und quantitativen Ergebnisse erlauben die Prognose der nächsten fünf Jahre. Die Methodenkompetenz ist als mittel einzuschätzen, allerdings wird eine große Fachkompetenz gefordert (s. Abb. 6.39).

Publikations-/ Patenthäufigkeitsanalyse

Zielsetzung	Identifikation neuer Trends
Anwendungsbezug	1 2 3 4
Ergebnis	Mögliche, quantifizierte Trends
Vorgehensweise	1. Auswahl geeigneter Datenbanken 2. Analyse und Identifikation der relevanten Themenfelder
Anwendbarkeit	Aufwand: gering bis mittel Zeithorizont: bis 5 Jahre Erforderliche Methodenkompetenz: Gering, hohe Fachkompetenz Qualitativ / quantitativ: qualitativ, quantitativ

1. Bestimmung des Informationsbedarfs
2. Beschaffung der Informationen
3. Analyse der Informationen
4. Kommunikation der Informationen

Abb. 6.39 Charakterisierung der Publikations- und Patenthäufigkeitsanalyse

Publikations-/Patentverflechtungsanalyse Verflechtungsanalysen sind bibliometrische Methoden, die unterstellen, dass neue technologische Entwicklungen in irgendeiner Form veröffentlicht werden und damit für statistische Auswertungen zur Verfügung stehen. Das Ziel ist es, die besonders bedeutenden Forschungsfelder zu identifizieren.

Die Zitationsanalyse betrachtet die Häufigkeit mit der Publikationen zitiert werden. Dabei wird angenommen, dass es sich bei oft zitierten Quellen um besonders bedeutende Quellen handelt [27]. Dabei ist zu beachten, dass die Zitierfrequenz auch von der Reputation des Autors, der Verfügbarkeit des Artikels und der Größe des relevanten Wissenschaftlerkreises abhängt und damit nicht automatisch auf die Qualität des Inhaltes schließen lässt [101]. Des Weiteren ist, mit einem größeren Zeithorizont zwischen dem Zeitpunkt der Veröffentlichung und dem Zeitpunkt der ersten Zitationen zu rechen, welcher die Einsatzmöglichkeiten im Rahmen der Technologiefrüherkennung einschränkt [27].

Die Co-Zitationsanalyse betrachtete nicht einzelne Veröffentlichungen, sondern Paare von Veröffentlichungen, welche gemeinsam in einer dritten Publikation aufgegriffen werden [27]. Es liegt die Annahme zugrunde, dass sich dynamische Entwicklungen in Technologien in den frühen Phasen der Technologie durch interdisziplinäre Verflechtungen auszeichnen, wobei als Indikator für die Verflechtung die paarweise Zitation gilt [1]. Mittels der Clusteranalyse lassen sich Publikationscluster bilden, die aus Publikationen mit hoher Verflechtung untereinander bestehen [27]. Die in Publikationen aus diesen Clustern zitierenden Bereiche, stellen die aktuellen Forschungsfronten dar [85]. Neben der Identifikation der aktuellen Forschungsfronten und damit der bedeutendsten Wissenschaftler, eignet sich die Co-Zitationsanalyse auch zur Analyse von Unternehmenskompetenzen im Bereich der angewandten Grundlagenforschung [27].

Die Mehrfachklassifikation stellt eine Variante der sogenannten Co-Word-Analyse dar, die speziell bei der Patentanalyse eingesetzt wird. Es liegt die Annahme zugrunde, dass be-

Publikations-/ Patentverflechtungsanalyse

Zielsetzung	Identifikation der besonders bedeutenden Technologien
Anwendungsbezug	1 2 3 4
Ergebnis	Identifizierte Schlüsseltechnologien, aufkommende Technologien, Forschungsbereiche
Vorgehensweise	1. Auswahl geeigneter Datenbanken 2. Analyse und Identifikation der relevanten Themenfelder
Anwendbarkeit	Aufwand: mittel bis hoch Zeithorizont: bis 10 Jahre Erforderliche Methodenkompetenz: mittel bis hoch Qualitativ / quantitativ: qualitativ, quantitativ

1. Bestimmung des Informationsbedarfs ***3. Analyse der Informationen***
2. Beschaffung der Informationen ***4. Kommunikation der Informationen***

Abb. 6.40 Charakterisierung der Publikations-/Patentverflechtungsanalyse

sonders innovative Technologien sich in einer Mehrfachklassifikation der entsprechenden Patente niederschlagen [27]. Ziel ist es, besonders sachgebietsübergreifende Technologien zu identifizieren [1].

Die Patent- sowie Publikationsverflechtungsanalysen werden in den Phasen der Bestimmung des Informationsbedarfs, der Beschaffung von Informationen und bei der Bewertung von Informationen eingesetzt. Patent- sowie Publikationsverflechtungsanalysen sind besonders komplexe Methoden, die von bis zu 20 Personen gemeinsam durchgeführt werden [27]. Die erforderliche Methodenkompetenz ist, als mittel bis hoch einzuschätzen. Es werden qualitative und quantitative Ergebnisse erzielt. Im Rahmen der Technologiefrüherkennung kann ein Zeitraum von etwa zehn Jahren in der Zukunft eingeblickt werden (s. Abb. 6.40).

6.8 Zusammenfassung

Wie gezeigt wurde, ist die Aufgabe der Technologiefrüherkennung die systematische Identifikation zukünftiger Chancen und Bedrohungen für das Unternehmen. Auch wenn es das Anliegen der Früherkennung ist, dabei alle schwachen Signale aus dem Umfeld zu erfassen, ist dieses methodisch als auch vom damit verbundenen Aufwand praktisch nicht möglich. Ziel der Technologiefrüherkennung muss daher die möglichst hohe Informationseffektivität bei gegeben Ressourcen sein. Aufgabenelemente der Technologiefrüherkennung sind die Technologieanalyse, zur Feststellung wettbewerbsrelevanter Technologiebereiche und Bewertung der jeweiligen unternehmensspezifischen Situation, die Technologiesuche (Technologiescanning), zur Suche nach neuen Technologien, Phänomenen oder Diskontinuitäten innerhalb und außerhalb bestehender Technologiebereiche, die Technologiebeobachtung (Technologiemonitoring), zur Beobachtung und Informationsgewinnung von erforschten Ergebnissen und Erfindungen anderer im Bereich bereits bekannter Technologien, sowie die Technologieprognose, zur Gewinnung von Aussagen über zukünftige Entwicklungen von Technologien oder Technologiebereichen. Zur Unterstützung strategischer Entscheidungen in der Planung von Technologien ist somit durch die Technologiefrüherkennung eine Informationsgrundlage hinsichtlich der Weiterentwicklungspotenziale neuer Technologien, der Grenzen bekannter Technologie, der Substitutionsbeziehungen zwischen Technologien sowie der zu erwartenden technologischen Diskontinuitäten in der Entwicklung von Technologien bereitzustellen [6].

Die Technologiefrüherkennung ist vom Grundverständnis her als ein zyklischer, Prozess zu verstehen, in dem stetig neue Informationen gesammelt und bewertet, aber auch bestehende Informationen neu bewertet werden müssen. Der Prozess der Technologiefrüherkennung ist somit unterteilt in die Phasen Bestimmung des Informationsbedarfs, Beschaffung der Informationen, Bewertung der Informationen und Kommunikation der Erkenntnisse.

Für eine effektive und effiziente Technologiefrüherkennung, die eine Informationsüberflutung vermeidet, ist es notwendig, den relevanten Informationsbedarf im ersten Schritt möglichst genau festzulegen, um diesen dann zielgerichtet decken zu können. Insbesondere für die formale Suche, die einen speziellen Themenbezug aufweist und in der betrieblichen Praxis überwiegt, erfolgt die Festlegung des Beobachtungsbereichs durch die Bestimmung technologischer Suchfelder. Suchfelder sind der Informationssuche vorzugebende Aktionsbereiche, die den Bezug der Informationen zum tatsächlichen Technologiebedarf und dem Fähigkeitsspektrum des Unternehmens sicherstellen. Sie stellen die Betrachtungsobjekte der Früherkennung dar. Des Weiteren sind für die Eingrenzung des Informationsbedarfs die Informationsbedürfnisse der Früherkennung, d. h. der Zweck der Informationsbeschaffung, zu klären. Aufbauend auf den inhaltlichen Aspekten des Informationsbedarfs sind hierbei auch qualitative Aspekte wie Frühzeitigkeit, Exklusivität oder Informationsgehalt abzuleiten (Suchprofil).

Die eigentliche Informationsbeschaffung bildet eine notwendige Voraussetzung für die Analyse und Bewertung relevanter Technologieinformationen.Die Informationsbeschaffung muss dabei hinsichtlich der Aspekte Festlegung der Beobachtungsperspektive, Auswahl geeigneter Informationsquellen und Gestaltung der Informationskanäle ausgestaltet werden.

Aufgabe der Informationsbewertung ist die Analyse der erhoben Daten und Informationen, um deren Relevanz und Bedeutung für das Unternehmen zu ermitteln. Die Bewertungsaufgabe ist dabei von der strategischen Ausrichtung des Unternehmens abhängig. Vor diesem Hintergrund sind geeignete Bewertungsformen und -methoden auszuwählen, die den situativen Faktoren der Bewertungssituation und der verfolgten Zielsetzung der Bewertungsaufgabe entsprechen. Dabei erfolgen Informationsbeschaffung und -bewertung nicht unbedingt sequentiell, da sich teilweise aus der Wahl der Bewertungsmethode Anforderungen an die Informationsqualität oder -quantität stellen.

Die Kommunikation der durch die Technologiefrüherkennung gewonnenen Informationen und Erkenntnisse stellt ein wichtiges Bindeglied zur Technologieplanung dar im Unternehmen dar. Die Informationen fließen in die technologiebezogenen Entscheidungsprozesse ein oder bilden deren Grundlage. In welcher Art und Weise mit den Erkenntnissen anschließend umgegangen wird, wird in den anschließenden Kapiteln detailliert beschrieben.

Literatur

1. Peiffer, S.: Technologie-Frühaufklärung. Identifikation und Bewertung zukünftiger Technologien in der strategischen Unternehmensplanung. Steuer- und Wirtschaftsverlag, Hamburg (1992)
2. Aguilar, F.: Scanning the Business Environment. Macmillan, New York (1967)
3. Ashton, W., Stacey, G.: Technical intelligence in business: understanding technology threats and opportunities. Int. J. Technol. Manag. **10**(1), 79–104 (1995)
4. Ashton, W., Klavans, R.: An introduction to technical intelligence in business. In: Ashton, W., Klavans, R. (Hrsg.) Keeping Abreast of Science and Technology. Technical Intelligence for Business, S. 5–22. Battelle Press, Columbus (1997)
5. Lang, H.-C.: Technology intelligence. Ihre Gestaltung in Abhängigkeit der Wettbewerbssituation. Orell Füssli Verlag Industrielle Organisation, Zürich (1999)
6. Gerpott, T.: Strategisches Technologie- und Innovationsmanagement. Schäffer-Poeschel, Stuttgart (2005)
7. Müller-Stewens, G., Lechner, C.: Strategisches Management. Wie strategische Initiativen zum Wandel führen. Der St. Galler General Management Navigator, 3. überarb. und erw. Aufl. Schäffer-Poeschel, Stuttgart (2005)
8. Müller, G.: Strategische Suchfeldanalyse. Die Identifikation neuer Geschäfte zur Überwindung struktureller Stagnation. Gabler, Wiesbaden (1987)
9. Eversheim, W., Schuh, G., Assmus, D.: Integrierte Produkt- und Prozessgestaltung. In: Eversheim, W., Schuh, G. (Hrsg.) Integrierte Produkt- und Prozessgestaltung, S. 5–20. Springer, Berlin (2005)
10. Caspers, R.: Gesellschaftliche Bedeutung von Wissen und Wissensnetzwerken. In: Caspers, R., Bickhoff, N., Bieger, T. (Hrsg.) Interorganisatorische Wissensnetzwerke. Mit Kooperationen zum Erfolg, S. 59–108. Springer, Berlin (2004)
11. Mertens, P., Wieczorrek, H.: Data X Strategien. Data Warehouse, Data Mining und operationale Systeme für die Praxis. Springer, Berlin (2000)
12. Bleicher, K.: Das Konzept integriertes Management, 7. überarb. und erw. Aufl. Campus, Frankfurt a. M. (2004)
13. Kodama, F.: Japanese innovation in mechatronics technology. Sci. Public Policy **13**(1), 44–51 (1985)
14. Kodama, F.: Technology fusion and the new R&D. Harv. Bus. Rev. **70**, 70–78 (1992)
15. Brodbeck, H.: Strategische Entscheidungen im Technologie-Management. Relevanz und Ausgestaltung in der unternehmerischen Praxis. Orell Füssli Verlag Industrielle Organisation, Zürich (1999)
16. Kirsch, W., Trux, W.: Perspektiven eines strategischen Managements. In: Kirsch, W. (Hrsg.) Unternehmenspolitik – von der Zielforschung zum strategischen Management, S. 290–393. Kirsch, Herrsching (1981)
17. Koller, H.: Technologiefrühaufklärung. In: Specht, D., Möhrle, M. (Hrsg.) Gabler-Lexikon Technologiemanagement. Management von Innovationen und neuen Technologien in Unternehmen, S. 343–351. Gabler, Wiesbaden (2002)
18. Ansoff, H.: Die Bewältigung von Überraschungen. Strategische Reaktion auf schwache Signale. Z. Betriebswirtsch. Forsch. **28**, 129–152 (1976)
19. Krystek, U., Müller-Stewens, G.: Frühaufklärung für Unternehmen. Identifikation und Handhabung zukünftiger Chancen und Bedrohungen. Schäffer-Poeschel, Stuttgart (1993)

20. Rüegg-Stürm, J.: Das neue St. Galler Management-Modell, 2. Aufl. Haupt, Bern (2005)
21. Hoffmann, F.: Führungsorganisation. Stand der Forschung und Konzeption. Mohr, Tübingen (1980)
22. Liebl, F.: Strategische Frühaufklärung. Trends, Issues, Stakeholders. Oldenbourg, München (1996)
23. Aaker, D.: Organizing a strategic information scanning system. Calif. Manag. Rev. **25**(2), 76–83 (1983)
24. Reger, G.: Technologie-Früherkennung: Organisation und Prozess. In: Gassmann, O., Kobe, C. (Hrsg.) Management von Innovation und Risiko. Quantensprünge in der Entwicklung erfolgreich managen, 2. überarb. Aufl., S. 303–329. Springer, Berlin (2006)
25. Tibbetts, J.: Technology scouting. In: Ashton, W., Klavans, R. (Hrsg.) Keeping Abreast of Science and Technology. Technical Inteligence for Business, S. 217–258. Battelle Press, Columbus (1997)
26. Zeller, A.: Technologiefrühaufklärung mit Data Mining. Informationsprozessorientierter Ansatz zur Identifikation schwacher Signale. DUV, Wiesbaden (2003)
27. Lichtenthaler, E.: Organisation der Technology Intelligence. Eine empirische Untersuchung der Technologiefrühaufklärung in technologieintensiven Grossunternehmen. Orell Füssli Verlag Industrielle Organisation, Zürich (2002)
28. Lichtenthaler, E.: Technology intelligence – improving technological decision-making. In: Tschirky, H., Jung, H.-H., Savioz, P. (Hrsg.) Technology and Innovation Management on the Move. From Managing Technology to Managing Innovation-Driven Enterprises, S. 111–126. Industrielle Organisation, Zürich (2003)
29. Berthel, J.: Informationsbedarf. In: Frese, E. (Hrsg.) Handwörterbuch der Organisation, 3. völlig neu gestaltete Aufl., S. 872–886. Schäffer-Poeschel, Stuttgart (1992)
30. Lehmann, E.: Suche (search). In: Strube, G. (Hrsg.) Wörterbuch der Kognitionswissenschaft, S. 696–706. Klett-Cotta, Stuttgart (1996)
31. Becker, W.: Planung, Entscheidung und Kontrolle, 6. Aufl. Universität Bamberg, Bamberg (2008)
32. North, K.: Wissensorientierte Unternehmensführung. Wertschöpfung durch Wissen, 4. aktualisierte und erw. Aufl. Gabler, Wiesbaden (2005)
33. Boutellier, R., Bratzler, M., Böttcher, S.: Zukunftssicherung durch Technologiebeobachtung. io New Manag. **67**, 87–91 (1998)
34. Rohrbeck, R., Gemünden, H.: Strategische Frühaufklärung – Modell zur Integration von markt- und technologieseitiger Frühaufklärung. In: Gausemeier, J. (Hrsg.) Symposium für Vorausschau und Technologieplanung, S. 159–175. HNI, Paderborn (2006)
35. Schuh, G., Klappert, S., Wellensiek, M.: Effiziente Technologiefrüherkennung durch Suchfeldstrategien. In: Gausemeier, J. (Hrsg.) Vorausschau und Technologieplanung, 1. Aufl., S. 175–191. HNI, Paderborn (2008)
36. Wolfrum, B.: Strategisches Technologiemanagement, 2. überarb. Aufl. Gabler, Wiesbaden (1994)
37. Bullinger, H.-J.: Technologiemanagement. In: Eversheim, W., Schuh, G. (Hrsg.) Produktion und Management. «Betriebshütte». 7. völlig neu bearbeitete Aufl., S. 26–54. Springer, Berlin (1996)
38. Schuh, G., Orilski, S., Wellensiek, M.: Efficient technology intelligence by search field strategies. In: International Society for Professional Innovation Management. (Hrsg.) The XX ISPIM Conference, Wien (2009)
39. Porter, M.E.: Wettbewerbsvorteile. Spitzenleistungen erreichen und behaupten, 4. Aufl. Campus, Frankfurt a. M. (1996)
40. Zahn, E., von Kortzfleisch, G. (Hrsg.): Technologie- und Innovationsmanagement. (Festgabe für Gert v. Kortzfleisch zum 65. Geburtstag). Duncker & Humblot, Berlin (1986)
41. Savioz, P.: Entscheidungen in risikoreichen Projekten unterstützen. In: Gassmann, O., Kobe, C. (Hrsg.) Management von Innovation und Risiko. Quantensprünge in der Entwicklung erfolgreich managen, 2. überarb. Aufl., S. 331–355. Springer, Berlin (2006)

42. Bullinger, H.-J.: Einführung in das Technologiemanagement. Modelle, Methoden, Praxisbeispiele. Teubner, Stuttgart (1994)
43. Tschirky, H.: Konzept und Aufgaben des Integrierten Technologie-Managements. In: Tschirky, H., Koruna, S. (Hrsg.) Technologie-Management. Idee und Praxis, S. 193–394. Orell Füssli Verlag Industrielle Organisation, Zürich (1998)
44. Klappert, S.: Systembildendes Technologie-Controlling. Shaker, Aachen (2006)
45. Bannert, V.: Managing corporate acquisitions in innovation driven industries. Dissertation ETH Zürich, Zürich (2004)
46. Sauber, T.: Design and implementation of a concept of structured innovation strategy formulation. Dissertation ETH Zürich, Zürich (2004)
47. Porter, M.: The five competitive forces that shape strategy. Harv. Bus. Rev. **86**, 78–93 (2008)
48. Lang-Koetz, C., Ardilio, A., Wartsch, J.: TechnologieRadar – Heute schon Technologien für morgen identifizieren. In: Bullinger, H.-J. (Hrsg.) Fokus Technologie. Chancen erkennen – Leistungen entwickeln. Hanser, München (2009)
49. Lichtenthaler, E.: Corporate diversification. Technovation **25**, 697–709 (2005)
50. Rohrbeck, R.: Technology Foresight. Technologische Frühaufklärung in der frühen Phase des Innovationsprozesses (26.–28. März 2007)
51. Richtlinie Nr. 2220: Produktplanung, Ablauf, Begriffe und Organisation. VDI, Düsseldorf (1980)
52. Gomeringer, A.: Eine integrative, prognosebasierte Vorgehensweise zur strategischen Technologieplanung für Produkte. Jost-Jetter, Heimsheim (2007)
53. Croisier, B.: The governance of external research: empirical test of some transaction-cost related factors. R&D Manag. Sci. **28**, 289–298 (1998).
54. Nebel, B.: Subsumtion, Subsumption (subsumption). In: Strube, G. (Hrsg.) Wörterbuch der Kognitionswissenschaft, S. 695. Klett-Cotta, Stuttgart (1996)
55. Christensen, C.: The innovator's Dilemma. The Revolutionary Book that Will Change the Way You Do Business. Collins Business Essentials, New York (2006)
56. Kneerich, O.: F&E: Abstimmung von Strategie und Organisation. Entscheidungshilfen für Innovatoren. Schmidt, Berlin (1995)
57. Rogers, E.: Diffusion of Innovations, 5. Aufl. Free Press, New York (2003)
58. Zweck, A.: Technologiemanagement – Technologiefrüherkennung und Technikbewertung. In: Schäppi, B., Andreasen, M., Kirchgeorg, M., Radermacher, F.J. (Hrsg.) Handbuch Produktentwicklung, S. 169–193. Hanser, München (2005)
59. Liebl, F.: Technologie-Frühaufklärung. In: Albers, S., Gassmann, O. (Hrsg.) Handbuch Technologie- und Innovationsmanagement. Strategie, Umsetzung, Controlling, S. 119–136. Gabler, Wiesbaden (2005)
60. Lichtenthaler, E.: Methoden der Technologie-Früherkennung und Kriterien zu ihrer Auswahl. In: Möhrle, M.G., Isenmann, R. (Hrsg.) Technologie-Roadmapping. Zukunftsstrategien für Technologieunternehmen, 3. neu bearbeitete und erweiterte Aufl., S. 59–84. Springer, Berlin (2008)
61. Steinmüller, K.: Methoden der Zukunftsforschung – Langfristorientierung als Ausgangspunkt für das Technologie-Roadmapping. In: Möhrle, M.G., Isenmann, R., Müller-Merbach, H., Möhrle-Isenmann. (Hrsg.) Technologie-Roadmapping. Zukunftsstrategien für Technologieunternehmen; gewidmet Professor Dr. Heiner Müller-Merbach, 2. wesentlich erw. Aufl., S. 81–101. Springer, Berlin (2005)
62. Lang, H.-C.: Technology Intelligence. In: Tschirky, H., Koruna, S. (Hrsg.) Technologie-Management. Idee und Praxis, S. 396–412. Orell Füssli Verlag Industrielle Organisation, Zürich (1998)
63. Bürgel, H., Reger, G., Ackel-Zakour, R.: Technologie-Früherkennung in multinationalen Unternehmen: Ergebnisse einer empirischen Untersuchung. In: Möhrle, M.G., Isenmann, R., Müller-Merbach, H. (Hrsg.) Technologie-Roadmapping. Zukunftsstrategien für Technologieunternehmen; gewidmet Professor Dr. Heiner Müller-Merbach, 2. wesentlich erw. Aufl., S. 27–53. Springer, Berlin (2005)

64. Koller, H., Untiedt, H.: Der Einbezug der strategischen Planung in die operative Ebene. In: Scholz-Reiter, B. (Hrsg.) Technologiegetriebene Veränderungen der Arbeitswelt. Gito, Berlin (2008)
65. Drachsler, K.: Leitfaden Technology Intelligence. Anleitung zur Technologiefrühaufklärung. IRB Verlag, Stuttgart (2006)
66. Jansen, D.: Einführung in die Netzwerkanalyse. Grundlagen, Methoden, Forschungsbeispiele, 3. überarb. Aufl. VS, Wiesbaden (2006)
67. Mieke, C.: Technologiefrühaufklärung in Netzwerken, 1. Aufl. DUV, Wiesbaden (2006)
68. Reger, G.: Technology foresight in companies. from an indicator to a network and process perspective. Technol. Anal. Strategic Manag. **13**, 533–553 (2001)
69. Hess, C., Ostrom, E.: Ideas, artifacts, and facilities: information as a common-pool resource. http://www.law.duke.edu/shell/cite.pl?66+Law+&+Contemp.+Probs.+111+(WinterSpring+2003)+pdf. Zugegriffen: 15. Nov 2008
70. Global CEO Study 2006, IBM Institute for Business Value (2006)
71. Davenport, T., Prusak, L., Höhlein, H.: Wenn Ihr Unternehmen wüsste, was es alles weiß... Das Praxishandbuch zum Wissensmanagement. Moderne Industrie, Landsberg (1999)
72. Probst, G., Raub, S., Romhardt, K.: Wissen managen. Wie Unternehmen ihre wertvollste Ressource optimal nutzen, 3. Aufl. Frankfurter Allgemeine Zeitung für Deutschland, Frankfurt a. M. (1999)
73. Rowley, J., Hartley, R.: Organizing Knowledge. An Introduction to Managing Access to Information, 4. Aufl. Ashgate, Aldershot (2008)
74. Noteboom, B.: Inter-Firm Alliances: Analysis and Design. Routledge, London (1999)
75. Chiesa, V., Manzini, R.: Organizing for technological collaborations: a managerial perspective. R&D Manag. **28**, 199–212 (1998)
76. Williamson, O.: Markets and Hierarchies Analysis and Antitrust Implications. A Study in the Economics of Internal Organization. Free Press, New York (1983)
77. Hagedoorn, J.: Understanding the rationale of strategic technology partnering: interorganizational modes of cooperation and sectoral differences. Strategic Manag. J. **14**, 371–385 (1993)
78. Gausemeier, J., Ebbesmeyer, P., Kallmeyer, F.: Produktinnovation. Strategische Planung und Entwicklung der Produkte von morgen. Hanser, München (2001)
79. Gelbmann, U., Vorbach, S.: Das Innovationssystem. In: Strebel, H. (Hrsg.) Innovations- und Technologiemanagement, 2. erw. und überarb. Aufl., S. 97–157. Facultas, Wien (2007)
80. Reichwald, R., Piller, F., Ihl, C.: Interaktive Wertschöpfung. Open Innovation, Individualisierung und neue Formen der Arbeitsteilung, 2. Aufl. Gabler, Wiesbaden (2009)
81. Strube, G., Schlieder, C.: Wissen und Wissensrepräsentation (knowledge and knowledge representation). In: Strube, G. (Hrsg.) Wörterbuch der Kognitionswissenschaft, S. 799–815. Klett-Cotta, Stuttgart (1996)
82. Geschka, H.: Methoden der Technologiefrühaufklärung und der Techologievorhersage. In: Zahn, E. (Hrsg.) Handbuch Technologiemanagement, S. 623–644. Schäffer-Poeschel, Stuttgart (1995)
83. Matzler, K., Bailom, F.: Messung von Kundenzufriedenheit. In: Hinterhuber, H.H., Matzler, K. (Hrsg.) Kundenorientierte Unternehmensführung. Kundenorientierung – Kundenzufriedenheit – Kundenbindung, 5. überarbeitete und erweiterte Aufl., S. 241–270. Gabler, Wiesbaden (2006)
84. Herrmann, A., Huber, F.: Produktmanagement. Grundlagen – Methoden – Beispiele, 2. vollständig überarbeitete und erweiterte Aufl. Gabler, Wiesbaden (2009)
85. Stegelmann, H.U.: Die Früherkennung technologischer Chancen, Realisierung und Perspektiven. Jülich: Zentralbibliothek der Kernforschungsanlage Jülich (Spezielle Berichte der Kernforschungsanlage Jülich), Nr. 433 (1988)
86. Pfeifer, T.: Qualitätsmanagement. Strategien, Methoden, Techniken, 3. völlig überarb. und erw. Aufl. Hanser, München (2001)

87. Gausemeier, J., Stoll, K., Wenzelmann, C.: Szenario-Technik und Wissensmanagement in der strategischen Planung. In: Gausemeier, J. (Hrsg.) Vorausschau und Technologieplanung, 1. Aufl., S. 3–30. HNI, Paderborn (2007)
88. Wolfrum, B.: Strategisches Technologiemanagement. Gabler, Wiesbaden (1991)
89. Angermeyer-Naumann, R.: Management der Umweltbeziehungen. Öffentliche Auseinandersetzungen als Herausforderung, 1. Aufl. Nachdr. 1992. Kirsch, Herrsching (1985)
90. Steinmüller, K.: Methoden der Zukunftsforschung. In: Möhrle, M.G., Isenmann, R. (Hrsg.) Technologie-Roadmapping. Zukunftsstrategien für Technologieunternehmen, 3. neu bearbeitete und erweiterte Aufl., S. 85–106. Springer, Berlin (2008)
91. Meyer-Schönherr, M.: Szenario-Technik als Instrument der strategischen Planung. Verl. Wiss. & Praxis, Ludwigsburg (1992)
92. Geschka, H., Hammer, R.: Die Szenario-Technik in der strategischen Unternehmensplanung. In: Hahn, D., Taylor, B. (Hrsg.) Strategische Unternehmungsplanung – strategische Unternehmungsführung. Stand und Entwicklungstendenzen, 5. neu bearb. u. erw. Aufl., S. 311–336. Physica, Heidelberg (1990)
93. Kreikebaum, H.: Strategische Unternehmensplanung, 6. überarb. und erw. Aufl. Kohlhammer, Stuttgart (1997)
94. von Reibnitz, U.: Szenario-Technik. Instrumente für die unternehmerische und persönliche Erfolgsplanung, 1. Aufl. Gabler, Wiesbaden (1992)
95. Fink, A., Siebe, A.: Handbuch Zukunftsmanagement. Werkzeuge der strategischen Planung und Früherkennung. Campus, Frankfurt a. M. (2006)
96. Geschka, H., Hahnenwald, H., Schwarz-Geschka, M.: Szenariotechnik. In: Gassmann, O., Sutter, P. (Hrsg.) Praxiswissen Innovationsmanagement. Von der Idee zum Markterfolg, S. 119–138. Hanser, München (2008)
97. Lindemann, U.: Methodische Entwicklung technischer Produkte. Methoden flexibel und situationsgerecht anwenden, 3. korrigierte Aufl. Springer, Berlin (2009)
98. Böhler, H.: Gentechnologie. In: Oberender, P., Baum, H.J. (Hrsg.) Marktökonomie. Marktstruktur und Wettbewerb in ausgewählten Branchen der Bundesrepublik Deutschland. Vahlen, München (1989)
99. Maier, H.: Standort und Zukunftsperspektiven der neuen Biotechnologie. ifo Schnelldienst **9**, 14–22 (1987)
100. Grupp, H.: Nutzung von Wissenschafts- und Technikindikatoren bei der Identifikation und Bewertung von Innovationsprozessen: Technologiefrühaufklärung. Identifikation und Bewertung von Ansätzen zukünftiger Technologien. Schäffer-Poeschel, Stuttgart (1992)
101. Schmoch, U.: Technikprognosen mit Patentindikatoren. Zur Einschätzung zukünftiger industrieller Entwicklungen bei Industrierobotern, Lasern, Solargeneratoren u. immobilisierten Enzymen. TÜV Rheinland, Köln (1988)

Technologieplanung 7

Günther Schuh, Sascha Klappert und Simon Orilski

Kurzüberblick Die Planung beinhaltet die Ermittlung und Systematisierung aller Aktivitäten, deren Ablauf sowie der Kosten, Ressourcen und Termine und stellt die geistige Vorwegnahme zukünftigen Handelns dar [1]. Innerhalb der Technologieplanung bedeutet dies, die richtigen Entscheidungen im Hinblick auf die zukünftige technologische Ausrichtung des Unternehmens zu treffen und deren Umsetzung vorauszudenken. Es sind also die Fragen zu beantworten, mit welchen Technologien und auf welchem Wege der Umsatz und die Marktanteile eines Unternehmens gesteigert, die Kundenforderungen besser erfüllt, die Unternehmenspotenziale gestärkt, Wettbewerbsvorteile und Zeitvorsprünge erzielt und Stärken ausgebaut bzw. die Schwächen abgebaut werden können [2]. Kernergebnis der Technologieplanung ist der Technologieplan (Technologieroadmap), der beschreibt, welche Technologie zu welchem Zeitpunkt und zu welchem Zweck zur Anwendung kommen sollen. Darüber hinaus wird Auskunft erteilt, woher die Technologien bezogen werden und welche Vorgaben für die Ressourcenplanung gelten.

7.1 Einleitung und Charakterisierung

In den vergangenen Jahren hat sich das Verständnis des Begriffs „Technologieplanung" stark gewandelt: Nachdem ursprünglich rein operative Planungsaufgaben wie die Investitionsplanung mit diesem Schlagwort verbunden waren, etablierte sich die Philosophie der Langfristplanung [3]. Entsprechende langfristige Planungsüberlegungen extrapolieren Trends der Vergangenheit, setzen eine stetige Entwicklung in der Zukunft voraus und basieren auf fixen jährlichen Planungsprozessen. Heutzutage hat jedoch das strategische Denken als Planungsphilosophie diese Langfristperspektive abgelöst. Im Gegensatz zum Langfristansatz schließt die strategische Planung auch die Beherrschung technologischer

G. Schuh (✉)
52074 Aachen, Deutschland
E-Mail: g.schuh@wzl.rwth-aachen.de

G. Schuh, S. Klappert (Hrsg.), *Technologiemanagement*,
DOI 10.1007/978-3-642-12530-0_7,

Diskontinuitäten ein und zeichnet sich durch eine flexible Anpassung an veränderte Rahmenbedingungen und die Nutzung neuer technologischer Potenziale aus [4].

Obwohl die Technologieplanung unbestritten einen zentralen Aufgabenbereich des Technologiemanagements darstellt, existiert heute keine einheitliche Definition ihres Betrachtungsumfangs und der erforderlichen Aktivitäten. Einige Autoren verstehen unter dem Gesamtbegriff „strategische Technologieplanung" ausschließlich die Entwicklung der Technologiestrategie, während andere eine breitere Auffassung vertreten und neben der Technologiestrategieerarbeitung auch strategische Technologieentscheidungen sowie die Umsetzungsplanung oder auch Analyse- und Controllingschritte dazu zählen [3, 5–7]. Oftmals wird in der Standardliteratur zum Technologiemanagement der direkte Begriff „Technologieplanung" nicht verwendet.

Zusammenfassend beinhaltet die Planung die Ermittlung und Systematisierung aller Aktivitäten, deren Ablauf sowie der Kosten, Ressourcen und Termine und stellt die geistige Vorwegnahme zukünftigen Handelns dar [1]. Für die Technologieplanung bedeutet dies, die richtigen Entscheidungen im Hinblick auf die zukünftige technologische Ausrichtung des Unternehmens zu treffen und deren Umsetzung vorauszudenken. Es sind also die Fragen zu beantworten, mit welchen Technologien und auf welchem Wege der Umsatz und die Marktanteile eines Unternehmens gesteigert, die Kundenforderungen besser erfüllt, die Unternehmenspotenziale gestärkt, Wettbewerbsvorteile und Zeitvorsprünge erzielt sowie Stärken aus- bzw. Schwächen abgebaut werden können [2]. Die Technologieplanung beinhaltet somit die Operationalisierung der Technologiestrategie. Während in der Technologiestrategie im Wesentlichen Ziele beschrieben werden, erfolgt im Rahmen der Technologieplanung die Gestaltung des Weges zur Erreichung der Ziele. Kernergebnis der Technologieplanung ist der Technologieplan, der beschreibt, welche Technologie zu welchem Zeitpunkt und zu welchem Zweck zur Anwendung kommen sollen. Darüber hinaus wird Auskunft erteilt, woher die Technologien bezogen werden und welche Vorgaben für die Ressourcenplanung gelten. Somit entstehen im Rahmen des Technologieplanungsprozesses konkrete, umsetzbare Vorgaben für die Entwicklung und den Einsatz von Technologien.

Das Ziel der Technologieplanung ist das Treffen der richtigen Entscheidung über den Technologieeinsatz, die Technologieentwicklung und die Technologiebeschaffung im Unternehmen. Basierend auf den vorhandenen Informationen, beispielsweise den technologiestrategischen Vorgaben, dem definierten Produktprogramm, den technologischen Fähigkeiten und den Erkenntnissen aus der Technologiefrüherkennung wird der Technologieplan erstellt. Dieser beschreibt, welche Technologien zu welchem Zweck und zu welchem Zeitpunkt im Unternehmen zum Einsatz kommen sollen. Darüber hinaus wird im Technologieplan festgelegt, wie die Technologien beschafft werden sollen. So werden inhaltliche, terminliche und kostenseitige Zielvorgaben sowohl für die externe Beschaffung von Technologien als auch für die Eigenentwicklung von Technologien vorgegeben. Der Technologieplan eines Unternehmens ist die unmittelbare Basis für alle operativen Schritte der Nutzung und Anwendung von Technologien, der Technologiebeschaffung und der Technologieentwicklung.

Eng mit dem Begriff der Technologieplanung verknüpft sind die Market-Pull- und Technology-Push-Planungsansätze. Der Grundgedanke des Market-Pull besteht darin, das Produktprogramm eines Unternehmens basierend auf den bestehenden Markt- und Kundenforderungen zu definieren. Die Markt- und Kundenforderungen dienen bei der Produktplanung somit als Vorgaben, die durch die Produkte des Unternehmens zu erfüllen sind. Dies bedeutet für die nach der Produktplanung durchgeführte Technologieplanung, dass ein definiertes Produktspektrum gegeben ist, für dessen Realisierung alle notwendigen Produkt- und Fertigungstechnologien bereitgestellt werden müssen. Im Gegensatz hierzu bilden beim Technology-Push nicht die Markt- und Kundenforderungen den Ausgangspunkt des Planungsprozesses, sondern die technologischen Kompetenzen des Unternehmens, deren Analyse zu Ideen für mögliche neue Produkte und Leistungen führt. So ergibt sich durch den Technology-Push eine Diversifikation des Produktspektrum eines Unternehmens zunächst unabhängig von Markt- und Kundenforderungen. Um diese realisieren zu können kann es erforderlich sein, die im Unternehmen vorhandenen Technologien weiterzuentwickeln oder neue Technologien zu implementieren.

In frühen Betrachtungsweisen fokussierte die Technologieplanung häufig auf die reine Entscheidungsaufgabe. So wurden beispielsweise Ansätze wie das S-Kurven-Modell oder Portfolio-Konzepte als Instrumente der Planung beschrieben, aber nicht in einen prozessualen Kontext eingeordnet. Im Laufe der letzten Jahre fand jedoch stärker ein Angleich an die angelsächsische Sichtweise von Managementvorgängen statt, bei denen nicht die Entscheidung selbst, sondern der Prozess der Entscheidungsfindung im Mittelpunkt steht [8]. Demzufolge werden in diesem Kapitel sowohl Aufgaben und Entscheidungssituationen als auch der Planungsprozess sowie zu verwendende Hilfsmittel beschrieben.

7.2 Aufgaben der Technologieplanung

Der Aufgabenkomplex Technologieplanung umfasst sieben Einzelaufgaben (vgl. Abb. 7.1), die die Basis für entsprechende Entscheidungen schaffen. Diese Aufgaben werden teilweise bereits in der Technologiestrategie adressiert. Folgende Aufgaben der Planung besitzen ein technologiestrategisches Pendant:

- Technologieauswahl
- Ermittlung der möglichen technologischen Leistungsfähigkeit

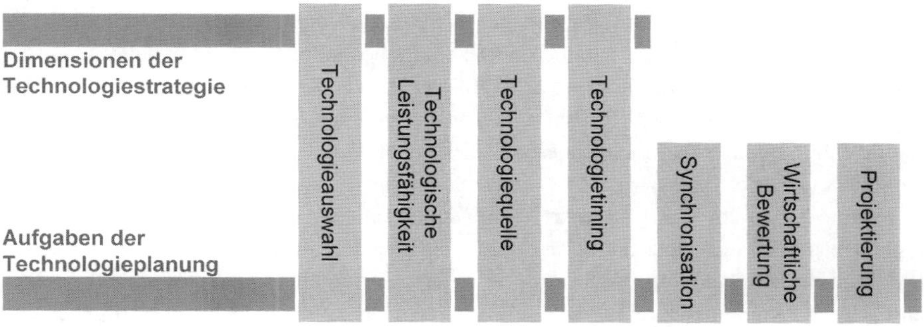

Abb. 7.1 Aufgaben der Technologieplanung und entsprechende Pendants in der Technologiestrategie

- Ermittlung des möglichen Zeitraums des Technologieeinsatzes
- Festlegung der möglichen Technologiequelle

Während in der Technologiestrategie die grundsätzlichen, lang- und mittelfristig verfolgten Ziele und Lösungsansätze beschrieben werden, stellt die Technologieplanung eine Konkretisierung dar, die in einer unmittelbar umsetzbaren, handlungsleitenden Planung mündet, die auch alle kurzfristig durchzuführenden Maßnahmen enthält. Beispielsweise betrachtet die Technologiestrategie oft nur Technologiefelder, die Planung hingegen bezieht sich auf konkrete Technologien und enthält Aspekte mit stark operativem Charakter wie die Projektierung und Ressourcenplanung für Technologieentwicklungsprojekte [5]. Weiterhin werden im Rahmen der Technologieplanung folgende Aufgaben mit operativen Charakter bearbeitet, die kein unmittelbares Pendant in der Technologiestrategie aufweisen:

- Synchronisation von Produkt- und Technologieplanung
- Wirtschaftliche Bewertung der Technologien
- Projektierung von Technologieentwicklungsprojekten

Die angeführten Aufgaben der Technologieplanung lassen sich durch die zu beantwortenden Entscheidungsfragen charakterisieren:

1. Aufgabe: Technologieauswahl
   Entscheidungsfrage: Welche Technologien sollen im Unternehmen zu welchem Zweck zum Einsatz kommen? Welche Technologien werden warum nicht mehr benötigt? Welche Technologien können durch leistungsfähigere Alternativen substituiert werden?
2. Aufgabe: Ermittlung der möglichen technologischen Leistungsfähigkeit
   Entscheidungsfrage: Auf welchem Leistungsniveau werden die Technologien zum Einsatz kommen?
3. Aufgabe: Ermittlung des möglichen Zeitraums des Technologieeinsatzes
   Entscheidungsfrage: Wann werden die Technologien zum Einsatz kommen? Wann werden nicht mehr benötigte Technologien abgestoßen?
4. Aufgabe: Festlegung der möglichen Technologiequelle
   Entscheidungsfrage: Wie bzw. woher sollen die Technologien bezogen werden?

Da diese Planungsaufgaben und Entscheidungssituationen in ihren Grundzügen schon im Kapitel Technologiestrategie beschrieben sind, sei an dieser Stelle darauf verwiesen. Hinsichtlich der Technologieauswahl muss die Planung die Vorgaben der Technologiestrategie konkretisieren, d. h. für die allgemein in der Strategie vorgegebenen Technologiefelder konkrete Realisierungsmöglichkeiten finden, mögliche Optionen bilden und die am besten geeigneten auswählen [8]. Dabei ist zu evaluieren, ob die Zielsetzungen zum technologischen Leistungsniveau, zum Technologie-Timing und zur bevorzugten Technologiequelle eingehalten werden können. Innerhalb dieser Leitplanken muss in der Planung dann detailliert und entscheiden werden, welches Leistungsniveau genau erreicht werden soll, wann eine Technologie zur Einsatzreife entwickelt und aus welcher Quelle eine Technologie bezogen wird. Zu letzter Aufgabe gehört z. B. die Definition der Partner im Falle von Kooperationen [9]. Weiterhin sei angemerkt, dass die Technologieauswahl als die Kernaufgabe der Technologieplanung angesehen werden kann, die durch weitere Aufgaben wie beispielsweise eine wirtschaftliche Bewertung unterstützt wird.

5. Aufgabe: Synchronisation von Produkt- und Technologieplanung
   Entscheidungsfragen: Für welchen vom Unternehmen verfolgten Zweck sollen die Technologien eingesetzt werden? Für welche Produkte bzw. für welche geforderten Fähigkeiten und Kompetenzen werden welche Technologien benötigt? Welche weiteren Produkte können auf Basis des Technologieportfolios realisiert werden?

Zum einen existieren in Unternehmen Technologieentwicklungen ohne konkreten Produktbezug, die organisatorisch oft in den Abteilungen Forschung oder Vorentwicklung verankert sind und dem Aufbau von zukunftsträchtigen technologischen Potenzialen dienen [8]. Zum anderen wird der Technologieplanung häufig das geplante Produktspektrum bzw. im voraus definierte Funktionen von Produkten oder Prozessen als Ausgangsbasis für die Suche nach geeigneten Technologien zugrunde gelegt [8]. Als Planungs- und Visualisierungsinstrument eignet sich die Technologie-Roadmap, die relevante Technologien in einen zeitlichen Kontext einordnet und eine Zuordnung von Produkten zu Technologien entlang der Zeitachse ermöglicht [10, 11]. Somit stellt sie ein ideales Hilfsmittel dar, um den Zusammenhang zwischen beiden Planungsobjekten zu erschließen und aufzuzeigen. Im Einzelfall kann sie auch verwendet werden, um neue Optionen des Technologieeinsatzes zu identifizieren, die vorher nicht transparent waren. Darüber hinaus ermöglicht der umfassende Überblick der Technologieplanung über das Technologieportfolio auch die Identifikation neuer Produktideen auf Basis der in der Entwicklung befindlichen Technologien. Auch gehört es zu den Aktivitäten der Technologieplanung, aktiv nach neuen Einsatzmöglichkeiten für das bereits verfügbare Technologieportfolio zu suchen.

6. Aufgabe: Wirtschaftliche Bewertung der Technologien
   Entscheidungsfrage: Wie wird mit den Technologien auf Basis einer wirtschaftlichen Bewertung weiter verfahren?

Um die Entscheidungen der Technologieplanung für oder gegen den Einsatz einer neuen Technologie oder das Abstoßen einer alten Technologie vorzubereiten, bedarf es einer fundierten Technologiebewertung, die den Vergleich mehrerer Handlungsoptionen ermöglicht. Hierzu kommen sowohl qualitative Methoden wie Technologieportfolios oder Nutzwertanalysen als auch quantitative Hilfsmittel wie Kapitalwertberechnungen zum Einsatz [9]. Eine ausführliche Beschreibung der zu verwendenden Bewertungsmethoden findet sich im Kapitel Technologiebewertung.

7. Aufgabe: Projektierung und Ressourcenplanung
   Entscheidungsfragen: Die Entwicklung welcher Technologien soll aktiv vorangetrieben werden? Wann muss die Technologieentwicklung abgeschlossen sein? Wann muss insbesondere eine solche Technologiereife erreicht sein, dass ihre Adaption auf einen konkreten Anwendungsfall im Unternehmen zu realisieren ist? Wie lässt sich dieses Entwicklungsniveau kennzeichnen? Welche Ressourcen sollen zur Etablierung von Technologien in welcher Höhe zum Einsatz kommen?

Im Rahmen der Technologieplanung muss ein Detaillierungsniveau erreicht werden, das die Definition eines groben Projektkonstruktes für Technologieentwicklungsprojekte erlaubt. Dazu muss das Entwicklungsziel klar beschrieben sowie die Rollenverteilung bei der Einbindung externer Partner festgelegt werden [9]. Des Weiteren wird der Zeitrahmen fixiert, der der technologiestrategischen Timing-Vorgabe Rechnung trägt. Neben der Festlegung der inhaltlichen und terminlichen Ziele gilt es zu definieren, welche Ressourcen des Unternehmen in welcher Höhe zur Umsetzung der Ziele genutzt werden sollen. Neben der Betrachtung finanzieller Ressourcen durch Festlegung eines Budgets für die Technologieentwicklung sind beispielweise auch die erforderlichen Mitarbeiter sowie Hilfsmittel zur Technologieentwicklung (beispielsweise erforderliche Forschungsgeräte, EDV-Ausstattung, Prüfstände etc.) in die Betrachtung einzubeziehen [3, 9].

7.3 Betrachtungsbereich (Ebenen der Technologieplanung)

Die Planung des Einsatzes von Technologien in einem Unternehmen erfolgt stets unter Einbeziehung zahlreicher Informationen. Hierbei handelt es sich unter anderem um die bereits geschilderten technologiestrategischen Vorgaben. Darüber hinaus ist beispielsweise offensichtlich, dass das geplante Produktprogramm des Unternehmens eine weitere Eingangsgröße darstellt, die bei der Technologieplanung berücksichtigt werden muss. Die Information, welche Eigenschaften, Merkmale und Funktionalitäten die angebotenen Produkte aufweisen sollen, wie diese Eigenschaften technologisch realisiert werden, welche jährlichen Stückzahlen der Produkte an welchen Märkten abgesetzt werden sollen und welche Stückkosten angestrebt werden, determinieren sowohl die Auswahl der zum Einsatz kommenden Technologien als auch die hiermit verbundenen Entscheidungen über die Bezugsquelle der Technologie, das Timing des Technologieeinsatzes etc. Die Planung des Technologieeinsatzes ist ohne Berücksichtigung dieser Informationen nicht sinnvoll möglich.

Ebenso wie die Planung des Technologieeinsatzes vom gegebenen Produktprogramm abhängig ist, dienen Markt- und Kundenforderungen als Vorgabe für die Planung des Produktprogramms des Unternehmens. Produkte werden als Nutzenbündel konzipiert, um die Kundenbedürfnisse erfüllen zu können [12]. So stehen die Kundenbedürfnisse zwar nicht in direkter Verbindung zur Planung des Technologieeinsatzes im Unternehmen, sondern spiegeln sich bereits im Produktprogramm wider. Auf die Einbeziehung der verfügbaren Informationen über Kundenforderungen in die Technologieplanung sollte dennoch nicht verzichtet werden. Insbesondere bei der Technologieplanung mit langfristigem Zeithorizont können Kundenforderungen eine Orientierungshilfe sein, da sie, speziell in bestimmten Branchen wie beispielsweise in der Konsumgüterindustrie, häufig mit längerem Vorlauf ermittelt werden, als ein Produktprogramm bereits definiert ist.

Ein Ansatz zur Systematisierung der geschilderten Informationsarten kann aus dem Technologie-Roadmapping entlehnt werden. Da die Abstimmung aller für die Technologieplanung relevanten Informationen ein wesentliches Ziel des Technologie-Roadmappings ist [11], wurde in diesem Kontext eine kaskadische Ordnungssystematik entwickelt, sogenannte Planungsebenen. In der Praxis werden häufig, in Anlehnung an eine Definition der EIRMA, bei der Technologieplanung die drei Ebenen „Business/Market", „Products/Services" und „Technology" verwendet [13]. Die erste Ebene bezieht sich auf Markt- und Kundenforderungen, die die Grundlage für die Planung des Produktprogramms bildet. Das abgeleitete Produkt- bzw. Dienstleistungsprogramm findet sich in der zweiten Ebene.

Schließlich werden in der dritten Ebene die Technologien berücksichtigt, die zur Realisierung der Produkte bzw. Dienstleistungen notwendig sind. Die Planung des Technologieeinsatzes kann somit nicht losgelöst vom Produktprogramm und von den Kundenforderungen geschehen. Um zu sinnvollen Ergebnissen zu kommen, sind stets alle Planungsebenen in einem integrierten Ansatz zu betrachten.

Der beschriebene Ansatz zur Definition der bei der Technologieplanung zu betrachtenden Planungsebenen lässt sich um zwei Aspekte ergänzen [11]. Zum einen ist die Berücksichtigung von Trends, bei denen es sich beispielsweise um gesellschaftliche, wirtschaftliche oder technologische Entwicklungsgrundrichtungen handelt, von entscheidender Bedeutung für das Treffen von Technologieentscheidungen [14]. Bei der zweiten Ergänzung handelt es sich um die Unterteilung der Technologieebene in die Ebenen Produkt- und Fertigungstechnologien [15]. Diese Unterscheidung bietet sich aufgrund des unterschiedlichen Einsatzzwecks beider Technologiearten an. Während Produkttechnologien eingesetzt werden, um die definierten Eigenschaften und Funktionalitäten eines Produktes zu realisieren, dienen Fertigungstechnologien dessen Herstellung [16]. Unter Berücksichtigung dieser Ergänzungen ergibt sich somit ein aus fünf Ebenen bestehender, kaskadischer Ansatz zur Darstellung der für die Technologieplanung relevanten Informationen (s. Abb. 7.2) [11].

Die dargestellte Planungskaskade ist jedoch nicht streng kausal zu verstehen. Die jeweils untergeordnete Ebene muss also nicht allein die von der übergeordneten Ebene gestellten Anforderungen erfüllen. Vielmehr werden im Sinne gegenseitiger Beeinflussbarkeit der Ebenen auch Rückkopplungen in übergeordnete Ebenen zugelassen. Im Zentrum der Kaskade der Planungsebenen steht die Produktebene. Diese beschreibt die aktuellen sowie die zukünftig geplanten Produkte des Unternehmens anhand deren wesentlichen Merkmalen und Eigenschaften, adressierten Kunden, Kundengruppen und Märkten sowie zu produzierenden und abzusetzenden Stückzahlen. Neben eigenständigen Produkten

Abb. 7.2 Ebenen der Technologieplanung am Beispiel eines Triebwerkherstellers

können beispielsweise auch optional angebotene Komponenten, Ersatzteile oder Dienstleistungen betrachtet werden. Die Definition des Produktprogramms erfolgt auf Grundlage der Kunden- und Marktforderungen unter Berücksichtigung der technologischen Fähigkeiten des Unternehmens. Die bestehenden Kunden- und Marktforderungen gilt es durch die angebotenen Produkte des Unternehmens zu erfüllen. Neben diesem marktgetrieben Ansatz kann auch der Technology-Push-Ansatz zur Identifikation neuer Produkte verfolgt werden. Hierbei werden neue Produktideen nicht aus Kundenforderungen abgeleitet, sondern entstehen bei der Analyse der technologischen Fähigkeiten des Unternehmens unter der Fragestellung, zu welchem Zweck diese weiterhin angewandt werden können. Bei langfristigen Planungszeiträumen können an Stelle konkreter Produkte auch Produktkonzepte treten, die nur grobe Merkmale und Produkteigenschaften aufweisen. Zur Realisierung der Produkte eines Unternehmens sind Technologien eine notwendige Voraussetzung. Hierbei ist es sinnvoll, zwischen Produkt- und Fertigungstechnologien zu unterscheiden. Produkttechnologien dienen der Realisierung der gewünschten Eigenschaften und Fähigkeiten eines Produkts. Ein einzelnes Produkt lässt sich somit auch als Bündel von Produkttechnologien verstehen, die jeweils spezifische Merkmale des Produkts definieren. Fertigungstechnologien zielen hingegen nicht primär auf die Ermöglichung bestimmter Produkteigenschaften, sondern haben die Herstellung des Produkts bzw. seiner Komponenten zur Aufgabe. Durch die Technologieplanung ist sicherzustellen, dass die zur Realisierung der Produkte erforderlichen Technologien termingerecht durch eigene Entwicklung oder externe Beschaffung zur Verfügung stehen. Um den langen Lebens- und Entwicklungszeiten von Technologien gerecht zu werden, die häufig über den Zeitraum mit bereits definiertem Produktspektrum hinausgehen, wird bei der Produktplanung jedoch nicht nur das bereits definierte Produktprogramm berücksichtigt. Vielmehr wird die Planung innerhalb der Produkt- und Fertigungstechnologieebenen mit zunehmendem Planungsintervall zunehmend an Produktkonzepten, technologiestrategischen Vorgaben sowie langfristigen Trends und Kundenforderungen ausgerichtet. Als fünfte Planungsebene sind schließlich Trends zu berücksichtigen. Diese können beispielweise wirtschaftliche, kulturelle, soziale oder politische Entwicklungen beschreiben und sich auf mehrere Planungsebenen auswirken.

Fallbeispiel aus der Luftfahrtindustrie In Abb. 7.2 sind die relevanten Planungsebenen beispielhaft für einen Triebwerkhersteller dargestellt. Im Zentrum steht dabei zunächst das Produktprogramm. Dies beinhaltet für einen Triebwerkhersteller alle angebotenen Triebwerke mit einem für diese Branche typischen sehr langfristigem Zeithorizont von bis zu 15 Jahren. Dieses Produktprogramm wird zum einen aus branchenrelevanten Trends und aus den Kundenforderungen abgeleitet. Typische Anforderungen der Flugzeughersteller an Triebwerke sind beispielsweise ein geringer Kraftstoffverbrauch bei hoher Leistung, geringer Lärm- und Schadstoffemission, geringem Gewicht und geringem Wartungsaufwand. Das Anstreben der höchstmöglichen Betriebssicherheit des Triebwerks ist selbstverständlich. Die Kundenforderungen sind in der Regel mit Trends gekoppelt. Die aktuelle Ressourcenknappheit und die Forderung nach einer hohen Ressourceneffizienz schlagen sich so beispielsweise in der Kundenforderung nach geringem Kraftstoffverbrauch nieder. Je nach Gewichtung der einzelnen Kundenforderungen und den technischen Erfordernissen an das Triebwerk (z. B. Schub, Größe, maximales Gewicht, vorgesehener Flugzeugtyp) definiert das Unternehmen geeignete Produkte. Spezielle, dreidimensionale Geometrien der Schaufeln sowie moderne Kraftstoffeinspritzdüsen ermöglichen beispielsweise einen hohen Schub des Triebwerks bei gleichzeitig geringem Kraftstoffverbrauch. Zum anderen erfolgt die Auslegung des langfristigen Produktprogramms auf Basis technologischer Fähigkeiten. Im Bereich der Triebwerkherstellung sind beispielsweise das Fünf-Achs-Simultanfräsen der Turbinenschaufeln bzw. ganzer Blisks und das Laserbohren von Kühlbohrungen in Turbinengehäusen relevante Fertigungstechnologien. Doch auch diese Ebene der Fertigungstechnologien wird durch Trends und Kundenforderungen beeinflusst. So wird beispielsweise vor dem Hintergrund der Ressourceneffizienz beim Fräsen der Turbinenschaufeln ein möglichst geringer Verbraucht von Energie und Kühlschmiermittel angestrebt, und das Fräsen gegenüber dem mit hohem Aufwand zur Aufbereitung des Dielektrikums verbundenen erodieren bevorzugt.

Im Folgenden werden die Betrachtungsobjekte innerhalb der angesprochen Planungsebenen erläutert.

7.4 Betrachtungsobjekte der Technologieplanung

7.4.1 Trends

Ein Trend beschreibt die generelle Richtung einer Entwicklung in einem bestimmten Bereich bzw. Themengebiet und kann so die kohärente Entwicklung verschiedener Variablen dieses Bereichs umfassen. Trends entstehen häufig durch das Zusammenwirken verschiedener Faktoren, ohne dass sie zunächst weitere Beachtung finden. Mit steigender Bedeutung bzw. steigendem Einfluss des Trends wird dieser offensichtlich. Wurde ein Trend erkannt, ist es möglich, dessen Einfluss auf verschiedene Bereiche zu bewerten, die weitere Entwicklung des Trends zu prognostizieren und sein eigenes Handeln entsprechend auszurichten. Durch das Ausrichten des Handelns der Akteure im Umfeld des Trends auf diesen wird dieser häufig im Sinne eines Selbstverstärkungseffekts bzw. einer Self-Fulfilling-Prophecy verstärkt, sodass seine Bedeutung weiter zunimmt [17]. Gegen Ende des Lebenszyklusses eines Trends verliert dieser an Bedeutung und wird in sogenannten Trendbrüchen von anderen, neu aufkommenden Trends abgelöst [18].

Die Bedeutung der Berücksichtigung von Trends im Rahmen der Technologieplanung ist in den letzen Jahren stark gestiegen. Die dynamische Technologieentwicklung und sinkende Produktlebenszyklen führten und führen dazu, dass Unternehmen ihr Produktprogramm oft nur kurzfristig planen. Während früher Unternehmen oft Jahre in die Zukunft planen konnten, stehen heutzutage regelmäßig kurzfristige Planungsanpassungen im Vordergrund [18]. Die Berücksichtigung von Trends im Rahmen der Technologieplanung ist ein Ansatz, der schwindenden Möglichkeit zur Orientierung an einem definierten

Produktprogramm entgegenzuwirken. Häufig lassen sich Trends identifizieren, die wertvolle Hinweise auf mögliche zukünftige Ausprägungen der Kundenforderungen, auf die Eigenschaften von Produkten sowie deren technische Gestaltung bzw. Umsetzung und auf geeignete Fertigungsverfahren geben. Die Bedeutung von Trends für die Technologieplanung steigt somit mit zunehmendem Zeithorizont, während zugleich die Berücksichtigung konkreter, antizipierter Kundenforderungen und eines bereits definierten Produktprogramms mit dem Zeithorizont abnimmt.

Betrachtet man die verschiedenen Ebenen der Technologieplanung fällt auf, dass der Begriff des Trends mit weitaus mehr Bedeutungen belegt werden kann als beispielsweise der vergleichsweise klar zu fassende Begriff des Produktspektrums eines Unternehmens. Trends können beispielsweise unter dem Schlagwort „Megatrends" bekannte globale Entwicklungen mit jahrzehntelangen Auswirkungen auf Gesellschaft, Wissenschaft und Politik benennen [19]. Ebenso gut können Trends aber auch schnelllebige, dynamische Entwicklungen bezeichnen, die lediglich innerhalb einer definierten Branche Bedeutung erlangen. Daher soll der Trendbegriff anhand von Abb. 7.3 inhaltlich strukturiert werden.

Zunächst können Trends hinsichtlich ihres Inhaltsfokus unterschieden werden. Der Inhaltsfokus bezeichnet, auf welche Bereiche der Trends signifikante Auswirkungen hat. Trends können beispielsweise einen gesellschaftlichen, politischen, wirtschaftlichen, wissenschaftlichen oder technologischen Inhaltsfokus aufweisen, wobei diese Aufzählung keinen Anspruch auf Vollständigkeit erhebt. Es ist durchaus üblich, dass Trends nicht nur einen Inhaltsfokus aufweisen, sondern mehrere. Darüber hinaus sind Trends nicht selten miteinander vernetzt und lassen sich teils als Subtrends einer übergeordneten Entwicklung bzw. eines übergeordneten Trends interpretieren.

Neben diesem Inhaltsfokus kann der Auswirkungsraum des Trends als weiteres Ordnungskriterium herangezogen werden. So lässt sich unterscheiden, ob Trends globale oder

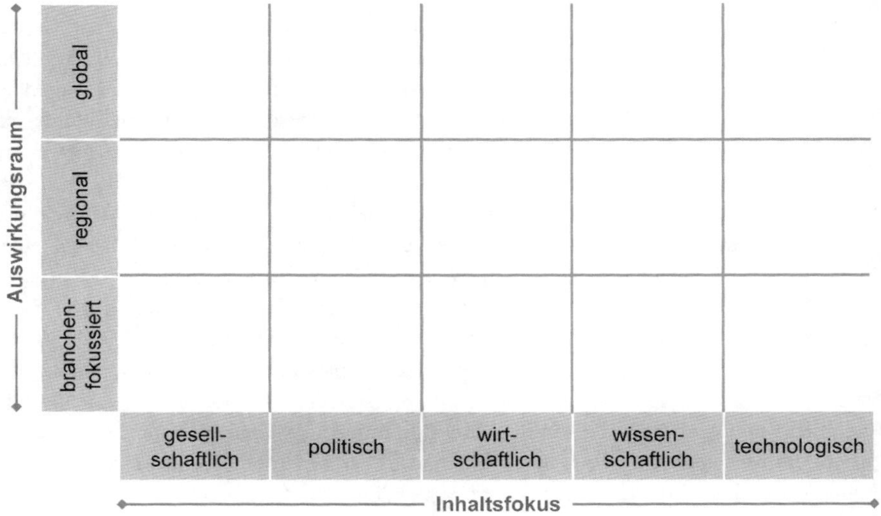

Abb. 7.3 Ordnungsraster zur Kategorisierung von Trends

nur regionale Auswirkungen aufweisen. Eine saubere, überschneidungsfreie Beschreibung einzelner Auswirkungsräume ist nur schwer möglich. Beeinflusst ein Trend beispielsweise eine bestimmte Branche, kann dieser Einfluss durchaus global sein. Die in Abb. 7.3 aufgeführten Wirkungsräume sind daher kein Kontinuum, sondern stellen lediglich exemplarische Charakterisierungen denkbarer Auswirkungsräume von Trends dar.

Fallbeispiel zum Trend „Individualisierung" Als beispielhafter, gesellschaftlicher Trend mit spürbaren Konsequenzen für produzierende Unternehmen kann die Individualisierung angeführt werden [20]. Produzierende Unternehmen sind zunehmend gezwungen, kundenindividuelle Varianten ihrer Produkte anzubieten, um Kundenforderungen gerecht zu werden. Dieses Phänomen betrifft vor allem reife Märkte, in denen bei hoher Wettbewerbsintensität und der Verfügbarkeit zahlreicher Produktalternativen eine Differenzierung von Wettbewerbsprodukten schwieriger wird, sodass Produkte auch für kleinere Kundengruppen oder auch einzelne Kunden maßgeschneidert werden. Somit ist der Auswirkungsbereich dieses Trends nicht global, sondern regional bzw. branchenspezifisch. Für produzierende Unternehmen ist die Forderung, eine hohe Anzahl kundenspezifischer Varianten anbieten zu müssen, problematisch. Die Zahlungsbereitschaft der Kunden für spezifische Varianten steigt typischer Weise nicht in gleichem Maße wie die durch die zusätzlichen Varianten verursachten Kosten. Daher sind Technologien zu entwickeln, die eine individualisierte Produktion annähernd zu den Kosten einer Massenfertigung ermöglichen. Häufig verfolgte Lösungsansätze aus dem Bereich der Produkttechnologien sind beispielsweise modulare Bauweisen bzw. Baukastensysteme und Produktkonfigurationslogiken. Hinsichtlich der Fertigungstechnologien können als Beispiele flexible Bearbeitungsverfahren genannt werden, die sich durch geringe Fixkosten für spezifische Varianten, eine werkzeuglose Fertigung und eine schnelle Umrüstbarkeit auszeichnen.

Obwohl Trends identifiziert, beobachtet und beschrieben werden können, ist die exakte Messung eines Trends oder dessen modellhafte Abbildung in Form der ihn beschreibenden Variablen und deren Zusammenwirken nur schwer möglich. Dennoch lässt sich zusammenfassen, welche Informationen über einen Trend bekannt sein sollten, um ihn im Rahmen der Technologieplanung ausreichend berücksichtigen zu können. Abbildung 7.4 gibt einen Überblick über diese Informationen [21].

Um den Trend handhaben zu können, sollte er zunächst klassifiziert werden. Neben einer Bezeichnung sollte der Trends im zuvor beschriebenen Ordnungsraster anhand

Beschreibung	**Historie / Entwicklung**	**Evidenz und Impact**
– Bezeichnung – Bezugsraum – inhaltliche Kategorisierung – Informationsquellen	– Ursprung – Entwicklung bis heute – Prognose	– Eintrittswahrscheinlichkeit – Niveau / Innovationsgrad – Durchschlagskraft

Abb. 7.4 Notwendige Informationen zu Trends im Rahmen der Technologieplanung

seines Inhaltsfokus und seines Auswirkungsraums eingeordnet werden. Darüber hinaus sind verfügbare Informationsquellen, die den Trend detailliert beschreiben, zu benennen.

Die inhaltliche Beschreibung des Trends erfolgt dann zunächst ohne Bewertung im Unternehmenskontext, indem seine Historie bzw. seine Entwicklung charakterisiert wird. Informationen über globale, teils auch über regionale Trends sind häufig in Form von Zukunftsstudien beschaffbar. Hingegen sind insbesondere technologische Trends einzelner Branchen oft kaum expliziert und müssen vom Unternehmen teils selbst identifiziert werden. Hierzu bieten sich beispielweise Expertenbefragungen und die systematische Auswertung der Erkenntnisse aus der eigenen Technologiefrüherkennung an. Die Prognose der weiteren Entwicklung eines Trends stellt eine besondere Herausforderung dar, weil die Zukunft weder beobachtet noch Experimenten ausgesetzt werden kann. Weiterhin ist der Betrachtungsbereich oft nicht klar umrissen, weil Entwicklungen angrenzender Bereiche berücksichtigt werden müssen [18]. Um dennoch zu einer sinnvollen Prognose der Entwicklung eines Trends zu gelangen, kann auf Methoden wie die Delphi-Befragung, die Szenariotechnik und Lebenszyklusanalysen (S-Kurven-Konzept) zurückgegriffen werden. Ein Überblick über Methoden der Trend- und Zukunftsforschung ist im Kapitel Technologiefrüherkennung zu finden.

Nachdem der Trend beschrieben wurde, gilt es im Kontext des Unternehmens und speziell im Kontext der Technologieplanung die Evidenz und den Impact des Trends zu beschreiben [21]. Die Evidenz beschreibt zunächst die Gewissheit über das Vorliegen eines relevanten Trends, also die Wahrscheinlichkeit, dass der Trend auch wie prognostiziert eintritt. Bei der Beurteilung der Evidenz sind beispielsweise die Verlässlichkeit der Informationen auf das Vorliegen des Trends, die Kohärenz der einzelnen, den Trend bildenden Faktoren sowie das Vorhandensein gegenläufiger bzw. alternativer Trends in Betracht zu ziehen. Hinter dem Impact verbirgt sich schließlich zum einen die Innovationskraft des Trends, die beschreibt, welche Veränderungen in Bezug auf die Technologieplanung er auslösen kann. Zum Anderen beschreibt der Impact auch die Durchschlagskraft des Trends als Maß dafür, wer (beispielweise eine bestimmte Branche, die eigene Produktentwicklung) wie stark vom Trend betroffen sind. Evidenz und Impact beschreiben also, welchen Einfluss ein Trend im Rahmen der Technologieplanung ausübt. Zu bewerten ist daher insbesondere der Einfluss des Trends auf die antizipierten Kundenforderungen, auf das Produktprogramm sowie auf die Produkt- und Fertigungstechnologien. Methodische Unterstützung kann diese Bewertung beispielsweise durch die Szenariotechnik oder durch Wechselwirkungsanalysen und Relevanzbäume erhalten [18, 21].

7.4.2 Kundenforderungen

Unter Kundenforderungen versteht man die Bedingungen und Kriterien, die ein Kunde bei der Kaufentscheidung heranzieht [22]. Die Kundenforderungen spiegeln die Bedürfnisse des Kunden wider, die er durch den Kauf des Produkts erfüllen möchte. Im Sinne der kundenorientierten Produktentwicklung müssen die bestehenden Kundenforderungen als zu erfüllende Vorgaben bei der Definition des Produktprogramms und bei der Gestaltung der einzelnen Produkte berücksichtigt werden [22]. Aus den ermittelten Kundenforderungen ergibt sich für die Produktentwicklung oft die Herausforderung, gegenläufige Kundenforderungen erfüllen zu müssen bzw. entsprechende Kompromisslösungen zu identifizieren und umzusetzen.

Kundenforderungen sind für die Technologieplanung vor allem von Bedeutung, weil sie eine über das Produktprogramm hinausgehende Orientierung erlauben. Dies gewinnt vor dem Hintergrund an Bedeutung, dass die Technologieplanung bereits die überübernächste Produktgeneration im Blick haben muss.

Eine Klassifizierung von Kundenforderungen kann anhand des Kano-Diagramms erfolgen (s. Abb. 7.5) [21, 23, 24]. Kundenforderungen werden im Kano-Diagramm in Basismerkmale, Leistungsmerkmale und Begeisterungsmerkmale unterteilt. Die Erfüllung von Basisforderungen setzt der Kunde beim Kauf eines Produktes voraus. Diese Forderungen werden vom Kunden üblicher Weise nicht bei Befragungen expliziert. Wie die degressive Kurve unterhalb der x-Achse des Diagramms verdeutlicht, lässt sich durch die Erfüllung von Basisanforderungen keine Kundenzufriedenheit erzeugen, da die Erfüllung dieser Funktionen auch bei allen Wettbewerbsprodukten üblich ist. Werden Basisforderungen jedoch nicht erfüllt, stellt sich beim Kunden Unzufriedenheit ein. Als beispielhaftes Basismerkmal kann die Wasserdichtheit einer Sporttaucheruhr genannt werden [25]. Leistungsmerkmale ermöglichen hingegen die Steigerung der Kundenzufriedenheit mit zunehmendem Grad ihrer Erfüllung. Im Diagramm werden sie durch die Gerade dargestellt. Diese Merkmale beziehen sich somit auf Kundenforderungen, die im direkten Beachtungsbereich des Kunden liegen. Folglich werden diesbezügliche Forderungen des Kunden von diesem auch expliziert. Bei der bereits angesprochenen Sporttaucheruhr stellt beispielsweise ein Lumineszenzziffernblatt ein Leistungsmerkmal dar, da dieses die Ablesbarkeit der Uhr unter Wasser verbessert. Schließlich ermöglichen Begeisterungsmerkmale die Erfüllung von Forderungen des Kunden, die dieser nicht erwartet. Dies hat den Effekt,

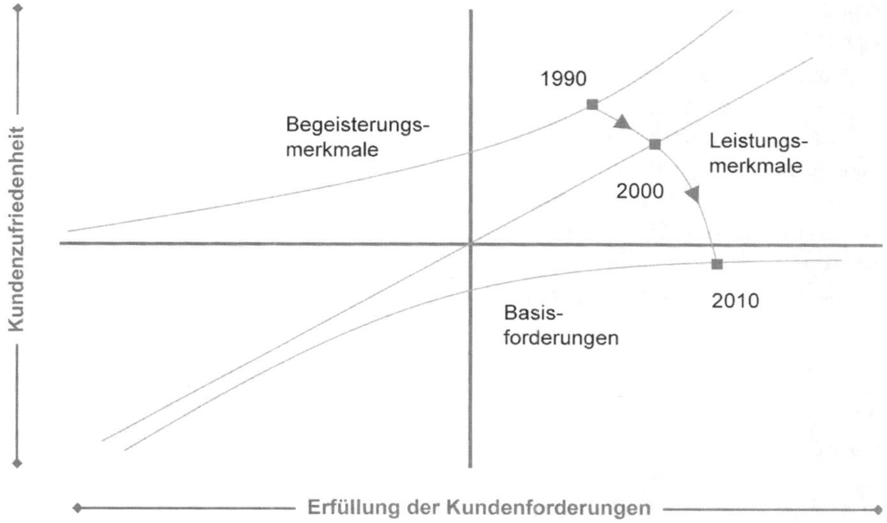

Abb. 7.5 Kano-Diagramm zur Klassifizierung von Kundenforderungen

dass die Nichterfüllung von Begeisterungsmerkmalen keine Unzufriedenheit des Kunden zur Folge hat. Ihre Erfüllung ermöglicht hingegen eine überproportionale Steigerung der Kundenzufriedenheit. Da Begeisterungsmerkmale vom Kunden zumindest in der betrachteten Produktklasse nicht erwartet werden oder dem Kunden gar nicht bekannt sind, werden sie vom Kunden nicht expliziert. So könnte die Sporttaucheruhr beispielsweise mit einem integrierten Tiefenmesser ausgestattet werden. Diese Bündelung beider Funktionen in einem Gerät ist bislang nicht üblich und wird daher vom Kunden auch nicht erwartet.

Aufgrund des technischen Fortschritts verändert sich im Laufe der Zeit die Bedeutung der Kundenforderungen. Heutige Begeisterungsmerkmale werden mit der Zeit auch von Wettbewerbern adaptiert und erfahren so eine Marktdurchdringung. Da eine zunehmende Zahl von Produkten diese Begeisterungsmerkmale erfüllt, werden diese zunächst zu Leistungsmerkmalen und schließlich zu Basisanforderungen. Die Innovationskraft eines Unternehmens zeigt sich darin, auf bislang nicht berücksichtigte Leistungsmerkmale gerichtete Kundenforderungen zu identifizieren und entsprechende produktseitige Lösungen zu generieren.

Die Ermittlung von Kundenforderungen geschieht zweckmäßiger Weise pro Produktbereich, für den diese Gültigkeit besitzen. Eine Herausforderung bei der Ermittlung besteht darin, dass Kunden viele ihrer Forderungen häufig nicht explizieren [21], beispielsweise, weil sie ihre Erfüllung stillschweigend voraussetzen (Basisforderungen), oder weil sie sich ihrer Bedürfnisse nur latent oder gar nicht bewusst sind (Begeisterungsmerkmale). Daher führen direkte Kundenbefragungen häufig nur bei Leistungsmerkmalen zu einem Erkenntnisgewinn. Um jedoch Begeisterungsmerkmale zu ermitteln, deren Kenntnis ein besonderer Erfolgsfaktor für das zukünftige Produktprogramm ist, kommen beispielsweise Kundenworkshops mit Vorzugskunden (Lead Customers) und eingehende Kundenbeobachtungen in Betracht. Basismerkmale sind häufig dem Unternehmen schon bekannt und lassen sich anhand von Garantiedaten und Beschwerden nachvollziehen. Eine ausführliche Beschreibung von Methoden zur Identifikation von Kundenforderungen findet sich bei Gausemeier [21].

Aussagen des Kunden zu ihren Forderungen müssen vom Unternehmen häufig noch in konkrete, in der Sprache des Unternehmens formulierte Kundenforderungen übertragen werden, um einen konkreten Produktbezug möglich zu machen [21]. Sind die Kundenforderungen bekannt, sollten diese gegeneinander gewichtet werden. Dies geschieht üblicher Weise relativ aufwandsarm durch einen paarweisen Vergleich oder, mit höherem Aufwand und höherer Zuverlässigkeit und Genauigkeit, im Rahmen einer Conjoint-Analyse [24]. Die so konkret beschriebenen und gewichteten Kundenforderungen dienen dann als direkte Vorgaben für die Gestaltung des Produktprogramms und als mittelfristige Orientierung für die Technologieplanung.

7.4.3 Produkte

Die Entwicklung und Fertigung von Produkten steht im Mittelpunkt des unternehmerischen Handelns der produzierenden Industrie [12]. Ein Produkt wird in der Regel durch einen Transformationsprozess aus verschiedenen Ressourcen bzw. Produktionsfaktoren hergestellt [26]. Dabei gehen dem eigentlichen Herstellungsvorgang Planungsphasen voraus, in denen zunächst Produktideen erstellt, bewertet, detailliert und schließlich umgesetzt werden [21]. Ein Unternehmen stellt Produkte her, um Kundenbedürfnisse zu bedienen und so die Zahlungsbereitschaft der Kunden zu motivieren. Die Bewertung der Produkte eines Unternehmens durch den Kunden und dessen Kaufentscheidung determinieren daher die vom Unternehmen erzielten Erlöse und haben, neben der Effizienz, mit der die Produkte hergestellt und an den Markt gebracht werden, entscheidenden Einfluss auf den wirtschaftlichen Erfolg des Unternehmens.

Produkte werden durch den gezielten Einsatz von Technologien realisiert. Produkttechnologien dienen dazu, die gewünschten Funktionalitäten des Produkts bereitzustellen. Ein Produkt kann so als Kombination verschiedener Produkttechnologien aufgefasst werden. Häufig finden Produkttechnologien eine Entsprechung in den einzelnen Komponenten eines Produkts, da auch diese in der Konstruktionslehre nach funktionalen Kriterien von einander abgegrenzt werden. Produkttechnologien weisen jedoch im Gegensatz zu Komponenten keine Adaption auf ausgewählte Produkte auf, sondern sind als grundsätzliche Problemlösungsprinzipien zu verstehen. Die Herstellung der einzelnen Komponenten sowie des Gesamtprodukts erfolgt durch Fertigungstechnologien, die auch Montagetechnologien einschließen. Das geplante Produktspektrum eines Unternehmens ist daher von besonderer Relevanz für die Technologieplanung. Die Technologieplanung erfolgt mit der Zielsetzung, alle für die Realisierung der Produkte benötigten Produkt- und Fertigungstechnologien zum benötigten Zeitpunkt zu den vorgesehenen Kosten bereitzustellen. Umgekehrt soll auch die Nutzbarkeit technologischer Fähigkeiten für neuartige Produkte überprüft werden.

Bei der Produktentwicklung bildet die Generierung von Produktideen den ersten Schritt. Hierbei kann unterschieden werden, ob die Ideen für neue Produkte im Rahmen eines Market-Pull- oder eines Technology-Push-Ansatzes entwickelt werden [16]. An dieser Stelle ist anzumerken, dass beide Ansätze in reiner Form in der Praxis kaum auftreten. Vielmehr kommt es stets zu Mischformen mit individuell ausgeprägten Schwerpunkten. Den Ausgangspunkt der Generierung von Produktideen im Sinne des Market-Pull-Ansatzes bilden bislang nicht oder nur unzureichend erfüllte Kundenbedürfnisse. Sind diese konkret beschrieben, werden Produkte entwickelt, um die Kundenforderungen zu erfüllen. Im Kern des Market-Pull-Ansatzes steht also die Frage nach den Bedürfnissen und Wünschen des Kunden. Beispielhaft kann die Einführung einer Start-Stopp-Automatik für Pkw genannt werden, die aus der Forderung der Kunden nach geringem Kraftstoffverbrauch abgeleitet wurde. Der Technology-Push-Ansatz hingegen findet in den technologischen Kompetenzen des Unternehmens seinen Ausgangspunkt. Basierend auf deren Analyse wird die Frage gestellt, welche bislang nicht angebotenen Produkte sich mit dem vorhandenen Technologieportfolio realisieren lassen. Der Technology-Push-Ansatz eignet sich so insbesondere zur Findung von Produktideen, die keine direkte Nähe zur bisherigen Produkt-Markt-Strategie des Unternehmens aufweisen, und unterstützt so eine technologiebasierte Diversifikation [27].

Die entwickelten Produktideen werden im Rahmen von Design-, Test- und Markteinführungsphasen zur marktreifen Produkten weiterentwickelt und diese schließlich am Markt platziert [21]. Von besonderer Bedeutung für die Technologieplanung ist hier die stetige Verfeinerung der Produktidee durch Überführung der beschriebenen und gewichte-

Produktbeschreibung	**Produkteigenschaften**	**Marktdaten**
– Produktbezeichnung – Variantenbezeichnung – Sachnummer	– technische Produktmerkmale, Produktfunktionalität – Subjektive Kundenwahrnehmung – Fertigungstechnische Anforderungen – Zielkosten	– Bediente Märkte – Bediente Kundengruppen – Stückzahlen pro Jahr – Preisgestaltung

Abb. 7.6 Notwendige Informationen zu Produkten im Rahmen der Technologieplanung

ten Kundenforderungen in technische Produktmerkmale [24]. Zur Ableitung der Produktmerkmale können beispielsweise Funktionsanalysen und Kreativitätstechniken eingesetzt werden, die intuitive Vorgehensweisen beinhalten und in Workshops eingesetzt werden können. Zu jeder Kundenforderung sollte zumindest ein Produktmerkmal definiert werden. Die Produktmerkmale sollten so gestaltet sein, dass sie nach Möglichkeit quantitativ, zumindest aber qualitativ erfasst werden können. Die anschließende Gewichtung der Produktmerkmale orientiert sich an der Gewichtung der Kundenforderungen und kann im Rahmen des Quality Function Design (QFD) mit dem House of Quality erfolgen [24]. Technische Produktmerkmale sind wichtige Informationen für die Entscheidung über den Technologieeinsatz, da sie sowohl Anforderungen an die Produkttechnologien stellen, als auch fertigungstechnologische Anforderungen definieren.

Die bereits angesprochene Beurteilung des Produktes aus subjektiver Kundensicht ist vor allem für die Produktplanung von Bedeutung. Im Rahmen der Technologieplanung sollten sie ebenfalls berücksichtigt werden, jedoch sind die technischen Produktmerkmale wesentlich relevantere Eingangsinformationen. Abbildung 7.6 gibt zusammenfassend einen Überblick über die in Bezug auf die Technologieplanung relevanten Informationen über Produkte. Neben allgemeinen Informationen zur Beschreibung des Produkts und den bereits erwähnten Informationen zu den Produkteigenschaften sollten insbesondere auch die geplanten Stückzahlen und die Zielkosten des Produkts bekannt sein.

7.4.4 Produkt- und Fertigungstechnologien

Technologien werden neben Human- und Realkapital als die erfolgsentscheidenden Ressourcen eines Unternehmens angesehen [28]. Dass die Technologien im Rahmen der Technologieplanung die eigentlichen Entscheidungsobjekte darstellen, verdeutlicht bereits die Relevanz der zu treffenden Entscheidungen. Bei der Technologieplanung wird entschieden, welche Technologien zu welchem Zweck im Unternehmen zum Einsatz kommen sollen. Darüber hinaus befasst sich die Technologieplanung mit den Fragen nach der geeigneten Bezugsquelle der Technologie (Eigenentwicklung, Kooperation oder Zukauf), nach der gewünschten Intensität der Technologienutzung und nach weiteren potenziellen Einsatzmöglichkeiten der Technologie. Die Beantwortung dieser Fragen geschieht unter Berücksichtigung der Vorgaben, die aus dem definierten Produktspektrum, insbesondere den gewünschten Produktfunktionalitäten, -merkmalen bzw. -eigenschaften, aus technologie strategischen Vorgaben (beispielsweise bevorzugte Technologiefelder, angestrebte Technologieführerschaft etc.) sowie aus Kundenforderungen und Trends folgen. Der Einsatz der Technologien soll so erfolgen, dass die gewünschten Vorgaben termingerecht erfüllt werden können. Soweit Kostenvorgaben bestehen, sind auch diese einzuhalten. In diesem Sinne sind bei der Technologieplanung diese Vorgaben die Konstanten, während die Technologien selbst die Variablen darstellen [16].

Für die Einteilung der bei der Technologieplanung zu berücksichtigenden Informationen bietet sich die Unterscheidung des Technologiebegriffs in Produkt- und Fertigungstechnologien an: Das definierte Produktspektrum bildet die bei der Technologieplanung zu berücksichtigende Vorgabe, und die Eigenschaften der Produkte werden durch entsprechende Produkttechnologien ermöglicht. Die Herstellbarkeit der Produkte sowie einzelner Komponenten, d. h. die Realisierung der Produkttechnologien, wird durch Fertigungstechnologien sichergestellt. Neben der gegebenen Klassifizierung anhand des Einsatzzwecks können darüber hinaus Materialtechnologien berücksichtigt werden. Diese sind jedoch nicht durch eine eigene Planungsebene repräsentiert. Vielmehr werden die Materialtechnologien entsprechend ihrem Anwendungszweck den Produkt- oder Fertigungstechnologien zugeordnet. Ebenso lassen sich Informationstechnologien zuordnen, sodass auch Informationstechnologien nicht durch eine eigene Ebene repräsentiert werden. Beispielsweise dienen CAD- und CAM-Lösungen nicht der Realisierung von Produktfunktionen, sondern der Entwicklung und Herstellung des Produkts, und sind somit den Fertigungstechnologien zuzuordnen. Zu den Produkttechnologien zu rechnende Informationstechnologien sind beispielsweise die Steuerungssoftware von Werkzeugmaschinen sowie deren Datenschnittstellen, da diese Produktfunktionalitäten bereitstellen.

Die Zuordnung von Technologien zu einer der Kategorien Produkt- und Fertigungstechnologien ist keineswegs immer eindeutig. Sie ist vielmehr abhängig vom Betrachtungsfokus des jeweiligen Unternehmens [16]. Dieser Abhängigkeit tritt häufig bei der Produktion von Investitionsgütern auf. Während beispielsweise eine Fräsmaschine sowie deren Komponenten aus Sicht des Maschinenherstellers Produkttechnologien sind, stellen die gleichen Technologien für den Anwender der Maschine Fertigungstechnologien dar.

Abbildung 7.7 zeigt die bei der Technologieplanung zu berücksichtigen Informationen über Technologien. Grundsätzlich lassen sich Produkt- und Fertigungstechnologien

Technologieinformationen
- Bezeichnung bzw. Name der Technologie
- Einsatzzweck
- Funktionsweise, technische Beschreibung
- Aktuelle und zukünftige Anwendungsbereiche (unternehmensintern und -extern)
- Aktuelle Leistungsgrenzen und deren prognostizierte Entwicklung
- Position im Lebenszyklus und prognostizierte Entwicklung

Wirtschaftliche Informationen
- Kosten / Aufwand zur Implementierung im Unternehmen
- Ressourcenverzehr / Kosten bei der Nutzung

Informationsquellen
- Literatur, Datenbanken etc.
- Technologieanbieter
- Experten, Forschungsinstitute etc.

Abb. 7.7 Notwendige Informationen zu Produkt- und Fertigungstechnologien im Rahmen der Technologieplanung

anhand der gleichen Arten von Informationen beschreiben, jedoch sind in speziellen Fällen Unterschiede zu beachten, die im Folgenden geschildert werden. Operativ werden diese Informationen häufig in Form von Technologiesteckbriefen festgehalten, die beispielsweise im Rahmen der Technologiefrüherkennung erstellt werden.

Die Technologieinformationen beschreiben zunächst die inhaltliche Dimension der Technologie. Der Einsatzzweck, die Funktionsweise und die Anwendungsbereiche beziehen sich bei Fertigungstechnologien auf die möglichen Transformationsprozesse einer Technologie. Dieser Transformationsschritt ist beispielsweise anhand möglicher Eingangs- und Ausgangszustände mit der Technologie bearbeiteten Werkstücke gekennzeichnet, also u. a. durch den Zweck, Bauteile mit bestimmten Eigenschaften herzustellen. Die Funktionsweise der Technologie kennzeichnet, wie der Transformationsschritt technisch vollzogen wird. Bei Produkttechnologien bezieht sich der Einsatzzweck hingegen auf die Produktfunktionalität bzw. das Produktmerkmal, das durch die Technologie bereitgestellt wird. Die Funktionsweise beschreibt, wie diese gewünscht Wirkung der Technologie zu Stande kommt. Bei der Beschreibung der Anwendungsbereiche sollte beachtet werden, dass aktuelle und zukünftig mögliche Anwendungen sowohl unternehmensintern als auch unternehmensextern berücksichtigt werden.

Neben dem Einsatzzweck, der Funktionsweise und den Anwendungsbereichen der Technologie sollten Informationen zu den Leistungsgrenzen der Technologie und deren Position im Lebenszyklus vorhanden sein. Darüber hinaus ist die Wirtschaftlichkeit der Technologie zu berücksichtigen. Hier ist zwischen solchen Kosten zu unterscheiden, die bei der Implementierung der Technologie beispielsweise für die Beschaffung, die Entwicklung oder die Schulung der Mitarbeiter anfallen und Kosten für den Einsatz der Technologie, der sich in einem monetär zu bewertenden Ressourcenverzehr ausdrückt. Insbesondere bei diesen variablen Kosten ist bei Fertigungstechnologien eine Abhängigkeit von dem vorgesehenen Transformationsschritt bzw. der konkreten Bearbeitungsaufgabe zu beachten, bei Produkttechnologien eine Abhängigkeit von den durch die Technologie zu realisierenden Merkmalen und deren technologischem Leistungsniveau. Schließlich sind zu jeder Technologie Angaben zu weiteren Informationsquellen relevant. Hierbei kann es sich beispielsweise um Literaturangaben, Datenbanken, Technologieanbieter und Technologieexperten handeln, die typischer Weise in das Informationsnetzwerk des Unternehmens einbezogen werden.

7.4.5 Synchronisation der Planungsebenen

Die Darstellung der im Rahmen der Technologieplanung zu beachtenden Planungsebenen zeigen, dass zwischen den Ebenen teils direkte, teils indirekte Abhängigkeiten bestehen. Die Planung der Ebenen sollte daher im Sinne eines integrierten Technologiemanagements, nicht voneinander unabhängig erfolgen [4, 6]. Vielmehr ist die sinnvolle Abstimmung der Planungen in den einzelnen Ebenen untereinander ein wichtiger Erfolgsfaktor für den sinnvollen Technologieeinsatz. Dennoch existieren in der Praxis zumindest zwei wesentliche Prozesse, die die Planungsebenen auf verschiedene Weise tangieren, nämlich die Produkt- und die Technologieplanung (s. Abb. 7.8). Diese Planungsprozesse beziehen

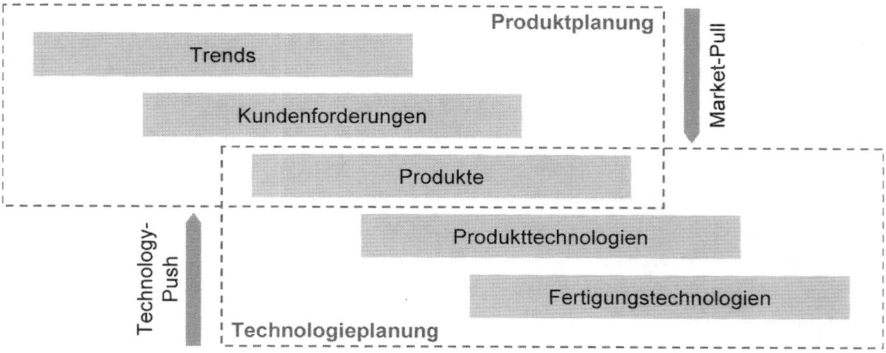

Abb. 7.8 Einflussbereiche der Produkt- und Technologieplanung auf die Planungsebenen

sich direkt auf die vom Unternehmen beeinflussbaren Planungsebenen, nämlich das Produktprogramm sowie die einzusetzenden Produkt- und Fertigungstechnologien.

Im Rahmen der Produktplanung erfolgt die Definition des Produktspektrums eines Unternehmens insgesamt sowie die Definition einzelner Produkte als Nutzenbündel anhand definierter Produktmerkmale [22]. Die Planung des Produktprogramms kann einerseits als Market-Pull-Ansatz auf Grundlage der identifizierten Kundenforderungen erfolgen, indem unter Berücksichtigung relevanter Trends Produkte zur Erfüllung der Kundenforderungen definiert werden. Andererseits können sich neue Produktideen beim Technology-Push-Ansatz auch aus den technologischen Fähigkeiten eines Unternehmens ergeben.

Ein Ziel der Technologieplanung besteht insbesondere in der Erfüllung der durch das Produktprogramm bzw. durch technologiestrategische Vorgaben definierten Anforderungen durch Technologien. Es wird also über den Technologieeinsatz zur Realisierung des Produktprogramms entschieden. Hierbei werden ebenfalls Trends mit direktem Technologiebezug sowie Vorgaben aus der Technologiestrategie berücksichtigt. Somit bildet das Produktprogramm eines Unternehmens die Schnittstelle zwischen der Produkt- und der Technologieplanung. Die Synchronisation der Planungsebenen erfolgt bei kurz- und langfristigem Planungshorizont auf unterschiedliche Art und Weise.

Bei einem kurzfristigen Planungshorizont ist das Produktprogramm eines Unternehmens bereits definiert. Die Produkte sind anhand von Merkmalen beschrieben, häufig auch schon fertig konstruiert. Im Rahmen der Technologieplanung werden die benötigten Technologien zur Realisierung der Produktmerkmale und zur Herstellung der Komponenten und des Gesamtprodukts aufgeführt. Hier können sich Implikationen auf das vorgesehene Produktprogramm immer dann ergeben, wenn notwendige Technologien gar nicht, nicht termingerecht oder nicht zu den vorgesehenen Kosten realisiert werden können. Weiterhin ist es denkbar, dass kurzfristig auftretende technologische Alternativen bislang verworfene Produktmerkmale oder Herstellvarianten ermöglichen. In diesem Fall erfolgen im Sinne eines iterativen Prozesses Modifikationen sowohl der Produkt- als auch der Technologieplanung, um die Nutzen maximierenden, technologisch und wirtschaftlich sinnvoll umsetzbare Lösungsalternative zu identifizieren. Eine enge Abstimmung zwischen beiden Planungsprozessen ist hier unabdingbar. Operativ kann diese Abstimmung gut durch das

Technologie-Roadmapping unterstützt werden, da die Methode die Planungsebenen Produkte sowie Produkt- und Fertigungstechnologien direkt gegenüberstellt und verbindet.

Für einen langfristigen Planungshorizont hingegen ist noch kein Produktprogramm definiert, sodass dieses nicht als Ansatzpunkt zur Synchronisation der Produkt- und Technologieplanung heranziehen lässt. Die Synchronisation der Planungsebenen erfolgt in diesem Fall mit Hilfe der technologiestrategischen Vorgaben. Diese Vorgaben beschreiben beispielsweise langfristig aufzubauende technologische Kompetenzen und Technologiefelder. Ein solcher langfristiger Ansatz zur Beschreibung der zukünftig geforderten technologischen Schwerpunkte eines Unternehmens ist unerlässlich, da die Dauer der Lebenszyklen von Technologien diejenigen von Produkten typischer Weise um ein Vielfaches überschreiten [17]. Die Definition des Produktspektrums eines Unternehmens erfolgt daher stets unter Berücksichtigung der vorhandenen technologischen Kompetenzen. Die technologiestrategischen Vorgaben, insbesondere die zukünftig geforderten technologischen Kompetenzen und aufzubauende Technologieplattformen werden aus erwarteten zukünftigen Geschäftsgelegenheiten abgeleitet. Sie beziehen sich so zwar nicht direkt auf ein Produktspektrum, jedoch repräsentieren sie die Voraussetzungen zum langfristigen Erfolg der Produkte eines Unternehmens. Die Synchronisation der Produkt- und Technologieplanung erfolgt mit langfristigem Zeithorizont daher durch die sorgfältige Definition langfristig aufzubauender technologischer Kompetenzen und durch deren Berücksichtigung bei der Technologieplanung.

7.5 Prozess der Technologieplanung

Eine zielgerichtete Technologieplanung versetzt Unternehmen in die Lage, sich effektiv und kontinuierlich an eine sowohl marktseitig wie auch technologisch hoch komplexe Umgebung anzupassen. Das zentrale Element der Technologieplanung liegt in der Schaffung von Transparenz, die durch den kommunikativen Austausch der verschiedenen Unternehmensbereiche (z. B. Forschung, Entwicklung, Produktion, Vertrieb, Produktmanagement, Marketing) bei der Erstellung und Diskussion des Technologieplans erzeugt wird. Daraus resultiert eine effektivere und effizientere Technologieplanung, die die Quote an Fehlentscheidungen reduziert und die Reaktionszeit bei unerwarteten markt- oder technologiebezogenen Veränderungen verkürzt. Bei unvorhergesehenen Situationen erlaubt diese Transparenz, mögliche Handlungsalternativen schneller zu erkennen und zu erarbeiten. Der Prozess der Technologieplanung muss dabei folgende Aspekte sicherstellen, um eine effektive und effiziente Technologieplanung zu ermöglichen:

Zielgerichtete Diskutierbarkeit ermöglichen Die Darstellung eines Technologieplans, z. B. als Roadmap, soll das Verständnis über die Zusammenhänge zwischen den einzelnen Planungsebenen erhöhen. Dies ermöglicht die Diskussion des gesamtheitlichen Technologieplans eines Unternehmens, ohne sich zu schnell in Detaildiskussionen zu verlieren.

Synchronisation der Planungsebenen durchführen Die Technologieplanung muss es erlauben, die verschiedenen Ebenen eines Technologieplans (Markt, Produkt und Technologie) aufeinander abzustimmen. Wesentlich ist dabei die Visualisierung der Wirkzusammenhänge zwischen den einzelnen Ebenen, so dass die Auswirkungen von Änderungen in einer Ebene auf die übrigen Ebenen schnell erkannt werden können. Eventuell vorhandene, bereichsübergreifende Planungslücken können schneller identifiziert werden. Anstatt optimale, jedoch isolierte Planungen für jede Planungsebene durchzuführen, wird die Technologieplanung durch einen ganzheitlichen Ansatz unternehmensweit optimiert.

Stakeholder commitment/Verbindlichkeit schaffen Die Technologieplanung ist ein ganzheitlicher Ansatz, der alle für den Technologieplan relevanten Akteure (Entwicklung, Produktion, Marketing, etc.) einbinden sollte. Dadurch wird eine hohe Verbindlichkeit erzeugt, da alle Stakeholder an der Erstellung des Technologieplans beteiligt sind und diesem zustimmen. Der Technologieplan wird somit zum Basisdokument der strategischen und operativen Technologieplanung. Der Technologieplan muss daher in entscheidungsrelevanten Gremien als zentrales Element hinsichtlich technologieorientierter Themen genutzt werden.

Denken in Alternativen verankern In einem Technologieplan sollten alternative zukünftige Entwicklungen (z. B. hinsichtlich Kundenforderungen, technologischer Fähigkeiten) berücksichtigt und alternative Technologiepfade abgeleitet werden. Technologiebezogene Planspiele werden somit möglich. Daraus resultiert die Fähigkeit, schnell auf Veränderungen zu reagieren und sich in einem dynamischen und komplexen Umfeld besser zu positionieren.

Planungseffizienz sicherstellen Eine zielgerichtete Technologieplanung bedarf einer Konzentration auf wesentliche Aspekte. Gegensätzliche Erwartungen werden aufgedeckt und konträre Planungen können leichter festgestellt werden. Ohne eine bereichs- und funktionsübergreifende Planung würden viele Unstimmigkeiten bis zu einem späteren, ungünstigeren Zeitpunkt verborgen bleiben.

Früherkennung integrieren Dabei gilt es, durch eine systematisierte Erfassung und Bündelung von Expertenwissen sowie durch die Abstimmung divergierender Meinungen und Erwartungen die zukünftigen technologischen Entwicklungen in einem Handlungsfeld vorherzusagen und zu bewerten. Basierend auf den Richtungsvorgaben des Technologieplans können Suchfelder für eine zielorientierte Früherkennung abgeleitet werden.

7.5.1 Durchführung der Technologieplanung

Die Durchführung der Technologieplanung erfolgt in einem mehrstufigen Prozess (s. Abb. 7.9).

Den ersten Schritt bildet die Vorbereitung. Hier gilt es zunächst den Betrachtungsbereich, die Betrachtungsobjekte und den zu betrachtenden Planungszeitraum festzulegen. Des Weiteren erfolgt die Zusammenstellung aller benötigten Informationen für die Durchführung der Planung. Zu berücksichtigen sind hierbei zunächst die in der Technologiestrategie spezifizierten technologiestrategischen Vorgaben sowie das im Rahmen der Produktplanung definierte Produktprogramm der nächsten Jahre. Darüber hinaus sind auch Informationen zu Kundenforderungen sowie Trends zu berücksichtigen. Weiterhin ist der

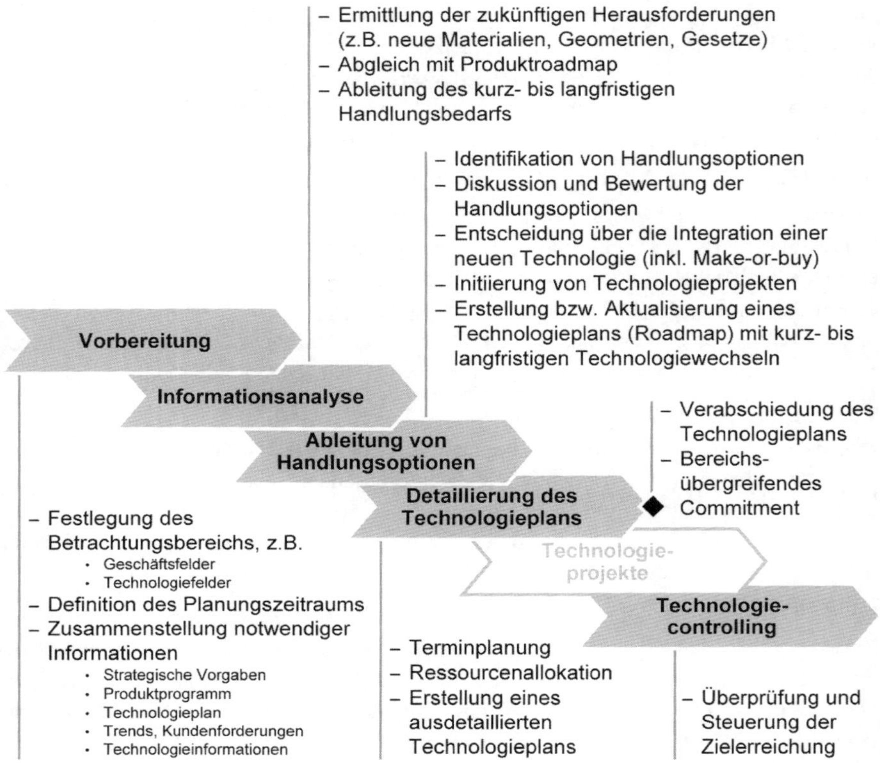

Abb. 7.9 Ablauf der Technologieplanung

ggf. bereits existierende Technologieplan einzubeziehen. Weiterhin sind die im Rahmen der Technologiefrüherkennung ermittelten Technologieinformationen zu berücksichtigen. Aufbauend auf der Vorbereitung erfolgt die Informationsanalyse. Aus einer Vielzahl an Eingangsinformationen ist der kurz- bis mittelfristige Handlungsbedarf zu identifizieren. Hierbei handelt es sich um einen analytischen Schritt. Der dritte Schritt ist die Ableitung von Handlungsoptionen, d. h. die Erstellung bzw. Aktualisierung des Technologieplans des Unternehmens auf Basis der genannten Eingangsinformationen. In einem kreativen Prozess müssen mögliche Handlungsoptionen identifiziert und diskutiert werden. Die Handlungsoptionen werden anschließend einer Bewertung nach qualitativen und quantitativen Maßstäben unterzogen, wobei auf verschiedene Methoden der Technologiebewertung zurückgegriffen wird. Basierend auf dieser Bewertung werden die besten Handlungsoptionen ausgewählt. Die getroffenen Entscheidungen über Technologieeinsatz, -entwicklung und -beschaffung werden im Technologieplan dokumentiert. Im vierten Planungsschritt wird der Technologieplan ausdetailliert, d. h. es werden im Rahmen einer Ressourcenplanung inhaltliche, terminliche und kostenbezogene Vorgaben für Technologieprojekte abgeleitet. Unter Technologieprojekten werden an dieser Stelle technologieorientierte Aufgaben, wie z. B. Vorstudien, Entwicklungsprojekte, Beschaffungsmaßnahmen und konkrete Technologiebeobachtungen, zusammengefasst. Damit der Technologieplan kein reines Papierwerk bleibt, bedarf es einer bereichsübergreifenden Zustimmung zum Technologieplan. Das Technologiecontrolling schließt den Technologieplanungsprozess ab. Ziel ist die inhaltliche, terminliche und kostenbezogene Überprüfung und Steuerung der Zielerreichung.

Der resultierende Technologieplan eines Unternehmens soll nicht als unabänderbare Vorgabe verstanden werden. Neben der regelmäßigen Überprüfung und ggf. Überarbeitung des Plans ist es auch bei unvorhergesehenen, noch nicht in den Planungsprozess eingeflossenen Ereignissen notwendig, den Technologieplan kurzfristig zu überprüfen und gegebenenfalls anzupassen. Eine Revision des Plans kann beispielsweise erforderlich werden, wenn das Verhalten von Wettbewerbern Änderungen in der eigenen Produktplanung impliziert, beim Auftreten technologischer Diskontinuitäten (d. h. dem unerwarteten Aufkommen neuer technologischer Möglichkeiten) oder bei Abweichungen der realen Technologieentwicklung von den inhaltlichen, terminlichen und kostenseitigen Zielen des bestehenden Technologieplans. Diese Überprüfungen des Plans sind im Prozess der Technologieplanung durch Rückschleifen dargestellt.

Die Planung erfolgt darüber hinaus stets unter der Möglichkeit, nochmals Einfluss auf die gegebenen Vorgaben nehmen zu können. So ist es beispielsweise notwendig, die Produktplanung zu überdenken, wenn die hierfür notwendigen Technologien nicht zum benötigten Zeitpunkt oder zu den angestrebten Kosten bereitgestellt werden können. Um den Prozess der Technologieplanung weiter zu detaillieren, werden die genannten Schritte im Folgenden einzeln beschrieben.

7.5.1.1 Vorbereitung der Technologieplanung

Im Rahmen der Vorbereitung sind zunächst der Betrachtungsbereich, die Betrachtungsobjekte und der Betrachtungszeitraum festzulegen. Dabei sind folgende Fragestellungen zu berücksichtigen:

- Was ist der Betrachtungsbereich der Technologieplanung? Um die Komplexität der in einem Technologieplan enthaltenen Informationen zu begrenzen, ist es häufig zweckmäßig, nicht einen einzigen, sondern mehrere Pläne zu verwenden. Hierzu bietet sich beispielsweise die Verwendung separater Pläne für verschiedene Geschäfts- oder Produktbereiche an. So kann die Informationsmenge pro Technologieplan reduziert werden. Jedoch ist darauf zu achten, keine Abhängigkeiten zwischen den separaten Plänen zu vernachlässigen.
- Welche Planungsebenen (bzw. Betrachtungsobjekte) sollen berücksichtigt werden? Neben den Basisebenen „Produkte", „Produkttechnologien" und „Fertigungstechnologien" können beispielsweise auch Markt- und Kundenforderungen sowie Trends integriert werden. Welche Planungsebenen integriert werden und welche Informationen jeweils expliziert werden, ist abhängig von der jeweiligen Entscheidungssituation. Beispielsweise können verschiedene Darstellungsformen für die Planung des Produktprogramms, für die Planung der Technologieentwicklung und für die Synchronisation des Technologieeinsatzes an unterschiedlichen Fertigungsstätten eines Unternehmens

vorgesehen werden. Weiterhin ist es möglich, innerhalb der einzelnen Planungsebenen weitere Strukturierungen vorzunehmen, um die Verständlichkeit des Technologieplans zu erhöhen. So können Produkte beispielsweise nach Produktgruppen geordnet werden, Technologien nach bereits in der Technologiestrategie angeführten Technologiefeldern.
- Welcher Planungszeitraum ist zu betrachten? Der in einem Technologieplan zu berücksichtigende Planungszeitraum orientiert sich an den Lebenszyklen der Produkte eines Unternehmens und den eingesetzten Technologien, die in dem Technologieplan abbildbar sein sollten. Abhängig von der Branche des betrachteten Unternehmens können sich hierbei deutliche Unterschiede ergeben. Für die von kurzen Innovationszyklen geprägten Konsumgüterindustrie kann beispielsweise bei geringer eigener Technologieentwicklung ein Planungszeitraum von 5 Jahren ausreichend sein, während in der Luftfahrtindustrie Planungszeiträume von bis zu 25 Jahren aufgrund der hohen Entwicklungs- und Nutzungszeiträume der einzelnen Produkte üblich sind. Als Faustformel gilt: Der Zeitraum der Technologieplanung sollte mindestens die übernächste Produktgeneration einschließen.

Anschließend dient die Vorbereitung der Technologieplanung der Identifikation und Beschaffung der benötigten Informationen. Da die eigentliche Erstellung des Technologieplans eine interaktive Aufgabe ist, in die zahlreiche Teilnehmer aus verschiedenen Funktionsbereichen des Unternehmens eingebunden sind, müssen hierbei alle relevanten Informationen in direkt nutzbarer Form unmittelbar zur Verfügung stehen. Sinnvoller Weise werden die Informationen daher bereits vor der Erstellung des Technologieplans von der prozessverantwortlichen Person zusammengestellt, aufbereitet und den Beteiligten zur Verfügung gestellt.

Bei der Zusammenstellung der Informationen stellt sich zunächst die Frage, welche Informationen zu berücksichtigen sind. Grundsätzliche lassen sich die für die Technologieplanung benötigten Informationen vier Gruppen einteilen (s. Abb. 7.10).

Bestehender Technologieplan Der häufig bereits bestehende Technologieplan bildet die erste Eingangsgröße der Technologieplanung. Da die Technologieplanung regelmäßig durchgeführt wird, beginnt sie in den seltensten Fällen bei Null. Vielmehr geht es typischer Weise um die Überprüfung und Anpassung des bestehenden, mehr oder weniger expliziertén Technologieplans bzw. der bestehenden Roadmap.

Produktprogramm Das Produktprogramm beschreibt sämtliche für die Technologieplanung relevanten Produkte. Häufig sind alle betrachteten Produkte eines Unternehmens zu berücksichtigen. Ausnahmen können sich jedoch beispielsweise ergeben, wenn im Unternehmen mehrere Geschäftsbereiche existieren, die keinerlei produkt- oder technologieseitigen Abhängigkeiten aufweisen und die Technologieplanung separat durchführen. Die Informationen über das Produktprogramm beinhalten zunächst die Definition der in den anstehenden Planungsintervallen zu produzierenden und zu entwickelnden Produkte und deren Varianten. Die zu produzierenden Stückzahlen pro Planungsperiode sind jeweils zu berücksichtigen. Die einzelnen Produkte und Varianten werden anhand ihrer Bezeichnungen sowie ihrer Funktionalitäten und Merkmale beschrieben. Dies beinhaltet gegebenenfalls auch den Aufbau der Produkte aus einzelnen Komponenten bzw. Modulen. Weiterhin sind die den Produkten und Varianten zugeordneten Kundengruppen und

Information	Herkunft
Bestehender Technologieplan	– Voriger Technologieplanungsprozess – Bei erstmaliger Durchführung der Technologieplanung nicht vorhanden
Produktprogramm – Produkte und Varianten – Stückzahlen pro Planungsintervall – Funktionalitäten und Merkmale – Kundengruppen und Märkte – Zielkosten	– Produktplanungsprozess – Weitere neue Produktideen können darüber hinaus durch Technology-Push bei der Technologieplanung entstehen
Technologiestrategische Vorgaben – Relevante Technologiefelder – Aufzubauende Kompetenzen – Angestrebte technologische Leistungsfähigkeit – Bevorzugte Technologiequellen – Timingstrategie	– Unternehmensspezifischer Strategieprozess – Weitere Anforderungen an aufzubauende Kompetenzen können sich darüber hinaus durch Technology-Push bei der Technologieplanung ergeben
Trends und Kundenforderungen	– Trendforschung, Marktforschung und Produktplanung
Technologieinformationen – Funktionsprinzip – Anwendungsmöglichkeiten – Technologiereife – Chancen und Risiken – Kosten – Technologiequellen, Verfügbarkeit	– Technologiefrüherkennung

Abb. 7.10 Bei der Technologieplanung zu berücksichtigende Informationen und deren Herkunft

Märkte zu berücksichtigen. Ebenso sind Informationen über die Zielkosten in den Planungsprozess einzubeziehen, die ggf. auf einzelne Komponenten bzw. Module heruntergebrochen werden.

Bei der Technologieplanung ist das Produktprogramm zunächst als Eingangsgröße zu betrachten, dessen Realisierung durch eine entsprechende Planung von Entwicklung und Einsatz von Technologien im Unternehmen sichergestellt werden muss. Die Definition des Produktprogramms geschieht üblicher Weise primär marktgetrieben im Rahmen der Produktplanung und -entwicklung, indem Markt- und Kundenforderungen ermittelt und entsprechende Produkte zu deren Erfüllung definiert und ausgestaltet werden. Darüber hinaus kann bei der Technologieplanung die Frage gestellt werden, ob weitere Produkte auf Basis der vorhandenen oder ggf. zu entwickelnden technologischen Kompetenzen des Unternehmens möglich sind. Diese im Technology-Push-Ansatz entwickelten Produktideen können in das Produktprogramm des Unternehmens einfließen. Somit ist das Produktprogramm für die Technologieplanung zwar zunächst vorgegeben, jedoch nicht festgeschrieben. Vielmehr sind Anpassungen aufgrund neuer Produktideen denkbar.

Technologiestrategische Vorgaben Die grundsätzliche technologische Ausrichtung eines Unternehmens wird durch die Technologiestrategie beschrieben, die somit als Eingangsgröße bei der konkreten Ausgestaltung der Technologie-Roadmap dient. Beispielsweise ist zu berücksichtigen, innerhalb welcher Technologiefelder das Unternehmen überhaupt tätig werden möchte, und welche technologischen Kompetenzen grundsätzlich aufgebaut und genutzt werden sollen. Bei Nutzung des Technology-Push-Ansatzes können die in der Technologiestrategie vorgesehenen technologischen Kompetenzen des Unternehmens bei der Technologieplanung ergänzt werden. Dies ist sinnvoll, wenn eine Analyse der derzeitigen technologischen Kompetenzen des Unternehmens zeigt, dass durch den Aufbau zusätzlicher Kompetenzen weitere Marktpotenziale erschlossen werden können, d. h. langfristig neue Produkte ermöglicht werden. Falls entsprechende Möglichkeiten bei der Technologieplanung identifiziert werden, sollte die Technologiestrategie des Unternehmens entsprechend ergänzt werden und in dieser modifizierten Form bei der weiteren Technologieplanung berücksichtigt werden.

Weiterhin sind die angestrebte technologische Leistungsfähigkeit sowie Vorgaben hinsichtlich der bevorzugten Technologiequellen (z. B. bevorzugt eigene Technologieentwicklung) und des Timings des Technologieeinsatzes pro Technologiefeld relevante Eingansinformationen aus der Technologiestrategie, die bei der Technologieplanung zu berücksichtigen sind.

Trends und Kundenforderungen Schließlich sollten für den Technologieplanungsprozess die Kundenforderungen bekannt sein, die durch die Produkte erfüllt werden. Es ist denkbar, dass sich diese auch auf Fertigungstechnologien beziehen (beispielsweise wenn eine besonders umweltverträgliche Herstellung gefordert wird), sodass sie als direkte Vorgaben bei der Technologieplanung berücksichtigt werden müssen und nicht bereits durch die Produktmerkmale repräsentiert werden. Ebenso sind Auswirkungen von Trends auf die Technologieplanung möglich, sodass diese ebenfalls berücksichtigt werden. Die Ermittlung relevanter Trends geschieht üblicher Weise im Rahmen der strategischen Geschäftsplanung oder der Technologiefrüherkennung [14, 29]. Trends können einen bereits bei der Produktplanung zu berücksichtigenden Einfluss auf die Gestaltung der Produkte aufweisen, jedoch auch für die Auswahl einzelner Produkt- und Fertigungstechnologien von Bedeutung sein.

Technologieinformationen In der Technologiefrüherkennung werden durch Technologie-Scanning und -Monitoring Informationen über neue Technologien beschafft und ausgewertet, die für das Unternehmen von Bedeutung sein können. Beispielsweise wird über das Funktionsprinzip neuer Technologien ebenso eine Aussage getroffen wie über aktuelle und zukünftige Anwendungsmöglichkeiten der Technologie bzw. deren Leistungsfähigkeit oder Technologiereife, über Chancen und Risiken der Technologie, über Kosten für die Entwicklung, Implementierung und den Einsatz der Technologie sowie über die Verfügbarkeit der Technologie (auch unter Berücksichtigung geltender Schutzrechte) und mögliche Technologiequellen. Diese Informationen stellen somit keine durch die Technologieplanung zu erfüllende Vorgabe dar, sondern dienen als Ausgangsbasis für die Entwicklung möglicher technologischer Handlungsoptionen des Unternehmens.

Hinsichtlich der Beschaffung der Informationen sei angemerkt, dass es in diesem Schritt nicht allein das Ziel ist, die Informationen in geeigneter Form (beispielsweise Datenblätter, Zugriff auf Datenbanken etc.) verfügbar zu machen. Vielmehr soll auch die Einbindung der Personen, die diese Informationen bereitstellen und ggf. weiterführende Auskünfte geben können, in den Planungsprozess angestrebt werden. Beispielsweise sollten die Produktentwicklung und das Marketing eingebunden werden, da sie wichtige Vorgabeinformationen bereitstellen. So wird erreicht, dass auch die anschließenden Prozessschritte reaktionsschnell unter Einbeziehung der entsprechenden Personen durchgeführt werden können.

7.5.1.2 Informationsanalyse

Die Durchführung der Technologieplanung kommt in der industriellen Praxis der Erstellung bzw. der Überarbeitung einer Technologie-Roadmaps des Unternehmens gleich. Das Ziel der Technologieplanung besteht darin, den Technologieeinsatz und die Technologieentwicklung des Unternehmens so zu planen, dass alle im vorigen Arbeitsschritt zusammengestellten Anforderungen aus dem Produktprogramm und der Technologiestrategie erfüllt werden. Da bei der Technologieplanung eine intensive Betrachtung der technologischen Fähigkeiten des Unternehmens stattfindet, bietet es sich an, in diesem Kontext den Technology-Push zu fördern, um Ideen für neue Produkte oder aufzubauende technologische Kompetenzen abzuleiten.

Nachdem Betrachtungsbereich, -objekte und -zeitraum definiert sind, gilt es, die relevanten Randbedingungen zu extrahieren und soweit möglich in den Technologieplan zu überführen. Zunächst wird somit das Produktprogramm in den Technologieplan übernommen. Darüber hinaus kann es sinnvoll sein, Teile der technologiestrategische Vorgaben in den Plan zu übernehmen. In der Technologiestrategie geforderte technologische Kompetenzen sind durch konkrete Technologieentwicklungsprojekte zu realisieren. Somit wird in diesem Fall eine Technologieentwicklung nicht durch das Produktprogramm, sondern durch technologiestrategische Vorgaben angestoßen, die ebenfalls als zu erfüllende Vorgaben übernommen werden sollten.

Um im nächsten Schritt Handlungsoptionen zur Erfüllung aller durch das Produktprogramm und die Technologiestrategie gestellten Anforderungen zu entwickeln, gilt es zunächst, bestehenden Handlungsbedarf zu erkennen. Dieser ergibt sich, wenn man vom Ausnahmefall einer bislang nicht durchgeführten Technologieplanung absieht, aus dem Abgleich des bestehenden Technologieplans mit den neuen Anforderungen, die aus Umfeldveränderungen, dem Produktprogramm oder der Technologiestrategie folgen. Diese Informationen sind somit als zu erfüllende Vorgaben zu verstehen, während die Planungsebenen der Produkt- und Fertigungstechnologien durch die Technologieplanung beeinflussbar sind. Handlungsbedarf in diesen Ebene lässt sich durch die Überprüfung des um die Anforderungen aktualisierten Technologieplans auf folgende Aspekte hin erkennen:

- Zuordnung von Produkttechnologien zu Produktfunktionen: Stehen für alle Funktionen, welche die im Produktprogramm definierten Produkte erfüllen sollen, geeignete Produkttechnologien zur Verfügung? Sind diese Produkttechnologien termingerecht und zu den vorgesehenen Kosten verfügbar?

- Zuordnung von Fertigungstechnologien zu Produkten bzw. Produktkomponenten: Stehen für alle Produkte bzw. Komponenten geeignete Fertigungstechnologien zur Verfügung? Sind diese Fertigungstechnologien termingerecht und zu den vorgesehenen Kosten verfügbar?
- Zuordnung von Produkt- und Fertigungstechnologien zu geforderten Kompetenzen: Sind die derzeit und planmäßig zukünftig im Unternehmen vorhandenen Technologien geeignet, um die in der Technologiestrategie geforderten technologischen Kompetenzen aufzubauen?
- Abgleich mit weiteren Randbedingungen: Erfüllen die vorgesehenen Technologien die weiteren Anforderungen, die sich aus der Technologiestrategie beispielsweise hinsichtlich des Timings des Technologieeinsatzes (Technologieführer-/folgerstrategie) und der zu bearbeitenden Technologiefelder ergeben? Besteht Widerspruchsfreiheit der vorgesehenen Technologienutzung mit relevanten Trends sowie Markt- bzw. Kundenforderungen?

Doch nicht nur, falls diese Überprüfung des Technologieplans Probleme aufwirft besteht die Notwendigkeit, technologische Handlungsoptionen zu erarbeiten. Vielmehr sollten auch die bisherigen, im Technologieplan festgeschriebenen Lösungen kontinuierlich hinterfragt werden. Dies ist insbesondere vor dem Hintergrund technologischer Diskontinuitäten relevant. Reife Produkt- und Fertigungstechnologien können durch neu aufkommende Technologien mit höherem Leistungspotenzial oder geringeren Kosten im Laufe der Zeit abgelöst werden. Vor diesem Hintergrund sind die in der Vergangenheit getroffenen Entscheidungen über den Technologieeinsatz kontinuierlich zu hinterfragen.

7.5.1.3 Ableitung von Handlungsoptionen

Die Betrachtung der für die Technologieplanung relevanten Planungsebenen zeigt, dass das Ableiten von Handlungsoptionen nur in einem funktionsübergreifenden Vorgehen gelingen kann. Um Trends, Markt- und Kundenforderungen, das Produktprogramm sowie Produkt- und Fertigungstechnologien berücksichtigen zu können, sollten die für die Produktentwicklung, die Technologie- bzw. Prozessentwicklung, Produktion sowie die für Marketing und Vertrieb verantwortlichen Organisationseinheiten des Unternehmens an der Technologieplanung teilnehmen. Da der Technologieeinsatz einen der bedeutendsten Erfolgsfaktoren für produzierende Unternehmen darstellt, ist darüber hinaus die Einbindung der Geschäftsführung zwingend erforderlich. Weitere Organisationseinheiten des Unternehmens werden nach Bedarf eingebunden. Die Erstellung des Technologieplans erfolgt durch die Prozessbeteiligten gemeinsam, während die Verantwortlichkeit für die Führung des Prozesses dennoch einer Organisationseinheit eindeutig zugewiesen ist.

Beim Bilden möglicher technologischer Handlungsoptionen des Unternehmens werden grundsätzlich zwei Zielsetzungen verfolgt. Einerseits soll durch die Technologieplanung die Erfüllung aller aus dem Produktprogramm und der Technologiestrategie resultierenden Anforderungen sichergestellt werden. Andererseits soll die Entwicklung von Ideen für neue Produkte und aufzubauende Kompetenzen mit hohem Marktpotenzial durch den Technology-Push-Ansatz gezielt gefördert werden.

Zur Ableitung von Handlungsoptionen gilt es, mögliche Lösungen für den identifizierten Handlungsbedarf zu entwickeln. Hierbei handelt es sich im Kern um einen kreativen Arbeitsschritt, der sich deutlich vom folgenden Schritt der Bewertung der Handlungsoptionen abgrenzt. Bei der Bildung der Handlungsoptionen sollte sich deren Bewertung zunächst darauf beschränken, die grundsätzliche technologische Möglichkeit der Handlungsoptionen sowie deren Widerspruchsfreiheit zur den technologiestrategischen Vorgaben zu verifizieren. Es sind nicht alle theoretisch möglichen, sondern alle realistischen Handlungsoptionen zu bilden. Denkbare Handlungsoptionen sind beispielsweise, eine Produkttechnologie bzw. eine Kombination von Produkttechnologien zur Realisierung der geforderten Produktfunktionen einzusetzen oder Fertigungstechnologien zur Herstellung von Komponenten zu verwenden.

Fallbeispiel aus der Automobilzulieferindustrie Das Vorgehen hierbei sein anhand eines Beispiels aus der metallverarbeitenden Industrie erläutert. Im Beispiel ist das Ziel die Auswahl von Fertigungstechnologien für ein neues Produkt. Die Auswahl von Produkttechnologien zur Realisierung von Produktfunktionen und die Implementierung von Technologien zum Aufbau geforderter Kompetenzen erfolgt in einem analogen Vorgehen.

Betrachtet wird ein Unternehmen, dass Motorkomponenten herstellt. Das Produktprogramm sieht für einen zukünftigen Planungszeitraum ein Pleuel für Spezialanwendungen vor, das bislang nicht hergestellt wurde. An das Pleuel werden aufgrund des Einsatzes besonders hohe Anforderungen hinsichtlich Gewicht, Haltbarkeit, Belastbarkeit und optischem Erscheinungsbild gestellt. Im Gegensatz zu den bislang gefertigten Pleuel für den Pkw-Bereich wird die vollständige Außenkontur zur Gewichtsreduzierung spanend bearbeitet. Weiterhin wird das Pleuel am großen Auge nicht gecrackt, sondern durch Sägen getrennt und die Trennflächen mit einer Verzahnung versehen. Zwischen dem kleinen und dem großen Auge ist eine Ölbohrung vorgesehen. Aufgrund dieser neuen Anforderungen ist das Vorhandensein geeigneter Fertigungstechnologien für das Pleuel durch die Technologieplanung sicherzustellen.

Zunächst gilt es, die technologischen Alternativen zur Realisierung der geforderten Merkmale des Pleuels zu ermitteln. Hierbei dienen die Informationen aus der Technologiefrüherkennung und das im Unternehmen vorhandenen Wissen als Ausgangsbasis. Berücksichtigt werden zunächst alle prinzipiell einsetzbaren Technologien ohne Berücksichtigung ihres Vorhandenseins im Unternehmen. Die Darstellung der technologischen Alternativen erfolgt anschließend für das gesamte Bauteil im Form eines morphologischen Kasten (s. Abb. 7.11). Anschließend werden aus den verfügbaren Alternativen je Prozessschritt technologisch sinnvolle Kombinationen gebildet und im morphologischen Kasten gekennzeichnet. Im Fall des betrachteten Pleuels ergeben sich beispielsweise zwei technologisch sinnvolle Handlungsoptionen. Je nach unternehmensspezifischen Erfordernissen kann es sinnvoll sein, sowohl die Identifikation technologischer Alternativen als auch die Bildung von Handlungsoptionen hieraus durch Kreativitätstechniken zu unterstützen.

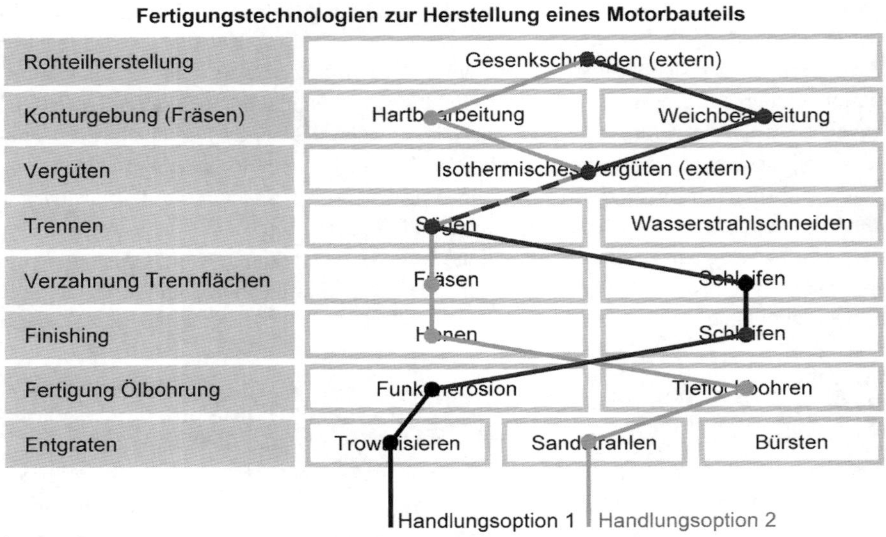

Abb. 7.11 Darstellung technologischer Alternativen im morphologischen Kasten

7

Nach der Auswahl der Technologien gilt es zu ermitteln, welche Konsequenzen der Einsatz der in den Handlungsoptionen verankerten Technologien für das eigene Unternehmen nach sich zieht. Nicht alle Technologien einer Handlungsoption sind zwangsläufig im Unternehmen bereits verfügbar, sodass die Auswahl einer Handlungsoption Aktivitäten zur Entwicklung oder Beschaffung von Technologien auslösen kann. In Bezug auf die eigene Technologieentwicklung des Unternehmens bedeutet dies, die Entwicklung der Technologie bis zu einem definierten Meilenstein des Technologieentwicklungsprozesses voranzutreiben. Technologien in frühen Stadien des Technologieentwicklungsprozesses müssen nicht direkt bis zur Anwendungstauglichkeit entwickelt werden. Denkbar ist auch eine Entwicklung bis zur Prinzip- oder Konzepttauglichkeit, beispielsweise um sie bei Bedarf zeitnah und mit angemessenem Aufwand zur Serienreife entwickeln zu können, um technologische Kompetenz aufzubauen oder die Einsatztauglichkeit der Technologie zu verifizieren. Neben der Entscheidung, bis zu welcher Reife eine Technologie im eigenen Haus entwickelt werden soll, besteht auch die Möglichkeit, Technologien in verschiedenen Reifegeraden extern zu beschaffen. Dies beinhaltet neben der Lieferung einsatzbereiter Technologien auch die Inanspruchnahme von Lizenzen. Die beschafften Technologien werden entweder direkt in der Produktion eingesetzt oder in den Technologieentwicklungsprozess überführt.

Neben der beschriebenen Entwicklung von Handlungsoptionen zur Erfüllung aller Anforderungen aus Produktprogramm und Technologiestrategie soll bei der Entwicklung von Handlungsoptionen das Entstehen neuer Ideen für Produkte und aufzubauende technologische Kompetenzen gefördert werden. Da bei der Entwicklung der Handlungsoptionen eine intensive Analyse der im Unternehmen implementierten Technologien erfolgt, bietet es sich an, diesen Technology-Push-Ansatz in diesem Kontext zu verfolgen. Ausgangspunkt bildet hierbei eine Aufstellung aller im Unternehmen vorhandenen Technologien, auf deren Grundlage folgende Fragestellungen diskutiert werden:

- Welche Produkte könnten auf Basis der im Unternehmen vorhandenen Technologien weiterhin ermöglicht werden, bzw. welche Anwendungen könnten ermöglicht werden? (Identifikation neuer Produktideen)
- Welche weiteren Technologien müssen hierzu ggf. zur Ergänzung des bestehenden Technologieportfolios im Unternehmen implementiert werden?
- Welche technologischen Kompetenzen können auf Basis der bestehenden Technologien auf- bzw. ausgebaut werden? (Aufbau neuer technologischer Kompetenzen mit Marktpotenzial)

Nachdem die Handlungsoptionen bestimmt und ihre Konsequenzen auf die Beschaffung und Entwicklung von Technologien beschrieben sind, müssen die am besten geeigneten Handlungsoptionen ausgewählt und die getroffenen Entscheidungen als aktualisierter Technologieplan dokumentiert werden.

Um die „besten" der zur Verfügung stehenden Handlungsoptionen identifizieren zu können, sind diese zu bewerten. Im Kapitel zur Technologiebewertung werden verschiedene Verfahren ausführlich betrachtet, sodass an dieser Stelle nur folgende Hinweise gegeben seien. Bei der Bewertung der Handlungsoptionen ist zunächst zu berücksichtigen, dass die zur Erfüllung verschiedener Anforderungen bestehenden alternativen Handlungsoptionen ggf. Abhängigkeiten aufweisen können, die bei der Bewertung berücksichtigt werden müssen. Beispielsweise kann die Implementierung einer Fertigungstechnologie für zwei verschiedene Produkte ungünstig erscheinen, wenn die Bewertung für beider Handlungsoptionen separat erfolgt. Werden jedoch beide Handlungsoptionen kombiniert betrachtet, kann sich die Fertigungstechnologie, beispielsweise aufgrund nun höherer Stückzahlen, doch als die günstigere Handlungsoption herausstellen. Abhängigkeiten zwischen Handlungsoptionen sind daher bei deren Bewertung zu berücksichtigen.

Weiterhin stellt sich bei der Bewertung der Handlungsoptionen die Frage nach geeigneten Bewertungskriterien. Grundsätzlich ist diejenige Alternative auszuwählen, die den höchsten, nachhaltigen ökonomischen Mehrwert für das Unternehmen stiftet [16, 30]. Dies bedeutet, dass die Bewertung der Handlungsoptionen stets unter wirtschaftlichen, monetären Aspekten erfolgen muss. Dies gilt auch für Technologien in frühen Phasen der Technologieentwicklung.

Um den Aufwand der Bewertung der jeweils zur Verfügung stehenden Handlungsoptionen in Grenzen zu halten, wird die Bewertung häufig in einem zweistufigen Verfahren durchgeführt. Zunächst findet eine Vorselektion der Handlungsalternativen statt. Hierzu eignen sich sowohl qualitative Verfahren wie Portfolioansätze als auch aufwandsarme quantitative Methoden, beispielsweise eine Nutzwertanalyse. Die Methoden zur Vorselektion zeichnen sich dadurch aus, dass sie mit vergleichsweise geringem Aufwand durchgeführt werden können und dennoch eine dem Zweck angemessene Aussagekraft aufweisen. Bei der Nutzung dieser Methoden ist insbesondere darauf zu achten, dass sie zumindest implizit auch wirtschaftliche Zielgrößen repräsentieren. Die kann bei einem Portfolio durch eine entsprechende Gestaltung der Achsen geschehen. Die im Rahmen der Vorselektion ausgewählten Handlungsoptionen werden anschließend monetär bewertet. Dies kann beispielsweise durch eine Kapitalwertbestimmung, eine Amortisationsrechnung, den Realoptionenansatz, Kosten-Nutzen-Vergleichsrechnungen oder durch Total-Costs-of-Ownership-Betrachtungen erfolgen. Bei der monetären Bewertung sollte stets auch eine Aussage über die Unsicherheit bezüglich der der Bewertung zugrunde liegenden Annahmen und somit auch über die Unsicherheit des Ergebnisses getroffen werden. Insbesondere bei der monetären Bewertung von Technologien in frühen Entwicklungsphasen, für die ggf. noch kein Produktspektrum, sondern nur eine Geschäftsidee beschrieben ist, muss diese Unsicherheit bei der Entscheidungsfindung mit in Betracht gezogen werden. Gegebenenfalls sind auch Sensitivitätsanalysen sinnvoll. Eine detaillierte Beschreibung der im Rahmen der Technologieplanung eingesetzten Bewertungsmethoden findet sich im Kapitel Technologiebewertung.

Auf Basis der letztlich monetär ausgerichteten Bewertung wird anschließend die am besten geeignete Handlungsoption ausgewählt. Der revidierte Technologieplan ergibt sich dann als Summe der ausgewählten Handlungsoptionen. Es bietet sich an, abschließend eine Konsolidierung des Technologieplans durchzuführen. Hierbei werden die ausgewählten Handlungsoptionen erneut auf bestehende, bei der Auswahl ggf. vernachlässigte Abhängigkeiten überprüft. Darüber hinaus sollte beachtet werden, ob es durch die Kombination bestimmter Handlungsoptionen möglich ist, Synergieeffekte zu nutzen, indem beispielsweise Technologien mehrfach genutzt werden können oder Entwicklungsbedarf reduziert wird. Ggf. sind die zunächst getroffenen Entscheidungen zu einzelnen Problemstellungen im Gesamtkontext zu revidieren. Schließlich sollte die Übereinstimmung des Technologieplans mit den technologiestrategischen Vorgaben verifiziert werden.

Nachdem die Handlungsoptionen bewertet und die Entscheidungen über den Technologieeinsatz und die Technologieentwicklung im Unternehmen getroffen wurden, werden diese in Form der aktualisierten Technologie-Roadmap dokumentiert und den Anspruchsgruppen im Unternehmen zur Verfügung gestellt.

7.5.1.4 Detaillierung des Technologieplans

Aus den ausgewählten Handlungsoptionen ergeben sich typischer Weise neue Technologieentwicklungsprojekte, oder es wird die externe Beschaffung von Technologien initiiert. Damit diese Aufgaben sinnvoll umsetzbar sind, sind die jeweiligen Zielsetzungen konkret zu beschreiben und mit terminlichen und kostenseitigen Vorgaben zu hinterlegen. Die inhaltlichen und terminlichen Ziele ergeben sich direkt aus dem im vorigen Arbeitsschritt erstellten Technologie-Roadmap. Dort ist definiert, bis zu welchem Zeitpunkt welche Technologie bis zu welcher Leistungsfähigkeit entwickelt bzw. beschafft werden soll, bzw. zu welchem Zeitpunkt sie zu welchem Zweck zum Einsatz kommt.

Die Vorgabe eines kostenseitigen Ziels für die Entwicklung bzw. Beschaffung von Technologien ist eine anspruchsvolle Aufgabe. Im Mittelpunkt dieser Frage steht die Vorgabe von Budgets für die im Technologieplan definierten Technologieentwicklungs- und -beschaffungsprojekte. Grundsätzliche erfolgt die Verteilung des zur Verfügung stehenden gesamten Budgets für Technologieentwicklungsprojekte entsprechend deren Relevanz für das Unternehmen. Als Maßstab hierfür kann beispielsweise der Kapitalwert der Technologieprojekte herangezogen werden, oder die strategische Relevanz der Projekte kann durch entsprechende Bewertungstechniken (z. B. paarweiser Vergleich oder gewichtete Bewertungen nach definierten Kriterien) ermittelt werden. Bei dieser Zuweisung von Budgets zu einzelnen Technologieentwicklungsprojekten ist sicherzustellen, dass deren Ziele mit den zugewiesenen Mitteln auch realisiert werden können. Daher ist es notwendig, den Ressourcenbedarf der Technologieprojekte zu ermitteln und diesen mit den entsprechend ihrer Relevanz zugewiesenen Budgets abzugleichen. Bei der Ermittlung des Ressourcenbedarfs der Technologieprojekte sollten insbesondere monetär bewertete benötigte Personalressourcen (z. B. Ingenieursstunden, Arbeiterstunden), materielle Ressourcen (z. B. Kosten für Versuchsaufbauten, Maschinen/Maschinenbelegung, Verbrauchsmaterial, Prototypen) und immaterielle Ressourcen (z. B. Lizenzkosten, Kosten für Patentanmeldungen) berücksichtigt werden. Weiterhin ist eine Betrachtung der Unsicherheit der kalkulierten Kosten sinnvoll, um die zu erwartenden Gesamtkosten der Technologieentwicklung bis zum definierten Meilenstein des Technologieentwicklungsprozesses möglichst exakte abbilden zu können. Zur Ermittlung des Ressourcenbedarfs von Technologieprojekten stehen Methoden zur Vorkalkulation bzw. Kostenplanung zur Verfügung. Häufig findet eine Bewertung des Ressourcenbedarfs für Technologieprojekte bereits im Rahmen der monetären Bewertung der Handlungsoptionen statt, sodass diese Informationen bereits zur Verfügung stehen.

Neben einer ausreichenden finanziellen Ausstattung der Technologieprojekte ist weiterhin sicherzustellen, dass alle weiteren erforderlichen Ressourcen im Unternehmen in den benötigten Zeiträumen zur Verfügung stehen. Hierbei muss die Verfügbarkeit sowohl von Mitarbeitern (z. B. Ingenieure, Facharbeiter, gewerbliche Mitarbeiter) als auch von materielle Ressourcen wie beispielsweise Laboren, Prüfständen, Messmitteln und IT-Technik betrachtet werden. Je nach Umfang des Technologieprojekts muss hierzu bereits ein Projektplan aufgestellt werden, um den Ressourcenbedarf pro Planungsperiode ermitteln zu können. Weiterhin ist eine Abstimmung hinsichtlich der für das Technologieprojekt vorgesehenen Ressourcen mit den Planungen der entsprechenden Organisationseinheiten erforderlich.

Ergebnis der Detaillierung ist sodann die Konkretisierung des Technologieplans durch inhaltliche, terminliche und kostenseitige Ziele für die Technologieentwicklung und -beschaffung sowie die sichergestellte Ressourcenverfügbarkeit für diese Technologieprojekte.

7.5.1.5 Technologiecontrolling

Der entwickelte Technologieplan bleibt reines Papierwerk und ohne wirtschaftlichen Erfolg, wenn er nicht von den operativen Einheiten des Unternehmens richtig und konsequent umgesetzt wird [15]. Dem Management steht dazu grundsätzlich das Controlling als Steuerungsinstrument zur Seite.

Ausgehend von der Praxis wurde das Controlling als Disziplin der Betriebswirtschaftslehre entwickelt. Bis heute konnte dem Controlling noch kein einheitliches Begriffsverständnis zugeordnet werden. Der Grund für die Vielschichtigkeit der Begriffsdefinitionen ist in deren Kontextabhängigkeit zu finden [31–35]. Fälschlicherweise wird Controlling oft mit dem Begriff Kontrolle, im Sinne der Durchführung eines Vergleichs, übersetzt. Diese Übersetzung grenzt den Aufgabenbereich des Controllings unzureichend ein. Vielmehr geben die Begriffe Planen, Steuern und Regeln den Inhalt des Controllings als Managementaufgabe wieder. Vor diesem Hintergrund dient das Controlling der zielorientierten Steuerung eines Unternehmens und steht für die Sicherstellung einer angemessenen Rationalität der Unternehmensführung [33, 34, 36, 37]. Controlling hat in vielen Bereichen Einzug gefunden und somit nachhaltig zur Sicherstellung des Unternehmenserfolgs beigetragen. Vor diesem Hintergrund wurde in der Vergangenheit eine Vielzahl an Controllingkonzepten, wie z. B. das Produktionscontrolling, das Finanzcontrolling oder das FuE- und das Innovationscontrolling, entwickelt. Die beiden zuletzt genannten Themengebiete überschneiden sich in Teilbereichen mit dem Technologiecontrolling, erfassen allerdings nicht dessen gesamten Anwendungsraum. Technologische Aspekte bleiben meist unterberücksichtigt, so dass vielfältige Erfolgspotenziale nicht erschlossen werden. Dies unterstreicht die Notwendigkeit eines Technologiecontrollings [9, 38–40].

Die grundsätzliche Zielsetzung eines Technologiecontrollings besteht in der rechtzeitigen Erkennung von technologierelevanten Fehlentwicklungen und der darauf aufbauenden Einleitung von Plananpassungen. Dies beinhaltet sowohl eine ex-post-Überprüfung des Realisierungsgrades angestrebter technologiestrategischer Ziele als auch eine begleitende Prämissen- und Durchführungskontrolle [41, 42]. Das Technologie-Controlling hat dabei zusätzlich die Aufgabe, Instrumente für das strategische und operative Technologiemanagement bereitzustellen und zu pflegen [43].

Aufgaben des Technologiecontrollings Wie alle Controllingkonzepte lässt sich auch das Technologiecontrolling in strategisches und operatives Controlling und somit auch entsprechende Aufgaben unterteilen [32, 44, 45]. Das strategische Technologiecontrolling dient der Zukunftsorientierung. Chancen und Risiken unter Berücksichtigung externer und interner Einflussfaktoren stehen im Vordergrund. Dies beinhaltet die Berücksichtigung von z. B. externen Trends, langfristigen technologischen Diskontinuitäten, Veränderungen im Wettbewerbsumfeld und der eigenen technologischen Kompetenzen. D. h. durch die Interpretation der Ist-Situation und der erwarteten Umfeldveränderungen werden langfristige Ergebnisse der zukünftigen Technologieentwicklung und -verwertung prognostiziert. Die daraus abgeleiteten Prämissen bzgl. der Zukunft stellen die Ausgangsbasis für die zu verabschiedenden Technologieziele und abgeleitete Technologiestrategie des Unternehmens dar. Ausgehend von der Technologiestrategie werden Entscheidungen im Hinblick auf deren Realisierung überprüft. Auch wird der Einfluss obsolet gewordener Planungsprämissen auf die Technologiestrategie im Rahmen einer Prämissenkontrolle untersucht. Zur Unterstützung des strategischen Technologiecontrollings können klassische Methoden (z. B. Szenariotechnik, Delphi-Studie, SWOT-Analysen) genutzt werden.

Das operative Technologiecontrolling richtet sich im Wesentlichen auf Zahlen und Ergebnisse der Gegenwart und der Vergangenheit. Der Zukunftsaspekt ist durch Definition des Planungshorizonts auf den kurz- bis mittelfristigen Bereich begrenzt. Das Technologiecontrolling bezieht sich in diesem Zusammenhang auf die Steuerung der operativen Aufgaben von der Technologiefrüherkennung über die -planung, die -entwicklung und die -verwertung. Dies stellt den gesamten Anwendungsraum des Technologiecontrollings dar und umfasst die Informationsversorgung, die Koordination und Planung von technologierelevanten Aufgaben sowie die Kontrolle der Zielerreichung. Die aufgezeigten Aspekte sind in Abb. 7.12 in Anlehnung an das Controllingkonzept nach Horváth zu einem Technologiecontrollingkonzept zusammengeführt.

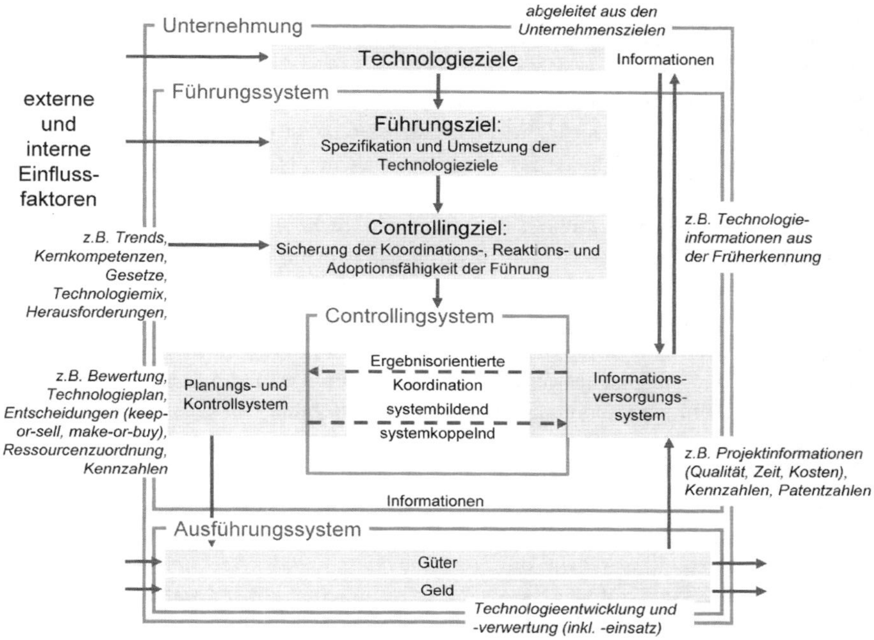

Abb. 7.12 Technologiecontrolling in Anlehnung an das Controllingsystem nach Horváth [32]

Grundsätzlicher Ausgangspunkt der Betrachtung stellt dabei eine Einordnung des Controllings in das Führungssystem eines Unternehmens dar. Ein Unternehmen kann nach Horváth in zwei Subsysteme untergliedert werden (s. Abb. 7.12) [32]. Das Führungssystem bildet gemeinsam mit dem Ausführungssystem das Gesamtsystem eines Unternehmens. Das Ausführungssystem umfasst die Leistungserstellung durch Personal- und Gütereinsatz. Im Hinblick auf das Technologiemanagement beinhaltet dies im Wesentlichen die Technologieentwicklung und die Technologieverwertung, wobei die Verwertung die Nutzung bzw. den Betrieb von Technologien ebenfalls beinhaltet. In diesem Zusammenhang steuert das Führungssystem die notwendigen Prozesse. Die Steuerung erfolgt über Planvorgaben als Ergebnis der Technologieplanung und über die Erfassung und Verarbeitung von Informationen, beispielsweise aus der Technologiefrüherkennung. Das Controlling stellt ein Teilsystem der Führung dar und beinhaltet die Koordination des Planungs- und Kontrollsystems sowie des Informationsversorgungssystems. Dabei wird in systembildende und systemkoppelnde Koordination unterschieden. Systembildend wirkt das Controlling bei der Bildung aufeinander abgestimmter formaler Systeme und Instrumente, d. h. bei der Schaffung einer Gebilde- und Prozessstruktur, die zur Abstimmung von Aufgaben beiträgt. Ein Beispiel hierfür ist die Etablierung eines Technologieentwicklungsprozesses. Die Abstimmungen innerhalb einer bestehenden Struktur werden als systemkoppelnde Koordination bezeichnet [32]. Die Kernelemente des Technologiecontrollings (Koordination, Informationsversorgung, Planung und Kontrolle) werden im Folgenden kurz beschrieben.

Koordination bezeichnet die Abstimmung arbeitsteilig durchgeführter Aktivitäten vor dem Hintergrund eines einheitlichen Zielsystems. Die Koordination als zentrale Aufgabe des Controllings ist somit das Resultat der starken organisatorischen Differenzierung einer Unternehmung als Reaktion auf die zunehmende Umweltkomplexität und -dynamik und der Vielzahl an Interdependenzbeziehungen [46]. Dies gilt insbesondere für den Betrachtungsbereich des Technologiemanagements. Eine Vielzahl technologieorientierter Aufgaben sind in unterschiedlichen Organisationseinheiten (z. B. Produktion, FuE, Einkauf) durchzuführen und durch ein Technologiecontrolling aufeinander abzustimmen. Basis eines Technologiecontrollings ist demnach eine Zusammenstellung aller technologieorientierten Aktivitäten in den unterschiedlichen Bereichen, die koordiniert werden müssen. Dabei sind die Wechselwirkungen dieser Aktivitäten zu berücksichtigen, d. h. Redundanzen, Synergien und gegenläufige Aktivitäten müssen durch das Controllingkonzept aufgezeigt werden. Die Koordination erfolgt durch bereichübergreifende Prozessdefinitionen und eine einheitliche Ausrichtung auf technologieorientierte Zielvorgaben.

Das Objekt der Informationsversorgung ist die Information, die als zweckorientiertes Wissen definiert werden kann. Die Zweckorientierung bedeutet, dass sich das Wissen auf eine konkrete Aufgabenstellung in einer konkreten Entscheidungssituation bezieht [32, 46]. Daraus resultiert für die Informationsversorgung des Technologiecontrollings, dass zweckmäßige und aufgabenbezogene Informationen hoher Qualität bereitgestellt werden müssen. Diese Qualität lässt sich an den Kriterien Problemrelevanz, Wahrscheinlichkeit, Bestätigungsgrad, Überprüfbarkeit, Genauigkeit und Aktualität festmachen. Dies gilt beispielsweise für Technologieinformationen als Ergebnis der Früherkennung, aber auch für Informationen über interne Prozessabläufe und Projektstati. Des Weiteren müssen Führungsinformationen, die auf unterschiedlichen Hierarchiestufen eines Unternehmens genutzt werden, wiedergegeben werden. Führungsinformationen bezeichnen Informationen, die zur Lösung von Führungsaufgaben benötigt werden. Dies bedarf einer Verdichtung bzw. einer Verknüpfung der Informationen. Verdichtete Informationen stellen Zusammenfassungen von Einzelinformationen dar, während verknüpfte Informationen die Bezüge verschiedener Informationsarten zueinander ausdrücken [32].

Schließlich ist es die Aufgabe eines Technologiecontrollings die Planung und Kontrolle technologieorientierter Aktivitäten zu unterstützen. Planung ist dabei der Versuch zur Bewältigung der Unsicherheit und stellt einen komplexen Informationsverarbeitungsprozess dar. Davon erfasst sind das systematische Ermitteln, Verarbeiten und Weitergeben planungsrelevanter, d. h. auf die Zukunft bezogener Informationen vor dem Hintergrund eines festgelegten Zielsystems [32]. Dies erfordert die Integration der technologieorientierten Ziele. Des Weiteren müssen diese Ziele in Bezug zu den Aktivitäten des Technologiemanagements gestellt werden. In Verbindung mit einer logischen Zwangsfolge der Aktivitäten und deren Messbarkeit ermöglicht dies eine belastbare Planungsgrundlage. Über den Aspekt der Messbarkeit wird im Folgenden die Verbindung zur Kontrolle geknüpft. Die Regelungs- und Steuerungsfunktion der Planung ist nur durch eine effektive Kontrolle zu erzielen. Vor diesem Hintergrund müssen die Aktivitäten des Technologiemanagements durch quantitative Größen messbar gemacht werden. Dies erfordert die Zuordnung aussagekräftiger Kennzahlen zu den Aktivitäten.

7.6 Methode des Technologie-Roadmappings

Zur Durchführung der Technologieplanung hat sich das Technologie-Roadmapping praktisch als Standard in der industriellen Praxis etabliert. Die Methode des Technologie-Roadmappings bietet einen Ansatz, den Prozess der Technologieplanung und insbesondere die Abstimmung der bei der Technologieplanung betrachteten Planungsebenen durchgängig zu unterstützen. Roadmaps geben Auskunft über aktuelle und geplante Vorhaben, vorangegangene Entscheidungen, Abhängigkeiten und Kausalitäten. Wie der Name schon andeutet, unterstützt die Roadmap den am Steuer sitzenden Manager dabei, sein unternehmerisches Gefährt zielgerichtet durch unbekanntes Terrain zu steuern [10]. Es wird nicht nur ermöglicht, die aktuelle Position zu bestimmen, sondern auch den Weg zum Ziel mitsamt seinen Zwischenschritten und alternativen Routen eindeutig zu planen und darzustellen.

7.6.1 Aufbau von Technologie-Roadmaps

Die beiden wesentlichen Bestandteile des Roadmappings sind zum einen die Darstellung der Roadmap und zum anderen der Prozess zur Erstellung der Roadmap. Roadmaps gibt es in vielen Ausführungen. So identifizierte Phaal 40 verschiedene Arten von Roadmaps im produzierenden Gewerbe und im Dienstleistungssektor [47]. Sie werden beispielsweise zur Produktplanung, Kapazitätsplanung, strategischen Planung, langfristigen Planung und Integrationsplanung eingesetzt, wobei jeweils verschiedene Darstellungsformen üblich sind. Eine generische Darstellungsform einer Technologie-Roadmap wurde von der European Industrial Research Management Association (EIRMA) vorgeschlagen [13]. Abbildung 7.13 zeigt die vorgeschlagenen konstituierenden Elemente einer Roadmap. Dies sind die Zeitachse, die unterschiedlichen Ebenen (Markt, Produkt und Technologie), die Darstellung der Planungsobjekte in Balkenform sowie die Verknüpfungen zwischen den Planungsobjekten.

Diese konstituierenden Elemente einer Roadmap befinden sich auf einer sehr abstrakten Ebene. Daher verwundert es nicht, dass eine Vielzahl an unterschiedlichen Formen für Roadmaps in der industriellen Praxis existiert. Ursache dafür ist, dass Roadmaps für verschiedenste Anwendungsfälle eingesetzt werden und somit teilweise weitaus detailliertere und zweckspezifische Informationen explizieren. Die Darstellungsform hängt somit neben unternehmensspezifischen Randbedingungen im Wesentlichen vom geplanten Einsatzzweck der Roadmap ab. Eine standardisierte Darstellungsform für alle Einsatzgebiete von Roadmaps ist somit nicht sinnvoll. Bei der Wahl der richtigen Darstellung muss vielmehr die richtige Balance zwischen Detaillierungsgrad und Übersichtlichkeit der Roadmap im situativen Kontext gefunden werden.

Folglich gibt es in der industriellen Praxis keinen Standard zur Darstellung von Technologie-Roadmaps. Vielmehr überwiegen Darstellungsformen, die den jeweils spezifischen Unternehmensanforderungen Rechnung tragen. Diese unterscheiden sich, je nach Anwen-

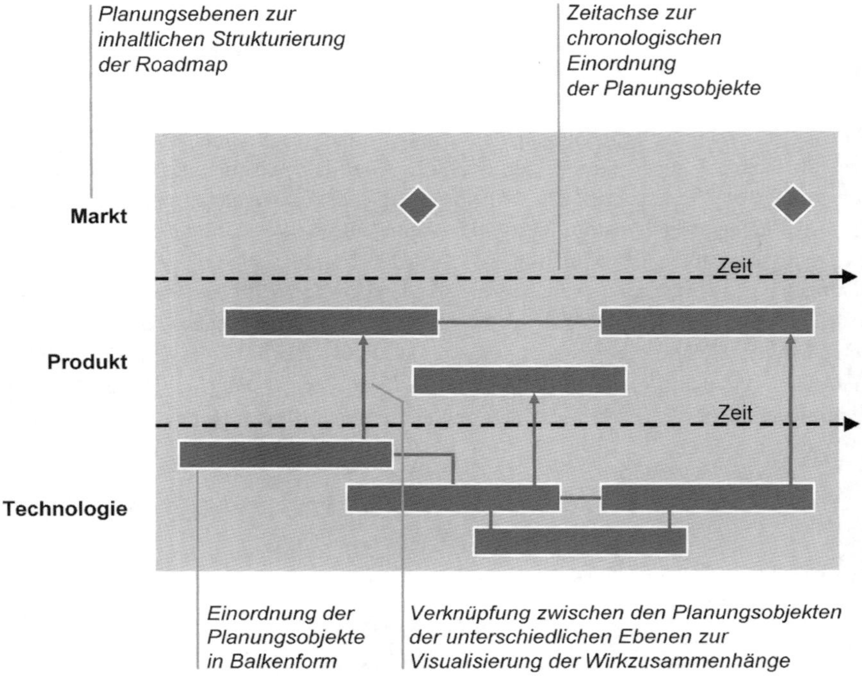

Abb. 7.13 Konstituierende Elemente einer Technologie-Roadmap

dungszweck und unternehmensspezifischen Erfordernissen, beispielsweise hinsichtlich der integrierten Planungsebenen, des betrachteten Planungszeitraums, des Umfangs der Planungsobjekte (z. B. Teile des Produkt- bzw. Technologiespektrums eines Unternehmens) sowie der Visualisierung. Häufig nutzen Unternehmen auch mehrere, anwendungsfallspezifische Darstellungsformen von Technologie-Roadmaps. Anhand von Beispielen aus der industriellen Praxis soll im Folgenden ein Überblick über mögliche Ausprägungen gegeben werden.

Fallbeispiel aus der Investitionsgüterindustrie Abbildung 7.14 zeigt eine Technologie-Roadmap eines Unternehmens, das Maschinen für die Bauindustrie herstellt. Die Darstellungsform ist an den Technologiekalender angelehnt, vgl. [48]. Die Roadmap zeigt Produkte sowie zugeordnete Technologien im zeitlichen Verlauf. Oberhalb der Zeitachse sind die Produkte dargestellt, unterhalb die Technologien.

Die dargestellten Produkte sind auf der linken Seite zu Produktlinien gruppiert. Eine grobe Charakterisierung dieser Produktgruppen nach Leistungsfähigkeit bzw. adressierter Kundengruppe ist ebenfalls angegeben. Die in der Roadmap dargestellten Balken in der Produktebene kennzeichnen den Zeitraum, in dem das Produkt am Markt angeboten wird. Die farbliche Kennzeichnung der Balken gibt die Information, ob es sich um ein vollständig neues Produkt, eine neue Produktgeneration oder um

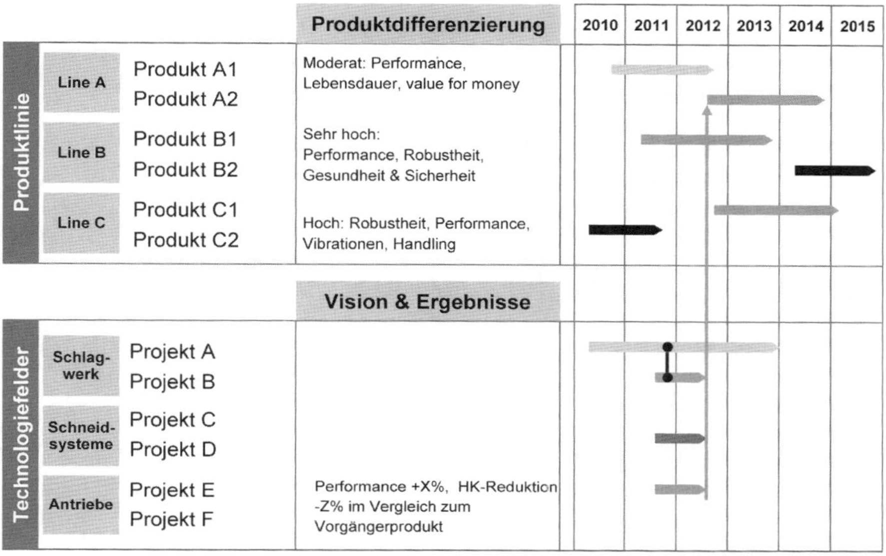

Abb. 7.14 Technologie-Roadmap aus der Investitionsgüterindustrie [11]

einen reinen „Facelift" handelt. Bei den in der unteren Hälfte der Roadmap gezeigten Technologien handelt es sich streng genommen um Technologieentwicklungsprojekte. Diese sind über vertikale Verbindungslinien den Produkten zugeordnet, in denen die Technologien zum Einsatz kommen sollen. So wird die Produkt- mit der Technologieentwicklung synchronisiert. Die Technologien sind nach Baugruppen des betrachteten Produktspektrums geordnet und farblich als Forschungs-, Produkttechnologie- und Fertigungstechnologieprojekte markiert.

Fallbeispiel aus der Luftfahrtindustrie Eine Technologie-Roadmap für den Triebwerkbau aus der Luftfahrtindustrie zeigt Abb. 7.15. Auch in dieser Roadmap werden Produkte und zugehörige Technologien visualisiert. Die Roadmap zeichnet sich durch zwei Besonderheiten aus, die aus den spezifischen Gegebenheiten der Luftfahrtbranche folgen. In der Luftfahrt und damit auch beim Triebwerksbau gelten höchste Sicherheitsanforderungen. Eine Konsequenz hieraus ist, dass in Triebwerken nur Technologien eingesetzt werden dürfen, deren Entwicklung serienreif abgeschlossen ist und deren Eignung und Zuverlässigkeit nachgewiesen wurden. Der Nachweis dieser Serienreife erfolgt u. a. durch sogenannte Demonstratoren. So kann beispielsweise die Leistungsfähigkeit einer neuen Produkt- oder Materialtechnologie für Turbinenschaufeln im Prüfstand verifiziert werden. Ohne einen solchen physischen Nachweis ist der Einsatz der Technologie nicht möglich. Aufgrund der hohen Bedeutung dieser Demonstratoren sind diese in der mittleren Ebene der Roadmap abgebildet. Die Zuordnung der Technologien zu Produkten erfolgt stets über die Demonstratoren.

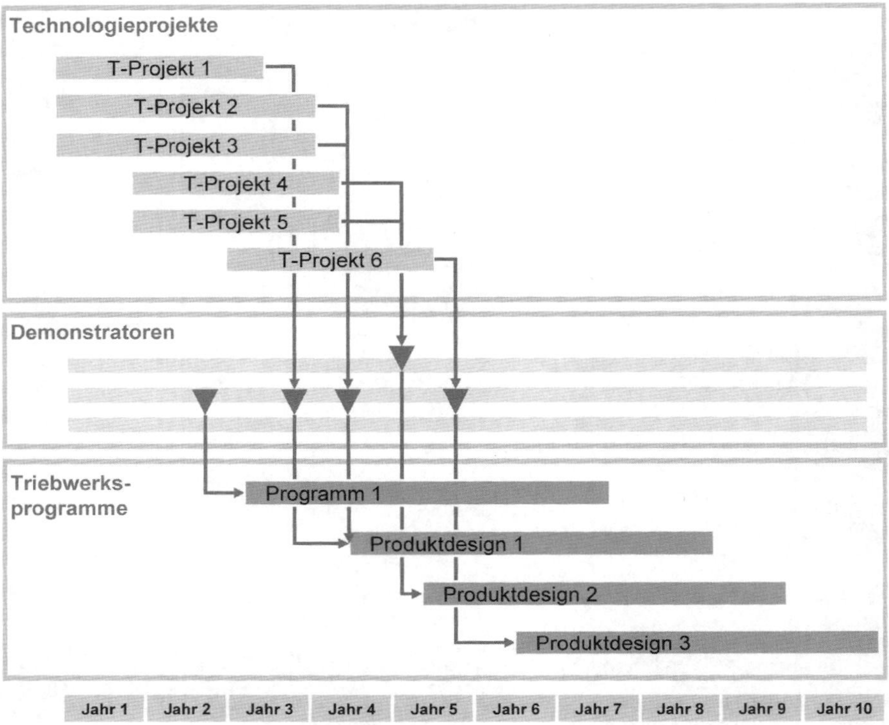

Abb. 7.15 Technologie-Roadmap aus der Luftfahrtindustrie

Die zweite Besonderheit dieser Roadmap folgt aus dem in der Luftfahrt üblichen langfristigen Planungshorizont. Die Roadmap zeigt beispielsweise einen Zeitraum von 10 Jahren, obwohl konkrete Produkte lediglich für einen kürzeren Zeitraum definiert sind. In der dargestellten Roadmap ist nur das zeitnächste Produkt bereits final ausgestaltet („Triebwerksprogramm 1"). Um der Technologieentwicklung auch darüber hinaus eine Orientierung hinsichtlich der geplanten Produkte zu geben, sind sogenannte „Produktdesigns" definiert und in der Roadmap dargestellt. Es handelt sich hierbei um Triebwerkskonzepte, die die zukünftig geplanten Produktmerkmale realisieren können und die hierfür vorgesehenen Technologien implementieren. Die schließlich realisierten Triebwerke werden jedoch als Varianten dieser Designs definiert.

Fallbeispiel aus der Automobilindustrie Abbildung 7.16 zeigt eine Vorentwicklungsroadmap aus dem Automobilbereich. Diese Roadmap ermöglicht die entwicklungs- und produktionsübergreifende Synchronisation der Vorentwicklungsprojekte hinsichtlich einer möglichen Umsetzung in den Modellreihen. Vor diesem Hintergrund sind die Produktentstehungsprozesse sowie die Termine für den jeweiligen Produktionsstart

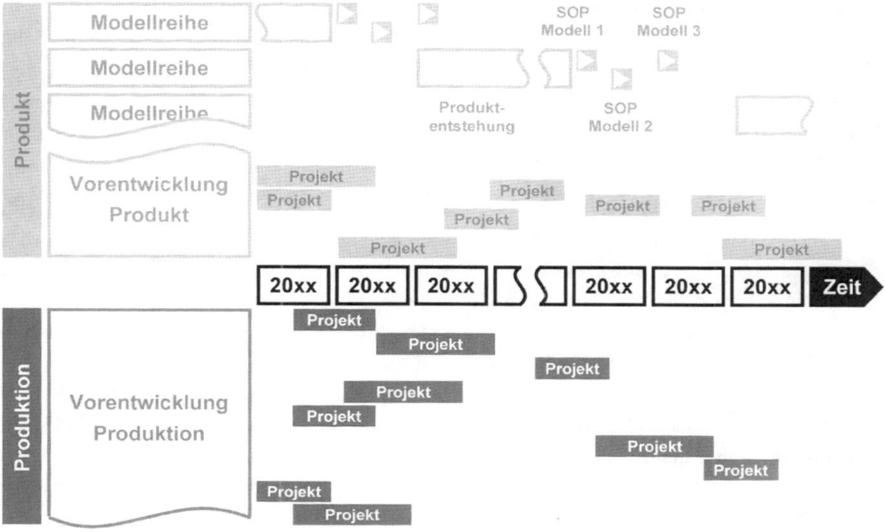

Abb. 7.16 Vorentwicklungsroadmap aus der Automobilindustrie

der verschiedenen Modelle und Derivate als wesentliches Ordnungskriterium in der Roadmap aufgeführt. Die einzelnen Vorentwicklungsprojekte werden entsprechend der Projektdauer entlang der Zeitachse aufgetragen. Innerhalb der funktional gegliederten Ressorts lassen sich die Vorentwicklungsprojekte definierten inhaltlichen Feldern zuordnen, die der strategischen Orientierung für die Vorentwicklung entsprechen. Auf diese Weise beinhaltet die Vorentwicklungsroadmap eine Filterfunktion, um die erforderliche Übersichtlichkeit und die damit verbundene Praktikabilität sicherzustellen.

Einerseits können im Rahmen des Innovationstransfers die Vorentwicklungsprojekte identifiziert werden, die sich für eine Umsetzung in der betrachteten Modellreihe anbieten. Andererseits können zur Vorbereitung der Ideengenerierung die Felder der strategischen Orientierung erkannt werden, die nicht ausreichend mit Vorentwicklungsprojekten hinterlegt sind.

7.6.2 Erfolgsfaktoren beim Technologie-Roadmapping

Für das Technologie-Roadmapping kann aufgrund der verschiedenen unternehmensspezifischen Anforderungen weder in Bezug auf das Format der Roadmaps noch auf die exakte Ausgestaltung des Prozesses eine allgemeingültige Vorgabe gemacht werden. Ergänzend zu den vorigen Ausführungen sollen daher im Folgenden Hinweise für eine erfolgreiche Durchführung des Technologie-Roadmappings gegeben werden, die in der industriellen Praxis eine besonders hohe Relevanz besitzen.

Klare Zieldefinitionen schaffen Um die Technologieplanung sinnvoll durch das Technologie-Roadmapping unterstützen zu können, ist zunächst eine klare Zieldefinition die Grundlage für eine erfolgreiche Initiierung des Roadmapping-Prozesses. Ausgangspunkt ist dabei die Frage, welche Entscheidung unterstützt werden soll. Die Beantwortung dieser Frage führt zu einer unternehmens- und situationsspezifischen Ausgestaltung der Roadmaps und des Roadmapping-Prozesses.

Unternehmens- und situationsspezifische Ausgestaltung Wie zuvor bereits dargestellt, sind der Prozess zur Roadmaperstellung und die Roadmapdarstellung vom jeweiligen Anwendungszusammenhang abhängig. Dieser Zusammenhang ist dabei sowohl von Unternehmensspezifika als auch von der jeweiligen Entscheidungssituation abhängig. Dies erklärt auch, warum kein unternehmens- und anwendungsübergreifender Roadmapstandard existiert. Die industrielle Praxis ist durch individuelle Lösungen geprägt.

Vor Beginn des Roadmapping-Prozesses sollte die Frage geklärt werden, welche Entscheidungssituationen unterstützt werden sollen. Auf dieser Basis sind die erforderlichen Informationen und deren Wirkzusammenhänge zu definieren. Ausgehend vom benötigten Informationsgehalt ist der Betrachtungsbereich der zu erstellenden Roadmap ebenso zu definieren wie die jeweils zu betrachtenden Planungsebenen (z. B. Marktforderungen, Produkte, Produkt- und Fertigungstechnologien), der Planungszeitraum sowie die geeignete Detailtiefe. Wichtig ist dabei auch die frühzeitige Einbindung der relevanten unternehmensinternen Informations- und Entscheidungsträger.

In Abhängigkeit von der Zielsetzung einer Roadmap können im Wesentlichen drei Kategorien von Roadmaps benannt werden. Dies sind Roadmaps zur Synchronisation unterschiedlicher Planungsebenen, zur kontextbezogenen Informationsbereitstellung und zur Unterstützung der Ideengenerierung. In Abb. 7.17 sind Beispiele für diese Kategorien dargestellt.

Am Beispiel für die Synchronisation von Planungsebenen ist erkennbar, wie die Technologiefelder der Entwicklung mit dem Produktprogramm abgestimmt werden. Wesentliche Elemente der Roadmap sind daher die Verknüpfungen zwischen den Planungsobjekten in den einzelnen Ebenen. In den Bereich der Informationsbereitstellung fallen klassische Früherkennungsroadmaps, in denen sich abzeichnende Technologien im Hinblick auf deren zeitliche Entwicklung aufgetragen werden, oder Produktroadmaps, die einen Überblick über den Marktzyklus der einzelnen Produkte geben. Die Kategorie Ideengenerierung bezieht sich auf Roadmaps, die den kreativen Prozess in unterschiedlichen Anwendungen unterstützen. In diesem Zusammenhang werden Diversifikationsroadmaps genutzt, die den Technology-Push ausgehend von Technologieplattformen über Märkte und Anwendungen bis zu konkreten Produkten visualisieren und Möglichkeiten für weitere Produkte offenbaren.

Verbindlichkeit schaffen Ein wichtiger Effekt des Technologie-Roadmappings ist die Schaffung von Verbindlichkeit. Alle Prozessbeteiligten verpflichten sich auf die beschlossene Planung. Diese bereichs- und ggf. unternehmensübergreifende Verbindlichkeit hat zwei wesentliche Vorteile, die zum einen prozessual und zum anderen inhaltlich ausgerichtet sind. Prozessuale Verbindlichkeit bezieht sich auf die bereichsübergreifende Zustimmung zu einer einheitlichen Planungsbasis, die zwar inhaltliche Änderungen zulässt, aber nur im Konsens verabschiedet wird.

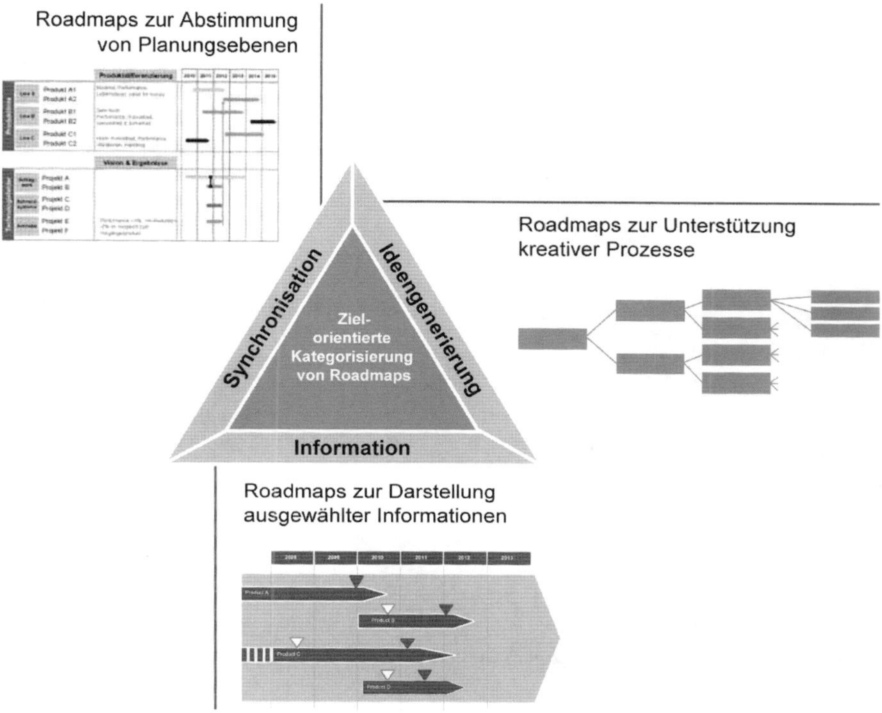

Abb. 7.17 Mögliche Kategorien von Technologie-Roadmaps

Durch eine inhaltliche Verbindlichkeit bietet sich die Chance, sich vom inkrementellen Fortschritt zu lösen und radikale Technologiesprünge zu realisieren. Unternehmen bauen Erfolgspositionen häufig auf Technologien, die bereits einen hohen Reifegrad erlangt haben. Die Steigerung der Leistungsfähigkeit dieser Technologien kann nur noch durch inkrementelle Verbesserungen in Teilbereichen erfolgen. Die erzielte Leistungssteigerung ist jedoch aufgrund der bereits hohen Leistungsfähigkeit gering.

Um signifikante Leistungssteigerungen realisieren zu können, ist daher oftmals nicht die weitere Optimierung der etablierten Technologie, sondern ein signifikanter Technologiesprung notwendig. Diese Technologiesprünge sind jedoch mit hohen Hürden behaftet, da es noch technologische Schwierigkeiten zu lösen gilt und die Marktakzeptanz der Technologie nicht verlässlich eingeschätzt werden kann. Dies führt dazu, dass sich oft Zweifel am Sinn des Technologiesprungs einstellen und die Optimierung etablierter Technologien bevorzugt wird.

Durch das Technologie-Roadmapping bietet sich die Chance, eine gemeinsame Verpflichtung auf das Erreichen eines anspruchsvollen Ziels einzugehen und so den Technologiesprung zu realisieren (s. Abb. 7.18). Diese Verpflichtung wird in Form der verbindlichen Einplanung der zu realisierenden Technologie in der Roadmap trotz (zu bewertender) Unsicherheiten dokumentiert. Die Planung des nicht sicher eintretenden Ereignisses kann

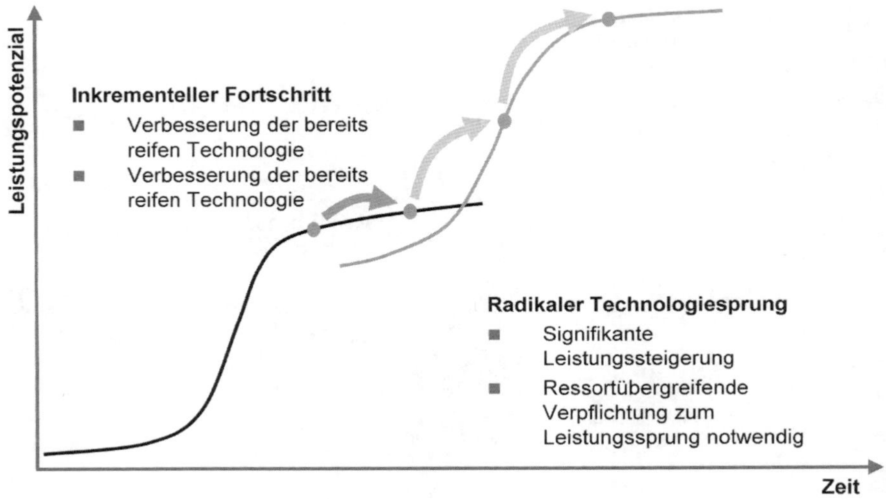

Abb. 7.18 Getriebefan als Beispiel für radikale Technologiesprünge durch verbindliche Planung

so zur selbsterfüllenden Prophezeiung werden, da die Zielerreichung durch die abgestimmten, ehrgeizigen Entwicklungsaktivitäten aller Beteiligten möglich wird.

Fallbeispiel aus der Luftfahrtindustrie Ein Beispiel für einen durch verbindliche Planung realisierten Technologiesprung sind Flugzeugtriebwerke mit Getriebe zwischen Fan und Turbine („Geared Turbofans"). Da der Fan durch die Untersetzung langsamer rotiert als die Turbine, können größere Fans und so ein höheres Nebenstromverhältnis realisiert werden. Der Einsatz von Getriebefans ist ein radikaler Technologiesprung und führt zu einer Reduktion des Treibstoffverbrauchs um ca. 15 % sowie zu einer signifikanten Reduktion der Lärmemission. Getriebefans sind seit den späten 1970er Jahren lediglich in Nischen im Einsatz, weil die Wartungskosten als vergleichsweise hoch und die Technologie als zu komplex angesehen wurde. Trotzdem vereinbarte ein Konsortium von Triebwerks-(komponenten)Herstellern die Entwicklung dieser Technologie zur Serienreife. Diese gemeinsame Verpflichtung auf das anspruchsvolle Ziel ermöglichte, dass Getriebefans ab 2012/2013 in Triebwerken für Regionaljets und langfristig in weiteren Flugzeugen in großen Stückzahlen zum Einsatz kommen werden.

Methodische Unterstützung des Roadmapping-Prozesses Zur effizienten Umsetzung des Roadmappings bedarf es grundlegender Strukturen. Dies beinhaltet definierte Prozesse und die klare Zuordnung von Verantwortlichkeiten. Für eine erfolgreiche Umsetzung des Technologie-Roadmappings sind im Wesentlichen drei Schritte von Bedeutung. Der erster Schritt ist die zuvor beschriebene Klärung der Zielsetzung des Prozesses. Der zweite Schritt ist die Beschaffung und Auswertung von verfügbaren Informationen. Hier werden sowohl markt- bzw. produktseitige Anforderungen als auch technologieseitige Potenziale und Vorgaben identifiziert. Die verfügbaren Informationen werden konsolidiert und bewertet. Schließlich erfolgt im dritten Schritt die eigentliche Erstellung der Roadmaps auf Basis der vorhandenen Informationen. Durch die intuitive Synthese der Informationen über zukünftige produktseitige Anforderungen und technologische Entwicklungen werden mögliche Handlungsoptionen identifiziert und gegenübergestellt.

Die erstellte Roadmap ist dabei nur das Endergebnis des Prozesses und vereint die zusammengestellten Inhalte und Wirkzusammenhänge. Neben dieser Darstellung ist das gemeinsame, bereichsübergreifende Durchlaufen des Prozesses der wesentliche Mehrwert des Roadmappings. Die Diskussion über die unterschiedlichen Themen und die daraus resultierende mehrdimensionale Betrachtung von Handlungsoptionen führt zu einer hohen Akzeptanz der Ergebnisse, verringert die Quote an Fehlentscheidungen und richtet die beteiligten Unternehmensbereiche auf ein Gesamtoptimum aus.

Methodische Koordination, fachliche Umsetzung Bei der Umsetzung eines Prozesses zum Technologie-Roadmapping stellt sich die Frage nach den Prozessverantwortlichkeiten und nach den Prozessteilnehmern. Wichtig ist zunächst die klare Vergabe von Verantwortlichkeit für den Roadmapping-Prozess. Die Gesamtverantwortung für den Roadmapping-Prozess muss bei der Geschäftsführung liegen. Diese Verantwortung ist nicht delegierbar.

Für die operative Abwicklung des Roadmappings sind mehrere Ausgestaltungen denkbar. Bei der Entscheidung hierüber sind in jedem Fall unternehmensspezifische Randbedingungen sowie die Breite der technologischen Basis zu berücksichtigen. Dabei kann im Wesentlichen unterschieden werden:

- Zentrale Organisation: Bei der zentralen Organisation des Roadmappings werden die Roadmaps von einer zentralen Stelle erstellt. Dies beinhaltet neben der Festlegung der Darstellungsform auch die Ermittlung und Auswertung der benötigten Informationen. Diese Vorgehensweise wird beispielsweise in der Luftfahrtindustrie verfolgt. Der Grund hierfür ist, dass vor dem Hintergrund der Vielzahl an Regularien in der Luftfahrtbranche dem Roadmapping auch ein Controllingaspekt zukommt, der nicht dezentral wahrgenommen werden kann.
- Dezentrale Organisation: In dieser Organisationsform erfolgt keine zentrale Lenkung des Roadmappings. Die einzelnen Aufgaben sind auf viele Mitarbeiter verteilt, wobei die Abstimmung der Roadmaps meist in schon etablierten Arbeitskreisen erfolgt. Voraussetzung hierfür ist eine offene und kommunikative Unternehmenskultur, in der eine eigenständige Vernetzung und Abstimmung der Arbeitskreise möglich ist. In einer solchen dezentralen Organisation kann auf eine eigene Stelle für das Technologie-Roadmapping verzichtet werden. Statt dessen werden die Verantwortlichkeiten für das Roadmapping in Produktion, Forschung und Entwicklung, Marketing etc. klar definiert. Diese Mitarbeiter führen den Prozess eigenständig und entwickeln anwendungsspezifisch ihre Roadmaps.
- Mischform: Diese Form beinhaltet die klare Trennung zwischen der inhaltlichen Erstellung der Roadmaps und der Vorgabe von standardisierten Hilfsmitteln und Darstellungsformen. Für einen Multitechnologiekonzern ist beispielsweise eine sehr breite technologische Basis charakteristisch. Diese Unternehmen besitzen häufig zahlreiche Geschäftsbereiche und/oder Tochtergesellschaften, die selbst Technologieentwicklung betreiben. Diese stark dezentrale Struktur führt dazu, dass die Zentralisierung des

Technologie-Roadmapping hinsichtlich Methoden und Formate die bevorzugte Lösung ist. Die inhaltliche Ausgestaltung (Prozessverantwortung) verbleibt in den einzelnen Geschäftsbereichen.

In allen Fällen ähneln sich jedoch die Aufgaben des Prozessverantwortlichen. Er organisiert die Roadmapping-Treffen und ist für die Aktualität der Roadmaps verantwortlich. Beim Auftreten neuer, ggf. relevanter Informationen ist eine Revision der Roadmaps zu veranlassen. Die zentralen Verantwortlichen setzen Standards sowohl für den Prozess als auch für das Layout der erstellten Roadmaps, damit diese unternehmensweit einheitlich gestaltet werden und Parallelversionen vermieden werden. Sie stellen im Prozess sicher, dass alle relevanten Stellen (Marketing, Produktion, Forschung und Entwicklung, etc.) an der Erstellung der Roadmaps teilnehmen. Bei der Erstellung sollte kontinuierlich darauf geachtet werden, dass alle erforderlichen Personen zu Wort kommen, sodass auch alle bedeutenden Informationen berücksichtigt werden. Die Teilnehmer des Roadmapping-Prozesses sind für das Beisteuern aller relevanten Informationen, die offene Kommunikation und das Finden eines gemeinsamen Weges im Roadmapping-Prozess verantwortlich. Es besteht sozusagen eine Verpflichtung, einen gemeinsamen Weg abzustimmen.

Unsicherheit zulassen – Denken in Alternativen Sowohl die relevanten inhaltlichen Informationen über zukünftige Technologieentwicklungen als auch deren Interpretation im Anwendungskontext des Unternehmens ist mit hohen Unsicherheiten behaftet. Auch mit den besten Prognosemethoden, wie beispielsweise der Szenariotechnik, lässt sich die Zukunft nie genau voraussagen. Trotzdem wird bis weit in die Zukunft hinein geplant, und die Notwendigkeit dieser langfristigen Planung ist unbestritten. Die Herausforderung besteht darin, die Unsicherheit der Informationen über weit in der Zukunft liegende Ereignisse bei der Planung sinnvoll zu berücksichtigen. Das Technologie-Roadmapping bietet die Möglichkeit, das mit diesen Unsicherheiten einhergehende Risiko bei der Planung zu minimieren. Weiterhin ermöglicht es die Nutzung der Chancen, die sich aus der Unsicherheit der Zukunft und somit aus der Gestaltbarkeit der Zukunft durch das eigene Unternehmen ergeben.

Bei der Minimierung des Risikos, das sich aus der Unsicherheit der Zukunftsinformationen ergibt, geht es darum, zwar eine Planung durchzuführen, jedoch ausreichend flexibel zu bleiben für den Fall, dass sich nicht die erwarteten Entwicklungen einstellen. Die Planung sollte für weit in der Zukunft liegende Zeiträume nicht zu exakt durchgeführt werden, da Abweichungen im Detail praktisch immer zu erwarten sind. Zudem steigt in diesem Fall der Aufwand für die langfristige Planung unangemessen an. Diesen Herausforderungen kann beispielsweise durch angepasste Planungsintervalle Rechnung getragen werden (s. Abb. 7.19).

Die Planung mit höchster Genauigkeit wird für ein Jahr im Voraus betrieben. Für diesen Zeitraum liegen bereits sichere Informationen über das vorgesehene Produktprogramm und über technologische Handlungsoptionen vor. Weiter in die Zukunft reichend werden die Planungszeiträume auf zwei, drei sowie vier Jahre verlängert, um der Unsicherheit langfristiger Prognosen Rechnung zu tragen. Die Aussage, ob ein Ereignis in sieben oder neun Jahren eintreffen wird, ist in den meisten Fällen nicht nur wertlos, sondern sogar gefährlich, da sie mit hoher Wahrscheinlichkeit falsch ist. Durch die Verwendung angepasster Planungszeiträume wird auch der Aufwand für die langfristige Planung reduziert, ohne dass dies zu einer mangelnden Langfristorientierung führt.

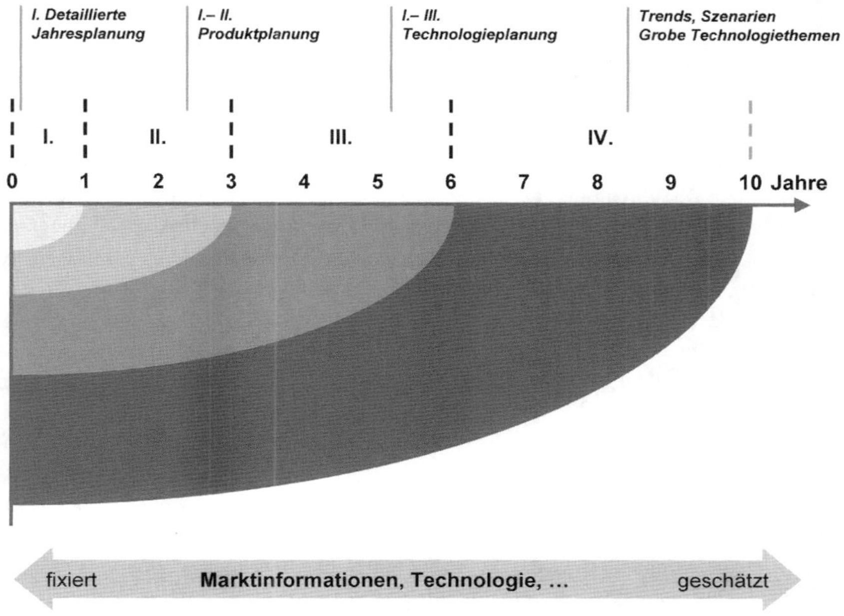

Abb. 7.19 Angepasste Planungsintervalle beim Technologie-Roadmapping

Roadmapping sollte es ermöglichen, auch in ungewissen Situationen möglichst realistisch zu planen und auf eventuelle Veränderungen flexibel zu reagieren. Flexibilität ist beim Roadmapping dadurch gegeben, dass eine schnelle Abstimmung mit allen erforderlichen Unternehmensbereichen möglich ist. Um eine schnelle Reaktion zu ermöglichen, sollten beim Roadmapping verschiedene Szenarien berücksichtigt werden. Werden den verschiedenen Szenarien Wahrscheinlichkeiten zugeordnet, so bekommt das Unternehmen die Möglichkeit seine Planung vor dem Hintergrund eines alternativen Szenarios zu bewerten. Lässt sich ein alternatives Szenario, dessen Eintritt mit hoher Wahrscheinlichkeit vorausgesagt werden kann, nicht mit der aktuellen Planung bewältigen, so muss eine alternative Roadmap erstellt werden, um zu ermitteln, was nötig wäre, um sich an die veränderten Bedingungen anzupassen. So kann das Roadmapping genutzt werden, um alternative Szenarien durchzuspielen und neue Handlungsoptionen bewertbar zu machen.

Etablierung einer Roadmapping-freundlichen Unternehmenskultur Ein zielgerichtetes Technologie-Roadmapping setzt eine enge Zusammenarbeit aller am Wertschöpfungsprozess beteiligten Unternehmensbereiche voraus. Die Art und Weise, wie diese Zusammenarbeit funktioniert, hängt im Wesentlichen von der Unternehmenskultur ab. Roadmapping bedarf einer offenen Kultur, in der Informationen ausgetauscht und diskutiert, im Konsens getroffene Entscheidungen akzeptiert und mitgetragen, externes und internes Wissen kombiniert werden und durch das einheitliche Verständnis ein Gesamtoptimum für das Unternehmen angestrebt wird.

Mehrwert durch interdisziplinären Prozess schaffen Technologie-Roadmapping ist ein bereichsübergreifend interaktiver, kommunikativer und koordinierender Prozess. Das Roadmapping findet im Spannungsfeld zwischen strategischen Vorgaben, Kundenforderungen, geplanten Produkten sowie aktuellen und zukünftigen technologischen Handlungsoptionen statt. Daher sind Geschäftsführung, Marketing und die für die Technologiefrüherkennung verantwortlichen Unternehmenseinheiten wichtige Prozessbeteiligte beim Technologie-Roadmapping. Darüber hinaus sind die vorgesehenen Technologien zu entwickeln, zur Serienreife zu treiben, auf den unternehmensspezifischen Anwendungsfall zu adaptieren und einzusetzen. Somit sind auch Forschung und Entwicklung sowie Produktion direkt in das Technologie-Roadmapping involviert.

Eine fehlende Koordination bzw. Abstimmung des Technologie-Roadmappings zwischen den Prozessbeteiligten birgt die Gefahr, zu Insellösungen zu kommen und Optima für Teilbereiche zu realisieren, statt eine für das gesamte Unternehmen optimale Technologieplanung zu erreichen.

Der Roadmapping-Prozess bietet die Chance, die Operationalisierung einer Technologiestrategie in einem Prozess zu koordinieren. So wird eine zwischen allen Prozessbeteiligten abgestimmte Technologiestrategie erreicht und ein Gesamtoptimum der Technologieplanung angestrebt. Die Technologie-Roadmaps in ihrer intuitiv erfassbaren Darstellungsform unterstützen dabei das Erreichen eines gemeinsamen Verständnisses aller Fachbereiche. Die Roadmaps sind die von allen verstandene „Sprache“ der Technologiestrategie, sodass Missverständnisse vermieden werden. Die von allen relevanten Fachbereichen gemeinsam erarbeitete und verabschiedete Roadmap findet eine hohe Akzeptanz im gesamten Unternehmen und stellt eine gemeinsame Verpflichtung auf die Planung dar. Nur durch einen solchen interdisziplinären Prozess ist darüber hinaus sichergestellt, dass bei der Technologieplanung alle relevanten Informationen, die aus allen angeführten Fachbereichen kommen können, berücksichtigt werden.

Internes und externes Know-how explizieren In eine Technologie-Roadmap sollte zunächst das interne Wissen der Unternehmensbereiche aufgenommen und anschließend durch externe Erkenntnisse ergänzt werden. Die Erfahrung zeigt, dass mindestens 80 % des notwendigen Wissens zur Erstellung einer Roadmap bereits intern vorliegt, aber ein direkter Zugriff nicht möglich ist, da dieses Wissen sich auf viele Köpfe verteilt. Erfolgreiches Roadmapping ist daher abhängig von der zielgerichteten Einbindung relevanter Experten.

Die Betrachtung externer Technologieentwicklungen bietet darüber hinaus beispielsweise Chancen zur Identifikation attraktiver technologischer Optionen, die mit Hilfe des Technologie-Roadmappings als Lösungen bestehender technologischer Herausforderungen genutzt werden können. Ein Erfolgsbeispiel hierfür findet sich in der Hausgeräteindustrie.

Fallbeispiel aus der Hausgeräteindustrie Da sich im eigenen technologischen Umfeld sowie in anderen Branchen häufig attraktive Technologieentwicklungen abzeichnen, betreibt der Hausgerätehersteller eine intensive Technologiefrüherkennung nach neuen Produkt- und Fertigungstechnologien. Die identifizierten Technologien werden hinsichtlich ihrer Einsetzbarkeit und des voraussichtlichen Einsatzzeitpunkts bewertet. Im

Rahmen des Roadmapping-Prozesses werden die aktuellen technologischen Herausforderungen den neuen Möglichkeiten durch externe Technologien gegenübergestellt und so neue, innovative Lösungen angestrebt. Durch die Implementierung von aus anderen Branchen verfügbaren Technologien, beispielsweise der Dickschichtheiztechnologie, konnte eine Integration der Komponenten Pumpe und Heizung einer Geschirrspülmaschine realisiert werden. Die neue Pumpe verwendet unter anderem einen bürstenlosen Gleichstrommotor, einen Motor als Nassläufer in der Spüllauge, eine in die Pumpenhydraulik integrierte Heizung sowie eine hydrodynamisch optimierte Pumpenhydraulik. Da die einzelnen Technologien in anderen Branchen bereits einen hohen Reifegrad erlangt hatten, konnte der notwendige Adaptions- und Integrationsaufwand geleistet werden, der zu einer im Bereich der Geschirrspüler vollkommen neuartigen Produkttechnologie führte. Diese neue, im Rahmen des Roadmapping-Prozesses durch Explizierung internen und externen Know-hows konzipierte Heizpumpe stellt gegenüber Wettbewerbern eine technologisch und hinsichtlich der Baugröße überlegene Produkttechnologie dar.

7.7 Zusammenfassung

Die Technologieplanung beinhaltet zusammenfassend die Ermittlung und Systematisierung aller technologiebezogenen Aktivitäten, deren Ablauf sowie der Kosten, Ressourcen und Termine und stellt die geistige Vorwegnahme zukünftigen Handelns dar [1]. Innerhalb der Technologieplanung bedeutet dies, die richtigen Entscheidungen im Hinblick auf die zukünftige technologische Ausrichtung des Unternehmens zu treffen und deren Umsetzung vorauszudenken. Es sind also die Fragen zu beantworten, mit welchen Technologien und auf welchem Wege der Umsatz und die Marktanteile eines Unternehmens gesteigert, die Kundenforderungen besser erfüllt, die Unternehmenspotenziale gestärkt, Wettbewerbsvorteile und Zeitvorsprünge erzielt und Stärken ausgebaut bzw. die Schwächen abgebaut werden können [2].

Entscheidungen für oder gegen eine Technologie oder ein Technologieszenario bedürfen einer nachvollziehbaren Grundlage. Deshalb steht nach einer Vorbereitungsphase eine Informationsanalyse zu Beginn der Technologieplanung. Die Entscheidungssituation ist geprägt von den technologierelevanten Herausforderungen des Umfelds, den ermittelten relativen Stärken und Schwächen des Unternehmens, dem vorhandenen Technologiemix und der strategischen Orientierung des Unternehmens. Des Weiteren sind ggf. relevante Marktdaten und -prognosen zu ermitteln bzw. zu erstellen. Letztlich gilt es den kurz- bis mittelfristigen Handlungsbedarf im Hinblick auf die relevanten Technologien abzuleiten.

Vor dem Hintergrund verschiedener Handlungsoptionen ist im nächsten Schritt eine Entscheidung zu treffen, welche Technologien kurz-, mittel- und langfristig ihren Einzug ins Unternehmen finden sollen. Aus der Technologieentscheidung resultieren eine Vielzahl an Fragestellungen, die im Rahmen der Technologieplanung zu beantworten sind. Diese Fragestellungen unterscheiden sich je nach Betrachtungsobjekt. Im Hinblick auf neue Ideen für Fertigungs- oder Produkttechnologien ist z. B. festzulegen, ob die Entwicklung der Technologie eigenständig durchgeführt wird, oder ob ein externer Entwicklungspartner beauftragt werden soll, d. h. die Frage des Make-or-buy für Entwicklungsaufgaben ist zu beantworten. Kooperationen mit Wettbewerbern oder Forschungseinrichtungen stellen eine weitere Möglichkeit zur Technologierealisierung dar. Die Frage des Make-or-buy stellt sich ebenfalls bei am Markt vorhandenen Technologien und zielt auf die Minimierung von Fertigungstiefen durch Zukauf von Produkttechnologien ohne Eigenfertigung ab. Der Kauf neuer Fertigungsmittel stellt eine weitere typische Entscheidung innerhalb der Technologieplanung dar. Des Weiteren ist ggf. der Anstoß für eigene Forschungsaktivitäten zu geben. Bezüglich bestehender technologischer Fähigkeiten und Patente ist darüber nachzudenken, ob diese nicht ggf. über Lizenzen noch vermarktet werden können. Diese Beispiele zeigen nur einen kleinen Ausschnitt an Fragenstellungen, deren Beantwortung oftmals den Rahmen des Technologiemanagements überschreiten. Von besonderer Bedeutung ist daher die integrierte Betrachtung von Technologien aus unterschiedlichen Perspektiven.

Ausgehend von den getätigten Entscheidungen und den daraus resultierenden Maßnahmen erfolgt die Detaillierung des Technologieplans zur Umsetzung der Vorgaben. Projekte werden nach DIN 69901 als ein Vorhaben, das durch Einmaligkeit der Bedingungen, wie z. B. zeitliche oder finanzielle Begrenzungen, gekennzeichnet ist, verstanden. Bei der Umsetzung einzelner Maßnahmen oder Maßnahmenbündel innerhalb des Technologiemanagements, die in der Regel zeitlich und inhaltlich begrenzt sind, hat sich eine projektspezifische Organisation bewährt. Die Inhalte der zu initiierenden Technologieprojekte reichen von der Entwicklung neuer Technologien, der Beschaffung neuer Fertigungsanlagen bis zur Organisation externer Entwicklungstätigkeiten. Die Abstimmung der einzelnen Technologieprojekte vor dem Hintergrund begrenzter Ressourcen sowie die inhaltliche und strukturelle Ausgestaltung der Einzelprojekte sind Inhalt der Detaillierung des Technologieplans.

Abschließend können die Ergebnisse der Technologieplanung in einer Technologie-Roadmap visualisiert werden. Dies ermöglicht eine gesamtheitliche Darstellung der technologischen Planung. D. h. der erstmalige Einsatz und das Ende der Nutzungsphase einer Technologie werden dargestellt. Darüber hinaus werden üblicherweise die Abhängigkeiten, Wechselwirkungen und Impulse zwischen den einzusetzenden Produktions- und Produkttechnologien sowie den Produkten im Zeitverlauf wiedergegeben [49].

Literatur

1. Strebel, H. (Hrsg.): Innovations- und Technologiemanagement, 2. Aufl. WUV, Wien (2007)
2. Pleschak, F., Ossenkopf, B.: Technologiebewertung. In: Specht, G., Beckmann, C., Amelingmayer, J. (Hrsg.) F&E-Management, 2. Aufl., S. 337–338. Schäffer-Poeschel, Stuttgart (2002)
3. Gomeringer, A.: Eine integrative, prognosebasierte Vorgehensweise zur strategischen Technologieplanung für Produkte. Jost-Jetter, Heimsheim (2007)
4. Bleicher, K.: Das Konzept integriertes Management. Visionen – Missionen – Programme, 7. Aufl. Campus, Frankfurt/Main (2004)
5. Gerpott, T.J.: Strategisches Technologie- und Innovationsmanagement, 2. Aufl. Schäffer-Poeschel, Stuttgart (2005)

6. Tschirky, H., Koruna, S.: Technologie-Management. Idee und Praxis. Verlag Industrielle Organisation, Zürich (1998)
7. Grienitz, V.: Erschließen von technologischen Erfolgspotenzialen. In: Z. Wirtschaft. Fabrikbetr. **98**(9), 421(2003)
8. Brodbeck, H.: Strategische Entscheidungen im Technologie-Management. Relevanz und Ausgestaltung in der unternehmerischen Praxis. Verlag Industrielle Organisation, Zürich (1999)
9. Frauenfelder, P.: Strategisches Management von Technologie und Innovation. Tools und Principles. Verlag Industrielle Organisation, Zürich (2000)
10. Möhrle, M.G., Isenmann, R.: Grundlagen des Technologie-Roadmappings. In: Möhrle, M.G., Isenmann, R. (Hrsg.) Technologie-Roadmapping. Zukunftsstrategien für Technologieunternehmen, 3. Aufl., S. 1–15. Springer, Berlin (2008)
11. Beckermann, S., Brandenburg, F., Hartung, S., Hilgers, M., Kitzer, P., Klappert, S., Nöken, S., Orilski, S., Schuh, G., Sieber, J., Soder, J., Weber, P.: Roadmapping: Geschäftserfolg durch zielgerichtete Technologieentwicklung. In: Brecher, C., Klocke, F., Schmitt, R., Schuh, G. (Hrsg): Wettbewerbsfaktor Produktionstechnik. Aachener Perspektiven, S. 513–536. Apprimus, Aachen (2008)
12. Burgstahler, B.: Synchronisation von Produkt- und Produktionsentwicklung mit Hilfe eines Technologiekalenders. Vulkan, Essen (1997)
13. European Industrial Research Management Association (EIRMA): Technology roadmapping – delivering business vision. Working Group 52 Report. Paris (1997)
14. Lichtenthaler, E.: Methoden der Technologie-Früherkennung und Kriterien zu ihrer Auswahl. In: Möhrle, M.G., Isenmann, R. (Hrsg.) Technologie-Roadmapping. Zukunftsstrategien für Technologieunternehmen, 3. Aufl., S. 59–84. Springer, Berlin (2008)
15. Bullinger, H.-J.: Einführung in das Technologiemanagement. Modelle, Methoden, Praxisbeispiele. Teubner, Stuttgart (1994)
16. Specht, D., Möhrle, M.G. (Hrsg.): Gabler Lexikon Technologiemanagement. Management von Innovationen und neuen Technologien im Unternehmen. Gabler, Wiesbaden (2002)
17. Schuh, G., Hilgers, M., Schröder, J., Saxler, J.: Technological overall concept – challenges for future-oriented roadmapping. Tagungsband zur IAMOT 2006 – 15th International Conference on Management of Technology. Tsinghua University, Beijing (2006)
18. Steinmüller, K.: Methoden der Zukunftsforschung. In: Möhrle, M.G., Isenmann, R. (Hrsg.) Technologie-Roadmapping. Zukunftsstrategien für Technologieunternehmen, 3. Aufl., S. 85–106. Springer, Berlin (2008)
19. Naisbitt, J.: Megatrends. Ten new directions transforming our lives. Waner Books, New York (1984)
20. TNS Infratest im Auftrag der Siemens AG: Horizons 2020. Ein Szenario als Denkanstoß für die Zukunft. TNS Infratest, München (2004)
21. Gausemeier, J., Ebbesmeyer, P., Kallmeyer, F.: Produktinnovation. Strategische Planung und Entwicklung der Produkte von morgen. Hanser, München (2001)
22. Herrmann, A., Schaffner, D.: Planung der Produkteigenschaften. In: Albers, S., Gassmann, O. (Hrsg.) Handbuch Technologie- und Innovationsmanagement. Strategie, Umsetzung, Controlling, S. 379–398. Gabler, Wiesbaden (2005)
23. Kanou, N., Seraku, N., Takahashi, F., Tsuji, S.-i.: Attractive quality and must-be quality. Hinshitu – J. Jpn. Soc. Qual. Control **14**(2), 39–48 (1984)
24. Eversheim, W. (Hrsg.): Innovationsmanagement für technische Produkte. Mit Fallbeispielen. Springer, Berlin (2003)
25. Betzold, M., Enslin, A., Falk, B., Knecht, S., Lützeler, R., Mireca, R., Prefi, T., Quattelbaum, B., Schmitt, R.: Perceived Quality: Der nächste Evolutionsschritt der industriellen Produktgestaltung – Systematische, kosteneffiziente Gestaltung mit begeisternder Qualität. In: Brecher, C., Klocke, F., Schmitt, R., Schuh, G. (Hrsg): Wettbewerbsfaktor Produktionstechnik. Aachener Perspektiven, S. 299–328. Apprimus, Aachen (2008)

26. Dyckhoff, H.: Grundzüge der Produktionswirtschaft. Einführung in die Theorie betrieblicher Wertschöpfung, 4. Aufl. Springer, Berlin (2003)
27. Knoche, M.: Komplementaritätsrelevante technologiebasierte Diversifikation. Shaker, Aachen (2006)
28. Klappert, S.: Systembildendes Technologie-Controlling. Shaker, Aachen (2006)
29. Geschka, H.: Methoden der Technologiefrühaufklärung und der Technologievorhersage. In: Zahn, E. (Hrsg.) Handbuch Technologiemanagement, S. 623–644. Schäffer-Poeschel, Stuttgart (1995)
30. Pfeiffer, W., Weiß, E.: Methoden zur Analyse und Bewertung technologischer Alternativen. In: Zahn, E. (Hrsg.) Handbuch Technologiemanagement, S. 663–681. Schäffer-Poeschel, Stuttgart (1995)
31. Hahn, D.: Controlling in Deutschland. In: Seidenschwarz, W. (Hrsg.) Die Kunst des Controlling, S. 13–46. Vahlen, München (1997)
32. Horváth, P.: Controlling, 11. Aufl. Vahlen, München (2008)
33. Preißler, P.R.: Controlling-Lexikon. Oldenbourg, München (1995)
34. Weber, J.: Einführung in das Controlling, 12. Aufl. Schäffer-Poeschel, Stuttgart (2008)
35. Zenz, A.: Controlling – Bestandsaufnahme und konstruktive Kritik theoretischer Ansätze. In: Dyckhoff, H., Ahn, H. (Hrsg.) Produktentstehung, Controlling und Umweltschutz – Grundlagen eines ökologieorientierten F&E-Controlling, S. 27–60. Physika, Heidelberg (1998)
36. Fässler, K., Rehkugel, H., Wegenast, C.: Lexikon des Controlling, 5. Aufl. Moderne Industrie, Landsberg/Lech (1991)
37. Huch, B., Behme, W., Ohlendorf, T.: Rechnungswesenorientiertes Controlling, 4. Aufl. Physika, Heidelberg (2004)
38. Tschirky, H., Jung, H.-H., Savioz, P. (Hrsg.): Technology and Innovation Management on the Move. From Managing Technology to Managing Innovation-Driven Enterprises. Industrielle Organisation, Zürich (2003)
39. Jung, H.-H.: Technologiecontrolling. In: Specht, D., Möhrle, M.G.. (Hrsg.) Lexikon Technologiemanagement, S. 338–341. Gabler, Wiesbaden (2002)
40. Eversheim, W., Gerhards, A., Walker, R.: Elektronisches Technologiemanagement: Wie lässt sich Technologiemanagement systematisch unterstützen? wt Werkstatttech. **91**(1), 39–42 (2001)
41. Wolfrum, B.: Strategisches Technologiemanagement, 2. Aufl. Gabler, Wiesbaden (1991)
42. Bullinger, H.-J.: Technologiemanagement. In: Eversheim, W., Schuh, G. (Hrsg.) Betriebshütte – Produktion und Management. Springer, Berlin (1996)
43. Qian, Y.: Strategisches Technologiemanagement im Maschinenbau. Dissertation, Universität Stuttgart (2002)
44. Preißler, P.R.: Controlling: Lehrbuch und Intensivkurs, 13. Aufl. Oldenbourg Wissenschaftsverlag, München (2007)
45. Jung, H.: Controlling, 2. Aufl. Oldenbourg Wissenschaftsverlag, München (2007)
46. Hesse, U.: Technologie-Controlling. Peter Lang, Frankfurt a. M. (1990)
47. Phaal, R., Farrukh, C.J.P., Probert, D.R.: Technology roadmapping: a planning framework for evolution and revolution. Technol. Forecast Soc. Change **71**(1/2), 5–26 (2004)
48. Schmitz, W.J.: Methodik zur strategischen Planung von Fertigungstechnologien. Ein Beitrag zur Identifizierung und Nutzung von Innovationspotentialen. Shaker, Aachen (1996)
49. Zweck, A.: Roadmapping. Erfolgreiches Instrument in der strategischen Unternehmensplanung nützt auch der Politik. Wissenschaftsmanagement **4**, 33–40 (2003).

Technologieentwicklung 8

Sascha Klappert, Günther Schuh, Henning Möller und Sebastian Nollau

Kurzüberblick Die Technologieentwicklung beinhaltet die Sicherstellung der Anwendungstauglichkeit von in Produkten und zu deren Herstellung eingesetzten Technologien. Im weiteren Sinne beinhaltet dies die Arbeiten der angewandten Forschung, der Vorentwicklung und der Technologieentwicklung im engeren Sinne sowie die frühen Arbeiten von Entwicklungsdienstleistern.

Die Technologieentwicklung fokussiert dabei auf den Effektivitätsgedanken, d. h. es gilt, durch einen systematischen Prozess Technologien zu entwickeln, zu selektieren, zu validieren und anschließend, in Form von anwendungstauglichen, risikoarmen Technologien, an die Produkt- bzw. Prozessentwicklung zu transferieren. In der Technologieentwicklung stehen daher der Kundennutzen, die Kreativität und die Innovationshöhe im Vordergrund, während in der Produktentwicklung die Aspekte Qualität, Kosten und Zeit bestimmend sind.

8.1 Einleitung und Charakterisierung

Zur Erhaltung der Wettbewerbsfähigkeit sind Unternehmen ständig gefordert neue Produkte zu entwickeln bzw. vorhandene Produkte weiterzuentwickeln. In der Technologieentwicklung sind somit neue Produkt-, Produktions- und Materialtechnologien zu erfinden und deren Anwendungstauglichkeit nachzuweisen.

Zum Aufbau eines klaren Verständnisses bedarf es zunächst der Einordnung der Technologieentwicklung in die Gesamtheit der Forschungs- und Entwicklungsaktivitäten eines Unternehmens. Als Forschung wird der generelle Erwerb neuer Kenntnisse verstanden. Die Entwicklung ist deren erstmalige konkretisierende Anwendung und praktische Umsetzung [1].

Die Forschung in Unternehmen konzentriert sich primär auf die angewandte Forschung, die auf spezifische, praktische Ziele ausgerichtet ist. Grundlagenforschung ohne

S. Klappert (✉)
50676 Köln, Deutschland
E-Mail: sascha.klappert@t-online.de

G. Schuh, S. Klappert (Hrsg.), *Technologiemanagement*,
DOI 10.1007/978-3-642-12530-0_8,

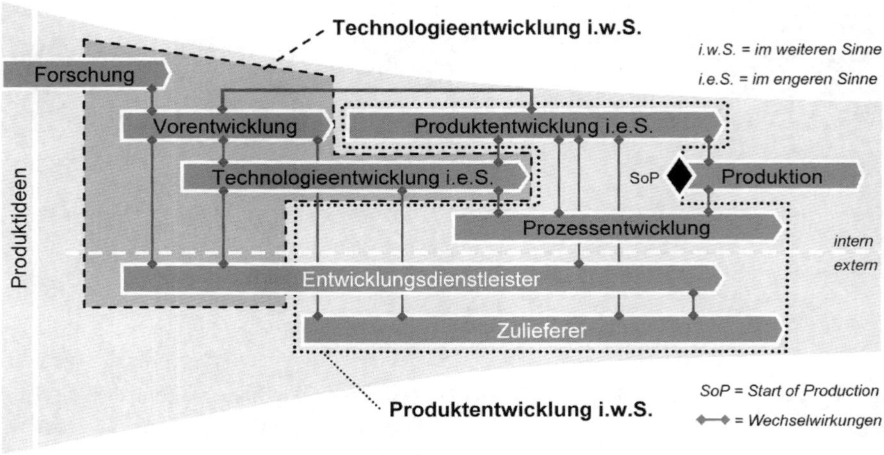

8

Abb. 8.1 Strukturierung der Forschung und Entwicklung in Anlehnung an [2]

direkten Anwendungsbezug ist aufgrund des hohen Ergebnisrisikos meist staatlichen Institutionen vorbehalten.

Die Entwicklung setzt sich aus der Produktentwicklung im engeren Sinne (auch Serienentwicklung genannt), der Prozessentwicklung, der Vorentwicklung und der Technologieentwicklung im engeren Sinne zusammen (s. Abb. 8.1). In der Vorentwicklung werden Produktideen weiterverfolgt, die einen hohen Neuheitsgrad aufweisen und einen Anteil an Grundlagenuntersuchungen erfordern. Hier gilt es eine erste Einschätzung hinsichtlich der benötigten Technologien und deren grundsätzlicher Eignung zu treffen. Ergebnis können sowohl erste Produktkonzepte als auch Technologieprototypen darstellen. Die Technologieentwicklung befasst sich im engeren Sinne mit der Entwicklung von Produkt-, Produktions- und Materialtechnologien, die einen wesentlichen Anteil an der Wettbewerbsfähigkeit des Unternehmens ausmachen. Die betrachteten Technologien haben dabei einen etwas stärkeren Produktbezug als die innerhalb der Vorentwicklung betrachteten Technologien. Innerhalb der Produktentwicklung (im engeren Sinne) erfolgt die Realisierung der gewünschten Produkte mit den zur Verfügung stehenden Produkttechnologien. Parallel dazu wird die Prozessentwicklung durchgeführt, in der die benötigten Produktionstechnologien bis zum „Start of Production“ (SoP) realisiert werden. Üblicherweise beziehen Unternehmen externe Entwicklungsdienstleister und Zulieferer zur Unterstützung mit in die Entwicklung ein [2].

Das Verständnis der Technologie- und Produktentwicklung wird im Rahmen dieses Kapitels ausgeweitet bzw. neu definiert. Demnach beinhaltet die Technologieentwicklung im weiteren Sinne Entwicklungen mit einem abstrakten, d. h. wenig konkreten Produktbezug. Dies beinhaltet die angewandte Forschung, die Vorentwicklung, die Technologieentwicklung in engeren Sinne sowie die Technologieentwicklungen bei externen Entwicklungsdienstleistern.

Vor diesem Hintergrund ist es ein Ziel der Technologieentwicklung eines Unternehmens, ein tiefes Verständnis der wissenschaftlichen Zusammenhänge außerhalb der bereits eingesetzten Technologien aufzubauen. Des Weiteren zielt sie auf die Erfindung von Verbesserungsmöglichkeiten im Hinblick auf die bisher eingesetzten Technologien als auch im Hinblick auf zukünftige Technologien in Produkten und Prozessen ab [3]. Die Technologieentwicklung beinhaltet somit im Wesentlichen die Suche nach neuen Erkenntnissen und die daraus abgeleitete Entwicklung von neuen Technologien und Technologieanwendungen. Im Gegensatz zur Produktentwicklung steht kein konkretes Produkt im Mittelpunkt der Betrachtung. Der Aufbau von Prototypen und Versuchsanlagen sowie deren Erprobung stellen den Lösungsnachweis für technische Problemstellungen dar und sind Kernergebnis der Technologieentwicklung.

Die Produktentwicklung im weiteren Sinne fokussiert auf alle Aktivitäten zur Realisierung eines konkreten Produktes. Dies beinhaltet auch die Prozessentwicklung zur Realisierung der zur Herstellung der Produkte benötigten Produktionstechnologien. Des Weiteren sind externe Entwicklungsarbeiten durch Zulieferer bzw. Dienstleister zu berücksichtigen.

Im Folgenden erfolgt eine Charakterisierung der Technologieentwicklung sowie eine Beschreibung des Technologieentwicklungsprozesses. Das Kapitel schließt somit die Lücke zwischen der Technologieplanung und der Technologieverwertung und rundet den Prozess des Technologiemanagements ab. Methoden zur Unterstützung der Technologieentwicklung werden an dieser Stelle nicht vertieft, da diese sich kaum von Methoden benachbarter Entwicklungsthemen unterscheiden. Dies beinhaltet z. B. Kreativitätstechniken, Methoden zum FuE-Controlling, zur Budgetierung, zur FuE-Programplanung und zum Projektmanagement. Diese und weitere Aspekte des Innovations- und Entwicklungsmanagements werden im Band Innovationsmanagement detailliert beschrieben.

8.2 Charakterisierung der Technologieentwicklung

Die zuvor dargestellten Bestandteile der Forschung und Entwicklung werden im Unternehmensalltag sehr uneinheitlich verstanden und benannt. Die Differenzierung zwischen Technologieentwicklung und Produktentwicklung erfolgt zum Teil durch die Trennung von Vorentwicklung und Entwicklung oder von (angewandter) Forschung und Entwicklung [4]. Damit ist häufig auch eine organisatorische Trennung durch Etablierung zweier separater Abteilungen verbunden. Der Begriff Vorentwicklung deutet bereits an, dass zwischen Vorentwicklung und Entwicklung eine zeitliche Unterscheidung vorgenommen wird. Vorentwicklungsprojekte sind somit Projekte, die den Entwicklungsprojekten vorgelagert sind. Entwicklungsprojekte haben in der Regel einen direkten Produktbezug und können damit als Produktentwicklung verstanden werden [5].

Vorentwicklungsprojekte oder Forschungsprojekte besitzen häufig noch keinen direkten Produktbezug, sondern dienen dazu, Technologien zu entwickeln, die dann zu einem späteren Zeitpunkt auf ein oder mehrere Produkte beziehungsweise Produktgruppen appliziert werden [6]. Produktentwicklungsprojekte hingegen sind Projekte, die auf die Entwicklung oder Verbesserung eines Produktes oder einer spezifischen Produktgruppe ausgerichtet sind. Darunter werden bspw. Produktverbesserungen, Produktpflege oder Produktüberarbeitungen subsumiert [7].

Dieser Exkurs in die industrielle Praxis zeigt auf, dass ein einheitliches Verständnis von Technologie- und Produktentwicklung nicht gegeben ist. Die im folgenden dargestellten Sachverhalte beziehen sich daher auf die in Abb. 8.1 dargestellte Differenzierung zwischen Technologie- und Produktentwicklung im weiteren Sinne.

Bei hoher technischer Unsicherheit ist eine Entkopplung der Technologieentwicklung vom eigentlichen Produktentwicklungsprozess sinnvoll [8, 9]. Die Trennung von Technologie- und Produktentwicklung ist zum einen erforderlich damit auch risikoreichere, radikalere und potenzialträchtigere Technologieideen und Innovationen verfolgt werden [10]. Zum anderen gilt es, die Effizienz in der gesamten Entwicklung zu erhöhen. Innerhalb der Produktentwicklung fallen erstmals größere Kosten (z. B. für Werkzeuge oder Produktionsanlagen) an. Diese sind verloren sobald das Produktentwicklungsprojekt aufgrund nicht erreichter Ziele abgebrochen werden muss. Die Erfolgsrate von Produktentwicklungsprojekten sollte daher bei weit über 90 % liegen. Das inhaltliche Risiko ist innerhalb der Technologieentwicklungsprojekte abzufangen. Daher sind Erfolgsquoten von nur 10–20 % von Technologieentwicklungsprojekten realistisch.

In Unternehmen, die keine explizite Trennung vornehmen, ist häufig zu beobachten, dass risikoarme Technologieentwicklungen und Innovationen mit geringem bis mittlerem Potenzial und kurzfristig erwarteter Markteinführung gegenüber risikoreichen Ideen mit hohem Potenzial, jedoch erst mittel- bis langfristiger Markteinführung, priorisiert werden. Dies führt dazu, dass sich diese Unternehmen ihrer eigenen technologischen Basis berauben und technologische Alleinstellungsmerkmale nicht mehr aus eigener Kraft realisieren können. Die organisatorische Trennung schafft auf der anderen Seite jedoch eine Schnittstelle zwischen Technologie- und Produktentwicklung, die sorgfältig ausgestaltet werden muss, um die erfolgreiche Übergabe der zur Reife entwickelten Technologien in die Produktentwicklung zu gewährleisten.

Die beiden Entwicklungsprozesse müssen daher durch einen irgendwie gearteten Technologietransfer miteinander verknüpft werden [8]. Die alleinige Einrichtung eines solchen Prozessschrittes mit Unterstützung eines Transferteams erscheint jedoch nicht ausreichend, um die Schnittstelle zwischen Technologie- und Produktentwicklung effizient zu gestalten. Insbesondere durch die Aufteilung der Verantwortung für die zwei Prozesse auf unterschiedliche Abteilungen sind die Ziele und Tätigkeiten der einzelnen Bereiche aufeinander abzustimmen. Auf der einen Seite sind dadurch die Technologien auch für die geplanten Produkte einsetzbar und auf deren Anforderungen zugeschnitten. Auf der anderen Seite kann damit die Produktentwicklung frühzeitig auf die neuen technologischen Entwicklungen ausgerichtet werden. Dafür erscheint es zweckmäßig, die der Technologieentwicklung nachgelagerten Bereiche frühzeitig in den Technologieentwicklungsprozess einzubinden. Die Erkenntnisse aus der Technologieentwicklung, im Sinne des aktuellen Projektstatus aller laufenden Aktivitäten, werden in regelmäßigen Abständen an ein übergeordnetes Planungs- resp. Entscheidungsgremium zur Entscheidungsunterstützung berichtet. Entscheider aus der Produktentwicklung und der Programmplanung sollten in diesem Gremium vertreten sein, damit diese einerseits den aktuellen Fortschritt in den Technologieentwicklungen in die Produktplanung integrieren können und andererseits an der Bewertung und Entscheidung über Technologieprojekte beteiligt werden, um die Akzeptanz und Marktrelevanz für die Technologieprojekte zu erhöhen.

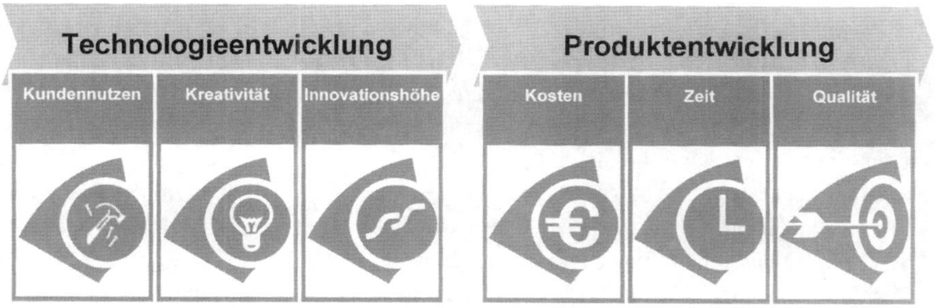

Abb. 8.2 Unterschiedliche Ausrichtung von Technologie- und Produktentwicklung

Technologieentwicklungen können aus zukünftigen Marktanforderungen resp. Kundenanforderungen (Market Pull) abgeleitet werden. Dabei zielt die Entwicklung noch nicht auf ein spezielles Produkt ab, sondern vielmehr auf die Erfüllung der identifizierten Kundenforderungen in einem oder mehreren Produktsegmenten. Die Technologieentwicklung wird also einerseits durch die Produkt- und Marktstrategie determiniert [10]. Das Potenzial einer Technologieentwicklung kann an dem Marktpotenzial bei Erfüllung der antizipierten Kundenforderungen gemessen werden. Darüber hinaus können durch Technologieentwicklungen Marktbedarfe entstehen (Technology Push). Die aktuellen Technologieentwicklungen beeinflussen damit auf der anderen Seite die Technologiestrategie und nehmen darüber auch Einfluss auf die Produkt- und Marktstrategie. Auch im Fall des Technology Push wird das Potenzial der Technologie über den Marktbedarf und die Fähigkeit zur Erfüllung von Kundenforderungen bewertet, wobei der Marktbedarf abgeschätzt werden muss, da in diesem Fall noch kein realer Markt existiert.

Während die Technologieentwicklung unter den Zielen Kreativität, Kundennutzen und Innovationshöhe erfolgt, hat die Produktentwicklung das Ziel, die bereitgestellten Technologien in leistungsfähige Produkte zu überführen. Dabei müssen Vorgaben hinsichtlich Zeit, Kosten und Qualität eingehalten werden (s. Abb. 8.2). Diese unterschiedlichen Zielsetzungen führen zu weitreichenden Implikationen hinsichtlich Art und Weise der Bearbeitung, der Projektbesetzung, der organisatorischen Verankerung der Projekte etc. Deshalb sollte die Verantwortung für diese beiden Phasen in verschiedenen Händen liegen. Zur Führung von Projekten der Technologieentwicklung wird die inhaltliche Expertise erfahrener Forscher und Entwickler benötigt. Die Produktentwicklung hingegen muss durch eine unabhängige Führung vorangetrieben werden, die in der Lage ist die Projekte unvoreingenommen zu beurteilen und falls notwendig Probleme zu eskalieren. Erfolgreiche Unternehmen setzen dies um, indem sie eigene Organisationsbereiche mit vollamtlichen Projektleitern etablieren.

Fallbeispiel aus der Elektronikindustrie Ein Anbieter von elektro- und informationstechnischen Lösungen zeichnet sich durch eine strikte Trennung von Technologie- und Produktentwicklung aufgrund der unterschiedlichen Zielsetzungen beider Phasen aus.

Ziel ist es, innovative Technologien zu entwickeln um signifikante Kundennutzenssteigerungen zu erreichen. Dabei gewährleisten Technologiebudgets als Basisfinanzierung den notwendigen Freiraum für durch fachliche Projektleitung gesteuerte Projekte. Demgegenüber werden Produktentwicklungsprojekte anhand quantitativer Bewertungskriterien wie Marktbetrachtungen und Absatzschätzungen beurteilt. In den von hauptamtlichen Projektleitern gesteuerten Projekten steht das Zielsystem Qualität, Termintreue und Kosten im Fokus. Gerade weil das Unternehmen auf eine strikte Trennung der Prozesse der Technologie- und der Produktentwicklung setzt, ist eine konzertierte Übergabe zwischen den beiden Prozessen erfolgsentscheidend. Zentrales Instrument zur Synchronisierung von Produkt- und Technologieentwicklung und zur Initiierung, Planung und Steuerung von Projekten beider Kategorien ist die Technologieroadmap. Die Roadmap beinhaltet eine Projektlandkarte, in der die Entwicklungsprojekte nach strategischen Technologiefeldern unterteilt dargestellt sind. Diese Landkarte gibt einen Überblick über Inhalte und Zeitrahmen sowie organisatorische Aspekte wie Status, Verantwortlichkeiten oder Prioritäten von aktuellen und zukünftigen Projekten.

8.3 Technologieentwicklungsprozess

Die Technologieentwicklung hat das Ziel, die Vorgaben aus der Technologieplanung effizient umzusetzen. Dies bedeutet, dass die Anforderungen an die Entwicklung neuer oder an Verbesserungen bereits im Unternehmen existierender Technologien mit den existenten Ressourcen zu realisieren sind. Dafür ist ein stringenter Technologieentwicklungsprozess erforderlich, der bereits im Ideenstadium einer Technologie einsetzt. Technologieentwicklungsprojekte können mittels interner Ressourcen aber auch mit Hilfe externer Ressourcen bearbeitet werden [11]. Der Entwicklungsprozess gilt somit gleichwohl für interne als auch für Projekte mit externen Partnern. Der Formalismus des Prozesses ist zur Erzeugung von Transparenz und zur Erstellung einer Entscheidungsvorbereitung für die Technologieplanung unerlässlich.

Aufgabe der Technologieentwicklung ist es, die Technologien bis zu einem Reifegrad zu entwickeln, an dem die grundsätzliche Machbarkeit demonstriert wird und ein Produktentwicklungsprojekt initiiert werden kann [12]. Dabei muss der Technologieentwicklungsprozess eine möglichst effiziente Bearbeitung der Technologieentwicklungsprojekte sicherstellen. Neben der Effizienz ist die Effektivität bei der Technologieentwicklung eine große Herausforderung. So ist die Zahl der Technologieentwicklungsprojekte, aus denen heraus tatsächlich Innovationen auf dem Markt platziert werden können, im Vergleich zu allen Technologieentwicklungsprojekten eher gering [13]. Demnach ist es eine zentrale Herausforderung des Technologiemanagements, die richtigen Ideen und Technologien zu priorisieren und Technologieentwicklungen mit geringem Potenzial frühzeitig zu stoppen. Um dies zu gewährleisten sind in einem strukturierten Prozess ein kontinuierliches Monitoring des Fortschrittes der Technologieentwicklungsprojekte sowie deren Bewertung notwendig. Auf der anderen Seite darf der Formalismus des Prozesses nicht überhand nehmen, um die Kreativität und den Freiraum für radikale, neue Technologien nicht zu stark einzuschränken. Aufgrund der mit einer Technologieentwicklung verbundenen Risiken gibt es keine Garantie, dass ein Entwicklungsprozess jemals zu einer erfolgreichen Produktentwicklung führen wird. Deshalb darf ein Technologieentwicklungsprozess im Gegensatz zum Produktentwicklungsprozess nicht danach beurteilt werden, ob er zu vielen Produktentwicklungen führt, sondern muss danach beurteilt werden, wie effizient er die Eignung einer Technologie für die Verwertung in Produkten analysiert und bewertet. Ein schlechtes Technologieentwicklungsprogramm ist nicht fokussiert und bewegt sich auf Irrwegen, wodurch es ineffizient wird und das Unternehmen zu falschen Rückschlüssen über sein Potenzial führt [8].

Vor dem Hintergrund der skizzierten Aufgaben und Ziele können folgende Anforderungen an die Technologieentwicklung im Allgemeinen und den Technologieentwicklungsprozess im Besonderen abgeleitet werden:

- Strukturierter Prozess mit definierten Meilensteinen und Projektcontrolling
- Vollständige Transparenz über alle laufenden Technologieprojekte und Aggregation der Informationen als Entscheidungsvorbereitung an den Meilensteinen
- Klare Verantwortlichkeiten
- Ausreichende Flexibilität um schnell auf veränderte Umfeldbedingungen reagieren zu können
- Frühe Einbindung der (Produkt-)Entwicklung zur Vorbereitung des Transfers der Technologieentwicklungsprojekte in den Produktentwicklungsprozess
- Bewertung des Nutzenpotenzials geplanter und aktueller Entwicklungsprojekte, dadurch umfangreichere Informationsgrundlage und Risiko-Minimierung [14]
- Einbindung von Partnern, Lieferanten, etc.
- Bestmögliche Unterstützung der Mitarbeiter in ihrer Tätigkeit durch Methoden und Werkzeuge
- Möglichst geringer administrativer Aufwand, keine Behinderung des Tagesgeschäfts
- Definierte Anknüpfungspunkte für den Wissenstransfer

Zur Erfüllung der geschilderten Anforderungen ist ein mehrphasiger Technologieentwicklungsprozess geeignet, der durch verschiedenen Meilensteine gekennzeichnet ist (s. Abb. 8.3) [15]. Ausgehend von der Ideengenerierung sind Technologiebasisstudien, erweiterte Technologiestudien und die Prototypenentwicklung zu durchlaufen. Als Meilensteine sind die Prinzip-, Konzept- und Anwendungstauglichkeit nachzuweisen.

Ideengenerierung Eine grundlegende Idee stellt den ersten Schritt zur Lösung jeder technischen Fragestellung dar. Ideen können in allen Bereichen des Unternehmens, bei Lieferanten oder auch bei Kunden entstehen. Dies kann gezielt durch die Technologiefrüherkennung erfolgen oder durch die Ableitung des zukünftigen Bedarfs aus der Technologieplanung. Die Ideenfindungsphase kann durch Kreativitätstechniken unterstützt werden. Ideen können jedoch auch zufällig entstehen. In jedem Fall sollten, um zu guten Ideen zu gelangen, möglichst viele Ideen entwickelt werden [16]. Alle Ideen sollten zunächst durch den Technologieentwicklungsprozess aufgenommen werden. Anschließend werden die Ideen anhand geeigneter Bewertungs- und Analyseverfahren bewertet und es wird geprüft, für welche erfolgversprechenden Ideen Basisstudien zur Konkretisierung angestoßen

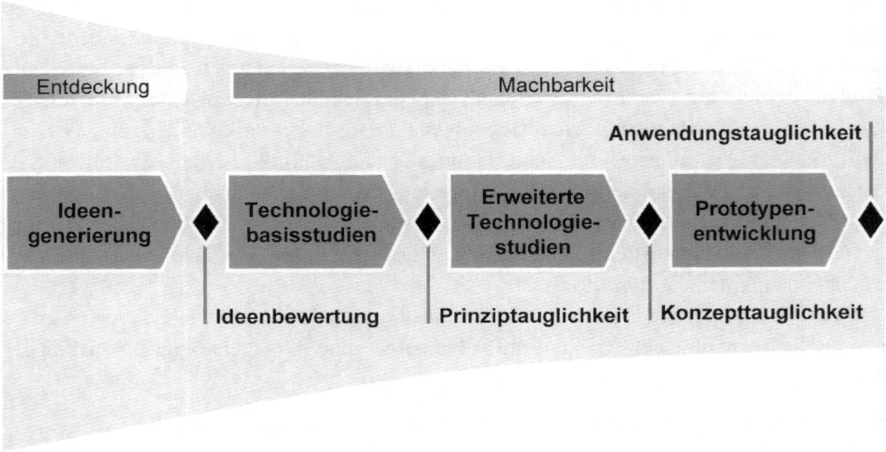

Abb. 8.3 Phasen und Meilensteine des Technologieentwicklungsprozesses

werden sollen. Detailliertere Ausführungen sind dem Band Innovationsmanagement zu entnehmen.

Technologiebasisstudie Eine Basisstudie dient dem systematischen Sammeln von Informationen, um eine Idee hinsichtlich ihrer Umsetzbarkeit, ihres Potenzials und des erforderlichen Aufwands bewertbar zu machen. Basisstudien verfolgen damit das Ziel, die notwendigen Informationsbedarfe in der zuvor festgelegten Detaillierung zur Verfügung zu stellen [10]. Aus diesen Informationen können dann die Technologieentwicklungsprojekte geplant und gegeneinander bewertet werden.

Die Phase der Technologiebasisstudie stellt einen wesentlichen Schritt über den Rahmen der Technologiefrüherkennung hinaus dar. Zwar werden, ebenso wie in der Früherkennung, Informationen mit dem Ziel gesammelt, eine Bewertung und Planung zu ermöglichen. Jedoch geschieht dies mit einem Fokus auf eine konkrete Technologie, die für sich genommen als interessant für das Unternehmen erachtet wird. Aufbauend auf den Erkenntnissen aus der Früherkennung beinhaltet die Basisstudie den Auftrag, die noch fehlenden Informationen zur Initiierung eines weiterführenden Entwicklungsprojektes zusammenzutragen und zu validieren. Im Sinne des übergeordneten Technologieentwicklungsprozesses steht dabei das Ziel im Fokus, Chancen und Risiken auszuleuchten und beherrschbar zu machen [17]. Dies geschieht jedoch noch ohne die wirtschaftlichen Dimensionen einer näheren Prüfung zu unterziehen, weil der dazu erforderliche Aufwand im Regelfall den in Anbetracht der zunächst noch hohen Ungewissheit vertretbaren Ressourceneinsatz übersteigen würde.

Inhalte der Basisstudie sind die Recherche in technischer Literatur und Veröffentlichungen, die Suche nach Patenten, die Identifikation von alternativen bzw. Wettbewerbstechnologien und die Bewertung der benötigten und vorhandenen Ressourcen [17]. Die Basisstudie als erster Schritt der Technologieentwicklung beleuchtet also die technologischen Rahmenbedingungen üblicherweise zunächst theoretisch, ohne tatsächlich Versuche unter Laborbedingungen durchzuführen. Deshalb bleibt der Aufwand dieser Phase noch gering und die Dauer liegt bei wenigen Wochen.

Ein Produktbezug kann und sollte falls möglich bereits in dieser frühen Phase hergestellt werden. Insbesondere ist festzustellen, welche Schlüsselfähigkeiten der neuen Technologie in der Entwicklung erzielt werden müssen um leistungsfähige neue Produkteigenschaften zu ermöglichen [8]. Dabei kann der Projektleiter auf internen Ressourcen zurückgreifen oder konkrete Aufträge an externe Dienstleister vergeben. Bei der Einholung der entsprechenden Informationen ist eine enge Zusammenarbeit der Entwicklung mit anderen Bereichen wie dem Marketing oder der Rechtsabteilung notwendig, wodurch erfolgsrelevante Schnittstellen entstehen. Für eine solche Form der Zusammenarbeit mit anderen Fachbereichen müssen die entsprechenden Rahmenbedingungen geschaffen werden. Das heißt es müssen beispielsweise die erforderlichen Kapazitäten der anderen Fachbereiche zur Verfügung stehen und Kommunikationswege geschaffen werden.

Weil die Nachvollziehbarkeit und die Verhältnismäßigkeit bei der Durchführung von Basisstudien von Bedeutung sind, ist eine Nutzung von standardisierten Abläufen und Entscheidungskriterien zu empfehlen. So kann sichergestellt werden, dass die Bewertung unterschiedlicher Ideen auf der gleichen Ebene erfolgt und dadurch zu objektiveren Ergebnissen führt [15]. Darüber hinaus darf kein zu großer Aufwand in die Basisstudie investiert werden bevor eine Entscheidung zur Weiterverfolgung der Idee getroffen wurde. Da die Aufwendungen in dieser Phase, die üblicherweise nur einige wenige Wochen dauert und ein Engagement von weniger als einem Personenmonat Kapazität erfordert, also noch recht gering bleiben, sind auch die Risiken überschaubar. Es kann vorkommen, dass der personelle Einsatz erhöht oder die Fristen verlängert werden müssen, um die erforderlichen Informationen zusammenzutragen. Falls dies häufiger auftritt, ist es jedoch ein Indiz dafür, dass die Erwartungen an die Ergebnisse der ersten Phase zu hoch gesteckt sind und bereits Informationen abverlangt werden, die eigentlich erst der zweiten oder sogar der dritten Phase zuzuordnen wären.

Eine Technologiebasisstudie sollte folgende Inhalte aufweisen [8, 18]:

- Vollständige, eindeutige und nachvollziehbare Beschreibung der neuen Technologie und ihres Umfeldes
- Aktuelle Leistungsfähigkeit der Technologie/Stand der Technik
- Ausführliche Untersuchung des vermuteten Nutzens der neuen Technologie
- Abschätzung der generellen Machbarkeit und des Umfangs (inkl. Erforderlicher Ressourcen) der Technologieentwicklung
- Untersuchung der offensichtlichen technischen und sonstigen Hinderungsgründe und Herausforderungen
- Risiken und Potenziale der neuen Technologie
- Vorschlag für die Meilensteinplanung der nächsten Phase
- Kriterien für das nächste Gate
- Mögliche interne und externe Kooperationspartner
- Überblick über die Patentsituation
- Alternativen und Wettbewerbstechnologien
- Weiterer Vorgehensplan; Planung der erforderlichen Experimente und Versuche (Vorgehensweise, Messgrößen, erwartete Ergebnisse etc.)
- Abgestimmte Entwicklungsziele/erwartete Fähigkeiten der Technologie

Die zentrale Frage an diesem Meilenstein ist: Lohnt sich für die vorliegende Technologieidee die Investition in begrenzte experimentelle oder technische Arbeit? Eine finanzielle Analyse ist hier nicht erforderlich, da das finale Produkt oder der Prozess und ihre Auswirkungen noch weitestgehend unbekannt sind [13, 19].

Erweiterte Technologiestudie Falls die Basisstudie die grundsätzliche Tauglichkeit des Prinzips für den vorgesehenen Einsatzbereich nachweisen konnte und basierend auf den gewonnenen Informationen die Fortsetzung des Projektes beschlossen werden kann, wird eine erweiterte Technologiestudie eingeleitet. Eine erweiterte Technologiestudie führt die als Ergebnis der Basisstudie ausgewählten und geplanten Technologieprojekte zu einem konkreten Ergebnis, indem tatsächliche Lösungen erarbeitet und die Machbarkeit für den spezifischen Anwendungsfall (sogenannte „Laborreife") nachgewiesen werden [19]. Basierend auf den so gewonnenen Erkenntnissen muss wiederum eine Entscheidung bezüglich der Fortsetzung des entsprechenden Projektes getroffen werden.

Die erweiterten Technologiestudien zielen neben der Prüfung der technischen Machbarkeit auf die Bereitstellung einer soliden Informationsbasis zur Bewertung der Technologie ab. Dazu gehört eine wirtschaftliche Analyse mit dem Ziel nicht nur die technischen, sondern auch die wirtschaftlichen Chancen und Risiken transparenter zu machen. In dieser werden die wesentlichen Einflüsse wie Marktchancen, Lieferantenverfügbarkeit, Rohstoffpreisentwicklungen etc. auf einer noch etwas abstrakteren Ebene einbezogen. Liegen nicht alle erforderlichen Informationen vor, kann die Technologie gegebenenfalls nicht ausreichend genau bewertet werden. Dann muss entschieden werden, ob weitere Ressourcen darauf verwendet werden, die noch fehlenden Informationen zu beschaffen.

Um die zur erweiterten Analyse der Technologie erforderlichen Erkenntnisse zu sammeln werden im Regelfall erste Experimente und Versuche unter Laborbedingungen erforderlich. Diese Machbarkeitstests bauen auf der in der letzten Phase aufgestellten und am letzten Meilenstein abgesegneten Planung auf und erfordern zahlreiche Teilschritte wie Beschaffung von Ausrüstung und Materialien, Aufbau, Durchführung, Analyse und Interpretation der Ergebnisse [17]. Ebenso wie andere Tätigkeiten in den einzelnen Phasen ist die Durchführung der Versuche Teil der FuE-Projektdurchführung und wird mit den einschlägig bekannten Methoden des Projektmanagements abgewickelt [20]. Die Ergebnisse der Experimente und Versuche erlauben eine detailliertere Auseinandersetzung mit möglichen Produkten, die aus der Technologie entstehen können. Daraus resultiert eine Analyse der möglichen Produkte und ihrer Marktchancen, die in einer Skizze eines Business-Plans oder kommerziellen Verwertungsplans gipfeln sollte [21]. Ein solcher Plan sollte in enger Zusammenarbeit mit der Technologieplanung und mit Fachabteilungen wie Produktion und Marketing entstehen und sollte verschiedene Szenarien entwickeln, die den möglichen Einfluss der Technologie auf das Unternehmen abbilden.

In dieser Phase ist bereits eine grundlegende Kommunikation und Abstimmung mit benachbarten Bereichen wie der Produktion oder der Produktentwicklung wünschenswert, um eine prinzipielle Berücksichtigung von deren Vorgaben nicht zu vernachlässigen [16]. Um sowohl die technischen als auch die wirtschaftlichen Perspektiven erarbeiten zu können, ist die Konzeption eines Netzwerkes aus Partnern und Lieferanten ein fester Bestandteil der erweiterten Technologiestudie [13].

Am nächsten Meilenstein werden die Technologieprojekte gegeneinander bewertet um vor dem Hintergrund der Gesamtstrategie einen ausgewogenen Mix von Projekten zwischen den verschiedenen Geschäftsfeldern zu realisieren. Zum einen wird für jedes Projekt die aktuelle Zielerreichung gegen die im letzten Meilenstein festgelegten Ziele gemessen. Zum anderen wird das Potenzial des Technologieprojektes gegen den Aufwand und die Risiken relativ zu den anderen Technologieprojekten dargestellt. Ziel der Entscheidung ist es, festzulegen ob für das Technologieprojekt ein wesentlich ausgeweiteter Ressourceneinsatz als lohnenswert erachtet wird. Da in der kommenden Phase die Prototypenentwicklung durchgeführt wird, gilt es am Meilenstein erste substantielle Investitionen zu genehmigen. Im Fokus der Bewertung am Meilenstein stehen einerseits die Ausarbeitung der Chancen, die die Technologie in ihrer späteren Anwendung bieten soll und andererseits die detaillierte Planung der in der kommenden Phase vorgesehenen Entwicklungstätigkeit, für die üblicherweise ein Zielprodukt für den Nachweis der Anwendungstauglichkeit festgelegt wird [13, 19].

Folgende Aspekte werden am Meilenstein diskutiert:

- Erforderliche Eigenschaften des Prototypen bzw. zu erreichende experimentelle Ergebnisse
- Zur Weiterentwicklung benötigte Ressourcen
- Nachweis der technische Machbarkeit
- Dokumentierte Ergebnisse der Versuche
- Skizze eines kommerziellen Verwertungsplans und konkretisierte Produktideen
- Detaillierte Planung der Prototypenentwicklung und Definition des Prototypen bzw. Zielproduktes für den Nachweis der Anwendungstauglichkeit
- Klare Vorstellung des ermöglichten Kundennutzens
- Betrachtung der Auswirkungen auf Produkt und Prozess

Prototypenentwicklung Als Prototyp wird das erste für einen bestimmten Zweck funktionsfähige Versuchsmodell bezeichnet, das oft eine vereinfachte Version des geplanten Endobjektes sein kann. Der Prototyp dient der Vorbereitung der Produkt- bzw. Prozessentwicklung auf dem Weg zur Serienproduktion und wird ohne Nutzung der rationellen Fertigungsmöglichkeiten der Massenproduktion erstellt [22]. Die Prototypenentwicklung stellt somit die Schnittstelle zwischen Technologieentwicklung und Produkt- und Prozessentwicklung dar. Sie trägt dafür Sorge, dass die Ergebnisse der erweiterten Technologiestudie in Form eines Musters, Prototyps oder Prozesses den Produktprogrammen zugeführt werden. Damit legt sie die Grundlage für die Tätigkeit der Produktentwickler und Produktdesigner und stellt die dafür notwendigen Informationen zusammen. Die Prototypenentwicklung unterscheidet sich von den vorhergehenden Phasen dahingehend, dass sie konkrete Vorgaben und Rahmenbedingungen des Anwendungsfalls berücksichtigen muss, während vorher hauptsächlich die technische Machbarkeit gezeigt wurde [19].

Die Prototypenentwicklung kann, abhängig von Industrie und Technologiebereich, äußerst unterschiedliche Gesichtszüge annehmen. Bei einer echten, neuen Technologieentwicklung stellt die Prototypenentwicklung jedoch zumeist eine hochkomplexe Aufgabe dar, die von zentraler Bedeutung für den Erfolg eines Technologieprojektes ist.

Weil es das erklärte Ziel dieser Phase ist, die Anwendungstauglichkeit nachzuweisen und die Bandbreite der Technologie und ihren Nutzen für das Unternehmen zu untersuchen, werden aufwändige technische Untersuchungen durchgeführt, die je nach Branche und Technologiefeld bis zu mehreren Jahren dauern und mehrere Personenjahre Kapazität an Aufwand beinhalten können. Teil dieser Untersuchungen sind neben der experimentellen Arbeit und der Analyse und Auswertung von deren Ergebnissen beispielsweise auch Umweltuntersuchungen, weiterführende Analysen von Konkurrenztechnologien und Technologieschutzstrategien. Ein zentrales Ergebnis muss die genaue technische Definition von resultierenden Produkten oder Prozessen darstellen, die sich insbesondere auch auf die Fertigungsmöglichkeiten ausdehnen müssen [17].

Wesentliche nicht-technische Tätigkeiten in der Phase sind der Nachweis von kommerziellen Möglichkeiten der Verwertung der Technologie in Produkten oder Prozessen, die Untersuchung von Markt-, Fertigungs- und Auswirkungsszenarien dieser Möglichkeiten und die Ausarbeitung eines Business Cases der Umsetzung. Besonders in dieser langwierigen Phase ist die Nutzung stabiler Mechanismen des Projektmanagements erfolgsentscheidend und regelmäßige Meilensteine und Reviews müssen vorgesehen werden [13].

In regelmäßigen Sitzungen unter Einbeziehung von Entscheidungsträgern der wesentlichen Unternehmensbereiche wie z. B. Forschung, Entwicklung, Produktmanagement und Produktion werden alle Projekte, die den Meilenstein zum Start der Prototypenentwicklung erreicht oder hinter sich gelassen haben, bewertet. Die Bewertungsmechanismen müssen gewährleisten, dass auch risikoreichere Projekte mit einer längeren Laufzeit gegenüber sichereren Projekten priorisiert werden können und daraus ein ausgewogener Projektmix entsteht, der mittel- und langfristig das Portfolio füllt.

Am Ende der Prototypenphase wird über die folgenden Aspekte entschieden:

- Erfüllung der festgelegten Ziele durch den Prototypen
- Ausschluss technologischer, ökologischer und gesellschaftlicher Risiken der Technologie
- Keine Bedrohung durch Konkurrenztechnologien
- Maßnahmen und Strategien zum Technologieschutz
- Prüfung von Möglichkeiten der Verwertung der Technologie in Produkten oder Prozessen und Bewertung hinsichtlich Markt- und Fertigungsfähigkeit
- Planung der Übergabe des generierten Wissens an die Produktentwicklung
- Erstellung eines vorläufigen Geschäfts- und Finanzplans, der die kommerziellen Aussichten aufzeigt

Falls die Technologie weiterhin befürwortet wird, kann mit dem Transfer der Ergebnisse in ein oder mehrere Projekte der Produkt- oder Prozessentwicklung begonnen werden. Deshalb ist es neben den beim vorhergehenden Meilenstein genannten Teilnehmern der Entscheidungsrunde erforderlich, das Führungsteam des Bereiches hinzuzuziehen, der mit der jeweiligen Produkt- oder Prozessentwicklung betraut werden soll. Dieser letzte Meilenstein der Technologieentwicklung kann gleichzeitig das erste, zweite oder dritte Gate des Produktentwicklungsprozesses sein, je nachdem wie weit die Entwicklung fortgeschritten ist, wie gut die neuen Projekte schon definiert sind und an welcher Stelle deshalb ein Einstieg in die Produktentwicklung für sinnvoll erachtet wird.

Allen Technologieentwicklungsprojekten ist gemein, dass sie eine große Unsicherheit bezüglich der Ergebnisse aufweisen. Auch nach dem Abschluss der letzten Phase gilt noch, dass eine quantitative Abschätzung von Werten wie erwarteten Verkaufszahlen, Kosten, Investments oder erwartetem Profit schwer möglich bleibt. Ein wesentlicher Erfolgsfaktor in der Technologieentwicklung ist deshalb eine ausgewogene Vorgehensweise in der Bewertung der Projekte. Diese darf sich keinesfalls nur auf finanzielle Kennzahlen stützen, sondern muss vielmehr eine Vielzahl von hauptsächlich qualitativen Kriterien berücksichtigen [23]. Wie im Kapitel Technologiebewertung beschrieben, erzielt eine maßgeschneiderte Auswahl verschiedener Bewertungsmethoden, deren Ergebnisse gerne in einer Scorecard dargestellt werden, üblicherweise die besten Ergebnisse [13].

Falls die Realisierung eines Prototypen, die als Phase ebenfalls durch einen Meilenstein terminiert wird, erfolgreich abgeschlossen werden kann, werden die vorliegenden Technologien im Prototypenstatus an die Produktentwicklung bzw. die Produktprogrammplanung überführt.

Fallbeispiel aus der Luftfahrtindustrie Zur Erhöhung der Wirtschaftlichkeit war ein Unternehmen aus der Luftfahrtbranche bestrebt, eine bestimmte Triebwerkskomponente mittelfristig alternativ herzustellen. Vor diesem Hintergrund wurde ein Technologieentwicklungsprojekt initiiert. Zu Beginn des Projektes stand die Idee, mittels umformtechnischer Verfahren die bisherige Schweißkonstruktion der Komponente zu ersetzen. Aufbauend auf dieser Idee wurde zunächst theoretisch analysiert, welche Werkstoffe grundsätzlich umformtechnisch zu bearbeiten sind, welche Umformgrade zu erreichen sind, welche analogen industriellen Anwendungen bereits etabliert sind etc. Es konnte die prinzipielle Tauglichkeit von Umformtechnologien für den vorliegenden Anwendungsfall festgestellt werden. Dies war somit das Ergebnis der Technologiebasisstudie, die mit geringem personellem Aufwand durchgeführt wurde. Innerhalb der anschließenden erweiterten Technologiestudie wurden erste Materialtests zur Ermittlung von erforderlichen Materialkennwerten und Umformsimulationen mit verschiedenen Geometrie-Material-Kombinationen durchgeführt. Der Aufwand für diese Arbeiten lag weit über denen der Basisstudie. Am Ende konnte die Konzepttauglichkeit durch die Simulationen nachgewiesen werden. Dies wurde im Rahmen eines Meilensteintreffen von Vertretern der Produkt- und Prozessentwicklung bestätigt und somit die kostenintensive Prototypenentwicklung gestartet. Hier galt es erste Bauteile herzustellen. Allerdings konnten nicht direkt die gewünschten Bauteile gefertigt werden, da die Kosten für die benötigten Umformwerkzeuge sehr hoch sind. Diese Investition sollte erst bei validierter Anwendungstauglichkeit und Kenntnis noch zu ermittelnder, abzustimmender Prozessparameter getätigt werden. Im Rahmen der Prototypenentwicklung wurden deshalb nur einzelne Geometriemerkmale umformtechnisch realisiert. Die Abmessungen wurden hierzu herunterskaliert und es wurde auf Standardwerkzeuge zurückgegriffen. Am Ende konnte somit die Anwendungstauglichkeit der umformtechnischen Bauteilfertigung anhand von Demonstratoren, die jeweils ein Merkmal der zu fertigenden Komponente realisierten, nachgewiesen werden. Aufbauend auf diesen Ergebnissen wurde ein Prozessentwicklungsprojekt gestartet, in dem die geeigneten Materialen spezifiziert und insbesondere die benötigten Prozessparameter identifiziert wurden.

Durch diese systematische Vorgehensweise war das betrachtete Unternehmen in der Lage, das Risiko in der Prozessentwicklung, in der in der Regel hohe Kosten anfallen, zu minimieren.

Transfer in die Produktentwicklung Die Produktentwicklung ist zum einen der Empfänger von fertig entwickelten Technologien, die sie zu konkreten Produkten weiterverarbeitet. Sie wird früh in den Prozess eingebunden, da sie zentrale Anforderungen an die zu entwickelnde Technologie vorgeben muss. Zum anderen ist die Produktentwicklung der Empfänger von prototypisch entwickelten Prozesstechnologien, die sie für die Herstellung von Produkten zum Einsatz bringt.

Der Aufwand eines Technologietransfers von der Technologieentwicklung in die Produktentwicklung wird zumeist unterschätzt: Viele Führungskräfte gehen davon aus, dass es ausreichend ist dafür zu sorgen, dass die Wissenschaftler und Entwickler die Technologieentwicklung sorgfältig dokumentieren und ihr Wissen in einer Reihe von Meetings übergeben. Während dies zwar die Grundlage für einen erfolgreichen Wissenstransfers darstellt, haben doch Untersuchungen gezeigt, dass dies bei weitem nicht ausreicht [6, 12]. Wie im vorliegenden Kapitel erläutert, haben Technologieentwicklung und Produktentwicklung stark unterschiedliche Ziele, Vorgehensweisen und Philosophien und sind oft in einem Unternehmen an verschiedenen Standorten und in verschiedenen Funktionseinheiten untergebracht. Deshalb ist die allgemein verbreitete Annahme unbegründet, dass ein Übergang von Wissen von der Technologie- zur Produktentwicklung keiner besonderen Unterstützung bedarf [24]. Dies zeigt sich in der Praxis häufig daran, dass nach einem Technologietransfer sowohl die Forscher als auch die Produktentwickler unzufrieden sind: Ersteren scheint es, als seien die Entwickler unfähig die technologischen Ergebnisse der Forschung zu verstehen und müssten unnötigerweise zahlreiche bereits erlangte Erkenntnisse erneut erarbeiten. Letztere wiederum haben den Eindruck, dass die Forscher die Technologie nicht vollständig erarbeitet und nicht alle Fragen gelöst hätten. Auch in den Fällen, in denen der Transfer für beide Seiten zufriedenstellend abläuft, werden dabei zumeist wesentlich größere Ressourcen verbraucht als geplant [12, 25].

8

Weil die genannten Schwierigkeiten mit Sicherheit nicht der mangelnden Kompetenz der beteiligten Forscher und Entwickler zuzuschreiben sind, ist eine methodische Unterstützung zur Überwindung der Herausforderungen beim Technologietransfer unabdingbar [12].

Der Transfer des Technologiewissens sollte als eigenständiger Prozess wahrgenommen und geführt werden. Dazu sind Transfer-Teams, die sich aus Mitgliedern der Technologieentwicklung und der Produktentwicklung zusammensetzen, und ein abgestimmter Transferplan, der spezifisch für die Aufgaben des Transfers Ressourcen, Aufgaben und Meilensteine vorsieht, erforderlich [26].

Exkurs: Breakthrough-Innovationen und cross-funktionale Entscheidungsgremien Trotz der Bedeutung, die einem strukturierten Prozess in der Technologieentwicklung zukommt, darf die Formalisierung des Technologieentwicklungsprozesses nicht dazu führen, dass innovative Ideen „weichgespült" werden. Ein Risiko stellt hier die in der Stage-Gate-Systematik verbreitete cross-funktionale Besetzung von Entscheidungsgremien an den Meilensteinen des Prozesses dar. Gerade weil interdisziplinäre Teams zahlreiche Perspektiven in eine konsensbasierte Entscheidungssituation einbringen, was zunächst wünschenswert ist, ermöglichen solche Gruppen in der Regel einen Fortschritt nur auf Basis des kleinsten gemeinsamen Nenners. Innerhalb der Produktentwicklung ist dies auch erwünscht, da auf die Ziele Kosten, Zeit und Qualität fokussiert wird. In der unternehmerischen Praxis eignet sich eine solche cross-funktionale Besetzung von zentralen Entscheidungsgremien somit zur effizienten Abwicklung innerhalb der Produktentwicklung, weil sie zu inkrementellen Innovationen mit beschränktem Zeithorizont und geringem Risiko führt.

Weil in einem derart formalisierten Prozess keine radikalen Innovationen zu erwarten sind, müssen Unternehmen zusätzlichen Spielraum für sogenannte Breakthrough-Innovationen schaffen. Nur solche radikalen Veränderungen mit hohem Neuigkeitsgrad und ausgeprägter Einzigartigkeit sind zur Schaffung echter Differenzierung am Markt geeignet. Weil sie jedoch mit einem höheren wirtschaftlichen Risiko verbunden sind und üblicherweise einen Bruch gegenüber dem Bisherigen darstellen, durchlaufen sie den herkömmlichen Entscheidungsprozess nur selten erfolgreich (s. Abb. 8.4). Ursache ist, dass nur die Themen die cross-funktionale Bewertung passieren, die alle Beteiligten sich vorstellen können.

Nur Unternehmen, die Querdenkern ausreichenden Freiraum gewähren und diese in der Entstehungsphase von radikalen Innovationen unterstützen, können von Breakthrough-Innovationen profitieren. Diese benötigen zu ihrer Entfaltung ein geeignetes Umfeld mit alternativen Strukturen anstelle herkömmlicher Entscheidungswege. Es wird demnach ein eigener Prozess für Breakthrough-Innovationen benötigt. Dieser ist mit unabhängigem Budget („Spielgeld") ausgestattet. Wichtig ist hierbei, dass dieses Budget, sofern es nicht ausgeschöpft werden sollte, nicht zur Deckung von Finanzierungslücken der regulären Technologie- und Produktentwicklungsprojekte genutzt werden darf. Darüber hinaus

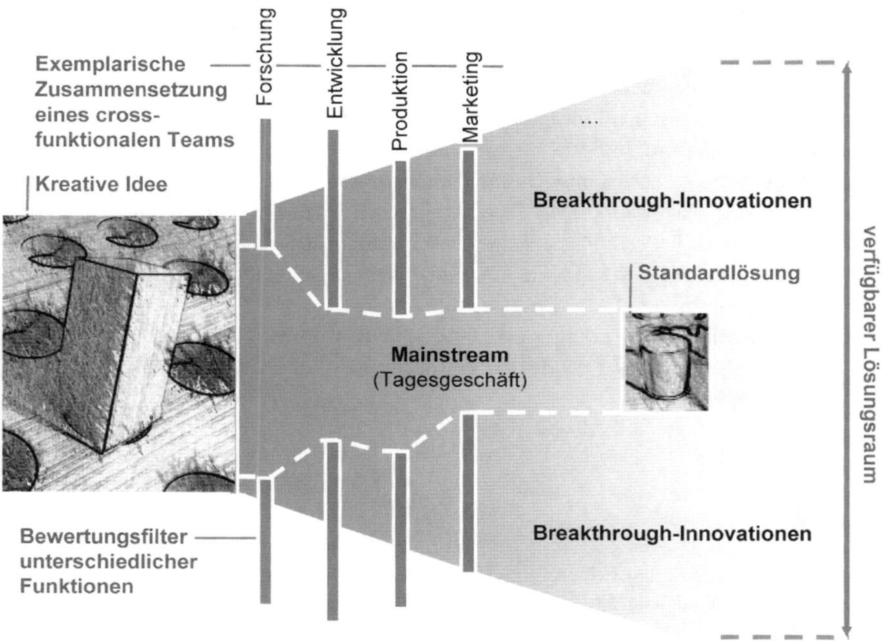

Abb. 8.4 Cross-funktionale Gates hebeln Breakthrough-Innovationen aus

bedürfen diese Projekte einer fachlichen und nicht cross-funktionalen Führung. Die FuE sollte diese Projekte also eigenständig steuern und beurteilen. Eine hohe Bedeutung für den Erfolg des Prozesses hat die Einbindung des Top-Managements. Diese wird dadurch sichergestellt, dass beispielsweise Geschäftsführung oder Vorstand an den Meilensteintreffen teilnehmen. Positiver Nebeneffekt ist auch eine Motivationssteigerung bei den verantwortlichen Entwicklern, die durch eine hohe Wertschätzung der Projekte und der sie bearbeitenden Entwickler zusätzlich begünstigt wird. Ab Erreichen eines ausreichenden Reifegrades müssen dann auch diese Risikoprojekte in den Produktentwicklungsprozess eingebracht werden.

8.4 Zusammenfassung

Die vorangegangenen Ausführungen ordnen die Technologieentwicklung in den Gesamtrahmen der Forschungs- und Entwicklungsarbeiten ein. Die Technologieentwicklung im weiteren Sinne beinhaltet dabei die Arbeiten der angewandten Forschung, der Vorentwicklung, der Technologieentwicklung im engeren Sinne sowie die frühen Arbeiten von Entwicklungsdienstleistern. Die Technologieentwicklung beinhaltet dabei die Sicherstellung der Anwendungstauglichkeit von in Produkten und deren Herstellung eingesetzten Technologien. Die Produktentwicklung im weiteren Sinne fokussiert demgegenüber auf alle Aktivitäten zur Realisierung eines konkreten Produktes. Dies beinhaltet auch die Prozessentwicklung zur Realisierung der zur Herstellung eines Produktes benötigten Produktionstechnologien und externe Entwicklungsarbeiten durch Zulieferer bzw. Dienstleister.

Die Technologieentwicklung fokussiert auf den Effektivitätsgedanken, d. h. es gilt durch einen systematischen Prozess Technologien zu selektieren, zu priorisieren, zu validieren und anschließend, in Form von anwendungstauglichen, risikoarmen Technologien, an die Produkt- bzw. Prozessentwicklung zu transferieren. Der Technologieentwicklungsprozess beinhaltet dazu die Phasen Technologiebasisstudie, erweiterte Technologiestudie und Prototypenentwicklung. An den auf die einzelnen Phasen folgenden Meilensteinen sind jeweils die Prinzip-, Konzept- und Anwendungstauglichkeit der betrachteten Technologien nachzuweisen.

In der Technologieentwicklung stehen Kundennutzen, Kreativität und Innovationshöhe im Vordergrund, während in der Produktentwicklung die Aspekte Qualität, Kosten und Zeit bestimmend sind.

Literatur

1. o.V.: Gabler Wirtschafts-Lexikon, 13. Aufl. Gabler, Wiesbaden (2004)
2. Engeln, W.: Methoden der Produktentwicklung. Oldenbourg, München (2006)
3. Betz, F.: Strategic Technology Management. McGraw-Hill, New York (1998)
4. Voegele, A.: Konstruktions- und Entwicklungsmanagement, 2. überarb. Aufl. Verl. Moderne Industrie, Landsberg/Lech (1999)

5. Brockhoff, K.: Forschung und Entwicklung, 5. Aufl. Oldenbourg, München (1999)
6. Taguchi, G.: On Robust Technology Development: Bringing Quality Engineering Upstream. ASME Press, New York (1993)
7. Boutellier, R., Schulze, A., Störmer, Th.: Produkt- von Technologieentwicklung zu entkoppeln schafft Effizienz. IO New Manag. 77(9), 18–21 (2008)
8. Eldred, E.W., McGrath, M.E.: Commercializing new technology I. Res. Technol. Manag. **40**(1–2), 41–47 (1997)
9. Kobe, C.: Integration der Technologiebeobachtung in die Frühphase von Innovationsprojekten. Doctoral Dissertation, University of St. Gallen, St. Gallen (2001)
10. Verworn, B., Herstatt, C.: Strukturierung und Gestaltung der frühen Phasen des Innovationsprozesses. In: Verworn, B., Herstatt, C. (Hrsg.) Management der frühen Innovationsphasen – Grundlagen – Methoden – Neue Ansätze, 2. Aufl. Gabler, Wiesbaden (2007)
11. Ehrlenspiel, K., Kiewert, A., Lindemann, U.: Kostengünstig Entwickeln und Konstruieren, 6. überarb. und ergänz. Aufl. Springer, Berlin (2007)
12. Eldred, E.W., McGrath, M.E.: Commercializing new technology II. Res. Technol. Manag. **40**(3–4), 29–33 (1997)
13. Cooper, R.G.: Managing technology development projects. Res. Technol. Manag. **49**(6), 23–31 (2006)
14. Bullinger, H.-J.: Fokus Technologie: Chancen erkennen, Leistungen entwickeln. Hanser, München (2009)
15. Gassmann, O., Sutter, P.: Praxiswissen Innovationsmanagement: Von der Idee zum Markterfolg. Hanser, München (2008)
16. Wahren, H.-K.: Erfolgsfaktor Innovation. Springer, Berlin (2004)
17. Cooper, R.G., Edgett, S.J., Kleinschmidt, E.J.: Optimizing the stage-gate-process: what best-practice companies do – I. Res. Technol. Manag. **45**(5), 21–27 (2002)
18. Cooper, R.G.: Perspective: the stage-gate idea-to-launch process; update, what's new and NexGen systems. J. Prod. Innov. Manag. **25**(3), 213–232 (2008)
19. Bürgel, H.-D.: F&E-Management. Vahlen, München (1996)
20. Bullinger, H.-J.: Einführung in das Technologiemanagement: Modelle, Methoden, Praxisbeispiele. Teubner, Stuttgart (1994)
21. Zahn, E.: Handbuch Technologiemanagement. Schäffer-Poeschel, Stuttgart (1995)
22. Souder, W.E., Sherman, J.D.: Managing New Technology Development. McGraw-Hill, New York (1994)
23. Stock, U.: Das Management von Forschung und Entwicklung. Barbara Kirsch, München (1990)
24. Spur, G.: Technologie und Management. Hanser, München (1998)
25. Jain, R.K., Triandis, H.C.: Management of Research and Development Organizations, 2. Aufl. Wiley, New York (1997)
26. Burgelman, R.A., Maidique, M.A., Wheelwhright, S.C.: Strategic Management of Technology and Innvoation, 5. Aufl. McGraw-Hill, Boston (2008)

Technologieverwertung 9

Günther Schuh, Toni Drescher, Stephen Beckermann und Kristin Schmelter

Kurzüberblick Der strategische Handlungsrahmen, der sich in der Frage der Technologieverwertung eröffnet, mündet zunächst in den beiden neutralen Dimensionen „interne Technologieverwertung" und „externe Technologieverwertung". Die interne Technologieverwertung fokussiert auf den Einsatz einzigartiger technologischer Fähigkeiten in Produkten des Unternehmens. Ziel ist es hierbei einerseits, dem Unternehmen durch den Einsatz technologischer Fähigkeiten in den Produkten einen nachhaltigen Wettbewerbsvorteil zu verschaffen, und andererseits, eine breite Nutzung von Technologien in mehreren Produkten, Absatzmärkten bzw. Branchen zu ermöglichen. Technologische Erfolgspositionen können jedoch nicht nur durch den Einsatz von technologischen Fähigkeiten bei der Herstellung von Produkten erreicht werden, sondern darüber hinaus durch die Technologiennutzung in Form der externen Technologieverwertung. Indem Technologien Dritten zur Nutzung übertragen werden, wird die Rentabilität der Technologieinvestition verstärkt und ein Beitrag zur Maximierung des wirtschaftlichen Nutzens geleistet. Dies beinhaltet beispielsweise organisationsübergreifende Kooperationen (z. B. strategische Allianzen, Joint-Venture), Lizenzvergaben und den Technologieverkauf (z. B. Übertragung von Eigentum).

9.1 Einleitung und Charakterisierung

Die Technologieverwertung stellt die Frage, wie das technologische Potenzial eines Unternehmens während des gesamten Technologielebenszyklus umfassend leistungsmäßig und finanziell ausgeschöpft werden kann [1–3]. Grundsätzlich kann hier zwischen den Dimensionen „interne Technologieverwertung" und „externe Technologieverwertung" unterschieden werden [4].

G. Schuh (✉)
52074 Aachen, Deutschland
E-Mail: g.schuh@wzl.rwth-aachen.de

G. Schuh, S. Klappert (Hrsg.), *Technologiemanagement,*
DOI 10.1007/978-3-642-12530-0_9, © Springer-Verlag Berlin Heidelberg 2011

Die interne Technologieverwertung fokussiert auf die Nutzung der eigenen technologischen Fähigkeiten in bestehenden und zukünftigen Produkten des Unternehmens sowie zur Herstellung dieser Produkte. Ziel ist es hierbei, einerseits dem Unternehmen durch die Herstellung und den Einsatz von technologischen Fähigkeiten in den eigenen Produkten einen nachhaltigen Wettbewerbsvorteil zu verschaffen und andererseits eine breite Nutzung von Technologien in mehreren Produkten, Absatzmärkten bzw. Branchen zu ermöglichen [1]. Letzteres wird durch eine Diversifikations- und Plattformstrategie unterstützt. Dadurch wird die Rendite der Technologieinvestition optimiert.

Wettbewerbsvorteile werden jedoch nicht nur durch den Einsatz von technologischen Fähigkeiten bei der Herstellung von Produkten erreicht. Vielmehr müssen alternative Verwertungswege in Betracht gezogen werden, um zusätzliche Potenziale erschließen zu können. Innerhalb der externe Technologieverwertung werden daher Dritten Technologien zur Nutzung übertragen. Dadurch wird die Rentabilität der Technologieinvestition gesteigert und der wirtschaftliche Nutzen einer Technologie maximiert. Primärstrategisch wird damit die Absicht verbunden, Wettbewerbsvorteile zu erlangen oder auszubauen [5]. Sekundärstrategisch wird auf den zusätzlichen finanziellen Mittelzufluss durch die externe Verwertung von Technologien abgezielt. Das Erreichen einer technologischen Erfolgsposition steht nicht mehr im Vordergrund der Bestrebung, sondern die Akquirierung finanzieller Mittel. Die externe Technologieverwertung widmet sich demnach der Fragestellung, wie die entwickelten Technologien über die Unternehmensgrenzen hinaus zum Einsatz gebracht werden können, um das bestehende Technologiepotenzial noch umfassender auszuschöpfen. Dabei kann ein Unternehmen auf die gemeinschaftliche Nutzung, die Lizenzierung und den Technologieverkauf zurückgreifen.

Die Verwertungsstrategie muss im Kern die Frage beantworten, welche Technologien in welcher Form verwertet werden sollen [5]. Innerhalb der Eigennutzung und Fremdnutzung existieren die in Abb. 9.1 dargestellten Verwertungsoptionen [1, 6–8].

Im Folgenden werden die unterschiedlichen Möglichkeiten der Technologieverwertung beschrieben und deren Chancen und Risiken dargestellt. Abschließend erfolgt eine Betrachtung des Technologiemarketings, da der Erfolg einer Technologie nicht nur von deren Leistungsfähigkeit abhängt.

Abb. 9.1 Übersicht über Verwertungsoptionen

9.2 Interne Technologieverwertung

Die interne Technologieverwertung bezeichnet die Nutzung der entwickelten Produkt- und Produktionstechnologien in eigenen Produkten und deren Fertigung. Ziel ist es, Kundenbedürfnisse zu erfüllen und eine Differenzierung vom Wettbewerb zu erreichen.

Der eigentliche Einsatz der Technologien stellt die einfachste Art der Eigennutzung dar, der im Weiteren nicht weiter beschrieben werden soll. Vielmehr wird im Folgenden auf Möglichkeiten eingegangen, durch die der Nutzen einen Technologie erhöht bzw. maximiert werden kann. Im Mittelpunkt steht dabei die Mehrfachnutzung von Technologien, um die hohen FuE-Aufwendungen zur Realisierung einer neuer Technologie durch den Verkauf von Produkten zu kompensieren. Die Anwendung der neuen Technologien sollte daher in vielen unterschiedlichen Produkten, Märkten und Geschäftsfeldern erfolgen.

Im Folgenden wird hierzu zunächst die technologiebasierte Diversifikation beschrieben, mit deren Hilfe weitere Einsatzfelder für die bestehenden Technologien identifiziert werden können. Des Weiteren muss die Strukturen innerhalb eines Unternehmens so ausgerichtet sein, dass eine Mehrfachnutzung von Technologien und die ständig neue Kombinationen von Technologien und Fähigkeiten unterstützt wird. Hierzu bieten Technologieplattformen einen Ansatz.

9.2.1 Technologiebasierte Diversifikation

Der Ansatz der technologiebasierten Diversifikation beruht auf der Theorie der Ressourcen- und Kernkompetenzorientierung. Grundlage bei der Kernkompetenzorientierung ist die synergetische Nutzung der einzigartigen Fähigkeiten in mehreren Geschäftsfeldern und somit für mehrere Produkte. Durch die Verlagerung des Fokus weiter in das Unternehmen hinein, von Geschäftsfeldern (meist Produkt-Markt-Kombinationen) auf Kernkompetenzen werden vielfältigere Diversifikationspotenziale sichtbar [9].

Neben der Nutzung vorhandener technologischer Ressourcen- und Vermögenswerte, um Stückkosten durch „economies of scale and scope" zu verringern, existieren noch weitere Motivationen zur Diversifikation (s. Abb. 9.2) [10]. Dabei wird in die Motive der Eigentümer und die der Führungskräfte unterschieden. Während Führungskräfte beispielsweise Macht- und Einkommenssteigerung sowie die Sicherung des eigenen Arbeitsplatzes im Fokus haben, sind Eigentümer an der Wertsteigerung ihres Unternehmens interessiert. Der Wert des Unternehmens kann zum einen durch güterwirtschaftliche Synergien, zum anderen durch finanzwirtschaftliche Synergien gesteigert werden. Die technologiebasierte Diversifikation erhöht den Unternehmenswert zum einen durch eine Verringerung von Stückkosten. Zum anderen durch die Schaffung von Komplementarität von Fähigkeiten, wodurch Synergien hinsichtlich Ressourceneinsatz erzielt werden können.

Diversifikation beschreibt den Eintritt eines Unternehmens in ein neues Betätigungsfeld, d. h. technologische oder andere Fähigkeiten werden für neue Anwendungen

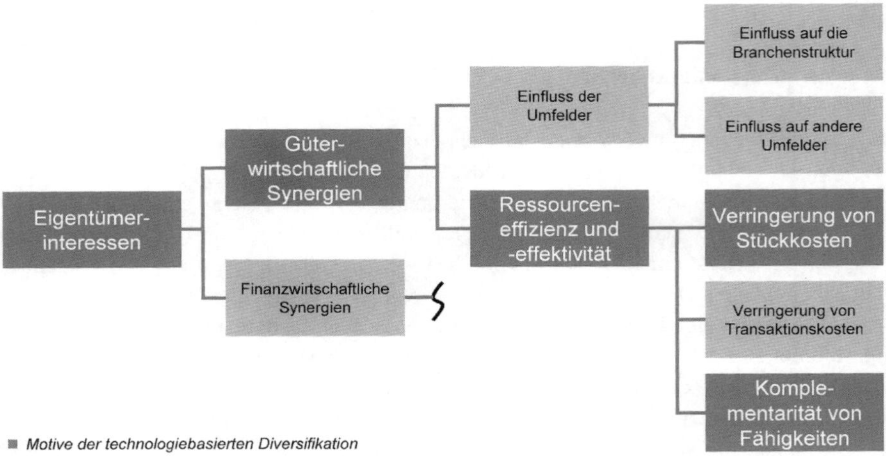

Abb. 9.2 Eigentümerinteressen bei der Diversifikation [10]

9

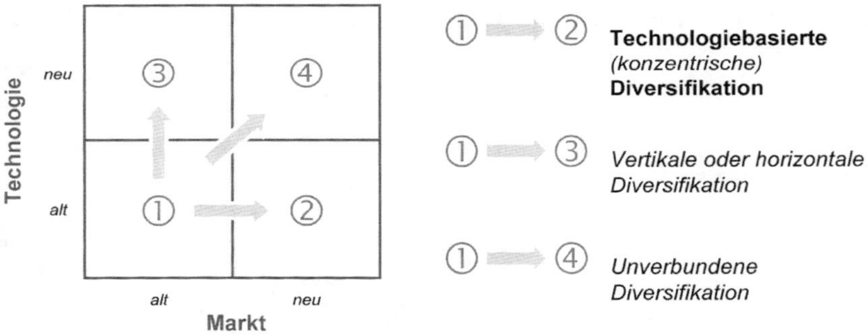

Abb. 9.3 Diversifikationsrichtungen

genutzt. Bei der Diversifikation lassen sich prinzipiell vier Diversifikationsrichtungen unterscheiden (s. Abb. 9.3):

- Die *unverbundene* (latente oder konglomerate) Diversifikation besteht, wenn das neue Betätigungsfeld nahezu keinerlei Gemeinsamkeiten mit dem angestammten Geschäftsfeldern eines Unternehmens aufweist [3, 11]. Aus der Perspektive der Technologieverwertung ist die Form der unverbundenen Diversifikation wenig attraktiv und nicht zielführend.
- Die *vertikale* Diversifikation unterscheidet zwischen einer Vorwärts- und Rückwärtsintegration. Im Fokus liegt hier die Wertschöpfungskette einer Branche, in der Unternehmen vorwiegend nur Teile der gesamten Branchen-Wertschöpfungskette abbilden. Rückwärtsintegration bezeichnet den Eintritt in Märkte entlang der Wertschöpfungskette in Richtung der Rohstoffgewinnung bzw. -erzeugung. Vorwärtsintegration bedeutet sodann, dass ein Unternehmen versucht Märkte zu bearbeiten, die entlang der

Wertschöpfungskette in Richtung des Endkunden liegen [11]. Oftmals ist die Kenntnis des Markte in dem diversifiziert wird Ausgangspunkt der Diversifikation. Die technologischen Fähigkeiten spielen eine untergeordnete Rolle. Vor diesem Hintergrund erfolgt die vertikale Diversifikation meist durch Zukauf von Unternehmen, die wiederum eigene technologische Fähigkeiten besitzen.

- Die *horizontale* (verbundene, verwandte) Diversifikation umfasst die Entwicklung in Märkte, die Gemeinsamkeiten mit den angestammten Geschäftsfeldern aufweisen [3]. Variationen werden hinsichtlich des Leistungsprogramms, der Marktsegmente oder der geographischen Ausdehnung vorgenommen [12].
- Bei der *konzentrischen* Diversifikation versucht ein Unternehmen seine bereits nachgewiesenen Fähigkeiten, die innerhalb der aktuellen Wertschöpfungskette positiv zum Tragen kommen, auf die Wertschöpfungskette eines anderen Marktes zu transferieren [11]. Die Herausforderung liegt darin, Märkte zu identifizieren, die ähnlichen technologischen Fähigkeiten bedürfen. Die konzentrische Diversifikation entspricht somit der technologiebasierten Diversifikation, die im Folgenden genauer betrachtet wird.

Fallbeispiel aus der Automobilindustrie Ein Hersteller von Motorkomponenten konzentriert sich seit der Gründung im Wesentlichen auf Leichtbau. Der Erfolg erklärt sich dadurch, dass sich das Unternehmen auf Anwendungen spezialisiert hat, in denen Leichtbau einen dominierenden Nutzen für die jeweiligen Kunden darstellt. Die Ursprünge des Unternehmens liegen im Rennsport, mittlerweile ist der Sprung in die Luft- und Raumfahrt gelungen. Weder geringe Kosten noch andere denkbare Kundenwünsche (z. B. kurze Lieferzeiten oder Service) sind in diesen Anwendungsbereichen so wichtig wie ein geringes Bauteilgewicht. Ebenso ähneln sich die eingesetzten Materialien und Produktionstechnologien.

Mit dem Bewusstsein, über eine Einzigartigkeit im Leichtbau zu verfügen, hat das Unternehmen systematisch weitere Anwendungen erschlossen. Zunächst wurde die Leichtbaukompetenz zur Entwicklung und Produktion einzelner Komponenten des Antriebstrangs eines Rennfahrzeugs genutzt. Durch die Ergänzung weiterer Komponenten in das Produktportfolio konnte sich das Unternehmen vom Komponenten- zum Systemzulieferer weiterentwickeln (Abb. 9.4). Dieser Entwicklungsprozess war stets auf den Leitstern „Leichtbau" ausgerichtet. Neue Ressourcen und Fähigkeiten wurden aufgebaut, wenn sie die Einzigartigkeit des Leichtbaus entsprachen.

Zur Expansion des Geschäfts war es Anfang der 90er Jahre notwendig, den Rennsportbereich um weitere Anwendungen zu ergänzen. Die Leitfrage bei der Suche nach weiteren Tätigkeitsfeldern war: Wo stellt Leichtbau einen signifikanten Kundennutzen dar? Fündig wurde das Unternehmen in der Luft- und Raumfahrt. Die dort eingesetzten Bauteile im Antriebstrang wiesen sehr ähnliche Anforderungen an die einzusetzenden Bauteile auf wie bereits aus dem Rennsport bekannt: hohe Qualität, kleine Losgrößen, hohe Bauteilstabilität, anspruchsvolle Materialien und eben das geringe Bauteilgewicht. Aufgrund der Kompetenzen für den gesamten Antriebstrang eines Rennautos, konnten die Erfahrungen relativ schnell auf den Antriebstrang der Hubschrauber übertragen werden. 1997 gelang dem Unternehmen mit der Herstellung von Heckrotorwel-

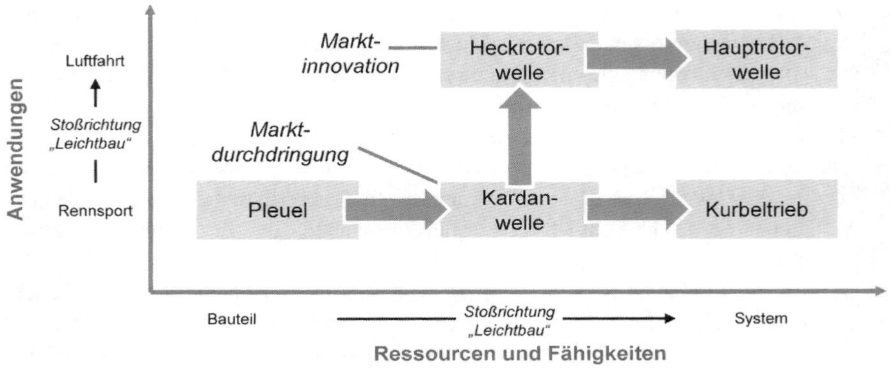

Abb. 9.4 Beispiel für die systematische Erschließung neuer Anwendungen [13]

9

len der Einstieg in einen bis dato völlig unbekannten Markt. Mittlerweile entwickelt und fertigt das Unternehmen nahezu den gesamten Antriebstrang für Hubschrauber und strebt in diesem Bereich eine Systemlieferantenschaft an.

Das Beispiel zeigt, wie Diversifikation durch konsequente Weiterentwicklung von Ressourcen und Fähigkeiten unter dem Leitstern der Einzigartigkeit die Möglichkeit zur Erschließung neuer Anwendungen schafft.

9.2.2 Technologieplattformen

Erfolgreiche Unternehmen bieten ihren Kunden einen Nutzen, der als einzigartig wahrgenommen wird. In technologieintensiven Branchen gelingt diese deutliche Differenzierung vom Wettbewerb häufig durch Know-how, das gebündelt in einem Wirknetz von Technologien, Ressourcen und Fähigkeiten technologische Einzigartigkeit ergibt: schwer zu imitieren, nachhaltig in der Wirkung und signifikant im Kundennutzen [14]. Einzigartig ist dabei selten eine einzelne Technologie, sondern das abgestimmte Zusammenwirken der verschiedenen Elemente, die im Unternehmen strategisch aufgebaut und in den Nutzen für den Kunden überführt worden sind. Diese Wirknetze werden als Technologieplattformen bezeichnet (vgl. Technologieplattformen in Kapitel Technologiestrategie). Diese Wirknetze bieten die beste Voraussetzung um den Mehrfacheinsatz von technologischen Fähigkeiten zu systematisieren und ein „Technology Leveraging" („Hebeln technologischer Fähigkeiten") zu ermöglichen. Das „Technology Leveraging" steht in Analogie zum finanzwirtschaftlichen Hebeleffekt. In deren Verständnis wird die Rendite des Eigenkapitals durch den gezielten Einsatz von Fremdkapital (Verschuldung) erhöht. Durch „Technology Leveraging" werden Technologien in ihrem Nutzen maximal wirtschaftlich gehebelt, um somit die Rentabilität der Technologieinvestition zu steigern (s. Abb. 9.5).

Technologieplattformen enthalten neben den Kernkompetenzen auch die sogenannten „enabling Technologies" und fremdbezogene Kompetenzen. Technologieplattformen sind

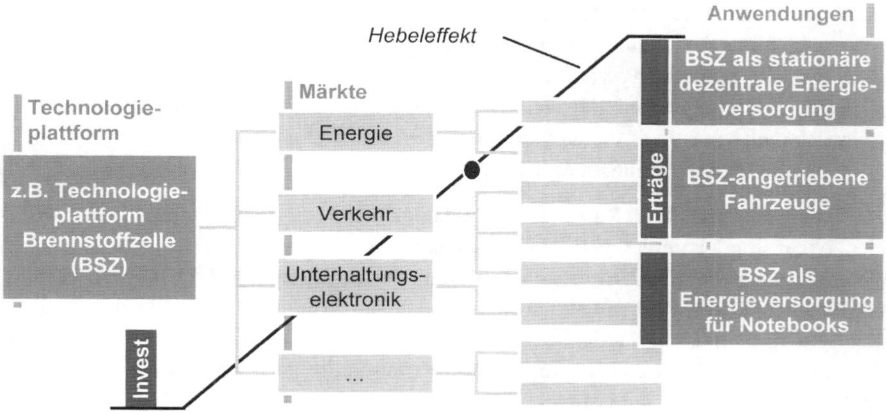

Abb. 9.5 „Technology Leveraging" durch Mehrfachnutzung von Fähigkeiten

langfristig ausgerichtet, dabei aber dynamisch in dem Sinne, dass veraltete Technologien ausgesondert und neue hinzugenommen werden. Technologieplattformen betonen die Inside-out-Sichtweise [15].

Das Plattformmanagement unterscheidet sich von einem rein produktbezogenen Technologiemanagement. Seine Begründung findet dieser Ansatz darin, dass ein rein produktbezogenes Technologiemanagement nur selten zu nachhaltiger technologischer Differenzierung führen kann, weil der Lebenszyklus von Produkten i. d. R. kürzer als der Lebenszyklus von Technologien ist. Daraus ergibt sich wiederum die Anforderung, die Technologieentwicklung vor der Produktentwicklung zu starten, wenn beides zeitgleich Marktreife erreichen soll [16].

Technologieplattformen lösen dieses Zeitproblem. Sie organisieren den strategiekonformen Technology Push und heben die Technologiebasis auf ein Niveau, von dem aus die Erschließung von Marktchancen schnell möglich wird. Bei der Entwicklung von Technologieplattformen stehen daher fünf Kernziele im Vordergrund:

- Die Aktivitäten im Technologiemanagement auf den Ausbau der Einzigartigkeit fokussieren
- Die Wirkung von Einzelkompetenzen durch Kombination verstärken
- Die Nachhaltigkeit der Differenzierung vom Wettbewerb steigern
- Eine klare Orientierung bei der Technologieakquisition geben
- Einen Zugang zu neuen Anwendungen schaffen

Bei der Ausrichtung von Technologieplattformen sind drei Kriterien wesentlich:

- **Langfristigkeit:** Der Aufbau von Technologiekompetenzen ist langwierig. Deshalb muss die Ausrichtung der Technologieplattform langfristigen Charakter haben, d. h. für mehrere Produktgenerationen vorgesehen sein, obgleich die Elemente (z. B. einzelne Technologien) innerhalb der Technologieplattform dynamisch sind.

- **Synergiepotenzial:** Die Technologieplattform muss eine kritische Größe überschreiten. Im Sinne der Technologieverwertung muss das adressierte Technologiepotenzial in mehreren Produkten Anwendung finden.
- **Differenzierungspotenzial:** Wenn in der Unternehmensstrategie eine Differenzierung angestrebt wird, muss die Konkretisierung auf ein Technologiefeld gerichtet sein, in dem eine Differenzierung möglich ist.

Aufgrund der Vielzahl an Ressourcen und Fähigkeiten eines Unternehmens ist das Wirknetz in der Regel komplex aufgebaut. Dies ist gut so, denn je undurchsichtiger das Wirknetz, desto schwieriger lässt es sich von Wettbewerbern kopieren (vgl. Kap. 10 Technologieschutz). Dieser Sachverhalt darf jedoch nicht dazu verleiten, das Wirknetz möglichst komplex und undurchdringlich auszugestalten, denn unternehmensintern muss das Geflecht aus Ressourcen und Fähigkeiten absolut transparent sein. Nur wenn die Ressourcen und Fähigkeiten der Organisation und der einzelnen Mitarbeiter sowie die Wirkbeziehungen zwischen den Elementen bekannt sind, kann bewusst auf die Gestaltung und Lenkung des Wirknetzes Einfluss genommen werden.

9

Technologieplattformen sollen die Erschließung möglichst vieler Anwendungen ermöglichen. Da jedes Unternehmen nur über begrenzte Ressourcen verfügt, muss die Anzahl der Technologieplattformen handhabbar gehalten werden, um eine ausreichende Stoßkraft zu erzeugen. Daraus ergibt sich die Forderung, dass mehrere Geschäftseinheiten gemeinsam auf eine Technologieplattform zugreifen müssen. Der Technologiemanager ist daher bestrebt, die Business Units anhand der Technologieplattformen miteinander zu vernetzen.

Fallbeispiel aus dem Maschinen- und Anlagenbau In der Innovationsarchitektur eines Maschinenbauunternehmen aus der Schweiz werden alle für die Geschäftstätigkeit des Unternehmens (aus Technologiesicht) wichtigen Aspekte miteinander in Beziehung gesetzt. Das verbindende Element sind Funktionen (z. B. Behälter sterilisieren), die auf der Marktseite mit den Kundenbedürfnissen und auf der Technikseite mit Technologieplattformen verknüpft werden. Die Definition von Modulen und Systemen unterstützt die Übersetzung der Kundenbedürfnisse in Funktionen. Die Architektur leistet somit einen wertvollen Beitrag zur Orientierung und Ausrichtung der Technologieplattformen auf die Marktanforderungen [17]. Darüber hinaus ermöglicht diese Architektur umgekehrt die zielgerichtete Suche nach neuen Anwendungen für die vorhandenen Technologieplattformen.

Des Weiteren werden bei dem betrachteten Unternehmen die Technologieplattformen mit den Business Units virtuell vernetzt. Die Bedeutung einer Technologieplattform wird an der Anzahl der beteiligten Business Units überprüft. Es gilt die Forderung: jede Technologieplattform muss mindestens zwei Business Units adressieren. Die Interessen der Business Unit werden jeweils von einem Technologieplattformexperten vertreten. Die Koordination der Aktivitäten innerhalb der Technologieplattform erfolgt über einen Technologieplattformrepräsentanten. Dieser ist ebenfalls fest einer Business Unit zugeordnet und koordiniert zudem die Zusammenarbeit mit den weiteren Technologieplattformen. Durch die explizite Benennung der Zuständigkeiten kann eine effiziente Aufgabenerfüllung auch über die Grenzen einer einzelnen Business Unit hinaus sichergestellt werden.

9.3 Externe Technologieverwertung

Die Technologieverwertung als Teil des Technologiemanagements hat die Aufgabe, Unternehmen zu strategischen Erfolgspositionen zu verhelfen [18]. Grundsätzlich bietet sich den Unternehmen die Möglichkeit, die entwickelten technologischen Fähigkeiten innerhalb des eigenen Unternehmens zu nutzen, um damit einen Wettbewerbsvorteil auf Basis von innovativen Produkten und Prozessen zu erlangen. Die wirtschaftliche Verwertung im Sinne der Vermarktung der technologischen Fähigkeiten ist neben dem Einsatz der Technologie in den eigenen Produkten und Prozessen eine weitere Möglichkeit zur Ausschöpfung des wirtschaftlichen Potenzials einer zur Verfügung stehenden Technologie [1, 4, 7]. Insbesondere durch steigende FuE-Aufwendungen und kürzere Innovationszyklen wird diese Form der Verwertung, die externe Technologieverwertung immer wichtiger [1, 19–22].

Die externe Technologieverwertung reicht von der gemeinschaftlichen Nutzung, in der zusätzlich zum internen Einsatz Dritten die Rechte zur Nutzung einer Technologie übertragen werden, bis hin zum Verkauf einer Technologie mit dem vollständigen Verzicht auf die Nutzung im eigenen Unternehmen [1, 4, 6, 8, 23, 24]. Abbildung 9.6 zeigt einen Überblick über die unterschiedlichen Formen der externen Technologieverwertung [25].

Der *gemeinschaftlichen Nutzung* einer Technologie liegt der Gedanke zu Grunde, das Risiko einer Technologieinvestition auf mehrere Partner zu verteilen und die Stärken der Partner untereinander zu nutzen (Kompetenzen, Marktzugang, etc.). Gestiegene FuE-Aufwendungen und kürzere Innovationszyklen führen dazu, dass Unternehmen gemeinsam Technologien entwickeln und verwerten [6, 7, 25]. FuE-Kooperationen sind die am häufigsten auftretende Form der gemeinschaftlichen Nutzung von Technologien [6, 25–27]. Die Bedeutung von strategischen Allianzen und Joint-Ventures nimmt jedoch gerade vor dem Hintergrund der Globalisierung immer mehr zu [25, 28].

Ist eine Technologie patentrechtlich geschützt oder geheim, kann sie Dritten durch *Lizenzvergabe* zur Nutzung übertragen werden [6, 8, 29–31]. Unterschieden wird dabei zwischen der ausschließlichen und einfachen Lizenz, die Unternehmen in anderen Märkten, eigenen Lieferanten und Wettbewerbern zugänglich gemacht werden kann.

Passt eine vorhandene Technologie nicht zur Grundorientierung des Unternehmens oder sind keine Verwertungsmöglichkeiten mehr zu erwarten, kann diese Technologie verkauft werden (*Technologieverkauf*) [1, 6, 7, 25]. Der Unterschied zu anderen Verwertungsformen besteht vor allem in der Endgültigkeit des Rechtsgeschäfts. Wird die Technologie an ein anderes Unternehmen verkauft, verzichtet der Verkäufer vollständig auf die Nutzungsrechte der Technologie [6].

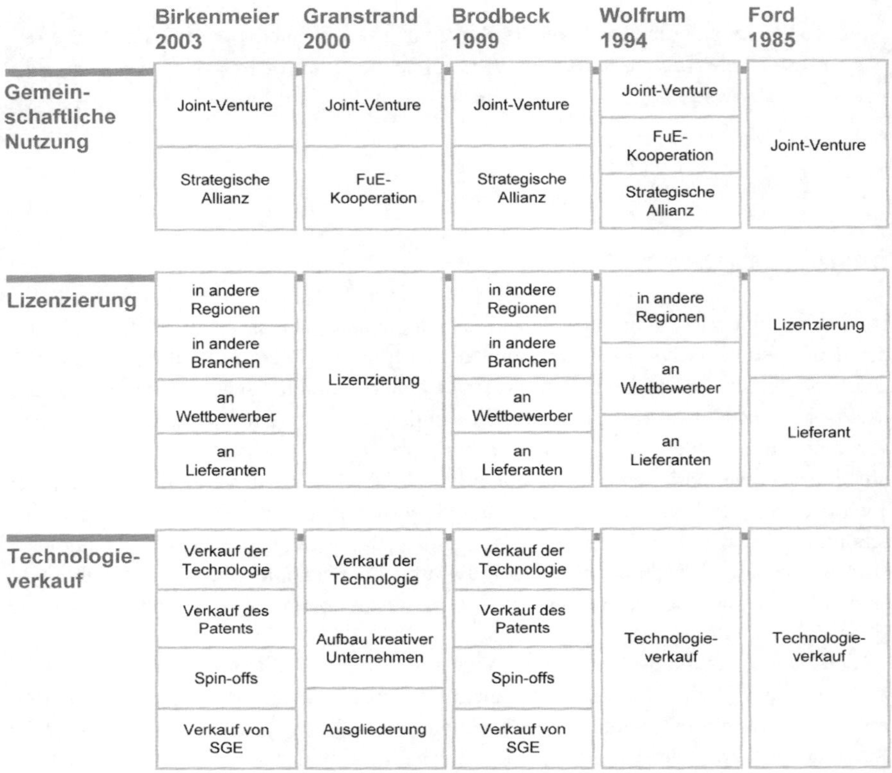

Abb. 9.6 Überblick über Formen der externen Technologieverwertung

Neben der gemeinschaftlichen Nutzung, der Lizenzierung und dem Technologieverkauf wird in der Literatur auch noch die Abspaltung von Unternehmensteilen (Spin-offs) und der spezifische Handel von Informationen diskutiert [25]. Eine weitere Unterteilung erscheint in diesem Zusammenhang nicht sinnvoll, da beide Formen der externen Technologieverwertung den oben beschriebenen Grundformen zugeordnet werden können. Im Folgenden wird näher auf die einzelnen Formen der externen Technologieverwertung eingegangen.

9.3.1 Gemeinschaftliche Nutzung

Die unterschiedlichen Formen der gemeinschaftlichen Nutzung einer Technologie werden durch den Verflechtungsgrad einer Kooperation bestimmt [4, 6, 26]. Dieses Verständnis kann zu drei Kooperationsformen verdichtet werden: FuE-Kooperation, strategische Allianz und Joint Venture.

FuE-Kooperationen Es gibt unterschiedliche Betrachtungsweisen des Begriffs Kooperation in der Forschung und Entwicklung. Die institutionelle Perspektive versteht Kooperationen in der Forschung und Entwicklung als organisatorische Einheit, in der Personen oder Gruppen miteinander interagieren, um ein gemeinsam vereinbartes Ziel zu erreichen [27]. Die funktionale Betrachtungsweise beschreibt die einzelnen Aktivitäten, die im Rahmen eines Prozesses durchgeführt werden [26]. Im Kontext der externen Technologieverwertung beschreibt die FuE-Kooperation eine Gemeinschaft von Unternehmen, Institutionen oder Gruppen mit dem Ziel, aktiv Technologien auszutauschen und gemeinsam zu vermarkten [6, 7, 27]. Die FuE-Kooperation kann dabei sowohl im horizontalen, vertikalen als auch im diagonalen Verbund stattfinden [32]. Eine horizontalen Kooperation liegt dann vor, wenn die Kooperationspartner auf der gleichen Ebene der Wertschöpfungskette zusammenarbeiten. In der vertikalen Kooperation findet die Zusammenarbeit zwischen unterschiedlichen Stufen der gleichen Wertschöpfungskette statt. Bei der diagonalen Kooperation arbeiten die Unternehmen unterschiedlicher Branchen zusammen. Eine solche Zusammenarbeit ist insbesondere für jene Unternehmen von Bedeutung, deren Märkte durch Systemgeschäfte oder technologische Entwicklungen zusammenwachsen [33].

Externe Technologieverwertung kann schon in frühen Phasen des Technologielebenszyklus beginnen [4, 6, 7]. Bei FuE-Kooperationen werden eigene Kompetenzen gezielt mit externen vereint um somit Synergiepotenziale eine Steigerung der FuE-Leistung zu erreichen [4, 6, 8]. Ziel der FuE-Kooperation ist es, gemeinsam Wissen aufzubauen, auszutauschen und zu verwerten. Dabei findet in Forschungs- und Entwicklungsphasen überwiegend der Austausch von Know-how zwischen den Partnern statt, das im Anschluss Eingang in die Produkte findet. In späteren Phasen des Technologielebenszyklus kann es jedoch auch dazu kommen, dass fertig entwickelte Technologien ausgetauscht und gemeinsam vermarktet werden [7].

Durch FuE-Kooperationen können die ständig steigenden FuE-Aufwendungen und die damit einhergehenden Risiken auf mehrere Partner verteilt werden [6, 7, 27]. Durch den aktiven Tausch von Technologien innerhalb der Kooperationsgemeinschaft kann eine vorteilhafte Branchenstruktur geschaffen werden, deren hohes technologisches Leistungsniveau für neue Wettbewerber eine abschreckende Einrittbarriere darstellt [1, 4]. Kooperationen können auch in späteren Phasen des Technologielebenszyklus unterstützend wirken. Sie ermöglichen es zum Beispiel, in Märkte vorzudringen, die auf Grund fehlender Kompetenzen oder Kapazitäten anderweitig nicht zugänglich wären [6, 8].

Oft werden die Risiken einer Kooperation vor dem Hintergrund der vermuteten Potenziale ausgeblendet. Mit Blick auf die langfristigen Effekte eines möglichen Know-how-Abflusses gilt es jedoch, die Risiken einer FuE-Kooperation zu bewerten [32]. Neben gegenläufigen Interessen der Partner, mangelnder Kompetenz oder Ineffizienzen im Projektmanagement spielen rechtliche Aspekte in einer FuE-Kooperation eine zentrale Rolle. Dabei geht es nicht alleine um den Schutz des eingebrachten Wissens, sondern vielmehr um das aktive Management des gesamten Know-hows. Dies betrifft eingebrachtes, in der Kooperation gemeinsam entwickeltes, wie in der Kooperation getrennt voneinander erworbenes Know-how.

Strategische Allianzen Nach Sydow bezeichnet die strategische Allianz eine formalisierte, längerfristige Beziehung zu anderen Unternehmen, die mit dem Ziel verbunden ist, eigene Schwächen durch die Stärken anderer Organisationen zu kompensieren, um langfristig die eigene Wettbewerbsposition zu sichern und zu verbessern [34, 35]. Die strategische Allianz ist eine Kooperation im engeren Sinne, da die zusammenarbeitenden Unternehmen rechtlich selbstständig bleiben und die wirtschaftliche Zusammenarbeit auf bestimmten Teilgebieten rechtlich geregelt wird. Von der klassischen Kooperation unterscheidet sich die strategische Allianz vor allem durch den langfristigen Charakter [36]. Der Unterschied zu Unternehmensnetzwerken besteht darin, dass strategische Allianzen in der Regel zwischen zwei Unternehmen stattfinden [35]. Das wesentliche Merkmal einer strategischen Technologieallianz liegt in der synergetischen Zusammenführung technologischer Komplemente [37]. Daher ist die strategische Allianz eine häufig gewählte Form in technologieintensiven Branchen [5].

Die möglichen Erscheinungsformen können nach der Richtung und dem Ressourceneinsatz systematisiert werden. In der Richtung kann die strategische Allianz eine Zusammenarbeit auf horizontaler, vertikaler und diagonaler Ebene annehmen. Beim Ressourceneinsatz steht im Kern die Frage, in welchem Maße sich die Partner in die Zusammenarbeit einbringen und wie mit dem Output der Allianz umgegangen werden soll. Im Rahmen der externen Technologieverwertung sind für strategische Allianzen gegenseitige, stillschweigende Kooperationen, die Bildung von Konsortien, Know-how-Abkommen und -Verträgen oder gemeinsame Umsetzungsprojekte für Technologien denkbar [7]. Der Austausch von Technologien innerhalb der strategischen Allianz ist ebenfalls eine Möglichkeit der gegenseitigen Interaktion.

In Analogie zur Kooperation sind die Vorteile der strategischen Allianz aus industrieökonomischer Sicht vordergründig die Möglichkeit des Eintritts in neue Märkte oder die positive Beeinflussung der Branchenstruktur [4, 6, 36, 38]. Die relative hohe Unabhängigkeit der Partner voneinander ist ein besonderer Vorteil der strategischen Allianz. Die Zusammenarbeit mit anderen Unternehmen kann meist ohne weitere Komplikationen beendet werden. Der Informationsfluss verläuft aufgrund der Unabhängigkeit restriktiv, wodurch der ungewollter Transfer von Wissen (Spillover-Effekt) verhindert werden kann.

Neben der grundlegenden Gefahr des Know-how-Abflusses von interorganisationalen Kooperationen scheint gerade die hohe Unabhängigkeit der Unternehmen ein Schwachpunkt dieser Kooperationsform zu sein [34, 36, 38]. Lässt sich das Verhältnis zwischen den Partnern sehr einfach beenden, kann sich dies negativ auf die Verlässlichkeit der jeweiligen Partner auswirken. Die inhärente Flexibilität strategischer Allianzen führt daher auch zu weniger Beständigkeit [34].

Dies ist gerade im Bereich der Technologieverwertung aus zwei Gründen von großer Bedeutung. Bei der Verwertung von Technologie im Rahmen einer Kooperation wird häufig implizites Wissens transferiert. Dieser Transfer funktioniert umso besser, je enger die beiden Unternehmen miteinander verknüpft und je ähnlicher sich die Unternehmen sind. Gehöhren beide Unternehmen der gleichen Branche an oder wenden sie die gleichen Technologien an, wird das Wissen vom Adressaten leichter aufgenommen [39]. Die Annäherung der Unternehmen durch eine FuE-Kooperation vereinfacht bzw. beschleunigt den Transfer der Technologie somit. Ein Transfer des impliziten Wissens ist jedoch nicht immer erwünscht und kann damit für das Unternehmen einen Verlust darstellen. Diese Situation wird als Spillover Effekt beschrieben [40]. Es ist jedoch die Eigenschaft der fehlenden Rivalität von Wissen, die den gewollten oder ungewollten Transfer einer Technologie erst riskant macht. Ist das Wissen erst einmal transferiert, kann es dem Empfänger nicht mehr entzogen werden.

Joint-Ventures Ein klassisches Joint-Ventures ist ein von zwei oder mehreren kooperierenden Unternehmen gegründetes und strategisch geführtes Gemeinschaftsunternehmen, bei dem die Kooperationspartner über die gleichen Kapitalanteile verfügen [34, 36]. Ziel ist auch hier, die langfristige Sicherung und Optimierung der Wettbewerbsposition, unter der Maßgabe, dass die beteiligten Unternehmen allein nicht in der Lage wären dies zu erreichen [41]. Ein Joint-Venture geht über die zeitliche Endlichkeit einer strategischen Allianz hinaus, da das Joint-Venture als Entität mit eigener Identität dasselbe Überlebensziel wie die beteiligten Partnerunternehmen verfolgt [5].

Ein weiterer Unterschied des Joint-Ventures gegenüber der strategischen Allianz sind die inhärenten Transaktionskosten (sog. sunk costs). Diese fördern ein loyales Verhalten gegenüber dem Kooperationspartner und reduzieren somit das Risiko opportunistischen Verhaltens, wie es bei strategischen Allianzen existiert. Die Transaktionskosten entstehen durch die direkten und indirekten Kosten, die mit Anbahnung, Gründung, Vereinbarung, Kontrolle und Anpassung eines Joint-Ventures einhergehen [41]. Die Entscheidung für ein Joint-Venture wird daher dann getroffen, wenn beide Unternehmen der seriösen Ansicht sind, dass sie langfristig gemeinsam erfolgreicher sein können als alleine. Steigen sie aus dem Joint-Venture aus, verlieren sie einen Teil der bereits getätigten Investitionen.

Aus Sicht der Technologieverwertung bringt ein Joint-Venture jedoch auch Nachteile mit sich. Der hohe Aufwand, der zur Koordination benötigt wird, bindet Managementkapazitäten und Kapital. Es lässt sich nur eine begrenzte Anzahl an Joint-Ventures wirtschaftlich betreiben. Bei kleineren Unternehmen ist ein Joint-Venture auf Grund der hohen Anfangskosten eventuell wirtschaftlich erst gar nicht möglich. Ist es das Ziel mit Hilfe möglichst vieler Kooperationen die eigene Technologie zu verwerten, stellen Joint-Ventures daher wahrscheinlich nicht die idealste Kooperationsform dar.

Birkenmeier klassifiziert Joint-Ventures nach der Absicht der Partner [7]. Dabei beschreibt er drei Grundtypen von Joint-Ventures:

- In einem *Markt-/Technologie-Joint-Ventures* verfügt ein Unternehmen zwar über eine marktreife Technologie, es kann diese jedoch aus Gründen nicht-technologischer Natur nicht eigenständig kommerzialisieren. Ein Joint-Venture Partner mit den benötigten Kompetenzen kann in diesem Fall als eigenständiger Hersteller und Vermarkter auftreten. Dies hilft Markteintrittsbarrieren zu umgehen, Marktrisiken zu minimieren und das allgemeine Risiko, in einem fremden Markt zu scheitern, zu reduzieren.
- Bei *Technologie-Joint-Venture* haben Unternehmen das Ziel ihre eigene Technologie mit der eines anderen Unternehmens zu kombinieren, um somit neue technologische Lösungen oder Produkte zu erzeugen. Häufig gehören die Partner einer anderen Branche an. Das Joint-Venture unterstützt den eigentlichen Wissenstransfer und überbrückt somit Verständnisprobleme, die bei Partnern aus verschiedenen Branchen aufgrund der unterschiedlichen Vokabularien sowie anderen Unterschieden auftreten können. Bei dieser Art des Joint-Ventures ergeben sich starke Lerneffekte auf beiden Seiten. Im Optimalfall ergibt sich aus den fusionierten Technologien und dem branchenübergreifenden Wissen eine neue Technologie. Der Vorteil dieser Art von Kooperation ist, dass beide Partner in der gleichen Situation sind. Sie sind im Besitz einer Technologie mit der sie ihren eigenen Markt bedienen können. Neue, zumindest vom Unternehmen noch nicht beherrschte, technologische Kompetenzen erlauben es jedoch, die Verwer-

tung der eigenen Technologie auf andere Branchen und Anwendungen auszuweiten. Die Partner befinden sich nicht in Konkurrenz, die horizontale Kooperation erzeugt für beide einen Mehrwert durch eine erweiterte Verwertung des eigenen Know-hows.
- *FuE-Folge-Joint-Venture* werden nach gemeinsamer Forschungs- und Entwicklungsarbeit mit dem Ziel Risiken und Kosten zu minimieren etabliert, da es oft schwierig ist, sich im Nachhinein über die Verwertung der Ergebnisse zu einigen. Deshalb enden gemeinsame FuE-Projekte häufig in sogenannten FuE-Folge-Joint-Ventures [7].

9.3.2 Lizenzierung

9

Lizenzierung ist ein vertragliches Abkommen, mit dem der Lizenzgeber dem Lizenznehmer gegen Entgelt oder andere Kompensationsleistungen Vermögenswerte unter bestimmten Bedingungen zur Nutzung überträgt (s. Abb. 9.7) [42–44].

Die Basis einer Lizenzierung sind rechtlich geschützte oder rechtlich ungeschützte Erfindungen. Die Objekte einer Lizenzierung können folgende intangible Vermögenswerte sein:

- Den wohl bekanntesten Schutzmechanismus für technologiebasiertes Eigentum stellt das *Patent* dar. Der volkswirtschaftliche Zweck von Patenten ist es, den wissenschaftlichen Fortschritt durch die Publikation möglichst weit zu verbreiten. Da dem Erfinder jedoch der Anreiz fehlt, seine Innovationen zu veröffentlichen bietet das Patentamt ein staatlich garantiertes, zeitlich begrenztes potenzielles Recht zur monopolistischen Nutzung [45]. Potenziell ist dieses Recht deshalb, weil es dem Innovator nicht die alleinige Nutzung der Innovation erlaubt, sondern Dritten die Nutzung der patentierten Innovation untersagt [46].
- Das *Gebrauchsmuster* kann für Innovationen zum Einsatz kommen, die den Anforderungen für eine Patentierung nicht genügen, insbesondere wenn die Erfindung nicht genügend über den zu erwartenden Fortschritt der Technik hinausgeht, also der Innovation statt einer erfinderischen Tätigkeit eher eine Weiterentwicklung zu Grunde liegt. Wie beim Patentschutz wird dem Rechtinhaber einer zeitlich begrenzte monopolistische Nutzung seiner Innovationen gewährt. Neben der abgeschwächten Anforderungen auf die erfinderische Tätigkeit muss die Innovation neu und industriell anwendbar sein, um Gebrauchsmusterschutz erhalten zu können. Allerdings ist der Gebrauchsmusterschutz nur bei Produktinnovationen anwendbar, nicht bei Prozessinnovationen.

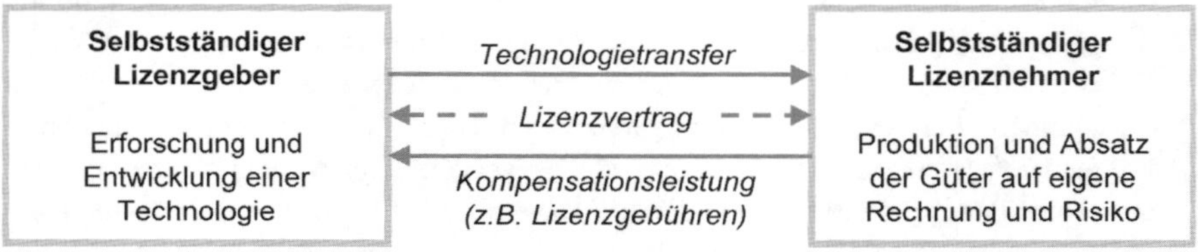

Abb. 9.7 Grundmodell der Lizenzierung

- Das *Geschmacksmuster* ist ein weitere Schutzmechanismus, der die Anwendung des an Wettbewerber übergegangenen, technologiebasierten geistigen Eigentums verhindert. Allerdings bezieht sich der Schutz nicht auf funktionale Aspekte der Innovation, sondern auf äußerliche, ästhetische Aspekte. Das zu schützende äußere Erscheinungsbild muss hierzu über ein rein von technischen Merkmalen bestimmtes Maß hinausgehen.
- Ein *Warenzeichen* oder auch *Marke* genannt, ist ein Wort-, Bild- oder kombiniertes Wortbildzeichen, das Waren und Dienstleistungen des Inhabers von anderen Wettbewerbern unterscheidet.
- Das *Urheberrecht* spielt bei dem Schutz technischer Schöpfungen lediglich eine untergeordnete Rolle. Dies ist darin begründet, dass es für den Schutz künstlerischer bzw. literarischer Werke gedacht ist, während technische Schutzrechte den Schutz von Erfindungen garantieren.

Für die vorgestellten Schutzrechte können Lizenzen durch den Lizenzgeber erteilt werden, um seine Technologie zu kommerzialisieren. Prinzipiell kann bei der Lizenzierung in die einfache und ausschließliche Lizenz unterschieden werden [7]. Im Gegensatz zur einfachen Lizenz, die nur eine schuldrechtliche Wirkung entfaltet, hat die ausschließliche Lizenz einen dringlichen Charakter. Das bedeutet, dass bei der ausschließlichen Lizenz der Lizenzgeber auf eine weitere Anwendung der Technologie verzichtet und dem Lizenznehmer sämtliche Nutzungsrechte an der Technologie überträgt [7].

Die ausschließliche Lizenz kann daher einen bedeutenden Technologievorsprung und Verwertungsvorteile sichern, auch wenn sie in der Regel teurer ist und kartellrechtliche Gesichtspunkte berücksichtigt werden müssen. Für den Lizenzgeber ist bei ausschließlichen Lizenzen darauf zu achten, dass eine Verwertung zugesichert wird und bei Nichtverwertung trotzdem eine entsprechende Vergütung erfolgt. Der Erwerb von Patenten zur Blockierung eines Marktes oder Forschungsbereichs ist leider keine Ausnahme. Bei der einfachen Lizenz räumt sich der Lizenzgeber die Möglichkeit ein, die Technologie in Konkurrenz zum Lizenznehmer weiter zu verwerten und Dritten die Anwendung zugänglich zu machen [7].

In der Literatur werden die verschiedenen Arten der Lizenzvergabe ergiebig diskutiert [43, 44]. Im Folgenden soll sich aber nur auf die wesentlichen Lizenzarten für die externe Technologieverwertung konzentriert werden [42].

Patentlizenzen Patentlizenzen beziehen sich auf rechtlich geschützte Erfindungen. Der Innovator erwirbt das potenzielle Recht, eine Erfindung monopolistisch zu nutzen [45]. Durch den Lizenzvertrag verzichtet der Inhaber des Patents auf sein alleiniges Nutzungsrecht zur Kommerzialisierung der Innovation und erlaubt dem Lizenznehmer unter bestimmten Bedingungen die Mitbenutzung der Innovation. Die Ausgestaltung der Patentlizenz unterliegt der Vertragsfreiheit und hängt von den Patentgesetzen ab [7]. Anders als beim Know-how-Lizenzvertrag ist die Absicherung durch das erteilte Patent als solches gegeben und wird hier vorausgesetzt. Ist eine solche Absicherung noch erforderlich, so ist dies durch eine Rechtswahrungs- und Verwertungsvereinbarung zu regeln. Bei den Vergütungsregelungen wird meist eine einmalige Pauschalvergütung durch den Lizenznehmer angestrebt. Der Patentinhaber wird eine wiederkehrende Mindestzahlung und einen erfolgsabhängigen Beteiligungssatz („Royalties") anstreben. In der Praxis ist dieser Punkt der am härtesten umkämpfte Bereich und nicht wenige Verträge scheitern an den widersprechenden Erwartungen oder Wünschen beider Parteien in diesem Punkt. Meist empfiehlt sich die frühzeitige Einbeziehung von unabhängigen Dritten mit Markt- und Sachkenntnis zu einer frühzeitigen Bewertung.

Know-how-Lizenzen Bei der Know-how-Lizenz wird dem Lizenznehmer das Recht eingeräumt, immatrielle Wirtschaftsgüter des Lizenzgerbers für eigene Zwecke zu nutzen, obwohl Know-how im Sinne des Immatrialgüterrechts kein schützenswertes Objekt darstellt [42, 45, 47]. Know-how im weiteren Sinne ist alles Wissen um Prozesse, Techniken und Wissenschaft, die zu einem gewünschten Ergebnis führen. Know-how im engeren Sinne ist das Wissen, welches nicht durch andere rechtliche Schutzrechte (Patente, Gebrauchs- und Geschmacksmuster, Urheberrecht, Marken) gesichert ist oder abgesichert werden kann. Dennoch stehen sie dem Wissensinhaber zum Schutz des Wissen vor einer Nutzung durch Dritte zur Verfügung [47]. Durch den Know-how-Lizenzvertrag geht das Monopol auf das Know-how rechtlich auf den Lizenznehmer über. Dies steht im Kontrast zur Patentlizenz. Der Lizenzgeber kann während der Vertragsanbahnung nicht sein gesamtes Know-how offenlegen, da er Gefahr läuft, seine Ansprüche zu einem späteren Zeitpunkt nicht mehr durchsetzen zu können [30]. Häufig werden daher Know-how-Lizenzen in Verbindung mit anderen Schutzrechten lizenziert und es kommt zu einer Übertragung einer gesamten Technologie [45]. Wesentlich bei dem Know-how-Lizenzvertrag ist es, eine ausreichende Absicherung des Know-hows gegen unberechtigte Weitergabe und Verwendung sicherzustellen. Ein Verstoß gegen eine Weitergabe oder ein Verwertungsverbot mag Schadensersatz nach sich ziehen, doch der ist auch der Höhe nach in einem ordentlichen Gerichtsverfahren darzulegen und nachzuweisen. Kann dieser Nachweis nicht geführt werden, bekommt der Kläger dem Grund nach Recht, kann der Höhe nach aber nur einen eher symbolischen oder geschätzten Schadensersatz erlangen.

Die isolierte Verwertung von Patenten oder Know-how erscheint aufgrund des Nutzenpotenzials nicht angemessen. In der industriellen Praxis werden daher häufig Mischformen von unterschiedlichen Lizenzen Dritten übertragen, um einen maximalen wirtschaftlichen Nutzen zu generieren. Birkenmeier fasst die folgenden Kombinationsformen zusammen, die im Rahmen der externen Technologieverwertung häufig auftreten [7]:

- *Patent und Know-how:* Verwertung von Patenten im Zusammenhang mit einem spezifischen Know-how sind weit verbreitet. So wird bspw. das Patent einer Anlagentechnologie gemeinsam mit dem Know-how zum Betrieb der Anlage lizenziert. Dies Form der Lizenzierung scheint als sehr geeignet, um das Technologiepotenzial im Rahmen der Lizenzierung umfassend abzuschöpfen.
- *Patent und Marke:* Es kann auch das Warenzeichen (Marke) gemeinsam mit dem Patent lizenziert werden. Das Dolby System und die VHS Norm sind Beispiele für die gleichzeitige Lizenzierung von Marke und Patent.
- *Patent, Know-how und Marke:* Dem Lizenznehmer wird eine geschützte Technologie zur Nutzung übertragen. Gleichzeitig darf der Lizenznehmer die Marke des Lizenzgebers nutzen und kann auf das Know-how des Lizenzgebers zurückgreifen. Die Kombination aus Patent, Marke und Know-how stellt damit ein äußerst starkes Differenzierungsangebot gegenüber der Konkurrenz dar.

Die Lizenzierung kann an Unternehmen der gleichen Wertschöpfungskette (horizontale Lizenzierung), an Unternehmen in der eignen Wertschöpfungskette (vertikale Lizenzierung) und an Unternehmen in andere Branchen (diagonale Lizenzierung) erfolgen [6]. Die Vergabe von Lizenzen an unmittelbare Konkurrenten setzt ein ausreichend großes Absatzpotenzial voraus. Die Harmonisierung der Technologiestruktur führt in diesem Fall zum Verzicht auf die Differenzierungsmöglichkeit, kann aber auch eine zusätzliche Eintrittsbarriere für neue Konkurrenten in die Branche darstellen. Eine aktive Lizenzierungsstrategie kann auch zur Abwanderung der Konkurrenz führen. Lizenziert ein Unternehmen eine nicht mehr verwendete Technologie an einen Wettbewerber, kann dies dazu führen, dass der Wettbewerber auf einen anderen Zielmarkt abwandert, während der Lizenzgeber im nicht-lizenzierten Bereich des Markts weitgehend Handlungsfreiheit genießt [6, 8]. Durch die Lizenzierung an Lieferanten und Kunden kann die Versorgungsstruktur verbessert werden und die Durchsetzung einer Technologie auf dem Markt erleichtert werden. Schließlich verbleibt die Lizenzierung als kostengünstige Alternative zur Bearbeitung von Märkten anderer Branchen.

Die Ausgestaltung des Lizenzvertrags ist von zentraler Bedeutung für den Erfolg der externen Technologieverwertung durch Lizenzen. Kernstück des Lizenzvertrags ist die Vereinbarung der Kompensationsleistung im Ausgleich für die transferierten Technologien. Unter den Gegenleistungen werden Mittelrückflüsse verstanden, welche ein Unternehmen als Kompensation zur Überlassung einer Technologie erhält. Grundsätzlich lassen sich Entgeltleistungen in monetäre und nicht-monetäre Kompensationsgeschäfte unterteilen [7, 48]. Monetären Rückflüsse sind in den meisten Lizenzvereinbarungen üblich. Sie bestehen aus direkten finanziellen Mittelrückflüssen oder aus indirekten Zahlungen zu einem späteren Zeitpunkt. Die Pauschallizenz ist die einfachste Form des monetären Lizenzentgelts. Es fällt eine einmalige Zahlung zu einem fixen Zeitpunkt an (lump sum). Die variablen Lizenzentgelte beziehen sich im Allgemeinen auf die produzierte Menge, auf den Umsatz, oder auf den Gewinn aus der Lizenzproduktion [49]. Die Kombination eines einmaligen Fixbetrags zu Vertragsbeginn und einer laufenden Lizenzgebühr bietet sich in vielen Fällen an, da das Risiko zwischen Lizenznehmer und Lizenzgeber besser verteilt wird. Die nicht-monetären Kompensationen kann entweder aus der Übertragung von Wissen (gegenseitig oder als Rückgewährverpflichtung) oder von Sachgütern als Gegenleistung bestehen [7, 48]. Alle Kompensationsformen können und werden in der Praxis vor dem Hintergrund der Vertragsfreiheit miteinander kombiniert. In Abb. 9.8 sind die Varianten des Kompensationsgeschäfts nach Weidmüller zusammengefasst [48].

Die Lizenzierung ermöglicht dem Lizenzgeber die Bearbeitung von Auslandsmärkten parallel zur eigenen Verwertung im angestammten Absatzmarkt. Ohne großen Aufwand kann der Lizenzinhaber im Gegensatz zu anderen Formen des Auslandsengagements, wie der Direktinvestition, Lizenzen an einen Partner im Ausland übertragen und zusätzliche Mittelrückflüsse generieren. Daneben kann die Verwertung einer Technologie, die im angestammten Absatzmarkt bereits verdrängt wurde, durch die Lizenzierung an einen Partner im Ausland weiterhin sichergestellt werden. Der Lebenszyklus einer Technologie wird damit verlängert und es findet eine sequentielle Verwertung in unterschiedlichen Märkten statt. Daneben können zusätzliche Mittelrückflüsse in das Unternehmen generiert werden. Ein weiterer wesentlicher Vorteil ist der geringe Ressourcenaufwand, der durch die Markt-

Monetäre Kompensationsleistungen

- Pauschalgebühren (Abschlagszahlung)
- Laufende Lizenzgebühren („Royalities"), die umsatz- und stückbezogenen, input- oder gewinnbezogen sein können
- Einnahmen aus dem Verkauf von Komponenten und Zubehör an den Lizenznehmer
- Gebühren für Unterstützung und Service

Nicht-Monetäre Kompensationsleistungen

- Rücklieferung der in Lizenz erzeugten Güter an den Lizenzgeber zu Sonderkonditionen
- Gegenseitiger Lizenztausch (cross-licensing)
- Gebühren in Form von Kapitalbeteiligungen am Lizenznehmer

Abb. 9.8 Kompensationsleistungen für Lizenzgeschäfte

bearbeitung mittels Lizenzierung benötigt wird. Es müssen weder hohe Anfangsinvestitionen für Maschinen und Anlagen getätigt, noch hohe personelle Ressourcen zur Verfügung gestellt werden. Lediglich in die Auswahl des Lizenzpartners, die Sicherstellung der Schutzrechte, die Ausgestaltung des Lizenzvertrags und in die Kontrolle der Einhaltung des Lizenzvertrags muss investiert werden.

Die Lizenzvergabe ermöglicht es, externen Interessenten die Erlaubnis zu erteilen, eine patentierte Technologie gegen Bezahlung oder im Austausch von Lizenzen zu praktizieren. Lizenzen sind in gewissem Sinne eine Art Währung. Der Vorteil an einer Lizenzvergabe ist, dass der Technologietransfer eine rein formelle Angelegenheit ist, und dass die Bezahlung sehr flexibel gestaltet werden kann. Es ist zum Beispiel möglich, Lizenzen eigener patentierte Technologien gegen Lizenzen fremder Technologien einzutauschen, die Lizenzvergabe einmalig für einen bestimmten Zeitraum abzurechnen oder eine flexible Abrechnung basierend auf einem generiertem Umsatz zu realisieren. Weitere Vorteile von Lizenzierungsstrategien sind im Folgenden kurz zusammengefasst:

- *Regelmäßige Erträge:* Bei der richtigen Auswahl der Lizenzpartner und des Lizenzvertrags kann mit regelmäßigen und stabilen finanziellen Rückflüssen gerechnet werden.
- *Umgehen von Handelshemmnissen:* Existieren in einem Markt besondere Handelsbestimmung (Zoll, Einfuhrbedingungen, Local-Content-Forderungen, etc.) können diese durch die Lizenzvergabe an einen lokalen Partner umgangen werden und ein einfacher Marktzugang erfolgen.
- *Vermeiden von Transportkosten:* Bei der Lizenzierung an einen lokalen Partner im fremden Markt lassen sich die Transportkosten reduzieren, da die Produktion und der Vertrieb vor Ort durch den Partner übernommen werden können.
- *Steigerung des Synergiepotenzials:* Durch die Lizenzierung können Unternehmen Zugriff auf komplementäre Technologien bekommen. Insbesondere durch das cross-licensing können Schritt für Schritt Technologien untereinander ausgetauscht werden.
- *Risikoverteilung:* Durch die Lizenzierung können die Risiken (Währungsrisiko, Insolvenzrisiko, etc.) auf mehrere Partner in unterschiedlichen Märkten verteilt werden.

Trotz der zahlreichen Potenziale durch die Lizenzierung dürfen die Probleme einer externen Technologieverwertung durch Lizenzierung nicht außer Acht gelassen werden:

- *Unterstützung des Wettbewerbs:* Durch die Vergabe von Lizenzen an andere Unternehmen steigt die Gefahr, dass Wissen aus dem Unternehmen abfließt. Während einer Lizenzierung müssen wertvolle Informationen über die Technologie preisgegeben werden. Auch wenn die Technologie auf einen anderen Markt transferiert wird, kann nur selten von vornherein ausgeschlossen werden, dass der Lizenznehmer nicht selbst Technologien auf der lizenzierten Technologie aufbaut oder imitiert.
- *Existenz von Schutzrechten:* Lizenzen lassen sich nur erteilen, wenn Schutzrechte existieren, die lizenziert werden können. Auch wenn die Lizenzierung eine kostengünstige Alternative zu anderen Marktbearbeitungsformen ist, kann die internationale Erteilung von Schutzrechten, die Basis für die nationale Lizenzierung sind, schnell zu hohen Kosten führen. Aus diesem Grund eignet sich die Lizenzierung nicht für alle Unternehmungen bzw. nicht für alle Produkte oder Dienstleistungen.
- Beschränkte Kontrolle: Trotz aller Regelungen im Lizenzvertrag, bringt es die Lizenzierung mit sich, dass der Lizenzgeber nur eine eingeschränkte Kontrolle über die Aktivitäten des Lizenzgebers hat.

Die Probleme bei der Weitergabe von Wissen führen in den meisten Fällen dazu, dass viele Unternehmen die Technologien in ihrem Kerngeschäft nicht lizenzieren, sondern sich darauf konzentrieren, periphere oder verdrängte Technologien in andere geographische Märkte zu transferieren. Insbesondere diversifizierte Konzerne entscheiden sich in Ihrem Stammgeschäft tendenziell häufiger für direktinvestive Markteintritts- und Marktbearbeitungsformen.

Fallbeispiel zur Autovermietung Eine deutsche Autovermietung war Mitte der 80er Jahre Lizenznehmer einer US-amerikanischen Autovermietung. In den neunziger Jahren begann die deutsche Autovermietung selbst intensiv in europäische Länder zu expandieren. Meist in Form von Franchiseverträgen. Doch der Schritt nach Frankreich, Österreich, Italien, Großbritannien, Italien, in die Schweiz und in die Niederlande nahm die US-amerikanische Autovermietung nicht gut auf. Nach lang andauernden Rechtsstreitigkeiten wurde die auf einer Lizenzierung basierende Kooperation zwischen der deutschen und US-amerikanischen Autovermietung beendet. In der Folge baute die US-amerikanische Autovermietung selbst eine Präsenzstruktur durch Direktinvestition in Deutschland auf und wurde zu einem ernsthaften Konkurrenten des ehemaligen deutschen Partners.

9.3.3 Technologieverkauf

Die externe Technologieverwertung mittels gemeinschaftlicher Nutzung hat gezeigt, dass Unternehmen ihre Technologien gemeinsam mit anderen Kooperationspartnern entwickeln, austauschen und/oder verwerten. Durch die Lizenzierung wurde eine weitere Form der externen Technologieverwertung vorgestellt, bei der auf Basis von Schutzrechten Lizenzen an andere Unternehmen übertragen werden. Bei beiden Formen der externen Technologieverwertung wurden Technologien, über den Einsatz in den eigenen Produkten hinaus, an Dritte zur Nutzung übertragen. Eine vergleichbare Motivation und Zielsetzung besteht auch beim Verkauf von Technologien, beim Verkauf von Unternehmensteilen oder beim Ausgründen oder Abspalten (Spin-off) von Unternehmensteilen.

Verkauf der Technologie Vordergründig werden die Technologien an andere Unternehmen verkauft, um durch den Mittelrückfluss eine rasche Amortisation der FuE-Aufwendungen oder auch die Finanzierung neuer Projekte zu erreichen. Der wesentliche Unterschied zu den bereits diskutierten Formen der externen Technologieverwertung besteht in der Endgültigkeit des Rechtsgeschäfts. Beim Technologieverkauf werden die Rechte (Schutzrechte) an einer Technologie an Dritte nicht allein zur Nutzung übertragen, sondern durch einen Kaufvertrag veräußert [6–8]. Der Verkäufer verzichtet vollständig auf die Nutzungsrechte an der Technologie. Der neue Eigentümer (Käufer) der Technologie kann seinerseits die Technologie weiterverwerten, ohne dass der Verkäufer Einfluss auf die weitere Verwertung und Diffusion der Technologie nehmen kann [50]. Aufgrund der Endgültigkeit des Rechtsgeschäfts sollte dem Technologieverkauf eine fundierte Analyse vorausgehen, die sowohl aktuelle als auch zukünftige alternative Verwertungsmöglichkeiten berücksichtigt [24]. Im Generellen sollte ein Unternehmen erst dann die Option des Technologieverkaufs wählen, wenn

- im eigenen Unternehmen unter Berücksichtigung der Weiterentwicklungspotenziale keine Verwertungsmöglichkeiten bestehen und in Zukunft zu erwarten sind [24] oder
- die Technologie nicht zur strategischen Grundorientierung des eigenen Unternehmens passt und eine Weiterentwicklung nicht im Interesse des Unternehmens liegt [6, 51].

Bei einem ungünstigen Verhältnis zwischen der Grundorientierung des eigenen Unternehmens und der bestehenden Technologie entscheiden sich vor allem Großunternehmen für die Ausgliederung oder den Verkauf gesamter Geschäftsbereiche, anstatt die Technologie direkt zu verkaufen [1, 6].

Verkauf von Unternehmensteilen Bei einem Verkauf von Unternehmensteilen trennt sich das Mutterunternehmen von allen Unternehmensanteilen, Inventar und Mitarbeitern [52]. Es besteht in Analogie zum Technologieverkauf kein Zugriff mehr auf die verkauften Unternehmensteile und die damit verbundenen Fähigkeiten. Die Konzentration der Unternehmen auf das eigene Kerngeschäft hat in der Vergangenheit dazu geführt, dass Unternehmen zunehmend solche Devestitionsaktivitäten vorantreiben [53].

Der Vorteil des Verkaufs von Unternehmensteilen besteht in der Vollständigkeit der übertragenen Leistung. Beim Technologieverkauf werden vordergründig die Rechte an der Nutzung einer Technologie verkauft. Beim Verkauf von Unternehmensteilen gehen neben den Schutzrechten auch die impliziten Wissensbestände (Know-how) an den Käufer über. Dem Käufer kann somit eine kompaktes Leistungsangebot übertragen werden.

Der Nachteil eines Verkaufs von Unternehmensteilen besteht maßgeblich in der Endgültigkeit des Rechtsgeschäfts. Ähnlich wie beim Technologieverkauf gehen beim Verkauf von Unternehmensteilen alle damit verbundenen Schutzrechte für technologische Fähig-

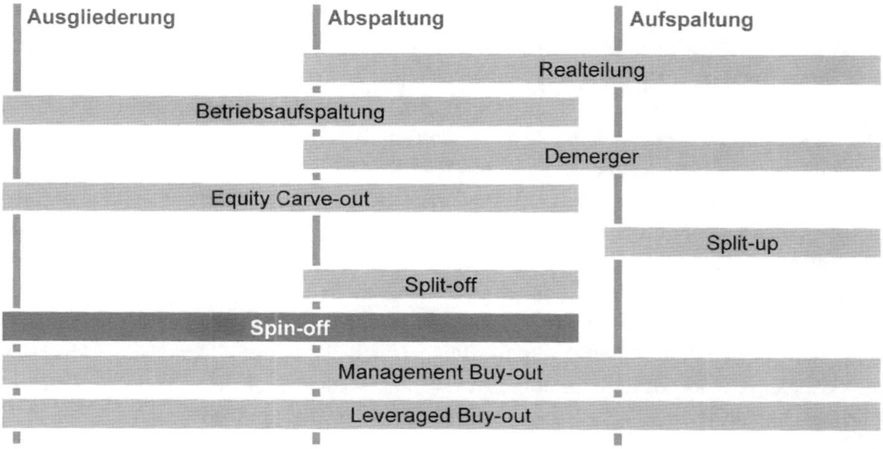

Abb. 9.9 Ausgründungstypen in Anlehnung an [54]

keiten an den Käufer über. Eine Rückabwicklung des Verkaufsprozesses ist in der Regel nicht möglich.

Eine Alternative zum Verkauf von Unternehmensteilen oder strategischen Geschäftseinheiten kann ein Spin-off sein [7].

Spin-offs Der am häufigsten synonym verwendete Begriff für Ausgründungen oder Abspaltungen ist Spin-off. Der ursprünglich aus der Physik und Biologie stammende englische Begriff Spin-off beschreibt im Wortsinn den Vorgang und das Ergebnis des Abschleuderns oder ein sich aus einer Drehbewegung ablösendes Element [54–56]. Ein Spin-off findet statt, wenn aus einem Mutterunternehmen (Inkubatorunternehmen) heraus Unternehmensteile verselbstständigt und die Anteile des neuen Unternehmens an die Anteilseigner des Inkubators verteilt werden. Abbildung 9.9 zeigt die systematische Einordnung des weit verbreiteten Begriffs Spin-off [54].

Die Finanzierung von Spin-off Projekten erfolgt in der Regel nicht durch Banken, sondern durch Beteiligungsgesellschaften, Venture Capital Firmen oder Privatinvestoren, welche Risiko- bzw. Beteiligungskapital zur Verfügung stellen und damit das unternehmerische Risiko mittragen. Beteiligungsgesellschaften werden heute vorwiegend von institutionellen Anlegern finanziert. Im Unterschied zu Banken als Kreditgeber agieren Beteiligungsgesellschaften oder Privatinvestoren als Partner bzw. Anteilseigner, deren primäres Interesse im Wertzuwachs der Beteiligung liegt. Das Mutterunternehmen, welches den Spin-off zur Verfügung stellt, ist in der Regel als aktiver Teilhaber beteiligt und liefert das nötige Know-how. Laut Gassmann erklären sich Spin-offs über die folgenden drei Eigenschaften [51]:

- Es entsteht ein Transfer technologischer Rechte, Werte oder technologischen Wissens vom ausgründenden Unternehmen zum neuen Unternehmen
- Das Spin-off übernimmt einen oder mehrere neue Mitarbeiter des ausgründenden Unternehmens
- Die Ausgründung ist ein vom Unternehmen beabsichtigter oder zumindest mitgetragener Prozess

Durch Spin-offs bietet sich die Möglichkeit, entwickelte Technologien, die nicht zur Grundorientierung des Unternehmens passen oder kein Verwertungspotenzial im eigenen Geschäftsbereich aufweisen, weiterzuverfolgen [7, 51]. Das Entwicklungs- und Verwertungsrisiko für eine Technologie kann aus dem Mutterunternehmen auf das Spin-off übertragen werden. Die Höhe der finanziellen Beteiligung des Stammhauses am Spin-off schränkt nicht nur das Risiko ein, sondern legt die Einflussnahme des Stammhauses auf die Aktivitäten des Spin-offs fest [7]. Je weniger Risiko das Mutterhaus zu übernehmen bereit ist, desto höher sollte die Fremdfinanzierung sein.

Die erfolgreiche Kommerzialisierung einer Technologie hängt zum Großteil vom passenden Geschäftsmodell ab. So können Technologien zwar strategisch ins Portfolio eines Unternehmens passen, jedoch ermöglichen die existierenden Geschäftsmodelle keine erfolgreiche Vermarktung. In einem Spin-off lassen sich neue Geschäftsmodelle realisieren, die unabhängig vom Mutterhaus aufgebaut werden können. Außerdem kann ein Spin-off sein Geschäftsmodell unabhängig von existierenden Geschäftsmodellen und Kunden kontinuierlich bewerten und neu gestalten.

Die kleinere Unternehmensform erlaubt es außerdem, die ansonsten oft bürokratischen Prozesse eines größeren Unternehmens entfallen zu lassen und flexibler auf dynamische Marktanforderungen zu reagieren. Die Agilität des neuen Unternehmens in Bezug auf die Geschäftsaktivitäten, im Vergleich zur integrierten Lösung in der Konzernmutter, steigt [57]. Mitarbeiter können sich auf wertsteigernde und innovative Tätigkeiten konzentrieren. Damit erhöht sich der Innovationsgrad und die Reaktionsfähigkeit auf immer schneller kontrahierenden Märkten. Darüber hinaus können durch die verstärkte Wissensbündelung und Fokussierung in einem separaten Unternehmen die FuE-Aufwendungen reduziert werden [57].

Die Entscheidung für die externe Technologieverwertung durch Spin-offs bringt auch Nachteile mit sich. Es müssen Anfangsinvestitionen bereit gestellt werden, um das Spin-off zu gründen. Durch das neu gegründete Unternehmen werden die Schnittstellen zur Muttergesellschaft komplexer und müssen durch geeignet Infrastrukturmaßnahmen vereinfacht werden. Darüber hinaus kann das Stammhaus nur in Höhe des Beteiligungskapitals Einfluss auf die Aktivitäten des Spin-offs nehmen. Die Ausrichtung des Spin-offs und das Risiko können damit nur begrenzt gesteuert werden. Durch die Eigendynamik steigt einerseits das Konfliktpotenzial mit der Unternehmensstrategie der Konzernmutter. Andererseits wird das Spin-off nach außen oft als Teil der Konzernmutter wahrgenommen, wodurch das Scheitern auch zum Imageverlust des Stammhauses führen kann.

Fallbeispiel eines Technologiekonzerns Ein Technologiekonzern verfolgt eine ausgeprägte Strategie der Technologieführerschaft. Aufgrund der steigenden FuE-Aufwendungen und des damit zunehmenden Drucks, die Rentabilität der Technologieinvestition zu steigern, gründete das Unternehmen eine hundertprozentige Tochter, die sich mit der externen Technologieverwertung durch Spin-offs beschäftigte. Das Tochterunternehmen hat die Aufgabe, das Verwertungspotenzial erfolgversprechender Technologien, die nicht zur Grundausrichtung des Unternehmens passen, in einem Spin-off zu bewerten und den Gründungsprozess zu begleiten. Der Wert der Unternehmenstochter liegt in den Anteilen des Spin-off Portfolios, wobei finanzielle Einnahmen durch Veräußerungserlöse generiert werden können. So untersuchte die Unternehmenstochter beispielsweise das Potenzial zur Gründung eines Spin-offs für eine batterielose Funktechnologie. Diese war ursprünglich für eine Anwendung in einem Geschäftsbereich des Unternehmens vorgesehen. Aufgrund der hohen Anfangsinvestitionen für eine neue Produktionsstätte und der starken Auslastung der Produktion bekundete die Geschäftseinheit jedoch kein Interesse an der Technologie. Anstatt die Technologie zu „schubladisieren", wurde durch das Tochterunternehmen ein Geschäftsplan für eine Spin-off-Gründung ausgearbeitet und der Geschäftsleitung vorgelegt. Die Geschäftsleitung entschied sich vor dem Hintergrund der evaluierten Chancen und Risiken für eine Spin-off-Gründung. In der Folge detaillierte die Unternehmenstochter mit den Entwicklungsingenieuren und dem designierten Geschäftsleiter den Geschäftsplan und bauten ein neues Spin-off auf.

9.3.4 Chancen der externen Technologieverwertung

Mit der externe Technologieverwertung werden sowohl primär- als auch sekundärstrategische Ziele verfolgt. Mit primärstrategisch werden dabei alle diejenigen Ziele verbunden, die zur Stärkung der strategischen Erfolgsposition eines Unternehmens dienen [1, 7]. Die Vergrößerung des finanziellen Handlungsspielraums eines Unternehmens durch die externe Verwertung einer Technologie wird als sekundärstrategische Zielgröße verstanden. Das Streben nach technologischen Erfolgspositionen tritt damit hinter das umfassende finanzielle Abschöpfen der vorhandenen Technologiebasis zurück [7]. Insgesamt können folgende Motive der externen Technologieverwertung verfolgt werden:

Industriestandards etablieren Im Allgemeinen unterstützt eine breite Verwertung einer Technologie die erfolgreiche Kommerzialisierung [58]. Grund dafür sind unter anderem positive Feedbackeffekte, da der Erfolg technologischer Produkte nicht ausschließlich von deren Leistungsfähigkeit abhängt. Solange sie sich nicht an existierenden Standards orientieren, haben selbst sehr leistungsfähige Technologien wenig Potenzial am Markt. Technologien, die losgelöst von existierenden Standards entwickelt wurden, weisen eventuell unzureichend Schnittstellen zu Komplementärtechnologien auf. Für eine erfolgreiche Vermarktung ist es deshalb sinnvoll, den Aufbau einer Technologielandschaft, die diese neuen Technologien unterstützt, zu fördern. Die Bereitstellung von Komplementärtechnologien kann zum Beispiel durch eine Verwertung in Form von Kooperationen schon in frühen Entwicklungsphasen realisiert werden. Gerade bei neuen Technologien ist ein gewisser Grad an externer Technologieverwertung sogar Voraussetzung für eine erfolgreiche Kommerzialisierung der eigenen Produkte [59]. Eventuell kann dies auch bedeuten, dass Technologien anfänglich unter Wert zur Verfügung gestellt werden müssen, um eine schnelle Verbreitung zu fördern. Das Ziel der externen Verwertung ist es in diesem Fall, nicht direkten Umsatz zu generieren, sondern durch die Anregung zu Komplementärtechnologien die Kommerzialisierung eigener Produkte am Markt erst zu ermöglichen.

Unternehmen können die eigene Technologie auch Konkurrenten zur Nutzung übertragen, um dadurch einen Industriestandard zu etablieren [7]. Unterschiedliche Technologien sind häufig nicht zueinander kompatibel. Unternehmen, die für die Verbreitung der Technologien sorgen, setzen damit den Standard für alle anderen im Markt. Indem Unternehmen Technologien extern verwerten und Dritten (auch kostenlos) zur Nutzung übertragen, kann die Technologie in möglichst vielen Produkten zum Einsatz kommen [4]. Zeit- und Leistungsnachteile können damit überkompensiert werden [60].

Basieren Industriestandards teilweise auf den eigenen Technologien, ist eine hervorragende Voraussetzung für eine langfristige technologische Führerschaft geschaffen. Der eigene Kompetenzvorsprung hilft die Weiterentwicklung der Technologie überdurchschnittlich schnell voranzutreiben. Außerdem basieren Folgeinnovationen auf dem gleichen Prinzip und es entwickelt sich eine sogenannte „path dependency" [61]. Diese „path dependency" hilft die erfolgreiche Vermarktung konkurrierender, potenziell leistungsfähigerer Technologien zu unterbinden, indem diese gezwungen werden, sich gegenüber einem gesamten Innovationssystem anstatt einer einzelnen Technologie zu behaupten. Potenzielle Kunden von Konkurrenztechnologien werden somit mit hohen Wechselkosten konfrontiert. Der Effekt wird in der S-Kurve mit dem Lock-in und Lock-out Effekt von Eversheim und Schuh verdeutlicht [62].

Fallbeispiel aus der Elektronikindustrie 1980 wurde das VHS (Video Home System) zu einem allgemein anerkannten Standard und setzte sich damit gegen die teilweise leistungsfähigeren Technologien Betamax und Video 2000 durch, obwohl beide Technologien früher auf dem Markt verfügbar waren. Die aggressive Lizenzierungsstrategie des international agierenden Unterhaltungselektronikherstellers machte dies möglich. Das Elektronikunternehmen stellte die Lizenzen an der (von der Konkurrenz gekauften) Technologie kostenlos allen interessierten Herstellern zur Verfügung und bot gleichzeitig die Lieferung fertiger komplexer Bauteile aus der eigenen Produktion an. Durch den kostenlosen Zugang zur VHS-Technologie gab es viele Unternehmen, die diese Technologie übernahmen. In der Folge konnten schnell hohe Produktionskapazitäten aufgebaut und ein breiter Marktzugang vollzogen werden. In den Warenhäusern waren daher überwiegend auf VHS basierende Geräte verfügbar, wobei die Konkurrenztechnologien kaum vertreten waren. Durch die offene Lizenzierungspolitik etablierte das Unternehmen einen weltweiten Industriestandard mit einer leistungsschwächeren Folgetechnologie und errichtete damit die Grundlage für den Absatz der eigenen Produkte.

Kommerzialisierung unterstützen Liquiditäts-, Personal-, oder Produktionsengpässe können Gründe dafür sein, warum sich Technologien nicht im Alleingang vermarkten lassen [7, 63]. Eine Verwertung in Form von Joint-Ventures, Allianzen oder auch Lizenzierung kann helfen die eigenen Schwächen mit den Stärken von Partnern auszugleichen. Verfügt ein Unternehmen über potenzialträchtige Technologien ohne Aussicht auf erfolgreiche Vermarktung, ist es zum Beispiel möglich die Technologie mit Hilfe eines starken ergänzenden Partners auf den Markt zu bringen. Dies kann der Fall sein, wenn für die Vermarktung in einer geographisch entfernten Region ein lokales Vertriebs- und Servicenetz benötigt wird. Rechnet sich für diese Technologie der Aufbau einer lokalen Vertriebsstruktur nicht, so kann mittels einer Technologielizenzierung ein lokaler Kooperationspartner eine auf lokale Bedingungen angepasste Produktgestaltung, Produktion und Vermarktung übernehmen [47].

Fallbeispiel aus der Elektronikindustrie Ein Unternehmen der Unterhaltungselektronik hat den Durchbruch bei den Flachbildschirmen erreicht. Für die Umsetzung der Technologie in ein marktreifes Produkt fehlten dem kleinen Unternehmen jedoch die Ressourcen. Ein Joint-Venture mit verschiedenen Elektronikkonzernen ermöglichte es dem kleinen Elektronikunternehmen die innovative Technologie in marktfähige Produkte umzusetzen und gleichzeitig Zugang zu kostengünstigen Komplementärtechnologien zu erlangen. Das Zurückhalten der Technologie hätte wahrscheinlich dazu geführt, dass Konkurrenten eigene Innovationen um die neue Technologie platziert hätten [7]. Durch die externe Technologieverwertung konnte somit ein Gewinn aus der scheinbar schwächeren Marktposition heraus erreicht werden [63].

Schaffung einer vorteilhaften Branchenstruktur und Eintrittsbarrieren Werden in einer strategischen Allianz gemeinschaftlich Technologien ausgetauscht, kann dies zu einer vorteilhaften Branchenstruktur führen [64]. Die Gruppe ist in der Lage, schnell ein hohes technologisches Leistungsniveau zu erreichen und kann dadurch Monopolisierungspotenziale besser nutzen [6].

Ein hohes technologisches Leistungsniveau kann für potenziell neue Marktteilnehmer zu einem scheinbar unüberwindbaren Risiko werden. Bilden mehrere Unternehmen eine strategische Allianz, in der aktiv gegenseitig Technologien ausgetauscht werden, kann der Markt für neue Wettbewerber aufgrund des gestiegenen technologischen Niveaus sehr unattraktiv werden [1, 7].

Überwindung von Diffusionswiderständen Bedeutet die eigene Technologie für den Markt einen Paradigmenwechsel, ist deren Anschaffung für den Kunden mit zusätzlichen Kosten verbunden. Diese zusätzlichen Kosten entstehen zum Beispiel durch damit verbundene technologiespezifische Aufwände, wie zum Beispiel Know-how Aufbau oder Anschaffung neuer Komplementärtechnologien. Je spezifischer diese Aufwände sind, desto irreversibler werden sie. Ein höherer Anteil der irreversiblen Kosten bedeutet jedoch für den Käufer auch ein höheres Risiko. Kunden, die eine neue Technologie einsetzen, achten daher beim Kauf von Produkten darauf, dass sich diese im Notfall durch eine andere ersetzen lässt. Deshalb vertrauen Kunden einer Technologie eher dann, wenn diese von mindestens zwei Lieferanten am Markt angeboten wird. Kunden kann dieses Sicherheitsgefühl vermittelt werden, indem die Technologie auch durch Konkurrenten und Hersteller von Komplementärprodukten angeboten wird [4, 7, 8].

Erschließung von Auslandsmärkten Die Erschließung neuer geographischer Märkte ist mit hohen Kosten verbunden [65]. Die externe Technologieverwertung in neue Absatzmärkte stellt aufgrund der vergleichsweise geringen Investitionskosten für das Auslandsengagement eine kostengünstigere Alternative dar [4, 47, 66]. Grundgedanke ist dabei, dass ein Unternehmen, welches eine erfolgreiche Kommerzialisierung in einem angestammten Heimatmarkt vollzieht, einem oder mehreren Unternehmen in einem neuen Markt die Technologien zur Nutzung überträgt. Die zur Nutzung berechtigten Untenehmen im neuen Markt können dann ihrerseits die Produkte vermarkten. Durch die überlegene Marktkenntnis der ansässigen Unternehmen können Produkte durch externe Technologieverwertung schneller etabliert werden als mit anderen Markteintrittsstrategien. Insbesondere für ressourcenschwächere klein- und mittelständige Unternehmen stellt die externe Technologieverwertung eine wirtschaftlich attraktive Option zur Markterschließung dar [1, 7, 47].

Beschaffungssynergien Entschädigen sich Unternehmen anstatt durch einen finanziellen Ausgleich durch den gegenseitigen Zugang zu technologischem Know-how, können durch die externe Technologieverwertung die Beschaffungskosten für Technologien verringert werden [7, 63]. Die beteiligten Unternehmen haben somit gegenseitig Zugriff auf Technologien zur Herstellung der eigenen Produkte. Auch damit können gegenüber Wettbewerbern Markteintrittbarrieren aufgebaut werden.

9

Amortisation der FuE-Kosten Die Entwicklung neuer Technologien benötigt immer häufiger hohe Investitionen in Forschung und Entwicklung. Je höher diese anfänglichen Investitionen sind, desto höher sind die Erwartungen an Umsatz und Gewinn der daraus entstehenden Technologien [4, 23]. Das eigene Produktportfolio generiert oft nicht die benötigten Umsätze um größere Forschungsprojekte zu finanzieren. Aufgrund der Alterung von Technologien spielt gerade im Markt für technologische Produkte auch Zeit eine große Rolle. Da technologischer Vorsprung monopolistische Renten ermöglichen kann, gilt es, diese in kürzester Zeit auszunutzen. Eine externe Verwertung in allen Phasen der technologischen Reife kann das Unternehmen sowohl beim Erreichen des benötigten Umsatzes, wie auch bei der gleichzeitigen Vermarktung in mehreren Märkten unterstützen. Kapitalintensivere Technologieentwicklungen werden somit erst ermöglicht [1, 4, 6, 23, 28].

Intellectual Property managen Ein Technologieschutz durch Patente ist beschränkt. Gründe für einen limitierten Patentschutz können legislativer (limitierte Patentierbarkeit), exekutiver (unzureichende Kontrollmöglichkeiten) oder judikativer (ungenügende Verfolgung bei identifizierter Patentverletzung) Natur sein. Wenn eine Patentverletzung erwartet, jedoch nicht verhindert werden kann, bietet eine externe Verwertung der Technologie die Möglichkeit den Schaden einzugrenzen. Durch eine frühzeitige Lizenzierung der Technologie an den potenziellen Kopierer ist es möglich, wenigstens zu geringen Teilen am Umsatz des Konkurrenten teilzuhaben. Zwar wird der finanzielle Schaden nicht verhindert, jedoch wird der Schaden reduziert und der Know-how Aufbau beim Kopierer sowie das daraus resultierende Wachstum starker Konkurrenz verzögert

Ist ein Unternehmen im Besitz von Patenten oder technologischem Know-how welches eine Monopolstellung am Markt gewährleistet, so kann dies in kartellrechtlichen Strafzahlungen enden. Gibt das Unternehmen seinen Wettbewerbern durch eine externe Verwertung Zugriff auf diese Schlüsseltechnologien, kann es nicht nur seine Technologie langfristig als Standard positionieren, sondern auch einer kartellrechtlichen Verfolgung vorbeugen [24, 67].

Fallbeispiel aus der Pharmaindustrie Ein Beispiel aus der Pharmaindustrie ist die Lizenzierung eines Impfstoffes eines großen Pharmakonzerns. Vor dem Hintergrund drohender Terroranschläge veranlasste die US-Regierung eine ausreichende Bevorratung von Impfstoffen gegen Milzbranderreger. Der von dem Unternehmen geforderte Preis erschien der US-Regierung allerdings zu hoch. Die US-Regierung drohte dem Konzern mit Strafzahlungen aufgrund der Monopolstellung. Schließlich gab der Konzern nach und machte den Impfstoff anderen Unternehmen durch Lizenzen zugänglich. Somit konnten durch die externe Technologieverwertung in Form von Lizenzen, hohe Strafzahlungen verhindert werden.

Vermarktungs- und Markteröffnungskosten teilen Indem anderen Partnern Zugang zur eigenen Technologie verschafft wird, können Risiken zur Vermarktung und Kosten zur Markteröffnung geteilt oder beispielsweise im Rahmen der gemeinschaftlichen Verwertung auf ein Joint-Venture begrenzt werden [6]. FuE-Kooperationen und strategische Allianzen zur Verwertung von technologischem Wissen gewinnen insbesondere vor dem Hintergrund der Verflechtung der globalen Märkte immer mehr an Bedeutung [32].

Verwertung von strategisch irrelevantem Know-how Wird in einem Unternehmen eine Technologie identifiziert, die jedoch keine Anwendung in den Kernaktivitäten des Unternehmens findet, bleibt die Option der externen Technologieverwertung [6, 24]. Gerade für Technologien, die aufgrund von Substitutionstechnologien im eigenen Unternehmen keine Anwendung mehr finden, ist die Übertragung der Technologie an ein anderes Unternehmen oder in einen anderen Markt mit niedrigerem Leistungsniveau wirtschaftlich sinnvoll [6, 7]. Das Technologiepotenzial kann somit stärker ausgeschöpft und die Rendite der Technologieinvestition erhöht werden.

Lerneffekte erzielen Technologien in frühen Phasen erreichen meist noch nicht die notwendige Leistungsfähigkeit, um in den angestammten Geschäftsfeldern und etablierten Produkten eingesetzt zu werden. Eine Übertragung dieser Technologien in Produkte mit geringeren Anforderungen, kann dazu beitragen, mehr Erfahrungen über die jungen Technologien in der industriellen Praxis aufzubauen. Dadurch kann das Unternehmen wertvolle Lerneffekte sammeln, die zur weiterführenden Industrialisierung der Technologien im Kerngeschäft genutzt werden können.

Bei der Anwendung der eigenen Technologie in fremden Märkten werden zusätzliche Lerneffekte erwartet, die im Idealfall in Prozessverbesserungen und technologischen Verbesserungen resultieren. In der Entwicklung entstehen Lerneffekte durch Verbesserungsvorschläge von Technologienutzern aus verschiedensten Anwendungsfeldern. Notwendige Verbesserungen der Technologie können schneller identifiziert und umgesetzt werden.

9.3.5 Risiken der externen Technologieverwertung

Die Vorteile einer externen Technologieverwertung dürfen nicht über die Risiken hinwegtäuschen. Durch die Übertragung von technologischen Fähigkeiten auf andere Unternehmen entstehen ebenfalls Gefahren, die bei einer Entscheidung für die externe Verwertung berücksichtigt werden müssen [4, 7, 29]. Die mit einer externen Verwertung verbundenen Risiken sind sehr fallspezifisch [6]. Sie hängen von der Stellung der zu verwertenden Technologie im Unternehmen sowie der ausgewählten Verwertungsart ab.

Fallbeispiel eines Mischkonzerns Das Gegenüberstellen von Chancen und Risiken ist ein wesentlicher Bestandteil bei der Auswahl der Art und Weise der externen Technologieverwertung (Lizenzierung, Kooperation, Verkauf, etc) [6].

Ein weltweiter Mischkonzern hat daher schon im Jahr 1968 eine Technologiemarketingabteilung aufgebaut, die sich mit der Vermarktung von Technologien beschäftigt, die nicht im Fokus der Geschäftsaktivitäten des Unternehmens stehen (sog. Abfalltechnologien). Die heterogene Besetzung der Abteilung durch technologisch vorgebildete Mitarbeiter mit Erfahrungen im Bereich der Unternehmensplanung, des Vertriebs, der Produktplanung, der Marktforschung und des Patentmanagements, garantieren die Basis einer fachübergreifenden Sichtweise für Anwendungsmöglichkeiten. Die Mitarbeiter der Abteilung durchlaufen dabei einen systematischen Entscheidungsprozess. Zunächst werden die Einsatzmöglichkeiten in den global verteilten „Business Units" und „Business Areas" geprüft. Anschließend werden unterschiedliche Einsatzmöglichkeiten, außerhalb des Unternehmens, den entsprechenden Verwertungsoptionen gegenübergestellt und durch die spezifischen Chancen und Risiken beschrieben. Auf Basis dieser Entscheidungsvorlage wählt der Mischkonzern eine Verwertungsoption aus [24].

Die im Folgenden aufgeführten Aspekte geben einen Überblick über verschiedenste Arten von Risiken, die bei der Wahl der Verwertungsoption berücksichtigt werden sollten:

Verlust von Wettbewerbsvorteilen Durch die externe Verwertung von Technologien kann es zum Verlust von Wettbewerbsvorteilen kommen [5]. Werden einem anderen Unternehmen die Rechte zur Nutzung der Technologie aus wirtschaftlichen (sekundärstrategischen) Gründen übertragen, kann das langfristige Differenzierungspotenzial einer Technologie durch die kurzfristige Bestrebung des finanziellen Mittelrückflusses bedroht werden [7]. Ist die Verwertung primärstrategisch motiviert, so können die kurzfristig erreichten Gewinne daher zu einem langfristigen Einbruch der Gewinne führen [63]. Vor allem, wenn eine Technologie dem Unternehmen eine kaum einzuholende Monopolposition verleiht, ist der Verlust im Falle des unkontrollierten Wissenstransfers besonders hoch [68]. Wird die Verwertung als Fehler erkannt oder hat sich die Situation geändert und die strategische Relevanz der Technologie steigt, so kann die Entscheidung kaum noch zurückgenommen werden, denn das Wissen wurde bereits transferiert.

Aufbau von Konkurrenz Eine weitere Gefahr entsteht durch die intransparenten und stark verflochtenen Märkte. Eine vollständige Abschätzung aller Marktteilnehmer und Marktentwicklungen kann nur schwer sichergestellt werden. Externen Unternehmen eigene Technologien zur Verfügung zu stellen, bedeutet eventuell auch, zukünftige Konkurrenten aufzubauen. Welche Unternehmen das Potenzial haben sich als Konkurrenten zu entwickeln, ist dabei nicht immer zu erkennen. Die Weitergabe der Technologie an Unternehmen, die scheinbar keine Konkurrenten darstellen, kann dazu führen, dass diese Unternehmen auf der Basis der Technologie den Einstieg in das eigene strategische Geschäftsfeld finden und damit zu Konkurrenten werden.

Entscheidet sich ein Unternehmen für die externe Verwertung einer Technologie, um beispielsweise in einem fremden geographischen Markt die Technologie zu etablieren, kann die Technologie plötzlich auf den eigenen Markt zurückdrängen und (in Form von Produkten) in Konkurrenz zum eigenen Angebot stehen [7, 66].

Bindung von Managementkapazitäten Der notwendige Managementaufwand zur Identifikation und Auswahl von Partnern sowie zur Umsetzung und Kontrolle des eigentlichen Transfers ist für viele Unternehmen zu hoch, um eine Verwertung zu rechtfertigen [69]. Um externe Technologieverwertung effektiv durchzuführen, ist eine gewisse Unternehmensgröße mit dem entsprechenden Technologieportfolio hilfreich. Die wiederholte externe Verwertung erlaubt es, Standardprozesse einzuführen und die notwendigen Kompetenzen aufzubauen. Ist dies nicht möglich, so besteht die Gefahr, dass die erwarteten Vorteile durch den internen Zeitaufwand und eventuelle Kosten, die durch externe Unterstützung zu Stande kommen, kompensiert werden. Dazu kommt, dass der Erfolg der Verwertung größtenteils vom Verhandlungsgeschick des Verwerters abhängt. Kleinere Unternehmen haben jedoch weit weniger Hebel [58].

9.3.6 Entscheidungsrelevante Einflussfaktoren der externen Technologieverwertung

Die Chancen und Risiken der externen Technologieverwertung haben gezeigt, dass die Entscheidung für eine Form der externen Technologieverwertung von vielen strategischen Wirkzusammenhängen abhängt [4]. Die Übertragung einer Technologie an Dritte darf dabei die eigenen Unternehmensinteressen niemals gefährden [7]. Nur wenige Merkmale der Entscheidung für eine externe Technologieverwertung sind von vornherein offensichtlich [6]. Ebenso ist das Erfolgspotenzial für die externe Technologieverwertung nicht für jede Technologie gleich [4]. Es hängt vielmehr von vielschichtigen Einflussfaktoren ab, ob die externe Technologieverwertung wirtschaftlich erfolgreich ist. Die wesentlichen Interpendenzen der externen Technologieverwertung bestehen zur technologischen Leistungsfähigkeit, der Technologiequelle, dem Innovationstiming und dem Technologiereifegrad [1, 6, 7]. Im Folgenden werden nun die wesentlichen Abhängigkeiten im Kontext der externen Technologieverwertung dargestellt (Abb. 9.10).

Interpendenzen zur technologischen Leistungsfähigkeit Einem Unternehmen stehen sowohl für Hochleistungs- als auch für Normalleistungstechnologien alle drei Verwertungsformen der externen Technologieverwertung zur Verfügung [1, 6]. Eine umfassende Abschöpfung des technologischen Leistungspotenzials einer Technologie kann vor allem dann erreicht werden, wenn mehrere Formen der externen und internen Technologieverwertung gleichzeitig oder nacheinander genutzt werden.

Aufgrund des hohen Differenzierungspotenzials einer Hochleistungstechnologie (technologische Führung) steht der interne Einsatz der Technologien in den Produkten des Unternehmens im Vordergrund [1]. Allerdings hängt dies maßgeblich von den zur Verfügung stehenden Ressourcen ab. Kann ein interner Einsatz nicht alleine finanziert werden,

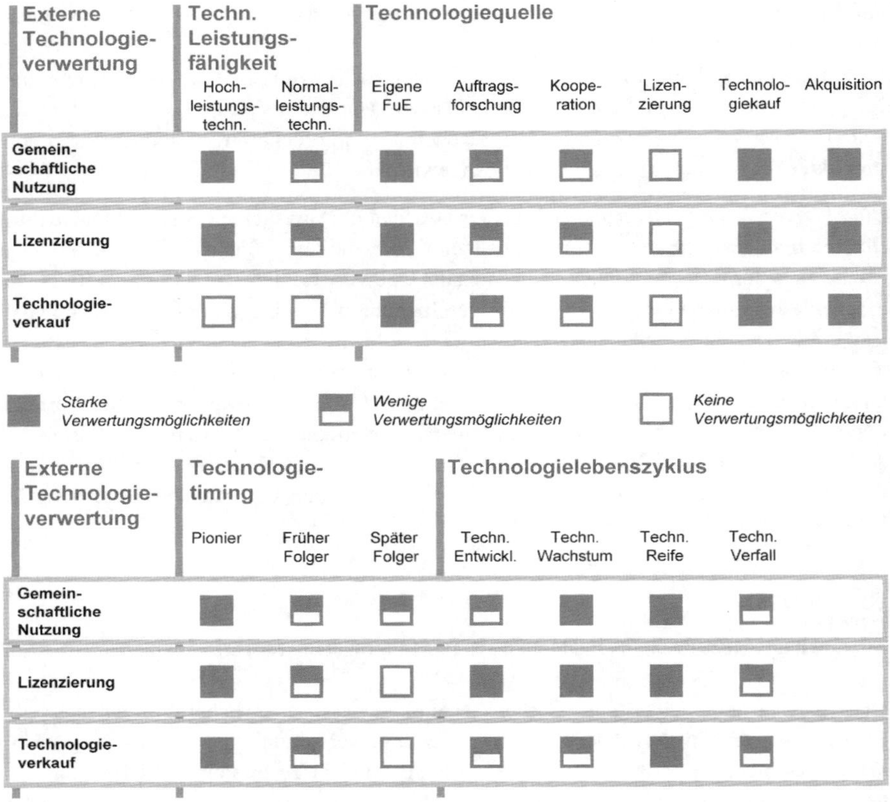

Abb. 9.10 Zusammenfassung der entscheidungsrelevanten Einflussfaktoren der externen Technologieverwertung

bietet sich zunächst die parallele Lizenzierung der Technologie an Unternehmen an, die Märkte fernab des eigenen geographischen Interessensgebiets oder eines anderen Wirtschaftszweigs bedienen. Die Amortisation des hohen Entwicklungsaufwands für Hochleistungstechnologien wird damit erst möglich. Ferner kann eine Lizenzierungsstrategie für eine Hochleistungstechnologie verfolgt werden, um technologische Standards in einem Markt zu etablieren, was in der Folge zu einer verbesserten Branchenstruktur für das eigene Unternehmen führt [1, 6].

Eine weitere Möglichkeit, um mit geringem Ressourcenaufwand eine Hochleistungstechnologie zu entwickeln und zu verwerten, ist die gemeinschaftliche Verwertung. Das Zusammenwirken unterschiedlicher Kompetenzen bildet die ideale Basis für die gemeinsame Entwicklung, aber auch für die Verwertung der Technologien in den unterschiedlichen Produkten und Märkten der kooperierenden Unternehmen. Häufig sind FuE-Kooperationen und Joint-Ventures gerade dadurch motiviert.

Der Verkauf einer Hochleistungstechnologie sollte nur in Betracht gezogen werden, wenn aktuell und zukünftig keine anderen Verwertungsmöglichkeiten mehr abzusehen sind und schnell FuE-Aufwendungen amortisiert werden müssen. Das Spin-off stellt eine abgeschwächte Form des Technologieverkaufs dar, bei der das Inkubatorunternehmen durch die finanzielle Beteiligung weiterhin Zugriff auf die Technologie hat und gleichzeitig einen finanziellen Rückfluss generiert. Bei erfolgreicher Etablierung des Spin-offs kann das Inkubatorunternehmen immer wieder einen Rückkauf der Ausgründung erwägen. Das Spin-off als Ausgestaltungsform des Technologieverkaufs kann damit auch für Hochleistungstechnologien interessant sein.

Bei Normalleistungstechnologien (technologische Präsenz) handelt es sich meist um Basistechnologien, die kein hohes Differenzierungspotenzial besitzen. Für die Lizenzierung einer Normalleistungstechnologie sind schwer interessierte Unternehmen zu finden, da die Technologie als Stand der Technik wahrgenommen wird und keine entscheidenden Wettbewerbsvorteile bietet [1]. Dennoch kann die Lizenzierung in andere Branchen und geographische Märkte, die ein niedrigeres technologisches Leistungsniveau besitzen, sinnvoll sein.

Interpendenzen zur Technologiequelle Es besteht eine hohe Abhängigkeit zwischen der Technologiequelle und den unterschiedlichen Formen der Technologieverwertung. Die gewählte Technologiequelle schränkt die verfügbaren Verwertungsalternativen erheblich ein. So ist der Verkauf einer lizenzierten Technologie von vornherein ausgeschlossen. Selbst die Nutzung in eigenen Produkten ist meist vom Lizenzgeber eingeschränkt. Die Weiterlizenzierung und die gemeinschaftliche Nutzung von lizenzierten Technologien ist nur unter Zustimmung des Nutzungsrechteinhabers möglich, der seinerseits jederzeit Anspruch auf Kompensationsleistungen hat.

Es bestehen keine Einschränkungen hinsichtlich der internen und externen Verwertungsoptionen für Technologien, die aus der eigenen FuE hervorgebracht wurden oder deren Eigentumsrechte durch einen Technologiekauf oder eine Unternehmensakquisition vollständig erworben wurden.

Technologien, die im Rahmen eines Dienstleistungsverhältnisses in Auftrag gegeben wurden, können nicht in jedem Fall ohne Einschränkung durch das beauftragte Unternehmen weiterverwertet werden. Selbst bei Technologien, die exklusiv durch ein Unternehmen beauftragt wurden, hat das Forschungsinstitut ein gewisses Mitspracherecht in Bezug auf die Nutzung des technologischen Know-hows. Das Zustandekommen einer Verwertungsform hängt dabei von der Ausgestaltung des Dienstleistungsvertrags ab. Grundsätzlich gilt jedoch, dass die Durchführbarkeit aller Verwertungsformen vom Einverständnis aller an der Generierung des technologischen Know-hows Beteiligten abhängt [1, 6, 7].

Die Verwertung gemeinschaftlich entwickelter technologischer Fähigkeiten unterliegt ebenfalls der Zustimmung der an der Technologieentwicklung beteiligten Partner. Dies sollte schon vor dem Zustandekommen einer Kooperation durch entsprechende Kooperationsverträge geregelt werden. Der Verkauf der gemeinsam entwickelten Technologie kann unter wirtschaftlichen Zielgrößen für beide Unternehmen sinnvoll sein. Dies ist dann der Fall, wenn die Unternehmen mehrere Forschungseinrichtungen darstellen, die gemeinsam eine Technologie entwickelt haben. Für kooperierende Industrieunternehmen scheidet der Technologieverkauf in aller Regel aus, wobei die Lizenzierung anderer Unternehmen durchaus möglich ist.

Ein weiterer wesentlicher Zusammenhang ergibt sich durch die Cross-Licensing-Strategie. Wird von einem Unternehmen die Nutzung von externen Technologien bevorzugt, dann kann es sinnvoll sein, ein starkes eigenes Technologie-Portfolio aufzubauen, um eine angemessene Kompensationsleistung im Rahmen der Cross-Licensing-Strategie zur Verfügung zu stellen. Dem Technologielieferant kann somit im Gegenzug für die Nutzungsrechte seiner Technologien, eine Technologien aus dem eigenen Technologie-Portfolio angeboten werden. Dieses Vorgehen kann zu erheblichen Kosteneinsparungen für das Unternehmen führen [1].

Interpendenzen zum Technologietiming Pionierunternehmen stehen aufgrund ihres zeitlichen Vorsprungs alle Verwertungsmöglichkeiten zur Verfügung, die parallel oder sequenziell genutzt werden können [1, 6, 7]. Neben der Nutzung im eigenen Unternehmen steht hier vor allem die Lizenzierung im Mittelpunkt, deren Grundvoraussetzung ein frühes Innovationstiming zur Erlangung von attraktiven Schutzrechten ist.

Frühe Folger haben bereits große Schwierigkeiten bei der Erlangung eigener Schutzrechte, da Pionierunternehmen die wichtigen technologischen Fähigkeiten bereits rechtlich geschützt haben. Dem frühen Folger fehlt somit die Grundlage für die Vergabe von Lizenzen. Durch eine aggressive Lizenzvergabepolitik für die von ihnen modifizierten Technikstrukturen kann der frühe Folger dem Pionier Konkurrenz machen und versuchen, einen Standard in der Branche zu etablieren. Das Fallbeispiel von VHS hat gezeigt (s. Kap. 9.3.4 S. 264), dass eine Folgetechnologie mit geringerer Leistungsfähigkeit im Vergleich zu Wettbewerbsprodukten durchaus erfolgreich sein kann. Späte Folger sind aufgrund der belegten Schutzrechte in ihren Verwertungsmöglichkeiten stark eingeschränkt.

Eine ausschließliche interne Verwertung ist für eine Pionierstrategie sinnvoll, wenn eine ausreichend lange Monopolstellung erreicht und eine umfassende Marktbearbeitung durch das eigene Unternehmen garantiert werden kann. Sind diese Voraussetzungen nicht erfüllt, sollte nach Wolfrum über eine alternative Verwertungsform nachgedacht werden [6].

Die gemeinschaftliche Nutzung einer entwickelten Technologie kommt unter Berücksichtigung der vereinbarten Zielsetzung der Kooperation sowohl für Pionier- als auch für Folgestrategien in Frage.

Zusammenfassend können die Pionierunternehmen einen deutlichen Verwertungsvorteil gegenüber den Folgeunternehmen erreichen. Dies ist insbesondere auf die Erlangung von Schutzrechten zurückzuführen. Den Pionierunternehmen bieten sich die besten Chancen, die entwickelten Technologien umfassend abzuschöpfen [1, 7].

Interpendenzen zum Technologielebenszyklus Der Technologielebenszyklus beschreibt die Generierung von technologischem Wissen und die Diffusion bzw. Penetration einer Technologie gegenüber potenziellen Technologieabnehmern. Im Folgenden soll geklärt werden, welchen Einfluss der Technologielebenszyklus auf die Formen der externen Technologieverwertung hat.

Technologieentwicklung In der Phase der Technologientwicklung wird die Abwägung durch die generelle Unwissenheit über die Fähigkeiten der Technologie erschwert [8, 24]. Eine Verwertung in dieser Phase bringt daher ein Reihe von besonderen Problemen mit sich. Anwendungsarten und -volumina können nicht eindeutig definiert werden. Einschätzungen der benötigten Investitionshöhe zur Entwicklung und Erprobung anwendungsreifer Lösungen sind ungenau [7]. Technologisches Wissen ist noch nicht geschützt und eine eventuelle Weiterentwicklung der Technologie durch externe Partner ist nicht zu unterbinden. Das wahre Marktpotenzial der Technologie wird falsch eingeschätzt, da die mit der Technologie vertrauten Mitarbeiter weniger marktorientiert sind. Geringeres technisches Verständnis sowie die Herausforderung, Technologien und nicht Produkte zu vermarkteten schränken die Effektivität des klassischen Marketings ein. Es bietet sich gerade während dieser Phase eine externe Verwertung mittels FuE-Kooperationen oder Joint-Ventures an. Diese Verwertungsmöglichkeiten reduzieren eigene Investitionskosten und bieten die Möglichkeit des gegenseitigen Know-how Austauschs. Fehlen dem Unternehmen die notwendigen FuE-Kapazitäten bzw. -fähigkeiten zur Weiterentwicklung der Technologie oder ist das Ausmaß der Investitionen im Vergleich zum erzielbaren Return-on-Invest zu groß, ist die Lizenzvergabe eine sinnvolle Alternative zur Weiterentwicklung [8]. Allerdings schränkt sich der Kreis potenzieller Abnehmer, die bereit und fähig sind, das wirtschaftliche Risiko für eine Entwicklung der Technologie zu übernehmen, deutlich ein.

Wird die Technologie erprobt, ist die technologische Leitungsfähigkeit zumindest auf Seiten des Entwicklers klargestellt. Da sich Erprobung meist auf bestimmte Leistungsmerkmale bezieht, stehen auch die Anwendungsgebiete schon fest. Das genaue Marktpotenzial der Technologie ist jedoch auch in dieser Phase noch nicht festzustellen. Des Weiteren lässt sich noch keine erfolgreiche Kommerzialisierung in Produkten als Argument für die Technologie heranziehen. Gegenüber der ersten Phase sind bei der Erprobung jedoch mehrere Vorteile aufzuweisen. Eine geplante Anwendung der Technologie ist definiert. Nutzen der Technologie kann in Form von Prototypen bzw. einer Pilotanlage demonstriert werden. Die Technologie ist wahrscheinlich hinreichend geschützt und es besteht ausreichend Vorsprung gegenüber Nachfolgern. Die Technologie kann demnach für die gemeinschaftliche Nutzung oder die Lizenzierung in Frage kommen.

Technologiewachstum Das größte Nachfragewachstum findet beim Eintritt in die Wachstumsphase statt. Die Technologie ist neu und besitzt gegenüber älteren Technologien eine höhere Leistungsfähigkeit [8]. Konkurrenztechnologien stehen noch nicht zur Verfügung. Hinzu kommt, dass die Technologie am Anfang ihres Lebenszyklus steht und somit noch Verbesserungspotenzial aufweist. Diese Mischung aus niedrigem Risiko sowie direkt verfügbarem und zukünftig steigerungsfähigem Nutzen bedeutet auf der einen Seite, dass potenzielle Kunden ein hohes Verlangen nach der Technologie haben. Dieser hohe Wert der Technologie für potenzielle Kunden stellt auf der anderen Seite jedoch ein Risiko für das eigene Unternehmen dar. Während dieser Phase werden mittels interner Verwertung auch die eigenen Gewinne maximiert. Es gilt daher das Risiko einer externen Verwertung gut abzuschätzen. Das bedeutet, Verwertungsbranchen und Kunden müssen besonders gut ausgewählt und auch nach Vertragsabschluss beobachtet werden.

Technologiereife Ist die Technologie in einem reifen Stadium, gibt es wenig Einwände gegen eine externe Verwertung. Die eigenen Entwicklungskosten sind amortisiert, es existieren bereits Konkurrenztechnologien auf dem Markt und Entwicklungsaufwendungen konzentrieren sich hauptsächlich auf Kostenreduzierung durch Optimierungen des Herstellungsprozesses. Auf der anderen Seite gibt es auch weniger potenzielle Kunden. Durch die weite Verbreitung des technologischen Know-hows verliert eigenes Wissen an Wert. Das Verbesserungspotenzial der Technologie und die verbleibende Lebenszeit der Technologie sind gering, Investitionen in die Technologie rechnen sich aus Kundensicht nicht.

Technologieverfall Verdrängte Technologien eignen sich nur bedingt, um sie extern zu verwerten. Der Kundenkreis ist aufgrund der geringen Wettbewerbsrelevanz sehr eingeschränkt. Die Nachfrage ist oft in weiten Bereichen befriedigt und es gibt nur noch wenige Märkte, auf denen die Technologie noch nicht vermarktet wurde. Die Lizenzierung oder der Verkauf von Technologien wird in dieser Phase kaum mehr in Betracht gezogen, da meist auch keine Schutzrechte mehr bestehen. Dennoch eignet sich die Lizenzierung und der Verkauf von verdrängten Technologien in Märkte mit niedrigem technologischem Leistungsniveau [8]. Es besteht in dieser Phase nur ein sehr geringes Risiko, dass die zur Nutzung übertragene oder verkaufte Technologie in Konkurrenz zu dem eigenen Leistungsangebot steht, da die Technologie nur geringes Differenzierungspotenzial besitzt.

9.4 Technologiemarketing

Aus Gründen der steigenden Konkurrenzintensität und einer damit einhergehenden differenzierten Marktbearbeitung in engen Marktsegmenten bleibt vielen Unternehmen als einzige Möglichkeit zur Wettbewerbsdifferenzierung die Märkte durch neue Technologien zu durchdringen. Voraussetzung für den Markterfolg ist es allerdings „die richtigen Dinge zur richtigen Zeit“ zu tun. Aus diesem Grund bekommt das Technologiemarketing eine zusehends größere Bedeutung. In der heutigen Zeit müssen Unternehmen ihre Technologien so gut wie möglich während aller Phasen ihres Lebenszyklus vermarkten [24].

Da der Bergriff Technologiemarketing in der gegenwärtigen Literatur auf unterschiedliche Weise verwendet wird, soll an dieser Stelle eine Definition des Begriffs Technologiemarketing erfolgen. Im Gegensatz zur Vermarktung von Produkten, dem klassischen Marketing, steht beim Technologiemarketing die Technologie im Vordergrund. Erst durch sie ist es möglich, bestehende Problemlösungen zu verbessern bzw. neue Problemlösungen und Produkte zu schaffen und damit bestehende Kundenwünsche zu befriedigen.

Wie in Abb. 9.11 dargestellt geht es entweder um das Vermarkten von technologieintensiven Produkten mit internen oder zugekauften Technologien oder um die Vermarktung von Technologien, die extern verwertet werden sollen.

Aufgaben des Technologiemarketings Wettbewerbsvorteile können über eine differenzierte Marktbearbeitung in engen Marktsegmenten, d. h. durch eine explizite Fokussierung der Wünsche und Anforderungen der Kunden, erlangt werden. Eine frühzeitige Identifizierung der Marksegmente sowie Marktvolumina und Anwenderpräferenzen ist notwenig, um Technologien bei umworbenen Kunden platzieren zu können [70]. Insbesondere auf technologiegetriebenen Märkten ist das Technologiemarketing von hoher Relevanz, denn dort ist es besonders schwierig bei hohen technologische Diskontinuitäten und Dynamik des technologischen Wandels eine ökonomische Vorteilhaftigkeit langfristig zu erlangen. Technologischen Unsicherheiten sowie generellen Marktunsicherheiten und eine wettbewerbliche Unbeständigkeit insbesondere in hoch technologischen Märk-

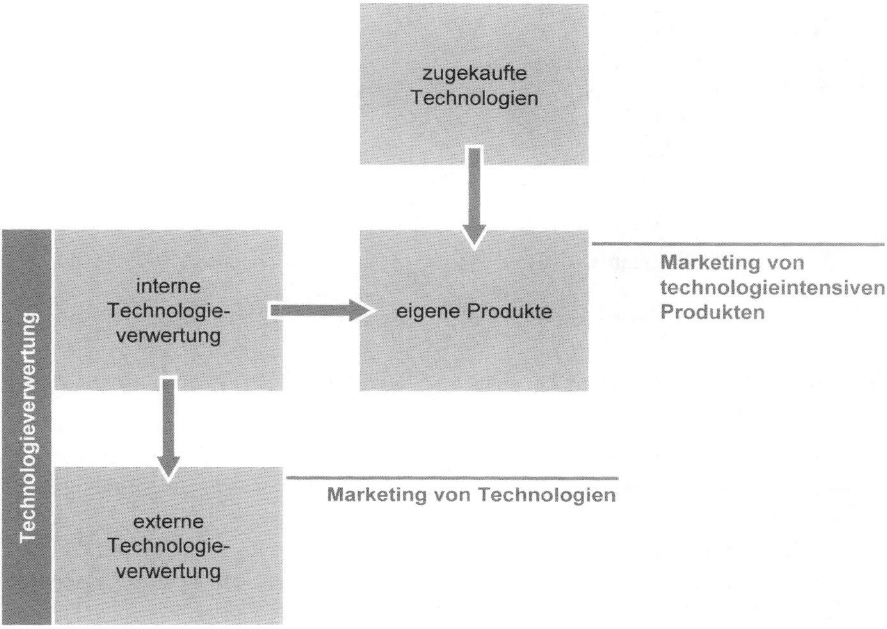

Abb. 9.11 Technologiemarketing als Teil der Technologieverwertung

ten sind Umfelder des Technologiemarketings. Ziel des Technologiemarketings ist es, die Technologie strategisch so am Markt zu positionieren, dass das Unternehmen einen Wettbewerbsvorsprung gegenüber der Konkurrenz erlangen kann.

Im Wesentlichen gibt es zwei Aspekte im Technologiemarketing: Die Orientierung am Fortschritt technologischer Entwicklung sowie die Erfassung von Problemen aktueller und potenzieller Kunden für die eine Lösung auf den Markt gebracht werden muss [28]. Neue technologische Lösungen können das Kundenverhalten gravierend verändern. Aus diesem Grund ist es nicht ausreichend, sich an aktuell nachgefragten Leistungsmerkmalen auszurichten. Es ist daher besonders wichtig für das Technologiemarketing, sich an den technischen und ökonomischen Problemen der potenziellen Kunden zu orientieren und diese im Vorfeld zu analysieren. Wirkung und Folgewirkung ökologischer, ökonomischer, gesundheitlicher, technischer, rechtlicher und sozialer Art müssen unbedingt frühzeitig erkannt und entsprechende Maßnahmen eingeleitet werden. Technologiemarketing hat zur Aufgabe, einen Ausgleich zwischen dem technologischen Potenzial des neuen Produktes oder Verfahrens und den gesellschaftlichen Bedürfnissen herbeizuführen [28]. Erst die Akzeptanz der neuen Technologie durch den Abnehmer führt zu einem Wettbewerbsvorsprung.

Der wesentliche Unterschied zum klassischen Marketing ist das in Abb. 9.12 dargestellte Dilemma des Technologiemarketings.

Abgebildet ist der Wissensvorsprung der Hersteller gegenüber den Kunden (entspricht der rel. Lebensfähigkeit einer Technologie) und das Vertrauen der Kunden in eine neue Technologie (entspricht ihrer Zahlungsbereitschaft) über der Zeit. Dieses Ungleichgewicht

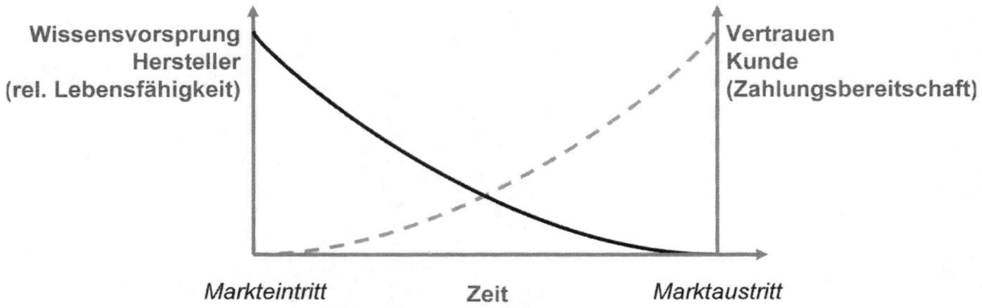

Abb. 9.12 Dilemma des Technologiemarketings

lässt sich durch drei hauptsächliche Aspekte erklären, auf welche im Folgenden näher eingegangen wird:

- Der Wissensvorsprung der Hersteller gegenüber Kunden ist bei Einführung neuer Technologien größer als bei Produktinnovationen mit bereits bewährten bzw. bekannten Technologien.
- Die Vertrauensbildung gestaltet sich oft schwierig und ist teuer sowie aufwendig.
- Die „richtige" Platzierung am Markt sowie das „richtige" Timing des Markteintritts sind schwierig.

Wissensvorsprung der Hersteller Technologische Innovationen führen häufig zu weitreichenden organisatorischen, produktionstechnischen oder unternehmenskulturellen Veränderungstendenzen auf Nachfragerseite [70, 71]. Es existiert häufig ein erheblicher Wissensvorsprung der Hersteller gegenüber den Kunden. Die Unwissenheit der Kunden in Bezug auf die neue Technologie kann zu einer Verunsicherung führen. Ziel des Technologiemarketing ist es daher, die dadurch hervorgerufenen Unsicherheiten seitens der Kunden so weit wie möglich zu reduzieren. Dabei gibt es zwei wesentliche Unterschiede für die Konzeption des Marketings [71]:

- *Unsicherheiten entstehen vor dem Kauf (parametrische Unsicherheiten)*
  Diese Unsicherheiten können aufgrund von Informationsmängel oder Informationsverarbeitungsproblemen auftauchen. Informationsmängel treten meist durch die Tatsache auf, dass Anbieter gegenüber Nachfragern einen Wissensvorsprung haben. Durch unzureichende Nachfragerqualifikation bzgl. neuartiger Technologien existieren ggf. Informationsverarbeitungsprobleme [71].
- *Unsicherheiten entstehen nach dem Kauf (strategische Unsicherheiten)*
  Strategische Unsicherheiten sind dadurch geprägt, dass sie nach dem Kauf entstehen und somit durch den Hersteller schwierig beeinflussbar sind. Häufig sind diese Unsicherheiten in Bezug auf den Wirtschaftlichkeitsnachweis, die Technologielebensdauer sowie die Marktbereinigung zu finden [71, 72].

Aus diesem Grund muss es Kern des Technologiemarketings sein, die beim Nachfrager durch die Einführung neuer Technologien entstehende Unsicherheit abzubauen [73]. Insbesondere zur Erzielung eines Wettbewerbsvorteils ist der Fokus des Technologiemarketings, Verunsicherungen jeglicher Art schneller abzubauen als die Konkurrenz. Zur

Reduktion parametrischer Unsicherheiten gilt es bereits in der Phase der Technologieentwicklung entsprechende Strategien zum Abbau des Informationsgefälles zu generieren (Vorfeld-Marketing) [74]. Beispielsweise durch Leistung von Überzeugungsarbeit bei ausgewählten Kunden. Die so entstehende frühe Erkenntnis von Anwenderproblemen kann während der Technologieentwicklung gewonnen werden und somit in diesen Prozess direkt wieder einfließen. Schulungen, Fachaufsätze oder Messen können zur Erhöhung der Nachfragerqualifikation beitragen und damit das Interesse an neuartigen Technologien vergrößern [71]. Im Gegensatz dazu kann die strategische Unsicherheit am besten durch die Steigerung der Reputation und der damit einhergehenden Vertrauenssteigerung abgebaut werden [71].

Vertrauensbildung Wie bereits erwähnt, ist es häufig schwierig das Vertrauen von Kunden bzgl. Technologieinnovationen zu gewinnen. Oben beschriebene Unsicherheiten müssen abgebaut und Vertrauen muss gezielt aufgebaut werden.

Vertrauen kann beispielsweise durch entsprechende Zertifizierungsnachweise, Co-Brandings (Vermarktung zusammen mit etablierten Marken) oder auch Kooperationen mit Referenzkunden geschaffen werden. Hat ein Unternehmen (bzw. ein Co-Branding-Partner) bereits eine gute Reputation, kann dies für die Vertrauensbildung in neue Technologien von großem Vorteil sein. Kunden projizieren oftmals den guten Ruf auf neue innovative Technologien und zeigen damit eine erhöhte Kaufbereitschaft [71].

Eine weitere Möglichkeit, Vertrauen zu schaffen, stellt die Übernahme von Risiko dar. Das Offerieren von überdurchschnittlichen Garantieleistungen suggeriert dem Kunden ein hohes Vertrauen des Anbieters in die Technologie. Selbiges gilt für das Anbieten von Abrechnungsmodellen, bei denen der Kunde seine Investition nicht zu Beginn, sondern im Laufe des Lebenszyklus des Produkts tätigt (z. B. Leasing, Miete etc.). Vertrauensbildende Maßnahmen sind somit oft aufwendig und teuer in der Planung und Realisierung. Aus diesem Grund ist es wichtig, frühzeitig entsprechende Handlungsschritte im Technologiemarketing zu veranlassen.

Platzierung am Markt und Timing Markteintritt Oft entscheidet die Platzierung am Markt und das Timing des Markteintritts über Erfolg oder Misserfolg von Technologieinnovationen. Von daher ist das Technologiemarketing an diesem Punkt gefragt, die richtige Strategie bzgl. den Fragen „wann?“ und „wo?“ auszuwählen.

Die Platzierung muss insbesondere bei neuen Technologien aufgrund oben beschriebener Unsicherheiten gut geplant werden. In einigen Fällen empfiehlt es sich im ersten Schritt einen gezielten Fokus auf kleinere Märkte zu legen. Dort besteht z. B. Experten-Know-how und es ist einfacher, die Informationsasymmetrie zu nivellieren. Hat sich eine Technologie dort etabliert und das Vertrauen der Experten gewonnen, kann es wesentlich einfacher sein den Massenmarkt zu erobern, als bei einer direkten Platzierung am Massenmarkt. Dazu sind insbesondere Märkte von Interesse, in denen sog. Innovatoren und Frühadaptoren vorhanden sind. Diese Kundengruppen sind viel eher dazu bereit in neue Technologien zu investieren, da sie eine erhöhte Risikobereitschaft zeigen. Langfristiges Ziel eines jeden Marketings von Technologien muss jedoch sein, die frühe und späte Mehrheit zu erreichen, denn diese machen knapp 70 % der Kunden aus.

Ein weiterer Aspekt ist bei neuen Technologien das „richtige“ Timing des Markteintritts. Je nach Technologie ist ggf. darauf zu achten, ob entsprechend vom Kunden geforderte Dienstleistungen angeboten werden können. Zudem muss die Technologie zum Markt/Wettbewerb passen. Ist dies nicht der Fall muss überlegt werden, ob und wann ein neuer Markt eröffnet werden soll.

Dazu gehört auch die Identifizierung von zukünftigen Trends und Treibern. Es ist von extrem hoher Bedeutung zu erkennen, welche Trends bzw. Megatrends die Zukunft prägen und beeinflussen werden. Nur so können unternehmerische Aktivitäten und Strategien bzgl. des Technologiemarketings entsprechend ausgerichtet und gesteuert werden.

Fallbeispiel aus der Automobilindustrie Am Beispiel der Hybridelektrokraftfahrzeuge lässt sich die Bedeutung des Technologiemarketings zeigen. Die wenigsten wissen, dass sich bereits 1896 Ferdinand Porsche einen von ihm entwickelten Radnabenmotor patentieren ließ. Basierend auf dieser Entwicklung fertigte er zusammen mit Ludwig Lohner 1902 den ersten „Mixte"-Hybridantrieb, bestehend aus einem Generator, der durch einen Benzinmotor angetrieben wird und dadurch Strom für den Akku liefert. 1982 entwickelte Mercedes-Benz als erstes deutsches Unternehmen einen Hybrid-Prototypen, gingen jedoch bis heute nie in Serie. Nachdem auch Audi und Volkswagen lange Zeit Hybridkonzepte testeten, ging Audi als erster Automobiler 1994 mit dem Hybridantrieb in Serienfertigung. Aufgrund zu hoher Kosten war der Audi 80 duo quasi unverkäuflich. Auch der 1997 produzierte Audio A4 duo stieß auf so wenig Resonanz, infolgedessen sich Audi aus dem Geschäftsfeld zurück zog.

Wird heutzutage von Hybridautos gesprochen, wird vielfach der Toyota Prius damit in Verbindung gebracht. Toyota hat die Relevanz des Themas Umweltschutz und der damit einhergehenden Energieeffizienz sowie der dahinter stehenden Kundenrelevanz rechtzeitig erkannt und hat somit das „richtige" Timing bzgl. des Markteintritts mit dem Hybridfahrzeug gewählt. Seit 1997 wird der Prius, welcher sowohl einen Benzin- als auch Elektromotor besitzt, erfolgreich in Serie produziert. Kein anderer Automobilhersteller hat die hohe Relevanz der Hybridtechnik erkannt und soviel in dessen Entwicklung investiert wie Toyota. Insbesondere in den USA verkaufte sich dieser inzwischen aufgrund der rasant steigenden Energiepreise äußerst gut. Über den erfolgreichen Verkauf des Prius hinaus konnte sich Toyota somit das Image eines umweltfreundlichen sowie innovativen Automobilherstellers sichern.

9.5 Zusammenfassung

Im vorangegangenen Kapitel wurden die Möglichkeiten der Technologieverwertung aufgezeigt und deren Chancen und Risiken beschrieben. Aus dieser Vielfalt an Möglichkeiten ist unter Berücksichtigung aller Einflussparameter die richtige Auswahl für die betrachtete Technologie zu treffen.

Die Möglichkeiten werden unterschieden in die beiden Dimensionen „interne Technologieverwertung" und „externe Technologieverwertung". Die interne Technologieverwertung fokussiert auf den Einsatz einzigartiger technologischer Fähigkeiten in den Produkten des Unternehmens. Ziel ist es hierbei einerseits, dem Unternehmen durch den Einsatz technologischer Fähigkeiten in den Produkten einen nachhaltigen Wettbewerbsvorteil zu verschaffen, und andererseits, eine breite Nutzung von Technologien in mehreren Produkten, Absatzmärkten bzw. Branchen zu ermöglichen. In der externen Technologieverwertung werden Technologien Dritten zur Nutzung übertragen, wodurch die Rentabilität der Technologieinvestition verstärkt und ein Beitrag zur Maximierung des wirtschaftlichen Nutzens geleistet wird. Dies beinhaltet beispielsweise organisationsübergreifende Kooperationen (z. B. strategische Allianzen, Joint-Venture), Lizenzvergaben und den Technologieverkauf (z. B. Übertragung von Eigentum).

Literatur

1. Brodbeck, H.: Strategische Entscheidungen im Technologie-Management. Relevanz und Ausgestaltung in der unternehmerischen Praxis, Bd. 2. Industrielle Organisation, Zürich (1999) (Technology, innovation and management, 2)
2. Cooke, I.E., Mayes, P.: Introduction to Innovation And Technology Transfer. Artech House, Boston (1996) (The Artech House technology management and professional development library)
3. Stephan, M., Gerybadze, A.: Technologische Diversifikation von Unternehmen. Ressourcentheoretische Untersuchung der Determinanten, 1. Aufl. DUV, Wiesbaden (2003)
4. Birkenmeier, B.U.: Externe Technologie-Verwertung. Eine komplexe Aufgabe des integrierten Technologie-Managements. Dissertation, ETH Zürich (2003)
5. Tschirky, H., Koruna, S. (Hrsg.): Technologie-Management. Idee und Praxis. Industrielle Organisation, Zürich (1998) (Technology, innovation and management)
6. Wolfrum, B.: Strategisches Technologiemanagement. Gabler, Wiesbaden (1991) (Neue betriebswirtschaftliche Forschung, 77)
7. Birkenmeier, B.U.: Verwertungsstrategien für Technologien. In: Tschirky, H., Koruna, S. (Hrsg.) Technologie-Management. Idee und Praxis, S. 478–500. Industrielle Organisation, Zürich (1998) (Technology, innovation and management)
8. Mittag, H.: Technologiemarketing. Die Vermarktung von industriellem Wissen unter besonderer Berücksichtigung des Einsatzes von Lizenzen. Universität, Dissertation, Bochum, Brockmeyer (1985) (Bochumer wirtschaftswissenschaftliche Studien, 106)
9. Prahalad, C.K., Hamel, G.: Nur Kernkompetenzen sichern das Überleben. Harv. Manag. **13**, 66–78 (1991)
10. Hutzschenreuter, T., Sonntag, A.: Erklärungsansätze für die Diversifikation von Unternehmen. Leipzig (1998) (HHL-Arbeitspapier, 13)
11. Müller-Stewens, G., Lechner, C.: Strategisches Management. Wie strategische Initiativen zum Wandel führen; der St. Galler General Management Navigator, 3. aktualisierte Aufl. Schäffer-Poeschel, Stuttgart (2005)
12. Rosier, C.: Zentrale Technologieentwicklung in diversifizierten Unternehmen. Shaker, Aachen (2006)
13. Brecher, C., Klocke, F., Schmitt, R., Schuh, G. (Hrsg.): AWK Aachener Werkzeugmaschinenkolloquium: Wettbewerbsfaktor Produktionstechnik – Aachener Perspektiven., Shaker, Aachen (2005)
14. Rüegg-Stürm, J.: Das neue St. Galler Management-Modell, 2. Aufl. Haupt, Bern (2005)
15. Breuer, T.: Management von Technologieplattformen in diversifizierten Unternehmen. Shaker, Aachen (2006)

16. Pfeiffer, W., Metze, G., Schneider, W., Amler, R.: Technologie-Portfolio zum Management strategischer Zukunftgeschäftsfelder, 6. Aufl. durchges. Vandenhoeck & Ruprecht, Göttingen (1991) (Innovative Unternehmensführung, 7)
17. Tschirky, H., Jung, H.-H., Savioz, P.: Technology and Innovation Management on the Move. From Managing Technology to Managing Innovation-Driven Enterprises. Industrielle Organisation, Zürich (2003) (Technology, innovation and management, 8)
18. Bullinger, H.-J.: Einführung in das Technologiemanagement. Modelle, Methoden, Praxisbeispiele. Teubner, Stuttgart (1994)
19. Teece, D.J.: Managing Intellectual Capital. Organizational, Strategic, and Policy Dimensions. Oxford University Press, Oxford (2000)
20. Sullivan, P.H.: Profiting from Intellectual Capital. Extracting Value from Innovation. Wiley, New York (1998) (Intellectual Property Series)
21. Granstrand, O.: The Economics And Management Of Intellectual Property. Towards Intellectual Capitalism. Elgar, Cheltenham (2000)
22. Ford, D., Saren, M.: Managing and Marketing Technology. Thomson, London (2001)
23. Ford, I.D.: Develop your technology strategy. Long Range Plan. **21**(5), 85–95 (1988)
24. Ford, D., Ryan, C.: Taking technology to market. Harv. Bus. Rev. **59** (1981) S. 117–181
25. Lichtenthaler, U.: Technology exploitation strategies in the context of open innovation. Int. J. Technol. Intell. Plan. **2**(1), 1–21 (2006)
26. Müller, C.: Projektmanagement in FuE-Kooperationen – eine empirische Analyse in der Biotechnologie. Zugl: Hamburg-Harburg, Techn. Universität, Dissertation, 2003. Books on Demand, Norderstedt (2003)
27. Schmidthals, J.: Technologiekooperationen in radikalen Innovationsvorhaben. DUV, Wiesbaden (2007)
28. Schneider, D.J.G.: Einführung in das Technologie-Marketing. Oldenbourg, München (2002)
29. Hentschel, M.: Patentmanagement, Technologieverwertung und Akquise externer Technologien. Eine empirische Analyse. Helmut Schmidt Universität – Universität der Bundeswehr, Dissertation, Hamburg, 2006, 1. Aufl. DUV, Wiesbaden (2007) (Gabler Edition Wissenschaft-Markt- und Unternehmensentwicklung)
30. Widmer, S.: Erfolg mit Lizenzen. Praxisorientierter Leitfaden für d. Unternehmungsführung. Industrielle Organisation, Zürich (1980)
31. Kowalski, U.: Der Schutz von betrieblichen Forschungs- und Entwicklungsergebnissen. Die Gestaltung d. schutzpolit. Instrumentariums im Innovations-/Imitationsprozeß. Universität, Dissertation, Frankfurt a. M., 1979. Deutsch, Thun (1980) (Reihe Wirtschaftswissenschaften, 196)
32. Maaß, F., Suprinovic, O., Werner, A.: FuE-Kooperationen von KMU. Interne und externe Erfolgsfaktoren aus organisationsökonomischer Sicht, 1. Aufl. Gabler, Wiesbaden (2006) (Schriften zur Mittelstandsforschung, N.F. 111)
33. Backhaus, K., Meyer, M.: Strategische Allianzen und strategische Netzwerke. Wirtschaftswissensch. Stud. **22**(7), 330–334 (1993)
34. Sydow, J.: Strategische Netzwerke. Evolution und Organisation. Freie Universität, Habil.-Schr./92–Berlin, 1991. Wiesbaden, Gabler (1992) (Neue betriebswirtschaftliche Forschung, 100)
35. Kröll, A.-M.: Interorganisationale Markteintrittsnetzwerke. Nutzung sozialen Kapitals für Eintrittszeitstrategien. DUV, Wiesbaden (2003)
36. Macharzina, K.: Handbuch Internationales Management. Grundlagen, Instrumente, Perspektiven, 2. überarb. und erw. Aufl. Gabler, Wiesbaden (2002)
37. Herden, R.: Technologieorientierte Aussenbeziehungen im betrieblichen Innovationsmanagement. Ergebnisse einer empirischen Untersuchung, Bd. 65. Physica, Heidelberg (1992) (Wirtschaftswissenschaftliche Beiträge (Heidelberg))
38. Scholz, C.: Handbuch Medienmanagement. Springer, Berlin (2006)
39. Schreyögg, G., Sydow, J.: Strategische Prozesse und Pfade, 1. Aufl. Gabler, Wiesbaden (2003) (Managementforschung, 13)

40. Mundhenke, J.: Wettbewerbswirkungen von Open-Source-Software und offenen Standards auf Softwaremärkten. Universität, Dissertation, Kiel, 2006. Springer, Berlin (2007) (Kieler Studien, 338)
41. Zentes, J.: Kooperationen, Allianzen und Netzwerke. Grundlagen – Ansätze – Perspektiven, 2. überarb. und erw. Aufl. Gabler, Wiesbaden (2005)
42. Henn, G.: Patent- und Know-how-Lizenzvertrag, 5. Aufl. Müller, Heidelberg (2003)
43. Bartenbach, K., Gennen, K., Gaul, D., Cepl, P., Bartenbach-Gennen: Patentlizenz- und Know-how-Vertrag, 6. Aufl. Schmidt, Köln (2007)
44. Pfaff, D., Axster, O. (Hrsg.): Lizenzverträge, 2. Aufl. Beck, München (2004)
45. Zenhäusern, U.: Der internationale Lizenzvertrag. Universität, Dissertation Freiburg (Schweiz), 1991. Universität-Verlag, Freiburg (1991) (Arbeiten aus dem Juristischen Seminar der Universität Freiburg Schweiz, 108)
46. Wölfel, T.: Marken- und Produktpiraterie. Eine Studie zu Erscheinungsformen und Bekämpfungsmöglichkeiten. Ibidem, Stuttgart (2003) (Außenhandelspolitik und -praxis, 5)
47. Schanz, K.-U.: Export, Lizenzvergabe oder Direktinvestition? Eine wirtschaftstheoretische Analyse unternehmerischer Internationalisierungsstrategien vor dem Hintergrund der neuen WTO-Welthandelsordnung. St. Gallen, Hochsch. für Wirtschafts-, Rechts- und Sozialwiss., Dissertation, 1995. Rüegger, Chur (1995)
48. Weihermüller, M.: Die Lizenzvergabe im internationalen Marketing. Entscheidungsgrundlagen und Gestaltungsbereiche. Nürnberg, Universität, Dissertation, Erlangen, 1981. Florentz, München (1982) (Hochschulschriften zur Betriebswirtschaftslehre, 5)
49. Kutschker, M., Schmid, S.: Internationales Management, 6. Aufl. Oldenbourg, München (2008)
50. Corsten, H.: Der nationale Technologietransfer. Formen, Elemente, Gestaltungsmöglichkeiten, Probleme. Universität, Dissertation u.d.T.: Corsten, Hans: Zum Problem des nationalen Technologietransfers, eine interdisziplinäre Analyse–Braunschweig, 1981. Schmidt, Berlin (1982) (Technological economics, 7)
51. Gassmann, O., Escher, J.-P., Luggen, M.: Technologieverwertung durch Spin-off. Wissenschaftsmanagement **9**, 24–30 (2003)
52. Gross, J., Bordt, J., Musmacher, M.: Business Process Outsourcing. Grundlagen, Methoden, Erfahrungen, 1. Aufl. Gabler, Wiesbaden (2006)
53. Fueglistaller, U., Müller, C., Volery, T.: Entrepreneurship. Modelle, Umsetzung, Perspektiven; mit Fallbeispielen aus Deutschland, Österreich und der Schweiz, 2. überarb. und erw. Aufl. Gabler, Wiesbaden (2008) (Lehrbuch)
54. Blum, N.: Spin-offs in strategischen Unternehmensnetzwerken. Ein alternativer Weg zur Existenzgründung. WHU, Dissertation, Vallendar, 2005, 1. Aufl. DUV, Wiesbaden (2006) (Gabler Edition WissenschaftEntrepreneurship)
55. Maselli, A.: Spin-offs zur Durchführung von Innovationen. Eine Analyse aus institutionenökonomischer Sicht. Universität, Dissertation, Münster (Westfalen), 1996. DUV, Wiesbaden (1997) (Gabler Edition Wissenschaft)
56. Specht, D.: Gabler-Lexikon Technologiemanagement. Management von Innovationen und neuen Technologien im Unternehmen, 1. Aufl. Gabler, Wiesbaden (2002)
57. Schmidt, K.: Unternehmungsvitalisierung durch Ausgründungsmanagement. Konzept, Expertenbefragung, Gestaltungsempfehlungen. Universität, Dissertation, Hannover, 2003, 1. Aufl. DUV, Wiesbaden (2003) (Gabler Edition WissenschaftInformation – Organisation – Produktion)
58. Lichtenthaler, U.: Leveraging technology assets in the presence of markets for knowledge. Eur. Manag. J. **26**(2), 122–134 (2008)
59. Teece, D.J.: Profiting from technological innovation. Implications for integration, collaboration, licensing and public policy. Res. Policy **15**(6), 285–305 (1986)
60. Gerwin, J., Höcherl, I.: Strategische Produktpolitik bei internationalem Wettbewerb. In: Brockhoff, K.. (Hrsg.) Management von Innovationen. Planung und Durchsetzung, Erfolge und Misserfolge. Fallstudien mit Lösungen. Gabler, Wiesbaden (1995)

61. David, P.A.: Clio and the Economics of QWERTY. In: Papers and Proceedings of the Ninety-Seventh Annual Meeting of the American Economic Association, The American Economic Review, **79**(2), 332–337 (1985)
62. Akademischer Verein Hütte (Hrsg.): Produktion und Management „Betriebshütte", 7. völlig neu bearb. Aufl. Springer, Berlin (1996) (Hütte)
63. Porter, M.E.: Competitive Advantage. Creating and Sustaining Superior Performance. Free Press, New York (1985)
64. Michel, K.: Technologie im strategischen Management. Ein Portfolio-Ansatz zur integrierten Technologie- und Marktplanung. Schmidt, Berlin (1987) (Technological economics, 26)
65. Neubert, M.: Internationale Markterschließung. Vier Schritte zum Aufbau neuer Auslandsmärkte, 2. aktual. u. erw. Aufl. mi-Fachverlag, München (2008)
66. Poley, W.L.: Know-How-Export, Lizenzvergabe, Technologie-Transfer. Neue Chancen auf neuen Märkten. Dt. Wirtschaftsdienst, Köln (1981)
67. Wolff, C.: Zwangslizenzen im Immaterialgüterrecht. Universität, Dissertation, Kiel, 2004. V & R unipress, Göttingen (2005) (Schriften zum deutschen und internationalen Persönlichkeits- und Immaterialgüterrecht, Bd. 10)
68. Hart, S., Ramanantsoa, B. (Hrsg.): Strategic technology management. Wiley, Chichester (1992)
69. Brodbeck, H., Birkenmeier, B.U.: Strategische Technologieentscheidungen im Rahmen eines Integrierten Technologie-Managements. In: Blickwechsel. Betriebswissenschaft und Innovation, S. 19–36. vdf Hochsch.-Verl. an der ETH, Zürich (1997)
70. Schneider, Dieter J.G.: Einführung in das Technologie-Marketing. Oldenbourg, München (2002)
71. Zahn, E.: Handbuch Technologiemanagment. Schäffer-Poeschel, Stuttgart (1995)
72. Backhaus, K.: Investitionsgütermarketing, 4. Aufl. Vahlen, München (1995)
73. Backhaus, K., Voeth, M.: Innovations- und Technologiemarketing. In: Zahn, E. (Hrsg.) Handbuch Technologiemanagement, S. 395–408. Schaffer-Poeschel, Stuttgart (1995)
74. Sommerlatte, T.: Systematische Schritte eines Technologie-Marketing. Die Entwicklung eins Programms. In: Töpfer, A., Sommerlatte, T. (Hrsg.) Technologie Marketing - Die Integration von Technologie und Marketing als strategischer Erfolgsfaktor, Landsberg/Lech, 141–162 (1991)

Technologieschutz 10

Christoph W. Neemann und Günther Schuh

Kurzüberblick Der Technologieschutz zielt darauf ab, die eigene Innovationskraft dafür nutzen, eigene Technologieentwicklungen vor Know-how-Übergang an Wettbewerber zu schützen, indem raffinierte Protektionsmechanismen entwickelt werden, die eine Imitation von Technologien und Produkten verhindern. Dazu zählen sowohl zahlreiche technische Lösungen, wie z. B. künstliche Erzeugung von Komplexität durch gekapselte elektrische Schaltungen oder zeitabhängige Steuerungen mit „Verfallsdatum", aber eben auch Maßnahmen der Wettbewerbsgestaltung. Wirksame Eintrittsbarrieren lassen sich auch durch Erweiterung des Wertschöpfungskettensegmentes, durch das Angebot zusätzlicher kundenspezifischer Leistungen, Chinese Walls innerhalb der Supply Chain oder die exklusive Verpflichtung von Zulieferern realisieren. Mit gezielten, systematischen Anstrengungen kann der Gefahr des ungewünschten Know-how-Übergangs entgegen gewirkt werden.

10.1 Einleitung und Charakterisierung

Produktimitationen und die unrechtmäßige Nutzung technologischen Know-hows sind für innovative Unternehmen ein bekanntes Problem, das in den letzten Jahren an Ausmaß und Bedeutung zugenommen hat. Wurden in früheren Jahrzehnten vor allem digital transferierbare Medien wie Software, Musik oder Filme und Luxusgüter wie Markenbekleidung oder Schmuck kopiert, so treten in letzter Zeit verstärkt auch Kopien von Produkten auf, die technologisch anspruchsvoll sind: z. B. Elektronikartikel, Fahrzeuge, Fahrzeugkomponenten sowie Investitionsgüter wie Maschinen und Anlagen [1–7]. Die Qualität der Kopien nimmt dabei zu: Während früher die Imitationen oft minderwertig waren, sind es heute oft täuschend echte, wenn nicht sogar technologisch auf gleichem Niveau angesiedelte Kopien [3, 4, 8]. Gerade aufstrebende Schwellenländer bauen ihre technologischen Kompetenzen dabei sehr schnell aus [9–12].

C. W. Neemann (✉)
20245 Hamburg, Deutschland
E-Mail: christoph@neemann.org

G. Schuh, S. Klappert (Hrsg.), *Technologiemanagement,*
DOI 10.1007/978-3-642-12530-0_10,

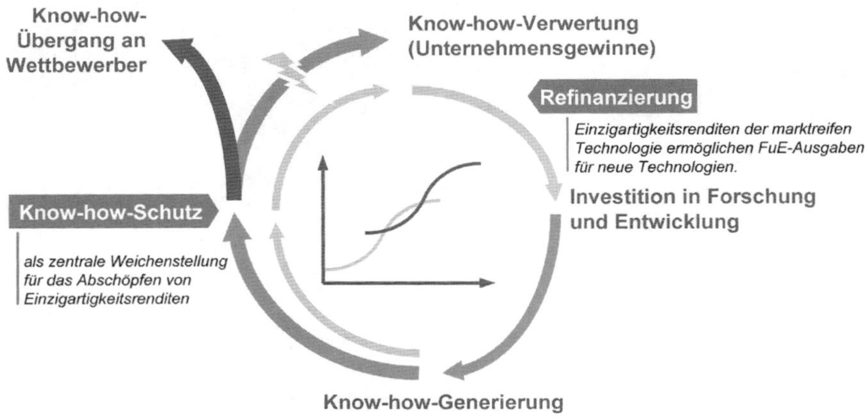

Abb. 10.1 Auswirkung von Imitationen auf die Finanzierung von Forschung und Entwicklung [14]

10

Die Unternehmen sind als Folge mit enormen Konsequenzen durch Produktkopien konfrontiert. Die Unternehmen tätigen umfangreiche Investitionen in Forschung und Entwicklung, deren Ziel es ist, die zukünftigen Gewinne des Unternehmens sicherzustellen; aus diesen Überschüssen wird wiederum die Forschung und Entwicklung der Zukunft finanziert. Produktimitationen unterbrechen diesen Kreislauf der Innovationsfinanzierung: Durch deutlich geringere FuE- und Marketing-Aufwendungen und der üblichen Produktion in Niedriglohnländern kann der Imitator seine Produkte deutlich günstiger preisen und nimmt dem ursprünglichen Innovator Teile seines Umsatzes und Gewinns. Die Rückflüsse in Forschung und Entwicklung werden dadurch deutlich geschmälert (s. Abb. 10.1) [13].

Es wird geschätzt, dass fünf bis sieben Prozent des Welthandelsvolumens auf Produktkopien entfallen, und diese Zahl ist im letzten Jahrzehnt um mehr als 100 % gestiegen [15, 16]. Beispiele aus dem Maschinen- und Anlagenbau berichten, dass durch Produktpiraterie mehr als fünf Prozent ihres Umsatzes verloren gehen. Bei üblichen Renditen in der Branche können solche Einbrüche die Rentabilität von Technologieinvestitionen vollständig erodieren und sogar zur Insolvenz des Unternehmens führen [17, 18].

Neben den Umsatzverlusten werden die Unternehmen Opfer eines Imageverlustes, wenn Kunden minderwertige Produktkopien fälschlicherweise für Originalprodukte halten. Dies wird zunehmend bedeutender, da die Imitationen hinsichtlich äußerer Erscheinung, Verpackung und Begleitmaterialien inzwischen so gut gemacht sind, dass sie auch vom Originalhersteller nur schwer zu identifizieren sind [19].

Wird die Tatsache, dass es sich um eine Produktfälschung handelt, nicht erkannt, sieht sich der Originalhersteller eventuell sogar Produkthaftungsklagen und Garantieansprüchen gegenübergestellt [17]. In diesem Fall muss der Originalhersteller belegen, dass es sich bei der Imitation nicht um ein Produkt des Unternehmens handelt und er deshalb nicht für die Folgen des Produktversagens verantwortlich ist [13].

Darüber hinaus kann auch der Kunde einen Schaden erleiden, wenn er ein Originalprodukt nicht von einer Imitation unterscheiden kann. Gerade bei Piraterieprodukten, die optisch sehr professionell gestaltet, aber minderwertig produziert sind, liegt die Lebensdauer der Imitation nur bei 1–25 % des Originals; teilweise setzt sich der Anwender großen Sicherheitsgefährdungen aus [20].

10.2 Definitionen

Produktpiraterie und Produktimitationen sind ein Thema, dessen Begrifflichkeiten sich eher aus den praktischen Erfahrungen als aus der wissenschaftlichen Auseinandersetzung mit dem Thema entwickelt haben. Um eine saubere Unterscheidung zu ermöglichen, werden deshalb einige der wesentlichen Begriffe erläutert.

10.2.1 Imitation und Original

Das Original bzw. die Innovation ist das Ergebnis einer erfinderischen Leistung eines Unternehmens. Eine Imitation wird in Relation zum Original folgendermaßen charakterisiert [13]:

Die Imitation tritt zeitlich nach dem Original auf Die zeitliche Abfolge bezieht sich dabei nicht zwangsläufig auf den Markteinführungszeitpunkt, sondern auf den Zeitpunkt der zentralen erfinderischen Leistung. Diese Definition stellt sicher, dass z. B. auch in Fällen von Wirtschaftsspionage, wo es dem Imitator gelingen kann, die Imitation vor dem Original am Markt zu platzieren, die Erfindung des Innovators unter den Innovationsbegriff fällt.

Die Imitation hat aus Sicht des Kunden eine ähnliche Anwendungsfunktionalität wie das Original Damit umfasst der Imitationsbegriff auch die Art von Kopien, die zwar die gleiche geplante Anwendungsfunktionalität haben, sich aber aufgrund unzulänglicher Gestaltung in der Qualität und Funktionalität unterscheiden.

Die Imitation basiert auf den gleichen oder sehr ähnlichen Technologien wie das Original Diese Einschränkung ist notwendig, da bei der Nutzung fremder Technologien andere Vorgehensweisen erforderlich sind, als wenn es sich um andere Gestaltungsmerkmale wie Marken handelt.

Die Imitation entsteht unter illegitimer Nutzung fremden Technologie-Know-hows Illegitim meint hierbei nicht allein die illegale Verwendung, sondern auch solche Nutzungen, die rechtlich nicht eindeutig illegal sind, aber eine hohe Nähe zur Illegalität aufweisen und im Ermessen der geltenden Legislative und Jurisdiktive liegen. Diese sind national unterschiedlich, weshalb an dieser Stelle eher ein Rechtsempfinden als eine heterogene juristische Einschätzung beschrieben werden soll.

10.2.2 Formen von Imitationen

Der Begriff Imitation lässt sich noch weiter unterteilen [13]. Im Kontext mit technologiebasiertem geistigem Eigentum werden häufig die Begriffe „Fälschung“ und „Plagiat“ verwendet.

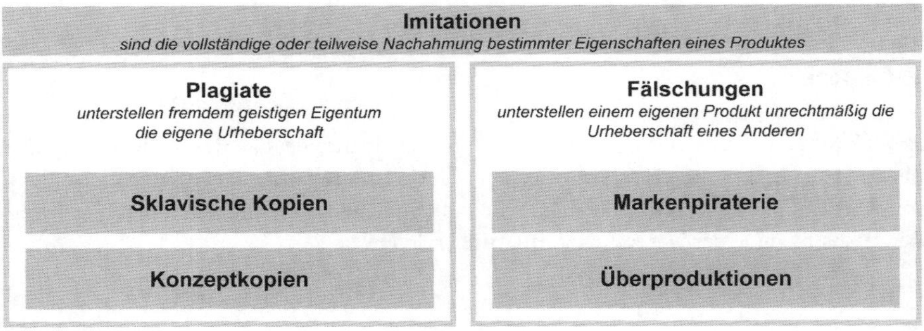

Abb. 10.2 Kategorien von Produktimitationen [13]

Eine Fälschung liegt dann vor, wenn mit einem selbst produzierten Gut suggeriert wird, dass es jemand anderes hergestellt hat. Dabei wird versucht, insbesondere leicht nachprüfbare Eigenschaften des Produktes exakt nachzuahmen, die auf eine Herkunft vom Originalhersteller schließen lassen, wie eben markante Designs, Markenlogos oder andere Markenelemente. Dabei kann es Fälschungen geben, zu denen gar kein Original existiert [21].

Zu den Fälschungen gehören auch Überproduktionen, wenn der Auftragsproduzent nicht die Erlaubnis des Rechteinhabers hat, vom Produkt mehr als die vereinbarte Menge herzustellen und zu vertreiben. Heikel ist dies besonders für die Käufer der Produkte, wenn der Auftragsproduzent die Güter vertreibt, die aufgrund minderer Qualität nach Kriterien des Rechteinhabers als Ausschuss gelten [20].

Bei einem Plagiat wird fremdem geistigem Eigentum die eigene Urheberschaft unterstellt [22]. Um ein Produktplagiat herzustellen, wird also fremdes geistiges Eigentum verwendet. Dies geschieht beispielsweise, wenn die Kopie eines Produktkonzeptes vermarktet wird, das einem anderen Produkt in wesentlichen Eigenschaften entspricht („Me-too-Produkte"). In diesem Fall wird die Produktidee eines anderen zur Herstellung des eigenen Produkts genutzt. Bei sklavischen Kopien, die ebenfalls zu den Plagiaten gehören, wird hingegen das Original bis ins Detail nachempfunden (s. Abb. 10.2). Was landläufig unter dem Schlagwort Produktpiraterie genannt wird, ist daher eine Kombination der Markenpiraterie und der sklavischen Kopie, denn hier wird sowohl fremdes geistiges Eigentum identischen Nachbau genutzt und gleichzeitig vorgetäuscht, dass das Produkt tatsächlich vom Originalhersteller stammt.

10.2.3 Schadenstypen durch Produktimitationen

Für ein Unternehmen, das von Produktpiraterie betroffen ist, ergeben sich drei wesentliche Arten von Schäden [13]:

- Marktbedingte Cash-flow-Verluste
- Imageverluste
- Unberechtigte Ansprüche aus Produkthaftungsklagen

Ein marktbedingter Cash-flow-Verlust tritt dadurch auf, dass ein Imitator in den Markt eintritt, dadurch Marktanteile des Originalherstellers übernimmt und gleichzeitig oft auch einen Preisverfall durch günstiger angebotene Imitationen verursacht. Der Imageverlust führt langfristig zu einem sinkenden Preispremium für alle heutigen und zukünftigen Produkte, die unter der gleichen Marke Angeboten werden oder von der gleichen Firma angeboten werden. Unberechtigte Produkthaftungsklagen treten auf, wenn für die schadhaften oder schadensverursachenden Imitationen angenommen wird, dass sie vom Originalhersteller stammen.

10.3 Position des Kunden bei Produktimitationen

Für den potentiellen Käufer von Imitationen gibt es drei verschiedene Situationen, in denen er sich befinden kann. Diese leiten sich von zwei verschiedenen Bedingungen ab: Zunächst einmal ist von Bedeutung, ob der Kunde in der Lage ist, eine Imitation von einem Original zu unterscheiden (Differenzierungsfähigkeit). Ist dies der Fall, ist zu unterscheiden, ob der Kunde ausschließlich das Original vorzieht, oder ob er bei einem für ihn ansprechenden Preis-Leistungs-Verhältnis auch wissentlich die Imitation kaufen würde. Kombiniert man diese beiden Optionen, ergeben sich vier potentielle Situationen, die sich in drei Szenarien zusammenfassen lassen (s. Abb. 10.3). Kann der Käufer Original und Imitation nicht unterscheiden, kann er auch keine Abwägung des Preis-Leistungsverhältnisses der beiden treffen.

In Szenario 1 ist der Kunde in der Lage, die Imitation vom Original zu unterscheiden und zieht dabei das Original nur bei einem für ihn günstigen Preis-Leistungs-Verhältnis

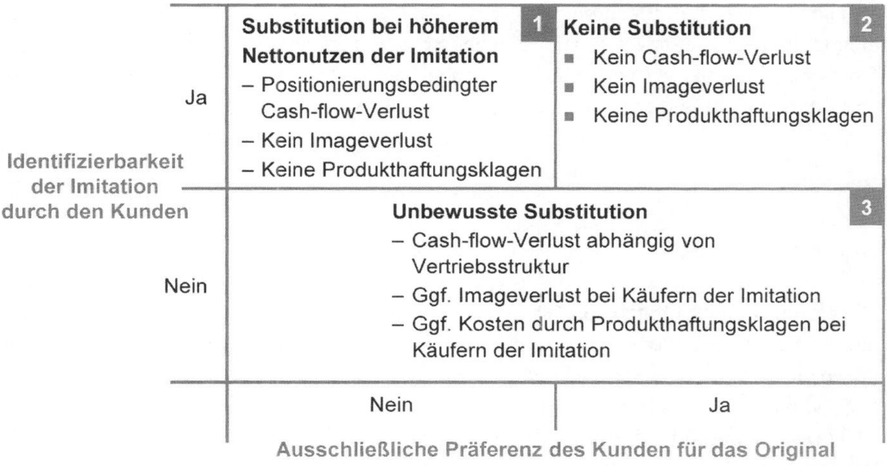

Abb. 10.3 Szenarien des Kundenverhaltens in Abhängigkeit von Kundenpräferenz und Identifikationsfähigkeit [13]

vor. Er ersetzt also das Original durch die Imitation, wenn diese für ihn einen höheren Nettonutzen, d. h. Nutzen abzüglich Kosten, bietet. In diesem Fall kommt es zu einem Cash-flow-Verlust für den Originalhersteller, der von der Marktposition abhängt – u. a. von der Preisgestaltung und den Produktionsmengen des Imitators. Es sind jedoch weder Imageverlust noch Produkthaftungsklagen zu erwarten, da der Kunde weiß, dass er ein Imitat kauft.

In Szenario 2 hat der Kunde eine ausschließliche Präferenz für das Original und ist fähig, Original und Imitation auseinanderzuhalten. In diesem Fall kauft er immer das Original, so dass kein Schaden auftritt.

Szenario 3 tritt ein, wenn der Kunde Original und Imitation nicht unterscheiden kann. Der Cash-flow-Verlust für den Originalhersteller hängt nun davon ab, über welche Vertriebskanäle und in welchen Mengen die Imitate vertrieben werden und dabei das Originalprodukt verdrängen. Ist die Imitation qualitativ minderwertig, erfahren die Käufer der Imitation eine nicht Image-konforme Leistung und es kommt zu einem Imageverlust; versagt das Produkt und führt zu Schäden, sind ebenfalls Produkthaftungsklagen als Schaden für den Originalhersteller möglich [13].

Aus diesen Schadenssituationen wird bereits offensichtlich, warum Käufer überhaupt – bewusst oder unbewusst – Imitationen erwerben. Darüber hinaus führen folgende weitere Aspekte zu Imitationskäufen [13]:

- Existenz von Produktimitationen in üblichen Vertriebskanälen
- Geringe Informationen über Unterscheidungsmerkmale zwischen Original und Imitation
- Geringe Kenntnis über die Produkteigenschaften des Originals

Gerade bei Artikeln des täglichen Bedarfs oder bei Produkten im industriellen Umfeld, denen wenig Aufmerksamkeit geschenkt wird (z. B. C-Teile oder Normteile) gewinnen diese Faktoren vermehrt an Bedeutung.

Über diese Kenntnisse und Verhaltensweisen seiner Kunden muss sich das Unternehmen im Klaren sein, bevor es verschiedene Schutzmaßnahmen auf ihre Tauglichkeit prüfen kann. Eine Auswahl von in der Praxis angewandten Schutzmaßnahmen wird nun vorgestellt, bevor ein Vorgehen zur Auswahl geeigneter Schutzmaßnahmen beschrieben wird.

10.4 Schutzmaßnahmen

Die verschiedenen Schutzmaßnahmen setzen an sehr unterschiedlichen Ansatzpunkten an, um dem Imitator die Arbeit zu erschweren bzw. diese zu verhindern. Diese Ansatzpunkte lassen sich am besten veranschaulichen, wenn man sich die einzelnen Schritte vom Originalprodukt bis zum Auftreten der Imitation vor Augen führt.

Voraussetzung für eine Imitation ist trivialerweise die Existenz eines Originalproduktes. Der potentielle Imitator entscheidet zunächst, ob er das Produkt imitieren will oder nicht und lässt sich dabei von verschiedenen offensichtlichen Eigenschaften des Produktes beeinflussen. Maßnahmen, die den Imitator von seinem Vorhaben abzuhalten versuchen, werden unter dem Begriff „Imitation unattraktiv machen“ beschrieben. Dazu gehören alle Maßnahmen, die zu verhindern versuchen, dass der potentielle Imitator das Originalprodukt überhaupt für eine Imitation in Erwägung zieht.

Hat sich der potentielle Imitator dennoch entschlossen, eine Imitation zu versuchen, wird er als nächstes das entsprechende Know-how zu akquirieren versuchen. Maßnahmen, die dies versuchen zu verhindern, werden unter dem Begriff „Know-how-Aufbau erschweren“ behandelt. Gemeint sind alle Maßnahmen, die den Imitator dabei behindern, das erforderliche Wissen über das Produkt und die notwendigen Produktionsprozesse aufzubauen.

Hat der Imitator alle notwendigen Kenntnisse zur Herstellung des Produktes, wird er versuchen, mit den ihm zur Verfügung stehenden Mitteln das Produkt herzustellen. Maßnahmen, die dies verhindern sollen, werden unter dem Begriff „Produktion erschweren“ beschrieben.

Hat der Imitator es erfolgreich geschafft, die Imitationen zu produzieren, startet der Imitator, seine Imitationen zu vermarkten. Auch in dieser Phase gibt es Optionen, die Aktivitäten des Imitators zu vereiteln. Solche Maßnahmen werden unter dem Begriff „Vermarktung erschweren“ dargestellt.

Ist es nicht gelungen, die Vermarktung zu vereiteln, existiert noch ein weiteres Maßnahmenfeld: Der Originalhersteller kann dem Imitator ein „Angebot zur Kooperation“ unterbreiten.

Im Folgenden werden mögliche Schutzmechanismen gemäß der genannten Kategorien beschrieben und die Voraussetzungen für ihren Einsatz dargestellt. Die Einteilung in die verschiedenen Kategorien ist gesamthaft in Abb. 10.4 dargestellt.

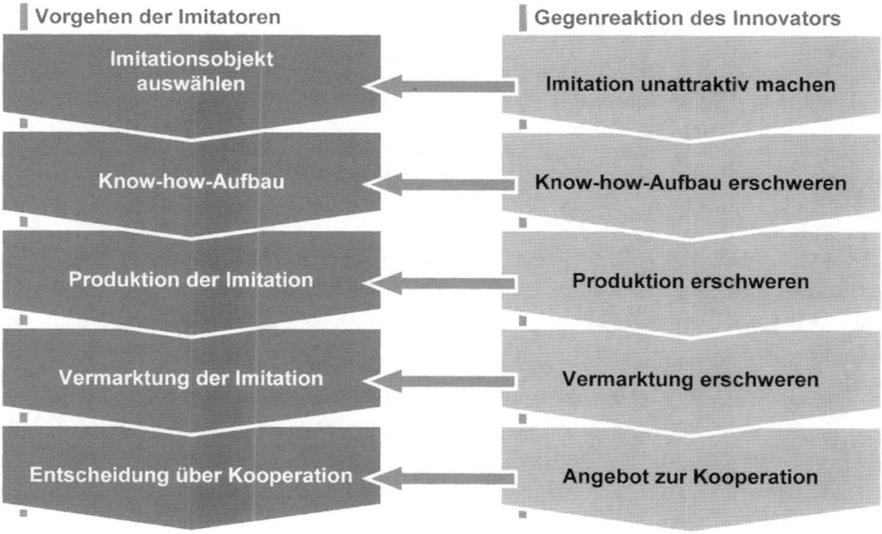

Abb. 10.4 Kategorisierung von Schutzmechanismen im Imitationsablauf [13]

10.4.1 Imitationen unattraktiv machen

Gewerbliche Schutzrechte Gewerbliche Schutzrechte sind ein lange bekanntes und eigentlich eher konventionelles Instrument, um die unrechtmäßige Nutzung von geistigem Eigentum zu verhindern. Die gewerblichen Schutzrechte basieren dabei auf nationalrechtlichen Ansprüchen, die sich je nach nationaler Gesetzgebung deutlich unterscheiden können. Im Rahmen der Anmeldung von gewerblichen Schutzrechten existieren zwar Möglichkeiten, über einzelne Nationalstaaten hinaus das gleiche Verfahren zu nutzen (z. B. das globale PCT-Verfahren oder das Europäische Patentverfahren). Letztendlich zerfällt die Anmeldung spätestens bei der Erteilung in nationale Schutzrechte, deren Ansprüche entsprechend der nationalen Rechtslage durchzusetzen sind.

Im Wesentlichen werden drei für den Schutz von technologischem geistigen Eigentum bedeutende Schutzrechte unterschieden. Dies sind das Patent, das Gebrauchsmuster und das Geschmacksmuster. Welche Zwecke mit den einzelnen Instrumenten verfolgt werden, wird im Folgenden kurz beschrieben.

Patente Das Patent bietet dem Inhaber für einen begrenzten Zeitraum das Recht, anderen die Nutzung seines im Patent formulierten geistigen Eigentums zu verbieten [23]. Das Patent ist also kein Nutzungsrecht, denn wenn die Nutzung beispielsweise durch ein Patent eines Dritten blockiert ist, kann der Patentinhaber seine Erfindung nicht nutzen, wenn er nicht vom Dritten die Erlaubnis dazu erhält, z. B. durch Erteilung einer Lizenz.

Wie lange ein Patent aufrecht erhalten werden kann, ist von nationalen Gesetzen abhängig; in der Regel sind dies 20 Jahre. Das Patent verbietet neben der Produktion auch das Inverkehrbringen entsprechender Ware im Gültigkeitsbereich des Patentes [23]. Erzeugnisse, Verwendungen von Erzeugnissen sowie Verfahren sind patentierbar, wenn sie die folgenden Bedingungen erfüllen [24]:

Die Invention ist neu Die Innovation ist bisher nicht veröffentlicht und gehört damit nicht zum bekannten Stand der Technik.

Die Invention ist eine erfinderische Leistung Die Innovation darf von einer fachkundigen Person aus der aktuellen Entwicklung der Technik nicht zu erwarten sein, sondern muss die absehbare Entwicklung übertreffen.

Die Invention ist gewerblich nutzbar Wenn die Erfindung in irgendeiner Art industriell produziert oder verwertet werden kann, ist diese Bedingung erfüllt. Als »industriell« gilt alles, was von der rein intellektuellen oder ästhetischen Tätigkeit wie z. B. der Kunst oder Literatur abweicht.

Gebrauchsmuster Das Gebrauchsmuster kann für Innovationen eingesetzt werden, welche die Anforderungen für eine Patentierung nicht erfüllen – zum Beispiel, wenn die Innovation statt einer erfinderischen Tätigkeit eher eine Weiterentwicklung darstellt. Wie beim Patent wird dem Inhaber des Gebrauchsmuster erlaubt, anderen für einen Zeitraum von in der Regel zehn Jahren anderen die Nutzung seiner Innovation zu verbieten. Das Gebrauchsmuster ist im Vergleich zum Patent jedoch nur bei Produktinnovationen und nicht bei Prozessinnovationen denkbar. Das Gebrauchsmuster schützt die Innovation ebenfalls nur dort, wo es in nationalem Recht verankert ist, was zum Beispiel in Deutschland, Spanien, Italien, Korea, Japan, Mexiko der Fall ist [25]. Der Gebrauchsmusterschutz wird in der Regel bei den nationalen Patentämtern beantragt, die jedoch keine inhaltliche Prüfung der Anmeldung durchführen. Stattdessen werden nur formale Kriterien überprüft, so dass die Erteilung relativ schnell nach ungefähr sechs Monaten erfolgt. Zu einer inhaltlichen Prüfung des Gebrauchsmusters kommt es nur im Falle eines Rechtstreits. Multinationale Anmeldeverfahren wie beim Patent existieren nicht [24].

Geschmacksmuster Beim Geschmacksmuster bezieht sich der Schutz nicht auf funktionale Aspekte der Innovation, sondern auf äußerliche, ästhetische Aspekte. Das äußere Erscheinungsbild, das geschützt werden soll, muss dafür über ein rein von technischen Merkmalen bestimmtes Maß hinausgehen [24].

Der Schutz umfasst die äußere Erscheinung des ganzen Produktes oder seiner Teile, die insbesondere durch Linien, Umrisse, Farben, Formen, Textur oder Materialien gekennzeichnet sind. Das zu schützende Muster muss dafür mehrere Voraussetzungen erfüllen: Es muss neu sein, sein Autor muss es unabhängig geschaffen haben, und es muss einen individuellen Charakter aufweisen. Darüber hinaus muss das Muster bei einem Produkt mit einer nützlichen Funktion verwendet werden und nicht rein dekorativen Zwecken dienen [24].

Release Management Die Imitation eines Produktes wird auch dann unattraktiv, wenn die Imitation im Vergleich zum Lebenszyklus des Produktes erst spät auf den Markt kommt. Dies lässt sich mit dem sogenannten Release Management erreichen, indem der Produktmarktzyklus eines Produktes bewusst verkürzt wird und Nachfolgeprodukte, wenn auch mit nur geringen Veränderungen, in möglichst kurzen Zeitabständen eingeführt werden. Da der Imitator seine Adaptionszeit, also die Zeit vom Kennen des neuen Produktes bis zu seinem Markteintritt mit der Imitation, nicht beliebig verkürzen kann, wird er erst verhältnismäßig spät in den Markt eintreten, so dass seine Imitation eventuell schon einem alten Release des Originals entspricht [26].

Um das Release Management effizient einsetzen zu können, müssen die administrativen Aufwände für die Markteinführung eines Releases verhältnismäßig gering sein, da diese nun entsprechend häufiger anfallen [13].

Produktdifferenzierung Produktdifferenzierung kann das Problem von Produktimitationen reduzieren, indem es Produkte in ihrem Gestaltungs- und Leistungsumfang an die verschiedenen Märkte anpasst. Dabei sind verschiedene Formen und Kombinationen von Differenzierungen zu unterscheiden [13]:

Markendifferenzierung Für betroffene Märkte wird eine Low-Price-Marke eingeführt, die ein qualitativ einfacher gestaltetes Produkt zu einem günstigeren Preis anbietet und so den Imitatoren Marktanteile nimmt.

Qualitätsdifferenzierung Das Produkt wird in der Qualität und Funktionalität den zu bedienenden Markt angepasst, firmiert aber unter der gleichen Marken wie das originale Produkt. Ohne Markendifferenzierung ist dies nur dann empfehlenswert, wenn die Kundengruppen in den verschiedenen Märkten kaum Überschneidungen haben und deshalb nicht durch unterschiedliche Qualitäten der gleichen Marke irritiert werden.

Preisdifferenzierung Das Produkt wird je nach Markt oder Zeitpunkt des Verkaufs zu unterschiedlichen Preisen angeboten, ohne die Qualität des Produktes zu ändern. Dies ermöglicht gleichbleibende Skaleneffekte, wobei die Preisfindung eine adäquate durchschnittliche Rendite erlauben muss.

Shadow Placement Beim sogenannten Shadow Placement wird versucht, ein Produkt bewusst unauffällig im „Schatten" eines Wettbewerbsproduktes zu positionieren ([13], S. 91). Dabei nutzt man den Effekt, dass der Marktführer für viele Imitatoren das attraktivere Imitationsobjekt ist [27].

Um das Shadow Placement einsetzen zu können, ist es erforderlich, dass ein gut positionierter Wettbewerber mit einer mindestens ebenso starken Marktposition existiert. Gleichzeitig muss das Image des Produktes für die Kaufentscheidung von sehr hoher Bedeutung sein, denn dann haben die Imitatoren vor allem Interesse daran, den Marktführer nachzuahmen. Dies erfordert zum Teil eine bewusste Zurückhaltung beim Marketing, so dass es nur bei moderaten Wachstumszielen anwendbar ist.

Mass Customisation Die Imitationsattraktivität eines Produktes lässt sich ebenfalls senken, indem man Produkte aus der Massenproduktion gezielt auf einzelnen Kundenwunsch hin anpasst. Dies wird oft mit dem Begriff Mass Customisation beschrieben.

Die Mass Customisation ist ein im Automobilbau umfassend praktiziertes Konzept. Der Kunde hat zahlreiche Wahlmöglichkeiten für sein Produkt, das in flexiblen Fertigungsanlagen individuell hergestellt wird. Um Mass Customisation zu realisieren, braucht der jeweilige Produzent einen direkten Kontakt zu seinem Endkunden, z. B. über ein Vertriebssystem mit geschulten Händlern, die das Leistungsspektrum erläutern, den Kunden beraten und die individuelle Bestellung in die Produktionssysteme einsteuern können. Da den Produktimitatoren in der Regel der direkte Kundenkontakt fehlt, weil sie ihre Identität nicht preisgeben wollen, und da sie viel Ressourcen in den Aufbau der geeigneten Infrastruktur zur Kundenschnittstelle investieren müssten, ist die Nachahmung individualisierter Produkte für sie nicht attraktiv. Als Imitationsschutz findet die Mass Customisation bereits in der Bekleidungsindustrie Anwendung [13].

Fixkostenintensive Produktionsverfahren Fixkostenintensive Produktionsverfahren widersprechen zunächst dem Bestreben vieler Unternehmen, ihr Kostenstrukturrisiko zu reduzieren. Der Produktimitator hat jedoch, insbesondere wenn er eindeutig illegale Produktfälschungen herstellt – ein sehr viel größeres Kostenstrukturrisiko, da er ständig Gefahr läuft, juristisch verfolgt und gezwungen zu werden, seine Produktion einzustellen. Sollte dies geschehen, muss er Investitionen in für das Produkt spezifische Anlagen oder Werkzeuge abschreiben. Da der Produktfälscher vor allem durch die Möglichkeit hoher Gewinne bei niedrigem Risiko motiviert wird, führt die Verwendung fixkostenintensiver Fertigungsverfahren dazu, dass die Attraktivität des Produktes als Imitationsobjekt deutlich sinkt.

Der Einsatz fixkostenintensiver Fertigungsverfahren hat nur dann Sinn, wenn der Verzicht auf deren Einsatz zu einem signifikanten Nachteil führt – zum Beispiel dadurch, dass das Fertigungsverfahren entweder zu für den Kunden eindeutig erkennbaren Unterschieden führt oder das Produkt ohne das Verfahren gar nicht produzierbar ist.

Fallbeispiel: Fixkostenintensive Verfahren bei Kugelschreibern Für die Produktion der Clips an einem Kugelschreiber setzt ein Markenhersteller ein Sinterverfahren ein, das einen hohen Invest in Anlagen und Prozessentwicklung erfordert. Das Sinterverfahren generiert eine hochwertige, matt schimmernde Oberfläche, die der Endkunde selbst von mit anderen Verfahren erzeugten Fälschungen unterscheiden kann. Der Schutz gegen Nachahmung resultiert zunächst daraus, dass die meisten Imitatoren das benötigte Verfahren nicht identifizieren können. Sollte ihnen dies dennoch gelingen, erfordert das Verfahren so hohe Entwicklungs- und Investitionsaufwände für die Maschinen, dass sie vor einem Einsatz zurückschrecken [13].

10.4.2 Know-How-Aufbau erschweren

Entscheidet sich der potentielle Imitator dennoch dafür, ein Produkt nachzuahmen, gibt es verschiedene Maßnahmen, die es ihm erschweren, das dafür notwendige Know-how aufzubauen. Eine Auswahl der möglichen Ansätze wird im Folgenden vorgestellt.

Chinese Walls Der Begriff Chinese Wall steht als Sinnbild für unüberwindbare Hindernisse. Um Produktimitationen zu verhindern, lassen sich Chinese Walls als bewusst implementierte Informationsbarrieren zwischen verschiedenen organisatorischen Einheiten des Unternehmens oder innerhalb der Supply Chain aufbauen. Dabei werden Ansätze verwendet, wie sie vor allem in militärischen Projekten verwendet wurden, um ein einfaches und vollumfängliches Ausspionieren der Projekte über eine einzelne Informationsquelle zu vermeiden.

Durch das strikte Trennen verschiedener Informationsbereiche wird dabei verhindert, dass eine einzelne Person alle Informationen über das gesamte Projekt hat. Selbst die Personen, welche die Chinese Wall aufbauen, kennen nur die Schnittstellendefinitionen zwischen verschiedenen Informationsbereichen, jedoch nicht die dort erarbeiteten Inhalte.

Chinese Walls können als Maßnahme gegen Produktimitationen an verschiedenen Stellen im Informationsfluss positioniert werden [18]. Ein Ansatz sind Chinese Walls innerhalb des eigenen Unternehmens, beispielsweise zwischen verschiedenen beteiligten Entwicklungsbereichen. Dadurch werden die Folgen von Personalfluktuation und gezielten Abwerbungen minimiert. Außerhalb des Unternehmens können weiterhin entsprechende Informationsbarrieren positioniert werden. Ein Zulieferer wird beispielsweise angewiesen, dass er vorgegebene Rohmaterialien A und B nach einem definierten Prozess verarbeiten soll. Er erhält jedoch keine Informationen über die Spezifikation der Rohmaterialien, die er von einem anderen Zulieferer erhält. Ein solches Vorgehen verwendet beispielsweise Kyocera [5]. Um Chinese Walls in dieser Form einzusetzen, muss das Unternehmen die Möglichkeit haben, den Zulieferer des Rohmaterials selbst auszuwählen und diesen vertraglich daran zu binden, dass er dessen Spezifikation nicht für Dritte zugänglich macht. Ist dies nicht möglich, kann das Unternehmen auch den Rohstoff selbst beschaffen und dem Lieferanten bereitstellen, so dass eine direkte Geschäftsbeziehung zum Rohstofflieferanten besteht.

Eine weitere Möglichkeit für externe Chinese Walls besteht darin, den Lieferanten z. B. eine Komponente produzieren zu lassen, ohne dass dieser die funktionale Einstellung bzw. Feinjustierung (z. B. Aufspielen und Kalibrierung der Steuerungssoftware) vornimmt. Dies wird dann erst in einem eigenen bzw. vertrauenswürdigen Montagewerk vorgenommen. Dadurch fehlt dem Zulieferer die Kenntnis der Know-how-trächtigen Vorgänge der Justierung und Funktionalisierung der Komponenten, so dass er mit seinem Leistungsangebot nicht potentielle Produktimitatoren bedienen kann [18, 28].

Kodifizierung von Dokumenten Die Kodifizierung von Dokumenten bedeutet, dass ihre Herkunft und/oder ihr Einsatzzweck bewusst verschleiert werden [28]. Dazu bestehen verschiedene Möglichkeiten:

- Firmenlogos und Firmenbezeichnung entfernen
- Interne Produktbenennungen statt offizieller Produktnamen verwenden
- Akronyme und Abkürzungen statt Klarnamen verwenden

Geraten kodifizierte Dokumente, wie Zeichnungen, Parameterblätter oder Spezifikationen in die Hände potentieller Imitatoren, so können diese sie nicht vollständig interpretieren und zuordnen [13].

Um kodifizierte Dokumente einzusetzen, ist zunächst zu prüfen, ob ein Einsatz durch Sicherheits- und Zulassungsbehörden nicht eingeschränkt ist. Darüber hinaus kann es möglich sein, dass der Kunde die technischen Dokumente bereits während der Entwicklung einsehen möchte, sie mit dem Produkt erhält oder er auf die namentliche Identifikation besteht – auch in diesen Fällen ist die Kodifizierung nur schwer durchsetzbar. Wie effektiv der Schutzmechanismus ist, hängt vom zusätzlich nötigen Interpretationsaufwand der Unterlagen ab. Wenn der Imitator beispielsweise anhand der unkodierten Fertigungszeichnungen direkt seine Anlagen programmieren kann, ist der Schutz sehr viel bedeutsamer als wenn das Dokument nur einen kleinen Teil der notwendigen Kenntnisse abbildet [13].

Produktaktivierung Die Produktaktivierung ist als Kopierschutz für Software eine bereits etablierte Maßnahme: Bei vielen Software-Produkten muss bei der Installation ein Aktivierungscode eingeben werden, der mit den persönlichen Daten des Anwenders registriert wird. Die Produktaktivierung macht es möglich, dass nur ein sehr kleiner Informationsumfang, nämlich der Aktivierungscode, geschützt werden muss, was in der Regel einfacher ist, als das Wissen über das gesamte Produkt zu schützen. Durch die Verbindung der persönlichen Nutzerdaten mit dem jeweiligen Aktivierungscode ergibt sich eine zusätzliche Disziplinierung des Anwenders, diesen Code nicht weiterzugeben, da er sonst gegen die Nutzungsbedingungen verstößt und dadurch ggf. seine Garantie- und Service-Ansprüche verliert.

Um die Produktaktivierung für physische Produkte anzuwenden, muss man den Begriff etwas weiter fassen: Die Produktaktivierung muss als Maßnahme definiert werden, „die dem berechtigten Nutzer des Produktes einen qualifizierten Informationsumfang bereitstellt, der die volle Funktionalität des Produktes oder die zeitlich dauerhafte Nutzung erst ermöglicht" [13].

Dieser Definition entsprechend lassen sich verschiedene Realisierungen anstreben:

- Eingabe von Aktivierungscodes in einem elektronischen Interface des Produktes
- Mechanische Aktivierung durch eine vom Nutzer durchzuführende mechanische Veränderung des Produktes

Wird die Aktivierung nicht durchgeführt, können folgende Effekte hervorgerufen werden:

- Beschränkung der Leistung des Produktes
- Zeitliche Beschränkung der Produktnutzung
- Provozierte Zerstörung des Produktes, z. B. durch verstärkte Abnutzung

Um die Produktaktivierung sinnvoll einzusetzen, muss das Produkt ein Mindestmaß an Funktionalität aufweisen, die sich gezielt einschränken lässt. Es muss weiterhin möglich sein, dem Nutzer individuell die entsprechende Aktivierungsinformation zukommen zu lassen, und diese vor einer unkontrollierten Verbreitung zu schützen. Dies muss nicht zwangsläufig durch eine Registrierung erfolgen, sondern kann auch dadurch geschehen, dass die Aktivierungsinformation individuell nur auf das von ihm erworbene Exemplar anwendbar ist.

Selbstzerstörungsmechanismen Selbstzerstörungsmechanismen lassen sich als Schutz vor dem Reverse Engineering eines Produktes einsetzen. Sie bewirken eine dauerhafte Zerstörung des Produktes oder wesentlicher Komponenten, sobald versucht wird, diese zu zerlegen [13].

Folgende Mechanismen sind denkbar, die eine Selbstzerstörung verursachen:

- Programme & Steuerungen löschen
- Rapide mechanische Alterung,

z. B. Einbau eines Bauteils aus stark korrosivem Material unter Schutzgaseinschluss, so dass beim Öffnen des gasdichten Gehäuses die Funktion durch Korrosion zerstört wird.

Auslösen lässt sich eine solche Selbstzerstörung durch verschiedene Signale:

- Taster an Gehäuseteilen, die beim Abheben des Gehäuseteils ausgelöst werden
- Lichtschranken, die ein Entfernen eines Teils oder Eindringen von Fremdkörpern (z. B. Werkzeug) registrieren
- Drucksensoren in mit Überdruck beaufschlagten Gehäuseteilen
- Photosensoren, die auf von außen eindringendes Licht reagieren

Solche Mechanismen lassen sich selbstverständlich nur in solchen Komponenten installieren, die der Endnutzer bei sachgemäßer Verwendung nie zerlegt, die der Imitator jedoch zerlegen muss, um ihre Funktion zu verstehen.

Black Boxes Black Boxes erschweren die Analyse des Produktes, indem bestimmte Funktionen des Produktes so gekapselt werden, dass ein Reverse Engineering stark erschwert bzw. unmöglich gemacht wird. Dabei lassen sich zum Einen funktionale Black Boxes verwenden, bei denen eine bedeutende Produktfunktion in eine nicht analysierbare Einheit integriert wird, ohne die das Produkt nicht funktionsfähig ist [29]. Zum Anderen kann man mit einer so genannten Fake Black Box die Existenz einer funktionalen Black Box vortäuschen, d. h. das gekapselte Element ist eine Attrappe, die den potentiellen Imitator veranlasst, das Reverse Engineering abzubrechen.

Funktionale Black Boxes werden vor allem im Bereich von elektronischen oder digitalen Elementen eingesetzt, die sich nicht durch Reverse Engineering analysieren lassen. Elektronische Bauelemente, die hier eingesetzt werden, sind beispielsweise CPLD, PLD oder PsoC.

Fake Black Boxes sollen den Eindruck erwecken, dass tatsächlich eine funktionale Black Box vorliegt. Also muss sie vor allem die äußerlichen Eigenschaften aufweisen (z. B. elektrische Anschlüsse, Druckleitungen etc.). Dass es sich um eine Fake Black Box handelt, wird ein engagierter und gut ausgebildeter Ingenieur sicher mit einigem Aufwand herausfinden, so dass die Wirkung sich eher bei niederqualitativen Imitatoren entfaltet [13].

10.4.3 Produktion der Imitationen erschweren

Hat der Imitator es dennoch geschafft, das notwendige Know-how über das Produkt zu erlangen, kann man ihm sein Vorhaben noch erschweren, indem man die Komplexität der Produktion der Imitationen erhöht.

De-Standardisierung Für viele technische Basisbauteile existieren Standards, die gewährleisten, dass Komponenten einfach austauschbar sind und in erwartungsgemäßer Qualität extern zugekauft werden können. Für die Produktentwicklung ist es ein oft angestrebtes Ziel, eine hohe Quote dieser Standardkomponenten zu erzielen, da diese geringen Aufwand im Design und geringe Kosten in der Beschaffung bedeuten. Diese Tatsache erleichtert für die Imitatoren die Zusammenstellung ihres Produktes, da sie viele der Bauteile extern einkaufen können [13].

Die De-Standardisierung von Bauteilen zielt deshalb darauf ab, einzelne zentrale Komponenten nicht aus Standardteilen aufzubauen, sondern bewusst Bauteile zu verwenden, die für den Imitator nicht frei am Markt verfügbar sind oder bei denen er nicht erkennt, dass sie von den üblichen Marktstandards abweichen. Dabei gibt es zwei verschiedene Ansätze zur De-Standardisierung.

Beim ersten Ansatz kommt die De-Standardisierung so zum Einsatz, dass der Imitator die de-standardisierte Komponente nicht als solche erkennt, da diese nur geringfügig von Standardeigenschaften abweicht. Er nimmt also an, dass es sich um eine Standardkomponente handelt, gestaltet aber deren Schnittstellen identisch zum Originalprodukt. Die Abweichungen der de-standardisierten Komponenten müssen nun so gestaltet sein, dass sie zu einer deutlichen Verschlechterung der Funktionalität führen, z. B. indem bei einem Wälzlager aus einer Spielpassung eine Presspassung wird und dadurch die Führungsgenauigkeit und Lebensdauer des Lagers abnimmt. Diese Vorgehensweise ist fast nur bei Produzenten sklavischer Kopien sinnvoll, da diese die Konstruktion des Originals in der Regel originalgetreu übernehmen.

Beim zweiten Ansatz ist es noch nicht einmal problematisch, dass der Imitator eventuell erkennt, dass die Komponente de-standardisiert ist. Dies ist dann möglich, wenn es für die Komponente keinen externen Markt gibt. In diesem Fall wird er die Komponente nach eigener Spezifikation fertigen oder fertigen lassen, was für ihn einen entsprechenden Mehraufwand, und dabei vor allem Fixaufwände, bedeutet.

Ein externer Markt existiert beispielsweise auch dann, wenn die entsprechende Komponente als Ersatz- oder Verschleißteil regelmäßig ausgetauscht wird. Um hier weiterhin einen Fremdbezug der entsprechenden Komponente zu verhindern, muss sich der Originalproduzent als exklusiver Lieferant der Komponente positionieren oder einen möglichen Ersatzteillieferanten vertraglich auf exklusive Lieferung an ihn zu verpflichten.

Fast jede De-Standardisierung wird in der Realität zu einer Kostensteigerung führen, da Standardkomponenten höhere Skaleneffekte erreichen. Deshalb ist im jeweiligen Anwendungsfall zu untersuchen, ob die zusätzlichen Aufwände den Nutzen rechtfertigen.

Fallbeispiel: Schmiermittel in Textilmaschinenspindeln Ein Hersteller von Texturiermaschinen und Spinnanlagen für synthetische Fasern verwendet in seinen Spindeln ein Spezialfett zur Schmierung, das über die Lebensdauer der Spindel nicht ausgetauscht werden muss. Das Fett ist zwar sehr teuer, reduziert jedoch die Gesamtkosten der Spindeln über den Lebenszyklus. Die Imitatoren der Produkte waren anfangs nicht fähig, einen Unterschied beim Fett überhaupt festzustellen, so dass die Lebensdauer der Imitationen im Vergleich drastisch reduziert war. Als die Imitatoren den Unterschied im Fett schließlich erkannten, schafften sie es nicht, das Fett am Markt zu beziehen, und mussten weiterhin auf ein Konzept des regelmäßigen Schmiermittelaustausches setzen, so dass das Alleinstellungsmerkmal des Originalproduktes aufrecht erhalten werden konnte [30].

Erhöhung der Leistungsdichte Die Erhöhung der Leistungsdichte für ausgewählte Komponenten führt dazu, dass die technischen Fähigkeiten des Imitators nicht mehr ausreichen, um eine Komponente in dieser Leistungsfähigkeit zu reproduzieren. Deshalb lässt sich diese Erhöhung der Leistungsdichte im Produkt nur einsetzen, wenn man mit hoher Wahrscheinlichkeit sagen kann, dass der Imitator dieses Leistungsniveau nicht nachvollziehen und auch die entsprechenden Komponenten nicht extern einkaufen kann.

Eigenentwicklung von Betriebsmitteln Werden Betriebsmittel selbst entwickelt, erschwert man dem Imitator die Produktion der Imitationen, da er das entsprechende Know-how nicht über die Beschaffung von Fertigungsanlagen bei Maschinenlieferanten einkaufen kann. Die Eigenentwicklung und konsequenterweise auch der Eigenbau der Betriebsmittel können dieses Risiko minimieren und die Eintrittsbarrieren für den Imitator erhöhen. Auch die Veränderung von Standardmaschinen ist denkbar, solange man sicherstellen kann, dass diese Veränderung nicht von Externen nachvollziehbar ist.

Sinnvoll ist die Eigenentwicklung von Betriebsmitteln nur dann, wenn das Betriebsmittel signifikanten Einfluss auf die relevanten Produkteigenschaften besitzt und das Verfahren nicht in der entsprechenden Qualität am Markt erwerbbar ist [13].

Rohmaterialien rationieren Um die Produktionsmenge eines Auftragslieferanten zu kontrollieren, lässt sich neben der vertraglichen Verpflichtung, die schwerer zu kontrollieren ist, auch eine Rationierung der zur Produktion notwendigen Rohmaterialien einsetzen. Dafür ist vorauszusetzen, dass das Rohmaterial für den Lieferanten nicht auf dem freien Markt zu beschaffen ist – dies kann auch dann der Fall sein, wenn er die exakte Spezifikation nicht kennt. Das Rohmaterial wird dem Lieferanten in einer Menge bereitgestellt, die der Lieferant für die vereinbarten Produktionsmengen braucht. Dies müssen nicht zwangsläufig Rohmaterialien sein, die in die Komponente selbst eingehen, sondern können auch Ergänzungen wie Kennzeichnungsmerkmale (z. B. Hologramme) sein. Über Verwendungsnachweise, die auch Ausschuss beinhalten, lässt sich so effektiv verhindern, dass neben den gewünschten Volumina weitere Umfänge produziert und eventuell an Imitatoren verkauft werden [13].

10.4.4 Vermarktung der Imitationen erschweren

Anbieten von Produktbündeln Imitatoren orientieren sich bei ihrem Angebot oft nur an den umsatzstarken Produktvarianten des Originalherstellers. Dies kann der Originalhersteller nutzen, indem er seine Produkte aktiv miteinander vernetzt. Wenn er, statt allein stehende Produkte anzubieten, ein Produktsystem mit übergreifender Funktionalität aufbaut, das aus ineinander integrierbaren Produkten besteht, bietet er dem Kunden einen Mehrwert, der ihn von den Imitationsanbietern differenziert [5, 13, 18].

Das Vernetzen der verschiedenen Produkte muss dabei auf Kompetenzen aufbauen, die dem Imitator nicht oder nur zu höheren Kosten zur Verfügung stehen. Damit die Produktbündel ihre Wirkung entfalten, muss der Kunde Original und Imitation unterscheiden können. Das Vorgehen ist also bei sklavischen Kopien nicht anwendbar [13].

Erweiterte Lebenszyklusleistungen Erweiterte Lebenszyklusleistungen haben wie die Produktbündel das Ziel, dem Kunden ein ergänzendes Angebot zu machen, das für den Imitator schwer bereitzustellen ist [31]. Während Produktbündel das Leistungsangebot auf sachlicher Ebene ausdehnen, werden bei erweiterten Lebenszyklusleistungen die Leistungen in zeitlicher Ebene ausgeweitet.

Denkbare Ansätze für erweiterte Lebenszyklusleistungen sind (s. Abb. 10.5) [13]:

- Garantiezeiträume verlängern [32]
- Ersatzteilverfügbarkeit garantieren [33]
- Kundendienst erweitern (Instandhaltung, Produktivitätsgarantien) [32]

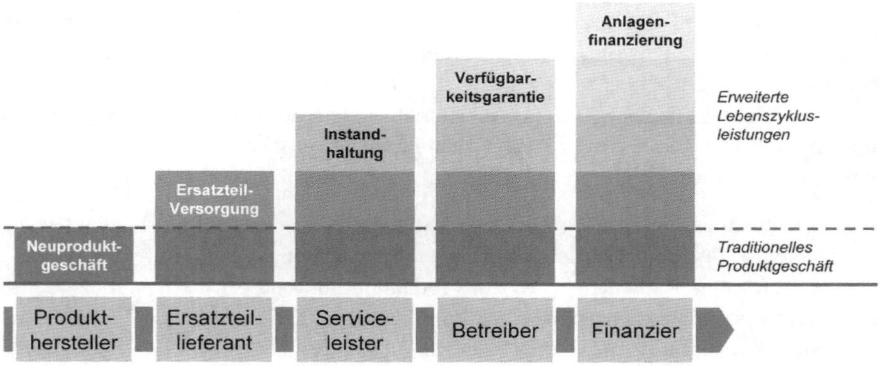

Abb. 10.5 Stufen erweiterter Lebenszyklusleistungen nach SFAT; Montanus (2005) [32]

- Produkte in die Wertschöpfungskette des Kunden integrieren [33]
- Finanzierungsdienstleistungen für Produkte anbieten (z. B. Leasing) [32]

Produkt- und Komponentenidentifikation Merkmale, die eine eindeutige und ggf. auch gerichtssichere Identifikation von Produkten oder deren Teilen durch spezielle Kennzeichnungen ermöglichen, sind die bisher am weitesten verbreiteten nicht-rechtlichen Schutzmaßnahmen. Möglich sind dabei versteckte Kennzeichnungen, die der Imitator nicht erkennt (aber dann auch vom Kunden nicht verifiziert werden können), oder offensichtliche Kennzeichnungen, die jedoch für den Imitator nicht nachzuahmen oder anderweitig beschaffbar sind [13].

Die Produktkennzeichnungen bringen den Vorteil, dass nur noch ein sehr kleiner Bestandteil des Produktes geheim gehalten oder vor Nachahmung zu schützen ist. Darüber hinaus muss dieses Merkmal nicht zwangsläufig in das Produkt integriert sein, sondern kann nachträglich appliziert werden und stellt damit keinen signifikanten Eingriff in die Produktarchitektur dar.

Bei den Identifikationsmerkmalen existieren Varianten, die für alle verkauften Produkte identisch sind, sowie für Gruppen (z. B. Chargen) oder sogar Einzelstücke individualisierte Kennzeichnungsmerkmale. Bei hoch individualisierten Merkmalen lassen sich entsprechend auch Informationen zu vorgesehenen Märkten oder sogar Kunden für das Produkt nachvollziehen.

Darüber hinaus gibt es Systeme, die sich autark, das heißt ohne Zugang zu einer Datenbank, verifizieren lassen, während andere die Verifikation anhand einer zentralen Datenquelle vollziehen. Letzteres hat den Vorteil, dass eine Doppelverwendung eines identischen Merkmals (z. B. einer Seriennummer) aufgedeckt werden kann.

Um die Kennzeichnungsmerkmale sinnvoll einzusetzen, muss sichergestellt werden, dass man nach der Auslieferung eines Produktes einen Akteur – sei es der Großhandel, die Logistik, oder den Kunden – dazu motivieren kann, das entsprechende Produktmerkmal zu überprüfen. Sollte dies nicht der Fall sein, hat man nur mit im Markt eingesetzten Agenten die Möglichkeit, eventuelle Imitationen zu identifizieren und Gegenmaßnahmen zu ergreifen. Effektiv kann diese Kontrolle nur dann sein, wenn nach dem letzten Kontrollpunkt kein sinnvolles Einschleusen von Imitationen in den Markt mehr möglich ist [13].

10.4.5 Zusammenarbeit mit Imitatoren

In manchen Fällen ist es sinnvoller, nach dem Motto „If you can't beat them, join them!" vorzugehen, und sich den Imitator zum Partner zu machen. Auf diese Weise sichert sich der Originalhersteller einen Gewinnanteil des Imitators und reduziert so seinen Schaden.

Folgende Möglichkeiten bestehen, mit dem Imitator zusammenzuarbeiten:

- Gewerbliche Schutzrechte lizenzieren
- Standards aktiv vermarkten
- Direkt mit Imitatoren kooperieren

Stellt man beispielsweise fest, dass ein Imitator eigene gewerbliche Schutzrechte verletzt, kann man ihm diese gegen finanzielle Kompensation in Lizenz anbieten. Auf diesem kooperativen Niveau lässt sich in der Regel auch vereinbaren, dass die Produkte des Imitators sich deutlicher vom Original differenzieren und damit nicht mehr einer so großen Verwechslungsgefahr unterliegen. Ein solches Angebot werden vor allem diejenigen Imitatoren begrüßen, welche die Imitation ohnehin nur als Evolutionsstufe auf dem Weg zu eigenständigen Produkten begreifen.

Standards zu vermarkten ist im Prinzip eine Erweiterung des Adressatenkreises für ein Lizenzangebot. Wer sich als Technologieführer im Markt positioniert, kann verwendete Standards im Markt in wesentlichen Dingen gestalten und die Nutzung von Standards durch Dritte an bestimmte Bedingungen knüpfen, indem er sie offen lizenziert, d. h. jeder der möchte kann den Lizenzvertrag akzeptieren. Auf diese Weise ergeben sich für den Originalhersteller auch Komplementäreffekte, da sein Standard eine größere Marktmacht realisiert.

Direkt mit einem Imitator zu kooperieren, z. B. in einem Joint Venture, bietet sich an, wenn der Imitator das Potential erkennen lässt, dass er die Qualitätsstandards des Originalherstellers erfüllen kann [23, 34]. Durch die Kooperation hat der Imitator ein Interesse, im von ihm bedienten lokalen Markt weitere Imitatoren von ihren Aktivitäten abzuhalten. Dies wird ihm wegen seiner lokalen Präsenz in der Regel deutlich besser und effizienter gelingen, als dies dem Originalhersteller möglich ist, da er aus eigener Erfahrung die Praktiken der Imitatoren kennt und in die nationale Infrastruktur wie z. B. Interessensverbände integriert ist.

10.5 Vorgehen zum Schutz

Nachdem nun verschiedene Ansätze vorgestellt wurden, mit denen sich ein Schutz vor Produktimitationen realisieren lässt, stellt sich die Frage, wie man zum am besten geeigneten Schutzmechanismus für die eigenen Produkte oder das Produktspektrum gelangt.

Dazu soll im Folgenden ein Vorgehen beschrieben werden, das ausgehend von einer Gefährdungsanalyse beschreibt, wie sich geeignete Schutzmaßnahmen systematisch identifizieren lassen.

10.5.1 Gefährdungsanalyse

Die Gefahr für ein Unternehmen, Opfer von Produktimitatoren zu werden, wird von zahlreichen Faktoren beeinflusst. Zunächst einmal muss sich das Unternehmen ein Bild darüber verschaffen, wie der für seine Produkte typische Imitator sich hinsichtlich seiner Technologiestrategie, der bedienten Märkte, der Qualitätsposition und des Know-how-Aufbaus positioniert (s. Abb. 10.6). Hat man hier ein oder mehrere Profile entwickelt, lässt sich durch den Abgleich mit den Typprofilen für die 4 Imitationstypen identifizieren, welche Imitationstypen in ihrem Auftreten am wahrscheinlichsten sind.

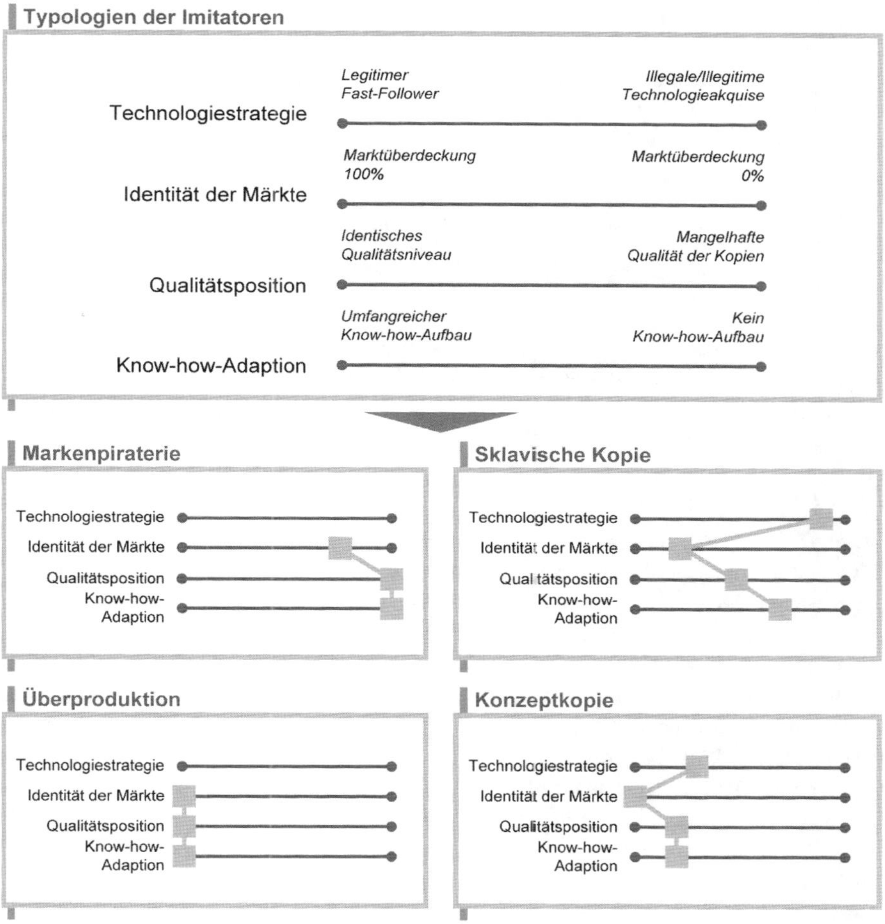

Abb. 10.6 Typen von Imitatoren und Profile in den Imitationskategorien [13]

Unterschieden werden dabei vier verschiedene Dimensionen: Bei der Technologiestrategie wird zwischen den beiden Polen des legitimen Fast-Followers und des illegalen Akteurs unterschieden. Die Identität der Märkte beschreibt, inwieweit die potentiellen Imitatoren die gleichen Märkte und Kunden adressieren wie der Originalhersteller. Dies gilt sowohl geographisch als auch hinsichtlich der vertikalen Positionierung des Produktes (z. B. Premium vs. Massenmarkt). Die objektive Qualitätsposition des Produktes rangiert vom ebenbürtigen Produkt bis zu mangelhaften Kopien. Der Grad der Know-how-Adaption beschreibt schließlich, inwieweit der Imitator ein Interesse am Erlernen der neuen Technologien und damit an seiner eigenen Weiterentwicklung besitzt, oder ob ihm das notwendige Mindestmaß zum Produzieren der Imitation ausreicht.

Produktimitatoren sind dabei vor allem durch die Tatsache motiviert, dass sie durch Kostenvorteile eine sehr hohe Marge realisieren können, selbst dann, wenn sie ihr Pro-

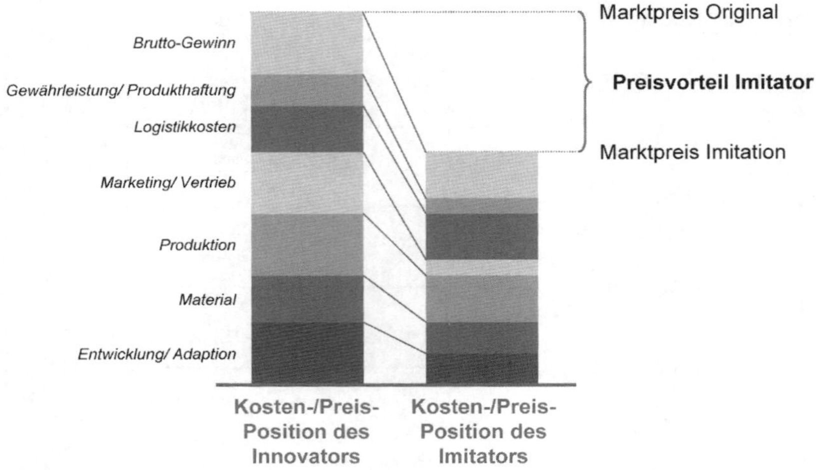

Abb. 10.7 Kostenbestandteile von Innovator und Imitator [13]

dukt deutlich niedriger bepreisen als das Original. Deshalb sollte zunächst eine Analyse der Kostenposition erfolgen, um die Attraktivität der eigenen Produkte für eine Imitation bewerten zu können. Aus dieser Bewertung ergibt sich die Wahrscheinlichkeit, mit der die untersuchten Produkte von Produktpiraterie betroffen sein könnten.

Die Produktkosten ergeben sich aus Entwicklungskosten, Materialkosten, Produktionskosten, Marketing- und Vertriebskosten sowie Logistikkosten. Gewährleistungskosten und Produkthaftungskosten werden in der Regel nicht auf das einzelne Produkt umgelegt. Da sie aber einen Teil des Kostenvorteils des Imitators ausmachen, sollten sie bei der Analyse auf das Produkt umgelegt werden (s. Abb. 10.7).

Die Unterschiede zum Imitator ergeben sich dadurch, dass ihm keine Entwicklungskosten anfallen, sondern Adaptionskosten, die er für das Reverse Engineering, die Informationsbeschaffung o. ä. aufwenden muss. Diese variieren je nach Aufwand deutlich in der Höhe, liegen jedoch in der Regel um Größenordnungen niedriger als die Entwicklungskosten des Originalherstellers [13].

Zu welchem Maß der Innovator diese Kostenblöcke aufwenden muss, variiert abhängig davon, welche Form der Produktimitationen er produziert. Eine einfache Indikation für die genannten Kostengruppen in Abhängigkeit vom Imitationstyp ist in Abb. 10.8 dargestellt. Für verschiedene Szenarien lässt sich so ein Indiz dafür ermitteln, wie die Kostenposition des Imitators aussieht. Daraus lässt sich mit der Kenntnis von Preis- und Marktmechanismen der jeweiligen Branche identifizieren, welche Preisposition ein Imitator anstreben wird, welche Qualität er dafür anbieten kann und inwieweit sich dies auf die Marktanteile auswirkt.

Neben der eher quantitativ orientierten Analyse spielen auch einige qualitative Kriterien eine Rolle, die einen Einfluss auf die Auftretenswahrscheinlichkeit von Imitationen haben. Dabei lassen sich verschiedene Eigenschaften von Markt, Produkt und Prozess unterscheiden, die negativen (−) oder positiven (+) Einfluss auf die Imitationswahrschein-

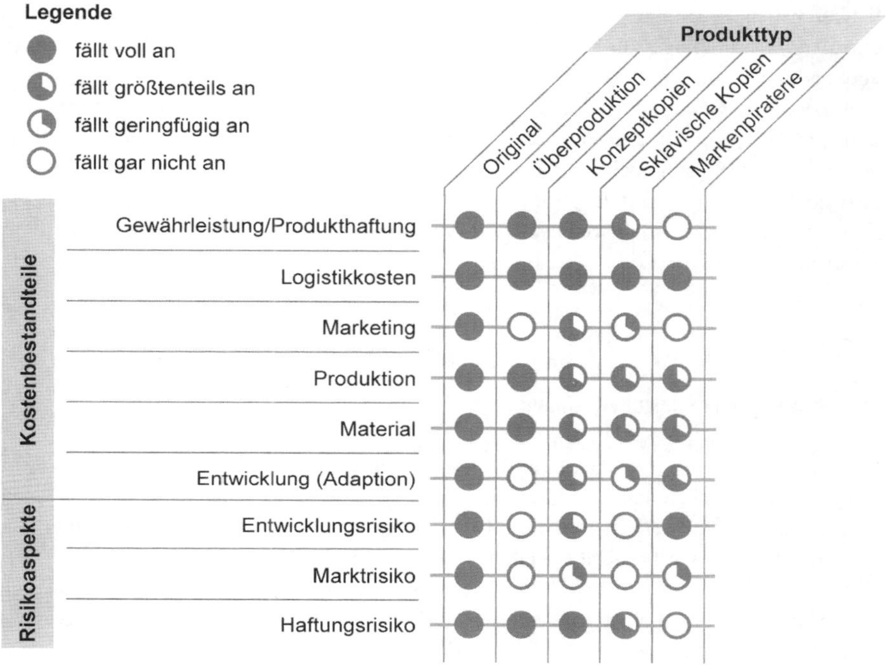

Abb. 10.8 Vergleich der Kosten- und Risikoposition von Innovator und Imitator [13]

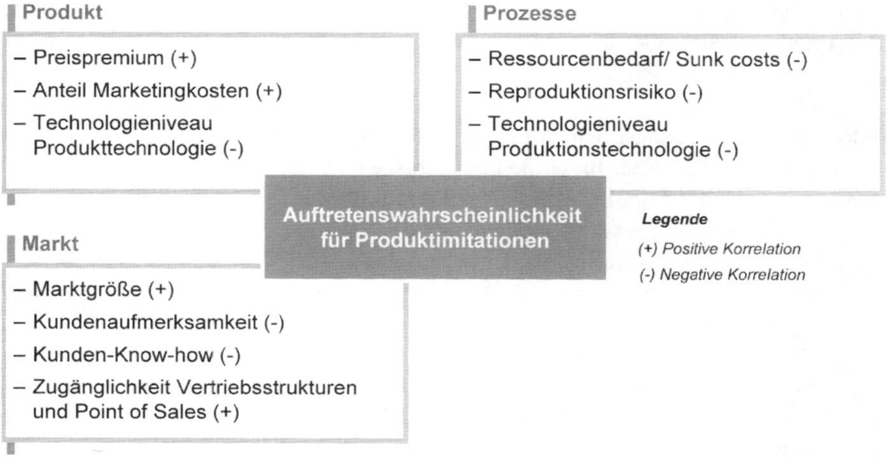

Abb. 10.9 Einflussfaktoren auf die Auftretenswahrscheinlichkeit von Imitationen [13]

lichkeit haben. Diese sind zusammenfassend in Abb. 10.9 zusammengefasst und können in einer Argumentenbilanz zur Feinjustierung der aus der Kostenposition ermittelten Risiken verwendet werden.

Eine solche Gefährdungsanalyse kann aufgrund der zahlreichen ungewissen Informationen in der Regel nur eine allgemeine Indikation liefern, inwieweit die eigenen Produkte gefährdet sind. Es soll auch nicht das Ziel sein, hier ein quantifiziertes monetäres Risiko zu beziffern; vielmehr regt das strukturierte Vorgehen die Fantasie an, an welchen Punkten sich ein Unternehmen Gefahren ausliefert und ermöglicht entsprechend auch ein breiteres Spektrum an Antworten.

10.5.2 Auswahl geeigneter Schutzmaßnahmen

Um für die gefährdeten Produkte des Unternehmens geeignete Schutzmaßnahmen auszuwählen, spielen neben den individuellen Voraussetzungen der verschiedenen Maßnahmen auch einige allgemeine Kriterien eine Rolle, die bereits in der Zielsetzung der Unternehmen beschrieben wurden: Unternehmen wollen einen Cash-flow-Verlust vermeiden, der sich durch den Markteintritt eines Imitators ergibt. Darüber hinaus versuchen sie, durch die Schutzmaßnahmen einen Imageverlust abzuwenden. Als letztes Ziel gilt es, unberechtigte Produkthaftungsklagen abzuwenden. Diese treten auf, wenn ein aufgrund von Qualitätsmängeln versagendes Imitat fälschlicherweise dem Originalhersteller zugeschrieben und dieser für Schadensersatz in Anspruch genommen werden soll.

Die beschriebenen Schutzmechanismen eignen sich in unterschiedlicher Weise, diese Ziele zu erfüllen. Eine zusammengefasste Einstufung dazu ist in Abb. 10.10 dargestellt.

Auf Basis der individuellen Ziele des Unternehmens kann hieraus eine erste Priorisierung abgeleitet werden. Anschließend ist zu prüfen, ob sich die einzelnen, abstrakten Schutzmaßnahmen für die eigenen Produkte, auch vor dem Hintergrund des Marktes und der Wettbewerbssituation, anwendbar sind und sich vor allem auch technisch zu akzeptablen Kosten realisieren lassen.

Das Ergebnis dieses Vorgehens ist nun ein Portfolio von Schutzmechanismen für einzelne Produkte. Oft jedoch sind die Produkte über ihr zugrunde liegendes Know-how miteinander verknüpft, woraus für die Kombinierbarkeit bestimmte Einschränkungen entstehen können, z. B. lässt sich nicht für ein Produkt eine Patentierung anstreben, wenn für das gleiche Know-how bei einem anderen Produkt eine Geheimhaltung erforderlich ist. Diese Konflikte lassen sich nur in einer Gesamtschau bereinigen.

Das beschriebene Vorgehen und die Schutzmaßnahmen sollen ein Ideengeber sein und die kreative Energie der innovativen Unternehmen anregen, wie sie mit Innovationen nicht nur nach vorne schreiten können, sondern auch, wie sie mit intelligenten und kreativen Taktiken ihr Voranschreiten auch nach hinten, gegen die nachfolgenden Imitatoren, absichern. Dieser Wettbewerb ist nicht statisch, sondern verändert sich laufend; genauso wird es die Aufgabe der Unternehmen bleiben, über neue Lösungen zum Schutz von Innovationen nachzudenken, solange das Problem der Achtung und Anerkennung geistigen Eigentums nicht gelöst ist.

Abb. 10.10 Überblick über Schutzmechanismen und deren Wirksamkeit [13]

10.6 Zusammenfassung

Innovation funktionierte bisher, weil es einen anerkannten Konsens gab: Das Recht auf geistiges Eigentum liegt in den Händen des Urhebers. Selbst wenn dieses Recht in einzelnen Fällen missachtet wird, herrscht Einigkeit darüber, dass dieses Verhalten nicht dem Ehrenkodex innovativer Unternehmen entspricht.

Seit einigen Jahren erfahren Unternehmen, dass nicht alle Wettbewerber auf dem globalen Markt sich diesen Spielregeln unterordnen. Allein das asiatische Sprichwort „Die Kopie ehrt den Meister“ lässt erahnen, dass wir es hier weniger mit einer Regelverletzung, sondern eher mit einem völlig anderen Spielverständnis zu tun haben. Während Europa angesichts der „Dominanz der besseren Lösung“ vor den Erfolgen der Konkurrenz aufgibt, scheuen Produzenten in Asien nicht die Imitation der besseren Lösung in der Rolle des parasitären Trittbrettfahrers.

Wer nach einer verbesserten Durchsetzung von Patenten und anderen gewerblichen Schutzrechten ruft, hat nicht erkannt, dass das Spiel neuen Regeln folgt und Patente somit oft ein stumpfes Schwert sind. Unternehmen müssen ihre Innovationskraft dafür nutzen, ihre eigenen Ergebnisse zu schützen, indem sie raffinierte Protektionsmechanismen entwickeln, die eine Imitation ihrer Produkte verhindern.

Dazu zählen sowohl zahlreiche technische Lösungen, wie z. B. künstliche Erzeugung von Komplexität durch gekapselte elektrische Schaltungen oder zeitabhängige Steuerungen mit „Verfallsdatum“, aber eben auch Maßnahmen der Wettbewerbsgestaltung: Wirksame Eintrittsbarrieren lassen sich auch durch Erweiterung des Wertschöpfungskettensegmentes, durch das Angebot zusätzlicher kundenspezifischer Leistungen, Chinese Walls innerhalb der Supply Chain oder die exklusive Verpflichtung von Zulieferern realisieren. Der Fantasie und damit vor allem der eigenen Innovationskraft sind dabei keine Grenzen gesetzt. Mit gezielten, systematischen Anstrengungen können Unternehmen sich der Gefahr, von nicht regelkonform agierenden Wettbewerbern angegriffen und ihres teuersten Gutes beraubt zu werden, entziehen.

Literatur

1. Canon Deutschland: Beschlagnahmung von 20.000 gefälschten Canon Kameras in ganz Europa. http://www.canon.de/about_us/news/corporate_releases/corp_de_10_10_2003_02.asp. Zugegriffen: 31. März 2005
2. Gärtner, M.: Stute aus Wachs statt Coca-Cola. Handelsblatt – Karriere und Management, S. 2. 13. Mai 2005
3. Maschinen Markt: Theorie und Praxis. http://www.maschinenmarkt.de/fachartikel/druck/mm_fachartikel_druck_1586738.html. Zugegriffen: 8. Dec 2004
4. SPIEGEL-ONLINE: Produktpiraterie. Fälscher des banalen Alltags. http://www.spiegel.de/wirtschaft/01518287963,00.html. Zugegriffen: 25. Feb 2004
5. Anand, B., Galetovic, A.: Stoppt die Ideendiebe. Harv. Bus. Manag. 72–85 (Mai 2005)
6. Wagner, W.: Null Abweichungen. Spiegel 7/2005. 14. Feb 2005
7. Bundesdruckerei: Gegen Produktpiraterie: Bundesdruckerei und Loewe kooperieren beim Produkt- und Markenschutz. Bundesdruckerei. 16. Dec 1999, URL: http://www.bundesdruckerei.de/de/presse/pressearchiv/1999/p12_16_1999.html [Stand: 29.03.2005]
8. SPIEGEL-ONLINE: Globalisierung: Die Spur der Säge. Spiegel. http://www.spiegel.de/spiegel/01518,druck-458272,00.html. Zugegriffen: 10. Jan 2007
9. Schepp, M.: Gefährlicher Traum vom Wirtschaftswunder. stern.de. http://www.stern.de/wirtschaft/unternehmen/meldungen/index.html=?527932. Zugegriffen: 08. Dec 2004 (4. Aug 2004)
10. Jolly, D.R., von Zedtwitz, M.: Rezepte gegen allzu findige Raubkopierer. io New Manag. **5**, 25–29 (2005)
11. Müller, O., Dorfs, J.: Interview Reliance: „Indiens Modell wird die Welt verändern“. Interview mit Nikhil Meswani, Executive Director von Reliance Industries. Handelsblatt.com. http://www.handelsblatt.com/pshb?fn=relhbi&sfn=biz_cn_archiv_artikel&SH=2eb9232130917099d84d6013804e2e&dk=1 (2005). Zugegriffen: 14. Aug 2005 (11. Aug 2005)
12. Handelsblatt: Bharat Forge fordert ThyssenKrupp heraus. Mit deutscher Technik und indischen Kosten zum Weltmarktführer für Schmiedeteile. Handelsblatt, S. 12. 9. Aug 2005

13. Neemann, C.W.: Methodik zum Schutz gegen Produktimitationen. Diss. RWTH Aachen. Shaker, Aachen (2007)
14. Neemann, C.W., Schuh, G.: Technology knowledge protection: promoting innovators, discouraging imitators. In: Proceedings of the 14th International Conference on Management of Technology, Vienna, 22.–26. Mai 2005
15. EU Taxation and Customs Union: Counterfeiting & Piracy – The Economic Consequences. http://europa.eu.int/comm/taxation_customs/customs/counterfeit_piracy/counterfeit1_en.htm. Zugegriffen: 06. Aug 2004
16. Oldag, A.: Milliardengeschäft mit Plagiaten. Süddeutsche Zeitung, S. 20. 16. Feb 2005
17. Produktion: Produktpiraterie: Nachahmer werden immer dreister. http://www.produktion.de/produktion/story/2005/6/index.php. Zugegriffen: 18. Feb 2005
18. Fuchs, H.J. (Hrsg.): Piraten, Fälscher und Kopierer. Strategien und Instrumente zum Schutz geistigen Eigentums in der Volksrepublik China. Gabler, Wiesbaden (2006)
19. INA Press Office: Vorsicht Fälschung! Produktpiraterie kann Leben gefährden. http://www.ina.com/inaweb/de!viewpress/20050127/800077_de_de. Zugegriffen: 20. Juli 2005 (27. Jan 2005)
20. Paradise, P.R.: Trademark Counterfeiting, Product Piracy, and the Billion Dollar Threat to the U.S. Economy. Quorum, Westport (1999)
21. F.A. Brockhaus Verlag (Hrsg.): Fälschung. Brockhaus Enzyklopädie in 24 Bänden, 19. Aufl., Bd. 7, S. 87. F.A. Brockhaus Verlag, Mannheim (1998)
22. F. A. Brockhaus Verlag (Hrsg.): Plagiat. Brockhaus Enzyklopädie in 24 Bänden, 19. Aufl., Bd. 17 S. 209. F. A. Brockhaus Verlag, Mannheim (1998)
23. Wölfel, T.: Marken- und Produktpiraterie. Eine Studie zu Erscheinungsformen und Bekämpfungsmöglichkeiten.ibidem, Stuttgart (2003)
24. Universidad de Alicante: Intellectual Property Rights (IPR) Helpdesk. http://www.ipr-helpdesk.org/controlador/principal?seccion=principal&len=de. Zugegriffen: 12. Nov 2006
25. World Intellectual Property Organisation: Acquiring utility models. http://www.wipo.int/sme/en/ip_business/utility_models/where.htm. Zugegriffen: 08. Aug 2005
26. Dobelke, W.: Markt- und Entwicklungsrisiken richtig einschätzen. In: Tagung „Unternehmerische Risiken intelligent managen". Stiftung Industrieforschung, Köln, 15. Juni 2006
27. Hoffbauer, A., Rinke, A.: Die Chinesen kopieren nur die Besten. Handelsblatt **39**, 6(2006) (23. Feb. 2006)
28. BDI, BGA, BdB, DIHK, OAV. (Hrsg.): Asien-Pazifik-Ausschuss der Deutschen Wirtschaft: Technologietransfer nach China: Leitfaden für Unternehmen. von BDI, BGA, BdB, DIHK, OAV (2006)
29. John, N.: Geistiges Eigentum schützen. Elektronik Praxis, 02/2004. http://www.elektronikpraxis.de/fachartikel/druck/ep_fachartikel_druck_1125633.html. Zugegriffen: 6. Jan 2005
30. Schulenburg, M.: Deutschlandfunk – Kampf den Produktpiraten. Ingenieure rüsten auf zum Schutz gegen Ideenklau. Interview mit Heiner Kudrus, Christoph Neemann und Günther Schuh. Forsch. Aktuell. 6. Juli 2006
31. Maschinen Markt: After-Sales-Service: Globale Herausforderung für China. http://www.maschinenmarkt.de/fachartikel/druck/mm_fachartikel_druck_3407979.html. Zugegriffen: 3. Sept 2006
32. Sfat, R., Montanus, S.: Zukunftsperspektiven im After-Sales-Geschäft. Z. Wirtsch. Fabrikbetr. (ZWF) **100**(9), 517–519 (2005)
33. Blaeser-Benfer, A.: Maßnahmen zur Aneignung der Innovationsrendite – eine transaktionskostentheoretische Betrachtung (am Beispiel innovativer deutscher Unternehmen), RKW, Eschborn (2005). http://www.bundesdruckerei.de/de/presse/pressearchiv/1999/p12_16_1999.html. Zugegriffen: 29. März 2005
34. Dietz, D.: Produktpiraten geraten zunehmend in Bedrängnis. Lebensm. Z. **3**, (2005) (21. Jan 2005 Beilage Nonfood Trends 01/05)

Technologiebewertung 11

Christoph Haag, Günther Schuh, Jennifer Kreysa
und Kristin Schmelter

Kurzüberblick Technologiebewertung bezeichnet die Beurteilung einer Technologie vor dem Hintergrund unterschiedlicher Kriterien in verschiedenen Entscheidungssituationen. Für verschiedene Entscheidungssituationen müssen unterschiedliche Methoden der Technologiebewertung herangezogen werden. Dabei lassen sich die Methoden in quantitative und qualitative Methoden unterscheiden. Während in der Phase der Technologiefrüherkennung der Fokus auf qualitativen Bewertungsmethoden liegen sollte, stehen in den späteren Phasen des Technologiemanagements eher die quantitativen Verfahren im Vordergrund.

Für die jeweilige Entscheidungssituation ist demnach eine geeignete Bewertungsmethode auszuwählen. Wichtig für die Anwendung der Methoden ist die genaue Kenntnis und das Verständnis der zugrunde liegenden Bewertungslogik. Nur dann ist das Ergebnis der Bewertung nachvollziehbar und diskutierbar. Ziel muss es sein, einen qualifizierten Diskurs bzgl. technologieorientierter Fragestellungen zu ermöglichen, anstatt Entscheidungen auf Basis reduktionistischer Bewertungskennzahlen zu fußen.

11.1 Einleitung und Charakterisierung

Die Technologiebewertung nimmt innerhalb des Technologiemanagementprozesses die Rolle einer Querschnittsfunktion ein. Sie dient dazu, in unterschiedlichen Entscheidungssituationen die notwendige Informationsgrundlage bereitzustellen. Entscheidungen, die eine Technologiebewertung erfordern, treten in allen Phasen des Technologiemanagements auf. Eine hohe Leistungsfähigkeit in der Technologiebewertung bzw. die Fähigkeit zur Auswahl, zur Anwendung und zur Beherrschung der jeweiligen Entscheidungssituation angepassten Bewertungsansätze bildet daher eine wichtige, phasenübergreifende Voraussetzung zur effizienten und effektiven Gestaltung des Technologiemanagements.

C. Haag (✉)
51368 Leverkusen, Deutschland
E-Mail: christoph.haag@bayer.com

G. Schuh, S. Klappert (Hrsg.), *Technologiemanagement*,
DOI 10.1007/978-3-642-12530-0_11,

Technologiebewertung bezeichnet die Ermittlung und Beurteilung des Erfüllungsgrades vorgegebener Zielstellungen oder -zustände für ein bestimmtes (technologiebezogenes) Bewertungsobjekt, um Entscheidungen bei der Entwicklung, Einführung und Nutzung von Technologien treffen zu können. Über „reine" Technologien hinaus stellen dabei auch Ideen für neue Technologien, definierte Entwicklungsziele neuer Technologien, Zwischen- und Endergebnisse bei der Bearbeitung von Technologieprojekten oder Ergebnisse bzw. Erfahrungen aus der Nutzung von Technologien Bewertungsobjekte technologiebezogener Bewertungsprozesse dar [1].

Technologiebewertung dient der Vorbereitung verschiedenartiger Entscheidungsprozesse. Beispiele dafür sind Ja-/Nein-Entscheidungen bezüglich der Erfüllung von Zielkriterien, Auswahlentscheidungen zur Bildung von Rang- und Reihenfolgen oder die Auswahl günstigster Alternativen oder Entscheidungen zur Veränderung von Einflussfaktoren auf den Stellenwert von Technologien [2]. Technologiebewertung kann daher das Ermitteln der Vor- und Nachteile verschiedener Alternativen aus verschiedenen Perspektiven bedeuten, aber auch das Messen oder Schätzen von Parametern des Bewertungsobjektes. Die Bewertung, d. h. der Vergleich zwischen dem ermittelten Soll- oder Zielzustand mit dem erfassten Ist-Zustand eines Bewertungsobjektes, erfolgt auf der Grundlage von Bewertungsmaßstäben und mit Hilfe geeigneter Bewertungsmethoden. Im Rahmen des Technologiemanagements stehen dazu eine große Anzahl verschiedenartiger Ansätze und Verfahren zur Verfügung.

Die Ziel- oder Soll-Zustände werden dabei vor allem auf Basis der (internen) Unternehmens-, Wettbewerbs- oder Technologiestrategie definiert sowie aus unternehmens- oder bereichsexternen Anforderungen abgeleitet. Die Bewertungssituationen können dabei entweder durch nur ein Bewertungskriterium oder mehrere Kriterien geprägt sein [2].

Durch den Einsatz von Bewertungsmethoden soll die Qualität der Entscheidungen und damit die Wahrscheinlichkeit des Handlungserfolgs gesteigert werden. In einer ersten Stufe lässt sich die Vielzahl der Ansätze gemäß folgender Klassifikationsstruktur strukturieren [3]:

- Klassifikatorische Bewertung von Technologie (d. h. Bildung von Technologielisten)
- Komparative Bewertung von Technologien (d. h. Technologien werden zueinander ins Verhältnis gesetzt)
- Metrisierende Bewertung von Technologien (d. h. Zuordnung von numerischen Werten)

Die Schwierigkeit der Bewertung wie auch die Genauigkeit des Bewertungsergebnisses nimmt dabei von der rein klassifikatorischen über die komparative zur metrisierenden Vorgehensweise deutlich zu [3].

Ein wesentliches Merkmal technologiebezogener Bewertungs- und Entscheidungsprozesse ist die Verarbeitung von Informationen, die mit teils erheblicher Unsicherheit behaftet sind, sowie die Generierung von zukunftsorientierten, d. h. ebenfalls unsicheren Aussagen [3]. Angesichts sich verändernder Wesensmerkmale von Technologieentwicklungen sehen sich Technologiemanager zudem weiteren Anforderungen und Problemlagen gegenübergestellt: Anzahl, Art, Komplexität und Dynamik der Technologieentwicklungen geben der Technologieplanung von Unternehmen sich verändernde Rahmenbedingungen vor, die die Bewertung erheblich erschweren. Technologieentscheidungen werden darüber hinaus zunehmend durch eine Reihe von charakteristischen Entwicklungen beeinflusst, die in Verbindung mit veränderten Kontextbedingungen technischer Innovationen stehen [4]:

- Zunehmende Wissensdefizite und Probleme bei der Prognose von technischen Entwicklungen und Bedarfsfeldern
- Multikausalität, zunehmende Vernetzung und Mehrstufigkeit der Verlaufsbahnen technischer Neuerungen, die zu immer stärkeren Prognoseproblemen bei der Beantwortung der Frage, ob das vorhandene Problemlösungsangebot von Technologien auf zukünftige Bedarfsfelder und korrespondierenden Problemlösungsbedarf trifft, führt
- Zunehmende Dynamik und Komplexität in den wechselseitigen Rückkopplungsprozessen bei der Entstehung neuer Technologien

Zeitgemäße Bewertungskonzepte müssen dem evolutionären Charakter von Innovations- oder Technologieentwicklungsprozessen gerecht werden und so ausgelegt sein, dass sie auch auf Basis einer unvollständigen Informationslage als vorläufige Entscheidungsgrundlage dienen können [3]. Ferner sind ganzheitliche Bewertungsansätze gefordert, die limitierende Einflüsse auf das Einsatz- und Umsatzpotenzial von Technologieentwicklungen (die beispielsweise aus Akzeptanzbarrieren und gesellschaftlichen Widerständen gegenüber neuen Technologien resultieren können) aufzeigen [4]. Aufgrund der unvollständigen und mit hoher Unsicherheit behafteten Informationsbasis, auf der Technologiebewertungen häufig stattfinden müssen, ist dem qualitativen Diskurs im Expertenkreis im Zweifel der Vorrang gegenüber quantitativen, reduktionistischen Bewertungskennzahlen zu geben.

Der Begriff der Technologiebewertung ist in diesem Zusammenhang vom Begriff der Technologiefolgenabschätzung abzugrenzen. Technikfolgenabschätzung bezeichnet die Analyse der indirekten Effekte von neuen Technologien und technologischen Entwicklungen auf alle Bereiche der Gesellschaft [5]. In der Technologiebewertung werden, wie zuvor beschrieben, Aussagen über die zu erwartenden Auswirkungen einer neuen Technologie für ein bestimmtes Unternehmen getroffen, um Entscheidungen des Managements zu unterstützen.

11.2 Entscheidungen im Technologiemanagementprozess

Die Aufgaben des Technologiemanagements lassen sich bekanntlich in die folgenden vier Bereichen strukturieren:

- Technologiefrüherkennung
- Technologieplanung
- Technologieentwicklung
- Technologieverwertung

Zusätzlich kommt dem Technologieschutz, also dem Schutz des technologischen Produkt- und Prozess-Know-hows vor fremder Nachahmung, eine besondere Rolle zu.

Die vier zuvor genannten Managementbereiche stellen zugleich auch die Phasen dar, die Technologien im Laufe ihrer Verweildauer in einem Unternehmen sequentiell durchlaufen. Die Entscheidungsträger innerhalb jeder dieser vier Phasen müssen dafür Sorge

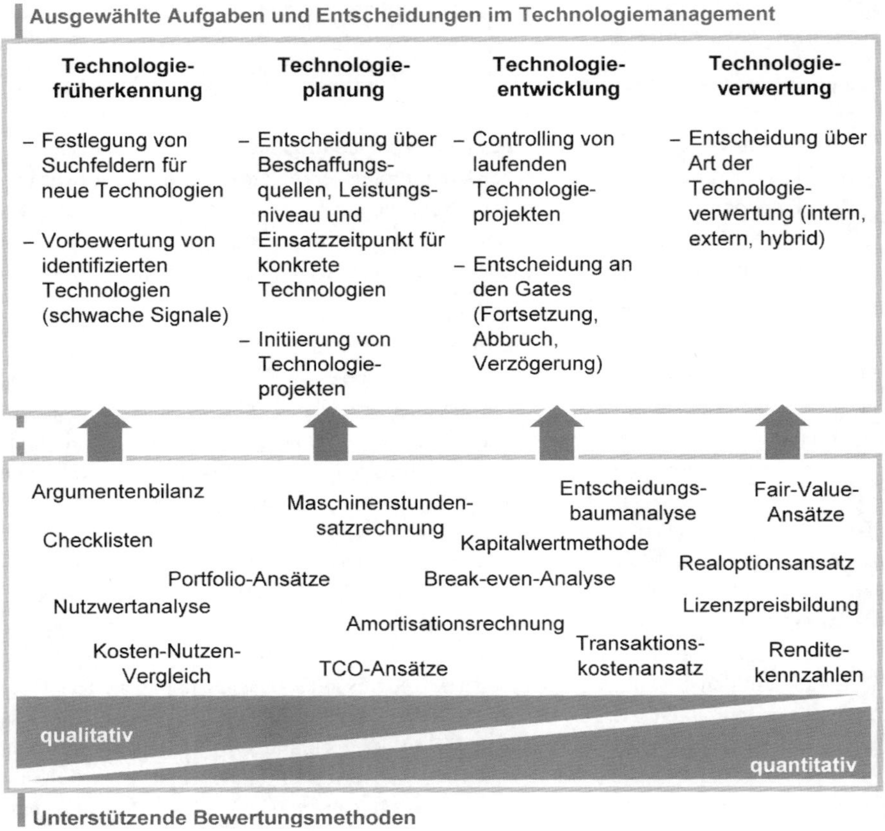

Abb. 11.1 Aufgaben, Entscheidungen und Methoden in der Technologiebewertung

tragen, dass nur solche Technologien dauerhaft im Unternehmen aufgebaut werden, die ökonomischen Mehrwert stiften. Ebenso müssen veraltete Technologien rechtzeitig abgebaut bzw. durch neue ersetzt werden.

In Abb. 11.1 ist eine Übersicht über alle Aufgaben bzw. Entscheidungssituationen in den vier Phasen des Technologiemanagements sowie eine Auswahl wichtiger Bewertungsmethoden dargestellt.

Im folgenden Abschnitt werden typische Entscheidungssituationen innerhalb der einzelnen Phasen beschrieben, die unterschiedliche Anforderungen an die heranzuziehende Technologiebewertungsmethodik stellen. Folgende Leitfragen stehen dabei im Vordergrund:

- Welche Bewertungs-/Entscheidungssituationen treten in der jeweiligen Phase typischerweise auf?
- Was sind besondere Kennzeichen der Bewertungssituation? Wodurch wird die Auswahl bzw. die Anwendung der Bewertungsmethoden beeinflusst?
- Was sind typische Bewertungskriterien?

- Was sind jeweils die Ein- und Ausgangsgrößen der Technologiebewertung?
- Welche Methoden dominieren in der jeweiligen Phase?

Im Anschluss werden die Bewertungsmethoden vorgestellt und im Hinblick auf Vor- und Nachteile sowie auf Erfolgsfaktoren bei der Anwendung analysiert. Eine eindeutige Zuordnung der Bewertungsansätze und -methoden zu den einzelnen Phasen ist nicht möglich, da die Mehrzahl der Methoden in verschiedener Ausprägung in verschiedenen Entscheidungssituationen eingesetzt werden können.

11.2.1 Technologieentscheidungen in der Technologiefrüherkennung

Die Aufgabe der Technologiefrüherkennung besteht darin, das Unternehmensumfeld hinsichtlich technologischer Veränderungen zu überprüfen, die das Potenzial haben, das Wettbewerbsumfeld nachhaltig zu ändern. Neben dem Suchen, Sammeln und Beobachten von Informationen bildet dabei vor allem auch die Auswahl und die Vorbewertung von Ansätzen zukünftiger Technologien eine wichtige Teilaufgabe [4, 6]. In der Technologiefrüherkennung werden die Voraussetzungen geschaffen, um in Entscheidungen über die technologischen Innovationsaktivitäten des Unternehmens auf eine fundierte Informationsbasis zurückgreifen zu können [2, 7–9]. Dies betrifft u. a. Weiterentwicklungspotenziale neuer Technologien, Leistungsgrenzen bekannter Technologien, Substitutionsbeziehungen zwischen Technologien sowie technologische Diskontinuitäten. D. h., in der Technologiefrüherkennung findet die Entscheidungsvorbereitung für strategische Entscheidungsprozesse in der Technologieplanung (hinsichtlich Technologieauswahl und -einsatz) statt [4, 6].

In der Technologiefrüherkennung ist das Konzept der „schwachen Signale" bzw. Frühindikatoren weit verbreitet [10]. Indizien für einen bevorstehenden technologischen Durchbruch, Anzeichen einer aufkeimenden Substitutionstechnologie oder technologisch-relevanter Veränderungen im Unternehmensumfeld sind Beispiele für schwache Signale. Diese können erste Zeichen eines technologischen Wandels sein, die erhebliche Auswirkungen auf das Wettbewerbsumfeld haben und somit von hoher Wettbewerbsrelevanz sind. Vor diesem Hintergrund kann Technologiebewertung in der Technologiefrüherkennung auch als das Aufnehmen und Bewerten von schwachen Signale betrachtet werden. Daraus resultieren folgende Randbedingungen, auf die Bewertungsmethoden angepasst werden müssen:

Bewertung von Technologien im Frühstadium Technologiebewertung in der Technologiefrüherkennung bedeutet die Bewertung unvollständiger Informationen. Um fehlende Informationen zu ergänzen muss daher in hohem Maße auf empirische Analysen oder auf Experteneinschätzungen zurückgegriffen werden. Aufgrund des frühen Entwicklungsstadiums der betrachteten Technologien können zukünftige Leistungsmerkmale nur prognostiziert werden und es fehlen konkrete Informationen über den Anwendungszusammenhang der betrachteten Technologien innerhalb der Produkte oder Fertigungsprozesse.

Sehr hohe Unsicherheit Die Auswahl bzw. die Anwendung von Bewertungsmethoden wird in signifikantem Maße durch die in diesem frühen Technologiestadium herrschende Unsicherheit geprägt. Ihr gemeinsames Merkmal ist ein sehr schwacher bzw. geringer

Informationsgehalt, der sich in der Regel nicht auf eindeutige Weise interpretieren lässt. Doch gerade das möglichst frühzeitige Erkennen schwacher Signale ist essentiell, um eine hinreichende Reaktionszeit zu sichern und den Handlungsspielraum des eigenen Unternehmens in Anbetracht einer sich abzeichnenden technologischen Veränderung gegenüber Wettbewerbern zu vergrößern [11]. Daher sind Entscheidungen, die auf Basis solcher Signale getroffen werden, zwangsläufig mit einer hohen Unsicherheit behaftet.

Hohe Komplexität Die Prognose technologischer Entwicklungen ist durch eine Vielfalt an Einflussfaktoren geprägt. Es ist zudem eine Zusammenführung technologiespezifischer Informationen in zwei, nur idealtypisch voneinander trennbaren Kategorien notwendig; dies sind einerseits „externe" Informationen zur unternehmensunabhängigen Einschätzung der relativen Bedeutung und Zukunftsrelevanz einer Technologie im Vergleich zu Technologiealternativen sowie andererseits unternehmensbezogene, interne Bewertungsinformationen, die sich u. a. auf die Ermittlung unternehmensspezifischer Chancen und Risiken sowie auf die jeweilige Bedeutung der Technologie für das bewertende Unternehmen beziehen [4]. Die eigentliche Informationsbewertung in der Technologiefrüherkennung ist daher eine extrem komplexe Aufgabe und setzt einen hohen technologischen Sachverstand und die Kenntnis von Informationsbedürfnissen im Unternehmen voraus [7].

Die Technologiefrüherkennung kann, wie in Kap. 6 beschrieben, in vier Stufen der Informationsverarbeitung untergliedert werden: „Bestimmung des Informationsbedarfs", „Beschaffung der Informationen", „Bewertung der Informationen" sowie „Kommunikation der Erkenntnisse". Besondere Bewertungsrelevanz haben dabei die beiden zentralen Phasen „Beschaffung der Informationen" und „Bewertung der Informationen". Die Informationsbeschaffung reicht vom ungerichteten Scanning des technologischen Umfelds, über das gerichtete Monitoring eines bestimmten Technologiefelds bis hin zur auftragsbezogenen Beschaffung von Technologieinformationen (Scouting). Im Vordergrund stehen dabei insbesondere Selektionsentscheidungen. In der Phase der Informationsbewertung hingegen werden die gewonnenen Informationen bzw. Signale strukturiert, in ihrer Wirkung untersucht und somit eine informatorische Basis generiert. Gegenüber der Informationsbeschaffung ist diese Phase somit bewertungsintensiver. Beide Phasen werden nachfolgend im Hinblick auf technologiebezogene Bewertungsschritte beleuchtet (s. Abb. 11.2).

Informationsbeschaffung: Filterung schwacher Signale Zur systematischen und effektiven Informationsbeschaffung hat sich das Konzept der Suchfelder oder -räume, bewährt. Diese begrenzen den Beobachtungsraum und bilden vor dem Hintergrund der auf ein Unternehmen einwirkende „Signalflut" ein geeignetes Instrument zur Fokussierung des

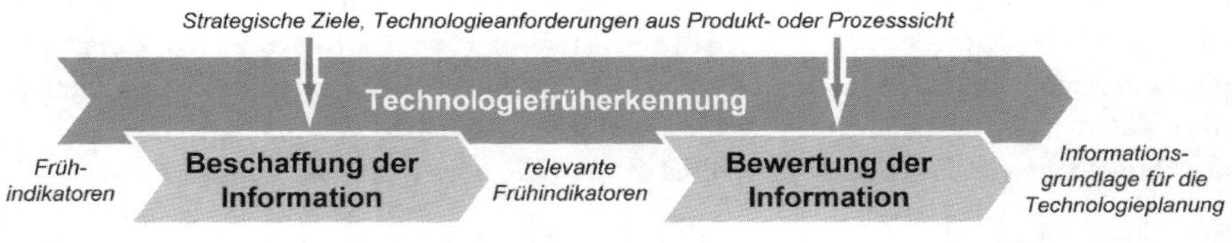

Abb. 11.2 Technologiebewertung in der Technologiefrüherkennung: Ein- und Ausgangsgrößen. (In Anlehnung an [6])

Suchprozesses sowie zur Zuordnung schwacher Signale zu relevanten Anwendungsfeldern. Die Suchfelder orientieren sich am aktuellen Technologieportfolio und zeigen insbesondere die Bereiche auf, an denen ein besonders großer Bedarf an alternativen Technologien zu erwarten ist. Während im Rahmen gerichteter Suchprozesse (Monitoring und Scouting) eine sehr starke Fokussierung auf Suchfelder erfolgt, bieten diese für das ungerichtete Scanning lediglich eine Hilfestellung. Die Prüfung des „Fits" eins schwachen Signals in Relation zu den bereits definierten Suchfeldern vereinfacht somit die Relevanzbewertung auf Ebene von Einzelinformationen. Damit werden Aspekte der Technologiebewertung bereits implizit in die Definition und Priorisierung der Suchfelder integriert. Aus der Vielzahl der Signale und Trends werden somit die für das Unternehmen relevanten Indikatoren je Anwendungsfeld herausgefiltert; diese bilden die Eingangsgröße für die Phase der Informationsbewertung.

Wie bereits betont, ist eine genaue Trennung zwischen der Relevanzbewertung bei der Informationsbeschaffung („Filtern") und der Bewertung im Rahmen der Informationsbewertung kaum möglich; dies trifft insbesondere aus einer Bewertungsperspektive zu. So finden bereits bei der Aufnahme der eingehenden Indikatoren Analyseschritte statt, die zu einer Reduktion ihrer Anzahl führen.

Informationsbewertung: Schaffung einer fundierten Informationsgrundlage Für die verbleibenden Technologieoptionen findet eine detailliertere Abschätzung unterschiedlicher Leistungsparameter sowie deren Implikation für das Unternehmen bzw. für die Unternehmensfelder oder -einheiten statt. Die Bewertung erfolgt dabei konktextbasiert, d. h. entsprechend der Kriterien und Anforderungen, die durch die verschiedenen Organisationsbereiche des Unternehmens sowie in den folgenden Schritten des Technologiemanagementprozesses entstehen. Gegenüber weiteren Analyseschritten, die im Rahmen der Technologieplanung erforderlich sind, wird hier jedoch eine weitestgehend zweckungebundene Informationsbasis geschaffen. Folgende Bewertungskriterien können bei der mehrdimensionalen Analyse eine Rolle spielen [6]:

- Mögliche (technische) Leistungsparameter der neuen Technologie
- Prognose der zu erwartenden Kosten und des Nutzens der Technologieoption
- Detaillierte Abschätzung von Chancen (z. B. Markt-/Synergie-/Wettbewerbspotenzialen) und Risiken (z. B. Umsetzungs-/Akzeptanzrisiken)
- Bestimmung der (strategischen) Relevanz der Technologieoptionen für das Unternehmen
- Abschätzung des notwendigen Umsetzungsaufwands (inkl. finanzielle Aufwendungen für FuE-Projekte, Bedarf an Hilfstechnologien etc.)

Die Beurteilung dieser Kriterien beruht vor allem auf Ansätzen der Technologieprognose im Sinne des Vorhersagens der wahrscheinlichen Entwicklungsrichtungen einzelner Frühindikatoren im Hinblick auf definierte Leistungsparameter. Durch diese Analyseschritte soll gewährleistet werden, dass nur die Technologieoptionen mit den größten Chancen für die Technologieauswahl in die Technologieplanung überführt werden [6, 7, 11].

Die Phase der Informationsbewertung wird abgeschlossen durch eine Gesamtbeurteilung der generierten Informationen. Das Gesamturteil beeinflusst damit die Entscheidung hinsichtlich des weiteren Umgangs mit der betreffenden Technologie. So ist z. B. denkbar, dass im Falle eines aussichtsreichen Gesamturteils konkrete Vorentwicklungsprojekte angestoßen werden oder aber technologische Konzepte detaillierter auf den Prüfstand kommen, bevor eine endgültige Entscheidung getroffen wird.

Eine klare Trennung zwischen der Informationsbewertung in der Technologiefrüherkennung und der mit der Entwicklung realistischer Handlungsoptionen einhergehenden Informationsanalyse im Rahmen der Technologieplanung ist dabei nicht zielführend. Ein Differenzierungsmerkmal bildet jedoch die Zweckgebundenheit bzw. die konkrete Ausrichtung der Analyseergebnisse auf eine spezifische Entscheidungs-/Problemsituation, die erst in der Technologieplanung erfolgt.

Bewertungsansätze und -methoden in der Technologiefrüherkennung Die Entscheidung, welche Technologien als Technologiealternative in die Planungsphase übernommen werden sollten, kann nicht auf einer vollständigen, quantitativen Aussage über den monetären Wertbeitrag der Technologie beruhen, sondern muss auf Basis einer vorwiegend qualitativen Bewertung getroffen werden. Da sich an die in der Früherkennung getroffenen Entscheidungen in der Regel keine unmittelbaren Investitionsentscheidungen oder FuE-Budgetierungen anschließen, sind aufwendigere, quantitative Bewertungen zu diesem Zeitpunkt ohnehin ungerechtfertigt.

Systematischer Methodeneinsatz ist jedoch vor allem mit dem Ziel der Prognose unabdingbar. Um die Treffsicherheit dieser Prognosen zu erhöhen, werden sowohl quantitative als auch qualitative Methoden eingesetzt. Quantitative Ansätze beruhen vor allem auf Mustern oder Modellen der Technologieevolution, wie z. B. lebenszyklusbezogene und nachfragebezogene Modelle. Im Weiteren sind vor allem folgende Ansätze zu nennen: *Kosten-Nutzen-Analyse, Nutzwertanalyse, Trendextrapolation, Regressionsanalyse, Modellsimulation.*

Qualitative Verfahren hingegen integrieren quantitative Informationen, beruhen jedoch in hohem maßen auf Expertenbefragungen oder -einschätzungen. Dazu zählen die *Szenario-Technik* sowie die *Delphi-Methode* als spezifische Methoden der Technologiefrüherkennung. Schließlich ist der Einsatz einer Reihe grundlegender Basismethoden zur Bewertung auch in der Technologiefrüherkennung unverzichtbar, wie bspw. die *Argumentenbilanz* und *Checklisten.* Der Vorteil dieser Methoden ist eine hohe Flexibilität, die eine Anpassung entsprechend unternehmensspezifischer Randbedingungen ermöglicht.

11.2.2 Technologieentscheidungen in der Technologieplanung

In den meisten Literaturquellen wird Technologiebewertung vordergründig oder sogar ausschließlich als Bestandteil der strategischen Technologieplanung angesehen. In der Tat nehmen Aufgaben der Bewertung bei der Entscheidung über den zukünftigen Technologieeinsatz im Unternehmen als zentrales Ziel der Technologieplanung einen besonders hohen Stellenwert ein.

Um solch fundierte Entscheidungen zu treffen, sind in der Technologieplanung hinreichend detaillierte Bewertungsprozesse erforderlich. Dies bedeutet, dass durch die Bewertung die Unsicherheit der Entscheidung möglichst weitgehend minimiert und die Faktenvielfalt auf entscheidbare Strukturen reduziert werden muss. Nur auf diese Weise sind belastbare Aussagen darüber möglich, mit welchen Technologien der Umsatz und die Marktanteile der Unternehmen erhöht, die Kundenanforderungen besser erfüllt, Wettbewerbsvorteile und Zeitvorsprünge erzielt und die Stärken des Unternehmens ausgebaut bzw. die Schwächen abgebaut werden können. In anderen Worten: In der Technologieplanung ist zu bestimmen, welche Technologien einen echten und nachhaltigen ökonomischen Mehrwert stiften können [2, 3]. Dies ist einerseits eine Frage einer soliden Informationsgrundlage, andererseits aber auch eine Frage der Auswahl und Anwendung von geeigneten Bewertungsansätze und -methoden.

Gemäß dem Ordnungsrahmen zum Technologiemanagement zielt die Technologieplanung darauf ab, im Kontext der Unternehmensziele, der technologiestrategischen Vorgaben und der konkreten Anforderungen aus dem Produktprogramm die nutzen-maximierenden Entscheidungen über den Einsatz von Technologien vorzubereiten und zu treffen. Kernergebnis der Technologieplanung ist der Technologieplan, der beschreibt, welche Technologie zu welchem Zeitpunkt und zu welchem Zweck zur Anwendung kommen soll. Darüber hinaus wird Auskunft erteilt, woher die Technologien bezogen werden und welche Vorgaben für die Budget- und Ressourcenplanung gelten. Die Technologieplanung ist somit geprägt durch eine Vielzahl technologiebezogener Entscheidungssituationen. Um diese vorzubereiten bedarf es einer fundierten Technologiebewertung. Als eine der Kernaufgaben der Technologieplanung steht in diesem Abschnitt die wirtschaftliche Bewertung von Technologien in Vordergrund. Dabei ergeben sich folgende Randbedingungen für die Technologiebewertung in der Technologieplanung:

Hohe Tragweite der Einscheidung Die Auswirkungen von Entscheidungen in der Technologieplanung sind in der Regel nicht nur mit einem hohen Ressourceneinsatz verbunden, sondern auch von hoher Wettbewerbsrelevanz. Um dieser Tragweite gerecht zu werden, ist eine Absicherung mit genaueren Bewertungsmethoden erforderlich als dies bspw. im Bereich der Technologiefrüherkennung notwendig ist. Dies rechtfertigt einen höheren Bewertungsaufwand, dennoch darf der Effizienzgedanke nicht außer Acht gelassen werden.

Mehrdimensionale Entscheidungssituationen Der in der Technologieplanung zu fällende Technologieentscheid integriert mehrere strategische Entscheidungssachverhalte, die in der Regel zudem Wechselwirkungen unterliegen. Folglich sind entweder mehrstufige und iterative Bewertungsprozesse oder integrierte Bewertungsprozesse, die eine Gegenüberstellung mehrerer Handlungsoptionen ermöglichen, erforderlich.

Wirtschaftliche Bewertung von Technologien Das grundsätzliche Ziel eines jeden Unternehmens ist die Erwirtschaftung von Rendite des eingesetzten Kapitals bzw. die Gewinnmaximierung. Aus dieser Überlegung folgt, dass die Entscheidung über den Einsatz von Technologien letztlich auf wirtschaftlichen bzw. monetären Kriterien beruhen muss. Daher muss in der Technologieplanung zwangsläufig eine monetäre Beurteilung des wirtschaftlichen Nutzens von Technologien erfolgen.

Innerhalb des Technologieplanungsprozesses werden, wie in Kap. 7 beschrieben, verschiedene Phasen unterschieden. Innerhalb der Phase „Ableitung von Handlungsoptionen“ findet aufbauend auf einer begrenzten Anzahl an realistischen, alternativen Handlungsoptionen eine detaillierte Technologiebewertung statt. In einem geringeren Maß finden technologiebezogene Bewertungsschritte auch in angrenzenden Phasen statt. Da in diesen Phasen jedoch kein systematischer Einsatz von Bewertungsmethoden erfolgt, steht nachfolgend ausschließlich die Technologiebewertung zur Ableitung von Handlungsoptionen im Vordergrund.

Die Eingangsgrößen bilden ein Set an Handlungsoptionen, die mögliche Lösungsansätze darstellen, um den Technologieeinsatz im Unternehmen bis hin zur Ebene der Einzeltechnologien zu spezifizieren. Sie beziehen sich somit auf ein oder mehrere Produkt- oder Produktionstechnologien, die sich in allen Phasen des Technologielebenszyklus befinden können. Die Technologien können intern bereits im Einsatz oder in der Entwicklung befindlich sein, oder externe Technologien darstellen. Folglich sind Informationsgehalt und -unsicherheit der technologiebezogenen Informationen, die je Handlungsoption zur Verfügung stehen, nicht immer vergleichbar.

Die Bewertung der Handlungsoptionen erfolgt stets in Bezug auf eine definierte Problemstellung; diese kann sich auf die Beschaffung, auf die Entwicklung oder auf die Anwendung bzw. den Einsatz von Technologien beziehen. Für jede identifizierte Problemstellung findet eine Bewertung der jeweils zur Verfügung stehenden Handlungsoptionen statt, um hierauf basierend die am besten geeignete Alternative auszuwählen. Handlungsoptionen beinhalten Aussagen über die Auswahl einer Technologie (im Sinne der „Which way to go"-Entscheidung) und über die Handlung, die mit der Technologie erfolgen soll (Weiterentwicklung, Beschaffung, Einsatz der Technologie, auch im Sinne der „Make or buy"-Entscheidung). Es wird also nicht erst die „Which way to go"- und anschließend die „Make or buy"-Frage beantwortet, sondern es wird eine integrierte Aussage über die beide Aspekte beinhaltende Handlungsoption getroffen.

11

Bereits bei der Entwicklung der Handlungsoptionen wird die grundsätzliche Übereinstimmung mit folgenden Kriterien überprüft: technologiestrategische Vorgaben, gegenwärtiges Produktprogramm, aktueller Technologieplan sowie Trends und kunden-/marktseitige Anforderungen. Dies führt bereits zu einer Reduktion des Lösungsraums und damit hin zu einer begrenzten Anzahl an realistischen Handlungsoptionen. Doch gerade bei einer hohen Anzahl an Handlungsoptionen hat sich eine mehrstufige Bewertung bewährt. Ziel ist es dabei, die Anzahl der Technologiealternativen, die einer detaillierten und daher aufwendigen monetären Bewertung unterzogen werden, durch eine Vorselektion weiter zu reduzieren.

Nachfolgend werden beide Bewertungsstufen, d. h. die Vorselektion und die detaillierte Bewertung unter Angabe geeigneter Bewertungsmethoden beleuchtet. Zu beachten ist jedoch, dass gerade in der bewertungsintensiven Phase der Technologieplanung in der Regel keine prospektive Festlegung auf bestimmte Methoden möglich ist, sondern je nach konkreter Problemstellung eine geeignete Methode bzw. ein geeigneter Methodenmix definiert werden muss.

Technologiebewertung zur Vorselektion der Handlungsoptionen Ziel der Technologiebewertung ist die Reduktion der Anzahl der Entscheidungsmöglichkeiten durch Identifikation der Handlungsoptionen, die die höchste Eignung bezogen auf die betrachtete Problemstellung aufweisen. Die Vorselektion erfolgt auf Basis einfacher Bewertungsmethoden; sie beruht meist auf einer qualitativen Bewertung, doch auch der Einsatz quantitativer oder monetärer Bewertungen ist möglich. Maßgeblich ist dabei der mit der Bewertung einhergehende Bewertungsaufwand.

Eine besondere Stellung im Rahmen der qualitativen Bewertung von Technologiealternativen nehmen *Portfolioansätze* ein. Ein besonderer Vorteil liegt in der Darstellungsweise, die einen Überblick über alle in Frage kommenden Technologien bzw. technologischen Alternativen ermöglicht. Darüber hinaus gewährleisten Portfolios insbesondere eine einfache, grafische Methode zur Überprüfung des „Fits" zu technologiestrategischen Vorgaben, da Normstrategien für einzelnen Technologiefelder als Felder innerhalb der Portfolios hinterlegt werden können. Neben klassischen *Portfolioansätzen* mit den Achsen „unternehmensspezifische Relevanz" oder „relative Technologiestärke"/„Technologieattraktivität" wurden zahlreiche Ansätze entwickelt, durch die fast alle Bewertungssituationen in der Technologieplanung abgebildet werden können [4, 6]. Bei der Erstellung eines Portfolios ist insbesondere darauf zu achten, dass wirtschaftliche Zielgrößen zumindest implizit durch die Achsen repräsentiert werden.

Portfolios können einerseits zur Strukturierung oder zur Vorselektion beitragen; in diesem Falle erfolgt die Einordnung in das Portfolio in der Regel nach qualitativen Kriterien. Häufig findet auch eine integrierte Anwendung von Portfolios auf Basis der Ergebnisse von quantitativen Bewertungsansätzen (etwa *Nutzwertanalysen*) statt. Sie bilden in diesen Fällen ein geeignetes Instrument zur Visualisierung und zur Erhöhung der Transparenz über die Bewertungsergebnisse, wodurch die Entscheidungsfindung unterstützt und vereinfacht wird. Technologieentscheide werden somit diskutierbar.

Im Vorfeld der Technologieentscheidung ist ergänzend oder auch alternativ der Einsatz von *Nutzwertanalysen* üblich. Bei diesem Bewertungsverfahren werden eine definierte Anzahl an qualitativen Kriterien durch die subjektive Einschätzung von Experten quantifiziert und so miteinander vergleichbar gemacht. Besondere Eignung haben Nutzwertanalysen dann, wenn etwa aufgrund des frühen Entwicklungsstadiums keine vergleichbaren Technologieinformationen für alle Handlungsoptionen vorliegen. Für grobe Selektionszwecke im Vorfeld der monetären Technologiebewertung ist auch eine Betrachtung des monetären Technologiewertes auf Basis einfacher, meist statischer *Kosten-Nutzen-Bilanzen* möglich. Dabei werden die Kosten der Realisierung einer Handlungsoption dem antizipierten Nutzen für einen diskreten, eindeutig definierten Zeitpunkt gegenübergestellt [2, 12].

Technologiebewertung zur Auswahl von Handlungsoptionen Wie einleitend erläutert wurde, stoßen Entscheidungen in der Technologieplanung in aller Regel kostenintensive (Vor-)Entwicklungsprojekte an. Daher ist im Anschluss an die Vorselektion eine wirtschaftliche Bewertung der in Frage kommenden technologischen Alternativen unabdingbar. In der Regel wird dabei der monetäre Wert der einzelnen Handlungsoptionen beurteilt. Eine fundierte Entscheidung erfordert den Einsatz dynamischer Methoden, die es ermöglichen, die mittel- und langfristige Wirkung einzelner Technologiealternativen zu beurteilen. Durch solche dynamischen Ansätze werden die erwarteten objektbezogenen Zahlungsströme (Ein- und Auszahlungen) über mehrere Planungsperioden hinweg bilanziert. Unter Einzahlungen sind im Kontext der Technologieplanung alle möglichen einmaligen oder laufenden Aufwendungen zu verstehen, die innerhalb des Planungszeitraumes zu erwarten sind (bspw. FuE-Aufwendungen zur Technologieentwicklung, Anlageninvestitionen, Personalkosten während des Technologieeinsatzes). Auszahlungen hingegen beziehen sich auf alle zu erwartenden Erlöse, die in Verbindung mit der betrachteten Handlungsoption stehen. Eine sorgfältige Festlegung der Bilanzhüllen ist bei allen monetären Bewertungsansätzen notwendig, um die Vergleichbarkeit der Ergebnisse zu gewährleisten.

Als eine der bedeutendsten Methoden zur monetären Technologiebewertung gilt die *Kapitalwert- bzw. Cashflow-Methode*. Besonderes Merkmal ist die Abzinsung auf den Beginn (oder auch auf das Ende) des Planungszeitraumes, die der wachsenden unternehmerischen Ungewissheit von zukünftigen Zahlungen besser gerecht wird. In Erweiterung der klassischen Kapitalwertmethode ermöglichen *Entscheidungsbaumanalysen* oder *Realoptionsansätze* eine Bewertung, die auch Entscheidungsflexibilitäten Rechnung trägt. Insbesondere im Kontext der Bewertung alternativer Technologiebeschaffungsoptionen gelten *Total Cost of Ownership-(TCO)-Ansätze* oder *transaktionskostenbasierte Ansätze* als differenzierte Hilfsmittel zur Technologiebewertung. Steht die Risikoabschätzung im Vordergrund, werden Ansätze der Investitionsrechnung (etwa *Amortisationsrechnungen* oder *Break-Even-Analysen*) eingesetzt. Bei diesen Ansätzen wird kein monetärer Technologiewert, sondern eine zeit- oder eine mengenbezogene Größe bestimmt (Amortisationsdauer oder Anzahl verkaufter Produkte), die einen Indikator für das Erreichen der Gewinnzone darstellt.

Im Rahmen der monetären Technologiebewertungen sollte stets eine Beurteilung der Unsicherheit bezüglich der Eingangsinformationen und somit auch über die Unsicherheit des Ergebnisses getroffen werden. Insbesondere bei der monetären Bewertung von Technologien, die sich in frühen Entwicklungsphasen befinden oder die aufgrund fehlender verlässlicher Informationen hinsichtlich der relevanten Produkt-Markt-Segmente maßgeblich auf Expertenwissen beruhen, sind *Sensitivitätsanalysen* zur Validierung der Technologiebewertung unabdingbar. Letztlich gilt, dass keine Technologieentscheidung rein auf Basis von monetären Bewertungen getroffen werden sollte. Vielmehr sind kombinierte Betrachtungen anzustreben.

11.2.3 Technologieentscheidungen in der Technologieentwicklung

Die in der Technologieplanung angestoßenen (Vor-)Entwicklungsprojekte müssen einem regelmäßigen Controlling unterzogen werden. Dieses ergibt sich aus der Logik des Stage-Gate-Ansatzes, der die Struktur von Technologieentwicklungsprojekten vorgeben sollte. Hiernach wird der Entwicklungsprozess in Stages (Phasen) und Gates (Tore) unterteilt. Eine anschauliche Analogie stellt hierzu der Produktionsprozess zur Herstellung eines physikalischen Produktes dar. Dieser ist unterteilt in verschiedene Arbeitsschritte, die sequentiell oder auch parallel durchgeführt werden. Zwischen den einzelnen Arbeitsstationen befinden sich Qualitätskontrollpunkte, an denen gewisse Arbeitsergebnisse vorliegen bzw. Qualitätskriterien erfüllt sein müssen, bevor das Produkt zur nächsten Arbeitsstation weitergereicht wird [13].

Für einen Stage-Gate-Entwicklungsprozess gilt eine ganz ähnliche Logik. An den Gates müssen in Abhängigkeit der bisherigen Projektergebnisse sowie der äußeren Projektrandbedingungen Entscheidungen darüber getroffen werden, ob und in welcher Weise das Projekt in die nächste Phase übergeht. Je nach Projektverlauf können dem Projektmanagement hier verschiedene Handlungsoptionen zur Verfügung stehen (vgl. Kapitel „Entscheidungsbaumanalyse“), die möglicherweise auch einen unterschiedlichen Ressourcenbedarf für die restliche Projektlaufzeit nach sich ziehen. So steht es dem Management z. B. frei, nach dem erfolgreichen Verlauf einer Entwicklungsphase das Projektbudget zu erhöhen, um das Entwicklungsergebnis noch weiter zu verbessern [14]. Grundsätzlich lässt sich sagen, dass der Aufwand pro Entwicklungsphase mit fortschreitender Projektlaufzeit zunimmt. Zugleich verbessert sich aber auch die Informationsbasis der Bewertung mit jedem Gate. Daher müssen die Kriterien und Methoden, die für die einzelnen Gates herangezogen werden, wohl überlegt und auf die jeweilige Projektphase zugeschnitten sein [15].

Technologieentwicklungsprojekte sind von Natur aus riskant, weil in der Regel zu Beginn des Projektes noch kein konkreter Anwendungszusammenhang in Form von Produkten oder Prozessen, für die die neue Technologie zum Einsatz kommen soll, vorliegt. Der kommerzielle Nutzen ist somit noch nicht klar erkennbar. Zudem herrscht noch große Unsicherheit über die technische Umsetzbarkeit. Aufgrund dieser vielen Unbekannten macht es wenig Sinn, Technologien in der Frühphase ihrer Entwicklung mit monetären Kennzahlen zu bewerten. Numerische Aussagen über zukünftige Umsätze, Herstellkosten oder Gewinnmargen würden eine Genauigkeit vortäuschen, die aufgrund der zu diesem Zeitpunkt noch wagen Annahmen kaum erreicht werden kann. Es hat sich in der Vergangenheit gezeigt, dass die Unternehmen, die sich bei der Technologieentwicklung auf rein quantitative Bewertungsmethoden verlassen, den Wert ihres Technologie-Portfolios weniger steigern konnten, als andere. Begründen lässt sich dieses Phänomen dadurch, dass quantitative Verfahren eher solche Projekte priorisieren, deren Umsetzungsrisiko im Verhältnis zur Erfolgswahrscheinlichkeit sehr gering ist. Allerdings ist der Neuheitsgrad solcher „Close-to-home-Projekte“ eher gering. Echte Innovationen, die zu signifikanten Wertsteigerungen für das Unternehmen führen, resultieren zumeist aus hochriskanten Projekten, deren Potenzial mit quantitativen Bewertungsverfahren oftmals verkannt wird [15].

Vor diesem Hintergrund sollten Einschätzungen über den zukünftigen Nutzen einer Technologie für das Unternehmen im qualitativen Diskurs mit den Fachexperten getroffen werden. Diese so genannten Gatekeeper können neben den FuE-Leitern und Technologieexperten auch Marketingfachleute und Mitarbeiter aus der Unternehmensentwicklung umfassen. Auf der Basis vorliegender Projektergebnissen und externer Umfeldinformationen muss sich dieser Expertenkreis eine Meinung über die Vor- und Nachteile der betrachteten Technologie bilden. Die Diskussion kann mit Hilfe unterschiedlicher Bewertungsverfahren auf eine methodische Grundlage gestellt werden, wobei hierfür insbesondere *Nutzwertanalysen* und *Portfolioansätze* in Betracht kommen.

Die verschiedenen Meinungsbilder, die in cross-funktionalen Bewertungsgremien zu einem gemeinsamen Bild konsolidiert werden müssen, können jedoch sehr stark divergieren und weisen häufig nur einen sehr kleinen gemeinsamen Nenner auf. Dies kann dazu führen, dass bahnbrechende Innovationen, deren wahres Potenzial nicht von allen Experten erkannt wird, zerredet und abgelehnt werden, bevor ihr weitreichender Nutzen augenscheinlich wird. Eher werden inkrementelle Innovationssprünge zur Sicherung des Kerngeschäfts priorisiert. Um diesem Phänomen zu entgehen, sollte das Bewertungs- und Entscheidungsgremium insbesondere in den frühen Phasen von Technologieentwicklungsprojekten möglichst klein gehalten werden, um visionären Ideen eine

Chance zu geben. Qualitative Bewertungsverfahren kommen hier vornehmlich zum Einsatz.

Beim Einsatz der Nutzwertanalyse für Technologieentwicklungsentscheidungen muss der Anwender eine klare Vorstellung über die relevanten Bewertungskriterien und deren Gewichtung haben. Cooper schlägt in diesem Zusammenhang den folgenden generischen Kriteriensatz vor [15]:

- Konformität zur Geschäftsstrategie (Business Strategy Fit)
- Strategische Hebelwirkung (Strategic Leverage)
- Technische Erfolgswahrscheinlichkeit (Probability of Technical Success)
- Kommerzielle Erfolgswahrscheinlichkeit (Probability of Commercial Success)
- Umsatzpotenzial (Reward)

Diese recht hoch aggregierten Bewertungsdimensionen sollen dem Anwender als Leitlinien dienen, um sich einen individuellen, auf die konkrete Technologie zugeschnittenen Kriteriensatz zu erstellen. Die Kriterien sind so zu formulieren, dass sie allen Vertretern im Entscheidungsgremium verständlich sind. Dabei ist insbesondere auf einen angemessenen Konkretisierungsgrad zu achten, weil sich sonst unterschiedliche Interpretationsmöglichkeiten ergeben.

Zur Visualisierung der Ergebnisse der Nutzwertanalyse kann auf unterschiedliche *Portfolioansätze* zurückgegriffen werden. Sie sind insbesondere dafür dienlich, einzelne Technologie in den Kontext aller aktuellen FuE-Projekte zu stellen und die Ressourcenallokation über die Gesamtheit aller Projekte hinweg zu überprüfen.

Für die weiteren Gates des Technologieentwicklungsprozesses sollten die einmal definierten Bewertungsdimensionen grundsätzlich nicht verändert werden, um Konsistenz im Bewertungsprozess zu gewährleisten. Lediglich der Konkretisierungsgrad sollte sich von Gate zu Gate ändern und damit der immer genauer werdenden Informationsbasis angepasst werden [15].

Mit weiter fortschreitendem Projektverlauf nimmt die Unsicherheit des Projektausgangs so weit ab und die Genauigkeit der an den Gates vorliegenden Informationen in gleicher Weise zu, sodass erstmalig Business Cases für die Technologie modelliert werden können. Hierfür werden mögliche Anwendungsszenarien und der daraus resultierende kommerzielle Nutzen beschrieben. Dem Entscheidungsgremium sollten ab diesem Zeitpunkt auch die Leiter der Geschäftsfelder, in denen die Technologie eingesetzt werden soll, beitreten. Die Technologieentwicklung und in Folge dessen auch die Technologiebewertung haben ab dieser Phase einen klaren Produktbezug [15].

In Ergänzung zur qualitativen Bewertung können nun auch monetäre Verfahren herangezogen werden, um die Wirtschaftlichkeit der Technologie numerisch zu überprüfen. Bewertungsverfahren, die hierfür in Frage kommen, sind die *Kapitalwertmethode*, der *Realoptionsansatz* und die *Entscheidungsbaumanalyse*. Insbesondere die letztgenannten Verfahren haben sich für die Bewertung von Technologieentwicklungsprojekten als sinnvoll erwiesen, weil sie in der Lage sind, Entscheidungsflexibilitäten des Managements bei der Bewertung zu berücksichtigen und solche Handlungsoptionen, die in einem maximalen Projektwert resultieren, transparent aufzuzeigen. Sie erfüllen damit nicht nur eine Bewertungs-, sondern auch eine Steuerungsfunktion [14].

11.2.4 Technologieentscheidungen in der Technologieverwertung

Mit der Entwicklung neuer Technologien ergeben sich für ein Unternehmen grundsätzlich mehrere Alternativen der Technologieverwertung. Technologisches Know-how lässt sich einerseits intern nutzen, um damit Wettbewerbsvorteile auf der Basis von Produkt- und Prozessinnovationen zu schaffen. Andererseits ist auch die wirtschaftliche Verwertung einer Technologie über den Einsatz in eigenen Produkten und Prozessen hinaus möglich. Derartige Verwertungsalternativen reichen von der gemeinschaftlichen Nutzung einer Technologie, über Lizenzvergaben bis hin zum vollständigen Verkauf [6, 8, 15].

Die Entscheidung über die zukünftige Verwertung einer Technologie muss nicht erst zum Abschluss der Technologieentwicklung erfolgen. So kann z. B. nach der Fertigstellung eines ersten Prototypen darüber entschieden werden, ob die Technologieentwicklung weiter intern fortgesetzt wird, oder ob das bis dahin erworbene technologische Know-how verkauft werden sollte. Das Hauptkriterium zur Bewertung solcher Verwertungsalternativen ist zunächst immer die zu erzielende Rendite einer Technologieinvestition [6]. Ziel des Technologieeigners ist es, den maximalen Cashflow aus seiner Entwicklungstätigkeit herauszuholen. Zur Unterstützung der Entscheidungsfindung müssen dementsprechend verschiedene Verwertungsszenarien mit quantitativen Verfahren bewertet werden.

Die Kommerzialisierung der rein internen Nutzung wird dabei üblicherweise durch Diskontierung aller zukünftig erwarteten Cashflows aus der Eigennutzung abgebildet. Hierfür kommen die klassische *Kapitalwertmethode*, der *Realoptionsansatz* oder die *Entscheidungsbaumanalyse* in Frage [14].

Um die erzielbaren Erlöse aus einer Lizenzvergabe bewerten zu können, muss zunächst die realisierbare Lizenzrate bestimmt werden. Hierfür bieten sich verschiedene Verfahren der *Lizenzpreisbildung* an, wie etwa die Nutzung von Industriestandards oder Reihenfolgeverfahren [16].

Der erzielbare Betrag aus dem Verkauf einer Technologie lässt sich im der Regel nur schwer abschätzen, weil Technologien keine Handelsgüter darstellen, die regelmäßig auf aktiven Märkten getauscht werden [6]. Sofern also kein konkretes Kaufangebot eines interessierten Unternehmens vorliegt, muss der Technologieeigner den erzielbaren Verkaufspreis anderweitig herleiten, indem er gemäß der Analogiemethode historische Marktpreise von vergleichbaren Technologien als Referenzwert heranzieht [17].

Aber Unternehmen sollten nicht nur auf rein quantitative Größen schauen, wenn es um die Bewertung von Verwertungsalternativen geht. Vielmehr spielen auch strategische Überlegungen eine entscheidende Rolle. Nach Wolfrum muss die Entscheidungsfindung über die Verwertung von Technologien die Branchensituation und das spezifische technologische und marktstrategische Stärkeprofil des Unternehmens sowie die wettbewerbsstrategischen Ziele berücksichtigen [8].

Solche qualitativen Faktoren lassen sich nur mit qualitativen Bewertungsverfahren wie *Nutzwertanalysen*, *Checklisten* oder *Argumentenbilanzen* abbilden. Brodbeck führt in diesem Zusammenhang eine Liste von qualitativen Kriterien auf, die sich zur Bewertung von Verwertungsalternativen heranziehen lässt. Die beiden Extremformen der Technologieverwertung, die rein interne Nutzung und der vollständige Verkauf, werden dabei diametral gegenübergestellt. Nach Brodbeck sprechen die folgenden Aspekte für eine interne Technologienutzung [6]:

- Technologie als Kerntechnologie
- Exklusivität des Besitzes
- Generierung möglichst vieler Eigenprodukte auf Basis der Technologie
- Ausnutzung von Monopolstellungen
- Entscheidungsfreiheit bzgl. der Bearbeitung der Märkte
- Erlangung von Prestige- und Imagevorteilen bei Abnehmern

Hingegen sprechen aus seiner Sicht die folgenden Gründe für einen vollständigen Verkauf von Technologien [6]:

- Technologie mit geringer wettbewerbsstrategischer Bedeutung
- Zugang zu neuen Zielmärkten
- Größtmögliche Amortisation der Technologieinvestitionen
- Technologie als Standard durchsetzen
- Generierung möglichst vieler Applikationen der Technologie
- Erreichung der Technologieführerschaft
- Umfangreiche Nutzung externer Bereitstellungswege für Technologien
- Schonung eigener Ressourcen

Im Zuge der qualitativen Bewertung von Verwertungsalternativen muss anhand solcher Kriterien abgewogen werden, welche Alternative in der gegenwärtigen Wettbewerbssituation und unter Berücksichtigung des eigenen technologischen und marktstrategischen Potenzials am besten geeignet ist, die wettbewerbsstrategischen Ziele des Unternehmens zu unterstützen. Der Wert einer Technologie ist für das Unternehmen dann am größten, wenn die optimale Kombination aus interner und externer Verwertung gefunden wird.

11.3 Methoden der Technologiebewertung

Wie gezeigt wurde, müssen für verschiedene Entscheidungssituationen auch unterschiedliche Methoden der Technologiebewertung herangezogen werden. Dabei lassen sich die Methoden in eher quantitative beziehungsweise eher qualitative Methoden unterscheiden (vgl. Abb. 11.1). Während in der Phase der Früherkennung der Fokus aus den genannten Gründen auf qualitativen Bewertungsmethoden liegen sollte, stehen in den späteren Phasen eher die quantitativen Verfahren im Vordergrund. Aus der Vielzahl an Bewertungsmethoden, die in der Literatur bekannt und in der Praxis eingesetzt werden, sollen die folgenden als besonders wichtig erachteten Bewertungskonzepte vorgestellt werden.

11.3.1 Argumentenbilanz

Das einfachste und bekannteste Bewertungsverfahren ist die sog. Argumentenbilanz (s. Abb. 11.3). Sie stellt eine Gegenüberstellung in Listenform von Vor- und Nachteilen

Argumentenbilanz

Zielsetzung	Gegenüberstellung der Vor- und Nachteile alternativer Technologien
Anwendungsbezug	**TFE** TP TE TV
Ergebnis	Pro- und Contra-Argumente für die betrachteten Technologien in Listenform
Vorgehensweise	1. Festlegung entscheidungsrelevanter Bewertungskriterien 2. Suche nach Pro- und Contra-Argumenten je Technologie und Kriterium 3. Aufstellung der Argumentenbilanz
Anwendbarkeit	Aufwand: gering erforderliche Methodenkompetenz: gering

TFE: Technologiefrüherkennung *TE: Technologieentwicklung*
TP: Technologieplanung *TV: Technologieverwertung*

Abb. 11.3 Charakterisierung der Argumentenbilanz

alternativer Varianten (hier: Technologien) dar [18, 19]. Insbesondere wenn keine monetäre Bewertung möglich ist kommt dieses Verfahren zum Einsatz.

Fallbeispiel: Kennzeichnungsverfahren zum Know-how-Schutz Ein Konsumgüterhersteller möchte ein Kennzeichnungsverfahren einführen, um seine Produkte von Produktimitationen unterscheiden zu können. Hierdurch sollen die Marktverbreitung von Imitaten eingegrenzt sowie mögliche Produkthaftungsklagen abgewendet werden. Als Lösungsansätze kommen Nanopartikel, Hologramme oder RFID in Frage. Diese stellt das Unternehmen in Form einer Argumentenbilanz gegenüber (s. Abb. 11.4). Anhand der gegenübergestellten Argumente trifft das Unternehmen die Entscheidung, den Bereich RFID im Detail zu analysieren, um die Vorteilhaftigkeit des Verfahrens für den speziellen Anwendungsfall zu validieren.

Alternative	Vorteile	Nachteile
– Nanopartikel	– Überprüfbarkeit durch Händler und Endkunden	– Reproduzierbarkeit
– Hologramm	– Überprüfbarkeit durch Händler und Endkunden	– Vom Produkt entfernbar
– RFID	– Automatische Nachverfolgung entlang der Supply Chain	– Höhere Stückkosten

Abb. 11.4 Beispiel einer Argumentenbilanz verschiedener Technologien zur Produktkennzeichnung

Argumentenbilanzen eignen sich kaum in Bezug auf wichtige Investitionsentscheidungen, da die Argumente verbal und damit nicht präzisierbar sind, keine Wichtigkeit der Argumente gegeneinander erkennbar ist und auch keine Bezugbasis für die Argumente besteht [19]. Einzig eine Unterteilung in Pro- sowie Contra-Argumente schafft einen groben Überblick über die diversen Alternativen.

11.3.2 Checklisten Methoden

Checklisten dienen in der Regel auf pragmatische Weise zur Erfassung aller bedeutenden Kriterien hinsichtlich eines spezifischen Themas bzw. Entscheids [20, 21]. Dabei soll mit geringem Arbeitsaufwand eine qualitative Bestandsaufnahme wichtiger Faktoren bzw. Kriterien erfolgen, um eine Handlungsempfehlung herbeizuführen.

Auf Basis dieser Abwägung, inwieweit die verschiedenen Technologien die Kriterien bzw. Prüffragen erfüllen, kann eine Priorisierung dieser vorgenommen werden bzw. können ggf. einige Technologien ausgeschlossen werden (s. Abb. 11.5).

Der Vorteil von Checklisten liegt in der Möglichkeit der freien Auswahl und dem individuellen Zusammensetzen dieser Kriterien. Zudem ist eine einfache Erweiterung sowie Modifizierung von Checklisten gegeben. Demgemäß weisen Checklistenansätze in ihrer ursprünglichen Form – sofern sie nicht nur als ergänzende Entscheidungshilfsmittel eingesetzt werden – jedoch erhebliche Mängel auf: Neben der ungeklärten Anzahl der in der Checkliste zu berücksichtigenden entscheidungsrelevanten Kriterien sind ihre Schwächen vor allem auf die umstrittene Wirkungsrichtung vieler Kriterien auch untereinander zurückzuführen.

Checklisten

Zielsetzung	Einfache und schnelle Bewertung auf Basis qualitativer Kriterien
Anwendungsbezug	**TFE** → TP → TE → TV
Ergebnis	Übersicht über alle Technologiealternativen bzgl. wichtiger qualitativer Kriterien
Vorgehensweise	1. Festlegung der Entscheidungskriterien 2. Zusammenstellung von Prüffragen 3. Aufstellung der Checkliste
Anwendbarkeit	Aufwand: gering erforderliche Methodenkompetenz: gering

TFE: Technologiefrüherkennung *TE: Technologieentwicklung*
TP: Technologieplanung *TV: Technologieverwertung*

Abb. 11.5 Charakterisierung von Checklisten

Checkliste: Kriterien zur Technologievorauswahl

Entscheidungskriterien:	Technologiealternativen *Schmieden*	*Walzen*	*Thixo-Schmieden*	*Laser-Generieren*
Wirtschaftlichkeit				
– Ist die Technologie serientauglich?	✓	✓		
– Ist die Investition finanzierbar?	✓	✓	✓	✓
Integrierbarkeit				
– Bleiben vor- und nachgelagerte Prozesse weitestgehend unverändert?	✓	✓		
– Lässt sich der Prozess automatisieren?	✓	✓	✓	
Technische Produktanforderungen				
– Lassen sich mit der Technologie Hinterschneidungen realisieren?	✓	✓	✓	✓
– Können Maßtoleranzen stabil eingehalten werden?	✓	✓		✓

Abb. 11.6 Beispiel einer Technologievorauswahl für die Landmaschinentechnik

Fallbeispiel zur Technologievorauswahl in der Landmaschinentechnik Ein Hersteller von Verschleißteilen für Landmaschinen steht vor der Entscheidung, eine neue Technologie zur Herstellung seiner Flachstahlprodukte auszuwählen. Grundsätzlich kommen hierfür Verfahren der Massivumformung (Schmieden oder Walzen), generative Verfahren wie das Lasergenerieren oder auch das Thixo-Forming, d. h. das Umformen von Stählen im halbflüssigen Zustand, in Frage. In Abb. 11.6 ist eine Checkliste zur Herbeiführung einer ersten Vorauswahl dargestellt. Als Entscheidungskriterien dienen einerseits wirtschaftliche Faktoren, andererseits aber auch Faktoren hinsichtlich der technischen Produktanforderungen und der Integrierbarkeit der neuen Technologie in die bestehende Fertigung. Um die Kriterien zu konkretisieren und für alle Entscheidungsträger verständlich zu machen, werden jeweils Prüffragen zusammengestellt.

11.3.3 Nutzwertanalyse

Die Nutzwertanalyse (Synonyme: Punktbewertungsmodell oder Scoring-Modell) ist ein Verfahren zur Multikriterienbewertung verschiedener komplexer Strategiealternativen z. B. bezüglich diverser Technologievarianten [22]. Bei diesem Bewertungsverfahren werden eine Mehrzahl an qualitativen Kriterien durch die subjektive Einschätzung von Experten quantifiziert und so miteinander vergleichbar gemacht.

Es ist darauf zu achten, dass die Kriterien hinsichtlich des Gesamtziels unabhängig voneinander gewählt werden müssen, um Mehrfachbewertungen zu vermeiden. Zudem

Nutzweranalyse

Zielsetzung	Quantitativer Vergleich von Technologien anhand von qualitativen Kriterien
Anwendungsbezug	**TFE** **TP** TE TV
Ergebnis	Rangliste der Technologien bzgl. der bewerteten Kriterien
Vorgehensweise	1. Festlegung der Bewertungskriterien 2. Gewichtung der Kriterien 3. Bewertung durch subjektive Experteneinschätzung 4. Berechnung der Nutzwerte
Anwendbarkeit	Aufwand: gering erforderliche Methodenkompetenz: gering

TFE: Technologiefrüherkennung ***TE: Technologieentwicklung***
TP: Technologieplanung ***TV: Technologieverwertung***

Abb. 11.7 Nutzwertanalyse. (In Anlehnung an [24], S. 78)

müssen vorab Gewichtungsfaktoren der einzelnen Kriterien bestimmt werden (z. B. mit dem Paarweisen Vergleich), da sie unterschiedlicher Relevanz sein können [23]. Zweckmäßigerweise sollte die Summe aller Kriteriengewichte 100 ergeben (Abb. 11.7).

Die Bewertung der Kriterien erfolgt durch die Ermittlung ihrer Teilnutzwerte. Der Gesamtnutzwert wird durch Summierung der Teilnutzwerte ermittelt, die dieser Alternative bzgl. ihrer zu beurteilenden Kenngrößen zukommen. Diese Teilnutzwerte werden durch Multiplikation eines Erfüllungsgrads (EG) mit dem Gewichtungsfaktor ermittelt.

Bewertungs-kriterium	Gewichtung	Strategiealternativen					
		Technologie A		Technologie B		Technologie C	
		EG	Wert	EG	Wert	EG	Wert
Technische Machbarkeit	15	4	60	3	45	5	75
Hohe Reife der Lösung	3	1	3	1	3	5	15
Niedriges Risiko	9	3	27	5	45	1	9
Gute Technologiebeherrschung	11	5	55	1	11	2	22
Niedrige Herstellkosten	23	1	23	5	115	2	46
Niedrige Investitionskosten	15	3	45	5	75	1	15
Günstige Technologieposition	24	1	24	3	72	5	120
Summe			**237**		**366**		**302**
Rangliste			**3**		**1**		**2**

	Bewertungsstufen				
Erfüllungsgrad (EG)	– –	–	0	+	+ +
Punktzahl	1	2	3	4	5

Abb. 11.8 Charakterisierung der Nutzwertanalyse

Der Erfüllungsgrad drückt aus, in welchem Maß ein Kriterium die Anforderungen erfüllt (in Abb. 11.7 z. B. auf einer Bewertungsskala von eins bis fünf). Häufig wird eine Skala von eins bis drei verwendet (bei vagen Aussagen), oft auch eine Skala von eins bis fünf (genauere Informationen) und in Ausnahmefällen auch eine Skala von eins bis zehn. Die Nutzwerte der verschiedenen Alternativen repräsentieren die Rangfolge der Eignung. Es ist zu berücksichtigen, dass die Festlegung der Gewichtungsfaktoren und der Erfüllungsgrade aufgrund von Erfahrungen, d. h. mit einem relativ großen subjektiven Bewertungsspielraum erfolgt [22]. Der Nutzwert kann anschließend auf einer Skala von eins bis zehn normiert werden (s. Abb. 11.8).

Die Nutzwertanalyse dient in erster Linie der strukturierten Aufbereitung von Informationen zur geordneten Diskussion von alternativen (technischen) Lösungen im Rahmen eines Bewertungsteams. Dabei wird sowohl eine genauere Auseinandersetzung mit den spezifischen Alternativen als auch die Akzeptanz der später ausgewählten Lösung gefördert.

11.3.4 Kosten-Nutzen-Analyse

Mit Hilfe der Kosten-Nutzen-Analyse werden die Kosten für die Realisierung einer Entscheidung bzw. von Wissensprozessen dem daraus erzielten Nutzen gegenübergestellt [2, 12]. Dabei wird versucht, nicht monetäre Größen (z. B. Zuverlässigkeit) durch Umwandlung in Geldgrößen vergleichbar zu machen.

Zur Beurteilung der verschiedenen Alternativen durch die Kosten-Nutzen-Analyse wird der sog. Nettonutzen berechnet. Dieser berechnet sich aus der Differenz zwischen dem in eine monetäre Größe umgewandelten Nutzen und den Kosten der Investitionsvorhaben [12]. Dementsprechend ist bei der anschließenden Beurteilung der Alternativen die

Kosten-Nutzen-Vergleich

Zielsetzung	Bewertung nicht-monetärer Größen durch Umwandlung in Geldgrößen
Anwendungsbezug	TFE → TP → TE → TV
Ergebnis	Erzielbarer Nettonutzen der Technologie
Vorgehensweise	1. Ermittlung von Nutzen und Kosten 2. Wahl der Kalkulationsmethode 3. Berechnung des Nettonutzens 4. Auflistung der monetär nicht erfassbaren Bedingungen 5. Beurteilung der Alternativen
Anwendbarkeit	Aufwand: mittel erforderliche Methodenkompetenz: gering

TFE: Technologiefrüherkennung *TE: Technologieentwicklung*
TP: Technologieplanung *TV: Technologieverwertung*

Abb. 11.9 Phasen und Analyseschritte der Kosten-Nutzen-Analyse [12, 26]

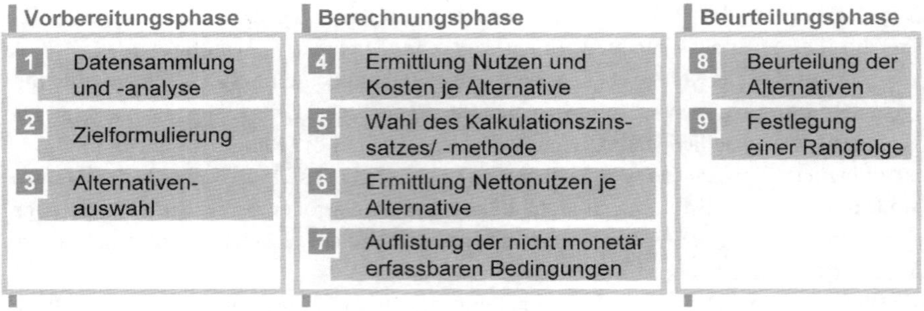

Abb. 11.10 Charakterisierung des Kosten-Nutzen-Vergleichs

mit dem höchsten positiven Nettonutzen auszuwählen, wobei die nicht monetär erfassbaren Bedingungen beachtet werden müssen. Eine detaillierte Darstellung der wesentlichen Schritte der Kosten-Nutzen-Analyse, welche sich in Vorbereitungs-, Berechnungs- sowie Beurteilungsphase gliedern lassen, ist in Abb. 11.10 beschrieben. Dabei können als Vergleichskriterium zwischen den vorhandenen Alternativen klassische Verfahren der Investitionsrechnung, wie bspw. die Kapitalwertmethode, herangezogen werden (Schritt 5) [25] (s. Abb. 11.9).

Die Problematik der Kosten-Nutzen-Analyse stellt die oft schwierige Transformation von Auswirkungen in monetäre Größen dar. Aus diesem Grund ist der praktische Nutzen oft geringer als es theoretisch möglich erscheint [27].

11.3.5 Portfolioansätze

Zur Systematisierung der ersten Wirtschaftlichkeitsbewertung können in der Bewertung von Technologien vor allem Portfoliomethoden eingesetzt werden, denen eine zum Teil mehrstufige Abfolge qualitativer Bewertungskriterien zugrunde liegt. In der Literatur zum Technologiemanagement und zum strategischen Unternehmensmanagement existieren zahlreiche Portfolioansätze, von denen an dieser Stelle die wichtigsten inkl. Schlüsselfaktoren und Zielsetzung in Abb. 11.11 dargestellt sind.

Unabhängig davon, welches Portfolio tatsächlich genutzt wird, sollten im Allgemeinen zwei Kernaspekte in der Bewertung berücksichtigt werden: Zum einen muss aus unternehmensinterner Sicht zunächst eine Aussage darüber getroffen werden, in welchem Maße die jeweils betrachtete Technologie zu den wettbewerbsrelevanten Kompetenzen des Unternehmens passt, bzw. wie gut die Technologie in der Lage ist, die Kernkompetenzen des Unternehmens zu ergänzen oder sogar auszubauen. Diese Einschätzung wird der Bedeutung, die der Kernkompetenz selbst beigemessen wird, gegenübergestellt. Als zweite Perspektive sollte die Technologie in Relation zur externen Marktsicht gestellt werden, d. h. in welchen Zielmärkten wird die Technologie eingesetzt und welchen Beitrag leistet die Technologie dort? Weiterhin muss auch hier die zukünftig zu erwartende Relevanz der Märkte selbst bewertet werden. Somit dienen die sich ergebenden Positionen und Konstel-

Portfolio	Schlüsselfaktoren	Zielsetzung
Technologieportfolio nach ARTHUR D. LITTLE [28]	- Technologie-Zyklus - rel. Technologieposition	Herleitung Technologiestrategie
Technologieportfolio nach PFEIFFER, METZE, SCHNEIDER und AMLER [30]	- Technologieattraktivität - Ressourcenstärke	Investitionsempfehlung bzgl. Produkt- bzw. Prozesstechnologien
Technologieportfolio nach BOOZ, ALLEN & HAMILTON [27]	- Bedeutung der Techn. - rel. Technologieposition	Investitionsprioritäten in Bezug auf FuE-Mitteleinsatz
Gesamtportfolioansatz von MCKINSEY [2]	- Marktprioritäten - Technologieprioritäten	Handlungsempfehlung bzgl. des FuE-Einsatzes
Portfolio nach COOPER [36]	- Marktpotenzial - Umsetzungsrisiko	Allokation von FuE-Budget
FuE-Vorhaben-Gesamtportfolio nach MAIER [68]	- Zielrelevanz der FuE-Vorhaben - Risikopotenzial	Empfehlung bzgl. der rel. Förderungswürdigkeit von FuE-Projekten
FuE-Programm-Portfolio nach MÖHRLE [69]	- Technologiedruck - Marktsog	Analyse und Beurteilung von FuE-Projekten
FuE-Projektportfolio [67]	- Risiko - Attraktivität - Strategische Wirkung - Aufwand	Beurteilung der Projekte bzgl. Chancen und Risiken sowie Wachstum und Stabilität
Produkt-Markt-Portfolio [73]	- Marktwachstum - Wettbewerbsposition	Empfehlung für FuE-Vorhaben der Geschäftseinheiten
Darmstädter Ansatz: Integriertes Markt- und Technologie-Portfolio [70]	- Technologieattrativität - rel. Technologieentwicklungsstärke - Innovationsattraktivität - rel. Innovationsstärke	Beurteilung von Innovationsfeldern
Technologieportfolio nach BROSE und CORSTEN [66]	- Marktattraktivität - Innovationspotenzial	Technologieauswahl
Technologieportfolio nach VÖLKER [72]	- Wertpotenziale der unternehmens-relevanten Technologien - interne Technologieposition	Verteilung von FuE-Ressourcen
Unternehmensattraktivität-Marktaussichten-Portfolio [71]	- Unternehmensattraktivität - Marktaussichten	Beurteilung von Produktideen

Abb. 11.11 Übersicht über Portfoliomethoden

lationen der Technologien auf der einen Seite als Maßstab für die zukünftigen Aussichten der Technologien im Branchenwettbewerb und auf der anderen Seite zur Beschreibung der spezifischen Position des Unternehmens hinsichtlich der betreffenden Technologien.

Im Folgenden sollen die vier bekanntesten Portfolio-Methoden näher beschrieben werden. Dabei handelt es sich um:

- das Technologieportfolio nach Pfeiffer, Metze, Schneider und Amler,
- das Technologieportfolio nach Arthur D. Little,
- das Technologieportfolio nach Booz, Allen & Hamilton sowie
- den Gesamtportfolioansatz von Mckinsey.

11.3.5.1 Technologieportfolio nach Arthur D. Little

Im Ansatz der Managementberatung Arthur D. Little werden die strategischen Geschäftsfelder bzw. Technologien eines Unternehmens in Bezug auf die externen, nicht zu beeinflussenden Kräfte in der Unternehmensumwelt sowie hinsichtlich der spezifischen Stärken des Unternehmens in den betrachteten Geschäftsfeldern positioniert. Ziel des Portfolioansatzes nach Arthur D. Little ist es, Technologiestrategien herzuleiten. Dabei wird berücksichtigt, dass Technologie- und Geschäftsfeldzyklen nicht deckungsgleich verlaufen. Als Entscheidungsgrundlage bei der Wahl zwischen technologiestrategischen Optionen wird eine Analyse der Technologie- und Wettbewerbspositionen der strategischen Geschäftsfelder sowie des Verlaufs der Lebenszyklen der Technologien und der jeweiligen Branchen herangezogen [8]. Im Rahmen begrenzter Gesamtressourcen soll eine Ressourcenoptimierung nach den Gesichtspunkten Potenzial und Risiko sowie Wachstum und Stabilität erreicht werden [28].

Die Vorgehensweise zur Entwicklung eines Technologieportfolios nach Arthur D. Little lässt sich in mehrere Schritte unterteilen. Zunächst müssen die Technologien hinsichtlich der Dimensionen des Portfolios, dem Technologielebenszyklus sowie der relative Technologieposition, bewertet werden (s. Abb. 11.12). Für die Bewertung der Dimension Technologielebenszyklus müssen die Technologien entsprechend ihrer technologischen Stellung in die Phasen Entstehung, Wachstum sowie Reife eingeteilt werden. Durch diese Einteilung soll aufgezeigt werden, wie hoch das noch verbleibende Differenzierungspotenzial der Technologien ist bzw. wie viel noch nicht erschlossenes Anwendungspotenzial mit

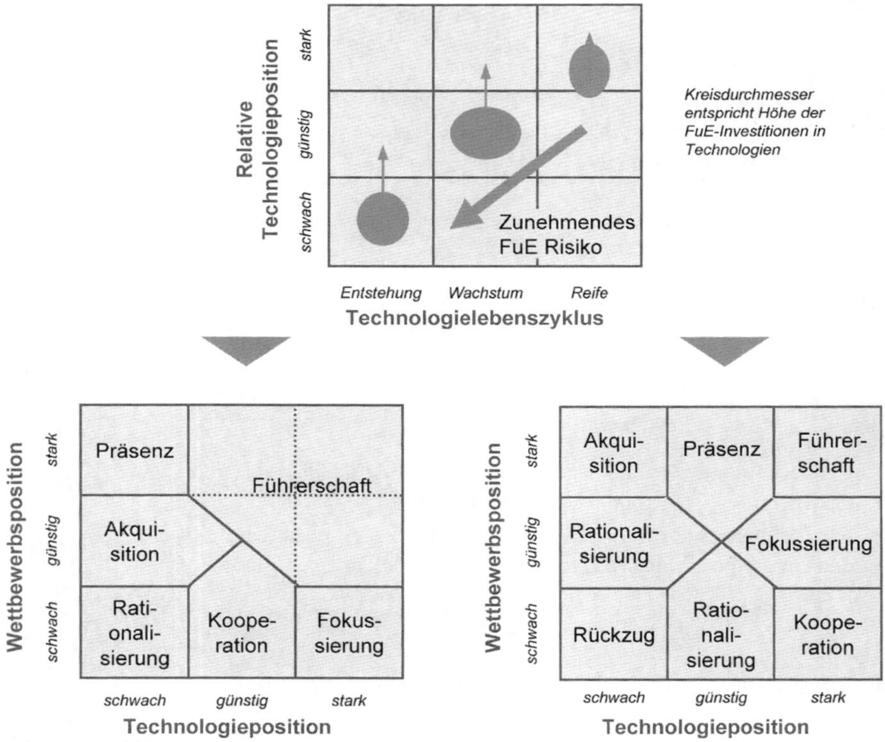

Abb. 11.12 Technologieportfolio nach Arthur D. Little. ([8], S. 208/210; [29], S. 124 f.)

diesen Technologien annektiert werden kann [28]. Dabei sind gerade in den frühen Phasen eines Technologielebenszyklus größere wettbewerbliche Differenzierungsmöglichkeiten vorhanden als allgemein verfügbarere Basistechnologien bieten. Die zweite Dimension, die relative Technologieposition, beschreibt die Stärken und Schwächen des Unternehmens hinsichtlich seiner FuE-Ressourcen und seiner Know-how-Position im Verhältnis zum Wettbewerb [28]. Die zu bewertenden Technologien sind hinsichtlich der Ausprägungen schwach, günstig sowie stark zu beurteilen.

Folgend müssen die Technologien in der Portfoliomatrix positioniert werden, um anschließend die Hinweise für FuE-Prioritäten ableiten zu können. Dabei ist der Fokus auf Investitionen in Schlüsseltechnologien zu setzen und Aufwände für Basistechnologien sollten auf das Notwendigste reduziert werden [8]. Im Portfolio entspricht der Kreisdurchmesser der Höhe der FuE-Investitionen in die jeweilige Technologie (s. Abb. 11.12). Eine Zunahme des FuE-Risikos erfolgt in der Regel mit einer schwächeren relativer Technologieposition und einem geringen Reifegrad der Technologien [29].

Zur Ableitung von Handlungsempfehlungen müssen zum Schluss Technologie- und Wettbewerbsposition des zugehörigen strategischen Geschäftsfeldes gegenüber gestellt werden. Dazu kann die jeweilige Wettbewerbsposition aus der Bewertung der relevanten Einflussfaktoren, z. B. mit Hilfe der Nutzwertanalyse, identifiziert werden. Bei dem Ansatz nach Arthur D. Little werden die Strategieempfehlungen in zwei Portfolios gegeben, denn in frühen Phasen eines Technologielebenszyklus hat die Technologiedimension eine erhöhte Priorität und den Unternehmen wird ein größerer Handlungsspielraum zugestanden. Somit stellt das in Abb. 11.12 links dargestellte Portfolio eine Handlungsempfehlung für Technologien dar, welche sich in der Entstehung bzw. frühen Wachstumsphase befinden, und das rechte Portfolio gilt als handlungsweisend für Technologien der späten Wachstumsphase sowie der Reife-Phase. Dabei reichen die Handlungsempfehlungen von Rückzug und Rationalisierung über Akquisition und Kooperation bis hin zu Präsenz, Fokussierung und Führerschaft (s. Abb. 11.12) [8, 29].

Insgesamt ist als positiv zu bewerten, dass konkrete Handlungsempfehlungen gegeben werden und das FuE-Risiko berücksichtigt wird. Jedoch ist darauf zu achten, dass auch diese Portfoliomethode eher als konzeptioneller Rahmen zur Analyse der Konsistenz von Technologie- und Marktstrategie gesehen werden sollte und nicht als starre Handlungsempfehlung zu interpretieren ist.

11.3.5.2
Technologieportfolio nach Pfeiffer

Der Ansatz nach Pfeiffer berücksichtigt sowohl den dem Marktzyklus vorgelagerten Entstehungs- als auch den Beobachtungszyklus für den strategischen Analyseprozess über die zwei Dimensionen Technologieattraktivität und Ressourcenstärke. Hintergrund dieses Ansatzes ist die Annahme, dass bei einer Tendenz zu expandierenden Entstehungszyklen und zugleich kontrahierenden Marktzyklen der Innovator immer ein deutlich höheres Umsatzvolumen als der Imitator erzielen kann. Daher wird empfohlen, frühzeitig in relevante Technologien zu investieren und damit eine Pionierstrategie zu verfolgen [30].

Abb. 11.13 Technologieportfolio nach Pfeiffer

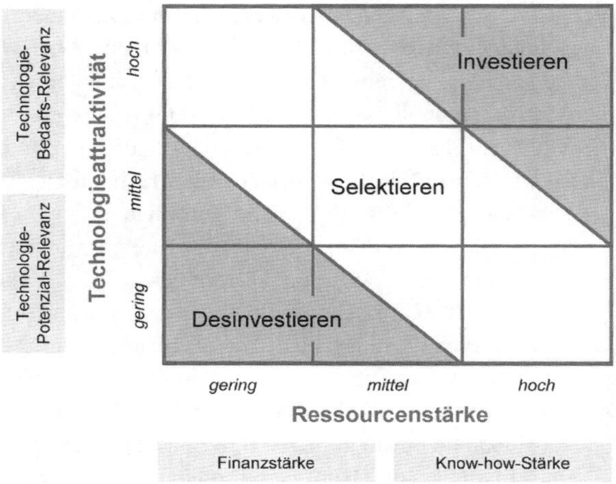

Für die Dimension Technologieattraktivität werden zwei Kriterien verwendet: Die Technologiepotenzialrelevanz und die Technologiebedarfsrelevanz (s. Abb. 11.13). Dabei setzt sich die Technologiepotenzialrelevanz aus der sog. „Weiterentwickelbarkeit" sowie dem „Zeitbedarf" zusammen. Die Technologiebedarfsrelevanz enthält die Merkmale „Anwendungsumfang/Anwendungsarten" sowie „Diffusionsverlauf" [30]. Aufgrund der Tatsache, dass Kriterien des technologischen Potenzials sowie der Marktattraktivität in einer Dimension zusammengefasst sind, könnte diese Gliederung problematisch sein [29].

Die zweite Dimension, die Ressourcenstärke, setzt sich aus der „Finanzstärke" und der „Know-how-Stärke" zusammen. Unter Finanzstärke wird die Budgethöhe und die Kontinuität des Budgets verstanden. Als Know-how-Stärke bezeichnet Pfeiffer den Know-how-Stand und die Stabilität des Know-hows [30]. Analog zur Problematik bei der Technologieattraktivität erscheint hier die Verknüpfung von technischem Potenzial und dem Finanzpotenzial schwierig. Wichtig ist an dieser Stelle ein Vergleich von Marktposition bei vorhandenen Geschäftsfeldern mit der Technologieposition [29]. Eventuell sollten daher eine Trennung von Technologie- und Geschäftsfeldportfolio erfolgen.

11.3.5.3 Portfolioansatz von Booz, Allen & Hamilton

In dem Portfolioansatz von Booz, Allen & Hamilton werden Technologie-Investitionen und Unternehmensstrategie miteinander verknüpft. Dabei werden die relevanten Technologien für jedes Geschäftsfeld aufgelistet und in das Portfolio eingeordnet (s. Abb. 11.14). Ziel ist es, aufgrund des technologischen Ist-Zustandes im Geschäftsfeld, Investitionsprioritäten zu ermitteln.

Es wird eine Analyse in vier Schritten vorgeschlagen [29, 31]. Als erstes erfolgt die Einschätzung der technologischen Situation. Dazu muss das Wettbewerbsumfeld der je-

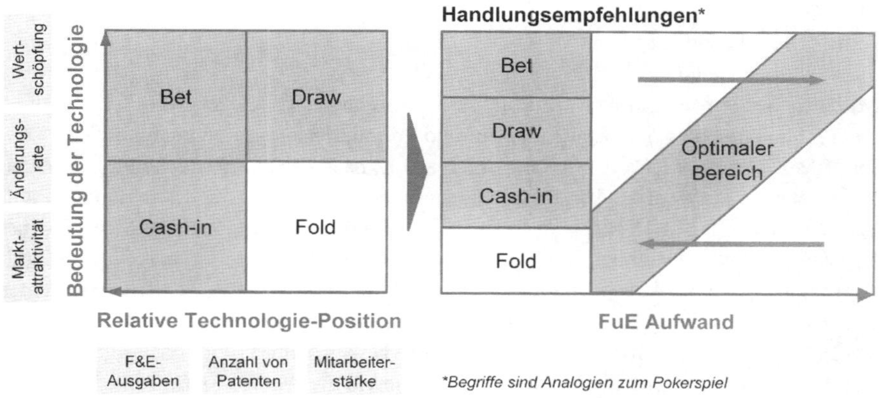

Abb. 11.14 Portfolioansatz von Booz, Allen & Hamilton [32]

weiligen Technologie analysiert werden. Darauf aufbauend wird im zweiten Schritt das in Abb. 11.14 dargestellte Portfolio mit den Kriterien „Relative Technologie-Position" und „Bedeutung der Technologie" entwickelt. Zur Abschätzung der relativen Position einer Technologie sollen die FuE-Ausgaben, die Anzahl von Patenten sowie die Mitarbeiterstärke dienen. Die Bedeutung der Technologie wird anhand der Wertschöpfung, der Änderungsrate und der Marktattraktivität ausgemacht.

Ähnlich der Gegenüberstellung beim Vorgehen von Mckinsey (vgl. Portfolioansatz nach Mckinsey) soll an dieser Stelle (dritter Schritt) eine Überprüfung der Konsistenz zwischen Technologie- und Geschäftsfeldstrategie erfolgen. Dadurch sollen Diskrepanzen aufgedeckt und frühzeitig korrigiert werden können.

Zum Schluss (vierter Schritt) erfolgt die Ableitung von Handlungsempfehlungen für Technologieinvestitionen (s. Abb. 11.14). Dazu wird das Portfolio von Booz, Allen & Hamilton in die Bereiche „Cash-in", „Bet", „Draw" und „Fold" unterteilt (analog zum Pokerspiel). Technologien, welche eine gute relative Technologieposition sowie eine hohe Bedeutung aufweisen („Bet") haben eine sehr hohe Priorität für ein Unternehmen, da hier Wettbewerbsvorteile gehalten oder ausgebaut werden sollten. Befindet sich eine Technologie im Feld „Draw" (Technologien mit schlechter relativer Position aber hohen Bedeutung) gilt es herauszufinden, ob eine Positionsverbesserung erreicht werden kann oder ob ggf. besser in andere Technologien investiert werden soll. Aufgrund der geringen Bedeutung von Technologien in den beiden Felder „Fold" sowie „Cash-in", sollte von einem weiteren FuE-Aufwand für diese Technologien abgesehen werden. Somit gilt generell, dass eine Verteilung der FuE-Mittel in Anlehnung an den optimalen Bereich aus Abb. 11.14 erfolgen sollte [29].

Als nachteilig beschreiben lässt sich am Ansatz von Booz, Allen & Hamilton in erster Linie die isolierte Analyse der Technologiedimension, ohne das instrumentelle Hinweise zur Integration der Ergebnisse in eine strategische Gesamtplanung geben werden. Zudem ist eine eindeutige Trennung der Dimensionen des Portfolios in technologie- und marktorientierte Größe nicht gegeben.

11.3.5.4 Portfolioansatz von Mckinsey

Mit Hilfe der Portfoliovariante von Mckinsey wird zunächst versucht, die Ausschöpfung des Technologiepotenzials von Produkten und Produktionsprozessen quantitativ zu erfassen. Basis ist das „S-Kurven-Konzept" (s. Kap. 4), nach der die Leistungsfähigkeit eines technischen Systems einen Verlauf analog zu einer logistischen Wachstumsfunktion aufweist. Wie in Abb. 11.15 rechts dargestellt, wird beim Technologieportfolio der Technologieattraktivität die relative Technologieposition gegenübergestellt (analog zum Marktattraktivitäts-/Wettbewerbspositionsportfolio). Dieses ergibt sich aus dem technischen Potenzial des Unternehmens im Vergleich zur Konkurrenz sowie den zur Ausschöpfung des Potenzials erforderlichen Finanzmitteln. Die beiden Kriterien für das Marktportfolio (s. Abb. 11.15 links) sind die Marktattraktivität sowie die relative Markposition. In beide Portfolios sind die relevanten Technologien zu positionieren, wobei von links unten nach rechts oben (mit steigenden Dimensionen) eine Erhöhung der Markt- bzw. Technologiepriorität einhergeht [8].

Die Gegenüberstellung und anschließende Zusammenführung von Technologie- und Marktportfolio in ein integriertes Portfolio mit den Dimensionen Markt- und Technologiepriorität ermöglicht die Analyse technologiestrategischer Kalküle. Das Gesamtportfolio lässt sich, wie oben gezeigt, in die drei Bereiche: defensiver, selektiver sowie aggressiver FuE-Einsatz unterteilen. So hat beispielsweise die in Abb. 11.15 dargestellte „Technologie D" eine sehr schwache Marktpriorität, jedoch ohne das Technologieportfolio (hervorragende Technologieposition) wäre die Technologie möglicherweise nicht berücksichtigt worden und es hätte zu Fehlinvestition führen können [8]. Zusammenfassend gliedert sich das Vorgehen zur Entwicklung des Technologieportfolios in folgende vier Schritte:

- Identifikation wichtiger Technologien,
- Einordnung der Technologien in das Technologieportfolio,
- Einordnung der Geschäftsfelder in das Marktportfolio sowie
- Zusammenführung zu einem Gesamtportfolio und Ableitung von FuE-Einsatz.

Aufgrund der Tatsache, dass die technologische Position gegenüber der Marktposition den Charakter eines Frühindikators hat, stellt das Technologieportfolio eine wichtige Er-

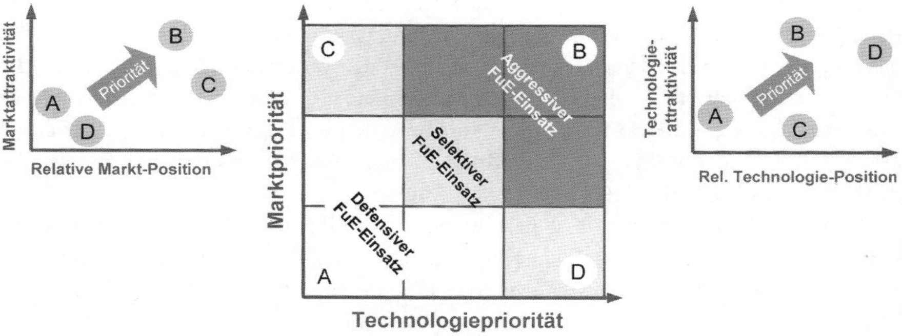

Abb. 11.15 Portfolioansatz von Mckinsey [33–35]

gänzung des traditionellen Konzepts dar [29]. Nicht nur Technologien mit einem hohen Umsatzpotenzial, sondern auch solche mit hohem Entwicklungspotenzial mittels Normstrategie können priorisiert werden. Insgesamt lässt sich an dieser Stelle als möglicherweise problematisch festhalten, dass von einem eindeutigen Zusammenhang zwischen Geschäftsfeldern und im Unternehmen eingesetzten Technologien ausgegangen wird. Dies gilt insbesondere für Technologien, welche bezüglich ihrer Geschäftsfeldrelevanz unterschiedliche Eignungsgrade aufweisen.

11.3.5.5 Risiken und Anwendungsfälle der Methodik

Portfolioansätze sind nicht als „Allheilmittel" zu verstehen; während ihr besonderes Potenzial in der Informationsaufbereitung und -visualisierung als Basis zur Analyse zu sehen ist, müssen zur Einordnung der Technologien bzw. Technologieentwicklungsprojekte entsprechend der definierten Portfoliodimensionen in der Regel andere Methoden eingesetzt werden.

Portfoliomethoden sollten dort Anwendung finden, wo eine systematische Aufbereitung von Informationen die Entscheidungsfindung im Technologiemanagement sinnvoll unterstützen kann. Der Erkenntnisgewinn durch Portfolio-Betrachtungen ist dort am größten, wo bislang ungerichtete Daten und Teilinformationen zu einem aussagekräftigen Bild verdichtet werden müssen. Dieser Anwendungsfall kommt insbesondere in den Phasen der Technologiefrüherkennung und -planung häufig vor. Hierbei gilt es, die Auswahl der Bewertungskriterien vor dem Hintergrund der konkreten, unternehmensspezifischen Entscheidungssituation vorzunehmen (vgl. u. a. [36]) (Abb. 11.16).

Portfolio-Ansatz

Zielsetzung	Bewertung / Gegenüberstellung der inter-nen und externen Sicht auf Technologien
Anwendungsbezug	TFE → TP → TE → TV
Ergebnis	Visuelle Bewertung der betrachteten Technologien in einem Koordinatensystem (zur Ableitung von Normstrategien)
Vorgehensweise	1. Definition der Achsen des Portfolios (interne vs. externe Sicht) und Auswahl der jeweiligen Bewertungskriterien 2. Bewertung der Technologien hinsichtlich der Kriterien 3. Gegenüberstellung und Visualisierung der Technologien im Portfolio
Anwendbarkeit	Aufwand: hoch erforderliche Methodenkompetenz: mittel

TFE: Technologiefrüherkennung *TE: Technologieentwicklung*
TP: Technologieplanung *TV: Technologieverwertung*

Abb. 11.16 Charakterisierung des Portfolioansatzes

11.3.6 Maschinenstundensatzrechnung

Als eine in der Praxis weit verbreitete Methode der Kostenrechnung zur Bewertung von Technologiealternativen in der Produktion erweist sich die Maschinenstundensatzrechnung. Insbesondere im Rahmen von Investitionsentscheidungen in der Phase der Technologieplanung findet diese Methode Anwendung (s. Abb. 11.19).

Bei dieser Kalkulationsmethode zählt jeweils nur eine Maschine als Kostenstelle, für die der sogenannte Maschinenstundensatz ermittelt wird. Definiert ist dieser als die Summe aller maschinenbezogenen Kosten pro Jahr, dividiert durch die jährliche Zeit der Inanspruchnahme einer Maschine. Nach folgender Formel lässt sich der Maschinenstundensatz berechnen [37]:

$$Maschinenstundensatz = \frac{\sum Kostenarten\ (€/a)}{Jährliche\ Lastlaufzeit\ (h)}$$

Dabei werden alle mit der Maschinennutzung verbundenen Kosten (d. h. auch kalkulatorische Abschreibungen und Zinsen) verrechnet. Der Maschinenstundensatz ist somit der Kostenbetrag, der einem Auftrag pro in Anspruch genommener Stunde einer bestimmten Maschine angelastet wird.

Die Kostenrechnung mit Maschinenstundensätzen stellt eine Detaillierung der differenzierten Zuschlagskalkulation dar [38], durch die eine Aufgliederung der Fertigungsgemeinkosten erfolgt. Den Unterschied zwischen der differenzierten Zuschlagskalkulation und der Maschinenstundensatzrechnung sowie eine beispielhafte typische Zusammensetzung der Maschinenkosten verdeutlicht Abb. 11.17.

Der größte Anteil der Fertigungsgemeinkosten lässt sich bei der Kalkulation mit Maschinenstundensätzen als Maschinenkosten detaillieren und kann im Einzelnen berechnet werden (s. Abb. 11.17) Die feine Untergliederung der Kostenstellen bedeutet einerseits eine höhere Genauigkeit bei der Gemeinkostenverrechnung, andererseits wird aber auch die Kostenstellenrechnung aufwendig. Aus diesem Grund findet sie in der Praxis bei maschinenintensiven Herstellern verbreitete Verwendung.

Da, wie oben erwähnt, die jährliche Zeit der Inanspruchnahme einer Maschine bei der Maschinenstundensatzrechnung verwendet wird, erfolgt in Abb. 11.18 eine Aufgliederung der Maschinenzeiten.

Die gesamte Maschinenzeit T_G setzt sich zusammen aus:

- *Nutzungszeit*
  Die Maschine wird für einen Kostenträger genutzt und ist während dieser Zeit ans Energienetz angeschlossen.
- *Lastlaufzeit*
  Die Maschine läuft und produziert Erzeugnisse. Die Maschine und ihre Hilfsantriebe sind eingeschaltet, der Hauptantrieb arbeitet unter Voll- oder Teillast.
- *Leerlaufzeit*
  Die Maschine läuft, produziert jedoch nicht.

Abb. 11.17 Zusammensetzung der Selbstkosten mit und ohne Kalkulation mit Maschinenstundensätzen [38]

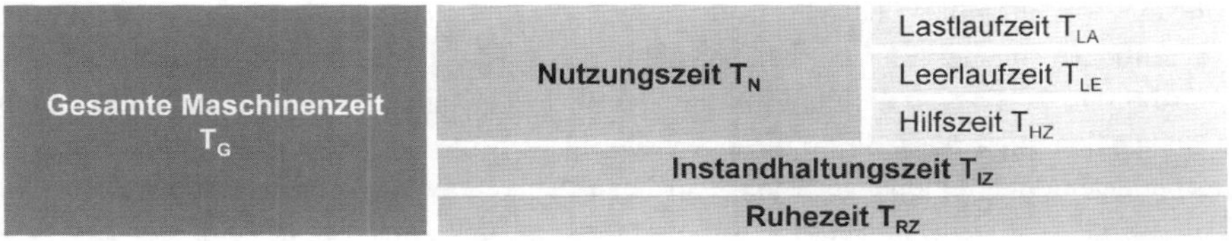

Abb. 11.18 Gliederung der Maschinenzeiten [37]

- *Hilfszeit*
  Die Maschine steht produktionsbedingt vorübergehend still. Der Hauptschalter und die Hilfsantriebe sind noch eingeschaltet.
- *Instandhaltungszeit*
  Die Maschine wird gewartet oder instand gesetzt und produziert nicht.
- *Ruhezeit*
  Die Maschine ist ausgeschaltet. [37]

Zur Berechnung des Maschinenstundensatzes wird die Lastlaufzeit (T_{LA}) als Berechnungsgrundlage verwendet, um die Kosten der Maschine auf ihre effektiven Produktionszeiten, d. h. auf die Dauer der Inanspruchnahme durch die Kostenträger, zu verteilen [37, 38]. Eine exakte Proportionalität von Verrechnungsbasis und Selbstkosten kann das Verfahren nicht wiedergeben, sobald fixe Kosten auf die Leistungsmengeneinheit zu verrechnen sind.

Maschinenstundensatzrechnung

Zielsetzung	Bewertung der Wirtschaftlichkeit von Technologieinvestitionen in der Produktion
Anwendungsbezug	TFE TP TE TV
Ergebnis	Kalkulierter Kostensatz je Stunde für eine Produktionstechnologie
Vorgehensweise	1. Ermittlung aller maschinenbezogenen Kosten pro Jahr 2. Bestimmung der jährlichen Inanspruchnahme der Maschine 3. Berechnung des Maschinenstundensatzes
Anwendbarkeit	Aufwand: mittel erforderliche Methodenkompetenz: gering

TFE: Technologiefrüherkennung *TE: Technologieentwicklung*
TP: Technologieplanung *TV: Technologieverwertung*

Abb. 11.19 Charakterisierung der Maschinenstundensatzrechnung

11.3.7 Amortisationsrechnung

Die Amortisationsrechnung (Synonym: Pay-off-Methode) stellt ein in der Praxis weit verbreitetes Verfahren dar und wird in der Regel in Kombination mit anderen Verfahren der Investitionsrechnung als Entscheidungshilfe zur Risikoabschätzung verwendet [39, 40] (s. Abb. 11.22). Es geht um die Ermittlung des Rückgewinnungszeitraums des eingesetzten Kapitals über die Erlöse, die sog. Amortisationsdauer [39–41]. Somit ist die Amortisationsrechnung ein Mehrperiodenverfahren, welches sich bis zum Amortisationszeitpunkt erstreckt. In Abb. 11.20 ist der sog. Einzahlungsüberschuss (EÜ), welcher sich aus den Ein- und Auszahlungen je Periode (also $E_t - A_t$) zusammensetzt, sowie die Anschaffungsauszahlung A_0 über der Zeit dargestellt. In diesem Fall ergibt sich bei einem angenommenen linearen Verlauf der Einzahlungsüberschüsse eine Amortisation der Investition zum Zeitpunkt t_5 (EÜ=A_0).

Dabei lässt sich in die statische sowie dynamische Amortisationsrechnung unterscheiden. Das statische Verfahren ist jahresbezogen und arbeitet mit Durchschnittswerten, auch bei der Verzinsung des jährlich gebundenen Kapitals [41]. Aus diesem Grund ist dieses

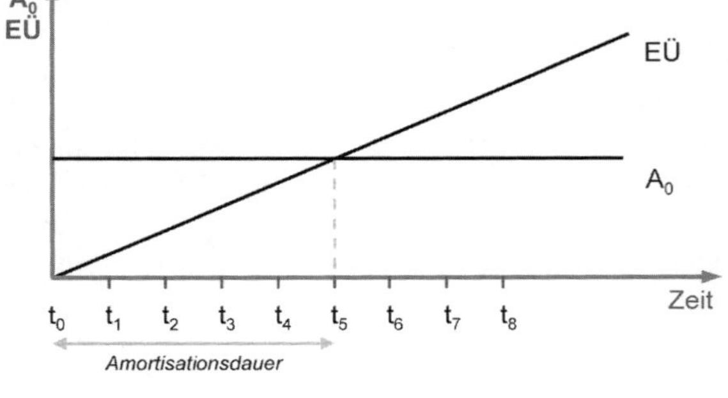

Abb. 11.20 Ermittlung der Amortisationsdauer [39]

Verfahren für Investitionen, welche eine exaktere Darstellung in kleineren Zeiträumen benötigen, eher ungeeignet. Die dynamisches Amortisationsrechnung ist bis auf die Tatsache, dass die einzelnen Zahlung nicht einfach kumuliert sondern zunächst diskontiert (abgezinst) werden müssen, dem statischen Verfahren vergleichbar. Somit wird die Zinswirkung bei der dynamischen Methode berücksichtigt. Das dynamische Verfahren sei an einem Beispiel verdeutlicht.

Fallbeispiel: Amortisation einer Wasserstrahlschneidtechnologie Ein Lederverarbeiter plant die Anschaffung und anschließende Adaption einer neuen Wasserstrahlschneidmaschine für die Herstellung seiner Lederware. Die Anfangsinvestition A_0 für die neue Maschine wird zum Zeitpunkt t_0 300 T€ betragen. Die Entwicklungskosten für die Technologieadaption werden auf 50 T€ geschätzt, die vollständig im ersten Jahr t_1 anfallen werden. Für die darauffolgenden Jahre erwartet das Unternehmen konstante Einzahlungsüberschüsse *EÜ* durch Produktivitätssteigerungen in Höhe von 80 T€ je Periode. Als Diskontierungsfaktor *i* sollen die durchschnittlichen, gewichteten Kapitalkosten des Unternehmens mit fünf Prozent angesetzt werden. Zur Berechnung der Amortisationsdauer findet folgende Formel Anwendung.

$$A_0 = \sum_{t=1}^{t_{ad}} \frac{E\ddot{U}_t}{(1+i)^t}$$

Graphisch ergibt sich die in Abb. 11.21 dargestellte Verlaufskurve der kumulierten und um die Kapitalkosten diskontierten Einzahlungsüberschüsse, wodurch sich eine Amortisationsdauer von ca. 7,2 Jahren ergibt. D. h. im Verlauf des achten Jahres wird die Anfangsinvestition voraussichtlich durch die periodischen Überschüsse amortisiert worden sein.

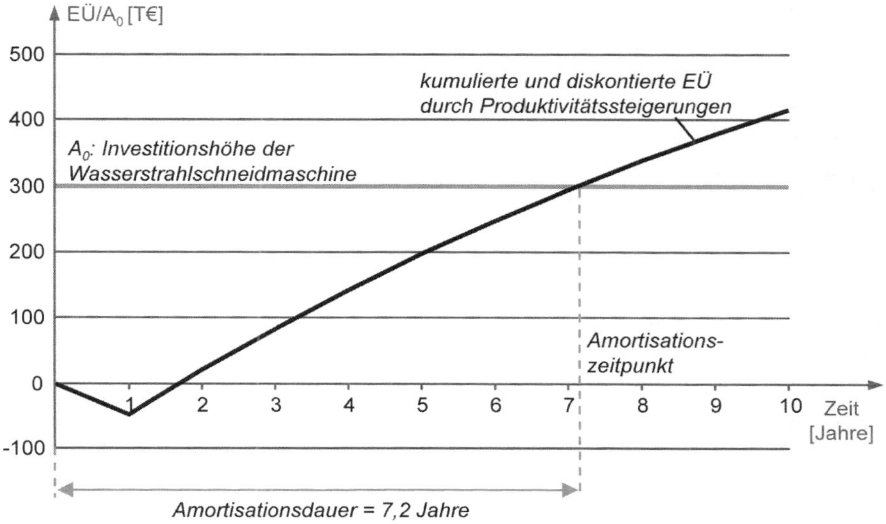

Abb. 11.21 Beispielhafte Ermittlung der Amortisationsdauer für eine Wasserstrahlschneidanlage

Amortisationsrechnung

Zielsetzung	Bewertung der Wirtschaftlichkeit von Technologieinvestitionen
Anwendungsbezug	TFE · **TP** · **TE** · TV
Ergebnis	Rückgewinnungszeitraums des eingesetzten Kapitals über Erlöse (Amortisationsdauer)
Vorgehensweise	1. Bestimmung der Anfangsinvestitionskosten 2. Schätzung der Einzahlungsüberschüsse und Wahl des Diskontierungsfaktors 3. Berechnung der Amortisationsdauer
Anwendbarkeit	Aufwand: gering erforderliche Methodenkompetenz: mittel

TFE: Technologiefrüherkennung *TE: Technologieentwicklung*
TP: Technologieplanung *TV: Technologieverwertung*

Abb. 11.22 Charakterisierung der Amortisationsrechnung

Nachteilig lässt sich für die Amortisationsrechnung feststellen, dass die Soll- bzw. Ist-Amortisationszeit der subjektiven Einschätzung unterliegt [40]. Zudem erfolgt lediglich eine Betrachtung bis zum Amortisationszeitpunkt. Beim Vergleich alternativer Investitionsmöglichkeiten ist darauf hinzuweisen, dass diejenige mit der kürzeren Amortisationszeit nicht unbedingt die bessere Alternative sein muss. Letztendlich kommt es auch auf die Erträge über die gesamte Lebensdauer einer Investition an.

11.3.8 Total Cost of Ownership

Nach dem Prinzip „Total Cost of Ownership" (TCO) setzen sich die Kosten eines Produktes oder einer Investition aus den sog. lebenszyklusübergreifenden Kosten zusammen (s. Abb. 11.23). Diese reichen von der Beschaffung über die Nutzung, Lagerung, Verwaltung und Wartung bis hin zur Verwertung [42–44]. Neben dem Anschaffungspreis handelt es sich somit um alle im Leben eines Kaufobjektes anfallenden Kosten. Sie übersteigen in der Regel den einfachen Angebotspreis und bilden diejenigen Kosten ab, die der Fremdbezug dem Unternehmen in Summe kostet und liefern somit eine Kennzahl, auf deren Basis das Management fundierte und objektive Einscheidungen treffen kann [43, 44]. Innerhalb einer „Make or Buy"-Kostenanalyse auf TCO-Basis werden die nach TCO-Vorgaben aufbereiteten Kosten der jeweiligen Fremdfertigungsoption in Relation zu den internen Fertigungskosten nach Kostenblöcken analysiert. Auf diese Weise kann die Veränderung der Kostenstruktur (und insbesondere der Fixkosteneinfluss) analysiert werden und somit das langfristige Kosten- und Wettbewerbspotenzial von Beschaffungsoptionen sichtbar gemacht werden [45]. So kann beispielsweise der Anschaffungspreis eine Produktes wesentlich günstiger sein, als der von Konkurrenzprodukten, jedoch können die Gesamtkosten, also Anschaffungspreis und Lebenszykluskosten, dieses Produktes wesentlich höher

TCO-Ansätze

Zielsetzung	Bewertung von Technologieinvestitionen bzgl. lebenszyklusübergreifender Kosten
Anwendungsbezug	TFE TP TE TV
Ergebnis	Lebenszykluskosten (TCO-Preis) für die Technologie
Vorgehensweise	1. Bestimmung der Erstinvestitionskosten 2. Abschätzung weiterer Kosten im Lebenszyklus der Technologie 3. Berechnung des TCO-Preises
Anwendbarkeit	Aufwand: mittel erforderliche Methodenkompetenz: mittel

TFE: Technologiefrüherkennung *TE: Technologieentwicklung*
TP: Technologieplanung *TV: Technologieverwertung*

Abb. 11.23 Charakterisierung der TCO-Ansätze

ausfallen als die Gesamtkosten andere Produkte. Der Anschaffungspreis ist also nur ein Fragment des Gesamtkostenblocks. Aus diesem Grund sind im Rahmen einer TCO-Betrachtung alle anderen maßgeblichen Kostentreiber mit in den Entscheidungsprozess einzubinden [44].

Fallbeispiel: „Make-or-Buy"-Entscheidung in der Medizintechnik Ein Hersteller von Operationstischen für medizinische Anwendungen steht vor der Entscheidung, die Entwicklung und Herstellung des Hubsäulenantriebs für seine kommende Produktgeneration an einen Systemlieferanten zu vergeben oder durch eigene Entwicklung und Herstellung bereitzustellen. Der Hubsäulenantrieb zum Bewegen der Operationstische ist ein wesentliches Funktionselement, an das hohe Anforderungen bzgl. der mechanischen Belastung und Positioniergenauigkeit gestellt werden. Die Analyse des Beschaffungsmarktes hat ergeben, dass hierfür sowohl ein inländischer Lieferant als auch ein japanischer Anbieter in Frage kommen.

Zur Herbeiführung der Entscheidung wird in einem ersten Schritt das Ergebnis der internen Vorkostenplanung mit den eingeholten Angeboten der beiden Lieferanten verglichen. Die Anschaffungskosten des Hubsäulenantriebs durch Fremdbezug, auf die bereits die Entwicklungskosten umgelegt wurden, wären in beiden Fällen günstiger als die interne Entwicklung und Fertigung, wobei der japanische Hersteller das günstigste Angebot abgegeben hat.

- Kalkulierter Stückpreis bei interner Entwicklung und Fertigung: 56 €
- Angebotener Stückpreis des inländischen Lieferanten: 50 €
- Angebotener Stückpreis des japanischen Lieferanten: 42 €

Hierin sind die Fracht- und Zollkosten noch nicht enthalten, da das Unternehmen im Falle des Fremdbezugs für den Gütertransport auf Logistikpartner zurückgreifen würde. Darüber hinaus identifiziert das Unternehmen weitere Kostenarten und -risiken, die für die drei Bezugsquellen sorgfältig verglichen werden müssen. Hierzu zählen insbesondere Lagerungs- und Kapitalbindungskosten aufgrund von Sicherheitsbeständen, Versicherungskosten gegen Rückruf und Produkthaftpflicht, Kosten durch Kommunikation, Flexibilitätskosten bei Abrufschwankungen sowie Wechselkursrisiken.

Die genannten Kostenarten und -risiken führen im Falle der Eigenfertigung zu einem Preisaufschlag von drei € für die interne Lagerung. Für den inländischen Anbieter wird ein Preisaufschlag von zehn bis 12 € ermittelt, der insbesondere auf die Güteranlieferung und die Einrichtung eines externen Lagers zurückzuführen ist. Zudem müsste einem gewissen Entwicklungsrisiko im Verlaufe der Entwicklungsphase durch regelmäßige Kommunikation begegnet werden, was zusätzliche, schwer vorhersehbare Kosten verursacht. Dem japanischen Hersteller wird ein Kostenaufschlag zwischen 24 und 28 € zugesprochen. Hierbei ist ausschlaggebend, wie sich die Frachtkosten in Abhängigkeit des Ölpreises entwickeln und welcher Volatilität der Wechselkurs unterliegt. Zudem werden die Kommunikationskosten im Verlaufe der Entwicklungsphase als sehr hoch eingestuft.

Unter Berücksichtigung dieser zusätzlichen Kosten und des angebotenen Stückpreises ergibt sich der folgende Preisvergleich:

- TCO-Preis bei interner Entwicklung und Fertigung: 59 €
- TCO-Preis des inländischen Lieferanten: ca. 61 €
- TCO-Preis des japanischen Lieferanten: ca. 68 €

11

Auf Basis dieser neuen Informationsgrundlage schließt das Unternehmen eine Vergabe des Hubsäulenantriebs an den japanischen Hersteller aus. Da dem inländischen Anbieter aufgrund seiner spezifischen Erfahrung ein höheres technologischen Know-how im Bereich der Antriebstechnik zugesprochen wird als der internen Entwicklung, entschließt sich das Unternehmen zur externen Vergabe des Hubantriebs an den inländischen Partner. Um die notwendige Abstimmung in der Entwicklungsphase zu gewährleisten, wird dem Entwicklungsteam des Lieferanten ein ständiger, unternehmenseigener Entwickler vor Ort beigestellt.

Grundsätzlich stellt der langfristige Betrachtungshorizont, die lebenszyklusübergreifende Analyse sowie die Möglichkeit, verschiedene Bezugsoptionen zu beurteilen, eine klare Stärke sowohl des TCO-Ansatzes als auch des Transaktionskostenansatzes dar. Das besondere Leistungsmerkmal von TCO-Ansätzen liegt in der differenzierten Analyse der Kostenstruktur. Die Vernachlässigung von qualitativen Faktoren bedeutet allerdings, dass TCO-basierte Verfahren in zwingender Weise durch andere Ansätze zu erweitern sind.

11.3.9 Kapitalwertmethode

Nach der Kapitalwertmethode (auch „Net Present Value"-Methode oder „Discounted Cashflow"-Methode genannt) ist eine Technologien genau soviel wert, wie sie an Nettoeinzahlungen (Cashflows) über ihren gesamten Lebenszyklus erwirtschaftet [16] (s. Abb. 11.24).

Kapitalwertmethode

Zielsetzung	Bewertung von Technologieinvestitionen
Anwendungsbezug	TFE – TP – TE – TV
Ergebnis	Ökonomischer Wert (Ertragswert) einer Technologie
Vorgehensweise	1. Bestimmung der technologiebedingten Ein- und Auszahlungen im Zeitverlauf 2. Festlegung eines Diskontierungssatzes 3. Diskontierung der Ein- und Auszahlungen auf den aktuellen Zeitpunkt
Anwendbarkeit	Aufwand: hoch erforderliche Methodenkompetenz: mittel

TFE: Technologiefrüherkennung
TP: Technologieplanung
TE: Technologieentwicklung
TV: Technologieverwertung

Abb. 11.24 Charakterisierung der Kapitalwertmethode

Der „Net Present Value" (NPV) bezeichnet dabei den Gegenwartswert (Present Value (PV)) der Technologie abzüglich der Anfangsinvestition (I):

$$NPV = -I + PV$$

Er gibt letztlich Aufschluss über den ökonomischen Wert einer Technologieinvestition. Der Gegenwartswert einer Technologie stellt wiederum die Summe aller auf die Gegenwart abdiskontierten, periodischen Cashflows (CF) dar, sodass die Formel für den NPV wie folgt lautet [14]:

$$NPV = -I + \sum_{t=1}^{T} \frac{CF_t}{(1 + WACC)^t}$$

Die Cashflows sind Erwartungswerte, die auf Basis objektiver Kennzahlen und subjektiver Managementeinschätzungen ermittelt werden. Als Kalkulationszinssatz zur Diskontierung der periodischen Cashflows werden i. d. R. die gewichteten durchschnittlichen Kapitalkosten (Weighted Average Costs of Capital (WACC)) herangezogen. Sie stellen die Mindestrendite dar, die aus Sicht der Kapitalgeber von einer Technologieinvestition erbracht werden soll. Die WACC lassen sich als gewichtetes Mittel der Eigen- und Fremdkapitalkosten berechnen, wobei die Fremdkapitalkosten um ihren Steuervorteil (d. h. den Abzug der Fremdkapitalzinsen von der Steuerbasis) zu reduzieren sind [46]. Der Parameter spiegelt das Risiko der erwarteten Cashflows wider. Er eignet sich zur Diskontierung unternehmens- oder projektbezogener Cashflows, da diese Überschüsse für Zahlungen auf beide Kapitalarten verwendbar sind [14].

Ein positiver NPV deutet an, dass die geplante Technologieinvestition voraussichtlich einen ökonomischen Wert stiften wird. Ein negativer NPV suggeriert hingegen, dass sich der Gegenwartswert der Technologie kleiner als die Investitionshöhe darstellt. Die Investition wäre demnach unwirtschaftlich. Beim Vorliegen mehrerer Technologiealternativen, über deren Realisierung entschieden werden muss, wäre die Alternative mit dem höchsten Kapitalwert zu bevorzugen [47].

Die Kapitalwertmethode ist das in der Wirtschaft wohl am häufigsten benutzte Instrument zur Bewertung von Investitionsprojekten [14], zumal der NPV für eine Vielzahl von Investitionsentscheidungen ein geeignetes Auswahlkriterium darstellt. Jedoch weisen Kritiker aus Wissenschaft und Praxis seit vielen Jahren auf die Unzulänglichkeiten dieser Bewertungsmethodik hin. Als Begründung führen sie an, dass die Kapitalwertmethode nicht in der Lage sei, die strategischen Aspekte und die Flexibilität von Investitionsprojekten – gerade im Bereich der Technologieentwicklung – adäquat zu erfassen [14, 48]. Bei der Ermittlung der Ein- und Auszahlungen wird von einer für den gesamten Planungszeitraum festen Basisstrategie ausgegangen. Die Verarbeitung von neuen Informationen und eine Abwandlung der Strategie im Zeitverlauf ist bei dem klassischen Ansatz nicht vorgesehen. Weitgehend unberücksichtigt bleibt somit die monetäre Bewertung von Handlungsflexibilität, die direkt mit der Durchführung des Projektes verbunden ist. Gerade bei Technologieentwicklungsprojekten, die häufig durch lange Planungszeiträume und große Unsicherheit gekennzeichnet sind, können diese Handlungsspielräume jedoch von großem Wert sein. Hierdurch geht die Methode mit einer systematischen Unterbewertung einher, die gerade dann erheblich ist, wenn die verantwortlichen Entscheidungsträger bei hoher Unsicherheit flexibel reagieren können, da in diesen Fällen der Wert der vernachlässigten Flexibilität am größten ist [14]. Der Gedanke soll anhand des folgenden Fallbeispiels verdeutlicht werden.

Fallbeispiel aus der Pharmaindustrie Die Entwicklungsabteilung eines Pharmakonzerns steht vor der Entscheidung, ob zum Ende des kommenden Jahres eine Investition in Höhe von 6.000 € getätigt werden soll, um ein neues Medikament zu produzieren und zu vermarkten. Das Medikament befindet sich vor Beginn der letzten Entwicklungsphase, in der es ein Jahr lang klinischen Tests an Patienten unterzogen wird. Die Testphase hat zwei denkbare Ausgänge, die mit der gleichen Wahrscheinlichkeit auftreten können:

- Das Medikament stellt sich als hocheffektiv heraus, sodass in der Marktphase ein jährlicher Cashflow von 500 € für einen ewigen Planungszeitraum zu erwarten ist.
- Das Medikament untertrifft die Erwartungen und ist weniger effektiv, sodass der zu erwartende jährliche Cashflow mit 100 € deutlich kleiner ausfällt.

Basierend auf diesen Informationen würde der zu erwartende jährliche Cashflow 300 € betragen, nämlich der nach ihrer Wahrscheinlichkeit gewichtete Durchschnitt der riskanten Cashflows (500 und 100 €).

Angenommen, die Kapitalkosten des Projektes entsprächen einer risikofreien Zinsrate von fünf Prozent. Weiterhin angenommen, das Unternehmen tätigte seine erstjährigen Produktverkäufe unmittelbar nach Fertigstellung der Testphase und danach immer am Ende eines jeden Jahres. Dann würde der NPV des Projekts wie folgt berechnet:

$$NPV = \frac{-6.000}{1,05} + \sum_{t=1}^{\infty} \frac{300}{(1,05)^t} = 286$$

In diesem Beispiel würde sich der Pharmakonzern folglich für die Investition entscheiden, weil der NPV positiv (wenn auch im Vergleich zur Investitionshöhe relativ klein) ausfällt. Aus einer szenarioorientierten Sichtweise heraus lässt sich die Berechnung des NPV auch wie folgt formulieren:

$$NPV = 0,5x\left[\frac{-6.000}{1,05} + \sum_{t=1}^{\infty} \frac{500}{(1,05)^t}\right] + 0,5x\left[\frac{-6.000}{1,05} + \sum_{t=1}^{100} \frac{100}{(1,05)^t}\right]$$
$$= 0,5x(4.286) + 0,5x(-3.714) = 286$$

Hier ist der NPV der Durchschnitt von zwei unterschiedlichen Ergebnisszenarien: Ein positiver NPV von 4.286 €, der aus einem guten Testverlauf resultiert und ein negativer NPV von −3.714 € im Falle eines schlechten Testverlaufs.

In der vorliegenden Berechnung wird jedoch völlig außer Acht gelassen, dass das Unternehmen eine wertvolle Option besitzt: Anstatt heute zu entscheiden, ob investiert werden soll oder nicht, kann es den Ausgang der Testphase abwarten, um auf dem dann vorliegenden Informationsstand die Entscheidung für eine der beiden folgenden Handlungsalternativen zu treffen:

- Bei negativem Verlauf der Testphase kann das Projekt abgebrochen werden, sodass die Investition von 6.000 € verhindert wird.
- Stellt sich das Medikament als hocheffektiv heraus, wird die Investition getätigt, sodass dann die jährlichen Cashflows von 500 € die Anfangsinvestition mehr als überkompensieren.

Diese Handlungsflexibilität des Unternehmens wird auch als Aufschuboption bezeichnet. Der Kapitalwert mit Option würde sich wie folgt darstellen:

$$NPV = 0,5xMax\left[\left(\frac{-6.000}{1,05} + \sum_{t=1}^{\infty} \frac{500}{(1,05)^t}\right), 0\right]$$
$$+ 0,5xMax\left[\left(\frac{-6.000}{1,05} + \sum_{t=1}^{\infty} \frac{100}{(1,05)^t}\right), 0\right]$$
$$= 0,5x(4.286) + 0,5x(0) = 2.143$$

Der somit errechnete NPV von 2.143 € mit Option ist deutlich höher als der ursprüngliche NPV von 286 € ohne Option. Die Differenz zwischen beiden Werten ist der Wert der Aufschuboption (2.143 € − 286 € = 1.857 €).

Die Anwendung der klassischen Kapitelwertmethode empfiehlt sich daher nur bei Technologieinvestitionsentscheidungen mit kurzen Projektlaufzeiten und wenig Handlungsflexibilität, da in solchen Fällen der Unterbewertungseffekt vernachlässigt werden kann. In anderen Fällen weisen Verfahren wie die Entscheidungsbaumanalyse oder der Realoptionsansatz, die Entscheidungsflexibilitäten in der Entwicklungs- und Marktphase einer Technologie ins Kalkül ziehen, klare Vorteile gegenüber der klassischen Kapitalwertmethode auf.

11.3.10 Break-Even-Analyse

Mit Hilfe der Break-Even-Analyse wird ermittelt, ab welcher Menge verkaufter Technologien bzw. Produkte ein Unternehmen einen Erlösüberschuss (Gewinn) erzielt [49, 50] (s. Abb. 11.26). Ist die kritische Ausbringungsmenge (am sogenannten Break-Even-Point) überschritten, erfolgt ein Übergang von der Verlust- in die Gewinnzone (s. Abb. 11.25). Dies bedeutet, dass der Umsatzwert zum ersten Mal die vollen Kosten deckt. Die Break-even-time (BET) entspricht der Zeit im Produktlebenszyklus, die verstreicht, bis der Gewinn die Höhe der Investitionen (z. B. Entwicklungskosten, Kosten für Markt- und Produktionsvorbereitung, neuproduktbezogene Fertigungsinvestitionen etc.) egalisiert. Somit ist primäres Ziel eines jeden Unternehmens, bei möglichst geringer Ausbringungsmenge den Break-Even-Point zu erreichen. Für den Fall, dass die kritische Ausbringungsmenge oberhalb der Kapazitätsgrenze eines Betriebs liegt, wird die Gewinnzone erst gar nicht erreicht. Somit sollte eine Investition in die Technologie gut überlegt werden (ggf. Kapazitäten umdimensionieren, Preise erhöhen, Kosten senken etc.).

Mit Hilfe der Break-Even-Analyse lässt sich graphisch veranschaulichen, welche Auswirkungen, z. B. ein verspäteter Markteintritt, auf den Gewinn eines Unternehmens hat. Aufgrund ihrer einfachen Anwendbarkeit und der graphischen Darstellungsweise gilt die Break-Even-Analyse als Standardinstrument zur Bewertung von Investitionsvorhaben [52]. Die Methodik fokussiert jedoch lediglich auf die zur Erreichung der Gewinnzone kritische Ausbringungsmenge. Zudem werden vereinfachende Prämissen, wie z. B. kon-

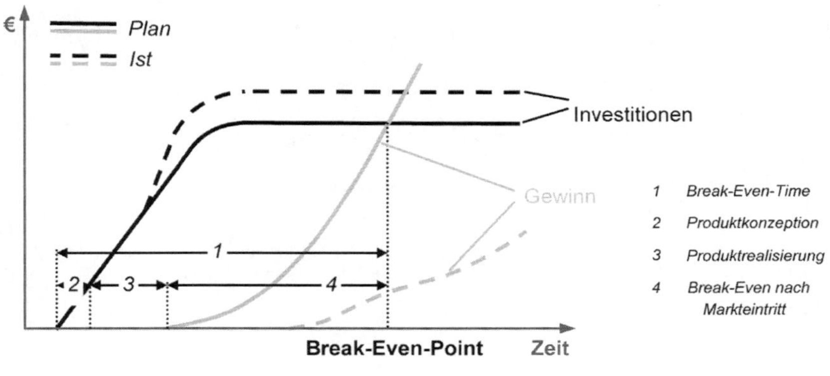

Abb. 11.25 Break-Even-Analyse [51]

Break-even-Analyse

Zielsetzung	Bewertung eines Technologieinvestitionsvorhabens
Anwendungsbezug	TFE TP TE TV
Ergebnis	Zeitpunkt (Break-even-time), ab dem durch eine Technologie Gewinn erzielt wird
Vorgehensweise	1. Abschätzung der zu erwartenden Investitionen 2. Abschätzung des zu erwartenden Gewinns 3. Bestimmung und Visualisierung des Break-even-Point
Anwendbarkeit	Aufwand: gering erforderliche Methodenkompetenz: gering

TFE: Technologiefrüherkennung *TE: Technologieentwicklung*
TP: Technologieplanung *TV: Technologieverwertung*

Abb. 11.26 Charakterisierung der Break-even-Analyse

stante Produktionsprogramme und Verkaufspreise über den Betrachtungszeitraum, unterstellt, die zu Ungenauigkeiten führen können. Die Break-Even-Analyse sollte daher nicht ausschließlich zum Bewerten von Technologiealternativen herangezogen werden.

11.3.11 Entscheidungsbaumanalyse

Den kontingenten Bewertungsverfahren liegt die Annahme zugrunde, dass im Verlaufe des Technologielebenszyklus immer wieder Entscheidungen getroffen werden müssen und dass diese mit dem Umweltzustand, der sich im Moment der Entscheidung einstellt, im Zusammenhang stehen. Entscheidungen werden also dann getroffen, wenn sich Informationen über den Umweltzustand offenbaren. In Anlehnung an die finanzwirtschaftliche Optionspreistheorie, der die kontingenten Bewertungsansätze ursprünglich entstammen, werden fünf Grundtypen von Optionen unterschieden, die Entscheidungsträgern zur Verfügung stehen können [14]:

- Aufschuboption (deferral option): die Entscheidung für oder gegen eine Investition vor Beginn oder während der Projektlaufzeit kann hinausgezögert werden
- Verlängerungsoption (option to extent): die Laufzeit des Projektes kann durch eine Zusatzzahlung verlängert werden
- Erweiterungsoption (option to expand): das Projekt kann durch Zusatzinvestitionen vergrößert werden
- Einschränkungsoption (option to contract): das Projekt kann durch teilweise Veräußerung zu einem festen Preis verkleinert werden
- Abbruchoption (option to abandon): das Projekt kann innerhalb der Laufzeit zu einem festen Preis veräußert werden
- Wechseloption (switch option): innerhalb des Projektes können Wechsel zwischen zwei Projektmodi erfolgen

Solche Optionen können im Zuge der Technologieentwicklung und -verwertung in Anspruch genommen werden, um den kommerziellen Nutzen einer Technologie für das Unternehmen zu steigern. Entscheidungsflexibilität erweitert somit den Wert einer Technologieinvestition. Sie kann mit Hilfe der Entscheidungsbaumanalyse (EBA) sehr intuitive erfasst werden (s. Abb. 11.29).

Entscheidungsbäume veranschaulichen die sequenziellen Entscheidungen innerhalb eines Projektes in Form von aufeinander folgenden Entscheidungsknoten und Umweltzuständen. An einem Entscheidungsknoten, der üblicherweise einem Entscheidungs-Gate innerhalb des Entwicklungsprozesses entspricht, liegen Wahlalternativen für das weitere Projektvorgehen vor. Die Umweltzustände, die einer Wahlalternative folgen, haben Eintrittswahrscheinlichkeiten, die in Summe eins ergeben [46]. Wird die EBA auf die Kapitalwertberechnung angewendet, so muss jedem Zustandsknoten ein jeweiliger Cashflow und dessen Eintrittswahrscheinlichkeit zugeordnet werden, wie das folgende Fallbeispiel veranschaulicht.

Fallbeispiel aus der verfahrenstechnischen Industrie Bei dem betrachteten Beispiel handelt es sich um die Weiterentwicklung der Laserstrahlschweißtechnologie zur Orbitalverschweißung von Rohrbündelapparaten, wie sie für den Wärmeenergieaustausch in Kondensatoren, Wärmetauschern, Verdampfern oder Reaktoren bei verfahrenstechnischen Anlagen zum Einsatz kommen. Ihr Anwendungsgebiet erstreckt sich von der Petrochemie und Kernkraftwerkstechnik über die pharmazeutische bis hin zur Lebensmittelindustrie [53]. Aufgrund der strengen Qualitätsanforderungen dieser Branchen an die Schweißnähte erfolgt das Fügen solcher Rohrbündel bislang ausschließlich über das sehr präzise, jedoch auch zeitintensive Wolfram-Inert-Gas-Schweißverfahren (WIG-Schweißen) [53]. Mit dem Laserorbitalschweißen (LOS) könnten hingegen deutlich höhere Schweißgeschwindigkeiten erreicht werden, wodurch sich die Kosten der Rohrbündelfertigung erheblich reduzieren ließen. Der Projektplan für die Technologieentwicklung gliedert das Projekt in vier Stages und entsprechende Entscheidungs-Gates (Abb. 11.27).

Die Qualitätsanforderungen an Rohrbündelschweißnähte stellen die internen (technischen) Risikofaktoren für die Technologieentwicklung dar. Eine Nichterfüllung der Nahtanforderungen würde bedeuten, dass das LOS-Verfahren nicht für den Einsatz zur Rohrbündelfertigung in Frage käme. Daher wird für den weiteren Projektverlauf ganz entscheidend sein, ob die ersten Qualitätsprüfungen am Prototypen die Anforderungen treffen oder nicht. Der Projektleitung steht somit die Handlungsoption offen, das Projekt zum Zeitpunkt von Gate 4 bei Nichterfüllung der Gate-Kriterien abzubrechen und somit die aufwendige Stage 4 nicht durchzuführen. Diese Option würde dann gezogen, wenn die genannten Qualitätsanforderungen durch den vorliegenden Prototypen nicht erfüllt werden könnten.

Anhand des Stage-Gate-Modells, der vorliegenden Projektbudgets für die einzelnen Entwicklungsphasen sowie des identifizierten Projektrisikos und der entsprechenden Handlungsflexibilität lässt sich der in Abb. 11.28 dargestellte Entscheidungsbaum modellieren.

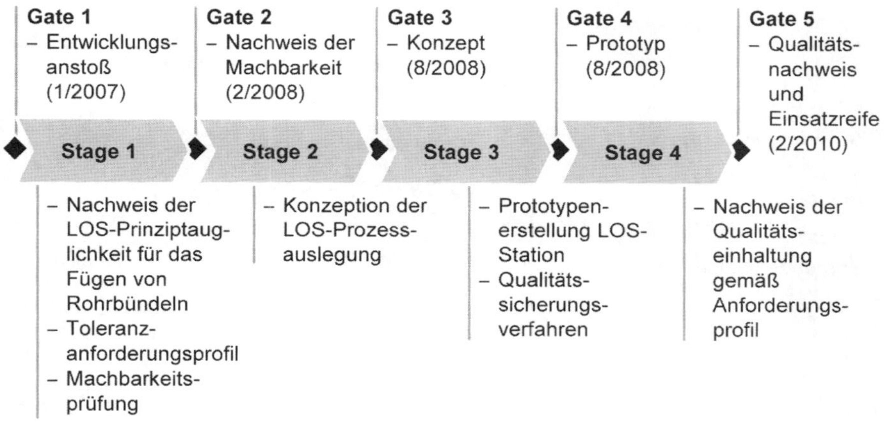

Abb. 11.27 Etappierung der LOS-Entwicklungsaufgabe nach dem Stage-Gate-Prinzip

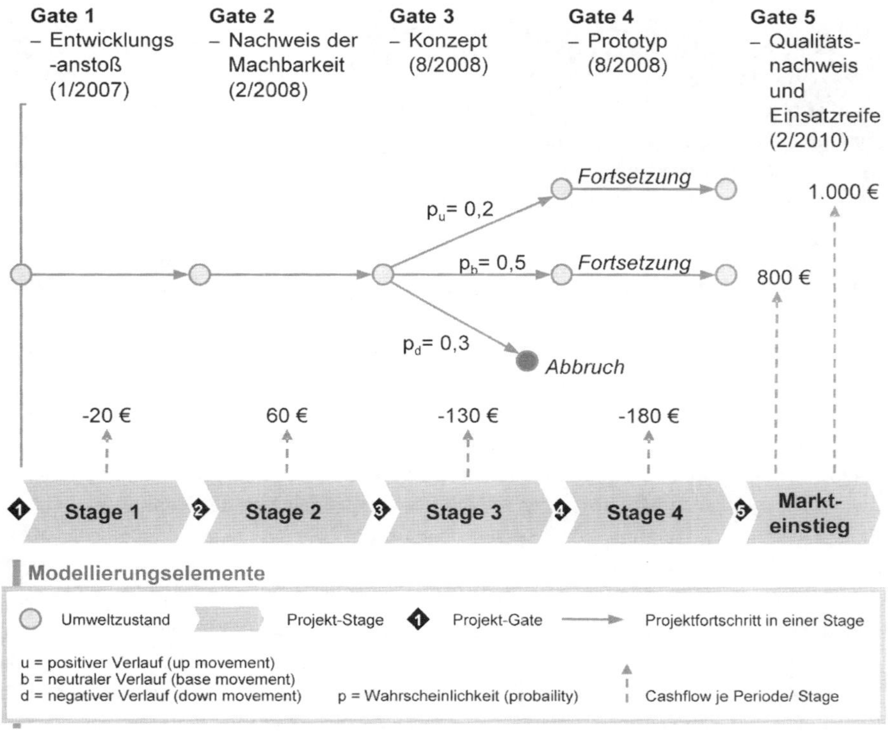

Abb. 11.28 Modellierung des Entscheidungsbaums für die LOS-Entwicklungsaufgabe

Entscheidungsbaumanalyse

Zielsetzung	Bewertung von Technologieinvestitionen unter Berücksichtigung von Optionen
Anwendungsbezug	TFE · **TP** · **TE** · **TV**
Ergebnis	Optionsbasierter, ökonomischer Wert (Ertragswert) einer Technologie
Vorgehensweise	1. Bestimmung des Kapitelwertes einer Technologieinvestition ohne Flexibilität 2. Modellierung der Unsicherheit als Ereignisbaum 3. Modellierung der Flexibilität durch Optionen als Entscheidungsbaum 4. Bewertung der Technologieinvestition mit Flexibilität
Anwendbarkeit	Aufwand: sehr hoch erforderliche Methodenkompetenz: hoch

TFE: Technologiefrüherkennung *TE: Technologieentwicklung*
TP: Technologieplanung *TV: Technologieverwertung*

Abb. 11.29 Charakterisierung der Entscheidungsbaumanalyse

Ein positiver Verlauf (U) in Stage 3 würde bedeuten, dass die Qualitätsanforderungen durch das verbesserte LOS-Verfahren im Prototypenstatus mehr als erfüllt würden. Ein neutraler Verlauf (B) hieße, dass die Qualitätsanforderungen gerade eben erfüllt würden und ein negativer Verlauf (D) käme einer Nichterfüllung der Qualitätsanforderungen gleich. Die Wahrscheinlichkeiten ($p_{u,b,d}$) geben die Erwartungen der Projektleitung und Fachexperten bzgl. dieser möglichen Entwicklungsverläufe wieder.

Um den Kapitalwert zu erhalten, wird der Entscheidungsbaum in einem rekursiven Prozess (Rollback-Verfahren) von den äußersten Ästen (am zeitlichen Ende) bis zu seiner Wurzel (am Anfang) aufgelöst, indem jeder Cashflow auf den Entscheidungszeitpunkt mit einem für das Projekt konstanten Kapitalkostensatz abdiskontiert und mit seiner zugehörigen Wahrscheinlichkeit multipliziert wird. Eine stets gewinnmaximale Entscheidung des Managements vorausgesetzt, wird einem Entscheidungsknoten immer das Maximum der nachfolgenden Handlungsalternativen zugeordnet. In Bezug auf das gesamte Projekt weist die optimale Entscheidungsfolge den maximalen Erwartungswert des Kapitalwertes auf.

Die korrekte Anwendung der EBA setzt voraus, dass die Kapitalkosten eines Projektes als konstant angenommen und exakt bestimmt werden können. Hierin besteht die größte Schwierigkeit, da die Cashflows in Wahrheit kontingent sind, d. h. in Abhängigkeit von der zu ihnen führenden Entscheidungsfolge auftreten. Mit anderen Worten: Kein Cashflow gleicht hinsichtlich seines Risikoprofils dem anderen. Folglich müssten auch die Kapitalkostensätze zur Diskontierung der einzelnen Cashflows variabel bestimmt werden. Die Entscheidungsbaumanalyse missachtet diesen Gedanken, weshalb die Ergebnisse unter gewissen Randbedingungen nicht ganz exakt sein können. Eine noch genauere Betrachtung von Entscheidungsflexibilitäten erlaubt der *Realoptionsansatz*.

11.3.12 Transaktionskostenansatz

Transaktionskosten sind Kosten, die bei der Verwirklichung einer Geschäftsbeziehung, welche zum Leistungsaustausch dient, anfallen. Mithilfe der Transaktionskostenmethode wird untersucht, wie hoch die mit der Übertragung von Verfügungsrechten verbundenen Kosten sind [39, 40]. Insbesondere die Kosten von Kundenbeziehungen – dazu gehören beispielsweise Kosten für die Vorbereitung von Verhandlungen, Koordinationskosten, Schulungskosten, Reisekosten, Kosten für Beschaffungen, für FuE oder die Fertigung etc. – sollen identifiziert und berechnet werden [54]. Zentrales Ziel des Transaktionskostenansatzes ist es, eine vergleichende institutionelle Analyse vorzunehmen und spezifischen Transaktionen effiziente Koordinationsstrukturen zuzuordnen [23, 40]. Die Effizienz einer Transaktion kann demnach durch Auswahl einer Koordinationsform mit den geringsten Transaktionskosten maximiert werden [23] (s. Abb. 11.30).

Die Höhe dieser Kosten ist abhängig von der Art der institutionellen Verankerung bzw. Einbindung (z. B. Eigenfertigung, klassischer Einkauf, Leistungsbezug über Einkaufsbüro) sowie von den Merkmalen der Leistung (z. B. Mengen, qualitative Besonderheiten): Transaktionskosten = f(Eigenschaften, Einbindungsform) [55].

Das Grundprinzip des Transaktionskostenansatzes ist, dass jede Leistungsart mit einer geeigneten Einbindungsform so kombiniert wird, dass die Transaktionskosten minimiert werden [55]. Zur Vereinfachung der Analyse werden die Leistungseigenschaften in vier Kategorien geclustert:

- Spezifität (z. B. hinsichtlich Fertigungsverfahren, Design, Qualität, Know-how, Logistik)
- Strategische Bedeutung (z. B. Wettbewerbsrelevanz des notwendigen Wissens)
- Unsicherheit (z. B. Änderungshäufigkeit hinsichtlich Qualität und Mengen)

Transaktionskostenansatz

Zielsetzung	Bewertung einer zum Leistungsaustausch dienenden Geschäftsbeziehung
Anwendungsbezug	TFE → **TP** → **TE** → TV
Ergebnis	Die zur Übertragung einer Leistung (z.B. einer Technologie) entstehenden Kosten
Vorgehensweise	1. Analyse der Leistungseigenschaften 2. Bestimmung der Transaktionskosten 3. Minimierung der Transaktionskosten einer Geschäftsbeziehung
Anwendbarkeit	Aufwand: mittel erforderliche Methodenkompetenz: mittel

TFE: Technologiefrüherkennung *TE: Technologieentwicklung*
TP: Technologieplanung *TV: Technologieverwertung*

Abb. 11.30 Charakterisierung des Transaktionskostenansatzes

- Häufigkeit der genannten Eigenschaftsausprägungen (mit steigender Häufigkeit einer Transaktion sinken die Transaktionskosten aufgrund von Skalen- sowie Lernkurveneffekten).

Auf Basis dieser Kategorien lassen sich nun verschiedene Koordinationsstrukturen analysieren und strukturieren. Innerhalb von Transaktionskostenansätzen werden insbesondere auch Rahmen- bzw. Zusatzaufwendungen (sog. Barrieren) bilanziert, die aus der Integration bzw. Desintegration der Leistung resultieren (bspw. Kapitalbedarf für Technologieerwerb, Aufwand zur Lieferantenqualifikation) [55].

11.3.13 Realoptionsansatz

Seit Mitte der achtziger Jahre hat sich mit der Theorie der Realoptionen eine neue Denkweise entwickelt, die ein neues analytisches Verfahren zur Bewertung von Investitionsprojekten vorschlägt. Der so genannte Realoptionsansatz (ROA) ist ebenso wie die Entscheidungsbaumanalyse als Erweiterung zur klassischen Kapitalwertmethode zu verstehen [56]. Auch der ROA verfolgt die Aufgabe, Entscheidungsflexibilitäten, die dem Management während der Lebensdauer einer Technologieinvestition zur Verfügung stehen, zu modellieren und auf diese Weise zu einer verbesserten Technologiebewertung zu gelangen.

Anders als bei der Entscheidungsbaumanalyse verwendet der ROA keine konstanten Kalkulationszinssätze zur Abdiskontierung der Cashflows sondern bewertet das Risiko des Projektwerts (d. h. den Wert der zukünftigen Cashflows) in jedem Entscheidungsknoten neu. Zu diesem Zweck werden an jedem Entscheidungsknoten so genannte Replikationsportfolios gebildet. Die Idee der Replikationsportfolios fußt auf der Annahme des einheitlichen Preises: Zwei Vermögenswerte, die die gleichen Einzahlungen zur Folge haben, besitzen den gleichen Wert. Folglich lässt sich auch der Wert eines Wertpapierportfolios mit dem Wert eines Investitionsprojektes gleichsetzen, sofern sie die gleichen Einzahlungen erbringen (s. Abb. 11.31).

Mit Hilfe von Replikationsportfolios lässt sich der Wert der kontingenten Cashflows eines Projektes mit Entscheidungsflexibilität exakt ermitteln, ohne dafür die erwarteten Cashflows der Optionen und deren Kapitalkosten ermitteln zu müssen. Es muss stattdessen ein Portfolio aus N so genannten Referenz- oder Zwillingspapieren und B risikofreien Anleihen aufgebaut werden. Zwillingspapiere sind Vermögenstitel, deren Marktpreis bekannt ist und deren Cashflows perfekt mit denen des Technologieprojekts in Abhängigkeit des Umweltzustandes korrelieren. Die risikofreien Anleihen haben einen Nennwert von eins und dienen gewissermaßen zur Feinjustierung des Risikoprofils des Replikationsportfolios. Fallbeispiel 2 verdeutlicht das Vorgehen.

Fallbeispiel aus dem Maschinen- und Anlagenbau Ein Maschinen- und Anlagenbauer entwickelt eine neue Beschichtungstechnologie zur Herstellung digitaler Speichermedien. Das Unternehmen steht vor der Entscheidung, zum Ende des nächsten Jahres 125 € in die finale Entwicklungsphase zu investieren, um die Technologie zur Marktreife zu führen. Der kommerzielle Erfolg der neuen Technologie wird entschei-

Realoptionenansatz

Zielsetzung	Bewertung von Technologieinvestitionen unter Berücksichtigung von Optionen
Anwendungsbezug	TFE TP TE TV
Ergebnis	Optionsbasierter, ökonomischer Wert (Ertragswert) einer Technologie
Vorgehensweise	1. Bestimmung des Kapitelwertes einer Technologie-investition ohne Flexibilität 2. Modellierung der Unsicherheit als Ereignisbaum 3. Modellierung der Flexibilität durch Optionen als Entscheidungsbaum 4. Erstellung von Replikationsportfolios je Entscheidungs-knoten 5. Bewertung der Technologieinvestition mit Flexibilität
Anwendbarkeit	Aufwand: sehr hoch erforderliche Methodenkompetenz: sehr hoch

TFE: Technologiefrüherkennung *TE: Technologieentwicklung*
TP: Technologieplanung *TV: Technologieverwertung*

Abb. 11.31 Charakterisierung des Realoptionenansatzes

dend davon abhängen, auf welchen Komprimierungsstandard sich die Unterhaltungselektronikbranche im Laufe des kommenden Jahres festlegen wird. Hier sind zwei Szenarien denkbar:

1. Bei einer Einigung auf das vom Unternehmen vertretene Format werden Cashflows in Höhe von 180 € für die gesamte Marktphase erwartet.
2. Im Falle einer Einigung auf ein Konkurrenzformat, mit dem die Beschichtungstechnologie nicht kompatibel ist, werden die erwarteten Cashflows auf maximal 50 € geschätzt.

Beide Szenarien haben die gleiche Eintrittswahrscheinlichkeit. Die risikofreie Zinsrate beträgt fünf Prozent und die Kapitalkosten des Projekts liegen bei acht Prozent. Der Gegenwartswert (PV) des Projekts beträgt somit:

$$PV = \frac{0{,}5x(180) + 0{,}5x(50)}{1{,}08} = 106{,}5$$

Wenn das Unternehmen eine sofortige Entscheidung treffen müsste, würde es sich gegen die Investition entscheiden, weil der Kapitalwert (NPV) des Projekts seinem Gegenwartswert abzüglich der diskontierten Investitionshöhe von 125 € im nächsten Jahr entspricht:

$$NPV = 106{,}5 - \frac{125}{1{,}05} = 106{,}5 - 119{,}0 = -12{,}6$$

Die Antwort des Unternehmens würde sich jedoch ändern, wenn das Management die Handlungsflexibilität besäße, seine Investitionsentscheidung um ein Jahr zu verschieben, um die Einigung des Marktes auf eines der beiden konkurrierenden Speicherformate abzuwarten (Aufschuboption). Im Falle eines positiven Ausgangs würde der NPV 180 € – 125 € = 55 € betragen. Im negativen Fall würde das Management seine Investitionspläne aufgeben und einen NPV von null € akzeptieren. Der hieraus resultierende Wert des Projekt mit Option ließe sich mit Hilfe des Realoptionsansatzes wie folgt berechnen:

Angenommen es existiere ein Zwillingspapier, das auf einem aktiven Markt für 25,8 € pro Stück gehandelt wird. Seine Cashflows (60,0 € im positiven Fall und 16,7 € im negativen Fall) betragen jeweils ein Drittel der erwarteten Cashflows des Projekts. Die Renditeerwartungen der Anleger entsprechen den Kapitalkosten von acht Prozent. Dann lässt sich ein Replikationsportfolio mit N Anteilen des Zwillingspapiers und B Anteilen eines risikofreien Wertpapiers zum Nennwert von 1€ aufbauen, dessen Auszahlungen exakt den erwarteten Cashflows des Projekts entsprechen. Im günstigen Fall erbringt das Zwillingspapier 60 € durch jedes seiner N Anteile und jedes der B risikofreien Wertpapier steuert seinen Nennwert plus den Festzins von fünf Prozent bei. Zusammen müssen diese Auszahlungen dem Cashflow des Projekts in Höhe von 55 € entsprechen. Dieses Vorgehen in analoger Weise auf den ungünstigen Fall angewendet, ergeben sich zwei Gleichungen mit zwei Unbekannten:

11

$$60{,}0N + 1{,}05B = 55$$
$$16{,}7N + 1{,}05B = 0$$

Die Lösung dieses Gleichungssystems lautet $N{=}1{,}27$ und $B{=}{-}17{,}62$. Mit anderen Worten: um das Replikationsportfolio aufzubauen, müssen 1,27 Anteile des Zwillingspapiers gekauft und 17,62 festverzinsliche Wertpapiere mit dem Nennwert 1€ verkauft werden (was so viel bedeutet, wie einen Kredit über 17,62 € aufzunehmen). Die Auszahlungen des Portfolio entsprechen in beiden Umweltzuständen den erwarteten Erträgen der Investition in die neue Beschichtungstechnologie. Daher muss der Wert des Projekts mit Flexibilität dem Wert des Replikationsportfolios entsprechen:

$$\begin{aligned}\text{NPV} &= (\text{N} \times \text{Preis des Zwillingspapiers}) - (\text{B} \times 1)\\ &= 1{,}27 \times (25{,}8) - 17{,}62 \times (1) = 15{,}1\end{aligned}$$

Das Unternehmen würde folglich seine Option in Anspruch nehmen und die Entscheidung für oder gegen eine Investition in die finale Entwicklungsphase um ein Jahr hinauszögern. Der Wert der Aufschuboption ist gleich der Differenz zwischen NPV mit Flexibilität und NPV ohne Flexibilität

$$(15,1€ - (-12,6€) = 27,7€).$$

Die große Schwierigkeit beim Aufstellen des Replikationsportfolios liegt darin, ein geeignetes Zwillingspapier zu finden, dessen Cashflows über die gesamte Projektlaufzeit gesehen vollkommen mit denen der Technologie korrelieren. Daher ist es insbesondere für die Bewertung von Technologieentwicklungsprojekten sinnvoll und zulässig, den errechneten Barwert des Projektes ohne Flexibilität (d. h. das Ergebnis der traditionellen Kapitalwertmethode) als Zwillingspapier zu nutzen. Dieses Vorgehen erlaubt die Anwendung der ROA grundsätzlich für alle Technologieentwicklungsprojekte, für die auch ein Kapitalwert auf traditionelle Weise berechnet werden kann [14].

11.3.14 Fair-Value-Ansatz

Beim Fair-Value-Ansatz handelt es sich um ein marktpreisorientiertes Verfahren zur Ermittlung des Technologiewertes, der auch mit den internationalen Rechnungslegungsvorschriften zur Bilanzierung von Technologien konform ist (s. Abb. 11.32). Bei dieser Art von Bewertungsverfahren ist der auf einem aktiven Markt erzielbare Preis für die Technologie als Wertmaßstab zu verwenden [57].

Sofern keine Preise auf einem aktiven Markt verfügbar sind, wird geprüft, ob vergleichbare Markttransaktionen zur Bewertung herangezogen werden können. Diese so genannte Analogiemethode stellt einen Vergleich zwischen dem beobachtbaren Preis für eine Referenztechnologie mit dem gesuchten Preis für das Bewertungsobjekt, die eigentliche Technologie, dar [58]. Dabei werden Multiplikatoren oder andere Kennziffern verwendet, um eine Vergleichbarkeit zwischen beiden Technologien herzustellen. Die Anwendung der Analogiemethode ist nur dann zulässig, wenn die ersatzweise herangezogene Referenztechnologie in den wesentlichen wertrelevanten Eigenschaften

Fair-Value-Ansatz

Zielsetzung	Marktpreisbasierte Bewertung von Technologieinvestitionen
Anwendungsbezug	TFE · TP · TE · TV
Ergebnis	Erzielbarer Marktwert einer Technologie
Vorgehensweise	1a. Suche eines aktiven Marktes für die Technologie 1b. Suche eines Analogiemarktes für vergleichbare Technologien 2. Übertragung von Marktpreisen auf die betrachtete Technologie, ggf. unter Anwendung von Anpassungsfaktoren
Anwendbarkeit	Aufwand: mittel erforderliche Methodenkompetenz: mittel

1. Bestimmung des Informationsbedarfs *3. Analyse der Informationen*
2. Beschaffung der Informationen *4. Kommunikation der Informationen*

Abb. 11.32 Charakterisierung des Fair-Value-Ansatzes

weitestgehend identisch mit dem Bewertungsobjekt ist. Dementsprechend besteht die zentrale Aufgabe in der Auswahl geeigneter Vergleichstransaktionen bzw. deren Prüfung. Der Preis der Technologie aus den zum Vergleich herangezogenen Transaktionen ist ggf. um spezielle Marktgegebenheiten und käuferspezifische Motive zu bereinigen, bevor eine Übertragung auf das Bewertungsobjekt erfolgen kann. In zeitlicher Hinsicht ist von der widerlegbaren Vermutung auszugehen, dass Transaktionen aus den zurückliegenden zwölf Monaten eine geeignete Vergleichsbasis bilden. Dies gilt jedoch bspw. nicht, wenn die Preisdynamik in dem relevanten Markt oder andere spezifische Faktoren dagegen sprechen. Die erforderliche hinreichende Vergleichbarkeit ist in der Praxis regelmäßig nur im begrenzten Maße gegeben, so dass der Fair-Value-Ansatz dann nicht anwendbar ist [17].

11.3.15 Verfahren der Lizenzpreisbildung

Lizenzen werden von externen Nutzern einer Technologie (Lizenznehmer) an die Technologieeigner für eine bestimmte Nutzungsdauer gezahlt. Der Lizenzpreis kann dabei auf unterschiedliche Art und Weise festgelegt werden. Üblicherweise wird er aber als prozentualer Anteile einer monetären Basisgröße definiert [59].

Ausgangspunkt zur Bestimmung der Basisgröße bildet normalerweise der erwartete Umsatz, der dem Lizenznehmer durch den Verkauf der Produkte, für die die Technologie zum Einsatz kommt, zugeht. Naturgemäß beruht diese Einschätzung zu großen Teilen auf riskanten Annahmen und Prognosen. Häufig muss die Höhe des Umsatzes auch um bestimmte Abschläge, z. B. für Versand, Versicherung oder Garantie und Kulanz, reduziert werden [16].

Darüber hinaus besteht ein wesentliches Kriterium für die Höhe der Basisgröße darin, mit welchem Anteil die lizenzierte Technologie zur Gesamtfunktionalität bzw. zum Kundenwert des Produktes beiträgt. Angenommen, das Produkt, für das die Technologie zum Einsatz komme, habe vier Funktionen, wobei alle Funktionen gleichviel zum Kundennutzen beitragen und auch in der Herstellung identische Kosten verursachen. Für den Fall, dass die Technologie genau eine dieser vier Funktionen erfüllt, würde eine faire Basisgröße bei 25 % des Produktumsatzes liegen; bei einem Produkt, das nach Abzug aller Abschläge 100 € Umsatz pro Stück erbringen würde, also 25 €. Nach Festlegung der prozentualen Lizenzrate auf fünf Prozent, würde sich schließlich ein Lizenzpreis von 1,25 € pro verkauftem Produkt ergeben [16].

Lizenznehmer und Technologieeigner werden bei der Festlegung der Basisgröße als auch für die prozentuale Lizenzrate natürlich sehr widersprüchlich argumentieren, um den Wertbeitrag der Technologie aus ihrer Sicht möglichst klein bzw. groß darzustellen. Um die Lizenzpreisbildung dennoch auf eine methodische und möglichst objektive Grundlage zu stellen, können die folgenden Verfahren herangezogen werden [16] (s. Abb. 11.33):

Nutzung von Industriestandards Die Lizenzpreisbildung anhand von Industriestandards setzt voraus, dass bereits eine für eine Reihe von Lizenzpreisvereinbarungen aus der Vergangenheit bekannt sind, die als Datenbasis zur Bestimmung einer fairen Lizenzrate

Verfahren zur Lizenzpreisbildung

Zielsetzung	Bewertung der erzielbaren Lizenzgebühren für eine Technologie
Anwendungsbezug	TFE TP TE **TV**
Ergebnis	Für den Technologieeigner erzielbare Lizenzgebühr für eine neue Technologie
Vorgehensweise	1. Abschätzung des erwarteten Umsatz des Lizenznehmers mit dem technologietragenden Produkt 2. Abschätzung des Technologiebeitrags zur Gesamtfunktionalität des Produktes 3. Festlegung einer prozentualen Lizenzrate unter Nutzung von Industriestandards, Nutzwert- oder Reihenfolgeverfahren
Anwendbarkeit	Aufwand: hoch erforderliche Methodenkompetenz: hoch

1. Bestimmung des Informationsbedarfs ***3. Analyse der Informationen***
2. Beschaffung der Informationen ***4. Kommunikation der Informationen***

Abb. 11.33 Charakterisierung des Verfahrens zur Lizenzpreisbildung

herangezogen werden kann. Branchenübliche Lizenzraten für bestimmte Technologiearten werden als normative Größen verstanden, an denen sich die Unternehmen bei der Festlegung neuer Lizenzraten orientieren sollten. Als Datenbasis für historische Lizenzpreisvereinbarungen können entsprechende Statistiken dienen, die häufig von Branchenverbänden oder auch von den Unternehmen selbst veröffentlicht werden [16].

Nutzwert- und Reihenfolgeverfahren Ebenso wie bei der Nutzung von Industriestandards, setzt die Methode voraus, dass bereits eine oder mehrere vergleichbare Lizenzvereinbarungen vorliegen. Anhand bestimmter Bewertungskriterien und Gewichtungsfaktoren werden unterschiedliche Technologielizenzen hinsichtlich ihres Nutzwertes miteinander verglichen. Relevante Bewertungskriterien für Lizenzpreisbildungen finden sich in der Liste der so genannten Georgia-Pacific-Factors. Sie wurde in den 1970er Jahren vom U.S. District House of Southern New York in einem gerichtlichen Streitfall formuliert und werden seither als Richtlinie zur Bewertung von Lizenzhöhen herangezogen [59]. Die Liste umfasst insgesamt 15 Kriterien, von denen die wichtigsten und am häufigsten angewendeten die folgenden sind [60]:

- Art des vorliegenden gewerblichen Schutzrechts
- Nutzen der Technologie gegenüber alten Vorgängertechnologien
- Grad der Exklusivität der Technologienutzung aus Sicht des Lizenznehmers
- Erwarteter Gewinn des Lizenznehmers durch die Technologie
- Kommerzieller Erfolg des Produktes, in dem die Technologie eingesetzt wird

Anhand dieser und weiterer Kriterien können vorliegende Lizenzvereinbarungen aus der Vergangenheit mit einander verglichen werden, um somit auch den Lizenzpreis der aktuell betrachteten Technologie festzulegen.

Rule of Thumb Dieses sehr pragmatische Vorgehen basiert auf der empirischen Erkenntnis, dass sich Lizenzpreise, wenn sie in der Vergangenheit ins Verhältnis zum Deckungsbeitrag des betrachteten Produktes gesetzt wurden, stets innerhalb eines sehr schmalen Korridors bewegt haben. In Abhängigkeit der Branche betrug diese Zahl zwischen zehn und 30 %. Diese prozentuale Größenordnung wird heutzutage gerne als Ausgangspunkt für Verhandlungen bei der Lizenzpreisermittlung herangezogen. Die in diesem Zusammenhang wohl bekannteste Regel wird auch als 25-Prozent-Regel bezeichnet.

Neben diesen drei Bewertungsverfahren setzten Unternehmen auch auf reine Cashflow-basierte Ansätze wie die Kapitalwertmethode, Entscheidungsbaumanalyse oder den Realoptionsansatz, um die erwarteten Nettoeinzahlungen aus Sicht des Lizenznehmers zu erfassen und auf Basis dieser Größe zu fairen Lizenzpreisen zu gelangen [16].

11.3.16 Renditekennzahlen

Mit Renditekennzahlen lässt sich die Wirtschaftlichkeit von Investitionsprojekten abbilden (s. Abb. 11.35). Zum Zwecke der Technologiebewertung werden im Folgenden einige Kennzahlenkonzepte vorgestellt.

Der „Return on Investment" (ROI) misst die Rendite des zur Beschaffung der Technologie eingesetzten Kapitals. Als Basis für die Berechnung dient das so genannte DUPONT-Schema, das bereits im Jahre 1919 entwickelt wurde (s. Abb. 11.34).

Der ROI ist hiernach durch Multiplikation von Umsatzrentabilität und Kapitalumschlag definiert. Er kann sowohl zur Wirtschaftlichkeitsbewertung ganzer Unternehmen oder Geschäftseinheiten als auch von Einzelinvestitionen wie Technologien herangezogen werden. Bei der Beurteilung von Technologieinvestitionen ist darauf zu achten, dass lediglich die Anteile des Gewinns als auch des investierten Kapitals ins Kalkül gezogen werden, die auf die Technologie zurückzuführen sind. Bei der Wahl zwischen mehreren Technologiealternativen sollte sich tendenziell für die mit dem höchsten ROI entschieden werden.

Das DUPONT-Schema setzt voraus, dass Gewinn und investiertes Kapital in einer vorangegangenen Analyse bereits möglichst genau ermittelt worden sind. Dabei ist jedoch zu beachten, dass es sich gerade bei der Bestimmung des Umsatzes um Prognosen handelt, die mit einem gewissen Risiko behaftet sind. Daher sollte nicht durch eine allzu aufwendige Datenerhebung der Eindruck einer besonders hohen Genauigkeit vermittelt werden, da diese ohnehin kaum erreicht werden kann. Vielmehr sind Aufwand und Nutzen in einem gesunden Verhältnis zu halten. Die ROI-Berechung sollte daher auch stets durch weitere Bewertungsverfahren, wie etwa Portfolios, flankiert werden, um eine gewissenhafte Entscheidung für die eine oder die andere Technologie treffen zu können [61, 62].

Ähnlich wie der ROI lässt sich auch die Kennzahl „Return on Capital Employed" (ROCE) zur Wirtschaftlichkeitsbewertung von Unternehmen und Einzelinvestitionen heranziehen. In Unterscheidung zum ROI betrachtet der ROCE jedoch nur den langfristig gebundenen Kapitaleinsatz. Kurzfristiges Kapital, das den Charakter von liquiden Mitteln hat, wird nicht ins Kalkül gezogen.

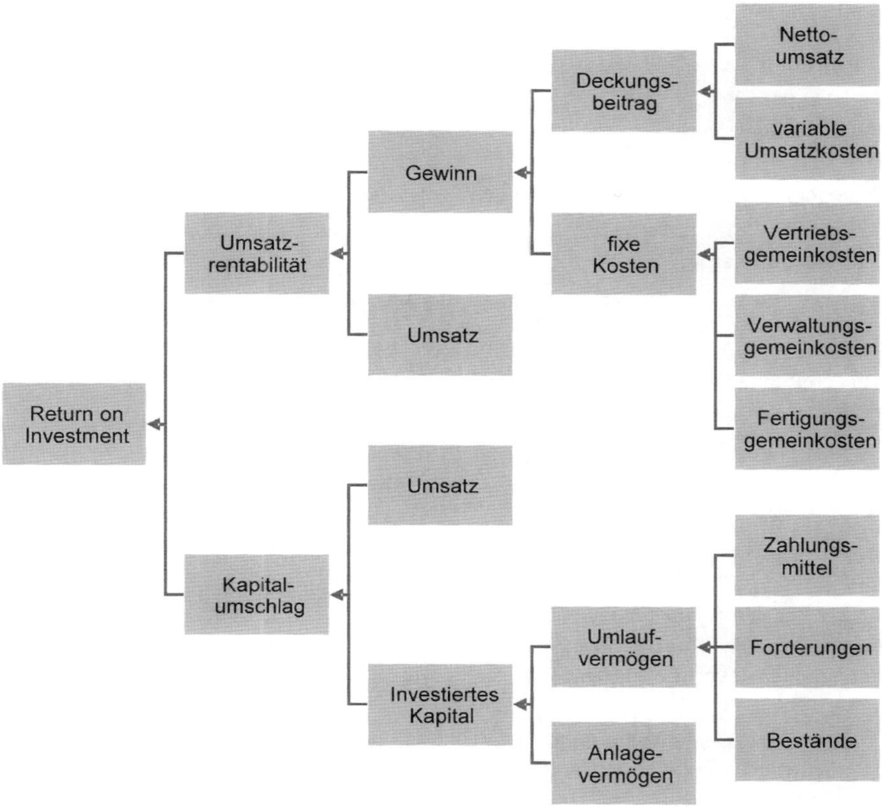

Abb. 11.34 Ableitung des ROI nach dem DUPONT-Schema [62]

In den 1990er Jahren hat sich ein neues, wertorientiertes Kennzahlenkonzept etabliert, der „Economic Value Added" (EVA), welcher den Wertzuwachs des Unternehmens durch eine Investition abbilden soll. Die Formel zur Berechnung des EVA lautet wie folgt:

$$EVA_t = NOPAT_t - WACC \times I$$

Der EVA stellt hiernach die Differenz aus dem Gewinn aus betrieblicher Tätigkeit vor Abzug der Kapitalkosten und nach Abzug der Steuern ($NOPAT$=Net Operating Profit After Tax) und den Zinsen auf das eingesetzte Kapital dar. Die Zinsen ergeben sich durch Multiplikation des eingesetzten Kapitals (I) mit den durchschnittlichen gewichteten Gesamtkapitalkosten ($WACC$, vgl. Kapitel zur Kapitalwertmethode).

Anders als beim ROI und ROCE handelt es sich beim EVA-Konzept um eine Residualgewinnmethode, der die Idee zu Grunde liegt, dass der Barwert eines Projekts, das gerade seine Kapitalkosten erwirtschaftet, exakt dem Wert des investierten Kapitals entspricht, d. h. einen Kapitalwert von null aufweist. Ein Unternehmen, das ausschließlich Projekte mit Kapitalwert von null durchführt, kann lediglich so viel wert sein wie

Renditekennzahlen

Zielsetzung	Bewertung der Wirtschaftlichkeit von Technologieinvestitionen
Anwendungsbezug	TFE – TP – TE – TV
Ergebnis	Rendite einer Technologie
Vorgehensweise	1. Abschätzung des zu erwartenden Kapitaleinsatzes 2. Abschätzung des zu erwartenden Gewinns 3. Berechnung der erwarteten Wirtschaftlichkeit unter Berücksichtigung des Kapitaleinsatzes und des Gewinns
Anwendbarkeit	Aufwand: hoch erforderliche Methodenkompetenz: mittel

1. Bestimmung des Informationsbedarfs *3. Analyse der Informationen*
2. Beschaffung der Informationen *4. Kommunikation der Informationen*

Abb. 11.35 Charakterisierung von Renditekennzahlen

die Summe der in ihm gebundenen Investitionen. Um den Unternehmenswert langfristig zu steigern, müssen Investitionen durchgeführt werden, deren Gegenwartswert die ursprünglichen Investitionsausgaben übersteigt, d. h. einen positiven Kapitalwert haben [63].

Investitionen sollten einen positiven, möglichst hohen EVA aufweisen. Dieser Maxime unterliegen auch Technologieinvestitionen. Jedoch ist genauso wie beim ROI und ROCE darauf zu achten, das falsche Zahlengläubigkeit nicht zu strategisch ungünstigen Entscheidungen führt. Der zukünftige EVA eines Technologieprojekts beruht weitestgehend auf Prognosen und sollte daher eher als Richtgröße denn als exakter Wertzuwachs durch das Projekt interpretiert werden.

Die „Internal Rate of Return" (IRR) ist eine Kennzahl, die die Vorteilhaftigkeit einer Technologieinvestition im Verhältnis zur Renditeerwartung des Unternehmenseigner darstellt. Hierbei wird derjenige Zinssatz gesucht, bei dem Kapitalwert (NPV) einer Technologieinvestition gleich null wäre. Genau wir bei der eigentlichen Kapitalwertmethode wird die Anfangsinvestition I der Summe aller zukünftigen, periodischen Cashflows (CF) gegenübergestellt. Die Formel

$$NPV = -I + \sum_{t=1}^{T} \frac{CF_t}{(1 + IRR)^t} = 0$$

entspricht der Berechnungsvorschrift der klassischen Kapitalwertmethode mit der Ausnahme, dass hier anstatt der feststehenden durchschnittlichen gewichteten Kapitalkosten im Nenner der Formel der variable interne Zinssatz IRR steht, welcher durch iterative Auflösung der Formel bestimmt werden kann [64, 65].

11.4 Zusammenfassung

Methoden der Technologiebewertung finden in jeder Phase des Technologiemanagement ihre Anwendung. Sie ermöglichen es, auf Basis einer komplizierten Informationsbasis eine Entscheidung vorzubereiten. Die Vielschichtigkeit der Aufgaben im Technologiemanagement resultiert in einer hohen Anzahl an Entscheidungssituationen. Diese reichen von der qualitativen Bewertung einer soeben identifizierten neuen Technologie bis hin zur monetären Bewertung von Technologieentwicklungsprojekten.

Vor diesem Hintergrund wurden in der Vergangenheit viele Bewertungsmethoden entwickelt, die den Entscheider in unterschiedlichen Situation dabei unterstützen, die wesentlichen Erkenntnisse aus einer zunächst undurchsichtigen Informationslage zu ziehen. Ein wesentlicher Aspekt dieser Methoden ist somit die Strukturierung der Informationsbasis vor dem Hintergrund einer konkreten Entscheidung. Dabei lassen sich die Methoden in quantitative und qualitative Methoden unterscheiden. Während in der Phase der Technologiefrüherkennung der Fokus auf qualitativen Bewertungsmethoden liegen sollte, stehen in den späteren Phasen des Technologiemanagements eher die quantitativen Verfahren im Vordergrund.

Für die jeweilige Entscheidungssituation ist demnach eine geeignete Bewertungsmethode auszuwählen. Wichtig für die Anwendung der Methoden ist die genaue Kenntnis und das Verständnis der zugrunde liegenden Bewertungslogik. Nur dann ist das Ergebnis der Bewertung nachvollziehbar und diskutierbar. Ziel muss es sein, einen qualifizierten Diskurs bzgl. technologieorientierter Fragestellungen zu ermöglichen, anstatt Entscheidungen auf Basis reduktionistischer Bewertungskennzahlen zu fußen.

Literatur

1. o.V.: Gabler Wirtschaftslexikon, 16. Aufl. Gabler, Wiesbaden (2004)
2. Specht, D., Möhrle, M.G. (Hrsg.): Lexikon Technologiemanagement. Gabler, Wiesbaden (2002)
3. Pfeiffer, W., Weiß, E.: Methoden zur Analyse und Bewertung technologischer Alternativen. In: Zahn, E. (Hrsg.) Handbuch Technologiemanagement. Schäffer-Poeschel, Stuttgart (1995)
4. Servatius, H.-G., Peiffer, S.: Ganzheitliche und Evolutionäre Technologiebewertung. In: VDI-Technologiezentrum (Hrsg.) Technologiefrühaufklärung. Schäffer-Poeschel, Stuttgart (1992)
5. Bullinger, H.-J.: Einführung in das Technologiemanagement: Modelle, Methoden, Praxisbeispiele. Teubner, Stuttgart (1994)
6. Brodbeck, H.: Strategische Entscheidungen im Technologie-Management. Relevanz und Ausgestaltung in der unternehmerischen Praxis. Industrielle Organisation, Zürich (1999)
7. Gerpott, T.J.: Strategisches Technologie- und Innovationsmanagement, 2. Aufl. Schäffer-Poeschel, Stuttgart (2005)
8. Wolfrum, B.: Strategisches Technologiemanagement, 2. Aufl. Gabler, Wiesbaden (1994)
9. Ashton, W.B., Stacey, G.S.: Technical intelligence in business: understanding technology threats and opportunities. Int. J. Technol. Manag. **10**(1), 79–104 (1995)
10. Ansoff, H.I.: Die Bewältigung von Überraschungen. Strategische Reaktion auf schwache Signale. Z. Betriebswirtsch. Forsch. **28**, 129–152 (1976)

11. Bullinger, H.-J.: Technologiemanagement. In: Eversheim, W., Schuh, G. (Hrsg.) Betriebshütte – Produktion und Management, 7. Aufl. Springer, Berlin (1996)
12. Homan, K.: Kommunales Rechnungswesen: Buchführung, Kostenrechnung und Wirtschaftlichkeitsrechnung, 6. Aufl. Gabler, Wiesbaden (2005)
13. Cooper, R.G.: Stage gate-systems: a new tool for managing new products. Bus. Horiz. **33**(May–June), 44–53 (1990)
14. Copeland, T., Antikarov, V.: Realoptionen. Das Handbuch für Finanz-Praktiker. Wiley, Weinheim (2003)
15. Cooper, R.G.: Managing technology development projects. Res. Technol. Manag. **49**(6), 23–31 (2006) (Nov–Dec)
16. Razgaitis, R.: Valuation and Pricing of Technology-Based Intellectual Property. Wiley Verlag, Hoboken (2003)
17. IDW: Stellungnahme IDW RS HFA 16: Bewertungen bei der Abbildung von Unternehmenserwerben und bei Werthaltigkeitsprüfungen nach IFRS. WPg 24/2005, 1415 ff. (2005)
18. Wildemann, H.: Strategische Investitionsplanung für neue Technologien. Fachverlag für Wirtschaft und Steuern Schäffer, Stuttgart (1986)
19. Breiing, A.: Bewerten technischer Systeme: theoretische und methodische Grundlagen bewertungstechnischer Entscheidungshilfen. Springer, Berlin (1997)
20. Ehlken, J.: Modelleinsatz bei der Bewertung und Auswahl von Forschungs- und Entwicklungsprojekten. Dissertation, Universität Göttingen, Hainholz Verlag, Göttingen (1999)
21. Wicher, H., Deubet, W.: Bewertung und Auswahl von Neuproduktideen. WiSu **20**(3), 171–176 (1991)
22. Hopfenbeck, W.: Allgemeine Betriebswirtschafts- und Managementlehre: das Unternehmen im Spannungsfeld zwischen ökonomischen, sozialen und ökologischen Interessen, 14. Aufl. Redline Wirtschaft bei Verl. Moderne Industrie, München (2002)
23. Müller-Stewens, G., Lechner, C.: Strategisches Management. Wie strategische Initiativen zum Wandel führen, 3. Aufl. Schäffer-Poeschel, Stuttgart (2005)
24. Burghardt, M.: Projektmanagement. Leitfaden für die Planung, Überwachung und Steuerung von Entwicklungsprojekten, 4. überarbeitete Aufl. Publicis MCD Verlag, Erlangen (1997)
25. Röhrle, C.: Ein entscheidungsunterstützendes System zur Bewertung von Forschungs- und Entwicklungsprojekten. Eul, Lohmar (1997)
26. Hanusch, H.: Nutzen-Kosten-Analyse, 3. Aufl. Vahlen, München (2007)
27. Knigge, R.: Von der cost-benefit-Analyse zur Nutzwert-Analyse. In. WiSu **4**(3), 123–130 (1975)
28. Little, A.D.: Management der F&E-Strategie. Gabler, Wiesbaden (1991)
29. Servatius, H.-G.: Methodik des strategischen Technologie-Managements, 2. Aufl. Schmidt, Berlin (1986)
30. Pfeifer, W.: Technologie-Portfolio zum Management strategischer Zukunftsgeschäftsfelder, 6. Aufl. Vandenhoeck und Ruprecht, Göttingen (1991)
31. Harris, J.M., Shaw, R.W., Sommers, W.P.: The strategic management of technology. In: Booz, Allen & Hamilton. (Hrsg.) Outlook, Nr. 5, S. 20–28. Booz, Allen & Hamilton, New York (1981)
32. Booz, Allen & Hamilton: The role of technology in the 1980s: will it depend on dollars or sense? – The result of a 1981 Booz-Allen survey. In: Booz, Allen & Hamilton. (Hrsg.) Outlook, Nr. 5, S. 29–32 (1981)
33. Krubasik, E.G.: Technologie – Strategische Waffe. Wirtschaftswoche, S. 28–33 (1982) (18 Juni 1982)
34. Henzler, H.: Strategisches Management als Impulsgeber der 80er Jahre. Zeitschrift für betriebswirtschaftliche Forschung, Sonderheft Nr. 11, S. 70–86 (1980)
35. Foster, R.N.: Linking R&D to strategy. McKinsey Quarterly (Winter), 35–52 (1981)
36. Cooper, R.G.: Maximizing the value of your new product portfolio: methods, metrics & scorecards. SATM **7**(1), 1–7 (2003)

37. Plinke, W., Rese, M.: Industrielle Kostenrechnung, 7. Aufl. Springer, Berlin (2006)
38. Warnecke, H.J.: Kostenrechnung für Ingenieure, 5. Aufl. Hanser, München (1996)
39. Wöhe, G.: Einführung in die Allgemeine Betriebswirtschaftslehre, 23. Aufl. Vahlen, München (2008)
40. Pepels, W.: Produktmanagement: Produktinnovationen, Markenpolitik, Programmplanung, Prozessorganisation, 5. Aufl. Oldenbourg, München (2006)
41. Hoffmeister, W.: Investitionsrechnung und Nutzwertanalyse: eine entscheidungsorientierte Darstellung mit vielen Beispielen und Übungen, 2. überarb. Aufl. Kohlhammer, Stuttgart (2008)
42. Kerkhoff, G.: Zukunftschance Global Sourcing. Wiley, Weinheim (2005)
43. Ellram, L.: Total cost of ownership. Int. J. Phys. Distrib. Logist. Manag. **25**(8), 4–23 (1995)
44. Krämer, S.: Total Cost of Ownership: Konzept, Anwendung und Bedeutung im Beschaffungsmanagement deutscher Industrieunternehmen. VDM Verlag Dr. Müller, Saarbrücken (2007)
45. Boutellier, R., Corsten, D.: Basiswissen Beschaffung, 2. Aufl. Hanser, München (2002)
46. Hommel, U., Lehmann, H.: Die Bewertung von Investitionsobjekten mit dem Realoptionenansatz. Ein Methodenüberblick. In: Hommel, U., Scholich, M., Vollrath, R. (Hrsg.) Realoptionen in der Unternehmenspraxis. Wert schaffen durch Flexibilität, S. 113–129. Springer, Berlin (2001)
47. Thoma, W.: Erfolgsorientierte Beurteilung von F&E-Projekten. Toeche-Mittler, Darmstadt (1989)
48. Koller, T., Goedhart M., Wessels D, McKinsey & Company.: Valuation: Measuring and Managing the Value of Companies, 4. Aufl. Wiley & Sons, Hoboken (2005)
49. Kotler, P.: Computer simulation in the analysis of new-product descisions. In: Bass, F.M., King, C.W., Pessemeier, E.A.. (Hrsg.) Applications of the Sciences in Marketing Management, S. 283–331. Wiley, New York (1968)
50. Theessen, E.: Die Methodik der Bewertung industrieller Forschungs- und Entwicklungsprojekte. Dissertation, TU Berlin, Berlin (1977)
51. Schuh, G., Stölzle, W., Straube, F.: Anlaufmanagement in der Automobilindustrie erfolgreich umsetzen: Ein Leitfaden für die Praxis. Springer, Berlin (2008)
52. Brose, P.: Planung, Bewertung und Kontrolle technologischer Innovationen. Schmidt, Berlin (1982)
53. Castell-Codesal, A.: Laser-Rohreinschweißen. In: Oehmigen, H.G.. (Hrsg.) Produktionstechnik in der Wärmeübertrager-Fertigung. PP Publico Publications, Essen (2009)
54. Bühner, R.: Betriebswirtschaftliche Organisationslehre, 10. Aufl. Oldenbourg, München (2004)
55. Picot, A.: Ein neuer Ansatz zur Gestaltung von Leistungstiefe. Z. Betriebswirtsch. Forsch. **34**(4), 336–357 (1991)
56. Lucke, C.: Investitionsprojekte mit mehreren Realoptionen. Bewertung und Analyse. Verlag Wissenschaft & Praxis, Sternenfels (2001)
57. Zingel, H.: IFRS Arbeitsbuch, 2. Aufl. Wiley, Weinheim (2008)
58. Campbell, R.L., Owens-Jackson, L.A., Robinson, D.R.: Fair value – from theory to practice. Strateg. Finance (July), 31–37 (2008)
59. Newman, G.S., Gering, R.J., Press, J.N.: How reasonable is your royalty? J. Account. (Sept.), 56–63 (2008)
60. Degnan, S.A., Horton, C.: A survey of licensed royalties. Les Nouv. **32**(June), 91–96 (1997)
61. Blohm, H., Lüder, K.: Investitionen, 9. Aufl. Vahlen, München (2006)
62. Horvath, P.: Controlling, 11. Aufl. Vahlen, München (2008)
63. Coenenberg, A.G., Salfeld, R.: Wertorientierte Unternehmensführung. Vom Strategieentwurf zur Implementierung, 2. Aufl. Schäffer-Poeschel, Stuttgart (2007)
64. Kruschwitz, L.: Investitionsrechnung, 11. Aufl. Oldenbourg, München (2007)
65. Perridon, L., Steiner, M.: Finanzwirtschaft der Unternehmung, 15. Aufl. Vahlen, München (2009)

66. Brose, P., Corsten, H.: Technologie-Portfolio als Grundlage von Innovations- und Wettbewerbsstrategien. Jahrb. Absatz- Verbrauchsforsch. **29**(4), 344–369 (1983)
67. Little, A.D.: Innovationen als Führungsaufgabe. Campus, Frankfurt (1988)
68. Maier, T.: Strategisches FuE-Management: Methodik zur zielorientierten Bewertung von FuE-Vorhaben. In: Moll, H., Warnecke, H.-J.. (Hrsg.) RKW-Handbuch Forschung, Entwicklung, Konstruktion (FuE), Bd. 2, S. 1–25. Schmidt, Berlin (1976)
69. Möhrle, M.G.: Das FuE-Programm-Portfolio: Ein Instrument für das Management betrieblicher Forschung und Entwicklung. Technol. Manag. **37**(4), 12–19 (1988)
70. Specht, G.; Michel, K.: Integrierte Technologie- und Marktplanung mit Innovationsportfolios. Z. Betriebswirtsch. 58(4), 502–520 (1988)
71. Stockbauer, H.: F&E Controlling, Dissertation, Wirtschaftsuniversität Wien (1989)
72. Völker, R.: Wertorientierte Planung und Steuerung von FuE: Anwendung des Wertmanagementkonzeptes bei strategischen und operativen Technologie- und FuE-Entscheidungen. Z. Plan. Unternehmenssteuer. **8**(3), 243–361 (1997)
73. Frohman, A.L.: Putting technology into strategy. J. Bus. Strategy. **5**(4), 54–65 (1985)

Sachverzeichnis

G. Schuh, S. Klappert (Hrsg.), *Technologiemanagement,*
DOI 10.1007/978-3-642-12530-0, © Springer-Verlag Berlin Heidelberg 2011